제3판

해양지질학

THE SEA FLOOR

제3판

해양지질학

E. Seibold, W. H. Berger 지음

우경식, 하호경, 강효진, 권이균, 김부근, 김석윤, 손영관,
유동근, 윤석훈, 이경은, 이연규, 조형래, 최경식 편역

Σ시그마프레스

해양지질학, 제3판

발행일 | 2016년 8월 1일 1쇄 발행

저자 | Eugen Seibold, Wolfgang H. Berger
편역자 | 우경식, 하호경, 강효진, 권이균, 김부근, 김석윤, 손영관,
　　　　유동근, 윤석훈, 이경은, 이연규, 조형래, 최경식
발행인 | 강학경
발행처 | ㈜시그마프레스
디자인 | 송현주, 오선형
편집 | 한복임

등록번호 | 제10-2642호
주소 | 서울특별시 영등포구 양평로 22길 21 선유도코오롱디지털타워 A401~403호
전자우편 | sigma@spress.co.kr
홈페이지 | http://www.sigmapress.co.kr
전화 | (02)323-4845, (02)2062-5184~8
팩스 | (02)323-4197
ISBN | 978-89-6866-749-7

The Sea Floor: An Introduction to Marine Geology, Third Edition

Translation from English language edition: The Sea Floor by Eugen Seibold,
Wolfgang H. Berger
Copyright ⓒ 1996 Springer Berlin Heidelberg
Springer Berlin Heidelberg is a part of Springer Science+Business Media
All Rights Reserved.
Korean language edition ⓒ 2016 by Sigma Press, Inc. published by
arrangement with Springer-Verlag GmbH

* 책값은 뒤표지에 있습니다.
* 이 도서의 국립중앙도서관 출판예정도서목록(CIP)은 서지정보유통지원시스템 홈
　페이지(http://seoji.nl.go.kr)와 국가자료공동목록시스템(http://www.nl.go.kr/
　kolisnet)에서 이용하실 수 있습니다.(CIP제어번호 : CIP2016017175)

역자 서문

필자는 1987년부터 교단에서 해양지질학을 가르치기 시작하였다. 지난 30년 동안 매년 해양지질학을 학부 과목으로 가르치면서 국문교재의 필요성을 느꼈지만 차일피일 미루다가 이제야 책의 출판이 가능하게 되었다. 지질학이나 해양학을 전공하는 학부생에게 해양지질학은 반드시 수강해야 하는 필수 과목이며, 특히 그동안 급속히 발전되어온 해양지질학 내의 여러 분야는 사회적 관심과도 매우 밀접한 관련이 있다.

그동안 국내에서 해양지질학과 관련된 여러 책자가 발간되었으나, 그 어느 것도 필자를 만족시키기는 어려웠다. 왜냐하면 해양학과 교수들이 집필한 책자는 일반 지질학과 퇴적학의 내용이 너무 많이 포함되어 있어서 해양지질학의 본질이 많이 희석되어 있었고, 최근 중요한 주제가 되고 있는 기후변화나 고해양에 관련된 주제가 너무 빈약하게 다루어져 있었기 때문이다. 필자는 약 10년 전부터 해양지질학 교재의 필요성을 주변 동료들에게 얘기하곤 했지만 책의 출판을 실행에 옮기지는 못하고 있었다. 이제 교직생활이 많이 남지 않은 시기에서, 다른 누구도 책을 출판하려는 의지를 보이지 않고 있다는 생각에 이 책의 집필을 더는 미룰 수가 없다고 생각했다. 다행히 (주)시그마프레스에서 책의 출판에 흔쾌히 동의해주어서 이러한 바람이 가능하게 된 것이다.

해양지질을 주제로 한 책을 출판하기 위해서는 둘 중 하나를 택해야 했다. 즉, 국내 학자들이 처음부터 책의 내용을 집필하거나, 아니면 이미 출판된 외국의 좋은 책을 하나 골라서 번역을 하는 방법이다. 최근 주변의 대부분 관련학자들의 상황이 새로운 책을 집필하는 것은 무리라고 생각하고 후자를 택하기로 하였다. Seibold와 Berger 박사가 저술한 *The Sea Floor*라는 책을 선택한 이유는 매우 간단했다. 오랫동안 해양지질학을 가르치기 위해 여러 교재를 사용해봤지만, 이 책만큼 간결하면서 충실하게 해양지질학의 여러 분야를 다루고 있는 책은 찾아보기 힘들었다. 하지만 이 책의 내용만을 번역하여 국내 대학에서 학부생을 대상으로 해양지질학을 강의하기에는 많은 아쉬움이 있었다. 왜냐하면 이 책 내에는 한반도는 물론이고 아시아에 관련된 해양지질학의 내용이 거의 없었기 때문이다. 해양지질학에 관련된 많은 전문가들이 서로 협력하여 국내에서 처음으로 학부생을 위해 만든 교재에 3면이 바다인 한반도 주변 해양지질에 관한 자료가 없다는 것은 논리에 맞지 않았다. 필자는 이러한 점을 고민한 후에 출판사를 설득했고 관련학자들을 섭외하였다. 이 책을 위해 애를 많이 써주신 모든 전문가 여러분께 감사드리지만, 황해, 남해, 동해에 대한 자료를 새로 집필해주신 최경식, 유동근, 윤석훈, 김부근, 이경은 박사께 감사를 드린다. 또한 윤석훈, 손영관 박사는 용어정리를 맡아서 복잡하고 다양한 해양지질학의 용어를 국문으로 번역해주었다. 정년이 얼마 남지 않은 강효진 박사님께서 집필진에 참여해주신 것에 정말 감사드린다. 무엇보다도 이 책의 출판을 위해 필자와 함께 많은 노력을 해주신 하호경 박사에게 가장 많은 감사를 드리고 싶다. 이 책이 앞으로 국내 해양지질학의 발전에 큰 기여를 할 수 있는 초석이 되기를 바라며, 학생들이 즐거운 마음으로 바다를 접하게 되는 계기가 될 수 있기를 바란다.

대표역자 우경식

(강원대 지질지구물리학부 교수)

저자 서문

지구가 어떻게 형성되고 진화해 왔는지에 대한 인류의 이해는 지난 30년 동안 빠르게 변화해 왔다. 지질학 분야의 큰 혁명인 판구조론을 통해 지구 내부에서 대류로 인해 해양분지와 대륙이 생성되었다는 것과 판의 대규모 수평적인 움직임에 의해 지구의 표면이 만들어졌다는 것을 알게 되었다. 이러한 개념은 20세기 초부터 A. Wegener(1912)와 A. Holmes(1929)에 의해 거론되었지만, 대부분 제2차 세계대전 이후에 이루어진 해저 연구에서부터 시작되었다. 지구과학계에서 판구조론은 최근 재점화된 생지구(biosphere)의 진화에 관한 토론을 시작하게 만든 Charles Darwin(1809~1882)의 진화론에 상응하는 영향력을 가진다. Darwin은 Beagle(1831~1836)호의 탐사기간 동안 섬의 생명(island life)을 관측함으로써 영감을 얻었고, 그의 연구는 최초의 전 해양탐사인 HMS Challenger(1872~1876)호 항해의 시금석이 되었다. 이후, 해양연구는 지구에 대한 기초지식의 발전에 큰 영향을 주었다. 당연하게도 지구표면의 대부분이 바다이기 때문이다.

이 책을 집필하게 된 이유는 기초적인 지질학, 해양학 그리고 환경과학을 연구하기 위해서는 해저의 구조와 지형에 대한 개요는 물론, 심해와 대륙붕에서 활발하게 일어나고 있고, 심해퇴적물이 내포한 기후기록에 관한 지질학적 프로세스의 개요가 필요하기 때문이다.

독자들에게 각 주제에 대해 간략한 지식을 전달하는 것을 목표로 하였다. 본 주제에 흥미를 가진 독자들뿐만 아니라 자연과학에 관한 배경지식이 적은 독자들을 위해서도 집필하려고 노력하였다. 1980년대는 해양을 기후의 제어장치, 폐기물 처리공간 그리고 에너지와 광물의 원천으로 생각하게 된 시기였으며, 천연자원에 대한 인간의 의존도가 증가하고 있다는 것을 깨닫는 시기였다. 이러한 경향은 자원이 보다 더 고갈되고 인간활동이 자연순환에 미치는 영향이 더 증가함에 따라 지속될 것으로 생각된다. 이런 인식에 있어 중요한 점은 해양지질학의 기초적인 사실과 개념들이며, 특히 수권과 대기권 내부 프로세스에도 적용이 될 수 있다는 점이다.

본문에서는 먼저 해저지형에 미치는 내인력(endogenic forces)의 영향에 대하여 간략하게 다룰 것이다. 지난 30년 동안 지질학 분야 토론의 초점이었고 대륙이동설과 밀접한 관련이 있는 내인력의 효과에 대한 주제들은 일반 독자들을 위해 잘 정리되어 있다. 해저의 물리·화학·생물학적 환경을 결정하는 외인 프로세스(exogenic processes)도 강조하였다. 특히 해양의 지능적 활용과 생물·기후의 진화에 대한 해양의 역할을 이해하는 것에 대하여 중요하게 다룰 것이다.

본문의 결과와 개념들은 많은 해양학자들의 공헌과 고된 노력의 결실이다. 몇몇 저명한 과학자들의 초상화를 소개하기도 하였다(그림 0.1). 물론 더 많은 훌륭한 과학자들이 있고, 대부분이 현재 생존해 있다. 그리고 중요한 기여를 한 저자들을 언급하였다. 이와 같은 책에서 체계적으로 저자의 기여를 표현하기가 힘들다는 것을 알게 되었다. 방어적으로 필요함만 인용한 학자답지 못한 태도에 대해 동료들에게 이해를 구한다. 각 주제에 보다 심도 있는 내용을 원하는 독자를 위해 각 장의 마지막에 주요 참고문헌의 목록과 추천도서를 첨부하였다.

본 개정판을 위해서, 1판의 내용 중에서 중요한 진전이 있는 부분은 대대적으로 수정하였다. 또한 동료과학자와 심사자들의 발전적 제안을 포함시켰다. 하지만 이 책은 백과사전과 같이 방대한 해양지질학의 모든 내용을 다루지는 못한 간략한 입문서라는 제한점이 있다. 이 때문에 기술적인 정보는 최소화하였으며, 반드시 필요한 내용은 부록에 첨부하였다.

지난 수십 년 동안 수많은 탐사현장과 실험실에서 발견의 기쁨과 연구의 노고를 함께 나눈 학생들과 동료들에게 진심 어린 감사를 표하고 싶다. 또한 충고와 함께 별쇄본과 그림들을 제공함으로써 이 책을 함께 만들어준 동료 여러분께 감사를 표한다.

E. Seibold

W. H. Berger

차례

|제5장| 해수면 작용과 해수면 변동의 영향   149

| 제8장 | **심해 퇴적물 – 형태, 작용, 층서적 방법** **259**

|제9장| 고해양학 – 심해의 기록   293

서론

해양지질학의 선구자들 : 근본적인 의문들의 제기

과학의 한 분야인 지질학은 James Hutton(1726~1797)과 그의 저서 *Theory of the Earth*(Edinburgh, 1795)에서 시작되었고, 해양지질학은 이 지질학에서 파생된 새로운 분야이다. Hutton은 육지에 있는 해양기원의 암석을 연구하였다. 해수면 변화('바다의 침범'과 '해저 퇴적물들이 해수면 위의 육상환경에서 나오는 것')가 그의 '이론'의 중심 원리였다. 체계적인 지질학적 조사의 초기에 제기된 의문은 해저에서 무슨 일이 일어날까 하는 것이었다. 이 의문은 육지에 있는 해양 퇴적물을 이해함으로써 해결될 수 있었다. Hutton 혼자 이런 관심들을 가졌던 건 아니었다. *Theory of the Earth*가 나오기 몇 해 전에, 위대한 화학자인 Antoine Laurent Lavoisier(1743~1794)는 해양 퇴적층을 두 종류, 즉 그가 원양층(pelagic beds)이라 부른, 깊은 수심의 넓은 바다에서 형성된 층 그리고 연안층(littoral beds)이라 부른, 연안을 따라 형성된 층으로 구분하였다. Lavoisier에게 '깊은 수심'은 파저면(파랑이 해저면까지 영향을 주는 깊이 — 역주)보다 깊은 모든 영역이었고, 그는 깊은 수심에서 퇴적물은 조용히 가라앉고 해안 근처에 비해 퇴적물의 재동이 훨씬 적을 것이라고 생각하였다.

해양지질학은 육지에서 흔히 볼 수 있는 해양 암석들의 생성작용을 바다에서 찾고

그림 0.1 해양지질학의 창시자들. 윗줄, 왼쪽에서 오른쪽으로 John Murray(1841~1914), Johannes Walther (1860~1937), N. I. Andrusov(1861~1924). 아랫줄 Alfred Wegener(1880~1930), Jaques Bourcart(1891~1965), Francis P. Shepard(1897~1985).

자 한 지질학자들과 함께 본격적으로 시작되었다. 이러한 연구는 많은 연구자들에 의해 조간대와 접근하기 쉬운 얕은 바다에서 시작되었다. 독일의 지질학자 Johannes Walther(그림 0.1.2)는 이런 조사에 정통하였고 그 분야 연구의 선구자였다. 고전적 지질학에 확고한 바탕을 둔 그는 동일과정설(uniformitarianism), 즉 현재 관찰할 수 있는 작용들로 과거의 지질학적 기록을 충분히 설명할 수 있다는 Hutton의 원칙을 적용한 훌륭한 예를 보여주었다(*Lithogenesis of the Present*, Jena, 1894, 독일어). 그의 책 *Bionomie des Meeres*(Jena, 1893)에서 그는 골격질(딱딱한 광물질로 이루어진 생

그림 0.1(계속) 윗줄, 왼쪽에서 오른쪽으로 N. M. Strachow(1900~1978), Philip H. Kuenen(1902~1976), Maurice Ewing(1903~1976). 아랫줄 Harry H. Hess(1906~1969), Sir E. C. Bullard(1907~1980), Bruce C. Heezen(1924~1977).

물의 껍질, 예를 들면 조개껍질과 같은 물질 — 역주)을 가진 생물들과 이들이 만드는 퇴적물을 중심으로 해양환경과 서식동물들의 생태를 설명하였다. 그 후 40년 동안의 해양 퇴적에 대한 연구는 P. D. Trask가 학술대회 논문들을 편집한 *Recent Marine Sediments*(AAPG, Tulsa, 1939)에 정리되어 있다. 해빈에서 심해에 이르는 넓은 범위의 퇴적환경들이 이 학술대회에서 다루어졌고 해양지질학의 선구자들이 많은 논문들을 제출하였다.

해양지질학적 연구가 발전하고 보다 먼 바다로 나가면서 해결해야 할 일련의 문제들의 주안점이 점차 변하였다. 육상 지질에 대한 단서를 찾기 위해서가 아니라 해저의 진화와 지구 역사에 있어서의 역할에 대한 단서를 찾기 위해 해저 자체가 관심의 초점이 되었다. 이 새로운 주안점은 HMS Challenger호 탐사(1872~1876)에 참여한 스코틀랜드인 자연학자 John Murray(그림 0.1.1)의 연구에서 처음으로 분명히 드러난다. 생물학자 Charles Wyville Thomson(1830~1882)이 이끈 이 탐사로 현대 해양학이 시작되었다. 이 탐사를 통해 심해저의 전반적인 지형과 이를 덮고 있는 퇴적물의 유형이 밝혀졌다. John Murray의 역작 *Deep Sea Deposits*(A. F. Renard와 공동으로 집필되었고 1891년에 출판)는 심해저 퇴적학의 기초를 마련하였다(8장). Murray는 기본적으로 퇴적물을 천해와 대륙붕의 퇴적물 그리고 심해 퇴적물로 양분하였고, 그 후로 진정한 심해 퇴적물은 육상의 어느 곳에서도 발견할 수 없다는 것이 교과서적 진리가 되었다. 그러나 이 신조는 Ph. H. Kuenen(그림 0.1.8)이 실험을 통해 흙탕물은 주변의 맑은 물보다 무겁기 때문에 퇴적물이 해저의 경사를 따라 엄청난 속도로 매우 깊은 수심까지 운반될 수 있다는 것을 보여줌으로써 도전을 받게 되었다. 이렇게 부유상태로 운반된 퇴적물은 퇴적지에서 가라앉는데, 무겁고 큰 입자들은 먼저 가라앉고 가는 입자들은 나중에 가라앉아 점이층이 형성되며, 이러한 층은 실제로 지질 기록에서 흔히 볼 수 있다(예 : 알프스 산맥의 플리시 퇴적물). 심해 퇴적에서 Kuenen의 개념의 중요성을 뒷받침하는 강력한 정황 증거가 1952년에 B. C. Heezen과 M. Ewing에 의해 처음으로 제시되었다(2.10절 참조). Kuenen은 그 외에도 그의 저서 *Marine Geology*(New York, 1950)와 수많은 출판물에서 광범위한 주제를 다루면서 해양지질학에 많은 중요한 공헌을 하였다.

지질학자들이 코어(시추기계를 사용하여 얻을 수 있는 원기둥 모양의 퇴적물 또는 암석 시료 — 역주)를 얻기 시작하면서 해양 퇴적 분야의 연구는 결국 해양의 역사로 눈을 돌렸다. 선구적인 탐사는 처음으로 심해의 퇴적률을 규명한 독일의 Meteor호 탐사(1925~1927)와 Hans Petterson이 이끈 스웨덴의 Albatross호 탐사(1947~1948)였다. Albatross호 탐사의 결과는 여러 번의 빙하기를 포함하는 지난 백만 년 동안 기후 변동 때문에 모든 해양에서 주기적인 퇴적이 일어났음을 규명하였다(9장). 최근에 이루어진 이러한 연구 중에서 가장 큰 것은 Deep Sea Drilling Project(Ocean Drilling Program으로 프로그램 이름이 바뀌었다가 현재는 Integrated Ocean Drilling Project라는 이름의 국제 공동연구 프로그램이 수행되고 있음 — 역주)인데, 이를 통해 체계적인 연구에 필요한 신생대 제3기와 중생대 백악기의 퇴적층서가 수립되었다.

해저조사는 해양 퇴적에 대한 조사와 함께 진행되었다. 연안지형에 대한 연구가 가장 접근하기 쉬웠으며, 20세기 초에 상당한 정보가 축적되었다(D. W. Johnson, *Shore Processes and Shoreline Development*, Wiley, New York, 1919). 이 주제들에 대해 F. P. Shepard(그림 0.1.6)와 J. Bourcart(그림 0.1.5)가 많은 연구를 하였는데, 얕은 바다에서 수집한 현장조사 자료들로 기존의 개념들을 검증할 수 있었다. 이 두 해양지질학의 선구자는 특히 대륙주변부와 해저협곡의 지형과 퇴적작용을 연구하여 그 기원의 문제를 해결하려 하였다.

F. P. Shepard는 미국 동부 연안의 대륙붕, 서부 연안의 대륙붕과 대륙사면, 그리고 멕시코만의 해저를 포함하는 광범위한 지역의 현장조사를 하였고, 그가 저술한 교과서 *Submarine Geology*(New York, 1948과 후판들)는 이러한 조사의 결과들을 요약해서 담고 있고 해저지형의 범지구적 통계치들을 보여준다. 같은 해에 M. B. Klenova가 쓴 교과서 *Geology of the Sea*가 출판되었다. 러시아의 다른 대표적인 선구적 연구자로는 N. I. Andrusov(북해)와 N. M. Strachov(퇴적암 형성)가 있다(그림 0.1.3, 0.1.7). Shepard의 다른 대표적인 업적으로는 *Recent Sediments, Northwest Gulf of Mexico*(Tulsa, 1960, F. B. Phleger, Tj. H. van Andel과 공동 집필)와 *Submarine Canyons and Other Sea Valleys*(Chicago, 1966, R. F. Dill과 공동 집필)가 있다. J. Bourcart는 프랑스 연안의 바다, 특히 지중해에서 비슷한 지형학적 및 퇴적학적 연구를 수행하였다. 대륙주변부라고 지정한 '플렉셔'(flexure)의 개념에서 대륙붕단인 힌지선(hingeline)으로부터 육지 쪽으로는 얕아지고 바다 쪽은 아래로 깊어지는 대륙붕 '굴곡'에 대한 그의 개념은 대륙붕을 가로질러 이동하는 해수면을 설명하고 대륙사면의 퇴적 특성을 연구하는 데 유용하였다(2장 참조).

B. C. Heezen(그림 0.1.12)은 뛰어난 해양지형학자였는데, 그의 지형학적 도표(공동연구자 Marie Tharp와 함께 작성)는 해저의 지구조작용과 퇴적작용에 대해 훌륭한 통찰력을 보여준다. 그의 도표는 이제 지질학과 지형학의 거의 모든 교과서에 나온다(그림 1.3, 2.2 참조). E. C. Bullard는 B. C. Heezen에 대해, 그는 자료가 없는 지역의 지도를 만드는 기술을 완벽하게 구사하였다고 말하였다. 그의 업적의 대부분은 *The Face of the Deep*(New York, 1971, C. D. Hollister와 공동 집필)에 요약되어 있다.

해양분지의 전반적인 지형과 대륙주변부의 다양한 유형은 지구 심부의 운동과 힘을 다루는 지구물리학에 의해 잘 설명되었다. 해양 주변 지형에 대한 지구적 가설을 지구물리학자가 처음 세운 것은 우연이 아니지만, 기상학자 Alfred Wegener(그림 0.1.4)에 의해 처음으로 제안되었다.

A. Wegener는 대서양 주변의 연안선들이 서로 평행한 것에 호기심을 갖게 되었다(유명한 자연학자이자 탐험가인 Alexander von Humboldt가 1801년에 이미 주목한 현상). Wegener에게 대륙들은 합쳐질 수 있는 퍼즐조각처럼 보였던 것 같다. 그리고 그는 고생물학자들이 대서양 양편의 화석 기록이 놀랍도록 비슷한 것을 설명하기 위해 양 해안 사이에 대서양을 가로지르는 아주 오래전의 육지 다리(land bridge)를 언급한 사실을 우연히 알게 되었다. 방대한 문헌조사를 통해, 그는 대륙들이 한때 합쳐져 있었고 고생대 이후에 분리되었다고 확신하게 되었다. 그는 1912년의 논문(Geol. Rdsch. 23: 276)과 특히 저서 *The Origin of Continents and Oceans*(Braunschweig, 1915, 독일어)를 통해 육지 다리의 개념을 그의 가설인 대륙이동설로 대체하면서 지질학에서 '세기의 논쟁'이 시작되게 하였다. 그는 물에 떠 있는 빙산처럼 화강암질 대륙이 현무암질 맨틀 마그마 위에 떠 있고(그림 0.2a), 지구의 회전으로부터 유래한 어떤 힘 때문에 지표면 위를 이동한다고 상상하였다.

Wegener의 가설은 수정되어 이제 해저와 지각의 지형과 지구물리를 전체적으로 설명하는 가장 유력한 이론인 해저확장설(sea-floor spreading)과 판구조론(plate tectonics)의 필수적인 부분이 되었다(1장). 판구조론을 결국 인정하게 만든 것은 바다로 간 지구물리학자들의 업적이었다. 지자기, 열류량 그리고 탄성파탐사에 노력을 기울인 E. C. Bullard(그림 0.1.11)와 해양 지구물리학의 모든 측면에서 M. Ewing(그림 0.1.9)과 동료들이 쏟은 노력은 이러한 발전에서 가장 중요한 것이었다(비록 M. Ewing 자신은 해저확장설을 지지하지 않았지만). 이런 과학자들은 대륙주변부의 구조를 밝히는 데에도 중요한 역할을 하였다(M. Ewing 외, 1973, Geophysical Investigations in the Emerged and Submerged Atlantic Coastal Plain, Bull. Geol. Soc. Am., 51, p.909; E. C. Bullard와 T. F. Gaskell, 1941, Submarine Seismic Investigations, Proc. Royal Soc., Ser. A 177, p.476).

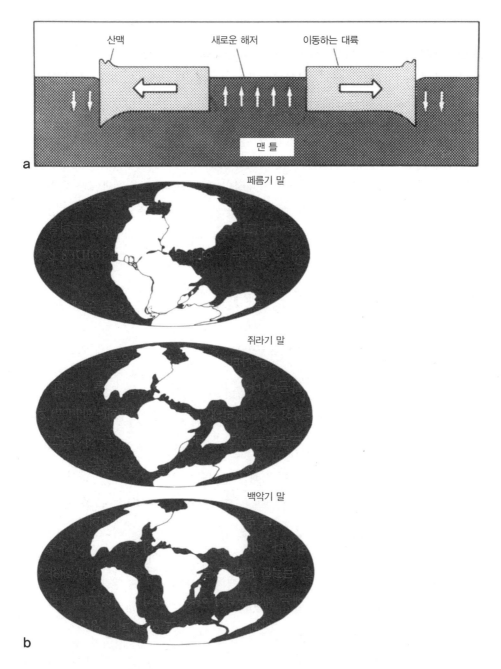

그림 0.2a, b Alfred Wegener의 대륙이동설을 그림으로 설명. **a** 가벼운 '시알(sial)'로 구성된 대륙 지괴가 무거운 맨틀 '시마(sima)'에 빙산처럼 떠 있다. 대륙 지괴들이 서로 멀어지면서 이 사이에 새로운 해저가 생성되고 앞부분에 산맥이 형성된다. **b** 판게아의 분리. A. Wegener가 처음 구상하였고 R. S. Dietz와 J. C. Holden이 새로 재구성하였다(1970, J. Geophys. Res. 75: 4939로부터 단순화).

지구과학계에 충격을 주고 **판구조론**으로 절정을 이룬 과학적 혁명의 전환점이 된 것은 1962년에 발표된 H. H. Hess의 논문, *History of Ocean Basins*이다. Hess(그림 0.1.10)의 탁월한 경력은 네덜란드의 지구물리학자 F. A. Vening-Meinesz와 함께 한 심해 해구의 중력 이상에 대한 연구에서 시작되었다. 이 조사들은 맨틀 대류 단위의 하강하는 부분이 표면에 표현된 것이 해구일 수 있다는 가설을 도출하였다. Hess는 해군장교로서 많은 평정해산을 발견하고 지도에 표시하였는데, 이들의 지형은 해저의 광범위한 침강을 시사했다. 그 후 그는 중앙해령(열개지형, 열류량 등)의 발견에 고무되어 해저가 중앙해령의 중심에서 생성되고(그림 0.3d) 시간이 갈수록 중심에서 멀어지고 아래로 이동하여 결국 해구 속으로 사라진다는 견해를 내놓았다. '해저확장'이라는 용어는 1961년에 R. Dietz가 이 현상에 대해 도입한 것이다. 해저확장설과 이로부터 태어난 판구조론은 이후 해양지질학의 자료들을 해석하는 기본 틀이 되었다.

해저확장설과 판구조론 : 새로운 패러다임

1950년대 후반까지만 해도, 지질학자들은 심해저의 퇴적물에 전 현생누대의 기록이 담겨 있을 수 있고 심지어 선캄브리아시대까지 거슬러 올라간다고 생각하기도 하였다(층서적 용어는 부록 A3 참조). 그러나 오늘날 그런 허황된 희망을 품고 있는 학자는 거의 없다. 해저에서 얻은 가장 오래된 퇴적물의 연령은 약 1억 5천만 년인데, 이는 화석을 포함하는 육상 퇴적층의 연령의 5%도 되지 않는다. 그렇다면 대륙이 존재해 온 수십억 년 동안 심해로 흘러 들어간 퇴적물은 어디에 있을까?

해저확장설에 따르면, 해저에 쌓인 모든 퇴적물은 마치 컨베이어 벨트 위에 있는 것처럼 해구 쪽으로 끌려간다(그림 1.20). 그곳에서 일부 퇴적물은 맨틀 속으로 **섭입**되고, 나머지는 긁혀 떨어져 해구의 안쪽(육지 쪽) 벽에 붙는다. 따라서 해저의 끊임없는 생성과 소멸에 의해 퇴적물이 해저에서 제거된다.

이 뛰어난 생각이 H. H. Hess(1960)와 R. S. Dietz(1961)에 의해 처음 제안되었을 때에는 열렬한 환영을 받지 못하였다. 이와 비슷한 생각들이 이전에 제시된 적이 있었는데(그림 0.3a, b), 마찬가지로 미숙한 추측이라고 무시되었다. 하지만 이 가설을 검증하는 데 점점 더 많은 사실들을 활용할 수 있게 되면서 이 생각을 반대하는 세력은 약

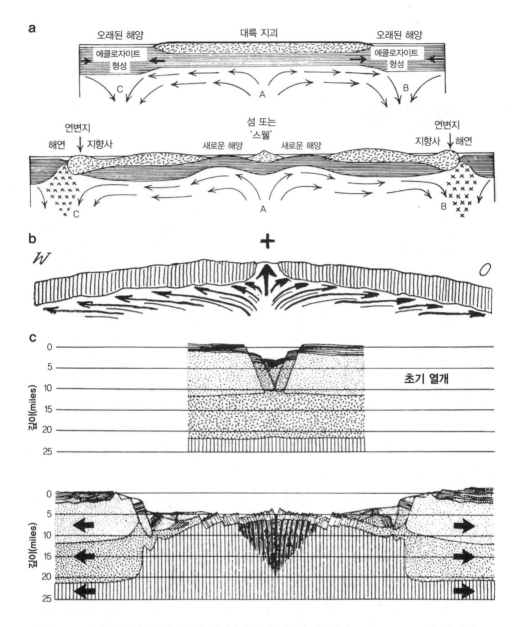

그림 0.3a~c 대서양중앙해령의 기원을 설명하기 위해 제안된 해저확장 모델. **a** A. Holmes의 가설(1929, Trans. Geol. Soc. Glasgow 18: 559). 중앙에 남은 대륙조각을 주목하라(이것은 실제로 존재하지 않는다). **b** 알 프스 지질학자 O. Ampferer의 가설. 그는 1906년에 마그마의 '저류'를 처음으로 논하였다. 1941년에, 그는 상 승하는 마그마 흐름이 대륙을 분리하고 양 대륙이 대칭적으로 멀어지면서 결국 중앙해령을 만든다고 추정하 였다. 또한 그는 섭입 개념을 이용하여 대서양의 카리브 호상열도(island arcs)와 그 해구를 설명하였다(1941, Sitzungsber. Akad. Wiss. Wien, 150: 20~35). **c** B. C. Heezen의 가설(1960, Sci. Am. 203: 98). 대륙주변부의 유동성이 과장되었고 맨틀 물질이 넓은 해령지역에 퍼져서 주입된다고 생각한 것에 주목하라(사실 중앙의 좁은 구역에서만 주입이 일어난다).

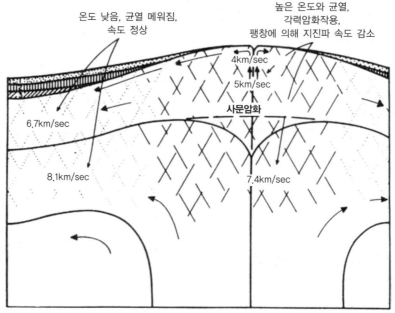

d

온도 낮음, 균열 메워짐,
속도 정상

높은 온도와 균열,
각력암화작용,
팽창에 의해 지진파 속도 감소

4km/sec

5km/sec

사문암화

6.7km/sec

8.1km/sec

7.4km/sec

그림 0.3d H. H. Hess(1962)의 가설. 마그마 물질의 좁은 주입 지역과 심해 퇴적물의 층서적 온랩(퇴적층이 더 기울어진 면을 만나 끝나는 것)에 주목하라. 사문암화작용(serpentinization, 현무암의 화학적 변질의 한 유형)이 Hess가 생각했던 것보다 덜 중요하다고 밝혀졌지만, 이것은 사람들의 지지를 받는 모델이다.

해졌고, 1970년경에는 움직이는 해저의 개념에 맞서서 기존의 전통적인 이론을 옹호하는 사람은 극소수였다.

지구 표면의 대규모 수평이동에 반대한 역사는 오래되었다. 그 모든 것은 20세기 초에 만들어진 대륙이동설에서 시작되었다. 이미 언급했듯이, 가장 중대한 도전은 독일의 지구물리학자 A. Wegener로부터 비롯되었는데, 그는 지난 2억 년 동안 대륙과 해양분지의 분포가 매우 크게 변하였다고 하였다. 또한 틀린 것으로 판명되었지만, 대륙이 그것들을 떠받치고 있는 마그마를 헤치고 나간다고 주장하였다. 게다가 그는 상당히 비현실적으로 어떤 대륙들의 이동 시간표를 만들었다. 회의적인 지구물리학자들은 Wegener 주장의 약점을 알았고 대륙이동설의 폐기를 강력하게 주장하였다. 그리하여 남미와 남아프리카에 있는 오래된 암석과 화석의 놀라운 유사성을 익히 알고 있는 지질학자들의 지지에도 불구하고 Wegener의 가설은 1960년대 이전에는 인정받지 못하였다.

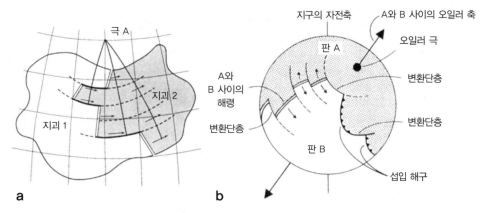

그림 0.4 **a** 판구조론의 원리 : 오일러 극을 중심으로 지괴의 회전(W. J. Morgan, 1968, J. Geophys. Res. 73: 1959). **b** 고전적 도식 (**a**)가 (**b**)에서 보다 자세히 설명된다. 그림 1.12와 비교하라. 지괴(판)는 '오일러' 축(화살표)을 중심으로 회전한다. 이 축은 지구의 자전축과 무관하다. 판의 '발산' 경계(A와 B 사이의 해령)에서 확장이 대칭적으로 일어난다. 오른쪽 그림의 판의 '수렴' 경계에서 판 B는 해구 아래 맨틀 속으로 섭입한다. 해령과 해구 둘 다 여러 개의 '변환단층'에 의해 구획되고 어긋나 있다. 모든 변환단층들은 판 A와 B 사이의 상대적 운동의 오일러 축을 중심으로 하는 작은 원을 따라 발달한다(C. Allègre 1988, 그림 38, p.96).

본질적으로, 제시된 기작이 틀렸기 때문에 대륙이동의 증거가 묵살되었다. 1950년대 말이 되어서야, 지자기(geomagnetism)와 극이동(polar wandering)에 대한 E. Irving과 S. K. Runcorn의 연구를 통해, 대륙이동에 대해 얘기하는 것이 물리학적 원리에 무지하다고 여겨지지 않고 다시 가능하게 되었다. 1장에서 보게 되겠지만, 가장 강력한 증거는 해저의 지자기로부터 나왔고 결정적인 증거는 심해 시추에서 나왔다.

1960년대 말로 가면서 해저확장설은 **판구조론**으로 탈바꿈하였다. 이 이론은 자기 이상과 지진의 분포에 바탕을 두고 있는데, 이것에 근거하여 그 경계에서 지진이 발생하면서 한 단위로 움직이는 지표면의 큰 지역('판')을 규정할 수 있었다. 판의 움직임을 효과적으로 설명할 수 있게 하는 수학적인 수단은 스위스의 수학자 Leonhard Euler(1707~1783)의 정리인데, 이는 특유의 방법으로 구 위의 등속운동을 '극(pole)'을 중심으로 한 회전운동으로 설명한다. 판 위의 한 점의 이동 궤적은 그 극을 중심으로 하는 원의 일부분으로 보인다(그림 0.4). 1965년에 E. C. Bullard와 동료들은 대서양에 접한 대륙들을 새로 맞추기 위해 Euler의 정리를 지구 구조론에 도입하였다(Phil. Trans. Roy. Soc. London 258: 41)(그림 1.19 참조). 같은 해에 T. J. Wilson은 횡운동을 하고 확장 중심 또는 해구에서 끝나는 '변환단층'을 단단한 판들 사이의 경계로 설명

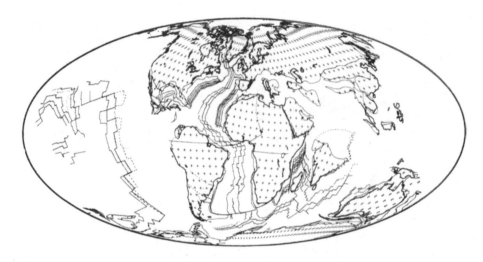

그림 0.5 팔레오세 지리의 재구성. 판구조론의 원리에 근거하여 작성되었다. 대서양과 태평양을 연결하는 적도 주변의 바다 통로, 테티스해(Tethys Sea)에 주목하라. 인도 대륙은 테티스해의 먼 남쪽에 있다. 대서양으로부터 북극으로의 바다 통로는 막 열리기 시작하였다(J.-Y. Royer 외, 1992. Univ. Texas Inst. Geophys. Tech. Rept. 117: 1~38. R. D. Müller와 J. G. Sclater의 양해를 얻어 사용).

하였다(Nature 207: 343).

현재와 과거 어느 지질시대의 지구 표면에서 판의 운동은 십여 개 판의 형태, 회전극의 지리적 위치 그리고 각 속도가 주어지면 정의할 수 있다. 이런 접근법의 원리는 1967년 초에 W. J. Morgan(1968년에 발표, J. Geophys. Res. 73: 1959), 그리고 같은 해에 D. P. McKenzie와 R. L. Parker(Nature 216: 1276)에 의해 제시되었다. 이 방법을 이용하여 1968년에 X. Le Pichon은 주요 판들의 상대적인 운동을 보여주는 전 지구적 지도를 작성하였다(J. Geophys. Res. 73: 3661). 같은 개념과 방법으로, 백악기까지 거슬러 올라가 과거 대륙과 해양분지의 지리적 분포가 광범하게 복원되었다. 약 6천만 년 전 팔레오세의 예가 그림 0.5에 제시되어 있다.

심해 시추 : 새로운 세계의 발견

새로운 패러다임의 출현으로 시추에 의한 심해저의 체계적인 탐사라는 해양지질학 분야에서의 중대한 도전이 시작되었다. 시추선 GLOMAR Challenger호(그림 0.6)가 첫 항해(텍사스 갤버스턴으로부터)를 시작하기 전인 1968년까지, 백만 년보다 오래된 퇴

그림 0.6 120m 길이의 심해 시추선 GLOMAR Challenger호. 1968년부터 1983년까지 운항하면서 전 세계 해양의 해저 시료를 채취하였다. 이 기간 동안 624개 조사지역에서 1,092개 공을 시추하였고, 이 중 많은 곳이 수심 5km 이상이었다. 회수된 코어 자료의 총길이는 90km를 넘는다. 미국이 자금을 대고 1970년대의 가장 중요한 지구과학 과제인 Deep Sea Drilling Project(DSDP)에서 스크립스 해양연구소(Scripps Institution of Oceanography)가 이 배를 관리하였다. 1970년대 중반 이후에는 미국 국립과학재단, 소련, 독일, 일본, 영국 그리고 프랑스가 과제에 참여하고 지원하였다(사진제공 : DSDP, S. I. O.).

적물에 대한 지식은 퇴적률이 낮고 젊은 퇴적물이 침식된 지역에서 채취한 코어에서 얻은 지식에만 바탕을 두고 있다. 그런 코어는 해양의 긴 역사에서 어느 짧은 시간대에 해당할 것이고, 정확한 연대를 알기 어려웠기 때문에 다른 지역에서 얻은 다른 코어들과 정밀하게 비교하는 것이 거의 불가능했다. 다른 여러 지역에서 시추를 통해 어느 정도 연속적인 퇴적층 시료를 얻을 수 있게 되어서야 제4기 이전의 범지구적 해양 역사를 재구성하는 과제를 시도할 수 있었다.

시추로 획득한 자료들은 생층서(화석을 기준으로 지층을 구분하는 방법 — 역주) 해상도에 있어서 비약적인 발전을 가져왔다. 그래서 퇴적층에서 채취한 시료의 연대를 어떤 표준에 대해 백만 년 이내에서 측정할 수 있게 되었다. 첫번째 주요 결과는 해저 확장 이론을 완전히 확증한 것으로서, 현무암 '기반암' 위에 놓이는 퇴적물의 연령은 자기이상으로부터 지구물리학자가 예상한 연령과 정확히 일치했다(그림 1.18). 경우에 따라 퇴적물이 약간 더 젊었는데, 이는 퇴적물이 쌓이기 전에 현무암이 한동안 노출되어 있었음을 의미한다. 다른 주요 결과들은 보다 미세한 것들이었지만, 생명체와 기후의 공동 진화, 그리고 오랜 시간에 걸친 기후 변화에 있어 해양의 역할에 대한 이해에 큰 영향을 미쳤다.

심해 시추의 초기에는 현재의 퇴적 패턴을 고정된 것으로 가정하였기 때문에 코어 아래쪽으로 나타나는 변화를 주로 해저의 움직임과 관련하여 해석하였다. 하지만 곧 지질시대에 걸쳐 해양의 생산성이 현저하게 변하였고 이로 인해 퇴적 양상이 크게 변했음이 밝혀졌다. 또한 어떤 시기에는 해양환경이 아주 갑자기 변하였고(퇴적물에 나타나기로는) 기후변화에서 그러한 '급격한 변화'는 멸종과 번성을 포함하여 해양 생물권의 재편과 관련된다는 것이 알려졌다. 이와 관련하여 해양의 역사에서 가장 흥미로운 시기는 열대성 부유생물들이 대규모로 멸종한 백악기와 제3기 사이의 전환기로 판명되었다.

지난 약 1억 년 동안 지구 역사의 재구성에 있어 심해 기록의 중요성은 매우 빠르게 분명해졌다. 육상의 기록은 본래 드문드문 있고 불완전하다 — 육지는 침식되고 퇴적물을 바다로 운반한다. 이는 연속적인 기록에 의해서 알 수 있는 '진화(evolution)'의 속도에 관한 모든 주장을 의심하게 만든다(다윈도 오래 전에 이러한 점을 지적한 바 있다). 오직 심해의 기록에서만 오랜 기간을 나타내는 온전한 퇴적층을 기대할 수 있는데, 이곳에서도 많은 환경에서 기록의 공백은 아주 흔하게 나타날 수 있다고 밝혀졌다. 하지만 그러한 공백들은 무질서하게 분포하지 않고 환경이 변하는 곳에 선택적으로 분포한다.

심해 시추의 가장 주목할 만한 것 중 하나는 — 이제 더 큰 시추선 JOIDES Resolution호와 함께(그림 0.7) — 시추 기술자가 '코어를 갑판 위로'라고 외치는 소리를 간절히 기다리고, 아무도 가본 적이 없는 곳을 탐사하는, 함께 배를 타고 공동탐사를 수행한 적이 있는 전 세계로부터 온 수백 명의 해양지질 과학자들로 구성된 국제적 공동체의 탄생이다.

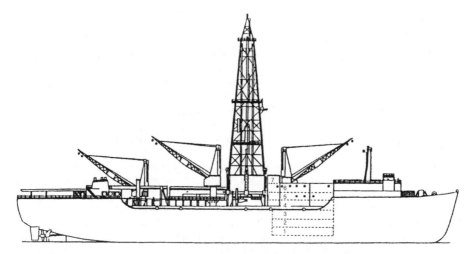

그림 0.7 심해 시추선 JOIDES Resolution호의 구조. GLOMAR Challenger호의 뒤를 이었고, 길이 143m로 더 크다. 따라서 보다 험한 바다와 보다 고위도 지역에서 운항할 수 있었다. 많은 현대식 선상 실험실은 50명의 과학자와 기술원을 수용할 수 있다. 7층으로부터 시추공 아래로 측정한다. 6층에서 시추 코어를 받아서 3~6층에 있는 퇴적학, 암석학, 고생물학, 물리, 화학 실험실로 분배한다. 각 코어의 반쪽은 보관소로 간다. 1983년에 10개의 미국 기관, 독일, 프랑스, 영국, 캐나다와 호주, 일본 그리고 유럽 과학재단 연합이 참여하여 DSDP를 이어서 Ocean Drilling Program(ODP)이 시작되었다. JOIDES Resolution호는 1985년 이후부터 활동하고 있다. Texas A&M University가 이 프로그램을 관리하고 있다(Joides Journal 1985).

더 읽을 참고문헌

일반적인 배경지식(덜 전문적인 문헌 순)

Press F, Siever R (1982) Earth, 3rd edn. Freeman, San Francisco
Emiliani C (1992) Planet Earth: cosmology, geology, and the evolution of life and environment. Cambridge University Press
Glen W (1975) Continental drift and plate tectonics. Merrill, Columbus
Open University Course Team (1989) The ocean basins: their structure and evolution. Pergamon Press, Oxford
Allègre C (1988) The behavior of the earth – continental and seafloor mobility. Harvard University Press, Cambridge, Mass
Emiliani C (ed) (1981) The sea, vol 7. The oceanic lithosphere. Wiley Interscience, New York
Berger WH, Crowell JC (eds) (1982) Climate in Earth history. Studies in geophysics. Natl Acad Sci, Washington DC
Imbrie J, Imbrie KP (1979) Ice ages – solving the mystery. Enslow Short Hills NJ
Turekian KK (1976) Oceans, 2nd edn. Prentice-Hall, Englewood Cliffs NJ
Broecker WS (1974) Chemical oceanography. Harcourt Brace Jovanovich, New York
LePichon X, Convenor (1988) Report of the Second Conference on Scientific Ocean Drilling [Cosod II]. European Science Foundation and JOIDES, Strasbourg

역사적 배경

Wegener A (1929) The origin of continents and oceans. Translation by J. Biram, 1966. Dover, New York

Holmes A (1945) Principles of physical geology. Nelson, London

Kuenen PhH (1950) Marine geology. Wiley, New York

Heezen BC, Tharp M, Ewing M (1959) The floors of the oceans. I. The North Atlantic. Geol Soc Am Spec Pap 65

Dietz RS (1961) Continent and ocean basin evolution by spreading of the sea floor. Nature 190: 854–857

Hess HH (1962) "History of Ocean Basins", in Petrologic Studies: A Volume in Honor of AF Buddington, pp 599–620, ed. AEJ Engel et al. Boulder, Colorado: Geol Soc Am (ms circulated in 1960)

Runcorn SK (1962) Continental drift. Academic Press, New York

Menard HW (1964) Marine geology of the Pacific. McGraw-Hill, New York

Phinney RA (ed) (1968) The history of the Earth's crust. Princeton University Press, New Jersey

Takeuchi H, Uyeda S, Kanamori H (1970) Debate about the Earth, revised ed. Freeman Cooper, San Francisco

Wyllie PJ (1971) The dynamic earth. Wiley, New York

Vacquier V (1972) Geomagnetism in marine geology. Elsevier, Amsterdam

Tarling DH, Runcorn SK (eds) (1973) Implications of continental drift to the Earth sciences. Academic Press, New York

Hallam A (1973) A revolution in the Earth sciences. Clarendon Press, Oxford

Kahle CF (ed) (1974) Plate tectonics – assessments and reassessments. AAPG Mem 23, Am Assoc Petrol Geol, Tulsa Okla

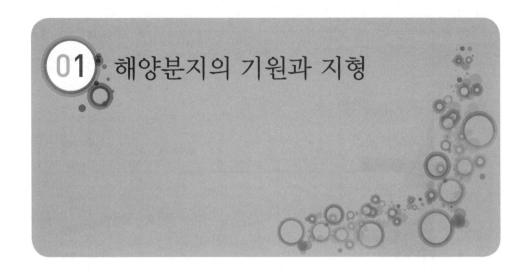

01 해양분지의 기원과 지형

1.1 바다의 깊이

해저에 관해 당연히 궁금한 것은 수심이 얼마나 깊은지 그리고 왜 깊은지이다. 해저의 전체적인 수심 분포는 HMS Challenger호의 항해를 통해 처음 알려졌다(그림 1.1). 해저의 가장 일반적인 수심은 두 부분으로 나뉘는데, 해수면에 가까운 얕은 수심(대륙붕 바다)과 1~5km 깊이의 깊은 수심(일반적인 심해)이다. 대륙붕과 심해를 연결하는 해저는 중간 수심을 보이고 대륙사면과 대륙대를 형성한다. 일반적인 수심보다 두 배나 깊은 해저도 있는데, 주로 태평양 주변에 분포하는 좁은 해구들이 이렇게 깊은 수심을 보인다(표 2.1).

HMS Challenger호에서는 밧줄에 추를 달아 해저까지 내리고 밧줄의 길이를 재서 수심을 측정하였으며, 흩어져 있는 여러 수심 자료를 바탕으로 등수심선을 그려 해저지형도를 작성하였다. 음파를 이용한 수심측량이 널리 사용되고 나서야 육지의 알프스 산맥과 시에라네바다 산맥만큼 험준한 산맥이 해저에 광대하게 발달함이 드러났다. 이 산맥들 중 가장 인상적인 것은 아마 Meteor호 탐사(1925~1927)에서 처음 발견된 대서양중앙해령일 것이다(그림 1.2b).

Lamont Geological Observatory의 M. Ewing과 동료들의 연구를 통해 끝이 없는 것처

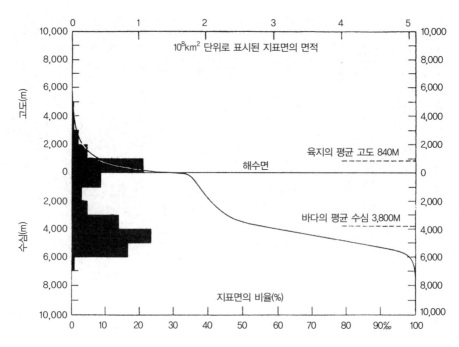

그림 1.1 해저 수심과 육지 고도의 전체적인 분포(고도 분포곡선). 왼쪽 : 고도의 빈도 분포(H. U. Sverdrup 외 1942, The oceans: 18).

럼 보이는 대서양중앙해령이 세계를 일주하는 중앙해령의 일부분에 지나지 않는다는 것이 알려졌다.

당연히 이것은 매우 중요한 발견이다. 해저지형에 대한 통합적인 이해를 갖게 되었고, 흩어져 있는 지식의 퍼즐조각들이 맞추어졌다. 해령에 비교될 만한 규모의 다른 해저지형은 태평양을 둘러싸고 이어져 있는 해구뿐이다(그림 1.4, 1.13). 상호보완적 의미를 지니는 이 두 해저지형 — 해령계(Ridge System)와 해구계(Trench System) — 은 1960년대에 해저의 자기특성, 지진, 열류량 분포에 관한 연구를 통해 드러났다. 서론에서 요약되었듯이, 새로운 해저가 중앙해령의 중심에서 형성되고 해구로 이동하여 가라앉는다는 가설은 1960년대 후반에 일반적으로 받아들여졌다. 해저확장설(sea-floor spreading)로 불리는 이 가설은 해저 수심 분포의 주요 특징을 명쾌하게 설명한다.

해저확장설의 인상적인 개념에 대해 자세히 논하기 전에 해저를 포함하여 지구 표면의 형태를 만드는 기초적인 작용을 고찰해보자.

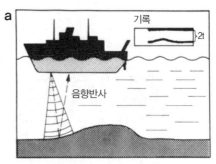

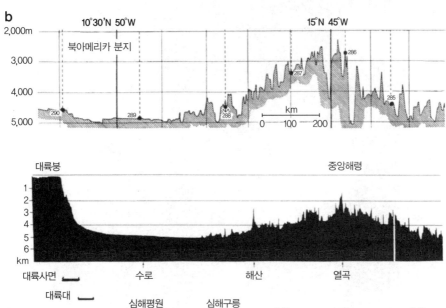

그림 1.2a~c 대서양중앙해령과 주변 해저의 지형. a 연속적인 음향측심의 원리. 깊이는 s= v×t에 의해 구해지는데, v는 음파의 속도이고 2t는 음파가 해저까지 왕복하는 데 걸린 시간이다. 음향측심장비의 출력은 움직이는 종이 띠에 기록된다. b 독일의 Meteor호 탐사(1925~1927)에서 획득된 음향측심 결과. 음향측심은 4.5km 간격으로 실시되었다. 숫자는 시료채취 위치이다. 중앙 열곡(rift)을 주목하라. c 지형요소들이 표시된 현대의 지형단면도(B. C. Heezen 외, 1959, Geol. Soc. Amer. Spec. Paper 65로부터 수정).

1.2 내인적 작용

지구의 모든 표면이 그렇듯이 해저지형은 두 종류의 작용, 즉 지구 내부의 에너지에 의해 일어나는 내인적 작용(endogenic processes)과 태양에 의한 외인적 작용(exogenic processes)에 의해 만들어진다.

그림 1.3 대서양 해저의 지형도. B. C. Heezen과 M. Tharp의 해저지형 조사를 바탕으로 만든 H. C. Berann (National Geographic Society)의 그림으로부터 작성.

　지구 내부의 힘은 화산활동과 지진을 일으키는데, 하와이의 화산폭발, 옐로스톤공원의 간헐천, 캘리포니아에서 지면의 진동 등이 이러한 현상들이다. 내인적 작용은 지구 내부의 열로부터 동력을 얻어 오랜 시간에 걸쳐 작용하여 시에라네바다 산맥과 히말라야 산맥과 같은 장대한 산맥을 만들고 데스벨리(Death Valley)와 라인그라벤(Rhine Graben)과 같은 거대한 골짜기(열개)를 생성한다. 이러한 내인적 힘에 의해 해저의 산맥은 융기하고 바다 속의 거대한 골짜기(해구)는 해저가 아래로 휘어져(하향요곡) 형

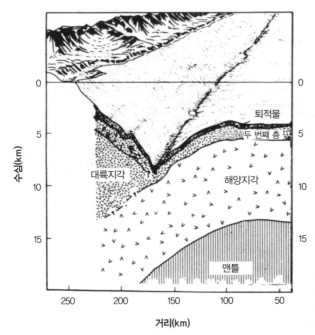

그림 1.4 칠레 북부 앞 해양 주변부의 지각구조. 탄성파 굴절법 탐사를 바탕으로 작성(R. L. Fisher, R. W. Raitt, 1962, Deep-Sea Res. 9: 423).

성된다고 알려져 있다. 물론 이러한 운동은 지구 내부에서 물질의 이동을 필요로 한다. 따라서 해저산맥을 생성하기 위해 물질이 상승해야 하고 해구를 만들기 위해서는 물질이 가라앉아야 한다. 해저확장설이라는 학설을 세우는 데 있어 사고의 도약은 이러한 필수적인 운동을 대류계의 일부분으로 보았기 때문에 가능했던 것이다(그림 1.5).

지구 내부 깊은 곳의 힘과 운동의 정확한 특성을 알기 위해 시료를 직접 채취하여 관찰하는 것은 불가능하다. 가장 깊은 시추공(육지에서 12km 깊이)도 지구의 표면에 자국을 내는 정도이고 지구의 최상층인 지각을 관통하지 못한다. 대륙지각의 두께는 약 20~50km인 반면 해양지각의 두께는 훨씬 얇은 5~10km이다. 지각 아래의 맨틀은 지각에 작용하는 내인적 힘의 원천으로써 2,850km 두께에 지구 질량의 약 2/3를 차지한다(그림 1.6). 나머지 1/3의 대부분은 핵(반지름=3,470km)이고 지구 질량의 0.4%만이 지각이다.

따라서 해령과 해구는 지구 표면의 작은 주름에 불과하다. 해저와 대륙의 운동은 뜨거운 암석으로 구성된 거대한 지구의, 그야말로 표면에서만 일어나는 아주 작은 교란일 뿐이다. 지구 내부 깊은 곳에 있는 암석은 무슨 종류의 암석일까? 얼마나 뜨거울

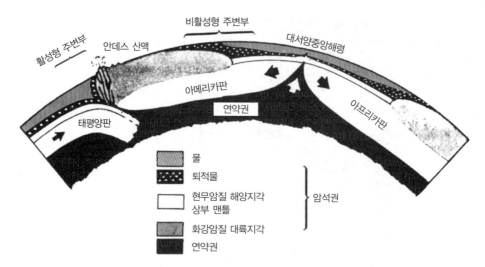

그림 1.5 상부 맨틀의 가상적인 대류. 해저확장과 대륙이동을 일으킨다. 이 그림은 해령과 해구의 기원을 설명하기 위해 제시된 수많은 대류 모형 중 하나이다.

그림 1.6 양파 같은 지구의 구조 : 지각, 맨틀 그리고 핵. 지각과 맨틀의 그림은 비율이 맞지 않다. 직경 1.75m(사람의 키)의 지구본에서 바다의 평균 수심은 사람 피부의 두께인 1mm로 줄어들고 암석권은 분필선의 두께로 축소된다. 이는 맨틀과 맨틀작용이 대단히 중요함을 보여준다.

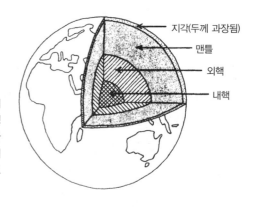

까? 이에 대해 우리는 확실히 알지 못한다. 중앙해령의 깊은 틈에서 건져올린 암석과 해령의 현무암을 시추하여 회수한 암석의 종류가 아마 상부 맨틀 물질과 가장 가까울 것이라 추정된다(부록 A6 참조). 하지만 맨틀 물질은 중앙해령에서 위로 상승하면서 화학적 분별작용, 압력 해제, 가스 제거 그리고 특히 해수와의 반응을 통해 성질이 변한다.

열은 아마 방사성 원소의 붕괴로부터 나올 것이다. 또 다른 열의 근원은 무거운 물질과 가벼운 물질이 중력에 의해 분리되는 작용인데, 이에 의해 처음에 지구가 형성된 후 내부의 구조가 마치 양파 모양으로 층층이, 가운데는 무거운 물질로, 지구 표면으로 가면서 가벼운 물질로 이루어진 성층구조가 만들어졌다. 맨틀로부터의 메시지, 즉 맨틀 내부의 구조와 작용에 관한 정보를 얻기 위해 지구물리학자들은 지진파를 관측하고 자기장과 중력장을 연구한다. 광물학자들과 암석학자들은 실험실에서 광물과 암석을 고압, 고온에서 합성하거나 관찰함으로써 지구 내부의 물질을 간접적으로 추정한다. 또한 지화학자들은 지구 내부의 밀도 분포와 함께 태양계 내에 분포하는 운석과 같은 물체 속에 있는 원소의 성분으로부터 지구 내부 구성 물질에 대한 간접적인 정보를 수집하기도 한다.

1.3 외인적 작용

해저의 대규모 지형은 내인적 힘에 의해 형성되지만 외인적 힘의 작용, 즉 침식과 퇴적작용의 영향을 반영하기도 한다. 대표적인 예는 해저의 한 형태인 심해평원인데, 수백 km의 지름을 가진 믿을 수 없을 정도로 평탄한 지역이다(그림 1.2c). 미국 유타 주의 Great Salt Lake를 둘러싸는 플라야(우기에는 일시적으로 호수가 되는 사막지대의 분지 — 역주)가 심해평원의 느낌을 준다.

심해평원은 광대한 바다 속 플라야로 대륙으로부터 공급된 쇄설물들이 모이는데, 쇄설물들은 물, 바람, 빙하에 의한 끊임없는 풍화에 의해 생성된다. 골짜기를 파고 산을 깎아내리는 이러한 침식작용에 의해 만들어진 퇴적물들은 강과 바람에 의해 바다로 운반되어 많은 부분이 대륙주변부에 쌓이고 남은 것들은 심해평원에 쌓인다.

대부분의 퇴적물은 홍수, 폭풍, 지진 또는 보다 긴 시간 동안 일어나는 빙하의 전진과 같은 준격변성(quasi-catastrophic) 사건들을 통해 바다로 운반된다. 부유생물의 각질, 바람에 날려온 먼지, 우주에서 온 소구체(spherule)와 같은 퇴적물은 다소 연속적으로 내리는 비처럼 해저에 가라앉는다. 지질학적 시간에 걸쳐 서서히 쌓이는 이 원양성 퇴적물들은 해양지각 위에 수백 m 두께의 층을 형성하는데, 지난 1억 년 내지 1억 5천만 년 동안 해양 순환과 원양성 생물 진화의 상세한 역사가 이 퇴적층 속에 담겨 있다.

외인적 작용은 침식과 퇴적에 의해 지구 표면을 평탄하게 만드는 경향이 있지만, 산을 만들 수도 있다. 호주 동북쪽 앞의 대보초(Great Barrier Reef)가 좋은 예인데, 거대한 산호초를 이루며 바닥으로부터 꼭대기까지 수천 m나 솟아 있다. 메사(탁상고지:

건조지역에 발달하는 책상 형태의 정상부가 편평한 높은 지형 — 역주) 모양의 산호초로 이루어진 이 거대한 산맥은 석회조류(coralline algae), 돌산호(stony coral), 연체동물, 그리고 유공충(foraminifera)이라 불리는 작은 단세포 생물 등이 분비한 탄산칼슘으로 만들어진다. 조류는 물론 햇빛에 의존한다. 산호와 유공충은 공생관계에 있는 단세포 조류를 몸체 내에 포함하기 때문에 이들이 성장하기 위해서는 햇빛이 필요하다.

내인적 작용(지구 표면에 주름을 만듦)과 외인적 작용(지구 표면을 평탄하게 만듦)의 서로 반대되는 효과에 대해 이렇게 간단히 소개하고, 이제 해저의 대규모 지형의 특징과 해저확장으로 돌아가자.

해저확장의 개념이 해저의 주요 특징을 어떻게 설명할까?

1.4 중앙해령의 지형

궁극적으로 해저의 이동을 인정하게 하고 해저확장설을 유력한 이론으로 만들기 위해 지각의 마그마활동에 근거한 지구물리학적 증거를 얻었다. 가장 뚜렷한 성과는 중앙해령의 기원을 설명한 것이다. 중앙해령의 길이는 60,000km 이상이고 해저의 1/3, 즉 지구 표면의 약 1/4을 차지한다. 대서양과 기타 지역에서 해령의 마루에는 중앙열곡(central rift)이 특징적으로 발달하는데, 벽이 가파른 이 골짜기의 폭은 30~50km이고 깊이는 1km 이상이다(그림 1.2, 1.3). 마루의 지형은 대개 매우 거칠고 복잡한 반면 측면은 퇴적물에 덮여 평평한 편이다(그림 1.7). 다음은 해저확장설이 중앙해령의 특징을 어떻게 설명하는지에 대한 간단한 기술이다.

해령의 마루는 천발지진(진원의 깊이가 60km 이하), 활발한 화산활동, 높은 열류량이 특징이다. 맨틀 물질의 상승과 확장이 지각을 갈라놓으면서 중앙열곡을 만들고 지진을 발생시킨다. 또한 지구 내부로부터 열을 가지고 올라온다. 확장속도, 즉 해저의 한 편이 다른 한편으로부터 멀어지는 속도는 1년에 1~10cm 정도이다. 벌어진 틈을 채운 뜨거운 맨틀 물질은 열적 팽창 때문에 오래된 해양지각보다 밀도가 낮다. 해령의 중심으로부터 멀어짐에 따라 지각은 식으면서 밀도가 증가한다. 하지만 이렇게 새로이 생긴 암석권과 해저는 맨틀 위에 높이 떠 있고, 따라서 산맥을 형성하며 솟아 있다.

일반적으로 전 세계 해령의 정상부는 2,500~3,000m의 수심을 보인다. 이러한 전

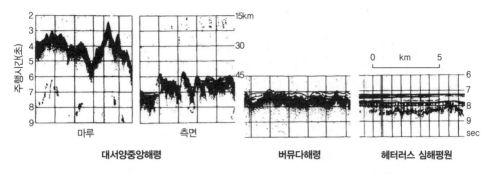

그림 1.7 대서양중앙해령(왼쪽)에서부터 해터러스 심해평원(Hatteras Abyssal Plain)까지 연속된 탄성파 단면의 부분들. 해령의 중심부로부터 멀어지면서 연령이 증가함에 따라 해저가 퇴적물에 덮여 평평해짐에 주목하라(T. L. Holcombe, 1977, Geo Journal 1 6: 31)(탄성파탐사에 대해서는 그림 2.11 참조).

세계 해령의 정상부 깊이가 모두 비슷한 것으로 보아 모든 지역의 해령을 이루기 위해 상승한 물질과 온도가 거의 같을 것이라는 결론을 얻을 수 있다.

하지만 여러 지역에서 다양한 규모가 발견된다. 북대서양에서는 해령의 깊이가 평균보다 얕은데, 가장 활발한 **열점**(hot spot) 중 하나인 아이슬란드가 여기에 위치한다. 해령은 길이를 따라 주요 **단열대**(fracture zone)로 구분되는 구획들로 나뉘고 각 구획(300~500km 길이)은 고유한 형성 역사와 지형을 가진다. 일반적으로 해령의 축을 따라 어느 곳이나 수백 m의 고도차를 포함하여 미세한 변화를 보이는데, 이는 대개 해령 축을 따라 위치한 마그마방에 30~60km 깊이로부터 마그마가 공급되는 방식 때문이다. 마그마의 공급은 시간과 공간적으로 불연속적이어서 마그마가 많은 구간과 부족한 구간이 있게 되고, 이로 인해 50~100km에서 최대 300km에 달하는 규모의 구획이 생긴다. 측면주사 기기를 이용한 지형측량(side scan mapping), 잠수정, 고해상도 탄성파 탐사, 심해 시추 등을 이용한 해령 중심의 지형에 대한 상세한 조사를 통해 해령의 위치와 움직임에 관하여 이 구획의 중요성에 대한 지식이 크게 발전하였다. 버섯 모양의 **마그마방**(magma chamber)(지붕이 해저 아래 불과 1.5~2.5km에 위치)은 국지적인 융기와 축 방향의 좁은 지구 구조(graben, 양쪽 측면이 모두 아래로 미끄러지면서 가운데가 움푹 내려가는 구조 ― 역주)를 만든다(그림 1.8). 이 골짜기들은 가끔씩 아래에 있는 마그마방으로부터의 관입과 관련되어 서서히 흘러나온 용암류들에 의해 채워질 수 있다. 동태평양해령처럼(그림 1.13) 빠르게 확장하는 해령에서는 용암의 공급이 큰

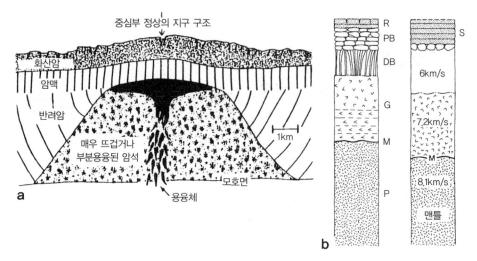

그림 1.8 a 동태평양해령의 개략적인 단면도. 몇 % 정도의 부분용융체를 포함한 뜨거운 암석이 용융체를 50% 이상 가지는 중심부의 버섯 모양 마그마방(검은색)을 둘러싸고 있다(K. C. MacDonald 외, 1989, Nature, 339: 178) b 해양지각의 구조에 관한 현장조사 결과(왼쪽)와 탄성파탐사 결과(오른쪽)의 비교. 오피오라이트 시퀀스(층서) : R 방산충암(radiolarites), PB 베개현무암, DB 암맥상 현무암, G 반려암(하부는 층화), P 감람암. M은 모호 불연속면의 위치를 표시한다('모호면'에서 음파의 속도가 급격히 변한다). 모호면은 보통 6~10km 깊이에 위치한다. 탄성파층서 단면은 추론되었다. S 퇴적물(C. Allègre, 1988로부터 수정).

열곡의 형성을 막는다. 대신 좁은 지구가 발달하거나 발달하지 않는 정상부가 축을 따라 분포한다. 하지만 대서양중앙해령처럼 느리게 확장하는 해령의 축을 따라서는 크고 깊은 열곡이 생성된다.

상승한 맨틀 물질은 차가운 해수와 접촉한 후 베개현무암(pillow basalt)과 판상용암(lava sheet)을 형성한다. 현재 형성되고 있는 중앙해령에서 탄성파로 조사한 현무암층들과 육지에 있는 과거 해양지각의 조각(키프로스의 트루도스 육괴의 혹은 오만의 오피올라이트)들을 비교하여 베개용암들 아래에 현무암 암맥들이 있음이 알려졌다. 탄성파적으로 이들은 '층 2A와 2B'로 알려져 있다. 반려암('층 3')과 감람암('층 4')은 약 6~10km 깊이에 있는 모호 불연속면에 의해 분리되는데, 이에 의해 해양지각의 두께가 정해진다(그림 1.8b).

거의 예외 없이 해령의 해양지각을 구성하는 화산암은 **감람석 솔레아이트(olivine tholeiites)**이다. 이 암석은 철과 망간이 풍부한 치밀하고 무거운 규산염 암석으로 현무암에 속한다. 구성 광물은 기본적으로 사장석, 휘석, 감람석이다(부록 A4). 육지에서 흔히 볼 수 있는 현무암에 비해 낮은 함량의 칼륨, 티타늄, 인을 함유한다(부록 A6).

또한 용융 또는 분별결정작용(fractional crystallization) 동안 액상에서 우선적으로 농축되는 미량원소들(루비듐, 세슘, 바륨, 란타늄)이 결핍되어 있다. 하지만 솔레아이트 현무암으로부터 맨틀 물질의 조성을 직접적으로 추론하는 것은 어렵다. 이는 마그마가 해저로 올라오는 동안 많은 작용들이 영향을 주기 때문이다. 부분 용융을 통한 분화(differentiation), 다양한 용융체 간의 혼합과 반응, 해수를 포함한 용액과의 반응 그리고 가스의 누출이 이러한 작용들에 포함된다. 뜨거운 현무암과 해수의 반응 그리고 이와 관련된 열수공과 침전물은 10.4.4절에서 논의된다. 열수공지역에서 새로 발견된 생물체들이 특별한 관심을 받고 있다(6.9절).

해저가 확장하여 해령의 마루로부터 멀어지면서 암석권은 식고 가라앉는데, 처음 천만 년 동안 1,000m 정도 가라앉으며, 이후에 1,000m 더 가라앉는 데에는 2천 6백만 년이 걸린다(그림 1.9). 물리학적 원리로부터 해령 측면의 해저 깊이는 간단한 연령의 함수로 표현될 수 있다.

$$\text{꼭대기로부터 아래로 깊이} = k \cdot \sqrt{\text{연령}} \qquad \text{식 (1.1)}$$

위의 관계식으로부터 다음과 같이 k를 구할 수 있다.

$$k = \frac{1,000}{\sqrt{10}} \quad \text{그리고} \quad k = \frac{2,000}{\sqrt{10+26}}$$

여기서 깊이가 m 단위이고 연령이 백만 년 단위일 때, $k \approx 320$이 된다. 이것이 맞다면 심해저의 평균 깊이(퇴적층에 대한 보정 후)로부터 평균 연령을 구할 수 있다. 보정된 기반암의 평균 깊이 5,000m(=해령 꼭대기로부터 2,400m 아래)에 대하여 6,000만 년의 연령이 구해지는데, 이는 실제로 해저의 평균 연령과 매우 가깝다.

식 (1.1)은 해양 지구물리학, 지질학, 고해양학 분야에서 많이 이용되고 있다. 이것은 지구의 역사에 관해 정량적이고도 간단한 몇 안 되는 관계식 중 하나이다.

해저가 가라앉는 동안, 화산과 단층활동에 의해 생성된 거친 지형은 아래의 해령 측면부로 이동하고 퇴적층에 덮여 점점 평평해진다(그림 1.7 참조). 하지만 50~1,000m

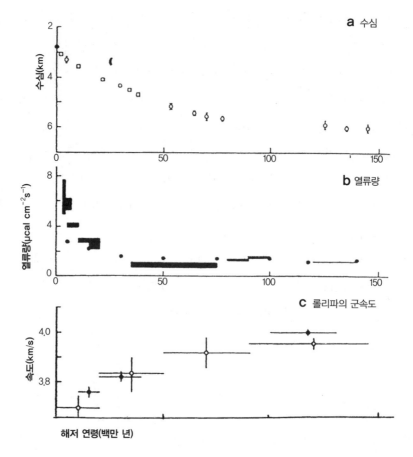

그림 1.9a~c 중앙해령에서 암석권의 냉각을 보여주는 관측 결과. **a** J. G. Sclater 외, 1971, 'reliable mean values'로부터 인용. **b** Sclater 외, 1976(막대)과 Sclater와 Francheteau 1971(점)로부터 인용. **c** 냉각됨에 따라 탄성파의 속도가 증가한다. 원과 점은 Yoshii(1975)와 Forsyth(1977)로부터 인용(E. Seibold 외, 1986, The sea floor, 일본어판).

범위의 기복과 1~15°의 경사를 갖는 심해구릉은 여전히 아래에 있는 기반암의 지형을 보여준다. 심해구릉은 지표면에서 가장 흔한 형태의 지형으로, 태평양에서 해저의 80%가 이 지형에 속한다.

1.5 해구의 지형

일반적으로 해구는 해양분지, 특히 태평양분지의 가장자리에서 발견된다. 왜 대양 중앙의 해구는 없는지 명확하지 않다. 이 질문에 답하기 위해서 맨틀 내부의 작용에 대해 더 알아야 할 필요가 있다. 우선 몇 가지 관찰된 내용은 다음과 같다. 해구의 폭은 대략 100km이고(얕은 부분에서) 길이는 수백에서 수천 km이다. 예를 들어, 알류샨해구의 길이는 2,900km이다. 단면은 대개 V자 형태이고(그림 1.10a), 가장 깊은 부분은 쌓인 퇴적물 때문에 평탄할 수 있다. 이러한 퇴적물은 일반적으로 교란되지 않은 수평 층리를 보이는데, 이는 해저확장설의 개념이 생소했을 때 섭입작용의 이론에 반박

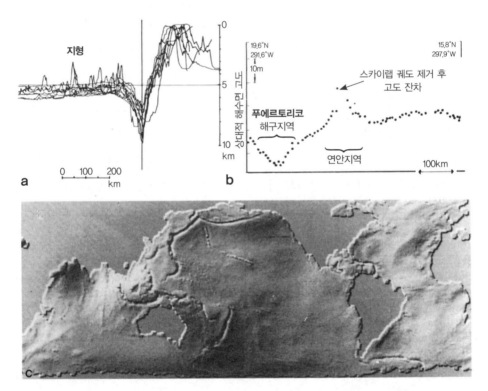

그림 1.10 a 대양의 다양한 지역에 있는 해구들의 지형 단면. 육지 혹은 호상열도가 오른쪽이다(M. Talwani, 1970, in The sea 4 [1]: 282). **b** 위성 고도계로 측정된 해수면의 변형. 해수면은 광역적인 중력의 영향을 받는다. 해구는 중력 최소 지역으로 잘 알려져 있다. 지각 평형상태에 있지 않은 해양의 높은 지역은 양의 중력이상을 보이고, 따라서 해수를 끌어당겨 해수면이 상승하게 한다(Skylab Data Catalog NASA 1974, p.133). **c** 해산, 해구, 해령, 단열대 등의 해저지형을 반영하는 평균 해수면의 지도. 대륙은 가려졌다. 지도는 1982년에 US. National Aeronautics and Space Administration(NASA)에 의해 개발되었다(Jet. Prop. Lab., Pasadena 제공).

하기 위해 이용되기도 하였다. 해구의 벽은 보통 8~15°의 경사를 갖는다. 하지만 가파른 측면(45°까지)과 계단 형태가 발달하기도 한다. 경우에 따라 현무암 노두가 심해 촬영에 의해 관찰되기도 하였다.

가장 깊은 곳은 서태평양의 호상열도 앞 퇴적물이 비교적 적게 쌓인 해구에 있다. — 마리아나해구 최대 10,915m, 통가해구 10,800m, 필리핀해구 10,055m, 일본해구 9,700m, 케르마데크해구 10,050m. 측정된 깊이가 정확하지는 않다. 깊이는 음향측심에 의해 측정되었는데, 해수에서 음파 속도에 대한 광역적인 온도와 염분 분포의 영향이 보정되었다. 하지만 측정에 있어 어떠한 오류를 고려하더라도 이 깊이들은 서로 비슷한 값을 보여주고 있다. 해령의 고도가 비슷한 것과 마찬가지로, 이러한 해구 깊이의 일관성은 서태평양에 있는 각 해구에서 비슷한 작용이 일어나고 있다는 것을 지시한다. 다른 지역에서 해구의 깊이는 더 얕다 — 푸에르토리코해구 8,600m, 남샌드위치 8,260m, 순다 7,135m. 동태평양은 대륙에 직접 인접한 해구들이 특징이다. 해구와 대륙 사이에 호상열도가 발달하지 않는다. 이 해구들은 대륙으로부터 온 쇄설물들로 채워지는데, 이 때문에 서태평양의 해구들에 비해 확연히 얕은 깊이를 보여주는 것이다.

태평양을 고리 모양으로 둘러싸고 있는 해구들은 지구에서 가장 지진이 많이 일어나는 장소이다. 천발지진(< 60km 깊이)의 80% 이상, 중발지진(60~300km 깊이)의 90%, 심발지진(300~700km 깊이)의 거의 대부분이 이곳에 집중되어 있다(그림 1.11).

나머지 중발지진과 심발지진도 대개 해구에서 일어나지만, 일부는 지중해, 이란, 그리고 히말라야 산맥 북쪽 경계의 중앙아시아에서도 발생한다. 진원의 깊이를 진앙 아래에 표시하면, 해구 근처의 표면과 교차하여 호상열도 또는 대륙 아래로 약 700km 깊이까지 15~75° 각으로 기울어진 면을 따라 분포한다. 지진은 하강하는 해저 판 윗면의 마찰 때문에 일어나고 깊이가 아주 깊어지면서 유동성이 생길 정도로 온도가 충분히 높아지면 마찰이 없어진다(그림 1.12).

태평양 주변의 '불의 고리'는 해구와 밀접한 관련이 있다 — 화산은 기울어진 지진면, 즉 하강하는 암석권 위에 놓여 있다. 800개의 활화산 중 75%가 이 '고리'에 위치한다. 암석권이 하강하여 대륙 아래에 도달하지 못한 지역에서 화산들은 호상열도를 형성한다. 암석권이 대륙 아래로 하강하는 곳(남아메리카)에서는 산맥이 형성된다. 하강하는 판의 부분용융에 의해 생성된 현무암질 마그마가 상승하는 과정에서 상부의 물질(화

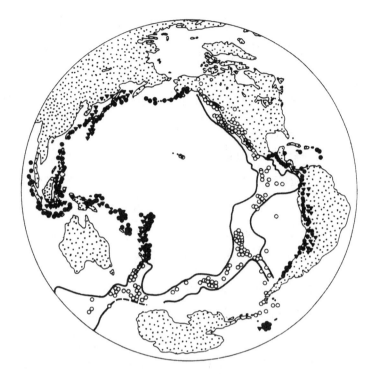

그림 1.11 태평양의 지진대. 천발지진(○)은 확장 중심(남태평양)과 변환단층(캘리포니아)의 특징이다. 심발지진 과 중발지진(▲, ●)은 해구지역에 한정된다(R. W. Girdler, 1964, Astron. Soc. Geophys J. 8: 537).

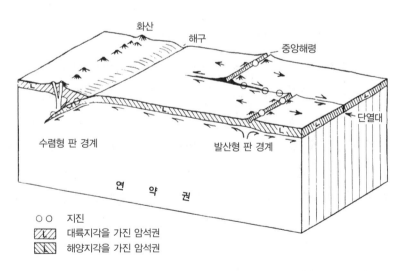

그림 1.12 판 경계와 지진에 대한 판 이동의 관계. 발산형 판 경계, 중앙해령, 천발지진: 수렴형 판 경계, 해구, 천 발지진, 중발지진, 심발지진. 측면 경계 : 단열대, 활성부에서만 천발지진. 수평이동은 대략 1~10cm/yr 정도이다 (B. Isacks, J. Oliver, L. R. Sykes, 1968, J. Geophys. Res. 73: 5855의 그림에 기초).

강암질 지각 — 역주)과 혼합되면 그 중간의 물질로 이루어진 특징적인 화산암인 안산암(andesite)을 형성한다. '안데사이트(안산암)'는 안데스 산맥의 이름을 따서 붙여진 이름이다(부록, 그림 A 6.1).

해저확장설의 이론을 따르면, 해구는 해저의 섭입에 의해 생성된다. 약 100km 두께의, 하강하는 암석권의 상당 부분은 상부 맨틀의 '무른' 부분인 **연약권**(asthenosphere)으로 가라앉는다. 하강하는 암석권으로부터 떨어져나온 퇴적물과 부분용융된 물질이 대륙으로 공급된다. 이 물질들은 대륙 성장에 기여한다. 이러한 성장의 대부분은 분명히 **암군**(terranes)의 부착에 의존하는데, 암군은 해구에 도달하였으나 하강하지 않은 해양지각 혹은 대륙지각의 조각들이다. 대신 이들은 인접한 대륙의 일부분이 된다. 이 현상이 일어나면 막힌 해구는 바다 쪽으로 물러나게 된다. 미국 서부 연안의 대부분이 다른 곳으로부터 이동해 온 '암군'들로 구성되어 있다. 이렇게 오랜 시간에 걸쳐 대륙으로 붙은 다른 지역 땅들은 한 변의 길이가 대략 100~1,000km이다. 대륙 성장은 외인적 힘에 의한 대륙의 마모에 맞서서 내인적 힘이 작용하는 한 방식이다. 따라서 해저 위로 높이 솟은 대륙의 존재는 해저확장과 밀접하게 결부되어 있다.

1.6 단열대와 판구조론

해령의 마루가 계속 이어지지 않고 분할된다는 것은 앞에서 언급되었다. 해령의 마루는 거의 직선인 부분들이 서로 어긋난 형태로 나타난다. 이렇게 어긋난 결과, 분할된 각 부분의 양 끝에 횡단층(lateral fault)이 발달한다(그림 1.12). 해저확장 시에는 이 단층을 따라 움직임이 있으므로 지진이 발생한다. 이 지진들은 얕은 곳에서 발생하며, 단열대(fracture zone)의 활성부, 즉 해령 - 해령 변환단층(ridge - ridge transform fault)을 규정한다. 이 활성부 바깥의 단열대는 단층의 흔적이다. 단열대 양쪽의 해저는 시간이 흐름에 따라 이 단층 절벽들이 가라앉는다. 이 광대한 선형 지대는 큰 해산, 가파른 혹은 비대칭의 산마루, 골짜기 또는 급경사면을 포함하는 대단히 불규칙한 지형을 보인다(그림 1.3).

일부 단열대는 해령의 마루에서 해구까지 이어진다. 이러한 단열대는 지진이 활발한 특징을 보이며, 판 경계를 형성하는 세 번째 유형이다. 물론 판 경계의 다른 두 가

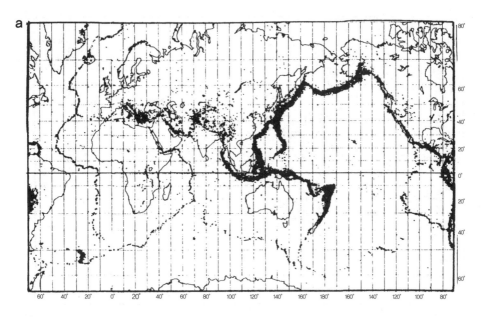

그림 1.13a 1961년과 1967년 사이에 700km보다 얕은 곳에서 발생한 지진의 진앙 분포. 그림 1.13b에 표시된 판 경계와 밀접한 관계가 있음을 주목하라. 하지만 판 중앙에서 발생한 지진도 흔한 편이다(M. Barazangi와 J. Dorman, 1969, ESSA, Coast and Geodetic Survey 그리고 Seismol. Soc. Amer. Bull. 59).

지 유형은 확장하고 있는 해령과 수렴하고 있는 해구이다. 이 경계들이 '판'을 규정한다는 사실은 1965년에 J. T. Wilson에 의해 처음 언급되었다. 지진의 분포와 초기 진동 연구(즉 지진 초기에 지면이 어느 방향으로 움직이는지를 관측)를 바탕으로 지표면을 나누는 여러 암석권 판의 윤곽을 알 수 있다. 판들은 각각 고유한 운동을 하는데, 알고 있듯이 해저 암석에 남아있는 고지자기 기록으로부터 알 수 있다. 이 개념들의 정량적인 개발은 1960년대 말에 W. J. Morgan, D. P. McKenzie와 R. L. Parker, X. LePichon 그리고 B. Isacks, I. Oliver와 L. R. Sykes에 의해 시작되었다(A. Cox, 1973 참조).

판의 운동은 대체로 균일하고 판의 변형을 야기하지 않는다. 이는 유명한 수학자인 Leonhard Euler(1701~1783)의 정리에 따라 동그란 구 위에서의 회전운동으로 설명될 수 있다. 단열대는 회전극을 중심으로 하는 위도 방향 원들의 자취를 보여준다(지구 회전의 극과 일치할 필요가 없다. 그림 0.4 참조). 따라서 각 판에 대해 회전극이 정해질 수 있다. 기하학적으로 확장 속도는 갈라지는 판의 회전극으로부터 멀어질수록 증

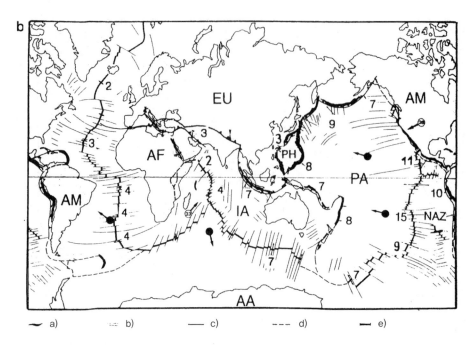

그림 1.13b W. J. Morgan(1968, J. Geophys. Res. 73: 1959)이 제시한 지구의 주요 암석권 판. EU 유라시아판; *AM* 아메리카판; *PA* 태평양판; *IA* 인도-호주판; *AF* 아프리카판; *AA* 남극판; *PH* 필리핀판; *NAZ* 나즈카판. 수렴형 판 경계(a)는 대부분 태평양 주변에 분포한다. 양쪽에 대륙지각이 있는 수렴형 판 경계는 히말라야 산맥에 나타난다(c). 대부분 중앙해령인 발산형 판 경계(e)는 변환단층에 의해 나누어져 있다(b). 불확실한 경계(d)가 남빙양 그리고 유라시아판과 아메리카판 사이에 나타난다. 수많은 열점 중 일부가 검은 점으로 표시되어 있다. 화살표는 열점에 대한 판의 상대적 운동 방향을 보여준다. cm/년 단위의 확장속도는 개략적으로 표시되었다. 본문에서 언급되었듯이, 새로운 모델은 이 그림을 다소 수정하였다(R. Trümpy, 1985, Z. Nat. forsch. Ges. Zürich, 5: 13, 수정).

가할 수밖에 없고, 이는 실제로 관측되었다. 그림 1.13에서 볼 수 있듯이, 판은 해양암석권과 대륙암석권 둘 다 포함할 수 있다. 사실 대륙은 움직이는 해저와 함께 운동한다. 따라서 Wegener가 추정했듯이 대륙은 이동하지만 맨틀 마그마를 헤치고 이동하는 것은 아니다.

Morgan이 지구를 구성하는 판의 체계를 제시한 이후 새로운 판들이 발견되었고 판의 형태와 운동에 대한 여러 수정이 있었다. 이 연구 분야의 발전을 요약해서 담고 있는 최근의 한 모델은(C. de Mets 외, 1990, Geophys. J. 101) 필리핀판(PH), 코코스판(나즈카판의 북쪽) 그리고 캐리비안판을 포함한 12개의 주요 판을 구분하고, 넓은 변형(diffuse deformation)을 보이는 전이대를 경계로 남아메리카판으로부터 북아메리카

판을 그리고 호주판으로부터 인도판을 나눈다. 북극지역에서 북아메리카판 경계의 위치는 마찬가지로 명확하게 정해져 있지 않다. 해양과 대륙에 퍼져 있는 100개 이상의 맨틀 용승류(mantle plumes)가 여러 연구자들에 의해 밝혀졌다. 나중에 살펴보겠지만 이 열점들은(그림 1.13b) 판 운동에서의 관심대상이다.

1.7 해산, 열도 그리고 열점

해양의 섬들은 거의 예외 없이 화산암으로 구성되고 꼭대기에 왕관처럼 산호초로 이루어진 탄산염퇴적물(reef carbonate)이 있기도 한다. 물론 산호초의 꼭대기에 있는 탄산염 퇴적물은 광합성을 하는 조류와 공생을 하기 때문에 얕은 곳에서만 침전될 수 있다. 따라서 어떤 해산이 꼭대기에 산호초 퇴적층을 가지고 있고 현재 해수면 아래에 깊이 잠겨 있다면, 이는 틀림없이 매우 빠른 속도로 가라앉았다는 것을 의미한다. 이러한 해산은 서태평양에 흔히 분포한다.

평정해산(꼭대기가 평평한 해산 — 역주)의 발견이 해양분지의 기원을 새롭게 이해하는 열쇠를 쥐고 있다고 전해져 왔다. 평정해산은 1940년대에 H. H. Hess에 의해 중앙태평양에서 처음 기술되었다(그림 0.1). Hess는 이 탁자형 산, 즉 그가 명명한 평정해산(guyot)이 화산섬으로 형성되었고 파도에 의해 꼭대기가 침식된 후 현재의 깊이로 가라앉았다고 설명하였다. 또한 처음에 그는 그 섬들이 침강하는 데 많은 시간이 필요하다면 선캄브리아 시기에 형성되었을 수도 있다고 생각하였다. 하지만 그 평정해산들로부터 백악기보다 더 오래된 암석이 발견되지 않았다.

본질적으로 평정해산 형성에 대한 Hess의 가설은 환초 형성에 대한 다윈의 가설을 바탕으로 추론한 것이었다(7.4.3절 참조). 해산이 침강한다는 생각은 이후 Hess의 해저확장 개념과 쉽게 들어맞았다(그림 0.3d). 따라서 그는 주요 문제, 즉 평정해산의 기원과 그 해답(해저확장)을 모두 찾아냈다. 일반적으로 해산의 고도는 1,000m 이상이고 경사는 5~15°이다. 태평양에는 약 10,000개의 해산이 있다.

꼭대기가 편평하거나 또는 그렇지 않은 해산들이 직선으로 줄을 지어 분포하는 주목할 만한 경우들이 많이 있다. 하와이 열도가 가장 좋은 예이다. 이러한 열도들은 어떻게 생성되었을까? 한 가지 가능한 설명은 열도를 만든 화산들이 지각의 긴 약대, 즉

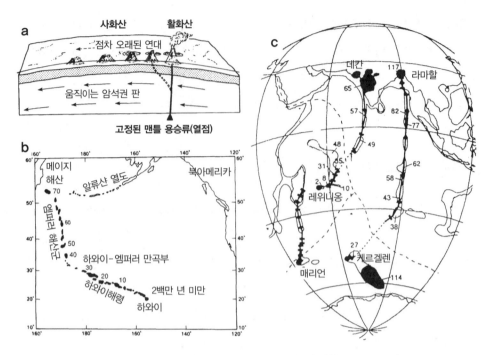

그림 1.14a~c 하와이 제도, 물에 잠긴 산호초 그리고 엠퍼러 해산군의 기원. J. T. Wilson(1963, Can. J. Phys. 41: 863)과 W. J. Morgan(1971, Nature, London 230: 42)이 생각한 '열점' 가설에 따라 작성되었다. **a** 가설의 개략적인 그림. **b** 하와이해령의 연대(백만 년 단위)(1978년 S. Uyeda가 정리한 K-Ar 연대와 1977년 Glomar Challanger호 탐사 위치 430-433 Leg 55의 해저 퇴적물의 생층서 연대). **c** 인도양분지에서 선정된 열점의 흔적. 숫자는 섬, 해산, 대륙지역의 현무암과 심해 시추로 뚫은 퇴적층 아래 현무암의 방사성 연대(백만 년 단위). 선형의 화산열은 판의 이동 방향으로 연대가 오래되었다. 1987~1989년에 해양시추프로그램(Ocean Drilling Program)의 4개 구간은 인도양의 열점을 조사하는 데 할애되었다. 그 결과는, '동경 90도 해령'에서 볼 수 있듯이, 맨틀 용승류는 1억 년 만큼 긴 기간 동안 고정되어 있을 수 있고, 케르겔렌 열점과 레위니옹 열점은 범람 현무암(데칸과 라마할)을 방대하게 분출하면서 시작하였음을 지시한다[R. A. Duncan, 1991, GSA Today (1, 10: 213~219)를 단순화].

깊은 균열 위에 위치하고, 이 균열을 따라 마그마가 상승하여 화산 열도를 생성하였다는 것이다. 하지만 적어도 하와이 제도의 경우에서는 열도의 한쪽 끝에 활화산이 있는 높고 큰 섬들로부터 다른 끝의 사화산이 있는 가라앉은 섬들로 순서가 있는 것이 분명하다(그림 1.14). 확실히 큰 섬들에 비해 가라앉은 섬들은 오래된 것처럼 보인다. 이는 암석의 방사성 연대측정을 통해 사실로 입증되었다. 따라서 균열에 의해 생성되었다면, 한쪽 끝에서 벌어지고 다른 쪽 끝에서 닫히는 전파성 균열을 가정해야 한다.

열도의 기원에 대한 보다 만족스러운 설명은 J. T. Wilson(1965년: A new class of faults and their bearing on continental drift. Nature 207: 343~347)과 W. J.

Morgan(1968년: Rises trenches, great faults and crustal blocks. J. Geophys. Res. 73: 1959~1982)에 의해 제시되었다. 그들은 암석권 아래 맨틀의 깊은 곳에 뜨거운 마그마의 고정된 공급원이 있음을 주장하였다. 마그마가 용승하는 지역인 '열점(hot spot)' 위의 지각 위에서 화산이 형성된다. 판이 움직임에 따라 열도의 화산활동이 활발한 끝에서부터 뒤쪽으로 사화산의 열이 형성된다(그림 1.14).

따라서 이 열은 맨틀의 공급원(거의 고정된)에 대해 암석권의 판이 이동한 방향을 지시한다. 하와이 제도와 엠퍼러 해산군 사이에 나타나는 것처럼 이러한 해산들이 배열된 방향의 변화는 판 이동 방향의 변화를 지시한다.

열점의 용승류(수백 km의 직경)는 하부 맨틀에서 기원하는 것으로 생각되며, 맨틀 대류의 중요한 구성요소이다. 이 공급원에서 기원한 현무암에는 해령의 현무암에 비해, 소위 불호정성(incompatible) 원소(칼슘, 루비듐, 세슘, 스트론튬, 우라늄, 토륨 그리고 희토류 원소들)가 풍부하다. 아마 대륙이 만들어지는 오랜 역사 동안 이 원소들이 상부 맨틀로부터 빠져나갔을 것이고, 이 작용은 계속되고 있다.

100개 이상의 열점과 직경 2,000km의 몇몇 큰 용승류, 소위 초대형 용승류의 전 세계적 분포는 아직까지 설명되지 않았다. 맨틀 내의 작용이 이 분포를 제어할까? 이러한 지역의 하부 맨틀에서는 지진파의 속도가 느리므로 열점의 일반적인 분포와 맨틀 규모의 상승 대류 사이에 관계가 있어 보이기도 한다. 아니면 암석권의 약한 부분과 관련된 걸까? 두 측면 모두 중요하리라 생각된다.

1.8 해저확장의 증거 : 지자기 줄무늬

우리는 해양 분지의 다양한 혹은 대부분의 중요한 지형적 요소를 설명하기 위해 해저확장의 개념을 이용한다. 이 이론이 타당하다는 증거는 무엇인가? 1970년대에 들어와서 이 의문이 제기되었다.

지질학에서 '증거'란 무엇인가? 화석이 한때 살아 있는 생물의 부분이었다는 것을 증명할 수 있을까? 지구의 나이가 46억 년이라는 것을 증명할 수 있을까? 대륙 빙하가 한때 북미와 북유럽의 광활한 지역을 덮었다는 것을 증명할 수 있을까?

이는 전적으로 무엇을 증거로 받아들이고자 하는지에 달려 있다. 위의 모든 질문들에 대해 예전에 전문가들은 강력히 아니라고 대답하였으나, 오늘날에는 누가 그런 어리석은 질문을 할까하고 의아하게 생각할 것이다.

그렇다면 해저확장의 증거는 어떤가? 이 주제에 대해 주요 논문들이 발표된 1968년 이후, '해저확장설'은 사실로 인정된 지구에 대한 다른 여러 제안들을 통합하였다.

해저확장이 맞다고 확신하는 이유는 무엇일까?

이 확신은 해저에 있는 자기이상의 전 지구적 패턴에 바탕을 두고 있다(그림 1.15). 지형, 열류량, 지진활동 등 각각에 대한 관측 결과들은 해저확장에 의해 훌륭하게 설명되지만, 이 현상들을 만드는 다른 원인을 상상할 수도 있다. 하지만 자기이상에 대해서는 해저확장 외에 다른 합리적인 대안이 제시된 적이 없다.

이 패턴, 즉 '지자기 줄무늬(magnetic stripes)'는 스크립스 해양연구소(Scripps Institution of Oceanography)의 지구물리학자들에 의해 처음 발견되었다(R. G. Mason, A. D. Raff, V. Vacquier). 하지만 그 기원은 수년 동안 수수께끼로 남아 있었다. 한 가지 문제는, 그들이 조사한 지역이 지구조적으로 복잡하며 설명의 열쇠를 쥐고 있는 해령을 중심으로 한 대칭적인 패턴이 그 지역에서는 명확하지 않다는 것이었다.

1963년 F. J. Vine(당시 캠브리지대학의 대학원생)과 D. H. Matthews(그의 지도교수)이 '줄무늬'를 최초로 성공적으로 설명하였다. 그들의 설명은 매우 간단했다. 즉, H. H. Hess와 R. S. Dietz의 해저확장 아이디어를 종합하고 A. Cox, R. R. Doell 그리고 G. B. Dalymple이 1963년에 제시한 지구 자기장의 주기적인 역전의 증거(Geomagnetic polarity epochs and Pleistocene geochronometry. Nature 198: 1049~1051)를 이와 결합하였다. 해령의 꼭대기에서(또는 중앙열곡 내에서) 새로 용승한 뜨거운 물질은 525°(큐리점) 아래로 식을 때 우세한 자기장에 따라 자화된다. 이 자기장이 주기적으로 역전된다면, 그들이 말하기로는 "해저의 확장이 일어난다면, 교대로 정자화 및 역자화된 물질의 지괴가 해령마루로부터 멀어지는 방향으로 그리고 평행하게 놓이도록 이동할 것이다." 간단히 말해서, 여기에 해저확장을 증명하는 열쇠가 있었다(그림 1.16). 해저는 마치 지구 자기장의 테이프 레코더로 작동하는 것처럼 보였다.

결국, 모든 주요 해양 분지에서 해령의 양쪽에 있는 지자기이상의 배열은 육지의 용암류들에서 연대측정과 함께 연구된 배열과 정확히 일치하는 것으로 밝혀졌다.

이 테이프 레코더는 최고 품질은 아니지만 매우 잘 작동한다(그림 1.16a). 시간 척도

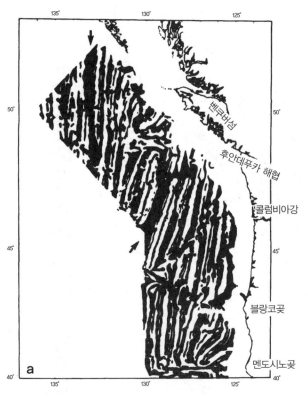

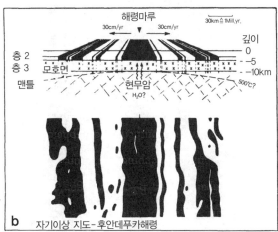

그림 1.15a, b 해저의 자기 선구조. **a** A. D. Raff와 R. G. Mason(1961, Geol. Soc. Am. Bull. 72: 1267)의 자기이상 패턴. 이 이상들은 수년 동안 설명되지 못했다. 이제는 이것들이 '확장 중심'(화살표)에서 생성되었다고 인정된다. **b** 자기이상을 생성하는 기작. F. J. Vine과 D. H. Matthews가 제안(1963, Nature London 199: 947)(F. J. Vine in R. A. Phinney, 1968, The history of the Earth's crust, Princeton Univ. Press, pp.73~89).

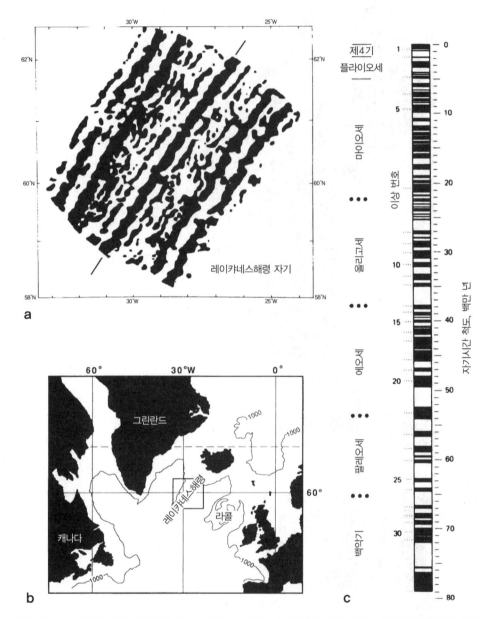

그림 1.16a~c 해저의 자기 선구조와 지난 8천만 년 동안 자기 역전의 시간 척도. 레이캬네스해령의 패턴은 J. R. Heirtzler 외(1966, Deep-Sea Res. 13: 427)로부터 인용. 시간 척도는 Heirtzler 외(1968, J. Geophys. Res. 73: 2119)로부터 인용. 생층서 경계(c)는 수정됨. 최신의 척도는 S. C. Cande와 D. V. Kent(1992)의 A new geomagnetic polarity time scale for the Late Cretaceous and Cenozoic. J. Geophys. Res. 97, 13917에 있다.

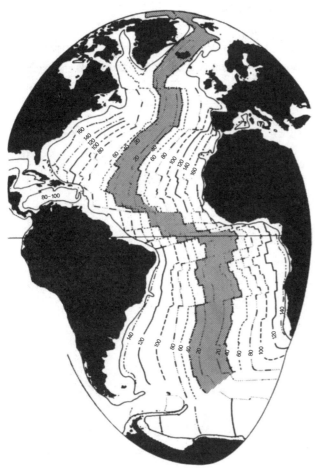

그림 1.17 주로 자기 역전 척도에 바탕을 둔 대서양 해저의 연령. 대서양 크기의 점진적 증가가 뚜렷이 보인다. 대서양은 태평양이 줄면서 커졌다(태평양의 연령 분포는 조금 덜 규명되었다)(W. H. Berger, E. L. Winterer, 1974, Int. Assoc. Sediment. Spec. Publ. 1: 11).

를 통해(그림 1.16c), 이제는 단순히 해저의 지자기이상을 자기 역전 척도에 연결시켜 확장속도를 알아낼 수 있으며, 해저의 연령 지도를 만들 수 있다(그림 1.17).

연령 지도가 정확하다면, 현무암 바닥 위에 놓이는 가장 오래된 퇴적물들은 틀림없이 같은 연령 배열을 보일 것이다. 1968년에 심해시추선 Glomar Challenger호가 이 예측을 시험하기 위해 항해를 시작했다. Leg 3의 조사(1968/69년) 결과 이 예측이 맞는다고 처음 알려졌다. 그 이후 측정된 대부분의 자기 연령과 미고생물학적 연령은 놀라울 정도로 정확히 일치하였으며(그림 1.18), 마침내 이 일치는 새로운 이론의 '증거'로 인정되었다.

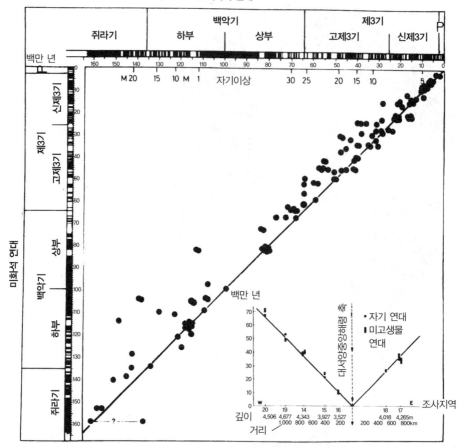

그림 1.18 자기이상 연령('기반암 연령')과 가장 오래된 퇴적물의 생층서 연령의 비교. Glomar Challenger호 조사지역 1~417(1968~1976년). M. Sarnthein, Kiel이 종합. 예상한 대로 대부분의 퇴적물 연령이 기반암의 자기 연령보다 조금 젊은 것에 주목하라. 삽도: DSDP Leg 3 자료의 연령–거리 도표. 브라질 앞 남위 30°의 대서양중앙해령을 가로질러 표시. 이 자료들은(A. E. Maxwell 외에 의해 발표, 1970, Science 168: 1047) 해저확장설에 기초한 고지자기 연대측정과 생층서에 의한 연대측정이 일치함을 처음 설명하였다.

1.9 과제와 질문

판구조론은 학계에서의 수많은 조사에도 불구하고 오랫동안 해답을 얻지 못했던 근본적인 질문들 ― 산맥의 기원과 같은 ― 에 대해 풍부한 답을 가져다 주었다. 하지만 어떤 좋은 이론이라도 마찬가지로 많은 새로운 문제들이 발생했다. 이 문제들 중 다수는, 예를 들어 판 가장자리에서 일어나는 작용에 대한 기존 개념들을 상세하게 개선하는

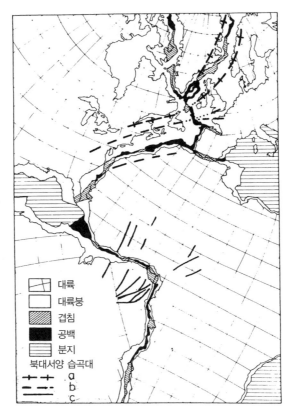

그림 1.19 대서양에 접한 대륙들을 맞춘 그림. E. C. Bullard 외(in Blackett 외 1965, A. Symposium on Continental Drift, Philsophical Transactions, A258, Royal Society of London)가 제안. 500 패덤(900m) 등수심선을 맞춘 것에 바탕을 두고 있다. 나이저 삼각주가 겹치는 것은 예상된 것이지만, 바하마가 겹치는 것은 예상되지 못했다. 또한 아프리카에 대한 지브랄타의 상대적 위치와 비스케이 만의 '폐쇄'에 주목하라. 북미와 유럽 그리고 남미와 아프리카의 고생대 습곡대들이 매우 잘 이어진다. a 칼레도니아 습곡대, b 헤르시니아 습곡대, c 범아프리카 습곡대(다양한 출처로부터 인용, 범아프리카 습곡대는 C. J. Archanjo와 J. L. Bouchez, Bull. Soc. Géol. France, 1991, 4: 638로부터 인용).

것과 관련된다(그림 1.20).

 운동의 물리학과 물질 분별작용을 다루는 지구화학 모두 그러한 연구의 초점이다. 해령의 마루 근처에서 황화물 광상이 정확히 어떻게 형성될까? 그것들은 섭입대에서 어떻게 될까? 그것들은 그곳에서 광체(ore bodies) 형성에 기여하는가? 두 환경에서 열수는 어떤 역할을 하는가? 보다 근본적으로, 이 작용들이 해수와 대기의 조성과 관련되는가? 특히 제10장에서 이 질문들의 몇 가지 문제가 다루어질 것이다.

 다른 문제들은 이 작용들과 크게 관련이 없으며 지질 역사를 보다 잘 재구성하는 것과 관련된다.

　지질시대 동안 육지와 바다의 분포를 보여주는 믿을 만한 고지리 지도는 해양의 역사를 재구성하는 데 관심이 있는 해양지질학자들에게 가장 시급하게 필요한 것일 것이다. 1965년에 E. C. Bullard와 공동 연구자들은 이동하는 대륙과 대륙의 조각들이 어떻게 정확히 합쳐지는지를 설명하였다(그림 1.19). Bullard의 공동 연구자들뿐만 아니라 다른 학자들도 이후 이러한 작업을 크게 확장하였고, 과거 대륙 덩어리들의 위치를 보여주는 일련의 지도들을 발표하였다. 물론 이것들은 대륙과 해양 모두의 지사학에 매우 유용하다. 또한 해양지각과 대륙지각 사이에서 일어나는 조산운동과 관련된 여러 작용들은 대륙의 분포와 관련된 중요한 세부적인 사항에 대한 정보를 주었다. 즉 이러한 정보는, 예를 들어 한 해양분지와 다른 분지 사이에 연결이 있었는지를 판단하는 데 매우 중요하다. 고생물 화석의 분포를 설명하는 데 필요한 고지리 기본도를 마련하는 데에도 오랜 기간의 편집, 현장조사 그리고 상세한 재구성이 필요할 것이다.

　페름기까지 거슬러 올라간 시대에 대해 이러한 과제를 수행하는 것은 매우 어려운 일이다.

　'지자기 역전(magnetic reversal)의 시간 척도'는 대륙의 이동 또는 퇴적작용을 포함하여 지구 역사와 관련된 다양한 작용의 변화속도를 알아내는 데 기초가 되므로, 이 지자기 시간 척도를 지속적으로 개선하는 것은 중요한 과제이다. 이와 관련하여 더 어려운 과제는 자기 역전의 기간(보통 1만 년 이내)과 역전이 일어나는 이유를 알아내는 것이다. 또 다른 궁금한 점은 중생대 백악기 중기 동안에는 상당한 기간 동안 역전이 왜 일어나지 않았느냐이다(그림 9.22 참조). 하부 맨틀로부터 용승류의 방출(이는 수백만 년 후에 해저의 현무암 분출로 나타난다)이 어떤 방식으로든 자기 역전의 중지와 관련되었을까? 그렇다면, 왜 그래야 하는가? 게다가 역전은 지구 자기장을 이용하여 방향을 정하는 철새들에게만 아니라 많은 문제를 일으킨다.

　근본적인 많은 의문들이 제기되어 왔다(그림 1.20 참조). 무엇이 확장속도를 결정하는가? 무엇 때문에 확장의 방향과 속도가 변하는가? 안산암선(andesite line) 안쪽에 평행하게 뻗어 있는 마라아나해구에서(그림 A6.1) 남동쪽으로 약 2,000km 떨어진 비키니환초로부터 투아모투 제도까지 약 8,000km에 이르는 지역인 남태평양에 많은 섬과 해산이 모여 있는 것의 의미는 무엇인가? 그것들은 아마 맨틀작용의 상세한 부분들과

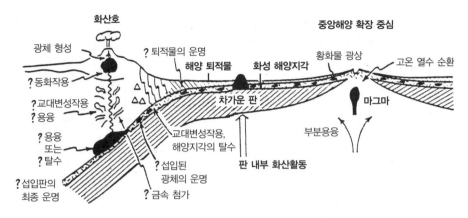

그림 1.20 수렴대의 판구조와 산맥 형성과 관련된 유동. 섭입대 내의 작용들은 잘 알려져 있지 않다. 이 작용들은 교대변성작용을 포함하는데, 이에 의해 기존 암석이 아래로부터 침투하는 물질과 반응하여 부분적으로 혹은 전체적으로 바뀐다(European Science Foundation, 1988, Report on the Second Conference on Scientific Ocean Drilling, Strasbourg, Imprim. Reg.).

관련될 텐데, 우리는 판 내부환경의 지구조작용과 화산활동에 대해 아직 너무 모르고 있다.

분명히, 지구의 얇은 껍질, 즉 지각의 주요 특징은 궁극적으로는 대부분 맨틀작용 때문이다. 맨틀의 대류는 실제 어떤 모습일까? 상부와 하부의 맨틀 대류는 분리되어 있을까 혹은 그렇지 않을까? 하강하는 판의 조각은 맨틀 혼합에서 어떤 역할을 할까? 용승류는 어떠한가? 용승류는 대류 시나리오에서 얼마나 중요한가? 용승류는 어디에서 공급되는가? 용승류의 물질은 상승하는 과정에서 얼마나 변하는가? 지질시대에 걸쳐 용승류는 얼마나 안정적인가? 해양의 고원에서 군도에 이르기까지, 용승류는 지표에서 왜 상당히 다른 형태로 나타나는가?

이러한 여러 궁금한 사항들은 탄성파 **단층촬영법**(seismic tomography : 탄성파의 다방향 전파에 기초한 맨틀의 3차원 모형화)에 의한 탐사와 현무암의 화학적 특성에 대한 대규모의 체계적인 지도화를 통해 어렴풋이 예측할 수 있다. 맨틀은 단순하게 층화되어 있지 않고 서로 다른 역사를 갖는 그리고 다른 물리적, 화학적 성질을 갖는 마그마 덩어리들이 서로 맞물리고 섞여 복잡하게 구성된 것으로 보인다. 수치 모형화(numerical modelling) — 현재의 지식을 바탕으로 한 수학적 실험 — 는 비행사들에게 익숙한 적운 아래의 상승기류를 연상시키는 원기둥과 비슷한 형태의 용승체를 보여준다. 물론 맨틀에서 이 상승류는 인간의 시간 척도에 비해 매우 천천히 움직인다. 이 모형에서 하강류는 긴 판으로 나타나는데, 아마 섭입대에서 하강하는 판의 조각으로부터 유래할 것이다. 차갑고 무거운 이 판조각들은 우리가 이해하려고 애쓰는 대류의 구동 기작의 일부분이다.

맨틀작용을 제대로 이해하기에 앞서, 맨틀로부터의 다양한 메시지들 — 대규모의 지형 요소, 예를 들어 남태평양의 'superswell'[McNutt 외 (1993), Science] 그리고 현무암의 특이한 동위원소 조성, 예를 들어 인도양의 'Dupal[Durpré, B와 CJ Allègre (1983) Pb-Sr isotope variation in Indian Ocean basalts and mixing phenomena. Nature, 303: 346. Hart, SR (1984) A large-scale isotopic anomaly in the Southern Hemisphere mantle. Nature 309: 137~144]'과 같은 것들이 지도로 만들어지고, 논리적으로 설명될 수 있는 모델에 포함되어야 한다.

더 읽을 참고문헌

Cox A (ed) (1973) Plate tectonics and geomagnetics reversals. Freeman, San Francisco
LePichon X, Francheteau J, Bonnin J (1973) Plate tectonics. Elsevier, Amsterdam
Uyeda S (1978) The new view of the earth – moving continents and moving oceans. Freeman, San Francisco
Anderson RN (1986) Marine geology – a planet Earth perspective. Wiley, New York
Kearey P, Vine FJ (1990) Global tectonics. Blackwell Scientific, Oxford

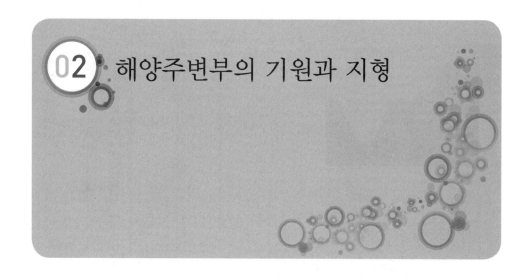

02 해양주변부의 기원과 지형

2.1 대륙주변부의 일반적 특징

대륙은 매우 오래된 수십억 년 이상 된 암석들을 포함하고 있다. 이들은 궁극적으로 '암석 순환(rock cycle)', 즉 맨틀에서 유래한 물질이 반복된 조산작용과 침식을 통한 분별작용을 거쳐 만들어진다. 대륙은 밀도가 낮아 맨틀 위에 떠 있다. 반면 해저는 이미 보았듯이 지질학적으로 젊다. 해저의 기반을 구성하는 현무암질 암석은 그것이 유래한 맨틀 암석과 성분이 비슷하다. 또한 대륙의 암석에 비해 약간 더 무겁다(주로 높은 철 함량 때문에, 부록 A6). 가벼운 대륙의 땅덩어리는 이를 에워싸고 있는 해양지각보다 높이 솟아 있다(그림 2.1a). 대륙과 해양의 경계부에는 두꺼운 퇴적층이 집적되어 주변부가 만들어지며(그림 2.1c), 퇴적물들은 이 주변부에 작용하는 지체구조적 힘에 따라 층이 잘 발달해 있거나 심하게 변형되어 있다.

　대륙과 깊은 해양 사이의 전이지역, 즉 해양의 주변부는 이들이 판 내부지역[대륙의 뒷전(trailing edge)], 대륙의 충돌경계부 또는 전단대 중 어디에 나타나느냐에 따라 특성이 크게 달라진다. 대부분의 해양주변부가 공통적으로 갖는 한 가지 특성은 대량의 퇴적물이 나타난다는 점이다. 해양주변부는 육지에 거주하는 우리의 관점을 반영하여 대체로 '대륙주변부(continental margins)'로 불린다. 해저의 전반적인 지리적 특성과 관

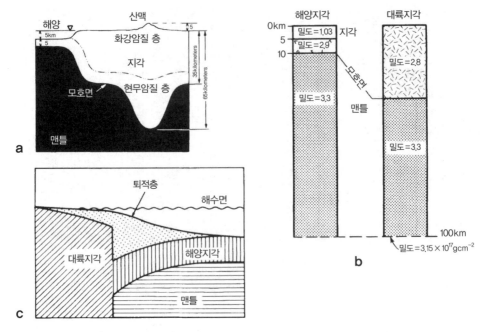

그림 2.1a~c 대륙-해양 전이지역의 지각평형 모식도. **a** 맨틀 위에 '떠 있는' 대륙의 단면도(Uyeda, 1978). **b** 밀도 분포. **c** 대륙주변부의 일반적인 특징을 보여주는 스케치.

련하여 대륙주변부가 갖는 중요성은 몇 가지 통계자료로 잘 설명된다(표 2.1). 이 표의 여러 수치들은 기본적으로 대륙과 해양분지 사이의 균형을 유지시키는 외인적 작용 (exogenic process)과 내인적 작용(endogenic process)이 효율적으로 작동하고 있음을 반영한다. 이러한 균형은 고지대의 침식, 대륙주변부에서의 퇴적 그리고 앞서 간략히 언급한 조산작용에 의해 이루어진다.

육지의 약 70%는 해발 고도 1,000m 이내에 위치한다. 대륙은 기저면이라 할 수 있는 해수면을 향해 지속적으로 침식되고 있다. 해수면은 퇴적의 상한면이라고도 할 수 있다. 따라서 바닷가에 쌓이는 퇴적물들은 해수면을 향해 쌓이려는 경향이 있다. 미시시피 분지의 대평원 그리고 멕시코만 연안의 전 지역이 이러한 경향, 즉 대륙이 해수면 가까이 낮아지려는 경향의 대표적 사례라 할 수 있다. 이 지역들은 바다가 육지를 덮었던 시기에 해수면 근처에서 쌓인 퇴적물로 덮여 있다.

대륙의 저지대 대부분은 해양 퇴적물로 덮여 있다. 실제 이러한 지역들은 대륙의 '선반'에 해당하며, 과거 지질시대를 통해 자주 바다 속에 잠겨 있었다. 현재는 대륙

표 2.1 대륙주변부에 대한 통계자료(H. W. Menard and S. M. Smith, 1966, J. Geophys. Res. 71, p.4305와 기타 자료 인용).

주변 해를 제외한 세계의 대양	대륙붕			대륙사면			대륙대	해구
	면적 (0~200m) $10^6 km^2$	평균 폭 (km)	평균 경사	면적 ($10^6 km^2$)	평균 폭 (km)	평균 경사	면적 ($10^6 km^2$)	면적 ($10^6 km^2$)
대서양 (면적 %)	6.080 (7.9%)	115	0°28'	6.578 (7.6%)	260	1°19'	5.381 (6.2%)	0.447 (0.5%)
인도양	2.622 (3.6%)	91	0°23'	3.475 (4.7%)	182	1°35'	4.212 (5.7%)	0.256 (0.3%)
태평양	2.712 (1.6%)	52	0°49'	8.587 (5.2%)	139	3°13'	2.690 (1.6%)	4.757 (2.9%)

붕(shelf)의 대부분이 물에 잠겨 있다. 대륙붕의 바깥쪽 경계를 수심 200m로 잡았을 때(편의상 이렇게 잡은 것으로 실제 깊이는 매우 변동이 심하다 — 역주), 2천 8백만 km^2, 즉 지구 표면적의 약 5%, 또는 해저 면적의 7 내지 8%, 또는 아프리카 대륙만큼 이 물속에 잠긴 대륙붕으로 이루어져 있다.

그림 2.2a의 모식도는 대륙붕, 대륙사면 그리고 대륙대 사이의 관계를 보여주며 대륙주변부 환경과 관련하여 흔히 쓰이는 용어를 소개하고 있다. 미국 동부 연안 주변부의 지형도는 이런 다양한 지형적 구역들을 보여주고 있다(그림 2.2b).

'원양성(pelagic)'과 '연안성(neritic)'이란 용어는 퇴적물뿐만 아니라 해양생물에 대해서도 쓰이며 각각 '외해(open ocean)'와 '연안(coastal)'을 뜻한다. '해안(littoral)'에서 '초심해(hadal)'란 용어는 수심과 관련해 쓰인다. 해안은 간조와 만조 사이의 지역을 뜻하는 '조간대(intertidal zone)'와 뜻이 같다. '조상대(supralittoral zone)'는 '포말대(spray zone)'에 대해, '조하대(sublittoral zone)'는 조간대의 바다 쪽 지역에 대해 쓰인다.

2.2 퇴적물이 쌓이는 곳, 대륙주변부

대륙주변부는 대륙에서 유래한 쇄설물, 즉 육성퇴적물이 쌓이는 곳이다. 또한 대륙주변부는 생산력이 높아 해양의 가장 비옥한 지역이기도 하다. 따라서 대량의 유기물이

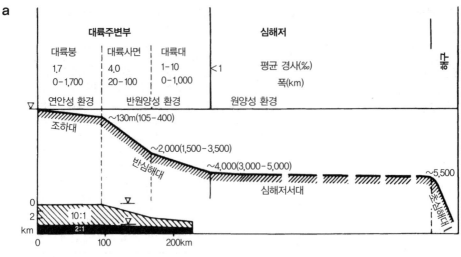

그림 2.2a, b 해저의 수심별 구역. **a** 해저의 수심과 육지로부터의 거리에 따라 가장 일반적으로 쓰이는 용어들을 설명한 모식도. 단면도는 수직적으로 크게 과장되어 있다. 실제로는 경사가 완만하다. 그림 아랫부분에 삽입된 그림은 북서 아프리카의 실제 단면이다. **b** 북동 아메리카 대륙주변부의 지형모식도. **b** 1 대륙붕, 2 대륙사면, 3 대륙대, 4 심해평원, 5 해저협곡(B. C. Heezen 외, 1959, Geol. Soc. Am. Spec. Pap. 65.)

육성퇴적물과 함께 매몰된다. 그리고 조건이 맞으면 이 유기물은 수백만 년에 걸쳐 석유로 변한다. 이러한 일은 멕시코만 연안지역에서 실제로 발생하여 엄청난 양의 퇴적층 속에서 석유가 발견된다(10장 참조).

표 2.2 육지와 해양의 면적과 집수역(H. W. Menard and S. M. Smith, 1966, J. Geophys. Res. 71, p.4305와 기타 자료 인용).

	면적 (10^6km^2)	지구 표면적에 대한 %	집수역의 면적[b] (10^6km^2)	해양면적/ 육지면적	평균 수심(km)
아시아	44.8	8.7			
유럽	10.4	2.1			
아프리카	30.6	6.0			
북아메리카	22.0	4.3			
남아메리카	17.9	3.5			
남극	15.6	3.1			
호주	7.8	1.5			
태평양	181.3[a](166.2)	35.4	18	10 : 1	4.0(4.2)
대서양	106.6[a](86.8)	20.8	67	1.6 : 1	3.3(3.8)
인도양	74.1[a](73.4)	14.5	17	4.3 : 1	3.9(3.9)

[a]주변해 포함(흑해, 지중해, 북극해는 대서양 포함). 괄호 안 수치는 주변해를 제외한 값.
[b]내부 집수역과 남극을 제외함.

어떤 대륙주변부가 두꺼운 퇴적층을 갖게 될까? 해양분지의 크기에 비해 넓은 육지로부터 퇴적물을 받아들이는 해양분지가 두꺼운 퇴적층을 갖게 되리라 예측하는 것이 합리적이다(표 2.2). 실제 대서양의 대륙주변부에는 두께가 10km를 넘는 두꺼운 퇴적층이 나타난다. 대서양은 또한 세계의 주요 해양분지들 중 대륙사면과 대륙대가 차지하는 면적의 비가 가장 크다(그림 1.3). 그 이유는 단지 퇴적물 공급 때문만이 아니며 대서양의 대륙주변부가 오래된 판의 '뒷전(trailing edge)'으로서 오랫동안 침강작용이 일어난 지역이며 지구조작용에 의해 교란되지 않았기 때문이다.

2.3 대서양형(비활성) 대륙주변부

대륙주변부는 기원에 따라 큰 차이를 보인다. 1883년, Eduard Suess(1831~1914)는 그 차이를 강조하기 위해 대서양형 주변부(Atlantic margin)와 태평양형 주변부(Pacific margin)란 용어를 만들어냈다. 기본적으로, 대서양형 주변부는 끊임없이 침강하는 지역이며 마치 시루떡 모양으로 두꺼운 퇴적층이 누적되고 있다. 반면 태평양형 주변부는 대체로 융기하고 있으며 화산활동, 습곡작용, 단층작용 그리고 기타 조산운동과 관련되어 있다. 지구조운동의 양상 그리고 지진과 화산의 차이 때문에 대서양형 주변부는 '비활성 주변부(passive margin)' 그리고 태평양형 주변부는 '활성 주변부(active margin)'라고 불리기도 한다.

대륙주변부의 기원은 해저확장의 개념으로 이해되어야 한다. 대서양에서 대륙주변부는 과거 하나의 큰 대륙이 약하거나 응력이 가장 큰 선을 따라 두 대륙으로 분리된 후 퇴적물의 하중과 침강작용을 통해 형성되었다(그림 2.3).

그 발달과정은 홍해를 예로 들어 설명할 수 있다. 홍해에서는 맨틀 물질이 상승하여 아라비아반도가 아프리카로부터 떨어져 나오고 있다.

이 작용의 초기단계는 바다가 아직 열곡으로 침투하지 못한 동아프리카 열곡에서 진행되고 있다. 대륙지각이 당겨짐에 따라(따라서 얇아짐에 따라) 연약권의 맨틀 물질

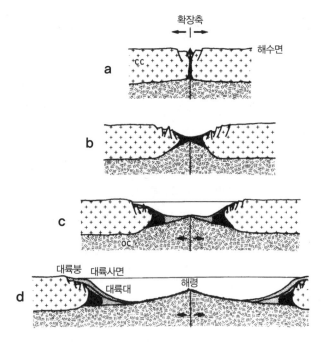

그림 2.3a~d 대서양형 대륙주변부의 진화. 지구 맨틀 물질의 상승(**a**)에 의해 대륙지각(CC)이 팽창하고 지구가 만들어진다. 이 단계에서는 화산활동이 빈번하다. 대륙지각은 얇아지고 침강하며 양쪽으로 분리된다(**b**). 조립질의 육성퇴적물(점 무늬)과 화산기원 퇴적층(흑색 무늬)(간혹 암염층인 경우도 있음)이 쌓인다. 열개 이후에는 이동이 일어나며 대륙주변부는 더 침강한다. 맨틀 물질은 새로운 해양지각(OC)을 형성한다(**c**). 이 단계는 현재의 홍해와 유사하다. **d** 해저확장에 의해 새로 형성되는 해양지각지역이 증가한다. 퇴적물이 해저의 오래된 부분을 덮으며 주변부를 형성한다.

(그림 2.3a, b)이 상승할 수 있는 창문이 열리게 된다. 열류량이 증가하게 되면 중앙해령에서처럼 상승하는 맨틀 물질 위로 지각이 부풀어오르게 된다. 그러나 중앙해령과 달리 갈라지는 대륙지각 사이에는 골짜기가 생긴 후 점점 커진다. 대륙지각의 조각들이 '점완단층(listric fault)'을 따라 떨어져 나온다. 이러한 작용에 의해 대륙지각은 끊임없이 얇아지고 늘어난다[비스케이 북부(Northern Biscay)나 조지스 뱅크(Georges Bank)에서와 같은 '비화산성(nonvolcanic)' 주변부, 그림 2.4 참조].

중심부 지구(graben)는 이를 에워싸고 있는 높은 산맥들로부터 대량의 퇴적물을 받아들인다. 처음에는 상승하는 맨틀 물질에 의해 융기되었던 이 산맥들은 침식에 의해

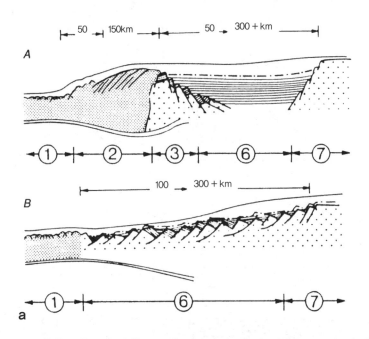

그림 2.4a~c a '화산성'(A) 대륙주변부와 '비화산성'(B) 대륙주변부의 대표적인 구조요소를 비교한 그림. 1 정상적인 두께의 해양지각, 2 바다를 향해 경사진 지층 단위(화산성), 3 종종 2에 인접해 나타나는 대륙지각의 구조적 고지대, 6 얇아지고 침강한 대륙지각, 7 신장되지 않은 대륙지각. 평행한 줄무늬 퇴적물, 이중선 모호와 하부의 맨틀(J.C. Mutter 외, 1987; C. Sibuet and Z. Mascle 1978 in European Science Foundation, Cosod Ⅱ Report, Strasbourg, 1987: 92). b 북대서양의 열개된 대륙주변부. '화산성' 주변부(a, 검은색 부분)와 '비화산성'(b) 주변부. 아이슬란드는 대서양중앙해령 위의 열점이다(R. S. White 외, 1987, Nature, 330: 439). c 비화산성 비활성 대륙주변부를 가로지르는 연속적인 탄성파 단면도. 심해시추 제안 지역과 마지막 시추공 642호(가운데 수직선)의 위치가 표시되어 있다(노르웨이 바다 쪽의 뵈링 대지, 그림 b. 참조). E와 K면 사이의 경사진 반사면. E 하부 에오세 현무암질 용암의 상부, K 바다 쪽으로 경사진 반사면의 지층 기저부, M과 O 제3기 부정합(M 중기/후기 마이오세, O 중기 올리고세)(K. Hinz in O. Eldholm 외, Proc. ODP Initial Reports, 104, 12의 자료).

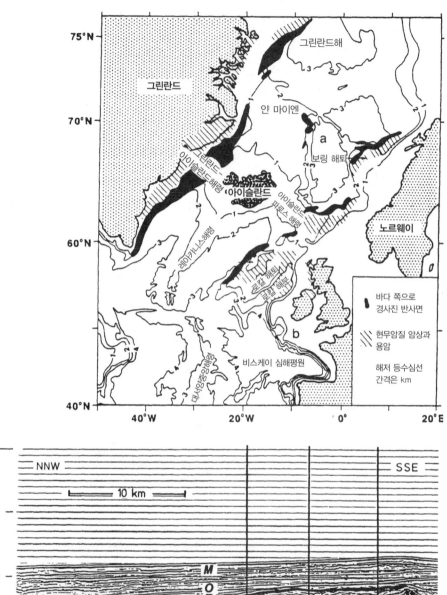

b

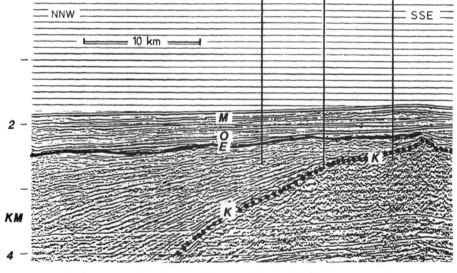

c

하중이 제거됨에 따라 융기를 지속하게 된다. 지각의 틈새로 시작된 중심부의 계곡은 퇴적물의 하중과 냉각에 의해 침강하게 된다. 이 계곡이 넓어짐에 따라 바닷물이 침투하고 마그마가 지속적으로 공급되면서 열곡을 지닌 젊은 중앙해령과 비슷한 지형을 갖게 된다.

　대륙지각이 연약권의 용융 물질과 만나는 깊은 지하의 작용은 직접 관찰하기 어렵기 때문에 이해하기가 어렵다. 마그마는 대륙지각의 지괴 사이로 관입하고 지각을 부분적으로 용융시키고 뒤섞인다. 마그마의 일부는 에디오피아의 아파르(Afar) 사막에서와 같이 지표에 도달하여 대량의 현무암을 쏟아내기도 한다. 대서양형 지각 열개에 의해 화산암이 3∼5km 두께로 쌓인 사례로는 동부 그린란드와 노르웨이 연안의 화산성 대륙주변부가 있다(보링고원, 그림 2.4 참조). 이곳에서는 심해시추에 의해 '경사진 지진파 반사면(dipping reflector)'이 고기의 용암임이 확인되었다.

　침수된 대륙주변부가 암석권의 냉각에 의해 가라앉고 있는 홍해로 되돌아가 보자(그림 2.3c). 이곳의 침강하는 지괴 위로는 두꺼운 산호초가 자라나 탄산염 대륙붕이 만들어지고 있으며 그 무게로 지각은 더욱 눌리고 있다. 만약 홍해가 약간만 덜 열렸다면 암염층이 만들어졌을 것이다. 실제 두꺼운 증발암층으로부터 과거에 이런 일이 일어났다는 증거가 발견되기도 하였다.

　요약하자면, 대륙 열개 초기에 저위도지방에서는 뒤로 물러나는 대륙주변부가 침강하는 동안 탄산염광물로 이루어진 산호초가 성장할 수 있으며 암염층이 형성될 수도 있다.

　고기의 암염층과 초(reef) 구조(현재는 산호가 주로 초를 이루고 있어서 산호초라고 하지만 과거에는 다른 생물이 초를 이루는 주된 생물인 시대도 있었음 — 역주)는 대서양형 주변부의 여러 곳에서 볼 수 있다(그림 2.5, 2.6). 암염층은 대표적으로 멕시코만에서 잘 알려져 있는데, 이곳의 암염층은 암염 돔(salt dome)으로 상승하여 석유 이동의 경로를 만들어주었다(10장 참조). 대서양에서의 암염층은 앙골라 연안에서 나타난다. 남대서양의 이 암염층은 확장 초기의 좁은 대서양이 북쪽은 막혀 있고 남쪽은 왈비스 해령 – 리오 그랑데 울타리섬(Walvis Ridge - Rio Grande Barrier)(지금은 30°S 부근에 위치)에 의해 해수 교환이 제한되었을 때 쌓인 것으로 추정된다. 이런 암염층은 남대서양이 중기 백악기의 오랜 기간 동안 유기물이 풍부한 퇴적물로 쌓일 수 있었던 장

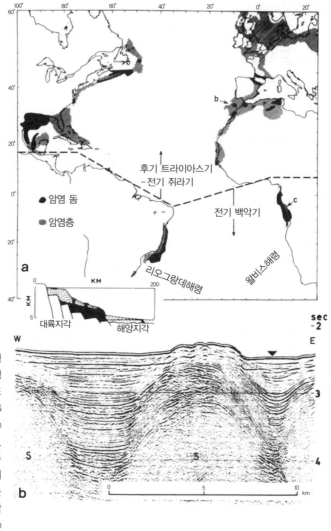

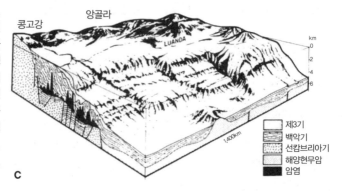

그림 2.5a~c 대서양 형성 초기의 증발암층. a 중생대 증발암층의 지리적 분포 (K. O. Emery, 1977, AAPG Continuing Education Course Notes Ser 5: B-1). b 모로코 연안(북위 30° 주변)에서 Meteor호 탐사 39의 에어건 단면도에서 관찰되는 암염 돔(diapir) 구조(S). 삼각형 지점의 수심은 약 1,800m 이다(E. Seibold 외, 1976). c 앙골라(남서 아프리카) 연안에서 관찰되는 암염 돔과 주변부 구조와의 관계. 중생대 앱티안(Aptian) 시기의 이 암염은 캄브리아기 이전의 기반암에 만들어진 지구를 채우고 있는 육성쇄설성 퇴적층 위에 놓여 있다(R. H. Beck and P. Lehner, 1974, AAPG Bull. 58, 376).

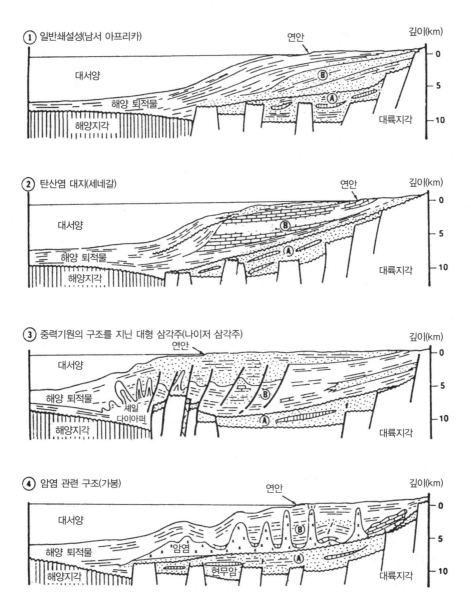

그림 2.6 비활성 또는 대서양형 대륙주변부. 아프리카 연안을 따라 나타나는 다양한 유형의 주변부. A 육성퇴적물, B 해성퇴적물(K. T. Pickering 외, 1989: 252, Deep-marine Environments, Unwin Hyman, London).

소여서 대규모의 석유 매장과도 관련이 있다.

침강하는 대륙주변부에 쌓이는 물질의 종류는 그 지역의 지질학적 환경에 따라 달라진다. 큰 하천에 의한 퇴적물과 담수의 유입이 없는 열대지방의 경우 탄산염 초가 자랄 수 있다. 다른 지역에서는 석호 및 하천 퇴적물이 점차 해양성 퇴적물, 주로 부유성(planktonic) 및 저서성(benthic) 생물의 껍질이 풍부한 반원양성 머드로 덮일 것이다. 곳곳에 퇴적물이 아주 두껍게 쌓일 수도 있다. 나이저(Niger), 미시시피 그리고 여타 대규모 삼각주의 바다 쪽에는 10~15km 두께의 퇴적층이 보고되고 있다(그림 2.6).

대륙 열개의 최종 산물은 대륙 가장자리에 가라앉는 지괴와 이에 인접한 해양지각 위로 퇴적물이 두껍게 쌓여 있는 대륙주변부이다(그림 2.3, 2.6).

우리는 이러한 결론을 대륙 열개에 의해 생성된 후 움직이는 판 위에 수동적으로 얹혀 있는 모든 대륙주변부에 일반화시킬 수 있다. 이러한 비활성 주변부로는 대서양의 대륙주변부 이외에도 동아프리카 주변부, 인도 주변부, 호주 대부분의 주변부 그리고 거의 대부분의 남극 주변부가 있다. 남극의 경우 빙상(ice sheet)의 형성 이후 침식과 퇴적과 관련하여 특별한 조건이 만들어졌다. 두꺼운 빙상은 제3기 말 또는 그 이전부터 존재하였다.

2.4 비활성 대륙주변부 연구에 있어 풀리지 않은 의문점들

비활성 대륙주변부의 기원과 진화를 규명함에 있어 각 지역마다 문제점들이 있다. 동아프리카 열곡대, 홍해, 캘리포니아만 그리고 대서양과 같이 지각 열개과정의 가장 대표적인 사례로 언급되는 지역들을 통해 이들 지역에서 어떤 작용들이 일어나고 있는지를 잘 알 수 있다. 장차 열개가 일어날 장소에서 지각의 확장이 먼저 일어나고 융기된 지각의 침식이 일어났는가? 최초의 열곡은 얼마나 넓었나? 대륙지각의 바깥 가장자리의 침강은 대륙 안쪽의 지괴에 어떤 영향을 주는가? 융기와 침강의 속도는? 그리고 침식과 퇴적의 시간과 공간상의 속도는? 침강의 역사와 관련하여 지괴의 '맨틀 위 부유(지각평형)'와 중력 미끄러짐(gravitational sliding)의 상대적인 역할은? 남아프리카 연안과 같이 특정 대륙주변부를 아주 오랫동안 융기시키는 힘은? 그리고 일부 대륙주변부를 따라 깊은 수심에서 나타나는 길쭉한 구릉(barrier ridge)을 형성시키는 힘은? 여러 대륙주변부를 따라 특정 지질시대의 퇴적층이 결여되어 있는데 그 중요성은? 이것이 침식의 결과인가? 비퇴적(nondeposition) 또는 거대한 사태의 결과인가?

또 다른 근본적인 의문점은 비활성 주변부에 쌓인 두꺼운 퇴적층이 육지의 어디선가에서 지질학적 기록으로 발견될 수 있는가 하는 점이다. 대서양이 계속하여 확장만 할 수는 없으며 언젠가는 확장할 수 있는 여지가 없어질 것이다. J. T. Wilson은 원시 대서양이 한때 열개에 의해 형성되었다가 다시 닫히며 기존의 비활성 주변부가 서로 충돌했었다고 제안하였다. 이 작용의 결과물이 노르웨이에서 스코틀랜드와 뉴펀들랜드를 지나 애팔래치아 산맥으로 이어지는 산맥으로 추정된다. 'Bullard의 대륙 짜깁기'(그림 1.19) 그림에서 이들의 위치를 검토해보면 Wilson의 제안이 그럴듯하다는 것을 알 수 있다(Wilson, J.T. 1966, *Did the Atlantic close and then reopen?* : Nature, 211: 676~681).

만약, Wilson의 가설이 옳다면 비활성 주변부는 원시 대서양을 사라지게 한 해구와 충돌한 후 활성 주변부로 변할 것이다. 이렇게 생긴 충돌 경계부는 어떤 모습일까? 산맥으로 가서 충돌의 실마리를 찾을 수 있을까?

이 질문에 답하기 위해 우리는 태평양형 주변부, 즉 충돌경계부를 공부해야 한다.

2.5 태평양형(활성) 대륙주변부

우리는 섭입의 증거에 초점을 맞추어 대륙과 해구의 충돌에 대해 앞서 언급했었다(1.5절). 실제 우리가 고려해야 할 충돌경계부에는 적어도 세 가지 유형이 있다. 이들은 히말라야 산맥과 같이 대륙과 대륙이 충돌해 만들어진 경계부, 페루-칠레 해구와 같이 대륙과 해양지각이 충돌하여 섭입이 완만하게 일어나는 경계부(그림 2.7a), 그리고 마리아나 해구와 같이 호상열도(island arc)를 따라 해양지각이 대륙지각 아래로 섭입이 가파르게 일어나는 경계부이다.

충돌경계부의 가장 중요한 특징은 아마도 퇴적층의 습곡과 전단변형, 특히 섭입하는 암석권의 물질에서 유래한 화산암 및 심성암 물질이 대륙 옆으로 추가되는 것이다. 맨틀 속으로 하강하는 판의 부분용융과 관련된 분별작용, 그리고 여기에 열수작용이 더하여 용융물에는 중금속이 풍부해지며, 이것은 안데스 산맥의 사례에서 보듯이 광상의 형성으로 이어진다(그림 1.20).

섭입대에 인접한 대륙주변부에 특징적으로 나타나는 암상은 당연히 매우 다양하다. 섭입하는 암석권은 맨틀로부터 유래하여 다양한 온도 및 압력조건하에서 열수작용에 의해 변질된 현무암질 암석, 사문암(serpentinite), 반려암(gabbro), 감람암(peridotite) 등

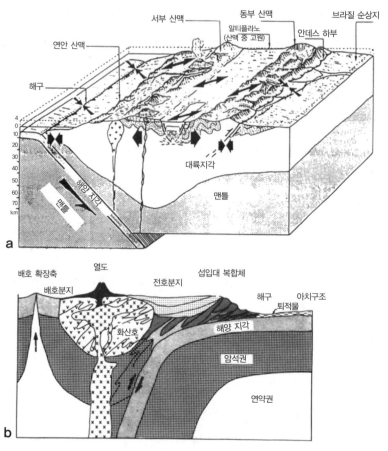

그림 2.7a, b 충돌주변부의 스케치(축적에 맞지 않음). **a** 페루형 충돌(해양판과 대륙판의 충돌). 대륙사면 퇴적층들이 지구조적으로 변형된다. 화산활동을 포함한 화성활동은 섭입대에서 생성된 용융물로부터 유래한다. 확장과 압축의 지역적 분포가 복잡하다(J. Aubouin 1984, Bull. Géol. Soc. France, 3). **b** 호상열도형 사례(해양판과 해양판의 충돌). 섭입대 위로 화산섬들이 성장한다. 확장축을 지닌 배호분지(출전: J. R. Curray, D. G. Moore, in C. A. Burk and C. L. Drake 1974, ref. p.250; D. R. Seely, W. R. Dickinson 1977 Amer. Assoc. Petrol. Geol. Continuing Educ. Notes Ser. 5).

을 포함하고 있다. 게다가 심해점토, 탄산염퇴적물, 생물기원 규산염퇴적물 등 다양한 종류의 원양성 퇴적물이 추가될 수도 있다. 이러한 암석 조합이 육지에서 발견될 경우, 이들은 오피올라이트(ophiolite)라고 불리며 고기의 섭입대로서의 증거를 찾는 데 이용된다. 육지에서 사라진 바다를 찾는 것과 같다. 종종 이러한 탐색의 결과로 괴상의 황화동이나 기타 광상이 발견되기도 한다. 오피올라이트가 섭입되지 않고 수 km 이상 수직적으로 들어올려지는 기작['옵덕션(obduction)']은 아직도 연구대상이다.

해구를 향해 가파르게 경사진 사면은 대규모의 중력이동을 통해 육지 쪽의 암석이 섭입대 쪽으로 운반될 수 있는 좋은 조건이 된다. 이렇게 생긴 뒤죽박죽의 암체[멜란지(mélange)]는 고압하에서 전단변형과 변성작용을 받는다. 청색 편암(blue schist) 그리고 뒤이어 각섬암(amphibolite)이 이런 조건하에서 만들어진다.

고전적인 지질학 문헌에서 비활성 주변부의 퇴적층들은 마이오지향사(miogeosyncline)로, 충돌경계부의 활성 주변부 퇴적층들은 완지향사(eugeosyncline)로 언급되고 있다. 지향사(geosyncline)와 관련된 용어들은 산맥에서 발견되는 두꺼운 퇴적층이 쌓일 수 있도록 지구의 지각이 오랜 기간 동안 꾸준히 침강했어야 한다는 생각으로부터 유래하였다.

활성 주변부의 특징은 현재도 연구가 진행 중인 주제로서 많은 놀라운 발견들이 이루어지고 있다. 섭입하는 판에서 뜯겨나온 물질들로부터 대륙의 주변부가 유래하였다는 기존의 단순한 개념도 수정되어야 했다. 여러 주변부에서 이런 물질의 전달이 거의 없으며, 실제로는 주변부 물질을 섭입대로 사라지게 하는 '지구조 침식(tectonic erosion)'이 일어나고 있다. 이 작용은 해구(예 : 일본 해구) 쪽으로 일어난 대규모 사태로 시작되며, 이 물질은 대륙의 기저물질을 이루거나 호상열도에서 교대작용을 받기도 한다.

유체의 역할이 점점 더 많은 관심을 받고 있다. 일반적으로 부가대(accretionary prism)에서 일어나는 지구조운동(단층 및 충상단층작용)과 화학반응은 모두 지구조적 다짐작용과 높은 공극수압하에서 일어난 탈수반응에 의해 암석에서 빠져나온 유체의 양과 성분에 의해 영향을 받는다(그림 2.8). 기체 또한 중요한데, 예를 들어 카리브해 바베이도스 해령 복합체(Caribbean Barbados Ridge Complex)에서는 메탄가스를 포함한 유체가 부가대와 섭입하는 해양판 사이의 저각도 단층에 대해 윤활작용을 하여 부가대와 판이 서로 들러붙지 않도록 유지시켜 준다.

'배호확장(back-arc spreading)' 현상은 섭입대 시스템을 더욱 복잡하게 만든다(그림 2.7b). 배호확장은 필리핀해나 괌의 서쪽에서 보듯이 화산호의 육지 쪽에서 국부적으로 일어나는 해저확장이다. 이런 주변 해의 75% 이상이 서태평양 지역에서 나타난다. (마그마 상승에 필요한) 확장이 충돌대에서 일어날 수 있다는 것이 놀랍다. 호상열도가 섭입작용에 의해 동쪽으로 당겨져 바다 쪽으로 표류하는 것일까?

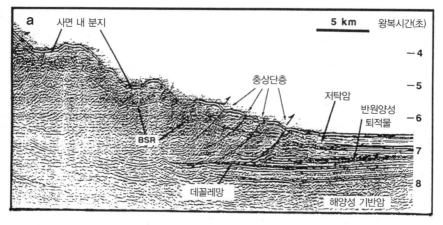

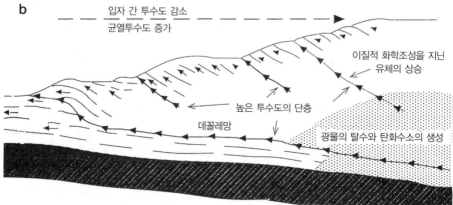

그림 2.8 a 남 일본 남동쪽 난카이해분(Nankai Trough)의 섭입대에서 얻어진 탄성파 반사 단면도. TWS 탄성파의 왕복시간(초); BSR 기저모사 반사면. 데꼴레망 면(마이오세 퇴적층 내에 발달)을 따라 섭입하는 필리핀해판의 해양지각을 주목하라. 그 위의 부가대는 저탁암과 반원양성 퇴적물로 이루어져 있으며 심하게 변형되어 유체 이동의 경로를 열어준다(A. Taira and Y. Ogawa, 1991, Episodes 14, 3: 209). **b** 사질 부가대의 유체 이동경로를 보여주는 모식도(J. C. Moore 외, 1991, GSA Today, 1, 12: 269). 이 경로가 표면에 도달하는 곳에서는 난카이해분에서 잠수정에 의해 관찰된 것처럼 유출수와 관련된 생태계가 나타날 수 있다(6장, 9장 참조).

활성의 태평양형 주변부 역시 퇴적물이 쌓이는 곳이다. 하지만 이곳에선 다양한 암석기원의 물질들이 복잡한 혼합물로 쌓인다. 게다가 엄청난 양의 퇴적물이 맨틀 아래 깊은 곳으로 사라져버린다는 점도 주목할 필요가 있다. 섭입작용의 규모를 가늠하기란 쉽지 않다. 일본 해구 아래로 섭입하는 판의 길이는 10,000km를 넘는다. 현재의 속도라면 이 판은 약 1억 년 후에 소멸될 것이다.

2.6 전단 주변부와 복합 주변부

비활성 대륙주변부는 남북 대서양에서 볼 수 있듯이 일반적으로 중앙해령에 평행하다. 거의 동서 방향으로 위치해 있는 북브라질과 아프리카 기니 연안의 주변부는 어떠할까? 이 지역들은 적도 근방의 수많은 단열대(fracture zone)에 평행하며 제3의 주변부, 즉 좁은 대륙붕을 지닌 전단 주변부를 이룬다.

모든 주변부가 쉽게 분류될 수 있는 것은 아니다. 일부 주변부는 호상열도 뒤편의 주변해나 인접한 바다의 다른 지역을 둘러싸기도 한다. 일부는 대륙의 전단변형과 열개확장의 복합적 산물로써 남대서양 양쪽 연안에 그러한 사례가 나타난다. 캘리포니아 주변부와 같은 경우는 매우 복잡한 역사를 지니고 있다. 이 지역은 얼마 전까지 부가작용이 우세하였으나 지금은 지구조적 전단변형(산 안드레아스 단층, San Andreas Fault)과 확장(남캘리포니아 연변대, Southern California Borderland)의 특징을 보여주고 있다. 하지만 해양지질학자의 임무는 모든 가능한 사례에 적용 가능한 분류법을 고안하기보다는 다양한 유형의 주변부에서 나타나는 여러 작용들을 인지하고 이를 구분해내는 것일 것이다.

2.7 대륙붕 지역

대륙의 물에 잠긴 부분이 대륙붕(shelf)이다. 우리는 앞서 수면 위로 드러난 저지대도 대륙붕의 일부로 볼 수 있다고 배웠다. 하지만 여기서 우리는 물에 잠긴 실제 해저에 대해서만 논할 것이다.

대륙붕은 일반적으로 평탄하며 수심이 깊지 않다. 대서양을 에워싸고 있는 대륙붕의 평균 수심은 130m 정도이다. 특히 비활성 주변부에 만들어진 대륙붕은 매우 넓다. 이들은 대체로 퇴적물이 쌓여 만들어진 퇴적지형인데 활성 주변부에는 좁고 암반으로 이루어진 대륙붕이 일반적이다(그림 2.7a). 이곳에서는 침식작용이 대륙붕의 형태를 만드는 데 중요한 역할을 한다.

어떤 대륙붕은 대륙 안쪽으로 깊숙이 연장되어 허드슨만, 발트해 또는 페르시아만 같은 대륙붕 바다를 만든다. 육지에서 발견되는 해양 퇴적물의 대부분은 원래 대륙붕 바다에서 쌓인 것들이다. 대륙의 상당 부분을 덮고 있는 이 퇴적물을 이해하기 위해서는 현대의 대륙붕 바다에서 일어나는 퇴적작용을 알아야 한다(3~5장 참조).

일반적으로 현재의 대륙붕 환경과 퇴적물의 분포는 짧은 거리 내에서도 심한 변화를 보여준다. 이러한 변동성은 부분적으로 해수면이 15,000년 전, 지금보다 훨씬 낮았기 때문에 생긴 것이다. 당시 대륙붕의 조건은 완전히 달랐으며, 현 대륙붕의 많은 부분이 당시의 지형조건 및 퇴적물의 분포를 반영하고 있다. 해수면이 낮았던 이유는 빙하기 당시 해수면을 130m 가량 낮출 수 있을 정도의 바닷물이 빙하에 갇혀 있었기 때문이다.

대륙붕의 특성을 크게 보았을 때, 지구조운동(활성 대 비활성)과 최근의 해수면 상승을 반영하고 있음을 알 수 있다. 지역적으로는 기후조건과 퇴적물 공급이 매우 중요하다. 저위도지방의 여러 곳에서는 생물에 의한 초(reef)의 성장이 중요하며 고위도지방에서는 빙하가 수백만 년 동안 중요한 퇴적물의 운반 역할을 하였다.

북대서양 북부지역에서의 대륙붕은 어디에서나 빙하작용의 흔적을 볼 수 있다. 빙하의 성장은 대륙붕의 노출을 가져왔을 뿐만 아니라 빙퇴석(moraine)과 같은 퇴적물을 곳곳에 대량으로 흘려보냈으며, 이러한 물질들은 뉴펀들랜드나 북해 대륙붕에 아직까지도 남아 있다. 대륙붕 위를 멀리 가로지르며 흘렀던 빙하는 깊은 계곡과 요지를 만들었으며 이들은 아직까지도 퇴적물로 채워지지 않았다. 노르웨이, 그린란드 그리고 캐나다 서부의 피오르드는 이런 강력한 빙하작용의 증거라 할 수 있다.

강 어귀의 대형 삼각주(아마존, 미시시피 등)에 의해 만들어진 대륙붕은 빙하에 깎인 거친 대륙붕이나 산호초가 자라 불규칙한 지형의 대륙붕에 비해 매우 평탄하고 단조로운 지형이다. 삼각주 환경에서 공급된 대량의 세립질퇴적물들은 파도와 해류에 의해 재분배되어 평탄한 지형을 이룬다. 물론 파도와 해류의 작용이 상황에 따라 사구, 울타리섬, 해빈둔덕, 모래파와 같은 지형을 만들기도 한다(7장 참조). 육성퇴적물의 대량 공급이 필요한 이런 조건은 북해, 시베리아 하천 주변의 대륙붕, 그리고 황해 대륙붕에서 나타난다. 가장 극적인 사례는 세네갈 삼각주인데, 이곳의 대륙붕은 몇 km를 지나도 기복이 10cm 이내에 불과하다.

현생 대륙붕 연구에 있어 우리는 관찰된 지형과 퇴적물 분포 중 과거 지질현상의 잔류물이 어느 정도이며 오늘날의 바다 활동에 의한 것이 얼마나 되는지 의문을 갖게 된다. 이 문제는 '오늘날'이 적어도 지난 수백 년을 포함한다는 사실에 의해 더욱 복잡해진다. 이러한 시간 범위 내에서 바다는 원인이 불분명한 결과를 만들어낼 수도 있다. 특히 드물게 발생하지만, 강력한 허리케인이나 지진에 의해 생기는 거대한 파도(쓰나미)와 같은 작용이 그러하다.

쓰나미는 태평양을 에워싸고 있는 해구에서 주로 발생한다. 이들은 수시간 내에 수천 km를 퍼져나가며, 파장이 매우 길어 공해상의 선박에서는 감지하기 어려울 정도로 파고가 낮다. 하지만 이러한 파도가 대륙붕 지역에 도달하면 속도는 줄어드는 대신 파고가 높아져 조건만 맞으면 수십 m에 도달하기도 한다. 이 경우 이 파도는 노출된 대륙붕 연안을 초토화시키고 저층류를 발생시킴으로써 대륙붕의 지형에도 영향을 준다.

2.8 대륙붕단

대륙붕이 대륙사면과 만나는 지점인 대륙붕단은 대륙주변부의 독특한 지형이다. 원래 대륙붕단은 침식과 퇴적에 대한 해수면의 영향력이 급격히 감소하는 수심을 나타낸다(제5장). 그러나 세부적인 여러 현상들은 아직도 제대로 이해되지 않고 있다.

대륙붕단은 일반적으로 수심 100~150m 사이에서 사면의 경사가 뚜렷이 증가하는 지점이다. 전 세계 대륙붕단의 평균 수심은 약 130m이다. 남극과 그린란드의 경우 대륙붕단은 최대 400m에 달할 만큼 깊다. 이 지역의 대륙붕단은 빙하의 하중으로 인한 지반침하와 빙하침식이 일어난 최대 수심을 나타낸다. 하지만 남서아프리카의 대륙붕단도 비슷하게 깊은데 이 지역은 빙하작용만으로 설명하기는 어렵다. 사면의 변화가 뚜렷이 나타나는 경우도 있지만(그림 2.9) 곳에 따라 완만하게 나타나는 경우도 있다.

대륙붕단이 일반적으로 100~150m 사이의 수심에 놓여 있어 대륙붕단이 빙하기 동안에 낮았던 해수면이 있었던 위치를 나타낸다고 볼 수 있다. 이렇게 낮았던 해수면은 제4기 말 동안 반복적으로 일어났던 최대 빙하기 때마다 이 지점에 도달하여 대륙붕의 진화에 중요한 역할을 하였다. 특정 지역의 대륙붕과 대륙붕단의 여러 지형적 특성은 변동하는 해수면 때문에 생기는 하중의 증가와 감소에 따른 대륙붕의 지각평형 반응을 반드시 고려할 필요가 있다. 하지만 이러한 반응을 지역적인 융기와 침강과 분리하여 해석하기는 어렵다.

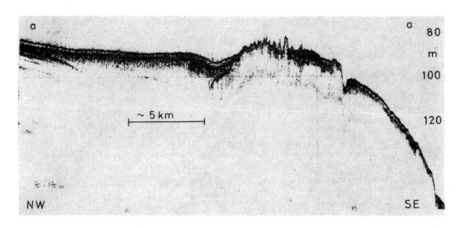

그림 2.9 페르시아만 입구 쪽의 대륙붕단. 연구선 Meteor호(1965)에서 얻어진 지하 음향 단면도. 돌출한 초 구조 뒤로 쌓여 있는 연약한 층상의 퇴적물을 주목하라. 상부 대륙사면에는 초의 부스러기가 쌓인다. 이 초는 더 이상 살아 있는 생물에 의해 성장하지 않는다. 대륙붕단의 수심은 약 100m 이상이다[E. Seibold, Der Meeresboden (1974), 15, Springer, Berlin, Heidelberg, New York].

2.9 대륙사면과 대륙대

대서양형 대륙주변부의 전형적인 모습은 대륙붕단에서 경사가 급해진 후 깊은 해저로 갈수록 경사가 점차 감소하는 것이다(그림 2.2, 2.6). 대륙붕단 아래의 상대적으로 가파른 부분이 **대륙사면**(continental slope)이며 완만하게 심해지역으로 연장되는 부분이 **대륙대**(continental rise)이다. 대륙사면과 대륙대 사이의 경계는 명확하지 않다. 대륙사면은 대륙주변부의 일부라고 할 수 있으나 대륙대는 해양지각 위에 만들어져 있기 때문에 심해환경의 일부로 볼 수 있다.

모든 대륙사면과 대륙대가 교과서에 나오는 이상적인 대서양형 주변부의 지형을 똑같이 따르지는 않는다. 심지어 대서양의 경우도 마찬가지이다. 브라질의 바다 쪽에서 나타나는 심해 구릉이나 플로리다의 블레이크 대지(Blake Plateau)와 같은 고기의 퇴적층 노두와 심해 대지의 절벽들은 전형적인 대륙주변부의 지형과는 차이가 있다.

페루와 칠레 연안(그림 2.7a)의 충돌주변부는 대륙대가 없이 가파른 경사면으로 이루어져 있다. 이는 대륙대를 형성하는 데 쓰일 퇴적물이 모두 해구로 퇴적되어 버리기 때문이다. 충돌주변부 사면은 계단 모양으로 깊어지는 것이 특징이다.

미국 서부 연안의 대부분 지역은 조건이 다소 복잡하다. 북부 캘리포니아 주변의 대

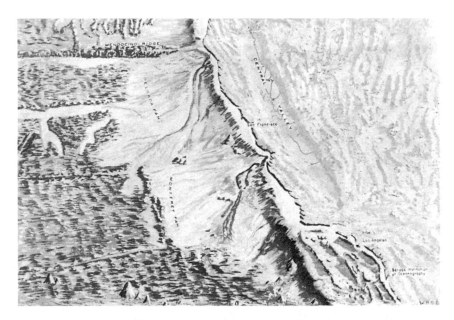

그림 2.10 캘리포니아의 해양주변부 지형모식도. 육지 쪽으로 해안절벽에 접한 좁은 대륙붕을 주목하라(융기!). 남부의 대륙연변부는 분지와 산맥 지구가 침수된 것이다. 대륙사면은 서로 겹쳐진 거대한 해저선상지로 이루어져 있으며, 이들은 심해구릉지역에 영향을 주기 시작하고 있다[H. W. Menard(1964)의 해저지형 모식도에 바탕을 둔 스케치].

륙사면과 대륙대는 심해선상지의 발달로 지형 설명이 가능하나(그림 2.10의 북쪽부분) 그 남쪽의 대륙주변부는 이러한 설명이 불가능하다. 남부 캘리포니아 연변부는 모하비 사막의 분지와 산맥(basin and range) 지형이 바다로 연장된 것처럼 보이며 산맥의 윗부분은 섬으로 돌출해 있다(그림 2.10의 남동쪽 부분).

대륙사면의 경사는 1~6° 사이로 완만하기 때문에(표 2.1 참조) 대륙붕단에서 심해로 급격히 수심이 깊어지는 것처럼 표현된 여러 해저지형 모식도들은 오해를 불러일으킬 수 있다. 만약 당신이 그곳에 서 있다면 1°의 경사는 거의 평지처럼 느껴질 것이다.

대륙사면의 다양한 형태로부터 이들을 형성시킨 다양한 작용을 추정할 수 있다. 대서양형 주변부와 태평양형 주변부를 비교하며 우리는 내인적 작용을 일부 언급했었다. 대륙주변부의 진화에 영향을 주는 기작의 하나로 지각이 재용융되거나 지각의 일부가 침식되어 맨틀로의 흡수가 일어나면서 생기는 대륙지각의 두께 변화가 제시되었다. 이러한 작용이 남부 캘리포니아 연변부와 같은 곳에서 작동하고 있는지도 모른다.

기본적으로 대부분의 대륙사면에는 대륙으로부터 이동된 퇴적물이 생물기원의 해양물질과 섞여 두껍게 쌓여 있다. 심해지역은 대륙으로부터 공급된 물질이 아주 조금 쌓이고 있으며, 대부분의 퇴적물은 주변부에 쌓인다. 퇴적률이 매우 높은 여러 대륙사면들, 특히 삼각주에 인접한 지역에서는 곳곳에서 퇴적물이 불안정한 상태에 놓이게 된다. 퇴적물에서 물이 빠져나가면서 단단하게 굳을 시간이 없을 경우 경사가 매우 작은 사면에서도 약간의 충격에 의해 거대한 사태가 발생할 수 있다. 사태는 함수율이 높은 점토질층으로 이루어진 면을 따라 움직이는 경향이 있다. 이 면에서는 공극수압이 매우 높아 위에 놓여 있는 사태물질이 물에 떠가듯 움직일 수 있다. 사태물질은 넓은 지역에 걸쳐 내부 층리가 보존된 한 덩어리로 움직일 수도 있고 내부 입자들이 뒤엉킨 상태로 복잡하게 이루어져 있을 수도 있다(전자를 'slide', 후자를 'slump'라고 함 ― 역주). 사태는 주로 활성주변부에서 지진에 의해 발생하지만 다른 곳에서도 나타날 수 있다.

해터러스곶(Cape Hatteras)에는 폭이 60km, 길이가 190km를 넘으며 높이가 300m에 달하는 구릉 모양의 기복을 지닌 혓바닥 모양의 사태 퇴적물이 대륙대 상부에 나타난다. 사면붕괴와 그 이후의 사태로 인해 큰 덩어리로 이동하거나 난류의 흐름으로 운반되는 다양한 작용이 나타날 수 있다. 아마도 대부분의 사면붕괴는 플라이스토세 동안 해수면이 낮았을 때 발생하였던 것으로 보인다(J. S. Schlee and J. M. Robb, Geol. Soc. Amer. Bull., 1098, 1991).

그림 2.11은 거대한 사태의 한 예를 보여준다. 뒤엉킨 사태 덩이가 대륙사면 아래쪽 끝부분에 쌓이면서 대륙대의 일부를 이루고 있다. 이 탄성파 단면도는 해저지형 탐사에 쓰이는 음파보다 훨씬 강력한 폭발음을 이용하여 해저 내부의 지질구조를 밝혀낸 것이다. 그 방법을 연속적 탄성파 탐사라고 한다.

그림 2.11의 해저 퇴적층의 구성을 보면, 초기에는 침식과 퇴적이 번갈아가며 발생한 것을 알 수 있다. 침식은 사태에 의해 일어났을 수도 있고 대륙사면을 따라 수평 방향으로 흐르는 강한 저층해류의 작용에 의해 일어났을 수도 있다. 이러한 해류는 사면 아래 방향으로 혼탁하게 흐르는 저탁류(turbidity current)와 구별하기 위해 **등수심류**(contour current)라고 부른다(2.11절). 대륙대의 퇴적물은 대부분 일차적으로는 대륙붕단 근처에서 발생한 저탁류와 사태에 의해 운반된 후 등수심류에 의해 재동되는 것으로 알려져 있다. 그림 2.12는 대륙주변부의 형태를 만들어낸 외인적 작용들을 종합

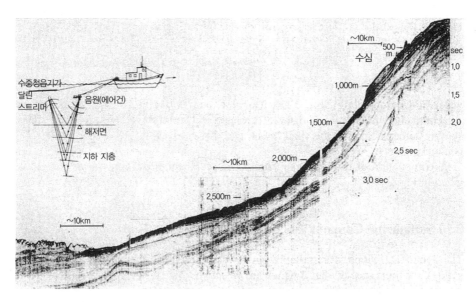

그림 2.11 다카르(북서 아프리카) 바다 쪽에서 나타나는 해저질량이동. Meteor 항해 25/1971의 에어건 기록. 우측 상부가 대륙붕단. 사태는 1,050m 수심에서 시작하였다(음파가 되돌아오는 데 걸린 시간: 1.4초). 사태의 두께는 약 200m. 사태물질은 수심 약 2,300m 지점(=3.6초)에서 멈추었다. 왼쪽의 삽입도 음원으로 에어건을 사용하는 에어건 시스템. 음파 신호는 해저와 지하 지층으로부터 반사되어 스트리머에 달린 수중청음기에 기록된다[E. Seibold, Der Meeresboden (1974), 17, Springer, Berlin, Heidelberg, New York].

하여 보여주고 있다.

2.10 해저협곡

대륙사면은 다양한 형태의 침식지형과 계곡들로 파여 있으며, 그중 가장 규모가 큰 것이 해저협곡(submarine canyon)이다. 이 특이한 지형(그림 2.13)의 기원은 오랫동안 해양지질학자들의 수수께끼였으며 아직까지도 논란의 대상이다.

대규모의 해저협곡들은 상류 지역의 지류 시스템, 사행하는 최대 수심선(thalweg), 가파른 측벽(20~25°, 최대 45°) 등과 같은 특징을 보여주고 있으며 육지의 협곡들을 많이 닮았다. 협곡 위에 매달린 벽(overhanging wall)도 나타난다(그림 2.14). 협곡의 측벽은 화강암 같이 단단한 암석으로 이루어져 있는 경우도 있다. 하천협곡처럼 계곡의 가장 깊은 지점들은 연안지역에서 최대 15°의 경사를 시작으로 바다 쪽에서는 1° 가량의 완만한 경사를 갖기까지 끊임없이 낮아진다.

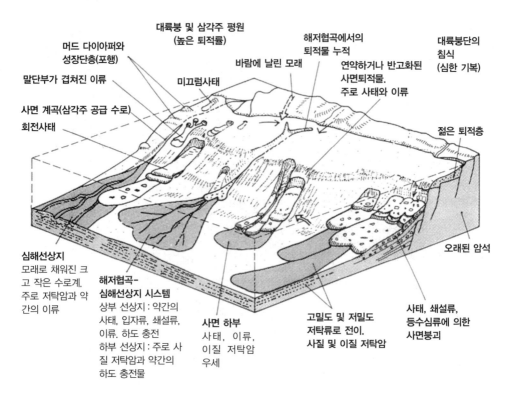

머드 다이아퍼와
성장단층(포행)

말단부가 겹쳐진 이류

사면 계곡(삼각주 공급 수로)
회전사태

대륙붕 및 삼각주 평원
(높은 퇴적률)

미끄럼사태

바람에 날린 모래

해저협곡에서의
퇴적물 누적

연약하거나 반고화된
사면퇴적물.
주로 사태와 이류

대륙붕단의
침식
(심한 기복)

젊은 퇴적층

심해선상지
모래로 채워진 크
고 작은 수로계.
주로 저탁암과 약
간의 이류

해저협곡-
심해선상지 시스템
상부 선상지 : 약간의
사태, 입자류, 쇄설류,
이류. 하도 충전
하부 선상지 : 주로 사
질 저탁암과 약간의
하도 충전물

사면 하부
사태, 이류,
이질 저탁암
우세

고밀도 및 저밀도
저탁류로 전이.
사질 및 이질 저탁암

사태, 쇄설류,
등수심류에 의한
사면붕괴

오래된 암석

그림 2.12 (비활성) 대륙주변부의 형태를 만드는 외인적 작용의 종합도(G. Einsele 외 (eds). Cycles and events in stratigraphy, Springer, Heidelberg, 1991: 318).

  해저협곡은 흔히 대륙붕을 가로질러 육지의 계곡과 이어진다. 고대의 어촌들은 종종 해저협곡의 머리부분에 위치해 있는데, 이곳은 수심이 깊어 외해에서 오는 높은 파도가 분산되고, 따라서 선박이나 해안 가옥의 안전이 확보되었기 때문이다. 이러한 예로는 포르투갈의 나자레(Nazare), 중부 캘리포니아의 몬터레이 협곡(Monterey Canyon), 세네갈의 카야르(Kayar)가 있다. 그러나 일부 해저협곡은 대륙붕 가장자리에서 시작된다. 해저협곡은 바다 쪽으로 대륙대의 끝 또는 수백 km에서 수천 km 너머 심해저지역까지 연장된다[그림 2.2b, 허드슨 협곡(Hudson Canyon); 그림 1.3, 동부 캐나다의 중앙대양 협곡)].

  해저협곡과 다양한 유형의 계곡들이 잘 발달하면서, 마치 육상의 메사(mesa)처럼 사면을 깎아낸 곳들도 있다. 그런데 모든 협곡들이 반드시 사면 아래쪽으로 곧장 발달하는 것은 아니며 사면에 비스듬한 방향으로 만들어져 있는 경우도 있다. 어떤 곳에서

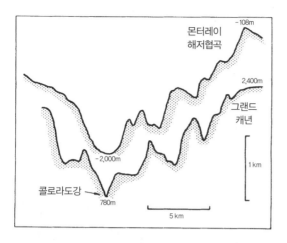

그림 2.13 미국 애리조나 주의 그랜드캐년과 비교한 몬터레이 해저협곡의 모습 (F. P. Shepard and R. F. Dill, 1966). 두 계곡의 유사성은 우연의 일치이나 몬터레이 해저협곡의 거대한 크기를 잘 설명해 준다(그림 2.10 참조).

그림 2.14 육지 계곡(왼쪽, 그랜드캐년)과 해저협곡(오른쪽, 라호야 협곡)의 지형적 유사성을 설명해 주는 사진들. 양쪽 모두 가파른 경사와 오버행되어 있다(왼쪽 사진제공: E. S., 수중 사진제공: R. F. Dill).

는 해저협곡이 없는 것처럼 보이는데 이는 퇴적물 공급이 적어서 사면 아래로 움직이는 흐름이 불충분하기 때문이거나 경사가 작기 때문이다. 가장 잘 알려진 해저협곡들은 콩고, 인더스, 갠지스, 허드슨 등이며 거대한 하천의 강 어귀와 연결되어 나타난다. 해저협곡의 사면 아래쪽 방향에 나타나는 심해선상지 계곡은 측면에 제방이 발달한다 (그림 2.17).

해저협곡의 기원을 설명하기 위해 오래 전부터 여러 가설들이 제시되었다. 사실 다른 유형의 해저협곡들은 다른 기원을 갖고 있을 것이다. 예를 들어, 지중해는 약 5백만 년~6백만 년 전 대양으로부터 고립되어 있었고 건조한 기간 중에 말라버린 적이 있었다는 것이 심해시추를 통해 확인되었다. 이 기간 중 우리에게 친숙한 강수와 지표류의 작용으로 인해 깊은 계곡들이 지중해의 대륙주변부에 만들어졌을 것이다. 실제 나일강 계곡의 바닥은 매우 깊어 지중해의 증발에 따른 협곡 생성의 가설을 지지해 준다. 현재의 나일강은 이 계곡을 채운 두터운 퇴적층 위로 흐르고 있다. 하지만 전 세계 모든 대양의 해수면이 지중해처럼 극단적으로 낮아지는 일은 상상하기 어려운 일이다. 따라서 수중에서 해저협곡을 만들 수 있는 방법이 필요하다. 많은 해저협곡들이 하천계곡의 바다 쪽에 위치한다는 사실은 해저를 따라 흐르는 해저하천과 유사한 작용을 추측케 한다. 이 해저 흐름은 강물이 바다로 흘러들어 만들어질 수는 없다. 강물은 담수이며, 따라서 바닷물보다 가볍기 때문에 바닷물 위에 뜬다. 하지만 진흙 함량이 높은 물은 해저의 바닥을 따라 흐를 만큼 충분히 무거울 수 있다.

수층으로 퇴적물을 부유시키는 방법 중 하나는 강 어귀에 쌓인 굳지 않은 퇴적물이 사태를 일으키는 것이다. 홍수기 동안에는 대량의 진흙이 하천을 통해 운반되며 이렇게 쌓인 진흙은 불안정하다. 허리케인이나 파도의 작용은 퇴적물을 휘저어 대규모의 무거운 흙탕물을 만든다. 지진도 진흙사태를 일으킬 수 있는 매개체로서, 진흙사태는 사면 아래로 흘러가면서 저탁류(turbidity current)로 변한다.

빙하의 크기가 커지면서 해수면이 많이 낮아졌던 빙하기 동안에 노출된 대륙붕은 육지에서 공급되는 퇴적물의 덫 역할을 하지 못한다. 또한 파도의 작용이 강화되어 그 효과가 오늘날보다 더 깊은 수심까지 작용했을 수도 있다. 폭풍과 폭풍해파도 당시엔 더 자주 발생하였고, 따라서 외대륙붕과 대륙사면 상부의 퇴적물들은 주기적으로 재부유되어 진흙을 포함한 무거운 수괴를 만들고 이들은 사면 아래로 움직이며 강력한 저탁류로 발달하였을 것이다.

이러한 흐름이 과거 지질학적 기록은 물론 현재의 해양작용에 있어 매우 중요한 역할을 한다는 사실은 1950년대에 Ph. H. Kuenen(그림 2.15a)의 연구를 통해 알려졌다. Kuenen은 실험을 통해 사면을 따라 아래로 움직이는 무거운 유체의 흐름이 자연계에서도 존재할 수 있으며, 이러한 흐름이 알프스와 다른 산맥에서 흔히 나타나지만 기존에는 그 기원이 잘 설명되지 않았던, 그리고 점이층리(grading)를 잘 보여주는 플리시(flysch)라는 퇴적층을 쌓을 수 있음을 밝혔다(그림 2.15).

저탁암 가설(turbidite hypothesis)이 퇴적층 해석의 일반적인 이론이 되기 이전에 알프

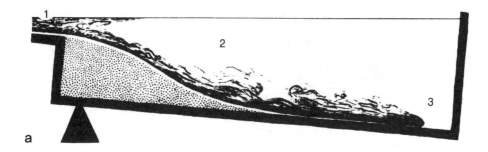

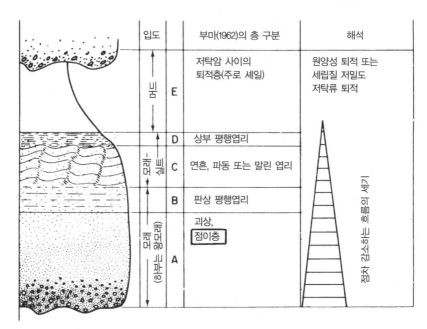

그림 2.15a, b 점이층의 기원. **a** Ph. H. Kuenen의 실험. 1 퇴적물을 함유한 혼탁한 물이 물탱크 속으로 유입한다. 2 탱크 속의 물은 비중이 큰 흙탕물이 바닥 사면을 따라 흘러내리는 동안 잠잠하고 깨끗한 상태로 유지된다. 3 흐름의 세기에 따라 저탁류는 대량의 퇴적물을 침식시키거나 재퇴적시킬 수 있다(J. Gilluly 외, 1968. Principles of geology, W. H. Freeman, San Francisco, H. S. Bell, Cal. Tech.의 사진 사용). **b** A. H. Bouma가 제시한 저탁암층의 표준 층서. 하부는 저탁류에 의해 생성된 점이층이다. 상부는 '정상적인' 심해 퇴적작용에 의해 만들어진 층으로 이 층이 쌓이는 데 거의 모든 시간이 걸렸다. 이 원양성 점토 위로 저탁암이 쌓이며 급격히 하중이 가해질 경우 '하중돌기(load cast)'가 생긴다. 저탁암층 바닥의 굵힌 구조와 종렬 홈으로 인해 저탁류의 빠른 속도를 지시한다(G. V. Middleton, M. A. Hampton, 1976, in D. J. Stanley, D. J. P. Swift, Marine sediment transport and environmental management, John Wiley, New York).

스 지역을 연구하던 지질학자들에게 있어 '사암, 석회암, 셰일층이 수천 번 단조롭게 반복하여 나타나는 층'은 매우 해석하기 어려웠던 대상이었다. 오늘날 이런 교호층은 원양성 퇴적과 함께 진흙을 포함하고 바닥을 따라 흐르는 유체가 주기적으로 유입하

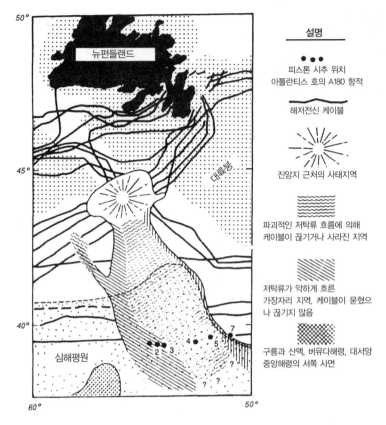

그림 2.16 1929년의 그랜드뱅크스 지진. 전신케이블 절단 순서는(나중에 시추코어의 층서기록과 결합하여) B. C. Heezen과 M. Ewing(1952, Am. J. Sci., 250: 849)에 의해 조사되어 고속으로 흘러간 저탁류의 증거로 해석되었다(B. C. Heezen, in M. N. Hill, 1963, The Sea, 3: 744).

여 만들어진 기록으로 간주된다. 이 흙탕물은 속도가 줄면서 짧은 시간 내에 운반하던 퇴적물들을 쌓이게 하면서 점이층(graded layer)을 만든다. 이러한 층은 대륙사면의 선상지 퇴적층과 심해평원의 퇴적층에서 발견된다(그림 2.17).

Kuenen의 연구로 영감을 얻은 해양지질학자들은 현재의 해양에서 저탁류의 직접적인 증거를 찾고자 했다. 알려져 있는 사례는 뉴펀들랜드 연안에서 1929년에 일어난 그랜드뱅크스(Grand Banks) 지진 직후 해저 전신케이블이 대륙사면 아래쪽 방향으로 연이어 끊긴 사건에 대한 조사였다. 케이블 절단 시각으로부터(전신회사에 의해 기록됨) B. C. Heezen과 M. Ewing은 1952년 논문에서 지진에 의해 저탁류가 발생하였고, 이 저탁류가 고속으로 해저를 흐르며 전신케이블을 절단시켰다고 결론 내렸다(그

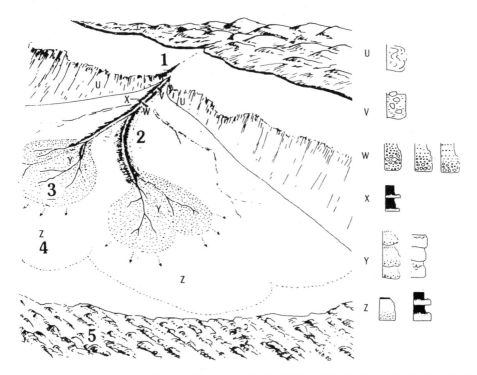

그림 2.17 심해선상지의 성장. 1 대륙붕과 대륙사면 상부에 파인 협곡은 퇴적물의 이동경로를 유도하여 심해선상지로 퇴적물을 내보낸다. 2 선상지 상부 계곡, 사태 구조를 지닌 측벽(U), 쇄설류를 지닌 바닥(V) 그리고 나중에 역암을 형성한 조립질 점이층. 얇은 저탁암으로 이루어진 제방(X). 제방은 터져버릴 수 있다(활동을 멈춘 수로를 주목하라). 3 잔자갈과 괴상의 모래층으로 채워진 지류 수로를 지닌 현재 활동 중인 겹선상지(suprafan)(Y). 4 전통적인 저탁암으로 이루어진 선상지 바깥부분(Z). 5 선상지 너머서의 심해구릉지역. 심해구릉 사이의 계곡들은 선상지 말단부의 물질을 갖고 있을 수 있다(W. R. Normark, 1970, Am. Assoc. Pet. Geol. Bull. 54: 2170; R. Walker, 1978, Am. Assoc. Petrol. Geol. Bull. 62: 932에 기초한 스케치).

림 2.16). 이들이 추산한 저탁류의 속도는 시속 25~30마일(10~20m/s) 정도였는데 이는 강력한 슈퍼해류급 속도이다(가장 빠른 정상적인 해류의 속도는 약 2m/s 또는 시속 5마일 정도이다.). 이들의 속도 계산이 널리 받아들여지지는 않았지만 이들의 연구는 이러한 흐름의 존재 가능성을 제기하였다.

해양에서 저탁류가 직접 관찰된 경우는 거의 없다. 저탁류는 드물게 일어나는 현상이며, 발생했을 때 속도나 부유 퇴적물을 측정하는 장비가 유실될 위험성이 매우 높다. 따라서 우리는 '전형적인' 저탁류가 어떠한 모양을 가지고 있는지 잘 모른다. Britisch Columbia의 Bute Inlet에서 1980년대에 저탁류에 대한 직접적인 관찰이 이루어졌는데, 두 개의 하천에서 발생한 홍수가 이곳으로 유입되어 속도가 약 3m/s의 흙탕물 흐름이 만들어진 것이다. 이 흐름의 두께는 30m 이상이었으며 해저 바닥으로부터 최소 7m 높이에서도 굵은 모래가 포함되어 있었다. 가는 모래는 수심이 620m 가량이 며 거리상으로는 50km 떨어진 먼 바다까지 운반되었다. 이 흐름이 발생한 수로 바닥 의 경사는 1° 미만이었다(D.P. Prior 외, 1987, Science 237, 1330).

해저협곡으로 다시 되돌아가 보자. 해저협곡에서는 평소에는 조석과 내부파에 의한 미약한 물의 왕복운동 외에는 특별한 일이 일어나지 않는다. 하지만 간혹, 아마도 1세 기 또는 천 년에 한번 꼴로 대형 저탁류가 대량의 퇴적물을 싣고 계곡을 휩쓸며 지나 간다. 게다가 계곡의 측벽이 하방침식되며 사태와 비슷한 중력사면 이동작용도 일어 난다. 빠른 속도와 관성을 지녔으며 모래는 물론 잔자갈과 거력까지 포함한 이런 흐름 은 침식을 통해 계곡이 단단한 암석으로 이루어진 경우에도 계곡을 더 깊이 파고 폭을 넓히는 역할을 할 수 있었을 것이다. 하류로 가면서 이 흐름의 세기가 감소하면 퇴적 물 입자들은 굵은 입자들부터 가라앉기 시작할 것이다. 이 흐름으로 쌓인 퇴적층은 부 채 모양의 퇴적체, 즉 심해선상지를 이루게 된다.

2.11 심해선상지

심해선상지는 혓바닥 모양의 퇴적층이 중첩되고, 이것이 수로에 의해 다양하게 깎였 다가 다시 퇴적물로 채워지며 만들어진다(그림 2.17). 수로, 범람에 의해 만들어진 제 방 그리고 사태층을 포함한 지류 시스템을 지닌 선상지 지형의 세부적인 모습은 측면 주사 음향탐사를 통해 알려지게 되었다. 수 km 폭의 사행천이 아마존강과 기타 지역 의 선상지에서 발견되기도 했다. 심해선상지는 탄화수소의 잠재적 매장지로서 크기가 어마어마할 뿐만 아니라 높은 공극률과 투수율을 지닌 수 m 이상의 두꺼운 사암층을 많이 갖고 있기 때문에 경제적 측면의 관심도 끌고 있다.

심해선상지 퇴적층의 대부분은 저탁류 퇴적층인 저탁암(turbidite)으로 되어 있다. 저 탁암은 대륙사면 퇴적층과 심해평원(abyssal plain)에서도 흔히 나타난다(그림 2.18). 심 해선상지 계곡을 통해 흘러내린 저탁류는 규모에 따라 다양한 지점에서 지류의 수로 를 빠져나온 후 속도가 줄어듦에 따라 저탁암을 쌓는다(그림 2.17). 대부분의 저탁암 은 두께가 얇아 저서생물이나 저층해류의 재동작용에 의해 얼마 되지 않아 파괴되고

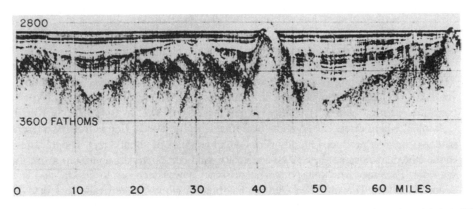

그림 2.18 심해평원. 심해평원을 가로질러 얻어진 탄성파 음향단면도(C. D. Hollister 제공). 하부 기반암의 지형과 무관하게 거의 수평하게 쌓인 퇴적물 표면을 주목하라(2,800 fathoms=5,100m, 3,600 fathoms=6,600m).

만다. 물론 두꺼운 층으로 퇴적될 경우에는 이런 작용으로부터 살아남아 퇴적층 속에서 인지될 수 있다.

심해평원의 분포는 저탁류가 해저를 따라 먼 거리를 이동할 수 있다는 생각을 지지해준다. 세인트로렌스, 허드슨, 미시시피 그리고 아마존강 어귀 바다 쪽에 나타나는 저탁암 그리고 갠지스-브라마푸트라 삼각주 남쪽으로 3,000km 이상 떨어진 지점까지 나타나는 저탁암들은 이러한 이론을 뒷받침해준다.

저탁류에 있어서 해구는 완벽한 장애물로 작용할 것이다. 따라서 해구 건너편 지역에서는 심해평원을 찾아볼 수 없다. 하지만 해구가 저탁암으로 채워진다면 심해평원이 해구 맞은편에 발달할 수도 있을 것이다. 이와 같은 현상은 알래스카만에서 나타난다. 저탁류층의 공급이 끝나는 먼 심해지역에서는 해저지형이 울퉁불퉁해지고 원양성연니와 점토가 덮인 심해구릉이 나타난다.

해양주변부의 지형을 만드는 **퇴적물의 침식, 운반** 그리고 **퇴적작용**에 대해 1950년대 이전까지는 사실상 알려진 것이 없었다. 해저확장설과 함께 해양주변부의 **지구조**(tectonics)가 관심을 받게 된 것은 또 다시 10년이 더 지난 후의 일이다. 주변부 퇴적층의 시료 부족 때문에 해양주변부의 발달사는 아직까지도 충분히 이해되지 못하고 있다. 심해시추가 가능해졌지만 그 비용이 너무 많이 들기 때문이다.

저탁류와 저탁암이 대륙주변부의 지형 형성에 있어 매우 중요하지만 이들은 대륙에서 해양으로 이어지는 대규모 물질 이동의 한 측면일 뿐이다. 이 주제 전체를 이해하기 위해 우리는 다음 장에서 해양 퇴적물에 대해 논할 것이다.

더 읽을 참고문헌

Shepard FP, Dill RF (1966) Submarine canyons and other sea valleys. Rand McNally, Chicago
Burk CA, Drake CL (eds) (1974) The geology of continental margins. Springer, Berlin Heidelberg New York
Dickinson WR, Yarborough H (1981) Plate tectonics and hydrocarbon accumulation. Am Assoc Petrol Geol, Continuing Education Ser 1, revised edn. Tulsa, Okla
Kuenen Ph H, Migliorini CI (1950) Turbidity currents as a cause of graded bedding. J Geol 58: 91–127
Watkins JS, Drake CL (eds) (1983) Studies in Continental Margin Geology. AAPG Mem, 34. Am Assoc Petrol Geol, Tulsa, Okla
Bally AW (1981) Geology of passive and continental margins: history, structure and sedimentological record. Am Assoc Petrol Geol, Education Course Note Ser 19

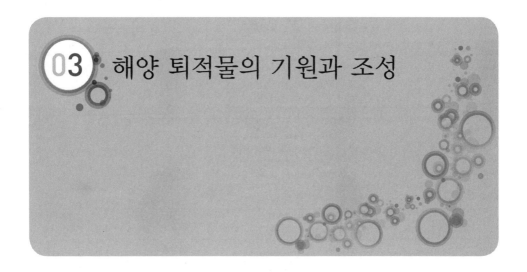

03 해양 퇴적물의 기원과 조성

3.1 퇴적물의 윤회

해양 퇴적물은 대륙암석의 풍화산물, 해양생물체의 골격이나 잔해, 해수 중 화학성분의 침전물 그리고 화산재나 부석과 같은 화산분출물 등 매우 다양한 기원과 성분을 가지고 있다(그림 3.1).

대부분의 퇴적물은 궁극적으로 대륙암석의 풍화를 통해 만들어진다. 물과 얼음의 영향에 의해, 혹은 반복되는 가열과 냉각과정을 거치면서 암석은 점차 작은 크기로 부서지거나 변질된다. 해령이나 새롭게 형성된 해저화산체에서는 해저면 속으로 침투하는 뜨거운 해수(열수)와 현무암이 반응하여 특이한 형태의 '해저풍화작용'을 일으키기도 한다. 비록 그 양을 정확히 가늠할 수는 없지만 이러한 여러 반응들에 의해 많은 양의 물질이 바다로 공급된다.

바다가 직접 대륙으로부터 물질을 빼앗아오기도 한다. 파도와 조석에 의해 연안에서 침식된 입자들은 대륙붕에 쌓이기도 하고 대륙사면 너머 심해로까지 운반되기도 한다.

대륙붕에 쌓인 퇴적물은 그 자리에 영원히 머물 수도 있지만, 일부는 조산운동을 통하여 다시 대륙으로 되돌아가거나 섭입과정(subduction process)을 통하여 지구 내부로 사라지기도 한다(2.5절 참조).

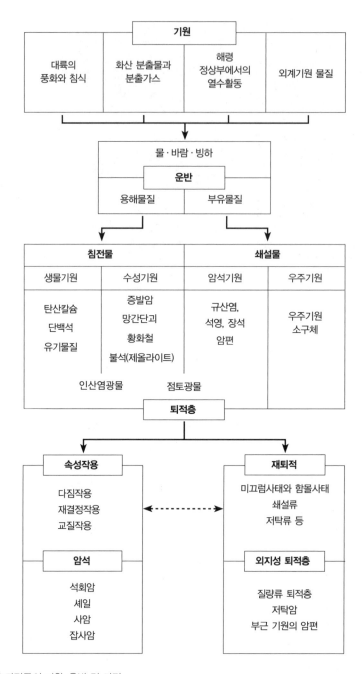

그림 3.1 해양 퇴적물의 기원, 운반 및 퇴적.

3.2 퇴적물의 기원

3.2.1 하천 유입

강물에 의해 운반되는 입자상태 혹은 용해상태의 물질들은 해양 퇴적물의 주된 공급원이다. 예를 들어, 캘리포니아 바깥쪽 대륙사면(그림 2.10 참조)의 두꺼운 해저선상지는 조개껍질과 유기물이 섞여 있지만 대부분이 하천성 세립질퇴적물로 구성되어 있다. 탄산칼슘($CaCO_3$)과 규산염($SiO_2 \cdot nH_2O$) 같은 화학적 침전물 역시 대부분이 강을 통해 유입된 용해물질로부터 생성된 것이다. 퇴적물의 유입량을 근사치로 계산하면, 심해에서는 1,000년에 1~20mm 정도, 대륙사면에서는 1,000년에 최고 100mm 정도의 퇴적률을 보인다(그림 3.13).

전체 해양의 10% 면적에 대해서 1,000년에 100mm의 퇴적률을, 나머지 면적에 대해 5mm의 퇴적률을 적용한다면 해양의 평균 퇴적률은 15mm/1,000년($0.1 \times 100 + 0.9 \times 5$) 정도가 된다. 해저면적은 육지면적의 두 배 이상이므로 모든 퇴적물이 육지로부터 공급된다고 가정하면 육지는 1,000년에 30mm 이상 침식되어야 할 것이다. 최근에 북아메리카의 미국 지역만을 대상으로 한 연구에서 65mm/1000년의 삭박률(denudation rate)이 추산되었다. 인간의 농경활동의 영향을 정확히 가늠할 수는 없지만 육지의 침식률을 크게 증가시켰을 것이다.

대략 연간 약 12km³의 퇴적물이 하천을 통해 유입되어 3억 6,200만 km² 면적의 해양에 고루 쌓인다고 가정하면 퇴적률은 약 30mm/1,000년 정도일 것이며, 동시에 대륙의 침식률은 약 60mm/1,000년 정도일 것으로 추산된다. 물론 이 계산에는 해수와 해양지각의 반응으로 생성된 규산염이나 탄산염의 유입을 고려하지 않았지만, 그 양은 상당한 것으로 밝혀졌다(10.44절 참조).

일반적으로 기계적 풍화작용은 고위도나 사막처럼 물이 얼음의 상태로 존재하거나 물의 매개기능이 미약한 지역에서 우세한 반면, 화학적 풍화작용은 강우량이 높고 고온의 열대지역에서 우세하다. 그러나 이와 같은 현재의 조건들을 과거의 해석에 적용하기 위해서는 우리가 살고 있는 현재가 지극히 특이한 시기라는 점을 명심해야 한다. 지난 수백만 년 동안 활발한 조산운동과 강력한 대륙빙하의 마모력으로 인해 기계적 침식작용이 크게 증가하였기 때문이다.

3.2.2 빙하에 의한 유입

빙하에 의해 연안으로 실려와 대륙붕까지 재동되는 퇴적물의 엄청난 양을 고려해보면, 고위도 해양에서 퇴적물 수송을 담당하는 빙하의 중요성을 쉽게 인식할 수 있다. 빙하퇴적물의 양적인 중요성에는 미치지 못하지만, 다양한 크기의 물질들이 빙산에 실려 바다 멀리까지 운반될 수 있다는 사실은 고기후 복원에 있어서 매우 흥미롭다. 빙산이 녹으면 함께 운반되던 퇴적물들은 해저에 가라앉게 된다. 남극대륙에서 기원한 빙하 운반 낙하석(drop stones)들은 40°S 근처까지 도달하며, 빙하의 이동에 관한 정보뿐만 아니라 기원지인 남극의 지질학적 정보를 제공해준다. 오늘날 북대서양 낙하석의 남방한계는 아한대와 온대 수역의 경계와 거의 일치한다(그림 3.2). 지난 빙하기 동안에는 훨씬 더 남쪽으로 내려와 뉴욕과 포르투갈을 잇는 선까지 내려왔었다(7.2.3절). 현재 빙하 운반물질이 도달하는 면적은 전체 해저의 약 20%에 달한다.

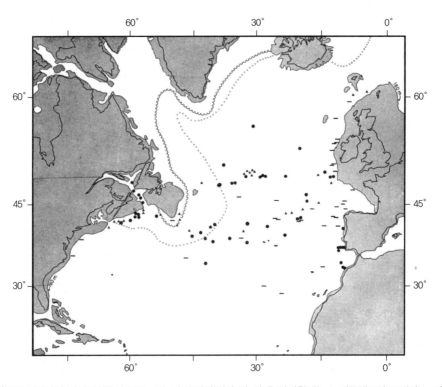

그림 3.2 북대서양 빙하퇴적물의 분포. 오늘날 유빙의(정상 및 최대) 남하한계는 뉴펀들랜드와 그린란드, 아이슬란드를 가로지른다. 마지막 빙하기 동안에는 뉴욕과 포르투갈을 잇는 선까지 내려왔었다. ▲는 표층시료, ─는 준설시료, ●는 주상시료들이다(H. R. Kudrass, 1973, Meteor Forschungserg Reihe C 13: 1).

3.2.3 바람에 의한 유입

빙하와 달리 바람은 세립질 입자만 이동시킬 수 있다. 중세의 아라비아 과학자들은 대서양이 '어두운 바다'로 변하는 원인이 사하라 사막에서 날아온 먼지 때문이라는 것을 알았다(그림 3.3). 일찍이 1800년대에 찰스 다윈은 바람에 실려온 먼지도 해저면에 축적될 수 있을 것으로 가정했는데 그 가정은 옳았다. 바람에 날려가는 동안 굵은 입자들은 먼저 낙하하고 차츰 가는 입자들이 남게 된다. 1901년, 사하라 사막의 폭풍은 팔레르모(Palermo, 이탈리아)에 평균 0.012mm의 입자를, 함부르크(Hamburg, 독일)에는 0.006mm의 입자를 실어 날랐는데, 이는 극세립질 실트에 해당한다(부록 A5 참조). 이 폭풍이 일어나는 동안에 지중해에서는 해수 $1m^3$당 최고 11g의 먼지가 측정되었다. 때로는 훨씬 큰 입자들이 먼 거리로 운반되기도 한다. 예를 들어, 중국에서 발원한 황사 폭풍으로 인해 10,000km나 떨어진 북태평양 대기 속에서 0.075mm 이상의 입자가 발견되기도 하였다(P. R. Bener, 1988, Nature, 336: 568).

대기로부터 낙하한 먼지는 연간 기록을 보여주는 설원이나 빙하 코어(ice core)에서 가장 잘 측정할 수 있다. 근원지인 사막에서 멀리 떨어진 남극과 그린란드에서도 1,000년에 0.1~1mm 정도의 퇴적률을 보인다. 정확히 얼마나 많은 양의 먼지가 해저

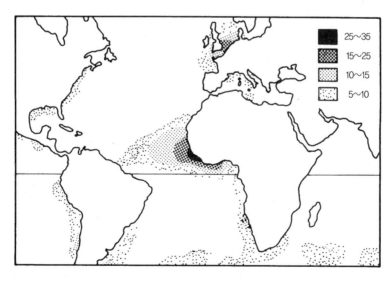

그림 3.3 먼지로 인한 대서양의 연무 발생 비율. 숫자는 전체 관찰 횟수에 대한 연무 관측 횟수의 비율(%)(G. O. S. Arrhenius, 1963, in M. N. Hill, Sea 3: 695).

면에 쌓이고 있는지는 알 수 없지만, 1,000년에 1(북태평양)~2.5mm(대서양)의 퇴적률로 쌓이고 있는 심해성 점토의 대부분은 바람에 의해 유입된 것으로 추정된다.

바람에 의한 퇴적률은 시기별로 달라질 수밖에 없다. 예컨대, 건조기후가 발달하는 빙하기 동안에는 풍성 유입의 증가로 인해 높은 퇴적률을 보일 것이다(9.3.4절 참조).

3.2.4 화산으로 인한 유입

많은 양의 퇴적물은 화산분출, 그중에서도 활성 대륙주변부의 화산분출에 의해 공급된다. 대부분의 '화산재(volcanic ash)'는 바람에 날려 해저면에 얇게 확산되지만, 수 cm 두께의 층을 이루는 경우도 드물지 않다. 이러한 화산재층은 멀리 떨어져도 상호대비가 가능하고 대규모 화산분출이 일어난 시기를 지시한다. 한 예로서, 7만 3,500년 전 인도네시아의 수마트라에서 분출한 '토바 대분출'(Toba super-eruption)은 주위 500~3,500km에 걸쳐 광범위한 화산재층을 퇴적시켰다. 성층권까지 상승한 미립질(에어러졸) 화산재는 대기의 냉각효과를 유발할 수 있다. 마지막 간빙기의 끝 무렵에, 수년간 지속되었을 이 냉각효과가 빙하기로의 전환을 촉진시켰을 수도 있다. 호상열도 근처에는 수 km 두께의 화산쇄설층('tephra')이 쌓여 있기도 하다.

과거 지질시대 동안 화산활동이 해양의 주된 퇴적물 공급원이었던 시기가 있었다. 심해성 점토의 성분 분석 결과(8장), 약 천만 년 전, 격렬한 조산운동과 빙하의 발달이 상황을 현저하게 바꿔놓기 전에는 주로 화산재로 이루어진 물질이 심해성 점토의 공급원이었을 것으로 여겨진다.

모든 화산기원 퇴적물이 바람에 의해서만 운반되는 것은 아니다. 공극률이 높아 물에 뜨는 부석(pumice)은 해류를 따라 먼 거리를, 심지어는 부착한 생물체를 실은 채로 이동할 수도 있다.

물론 육지의 화산으로부터 침식되어 바다로 유입되는 육상기원 화산쇄설물도 있다. 퇴적물의 색깔이나 광물 조성, 유리질의 특성 및 미세한 화학적 특성의 차이('화학적 지문')를 통해 그 기원의 단서를 찾아낼 수 있다.

지질학적 관점에서 화산은 극히 짧은 수명의 현상이며, 분출은 순식간의 섬광과도 같다. 따라서 화산재층을 이용하여 지중해(그림 3.4) 또는 아이슬란드 주변처럼 광범위한 영역에 걸친 층서를 연구할 수 있다('화산재층서학'). 또한 화산활동과 함께 분출

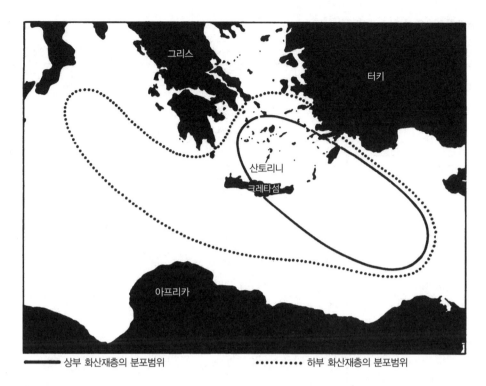

| ━━━ 상부 화산재층의 분포범위 | •••••••• 하부 화산재층의 분포범위 |

그림 3.4 에게해 산토리니 화산의 두 차례 대규모 폭발로 인한 화산재의 분포. 하부 화산재층(····)은 >25,000년, 상부 화산재층(━━)은 <5,000년 정도의 시기를 나타낸다. 두 번째 폭발은 약 3,600년 전 미노아 문명을 파괴시킨 원인으로 추측(D. Ninkovich, B. C. Heezen, Nature London 213: 1967, 582, in K. K. Turekian, 1968, Oceans, Prentice-Hall, New Jersey).

된 가스와 열수용액은 해수와 대기의 화학적 진화에 중요한 역할을 담당하며, 이 분야에 관한 활발한 연구가 진행 중이다(10.4.4절).

3.3 퇴적물과 해수의 성분

3.3.1 산-염기 적정

간단히 말하면, 해수는 염화나트륨(NaCl), 즉 식탁 소금의 용액이라고 할 수 있다. 나트륨(Na)과 염소(Cl)가 전체 이온 질량의 86%를 차지하고 있으며(표 3.1), 그 외의 주요 성분으로는 마그네슘(Mg), 칼슘(Ca), 칼륨(K)과 같은 알칼리 또는 알칼리토금속류 이온들과 황산염(sulfate)과 중탄산염(bicarbonate) 등의 산기(acid radical)들이 있다. 주

표 3.1 해수와 하천수의 비교

이온	해수			평균 하천수			해수 중 체류시간[c]
	ppm[b]	무게 %	순위	ppm	무게 %	순위	백만 년
Cl^-	18,980	55.0	(1)	7.8	6.4	(5)	>200
Na^+	10,561	30.6	(2)	6.3	5.2	(6)	210
SO_4^{2+}	2,649	7.7	(3)	11.2	9.3	(4)	–
Mg^{2+}	1,272	3.7	(4)	4.1	3.4	(7)	22
Ca^{2+}	400	1.1	(5)	15.0	12.4	(2)	1
K^+	380	0.4	(6)	2.3	1.9	(8)	10
HCO_3^-, CO_3^{2-}	140	0.2	(7)	58.8[a]	48.6	(1)	–
Br^-	65	0.1	(8)	0.02	–		–
H_3BO_3	23	–		0.1–0.01	–	–	–
Sr^{2+}	23	–		0.09	–		–
F^-	1.4	–		0.09	–		–
H_4SiO_4	1	–		13.1	10.8	(3)	(Si =) 0.04
Fe^{2+}, Fe^{3+}	0.01	–		0.67	0.5		–
$Al(OH)_4^-$	0.01	–		0.24	0.2		–
합계	34,479 = 100%			120.8 = 100%			

[a]D. A. Livingstone(1963) U.S Geol Surv Profess Paper 440 G
[b]ppm = parts per million (g per ton).
[c]체류시간은 매년 유입되는 양에 대한 저장고 내의 총량의 비율로 계산 (자료출처 : E. D. Goldberg 1965, in Chemical Oceanography vol. 1, 163–196, Academic Press, New York)

요 양이온들은 강한 염기를 만들어내지만 중탄산염은 약한 산성을 띠기 때문에 해수는 pH = 8 정도의 약한 알칼리성(pH는 산성도의 측정기준으로서 완전한 중성의 pH는 7)을 띠고 있다. 전반적으로, 해수의 염은 화산활동으로 분출된 산성의 가스(염산, 황산과 탄산)와 규산염 암석의 용탈작용(leaching)의 결과물이라고 볼 수 있다. 규산염암석의 구성 광물은 일반적으로 [$MeSi_aAl_bO_c$]의 성분을 가지는데, Me는 Na, K, Mg, Ca 등의 금속이온이며 나머지는 불용성의 규산-알루미늄 산화물, 즉 점토광물을 만들어 낸다.

지질시대 동안 해수의 화학적 성분은 얼마나 안정적이었을까? 위에서 언급한 산-

염기 적정의 개념을 이용하여 해수가 해저면의 퇴적물과 평형상태에 있다고 가정한다면 해수의 성분은 상당히 안정적이었다고 볼 수 있다. 또한 고기의 암염으로부터 과거해수의 염분을 채취하여 분석해 본 결과, 지난 6억 년 동안 해수의 어떤 화학성분도 두배 이상 변하지 않은 것으로 밝혀졌다. 고생물학적 증거들 역시 이러한 결론과 부합한다. 현재의 협염성 생물체들(방산충, 산호, 완족류, 두족류, 극피동물 등)과 아주 유사한 친척 종들이 고생대 초기에 벌써 나타나기 시작한 것으로 보인다. 물론 이러한 생물체들이 염분의 증가 또는 변화에 따라 적응할 수 있다는 사실을 간과할 수는 없다.

하천수와 해수의 평균적인 화학조성을 비교해보면 현저한 차이가 있다. 기본적으로 하천수는 아주 묽은 중탄산칼슘용액과 규산에 소량의 염이 혼합되어 있는 것과 같은데, 염의 대부분은 바다에서 흔히 볼 수 있는 염들이 재순환된 것이다. 해수와 하천수의 화학성분이 불일치하는 것으로 보아 하천 유입 그 자체는 해수의 염분조성과 무관하다는 것을 알 수 있다. 중요한 것은 염의 용해도일 것이다. 간단히 말하자면, 물에 잘녹는 염은 해수 속에 풍부한 반면에 용해도가 낮은 염은 그렇지 않다.

3.3.2 공극수와 속성작용

퇴적 직후의 세립질퇴적물(실트와 점토)은 전체 부피의 70~90%의 공극률을, 사질퇴적물은 약 50%의 공극률을 차지한다. 공극은 처음에는 물로 채워져 있으나 새로운 퇴적물이 계속 위에 쌓여 차츰 깊이 묻히면서 하중이 증가하면 압축력에 의해 공극이 감소하면서 공극수의 일부가 빠져나온다. 이렇게 빠져나오는 공극수는 처음에 공극에 갇혀 있던 물과는 성분이 다를 수 있다. 공극에 갇혀 있는 동안 인접한 퇴적물과의 화학반응으로 인하여 공극수와 주변 퇴적물의 성분이 변하게 된다. 이와 같은 다짐작용과 공극수의 화학반응(또는 공극 내에서 입자의 재결정작용)을 '속성작용(diagenesis)'이라 하며, 이 과정을 통해 느슨한 퇴적물은 단단한 암석으로 변하게 된다.

일반적으로 속성작용은 새로운 퇴적층의 최상부 수 m 내에서 가장 활발하게 일어난다. 속성작용 중 가장 우세한 과정은 산화환원(Redox)반응인데, 유기탄소가 많이 존재할수록 더 활발하다. 유기물의 산화에 필요한 산소는 용존 질산염으로부터 또는(퇴적입자의 표면을 피복하고 있는 — 역주) 철의 산화물과 수산화물로부터 추출되어 제공된다. 더 많은 산소가 필요하면 황산염으로부터 산소를 가져온다. 이 과정에서 박테리

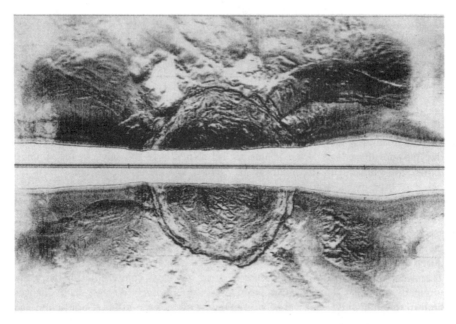

그림 3.5 측면주사음향측심기로 기록한 흑해 해저면 머드화산(mud volcano)(측면주사음향측심기의 원리는 그림 4.15 참조)(사진제공: Dr. Glunow, Moscow, from UNESCO-IMS-Newsletter 61, Paris).

아가 관여하게 되며, 황화철과 함께 이산화탄소, 암모니아, 황화수소 등의 가스가 발생한다. 따라서 빠져나온 공극수 속에는 이런 용존 가스들이 증가하는 반면 질산염과 황산염은 결핍된다. 그리고 주변의 퇴적물 속에는 황화물(예 : 황철석)이 증가한다. 남은 유기화합물의 발효로 메탄이 발생하고, 메탄은 저온고압상태의 물과 반응하여 **포접화합물**(clathrates, 가스하이드레이트와 같은 의미 — 역주)을 생성한다. 연안 용승대의 퇴적물 속에서 넓게 분포하는 이 포접화합물은 탄성파 자료에서 뚜렷한 반사면으로 나타나기도 한다. 유기물이 풍부한 니질퇴적물에서 빠져나온 대규모의 가스로 인해 퇴적층의 표면에는 '머드화산(mud volcano)'(그림 3.5) 또는 이보다 작은 크기의 '곰보자국(pockmark)'과 같은 메탄가스의 탈출구조가 생기기도 한다.

산화환원반응 이외에 탄산염과 규산염의 용해 및 재침전과정도 속성작용의 주요 과정이다. 초기 속성과정(early diagenesis) 동안에 많은 용존물질이 공극수에 포함되어 퇴적물로부터 물이 움직이면서 빠져나가는 작용을 하거나 또는 단순한 확산과정을 통해 퇴적물 밖으로 빠져나간다. 그러나 일단 퇴적물이 깊이 묻히게 되면 공극수 속의 용존 농도는 차츰 증가하여 재침전이 일어나며, 재침전된 탄산염광물과 규산염광물 등의 교질작용(cementation)에 의해 입자들은 서로 붙게 된다. 입자와 공극수 사이에서 일어나는 다양한 광물의 교질작용과 재결정과정은 새로이 침전된 광물 내의 원소들과 광물들의 산출 분포와 형태를 연구함으로써 그 과정을 이해할 수 있다. 이를 위해 침전된 광물 내의 산소와 탄소, 스트론튬(Sr) 등의 동위원소 성분들을 주로 이용하는데, 이것은 다양한 환경조건에 따라 공극수 내의 용해와 재침전 및 이동과정에서 동위원소들 간의 비율이 달라지기 때문이다.

속성작용은 탄화수소(석유)의 근원암, 이동, 저류암의 공극률과 투수율 등에도 아주 중요한 영향을 미친다(그림 10.2).

3.3.3 체류시간

유입량과 유출량이 같은 지속 유지(steady state) 상태에서는 해수로 유입된 새로운 염의 양만큼 같은 비율로 해수로부터 염이 제거되어야 한다. 해수로 유입된 많은 양의 염은 과연 어디로 사라지는 것일까? 이러한 유입량과 유출량의 정량적인 평가는 지화학의 주요 과제이다. 탄산칼슘과 규산은 유기체의 골격을 형성하는 데 사용된다. 금속 성분은 다양한 경로로 해수를 빠져나간다. 자생 점토광물, 산화물, 황화물 등의 새로운 광물의 형태로, 혹은 제올라이트(zeolite; Na, Al을 함유한 함수규산염 광물 — 역주)의 형태로 빠져 나가며, 해령에서는 뜨거운 현무암과 열수용액과의 반응으로 만들어지는 변성물질을 통해 퇴적물 속으로 제거된다. 염의 일부는 퇴적물 내부의 공극수 속에 남은 채로 묻혀버리기도 한다. 해수의 조성이 일정하다고 가정하면, 각각의 구성성분이 퇴적물로 빠져나갈 때까지 해수 속에 머무는 평균 시간을 계산할 수가 있는데 이 시간을 체류시간(residence time)이라고 한다.

체류시간을 계산하는 방법은 관람객이 박물관에 머무는 평균 시간을 계산하는 방법과 유사하다. 즉 현재 관람객 수(A)와 매 시간 입장객 수(r)를 세어보면 다음 식과 같이 평균 관람시간(t)을 계산할 수 있다.

$$t = A / r \qquad\qquad 식 (3.1)$$

해수의 주요 화학성분들의 체류시간은 표 3.1과 같다. 나트륨과 염소의 체류시간은 긴 반면에 규산(silica)의 체류시간은 아주 짧다. 특정 물질의 체류시간은 지화학적 용해도(혹은 반응도)의 척도이다. 해양의 '염분 연령'을 추정하는 데 식 (3.1)을 이용하기도 한다. 해수는 원래 담수였으며 이후로 모든 염들이 축적되었다고 가정한다면 해양의 염분 연령은 1억 년 정도로 계산된다. 박물관의 현재 관람객 수와 입장객의 증가율을 통해 박물관이 늦어도 몇 시에 개장하였는지 알 수 있듯이, 해양의 염분 연령은 지질학적 시간 단위의 최소치를 추정하는 데 사용할 수 있다.

3.4 퇴적물의 주요 유형들

퇴적물에는 기본적으로 세 가지 유형이 있다. 입자상태로 육지로부터 해양에 유입되어 바닥에 가라앉은 것, 해수에 녹아 있던 용존물질이 직접 침전된 것 그리고 생물체에 의해 만들어진 것들이 그것이다. 편의상 첫 번째 유형을 암석기원 퇴적물, 두 번째를 수성기원 퇴적물 그리고 세 번째를 생물기원 퇴적물이라 부른다. 해양의 주변부에는 암석기원 퇴적물이 지배적이지만 심해에는 생물기원 퇴적물, 특히 탄산질 연니(ooze)가 가장 우세하게 분포한다.

3.5 암석기원 퇴적물

3.5.1 입자의 크기

대륙 근처의 퇴적물은 대부분 육지로부터 씻겨온 쇄설물들로서 육상의 화강암과 퇴적암이 기계적으로 잘게 부서진(화학적으로 부식되었을 수도 있는) 암편과 광물들로 구성되어 있다. 퇴적물의 근원지와 운반과정을 밝히는 데 가장 중요한 특성은 입자의 크기이며(4.1.1절), 일반적으로 자갈, 모래, 실트와 점토 등으로 구분한다. 예를 들어, 모래는 성분이나 기원에 관계없이 직경 0.063mm와 2mm 사이의 모든 입자를 말하며, 실트는 0.063~0.004mm 사이의 크기이다(부록 A5 참조).

마찬가지로, 점토는 0.004mm(또는 $4\mu m$)보다 작은 모든 입자를 의미한다(간혹 0.002mm를 점토의 최대 크기로 간주하는 경우도 있다). '점토'라는 용어를 '점토광물'과 혼돈하기 쉽다. 왜냐하면, 점토광물이란 점토질 퇴적물 속의 풍부한 특정 광물의 명칭이지만 모든 점토광물이 반드시 '점토 크기'인 것은 아니기 때문이다.

암석기원 퇴적물 : 기존 암석(화성암, 변성암 또는 퇴적암)의 기계적인 파쇄 또는 화산분출물(화산재; < 2mm, 부석 등)로부터 유래한 쇄설물질. 강물, 빙하, 바람 등에 의해 운반되어 파도와 해류에 의해 재분포됨. 입자 크기를 기준으로 자갈, 모래, 실트, 점토 등으로 분류하며, 암석 조성(육지기원성, 생물쇄설성, 석회질, 화산성 등)과 퇴적구조, 색깔에 따라 추가적으로 구분함.

전형적인 예(괄호 속은 퇴적환경을 표기) :

- 식물 뿌리가 포함된, 유기물이 풍부한 실트질 점토(습지환경).
- 작은 조개껍질들을 포함하는, 얇은 층상의 사질실트(삼각주 표면).
- 분급이 양호한 층상의 석영질 모래(해빈).
- 규조류 파편이 풍부한 균질의 녹색 머드(상부 대륙사면)(머드는 육지기원성의 점토질 실트 또는 실트질 점토와 같은 의미).

세립질 암석기원 퇴적물은 양적으로 가장 우세한 해양 퇴적물로서, 대륙주변부에 엄청난 두께로 쌓여 있어 전체 부피의 약 70%를 차지.

생물기원 퇴적물 : 해양생물체들의 잔존물로서, 탄산염(방해석, 아라고나이트), 단백석(규소의 수화물), 인산칼슘(이빨, 뼈, 갑각류의 껍질) 등이 주성분(표 3.3 참조). 유기질 퇴적물은 엄밀히 말해서 생물기원이라 할 수도 있지만 별도로 구분하여 다룸. 저서생물의 서식현장에서 직접 생성되거나 수주를 통해 낙하한 부유생물의 껍질, 혹은 잔존물들이(큰 것들은 개별적으로, 작은 것들은 집합체의 형태로) 바닥에 퇴적됨. 파도나 해류에 의해 재퇴적되며 해저면 위 또는 퇴적물 내부에서 재용해되기도 함. 기원생물의 종류와 화학적 조성에 따라 명명하며 구조, 색깔, 크기, 부성분에 따라 추가적으로 세분함.

전형적인 예 :

- 굴 골격질로 이루어진 뱅크(산호와 비슷하게 굴 껍질들이 서로 엉켜붙어서 바닥에서 위로 자라는 형태 — 역주) (석호 또는 만)
- 패각으로 된 모래(열대 해빈)

(계속)

- 산호초 각력암(산호초 아래의 사면)
- 분급이 양호한 우이드 모래(바하마 해변)
- 생물교란된 옅은 회색의 석회질 연니(심해저)
- 녹색 빛이 도는 회색의 규산질 연니(심해저)

생물기원 퇴적물은 대륙붕의 절반 정도이고 심해저는 반 이상, 전체적으로는 55%의 해저면을 덮고 있음. 현재 퇴적되고 있는 해양 퇴적물 부피의 약 30%가(비록 상당량의 암석기원물질이 섞여 있을지라도) 생물기원 퇴적물로 분류됨.

수성기원 퇴적물 : 해수 또는 공극수로부터 침전되거나 퇴적 직후의 초기 화학반응(속성작용) 동안 변질된 물질. 재용해작용이 흔함. 생성기원('증발암')과 화학 조성을 기준으로 분류하며 구조, 색깔, 부성분에 따라 추가적으로 상세히 기술함.

전형적인 예 :
- 엽층리구조의 반투명 암염(소금평원)
- 얇은 층상의 경석고(지중해 분지. 퇴적물 속에 분포)
- 단괴상의 회백색 경석고(지중해 분지, 퇴적물 속에 분포)
- 흑색의 유방상 망간단괴, 직경 5cm(태평양 심해저)
- 불규칙한 판상의 인산염 결핵체, 직경 15cm, 두께 5cm, 담갈색 내지는 녹색 빛이 도는 입자(용승대)

수성기원 퇴적물은 심해의 열수분출구 주변에 철-망간 화합물 또는 금속 황화물의 형태로 널리 분포하고 있지만, 현재 해양에서 양적인 중요성은 미약. 그러나 과거, 확장 초기(중생대)의 대서양에 두꺼운 암염층이 생성되었을 때와 신생대 마이오세 말기에 지중해가 완전히 말라버렸을 때에는 그 양이 상당히 많았을 것이며, 증발암 생성기 동안 해수의 염분은 현저히 낮았을 것임.

　　전반적으로 입자의 크기는 퇴적물의 근원지에서 퇴적지로 가면서 점진적인 변화를 보인다. 점토질 입자들은 먼 거리로 이동될 수 있는 반면에, 크고 무거운 입자는 근원지 가까운 곳에 남아 있게 된다. 자갈(2~256mm)과 거력(boulder, 256mm 이상)은 빙하에 의하지 않고는 멀리까지 이동되는 경우가 드물다. 빙하는 흘러가면서 다양한 크

그림 3.6 해빈 모래의 대표적 유형 **a** 중립사(암석기원, La Jolla), **b** 조립사(생물기원, 하와이)(사진제공: W. H. B.)

기의 입자를 포집하기 때문에 빙하가 녹아 빙하퇴적물이 쌓이는 곳에는 다양한 크기의 입자로 이루어진 퇴적물이 있다. 자갈은 식별이 가능할 만큼 충분히 큰 암편들로 되어 있기 때문에 그 근원지를 추적할 수 있다. 빙하나 산호초에 의해 공급된 해저면을 제외하면 자갈이 해양 퇴적물의 주요 성분이 되는 경우는 드물다.

3.5.2 모래

모래는 해빈과 대륙붕 퇴적물의 가장 전형적인 입자 크기이다(그림 3.6). 자갈과 마찬가지로 모래 역시 암석조각(암편)으로 구성되기도 한다. 잘게 부서진 현무암조각들로 되어 있는 하와이의 검은 모래 해빈이 그 예이다. 그러나 대부분의 모래는 석영, 장석, 운모 등의 광물 입자들로 구성되어 있다. 이 외에도 심하게 풍화된 알루미늄-규산염화합물들이 섞여 있는 경우도 있다. 철을 함유한 광물들(감람석, 휘석 등)은 풍화와 운반과정 동안 가장 먼저 화학적으로 분해되며, 장석도 화학적 풍화에는 그리 강하지 못하다. 열대지역의 모래 해빈들 중에는 연체동물, 산호 및 조류 등의 탄산질 껍질조각들로만 구성되어 있는 해빈들이 많다. 이런 생물쇄설물들은 탄산염광물로 이루어진 생물체의 껍질이 깨어진 것이므로 암석기원(쇄설성) 퇴적물로 보아야 할까? 아니면 생물체에 의해서 만들어졌으므로 생물기원 퇴적물로 보아야 할까? 엄밀히 말해서 기계적인 파쇄와 삭박의 과정을 거쳤으니 암석기원으로 볼 수도 있겠지만, 지화학적 관점에서는 화학적 퇴적물에 포함시켜야 할 것이다. 탄산질 입자들은 쉽게 깨질 뿐 아니라 화학적으로도 쉽게 변질된다. 따라서 탄산질 입자와 석영 모래가 함께 섞여 있더라도 조만간에 석영만이 우세하게 남게 되는 경우가 많다.

모래 입자들의 중광물 조성을 분석하면 그 근원지와 이동 역사에 관한 정보를 얻을 수 있다. 중광물이란 비중 2.8 이상의 광물로서 각섬석, 휘석, 감람석 그리고 자철석, 티탄철석(ilmenite), 금홍석(rutile) 등이 있다. 중광물 군집의 퇴적분포도를 그려보면 대륙붕 해류의 이동 등에 관한 정보를 얻을 수도 있다(그림 3.7).

모래 입자의 모양, 특히 석영 입자의 모양으로부터 그 기원에 관한 정보를 얻을 수도 있다. 예를 들어, 파도에 의해 다시 이동된 모래는 둥글게 마모되어 있는 반면에, 빙하퇴적물 속의 모래는 예리한 모서리가 있다. 사막의 모래가 가장 원마도가 높다. 그러나 이러한 개념을 단순히 직접 적용하기에는 문제점들이 있다. 우선, 석영 입자들은 워낙 단단하기 때문에 여러 차례의 침식과 퇴적의 윤회과정을 반복했을 수가 있으며, 또한 퇴적 후 묻힌 상태에서 입자 표면이 부식되면 그 전에 생긴 표면 특징들이 희미해지거나 구분할 수 없게 변할 수도 있기 때문이다.

3.5.3 실트질

실트질 퇴적물은 대륙사면과 대륙대에 특징적으로 분포하지만, 파도나 해류가 약한 저에너지 환경이면 대륙붕에도 존재할 수 있다. 조립한 영역의 실트는 모래와 유사한 성분을 가지고 있으며 세립한 영역의 실트는 점토와 비슷한 성분을 가진다. 육상기원 실트는 특히 운모를 많이 포함하고 있다.

모래는 주로 실체현미경으로 관찰하며 점토는 X-선 회절법을 이용하여 성분을 분석한다. 실트에 관한 연구는 모래와 점토에 비해 비교적 부진했으나 주사전자현미경(SEM)을 이용하여 보다 자세한 조사가 가능해졌다(그림 3.8). 실트의 조성은 세립질 모래의 조성과 밀접하게 관련이 있다.

3.5.4 점토질

점토질 퇴적물은 대륙주변부와 심해저의 모든 해양환경에 존재할 수 있다. 그러나 실트와 마찬가지로 쉽게 침식되고 이동될 수 있기 때문에 저에너지 환경에 주로 분포한다. 한편, 열대 하천의 입구와 같이 세립질의 공급이 극히 많은 곳은 고에너지 환경일지라도 점토질 퇴적물이 집적될 수 있다. 대부분의 점토질 퇴적물은 앞에서 언급한 바와 같이 점토광물들, 즉 육상의 풍화산물이 강물이나 바람에 의해 운반되고 파도나 해

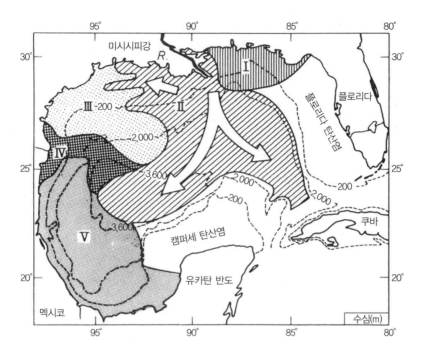

그림 3.7 주요 중광물 군집을 기준으로 작성한 멕시코만의 중광물 구역도. I East Gulf, II 미시시피, III 중부 텍사스, IV Rio Grande, V 멕시코. 플로리다와 유카탄반도 부근은 탄산염 입자들이 우세. 중광물 패턴은 육성기원 퇴적물의 기원지와 운반경로에 관한 정보를 알려줌(D. K. Davies, W. R. Moore, 1970, J. Sediment Petrol 40: 339).

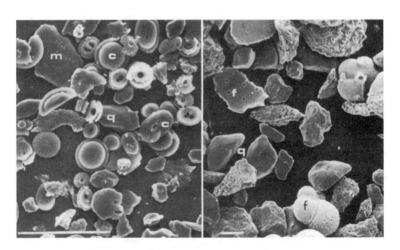

그림 3.8 북서 아프리카의 Cape Verda 대륙대에서 채취한 현생 반원양성 퇴적물. SEM 사진 속의 스케일 바의 길이는 20μm. 왼쪽은 주로 석회편모조류(c), 약간의 쇄설성 운모(m)와 석영(q)으로 구성된 세립실트(2~6μm); 오른쪽은 주로 석영 입자(q)와 유공충 각질 및 조각들(f)로 구성된 조립 실트(사진제공: D. Fütterer).

류에 의해 운반된 것이다.

대표적인 점토광물(군)에는 몬모릴로나이트(montmorillonite)(혹은 스멕타이트, smectite), 일라이트(illite), 녹니석(chlorite), 카올리나이트(kaolinite) 등이 있다(부록 A4). 점토광물의 분포 및 고기후와 관련된 중요성은 8장에서 자세히 다룰 것이다.

점토 입자는 크기에 비해 표면적이 넓기 때문에 독특한 화학적 특성을 띤다. 예를 들어, 다양한 물질들에 쉽게 흡착되며 해수와 공극수 속의 이온들과 쉽게 반응한다. 따라서 퇴적물 내의 속성작용을 통해 서서히 새로운 점토광물이 생성되기도 한다. 궁극적으로 이러한 특성들은 해수의 화학적 성분뿐 아니라 전반적인 지화학적 과정에 중요한 의미를 지닌다. 또한 점토 입자들은 해수 속에서 쉽게 뭉쳐져 응집체 (aggregates)를 형성한다.

일반적으로 퇴적률이 높은 곳은 점토질 퇴적물 속의 유기물 함량이 높다. 이는 유기물이 점토에 흡착되어 함께 퇴적되기 때문이거나 점토가 퇴적될 수 있을 정도로 물의 에너지가 매우 낮은 상태라면 유기물도 충분히 가라앉을 수 있기 때문이기도 하다. 많은 양의 실트질 입자들은 부유물 섭식자(부유물을 걸러 먹고 사는 생물 — 역주)의 배설물에 포함되어 바닥으로 떨어진다. 발트해(Baltic Sea)와 캘리포니아 외해 등 여러 곳에서 퇴적물 포집기(sediment trap)를 이용한 최근의 조사 결과, 유기체의 '배설물을 통한 물질 수송'이 심해 퇴적의 중요한 수단인 것으로 밝혀졌다. 점토와 유기물의 밀접한 관련성은 석유의 근원암을 찾기 위한 탐사과정에 있어 중요한 의미를 가진다.

3.6 생물기원 퇴적물

3.6.1 조성

해양생물들은 껍질이나 기타 골격물질, 유기물의 형태로 퇴적물을 생성시킨다. '생물기원' 퇴적물이라 함은 탄산질, 규산질 그리고 인산질의 성분의 딱딱한 각질만을 의미한다(표 3.2 참조).

해저면에 퇴적되는 사실상 거의 모든 탄산칼슘은 생물기원 퇴적물의 범주에 속한다. 대륙붕에서는 저서생물의 껍질과 골격이 주를 이루지만, 대륙사면에서는 육지에서 멀어질수록 부유생물에 의해 만들어진 각질의 비율이 점점 증가한다. 심해에서는

표 3.2 해양생물의 각질에 포함된 무기질 성분과 탄산염광물들(생물의 분류체계는 부록 A9 참조).

박테리아	아라고나이트($CaCO_3$), 산화철, 수산화망간
규조류	단백석(opal, $SiO_2 \cdot nH_2O$)
석회편모조류	방해석($CaCO_3$)
녹조류	아라고나이트
홍조류	아라고나이트, Mg-방해석
갈조류	아라고나이트
유공충	방해석, Mg-방해석, 아라고나이트(미량)
방산충	단백석, 셀레스타이트(황산스트론슘, $SrSO_4$)
해면동물	Mg-방해석, 아라고나이트, 단백석(미량)과 산화철, 셀레스타이트(미량)
산호	아라고나이트, Mg-방해석
태형동물	아라고나이트, Mg-방해석＋아라고나이트
극피동물	탄산/인산칼슘, 방해석
연체동물	
복족류	아라고나이트, 아라고나이트＋방해석
부족류	아라고나이트, 아라고나이트＋방해석, 방해석
두족류	아라고나이트
(다양한 인산염광물과 산화철 성분을 포함하는 연체동물들이 있다.)	
환형동물	아라고나이트, 아라고나이트＋Mg-방해석, Mg-방해석(미량)과 인산염, 단백석, 산화철
절지동물	
십각류	Mg-방해석, 비결정질 인산칼슘
개형충	방해석, 아라고나이트(미량)
따개비	방해석, 아라고나이트(미량)
척추동물	인산칼슘

전적으로 유공충(foraminifers)이나 석회비늘편모류(coccoliths)와 같은 부유성 생물들(부록 A9 참조)의 각질로만 이루어지게 된다. 규산질 골격 또한 생물기원 퇴적물의 주요 성분이 된다. 즉 대륙붕에서는 해면동물(sponge)과 같은 저서생물이, 대륙사면과 심해에서는 규조류와 방산충 같은 부유생물이 규산질 생물기원 퇴적물의 주요 공급자들이다. 탄산염과 규산염 성분 외에 인산염 성분의 입자를 만들어내는 생물들도 있다.

인산염 성분으로 이루어진 골격질 입자의 퇴적은 생물권 내 인의 수지 균형에 중요한 역할을 하기 때문에 지화학적으로 매우 중요하다(10.3.1절 참조). 이 외에도 황산스트론튬과 망간, 철 및 알루미늄 화합물 등의 각질도 있으나 그 양이 너무 적어서 퇴적물 내에 아주 극소량만 포함된다. 유기물질에 기원한 퇴적물(organogenic sediment)은 6장(생산성 관련)과 10장(탄화수소 관련)에서 다룰 것이다.

3.6.2 저서생물

연안의 저서생물에 의해 엄청난 양의 퇴적물이 공급되는 대륙붕들이 있다. 호주의 대보초해안(Great Barrier Reef)은 산호와 조류, 연체동물 및 유공충의 탄산질 껍질과 골격물질로 덮여 있으며, 미국의 플로리다 연안의 대부분은 저서생물들에 의해 조성된 탄산질 대륙붕이다. 다양한 생물종에 의해 아라고나이트(aragonite)와 방해석(calcite) 성분의 껍질이 만들어진다(표 3.2). 생물종에 따라 껍질 속의 마그네슘 함량이 다르며, 같은 종이라도 따뜻한 물에서 침전된 껍질이 더 높은 마그네슘 함량을 보이는 경향이 있다.

탄산염 분비 저서생물들은 현생누대(Phanerozoic Eon; 화석의 산출이 풍부해진 약 6억 년 전부터 지금까지의 지질시대 — 역주)의 모든 시기 동안 퇴적물 생산에 중요한 역할을 유지해 왔다.

지질시대의 초기에는 인산질 골격이 탄산질 골격보다 더 우세했으나, 현생 환경에서 탄산질 골격이 더 우세하게 된 원인에 대해서는 아직 잘 모르고 있다. 중생대와 신생대 동안, 아시아와 유럽을 가로질러 서태평양과 대서양을 연결하고 있던 테티스해 전역에 걸쳐 광범위한 석회암 대지가 형성되었다. 아라비아와 멕시코의 유전들은 테티스해에 생성된 중생대 생물초 석회암(reef limestone)과 관련이 있다. 산호와 완족류(brachiopods) 등 다양한 연체동물을 포함하고 있는 고생대 대륙붕의 탄산질 퇴적물은 로키 산맥의 페름기 산호초층을 이루고 있다. 노르웨이, 스코틀랜드, 웨일즈와 뉴펀들랜드에 걸쳐 뻗어 있는 칼레도니아 산맥과 미국의 애팔래치아 산맥에 분포하는 탄산염암은 고대 대서양(현재 존재하는 대성양이 아니라 팡게아 대륙이 만들어지기 이전에 존재했던 대서양 — 역주)에 퇴적된 것이다(그림 1.19).

탄산염퇴적물은 오래될수록 심한 재결정작용을 받게 된다. 아라고나이트는 속성과정 동안 재결정작용에 의해 방해석으로 치환되는데, 속성작용을 통해 화석의 많은 구조가 파괴된다. 속성작용이 극대화되면 방해석의 칼슘(Ca) 중 절반이 마그네슘(Mg)으로 치환되어 백운석(혹은 돌로마이트, $CaMg(CO_3)_2$, dolomite)으로 바뀌게 되는데, 이를 '백운석화작용(혹은 돌로마이트화작용, dolomitization)'이라 한다.

고해양의 대륙붕 환경에서 생성된 천해성 석회암 속에는 층리면에 평행한 층상 혹은 단괴상의 규질암인 처트(chert)가 함께 나타나는 경우가 많다.

광물학적으로 이 규질암들은 대부분이 미세결정질의 석영이지만, 신생대 제3기 퇴적층 속에서는 은정질 또는 부분적으로 비정질의 규질암이 나타나기도 한다. 석기시대에 도구를 만드는 데 사용되기도 했던 이 단단한 물질의 기원에 대해서는 아직 많은 의문이 남아 있다. 캘리포니아의 마이오세 몬터레이층(Miocene Monterey Formation)은 부유성 규조류의 껍질로 되어 있다. 대륙붕 석회암은 규산질 해면동물이 그 기원이 되기도 한다. 이런 해면동물들은 현재의 해양에서도 고위도해역과 용승해역처럼 규산이 풍부한 모든 대륙붕과 상부 대륙사면에서 번성하고 있다.

현생 환경의 탄산염 대륙붕에서는 왜 처트가 생성되지 않는 것일까? 그 이유는 열대해양의 규산염 농도가 매우 낮기 때문이다. 규조류와 해면동물에 의해 생성된 규산질 골격은 매우 연약하여 용승해역과 같이 생산력이 높은 지역에서도 규질 광물에 대해 불포화상태의 해수에 다시 녹는다. 과거의 해양에는 규산염 농도가 지금보다 더 높았을까? 만약 지금보다 생산성이 훨씬 낮은 해양이었다면 해수 속의 규산염 농도는 지금보다 더 높았을 것이다. 또한 활발한 화산활동은 규산염 공급을 증가시켜 규산질 퇴적암의 생성을 촉진하였을 것으로 추측된다. 에오세(Eocene) 때의 심해 탄산염암 속에서 많은 양의 처트가 나타나는 이유를 이 이론으로 설명하기도 한다. 심해시추작업 동안 처트는 시추기의 날을 쉽게 손상시키고 퇴적물의 회수를 방해하는 등 시추작업에 상당한 지장을 초래하기도 한다.

3.6.3 부유생물

대륙사면 퇴적물의 많은 성분은 부유생물에 의해 제공되며(그림 3.8), 심해의 탄산염은 대부분이 부유생물의 각질들로 이루어져 있다(8장 참조). 대륙붕 퇴적물, 특히 과거의 대륙붕 퇴적물 속에서도 부유생물의 각질들이 상당량 포함되어 있다. 예를 들어, 영국의 백악(chalk)은 대부분이 부유성 석회편모조류(coccolithopore)의 조각편(coccolith)들로 되어 있다. 부유성 규조류는 해양 퇴적물 속에 단백석을 제공하는 역할을 한다.

일반적으로 외해 쪽으로 갈수록 부유생물의 잔해가 저서생물에 비해 증가한다. 퇴적물 속의 저서성 유공충에 대한 부유성 유공충의 비율을 기준으로 해양환경의 상(facies) 분포도를 작성하는 것은 널리 알려진 방법이다. 심해의 경우, 부유성과 저서성의 비율은 10 : 1 이상이며 대륙붕단에서는 50 : 50이다. 페르시아만처럼 다소 폐쇄적인 대륙붕에서는 비율이 더 낮아져 입구 근처에서는 3 : 7 정도, 내부에서는 1 : 10 미만으로 감소한다.

3.7 비골격성 탄산염(무기 탄산염)

3.7.1 탄산염광물의 포화

현재 해양에서 일어나고 있는 탄산염광물의 침전은 유기체 내에서 껍질이나 골격의 형태로 만들어지거나 또는 그들의 대사활동의 부산물(예 : 조류각, algal crust)로 만들어진다. 그러나 퇴적기록으로 남아 있는 석회암과 탄산염 중에는 무기적인 침전에 의한 것들도 있다.

오늘날에는 이러한 무기침전의 과정을 어디서 찾아볼 수 있을까? 그 답을 찾기 위해서 우선 탄산염광물의 침전과 용해에 관한 간단한 화학적 성질을 살펴보자.

용해상태의 광물질이 스스로 침전될 때 우리는 해수가 그 광물질에 대하여 **과포화상태**에 있다고 말하며, 물질을 녹일 수 있는 해수는 **불포화상태**에 있다고 한다. 즉 침전량과 용해량이 같을 때 **포화상태**가 되며, 이때 용액은 고체물질과 **평형상태**에 있다. 포화도는 평형상태에 이르기 위해 필요한 이온 농도의 곱에 대한 측정된 반응물질의 이온 농도의 곱의 비율로 나타낼 수 있다.

$$D_{포화} = [Ca^{2+}][CO_3^{2-}]_{측정치} \ / \ [Ca^{2+}][CO_3^{2-}]_{평형상태} \qquad 식 (3.2)$$

$D_{포화}$ = 1일 때에는 포화상태, 1보다 작으면 불포화상태, 1보다 크면 과포화상태이다.

포화도가 1보다 커지면 즉시 침전이 일어날 것으로 기대하겠지만, 실제로 열대해역의 표층수는 탄산염의 포화도가 1 이상임에도 불구하고 무기침전은 거의 일어나지 않는다. 마그네슘이 존재하면 탄산염의 무기침전이 방해를 받아 예상대로 일어나지 못하는 것으로 추정된다. 따라서 무기침전을 보기 위해서는 포화도가 비정상적으로 높은 곳을 찾아야 한다. 게다가 결정이 자랄 수 있는 적절한 핵(nucleus)이 존재한다면 침전은 더욱 잘 일어날 것이다.

수온이 높고 이산화탄소 농도가 낮은 해수 속에는 탄산이온(CO_3^{2-})의 농도 증가로 인해 이온 곱 $[Ca^{2+}][CO_3^{2-}]$의 값이 증가한다. 이산화탄소 농도의 증감효과는 다음 식들로 쉽게 나타낼 수 있다.

$$CO_2 + H_2O = H^+ + HCO_3^-$$ 식 (3.3)

$$HCO_3^- = H^+ + CO_3^=$$ 식 (3.4)

해양에서 대부분의 무기탄소는 중탄산염 이온(HCO_3^-)의 형태로 존재한다. 이산화탄소가 제거되면 식 (3.3)의 반응은 왼쪽으로 진행하여 수소이온이 감소한다. 이어서 식 (3.4)의 반응은 수소이온의 감소를 상쇄시키는 방향, 즉 오른쪽으로 진행하게 된다. 온도가 올라가면 이산화탄소의 용해도는 낮아진다. 또한 조류는 광합성 과정에서 이산화탄소를 흡수한다. 이런 과정에 의해 천해종 열대조류의 표면에 탄산칼슘($CaCO_3$)이 침전된다.

단순한 형태의 탄산염 침전과 용해과정은 다음 식으로 간단히 요약할 수 있다.

$$CaCO_3 + H_2O + CO_2 \rightleftharpoons Ca^{2+} + 2HCO_3^-$$ 식 (3.5)

용해과정은 왼쪽에서 오른쪽으로, 침전과정은 오른쪽에서 왼쪽으로 진행된다. 탄산염광물이 용해되어 중탄산염이 생성되는 과정에 이산화탄소가 소모되며 탄산염이 침전될 때 이산화탄소는 방출된다. 이에 관한 논의는 온실효과와 함께 7.5절에서 다시 다룰 것이다.

3.7.2 바하마 제도

바하마 해역은 탄산염광물의 무기침전 과정을 검증하기에 아주 이상적인 곳이다. 따뜻하고 염기성이 강한 해수가 존재하며 육상기원 쇄설물의 유입이 거의 없는 순수한 탄산염광물이 침전되고 있는 곳이다. 그레이트 바하마 뱅크(Great Bahama Bank)는 수심 5m 미만의 지극히 평탄한 해저 탄산염 대지이다(그림 3.9a). 높은 증발량과 낮은 강우량으로 인해 염분은 40‰ 이상으로 올라가고 식 (3.2)에서 $[Ca^{2+}]_{(측정치)}$의 값은 증가한다. 열대의 뜨거운 일사량은 해수의 포화도를 한층 더 증가시키고 해저면에 번성하고 있는 조류의 광합성은 주간에 이산화탄소를 제거한다. 이런 모든 조건들이 탄산염광물의 침전에 아주 적합한 환경을 제공하고 있다.

침상 아라고나이트(aragonite needle)에는 두 가지 유형이 있어 각각 다른 생성원인을 가진 것으로 추측되었다. 직접적인 침전에 의해 생성된 것과 함께 단단한 표면에 구멍을 뚫고 서식하는 조개들이나 퇴적물을 섭식하는 생물체들의 활동에 의하여 기존의 골격물질이 기계적으로 깨어져 생긴 것도 있다고 여겨졌다. 그러나 최근 전자주사현미경 관찰과 안정동위원소 분석 결과, 이들 대부분은 특정 석회조류의 내부에서 생성된 것으로 밝혀졌다.

우이드(oolite)는 주로 침상 아라고나이트와 유기물들이 동심원상의 층을 이루며 성장한 구형 퇴적 입자들로서 지질기록으로 남아 있는 과거 아열대 대륙붕 퇴적물에서 특히 많이 산출된다. 바하마 해역에서는 그레이트 뱅크의 바깥쪽 가장자리를 따라 수심이 얕은 곳에 주로 분포한다. 강한 조류에 의해 쓸려다니기도 하고 때로는 다른 석회질 입자들에 의해 묻히기도 하면서 차츰 성장하게 된다. 최근의 실험실 분석 결과, 이 우이드 입자들은 충분한 유기물이 존재할 경우에만 생성되는 것으로 밝혀졌다. 고해상도 3차원 주사장비(stereoscan)로 관측한 결과, 주로 단세포 조류의 생석회화작용(biocalcification)에 의해 성장하는 것으로 판독되었다. 즉, 현재의 해양조건에서는 해수로부터 직접적인 탄산염 무기침전이 일어나는 경우는 극히 드물 것으로 보인다.

요약하자면, 탄산염 대지와 탄산염 대륙붕은 외해의 부유생물에 견줄 만한 생물기원 탄산염광물의 거대한 **생산공장**이라 할 수 있다. 탄산염 대륙붕의 경사가 가파른 이유는 상부수괴로부터 공급된 탄산질 모래와 점토들이 교결작용(cementation)에 의해 빨리 굳어질 수 있기 때문이다. 산호초들은 대륙붕단의 경계를 분명하게 해준다. 빙하기와

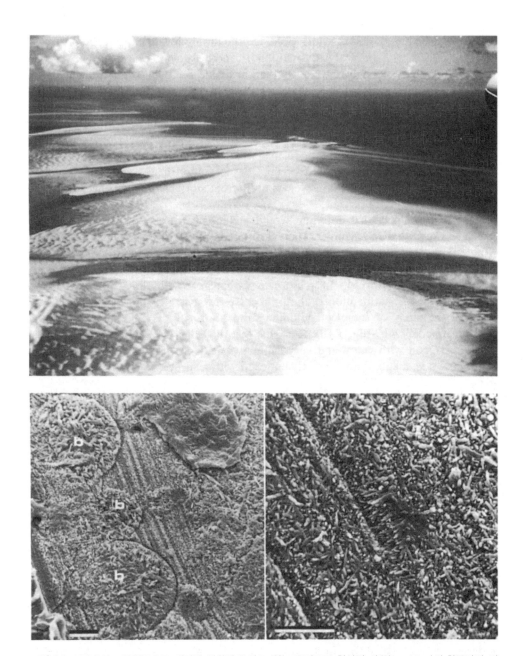

그림 3.9 조간대의 조류활동으로 생성된 석회질 우이드. 위는 우이드로 형성된 사주(sand bar)의 항공사진. 아래 두 사진은 우이드 입자의 주사전자 현미경 사진이며 스케일 바의 길이는 5μm. 왼쪽은 약간 부식된 표면 사진. 우이드가 성장하면서 일차적으로 생긴 동심원상의 엽층리들과 이차적으로 생긴 후 다시 메워진 세 개의 구멍들(b)이 겹쳐 있다. 오른쪽은 바늘 모양의 침상 아라고나이트를 보여주는 우이드 엽층리들의 근접 사진(사진제공: D. Fütterer).

간빙기의 반복에 따른 탄산염 대륙붕의 노출과 침수는 전체 해양의 탄산염 수지균형뿐 아니라 대기속 이산화탄소 농도의 변화에도 중요한 역할을 한다(8.5절).

해수면 하강기 동안에는 저탁류에 의해 더 많은 양의 퇴적물이 심해까지 도달한다 (2.10절). 빙하기 동안에는 대륙의 침식이 증가하여 육상기원 퇴적물의 공급이 증가하는 한편, 퇴적물을 가두어둘 수 있는 하구(estuary)의 발달이 미약하여 대륙붕단 너머로 바로 운반되기 때문이다. 바하마 뱅크와 같이 생물기원 퇴적물의 생산이 우세한 탄산염 대지 주변에서는 이와 반대의 상황이 발생한다. 즉, 해수면 하강기보다 상승기 동안에 더 많은 양의 퇴적물이 퇴적된다. 탄산염 대지가 물에 잠겨 있을 때에는 조류, 유공충, 연체동물과 산호 등에 의해 만들어진 많은 양의 탄산질 각질의 쇄설물들이 사면을 따라 아래로 운반된다. 반면에, 해수면이 낮아지면 탄산염 대지는 물 밖으로 드러나고 퇴적물은 거의 만들어지지 않는다. 한편, 빗물에 의한 탄산염의 용해로 인해 카르스트(karst)와 같은 용식지형이 발달하고 토양층이 형성되기도 한다.

3.7.3 백운석(돌로마이트)

방해석에는 마그네슘이 어느 정도 포함되어 있을 수 있다. 실제로 대륙붕 환경에서는 '마그네슘을 함유한 방해석'은 예외적이 아니라 오히려 보편적이라 할 수 있다. 그러나 백운석[Ca · Mg(CO$_3$)$_2$]에 관해서는 풀리지 않은 많은 의문점들이 남아 있다.

백운석은 방해석에 비해 가용성(물에 녹을 수 있는 성질 — 역주)이 매우 낮기 때문에 해수로부터 바로 침전할 수 있을 것으로 예상하기가 쉽다. 어쨌든, 해수 속에는 마그네슘이 많이 녹아 있다(표 3.1). 그러나 현재의 해양환경에서 해수로부터의 직접적인 침전현상이 관찰된 적은 없다. 백운석은 탄산염퇴적물 내에서 마그네슘이 칼슘의 일부를 치환하여 생성되거나 또는 공극수로부터 침전하여 생길 수도 있다. 앞에서 언급했듯이 이 과정은 '속성작용'의 일부이다. 현생환경 중에서 백운석이 생성 중인 대표적인 곳은 페르시아만이다(그림 3.10). 이곳은 울타리섬(barrier island) 뒤쪽에 따뜻하고 염분이 높은 석호(lagoon)가 있으며, 주위에는 조간대 평원이 넓게 발달해 있다. 저조선(low tide) 상부에 위치한 퇴적물은 공극수 속에 마그네슘이 칼슘보다 훨씬 풍부하다. 그 이유는 부근의 삽카(혹은 증발평원, sabkah)에서 증발이 일어날 때, 황산칼슘(석고, gypsum)이 침전되면서 칼슘이 함께 해수로부터 제거되어 퇴적물 속 공극수 내의

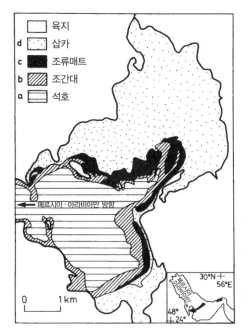

그림 3.10 현생 돌로마이트(백운석)의 생성. 페르시아·아라비아만의 남쪽 해안의 석호(a). 중앙부는 석회질 머드로 덮여 있으며 주변을 따라 조간대(b)가, 조간대의 최상부에는 조류 매트(c)가 분포. 가장 육지 쪽에는 간헐적으로 물에 잠기는 삽카(증발평원, sabkha)(d)가 분포(L. V. Illing 외, 1965, Soc. Econ. Paleontol. Mineral Spec. Publ. 13: 89 수정).

Mg/Ca비가 높아지기 때문이다.

백운석의 생성은 증발평원의 존재, 조석조건 그리고 유난히 높은 수온 및 염분 등과 밀접한 관련이 있다. 탄산염 각질로 이루어진 석회암이 속성작용을 거치면서 백운석으로 변하게 되면 원래 포함되었던 각질의 조직이 새로이 만들어진 백운암 내에 보존되기는 힘들 것이다. 그러나 스트로마톨라이트와 같은 미세조직은 보존될 수도 있다.

백운석 생성에 관한 실험을 통하여 P. A. Baker와 M. Kastner(1981, Science 213: 214)는 공극수 속에서 백운석이 재결정되기 위해서는 환원작용과 황화물의 침전과정에 의해 황산염 이온이 제거되는 단계가 반드시 선행되어야 한다고 하였다. 만약 그렇다면, 증발로 인한 석고($CaSO_4$)가 침전하면서 공극수의 Mg/Ca 비율의 증가하는 것보다 황산염 농도의 감소가 백운석화작용에 더 큰 의미가 있다.

대륙주변부 퇴적물의 표층 수십 m 이내에서는 미생물에 의한 황산염의 환원작용이 백운석화작용(dolomitization)을 촉진시키기도 한다. 심해시추 코어의 연구에 의하면, 이 현상은 퇴적률이 높고(500m/백만 년 미만), 유기탄소의 무게 함량이 많은(0.5% 이상) 퇴적물에서 발생한다.

백운석은 무산소(anaerobic) 상태에서의 심해 퇴적물 속에서도 발견되는데, 백운석 침전에 방해가 되는 황산염들이 박테리아의 환원작용으로 제거되기 때문이다. 또한 황산염의 환원은 알칼리도(alkalinity)를 증가시켜 침전에 필요한 탄산염 이온을 제공해 주기도 한다. 일반적으로 속성작용의 흔적은 아산소(suboxic)상태의 반원양성 퇴적물에서 강하게 나타난다. 때로는 인접한 조간대의 상부로부터 스며든 담수에 의해 공극수가 희석되면 기존의 탄산염이 백운석으로 변하기도 하는데, 이러한 현상은 바하마 제도와 몇몇 산호섬들에서 발견되었다.

3.8 수성기원 퇴적물

백운석 생성에 관한 의문과 함께 증발암의 생성 환경에 대해서 알아보자. 대륙주변부의 수성기원 퇴적물은 대부분이 증발암이다. 엄밀히 말해서 탄산질 골격도 물속에서 생성되었으므로 수성기원이라 할 수 있다. 그러나 유기체에 의해 침전된 광물질들은 별도로 생물기원으로 구분한다.

3.8.1 증발암

해양증발암은 해수가 증발하면서 침전된 광물로 이루어진 퇴적물이 굳은 암석이다. 침전이 일어날 만큼 염분이 증가할 수 있는 곳은 외해와의 해수교환이 제한되는 반폐쇄적인 해역이다. 예를 들면, (1) 연안의 석호, (2) 대륙붕의 염해, (3) 확장 초기의 열곡해양 등이 있다. 예외적으로 5~6백만 년 전, 후기 마이오세(Miocene) 동안에 부분적으로 고립되었던 지중해는 특이한 경우이다(9.5.2절 참조).

1,000m 두께의 해수층이 증발하면 얼마나 많은 증발암이 생성될까? 염분은 해수 무게의 3.5%(또는 35‰)을 차지하며 밀도는 해수의 2.5배 정도이므로 증발 후에는 약 14m 두께의 염이 남게 되는데, 그중 대부분은 암염(halite)이 차지한다(표 3.13 참조). 물에 녹는 성질이 가장 약한 탄산칼슘(방해석)이 가장 먼저 침전되며, 농도가 10배 정도 농축되면 암염이 침전된다. 탄산칼슘과 황산칼슘(석고 또는 경석고)만으로 되어 있는 증발암이 가장 많으며, 두꺼운 암염층을 형성하거나 드물게는(용해성이 아주 좋은) 고가의 칼륨염을 포함하고 있는 증발암도 있다. 염분의 증가에 따른 광물질들의 침전 순서는 Usiglio의 실험(1849)에 의해 밝혀졌다.

증발암의 퇴적분지는 외해와의 연결이 제한적이어야 할 뿐 아니라 건조기후대에 있어야 하며, 오랜 기간 동안 지속적으로 새로운 해수가 유입되는 동시에 증발에 의해 증발 광물의 침전이 진행되어야 한다. 석고(황산염)만 침전되려면 새로운 해수가 추가되어 염분이 세 배 이상으로 농축되지 않아야 하거나 황산염보다 늦게 침전된 암염(염화물)이 나중에라도 제거되어야 한다(그림 3.11). 만약 암염만 남아 있다면 석고를 침전시키고 남은 해수가 다른 곳에서 암염을 침전시켰거나, 어디선가 일단 침전된 암염이 담수에 의해 용출된 후 퇴적분지로 유입되어 새로이 침전을 일으킨 경우일 수도 있다. 차별적인 보존과 연쇄적인 분별작용은 증발암을 형성한 해수의 화학조건을 조절하는 핵심과정이다. 석호환경에서 침전된 증발암이 다시 해수에 의해 재용해되지 않고 보존되기 위해서는 풍성 혹은 하성퇴적물에 의해 주기적으로 덮일 필요가 있다.

현재 해양에서 증발암이 생성 중인 곳은 흔하지 않다. 바하칼리포르니아(멕시코) 연안의 Ojo de Libre라는 석호와 페루의 Bocana de Virrila라는 20km 길이의 침수하곡이 그 사례들인데, 증발로 인해 염분이 160‰에 이르면 석고가 침전되고 320‰ 이상이 되면 암염이 침전된다(그림 3.11).

백운석과 석고(또는 경석고)가 연안의 증발평원에서 속성작용에 의해 생성되는 과정은 앞 절에서 논의되었다. 이런 환경에서 전형적으로 생성되는 거대한 석고결정이나 단괴상의 경석고 또는 심하게 변형된 경석고 그리고 조류 매트(algal mat)와 같은 특징들은 고생대 페름기(Permian Period)의 증발암 계열들(텍사스의 Lower Clear Formation; 북서 유럽의 Zechstein)에서 잘 알려져 있다. 또한 심해시추 결과 지중해의 마이오세층의 최상부에서도 발견되었다(그림 3.12 참조).

3.8.2 인회석

해양성 인회석은 비골격성 탄산칼슘과 마찬가지로 수성기원과 생물기원 퇴적물의 경계에 해당한다. 인은 모든 생체세포의 필수 성분으로서 육상생물뿐 아니라 해양생물의 생활사와 밀접하게 관련되어 있다. 광합성 생물과 관련된 인의 공급은 궁극적으로 해양의 비옥도를 조절하며, 나아가 생물기원 퇴적물의 생성에도 영향을 미친다.

인회석은 해양의 비옥도와의 밀접한 관계뿐 아니라 그 자체의 경제적 가치 때문에 특별한 관심을 가질 만한 가치가 있다(10.3.1절).

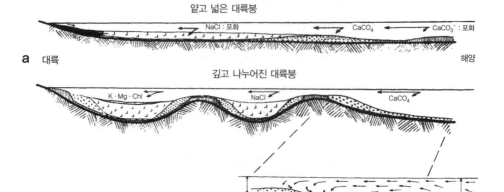

그림 3.11 해양증발암의 생성 모델들. **a** 수심이 아주 얕고 넓은 분지에서 연쇄적인 분별작용이 일어나는 경우. 바다에서 육지 쪽으로 갈수록 다른 종류의 염이 연쇄적으로 포화됨. 육지로부터 육원성 퇴적물의 유입 가능. 현재의 예 : 좁은 수로(Kara Bogaz Inlet)를 통해 카스피해와 연결되어 있는 석호(Adashi-darja Lagoon)(석호와 외해의 화학조성이 완전히 대등하지는 않음). **b** 둔덕(sill)들에 의해 나누어진 깊은 분지 내에서 연쇄적인 분별(serial fractionation)과 차별 보존(differential preservation)이 일어나는 경우. 얕은 곳에서 깊은 곳으로 갈수록 다른 종류의 염이 연쇄적으로 포화됨. 둔덕 부근에서는 석고만 포화되며 암염은 포화되지 않음. 왜냐하면, 암염에 대해 불포화된 염수가 깊은 곳으로 가라앉아 둔덕 부근에서는 더 이상의 침전을 일으킬 수 없기 때문이다. 탄산염 또는 황산염의 침전 때문에 둔덕의 수심은 상당히 얕아질 수 있음. 현생환경에서 찾아볼 수는 없음[G. Richter-Bernburg, 1955, Dtsch Geol Ges 105 (4): 59].

그림 3.12 서부 지중해의 마이오세층 최상부에 나타난 동심원상의 연쇄적 분별작용. *G* 지브롤터 해협(약 50만 년 동안 지중해를 대서양으로부터 단절), *M* Mallorca, *C* Corsica, *S* Sardinia (K. J. Hsü 외, 1973 in Ryan, W. B. F. 외 eds. Initial Repts. DSDP 13, 695, Washington D.C.).

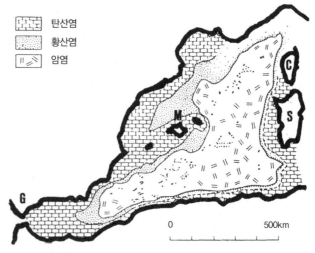

3.8.3 철화합물

철은 지구상에서 가장 많은 원소 중의 하나로써 철화합물 역시 대륙주변부와 심해의 퇴적물 속에서 가장 흔한 성분이다. 유기물의 과잉공급으로 인해 산소결핍현상이 자주 발생하는 대륙사면에서는 퇴적층 최상부 내에서 해양박테리아에 의한 황산염의 환원작용이 일어난다. 그 결과 황화수소(H_2S)가 생성되고 **황화철**(pyrite, FeS_2)이 침전하게 된다. 반면에, 일반적으로 산소가 풍부한 심해에서는 거의 모든 철 성분이 산화철이나 수산화철(침철석, goethite)의 형태로 존재하며, 특히 망간단괴와 함께 존재하기도 한다(10.4절).

무산소상태의 퇴적물 내에서 일어나는 황산염의 환원과 이와 관련된 황화물의 침전은 대기속의 산소량을 조절하는 지화학적 과정의 중요한 부분이다. 탄소는 탄산염광물이나 유기탄소의 형태로 퇴적될 수 있으며, 황은 황산염(예 : 석고) 또는 황화물(예 : 황철석)의 형태로, 철은 산화철이나 황화철의 형태로 퇴적될 수 있다. 산소가 결핍된 상태에서는 후자들(유기탄소, 황화물, 황화철)로부터 산소가 추출된다. 즉, 무산소상태로 갈수록 산소의 소모는 줄어들고 공급은 증가함으로써 대기와 해양의 산소량을 안정화시키는 데 기여하게 된다.

철을 함유한 광물 중에 **해록석**(glauconite)이라 불리는 녹색의 규산염광물이 있다. 화학적으로 해록석은 칼륨(7~8%)과 철(20~25%)이 풍부한 운모류의 결정구조가 좋지 않은 광물이지만, 지질학적으로는 사질의 해양 퇴적물 중에서 추출된 녹색의 미세한 흙을 포함하고 있는 것 같은 입자를 통상적으로 해록석이라 한다. 이 작은 알갱이들은 마치 유공충(foraminifera)의 내부 또는 배설물 알갱이(fecal pellet)와 흡사한 모양을 하고 있어, 이들의 성장 장소에 관한 정보를 주고 있다. 해록석이 성장하기 위해서는 유기물의 분해(배설물, 유공충의 내부)가 필요조건인 것으로 보인다. 해록석 내의 철 성분의 일부는 환원상태의 철이다. 공극수 속의 철 함량이 높을수록 (산화철의 환원과 황화철 생성의 중간 단계에서) 해록석 생성에 유리할 것이다. 또한 운모질 해록석으로 변질되기에 적합한 종류의 점토광물이 많을수록 유리할 것이다. 해록석은 생산성이 높은 대륙주변부 해역(예 : 앙골라 근해)에서 인산염퇴적물(인회석, phosphorite)과 함께 흔히 발견된다.

현생 해양 퇴적물 속에서는 발견되지 않는 특이한 형태의 철 함유 물질이 고기 해양 퇴적층 속에서 발견되었다. 프랑스 동부와 독일 남부의 쥐라기 퇴적층 속에서 어란형 철광석(iron oolite)들이 풍부하게 발견되고 있어 지난 한 세기 이상 동안 채굴해 오고 있다. 그 정확한 기원은 아직 밝혀져 있지 않아 고해양의 화학적 특성에 대해 우리의 이해가 얼마나 부족한가를 단적으로 알려준다.

3.9 퇴적률

계곡의 노두에서 발견된 화석 산호층이나 일련의 석회암 또는 이암층들은 그 속에 지구의 오랜 역사의 한 부분을 차지하고 있다. 과연 이 산호초는 성장하는 데 얼마나 오랜 시간이 걸렸으며, 퇴적층들 속에는 얼마나 오랜 시간의 기록들이 담겨 있는 것일까?

지질학의 가장 기본적인 '지질연대'(geologic time)'의 개념이 자리 잡은 것은 그리 오래되지 않았다. James Hutton(1726~1797)에 의해 시작되어 그의 지지자들인 Charles Lyell(1797~1875)과 Charles Darwin(1809~1882)으로 이어졌다.

그럼에도 불구하고 Marie Curie가 발견한 방사능(1896)이 지질학적 기록의 연구에 적용되기 전까지는 지질연대가 종래의 '창세기'에 근거한 기독교적 연대와 얼마나 차이가 나는지 알 길이 없었다. 그러나 몇몇 학자들의 추측은 상당히 근사하였는데, 1893년 T. M. Reade는 현재의 삭박률(단위시간당 침식작용에 의한 지표 저하율 — 역주)과 퇴적률을 비교한 결과, 퇴적암들의 연령이 종교학자인 James Ussher(1581~1656)가 주장한 6,000년보다 7,000배 이상 더 오래되었을 것으로 추측하였다. 또한 1897년에 J. G. Goodchild는 7억 4백만 년 정도일 것으로 추측하기도 하였다.

퇴적률에 관한 전반적인 개요는 그림 3.13과 같다. 그러나 이 수치들을 고기 퇴적물에 적용시키기 위해서는 다짐작용(compaction)에 관한 보정이 필요하다. 압축에 의해 사질퇴적물은 약 40%의 공극이, 점토질의 경우에는 약 70%의 공극이 감소하기 때문이다.

대륙의 가장자리, 특히 강의 입구나 하천 유입이 있는 연안에서는 전반적으로 높은 퇴적률을 보이는데, 남부 알래스카 빙하 근처에서는 연간 10m 정도의 높은 퇴적률이 예외적으로 기록되기도 한다. 퇴적률이 가장 낮은 곳은 대륙에서 멀리 떨어진 심해역이다. 대륙사면은 1,000년에 40~100mm, 용승이 일어나는 해역은 1,000mm, 심

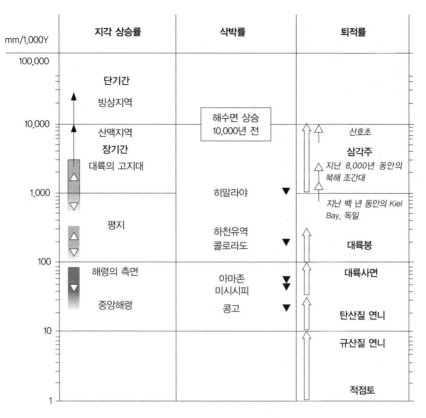

그림 3.13 지각 상승속도와 삭박률 그리고 퇴적률의 비교. 단위 : mm/1,000년(*Bubnoffs*라고도 불림 혹은 (B)) 또는 m/백만 년). 참고로, 마지막 빙하기 이후 오천 년 동안 해수면은 100m 상승. 해빙 후의 육지 상승속도(왼쪽 화살표)와 산호 성장률(오른쪽 화살표)의 관계를 주목하시오(E. Seibold, 1975, Naturwissenschaften 62: 62 수정).

해에서는 1~20mm의 퇴적률을 보인다. 산호초의 성장률은 매년 1cm, 즉 1,000년에 10,000mm 정도이다(7.4절 참조).

암석으로 고화되지 않은 퇴적층은 신뢰도 높은 퇴적률의 측정이 가능하다. 흑해에서 발견한 이러한 퇴적층으로부터 1,000년에 400mm의 퇴적률을 계산할 수 있었으며, Adriatic Island Mljet(크로아티아의 아드리아해에 있는 섬 — 역주) 근처에서는 1,000년에 250mm의 퇴적률이 측정되었다(그림 3.14). 미국 캘리포니아의 산타바바라 분지의 퇴적층으로부터는 연간 1mm, 캘리포니아만에서는 연간 1~4mm의 퇴적률이 측정되었고, 퇴적물 속에서 발견된 규조류와 쌍편모조류 및 다른 미화석들(7.7.2 절)을 이용하여 캘리포니아만과 산타바바라 분지 지역의 수천 년간의 온도변화와 용승의 역사를 복원할 수 있게 되었다. 불행히도, 외해에서는 이처럼 이상적인 경우를 찾기가 극히

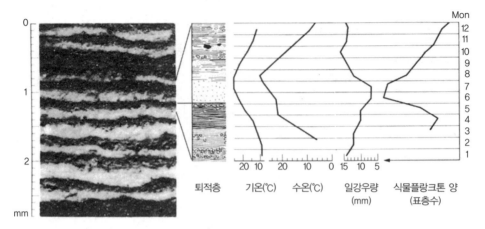

그림 3.14 아드리아해, MIjet Island (Croatia) 근처 퇴적물에서 발견된 연층(varves) 사진. 반복해서 나타나는 밝고 어두운 한 쌍의 층들은 매년 반복되는 퇴적의 결과임. 밝은 색을 띠는 부분은 탄산염 침전에 의한 것이며, 하부 경계는 초여름(오른쪽 그림)에 식물플랑크톤의 번성으로 인해 탄산염 침전이 시작되는 시기와 일치하는 뚜렷한 경계를 보임. 가을과 겨울 동안에는 강우로 인해 유기물을 포함한 육원성 퇴적물이 유입되어 어두운 색을 띠게 됨. 연층의 해석은 복잡한 문제이며 최근의 연구에서는 기후조건을 재구성하기 위해 통계적 분석법을 사용하고 있음.

어렵다. 미고화된 퇴적층들은 퇴적물 속에 구멍을 뚫는 생물들이 살 수 없는 곳, 즉 퇴적면 바로 위의 해수 속에 산소가 없는 곳에서만 보존될 수 있기 때문이다.

특정 유형의 퇴적물에서 측정한 퇴적률을 모든 지질층서에 적용하는 것은 다소 위험하다. 산발적 또는 주기적으로 발생하는 침식현상들에 의해 전체 퇴적률이 크게 달라질 수 있기 때문이다. 퇴적체의 아래쪽 경계부분에는 급격한 현상에 의해 발생한 침식의 흔적들이 존재하는 경우가 많다. 예를 들어, 빙퇴석의 하부에는 빙하에 의해 마모된 암석들이 존재하며, 사구의 하부에는 바람에 의해 마모된 자갈층이, 하천퇴적층 아래에는 수로의 자국이, 대륙붕의 폭풍퇴적물이나 심해의 저탁암 하부에는 깎여져 간 해저면의 흔적이 나타나기도 한다. 이와 같이 침식에 의해 퇴적기록에서 지워진 결층(hiatus)이 얼마나 되는지를 밝히는 것은 쉽지가 않다. 따라서 소실된 부분을 포함한 오랜 기간 동안의 평균 퇴적률은 순간 퇴적률보다 낮을 수밖에 없다. 공백기가 나타나는 경우에는 그 생성과정에 관한 정보를 찾아봐야 할 것이며, 특히 광범위한 지역에 걸쳐 나타나는 공백기는 탄성파층서학에서 퇴적층 간의 대비를 가능하게 한다.

퇴적물의 기원과 성분을 다룬 이 장을 마무리하기 전에 다소 신비스러운 성분의 입자들에 관해 언급하고자 한다. Challenger호 탐사 동안 John Murray는 세립질 심해 퇴적물 속에서 직경 0.2mm 정도의 '우주기원의 작은 구슬들'을 발견했는데, 철과 니켈 성분이 풍부한 검은색의 자성 입자들이었다. 심해성 점토 1g당 서너 개 정도 추출되는 이 입자들이 우주로부터 일정하게 유입되고 있다는 전제하에, 이 우주기원 입자들의 산출량을 통해 심해 퇴적물의 퇴적률을 가늠하기도 하였다.

운석이 지표 암석과 충돌할 때 생성된 직경 1mm 정도의 유리질 입자들을 '마이크로텍타이트(microtectite)'라 부르는데, 호주 부근과(70만 년 전), 아이보리해안(110만 년 전) 그리고 카리브해(3,300~3,500만 년 전) 등지에서 발견되었다. 그 양이 충분할 경우에는 '사건층서학(event stratigraphy)'에서 '시간 지시자'의 역할을 할 수 있어 퇴적층의 시간적인 대비에 아주 유용하게 사용될 수 있다.

더 읽을 참고문헌

Selley RC (1976) An introduction to sedimentology. Academic Press, London
Bouma AG, Normark WR, Barnes NE (eds) (1985) Submarine fans and related turbidite systems. Springer, Berlin Heidelberg New York
Reading HG (ed) (1986) Sedimentary environments and facies. Blackwell Scientific, Oxford
Tucker ME, Wright VP (1990) Carbonate sedimentology. Blackwell Scientific, Oxford
Friedman GM, Sanders JE, Kopaska-Merkel DC (1992) Principles of sedimentary deposits. Stratigraphy and sedimentology. Macmillan, New York

04 파랑과 해류의 영향

지금까지 해양주변부의 지형은 주로 판구조론과 퇴적물 공급에 의해 결정된다는 것을 살펴보았고(2장), 다양한 종류의 퇴적물과 연관되어 있다는 것을 설명하였다(3장). 이제 해저퇴적물의 분포를 결정하는 해수운동의 주요 역할에 대해 알아볼 것이다. 이 역할에 대한 사례로 그림 4.1에 미국 캘리포니아 남부지역에서 전형적으로 나타나는 강에 의한 퇴적물의 재분포를 묘사하였다. 차차 이해가 가능하겠지만 우리가 고려해야 하는 도식화된 물의 운동은 단순하지 않다.

파랑과 해류는 해저에 침식 또는 퇴적과 같은 많은 방법으로 흔적을 남긴다. 흔한 예로는 작은 연흔(ripple mark)과 커다란 해저사구이며, 다른 예로 퇴적물 내에 나타나는 해빈 엽층리부터 두꺼운 점이층리까지의 층상구조나 석호 내의 니질 퇴적물에서부터 파랑이 발달한 해빈의 분급도가 높은 모래에 이르기까지 퇴적물 입도의 특성을 들 수 있다. 그리고 침식자국, 협곡, 깨끗하게 쓸린 뱅크와 해저 대지들은 잘 알려진 침식의 예이다.

해저의 조각가 역할을 하는 파랑과 해류는 침식의 입장에서 얼마나 효과적일까? 그리고 지질학적 기록으로부터 파와 흐름의 구조를 재구성하려면 어떠한 단서들을 연구해야 할까?

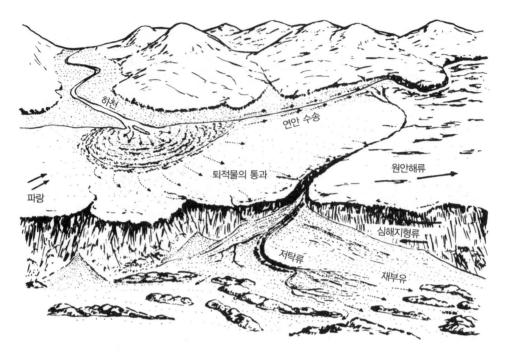

그림 4.1 물의 운동에 의한 대륙주변부의 퇴적물 분포. 그림은 미국 서해 연안지형이다. 강물의 유입, 파랑 에너지에 의한 연안류, 해저협곡에 의해 차단되는 모습에 주목하라. 세립질퇴적물은 대륙붕을 지나 대륙사면이나 더 깊은 곳까지 이동한다. 해저협곡의 오른쪽 너머에 나타나는 침식된 해빈과 암질 대륙붕을 주목하라(Based on drawing in D. G. Moore, 1969, Geol. Soc. Am. Spec. Pap. 107: 142).

4.1 퇴적물의 이동

4.1.1 입도의 영향

물의 움직임과 퇴적물 반응 사이의 관계는 많은 연구에도 불구하고 모호한 점들이 있는데 그중 문제되는 것은 퇴적물 경계면에서의 물운동과 퇴적물의 특성변화와의 복잡한 관계이다. 또 다른 연구들을 통해 특정 조건에서 어떤 일이 일어날지 예측하는 것은 어렵다. 왜냐하면 입자 크기의 분포나 공극률, 퇴적물의 응집성 등에 의해 다양한 변화를 보일 수 있기 때문이다.

아마도 가장 기본적인 질문은 "얼마나 흐름이 강해야 퇴적물이 이동할까?"이다.

조립한 입자가 세립한 입자보다 움직이는 데 더 많은 힘이 필요하다는 것은 당연하다(그림 4.2). 지름이 10mm인 자갈들은 해저에서 평균 유속이 약 2m/s일 때까지 움

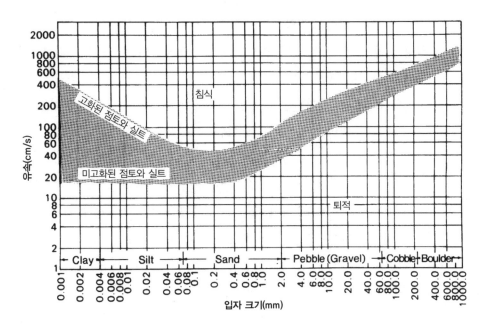

그림 4.2 해저면 부근의 유속과 침식되기 위한 입자 크기 간의 관계를 나타낸 표(휼스트롬 곡선). 그래프는 분급도가 양호한 퇴적물에만 적용된다(A. Sundborg, 1956, Geogr. Ann. 38: 127, in J. Gilluly 외, 1968, Pinciples of geology, W. H. Freeman, San Francisco).

직이지 않는다. 1mm의 입자들은 0.5m/s에서도 움직인다. 강한 유속이 약한 유속보다 발생빈도가 낮다는 지질학적 기록을 통하여, 하류 방향으로 조립한 입자보다는 세립한 입자들이 더 많이 움직인다는 결론을 쉽게 내릴 수 있다. 그러므로 입자의 크기는 일반적으로 하류(또는 아래로 향하는 흐름) 방향으로 갈수록 감소할 것이다. 이러한 사실은 퇴적물 이동 방향에 대한 단서가 되며 연안, 대륙붕, 심지어 심해까지도 적용할 수 있다.

하지만 유속과 입자 크기 사이의 단순한 관계는 크기가 0.1~0.2mm 이상일 때만 유효하다. 입자의 크기가 이 값보다 작다면, 침식을 일으키기 위해 유속이 더 증가해야 한다(그림 4.2). 왜 이런 일이 발생할까?

퇴적물이 바닥면에 가라앉을 때, 매우 세립한 퇴적물은 부드러운 표면을 형성하는 경향이 있다. 이것이 해저면 바로 윗부분의 난류를 감소시켜 빠르게 흐르는 물 입자가 퇴적물 입자와 충돌하는 기회를 감소시킨다. 더 중요한 것은, 입자가 작을수록 퇴적물 내 입자들의 총접촉면적이 증가하고 나중에 압밀작용을 받을 경우 더 단단하게 응집될 수 있다는 것이다. 또한 유기물은 세립질 입자들과 응집하려는 경향이 있어서 박테리아의 성장에 의해 응집력이 증가된다. 따라서 세립질 입자는 조립질 입자보다 침식에 더 강하므로 0.1~0.2mm 사이의 모래 입자는 해저에서 상당한 유동성을 가지며, 유속이 0.3m/s보다 조금 더 증가하면 쉽게 움직인다. 또한 모래는 가장 멀리 이동하기 때문에 근원지에서부터 멀리 떨어진 조간대에서도 흔히 발견된다.

4.1.2 유속의 영향

물이 얼마나 정확하게 입자를 움직일까? 유속은 경계면(해저면) 근처로 갈수록 0에 가까워지면서 감소한다. 따라서 주어진 유속의 값은 해저면 위에서 유효하다. 그러나 해저면 위로의 거리를 정의하기 어렵기 때문에, 연구자들은 '바닥 전단응력(bottom shear stress)'으로 정의한다. 경계면 근처에서 유속이 얼마나 많은 영향을 주느냐는 바닥의 거칠기(roughness)와 난류에 의해 결정된다. 난류는 유속이 입자에 가하는 충격을 급격하게 변화시킨다. 유속이 증가함에 따라 충격의 빈도와 강도는 증가하고 일부 입자들이 움직이기 시작한다. 이는 다른 입자들에 의한 충격을 야기하고 더 많은 입자들이 바닥에서 구르고 튀어 오르기 시작한다. 이렇게 구르고 튀어 오르는 입자들을 '밑짐(bed load)'이라고 한다(그림 4.3).

만약 유속이 더 증가한다면 난류가 증가하고 튀어 오르는 높이가 증가한다. 바닥과의 접촉이 줄어들면서 수층 내에서 부유상태를 유지하는 '뜬짐(suspended load)'이 된다. 세립질 입자들은 천천히 물속에서 가라앉기 때문에 조립질 입자들보다 뜬짐의 상태로 더 오랜 시간 수층에 머물게 된다. 따라서 입자 크기의 분포와 난류에 상응하는 밑짐과 뜬짐의 통계적 분포를 구할 수 있다.

자연적으로, 밑짐으로 이동하는 입자들은 뜬짐으로 이동하는 입자들보다 더 많이 충돌한다. 우리는 퇴적물 이동 방향에 관련된 또 다른 단서를 찾을 수 있는데, 밑짐 입자의 마모도는 하류로 갈수록 증가한다는 것이다. 예를 들어, 잔자갈(pebble)의 원마도가 그러한 단서이다. 비록 모래의 마모가 잔자갈보다 더 천천히 진행될 것으로 생각되지만(300~400배 덜 효과적이지만) 모래 입자들은 이러한 정보를 포함하고 있다. 하지만 0.25mm 이하 입자의 경우 원마도와 이동거리의 관계는 단순하지 않다. 실질적으로, 하류로 가면서 모래 입자가 더 세립해지면서 모양도 불규칙하게 되기 때문에 원마

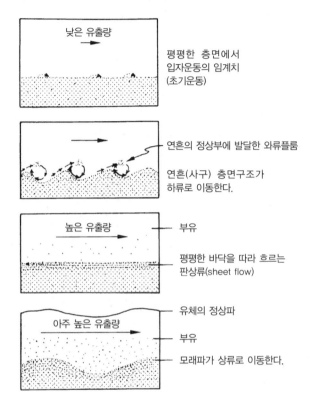

유체 유출량 및 층면구조　　입자 및 층면운동

낮은 유출량

평평한 층면에서
입자운동의 임계치
(초기운동)

연흔의 정상부에 발달한 와류플룸

연흔(사구) 층면구조가
하류로 이동한다.

높은 유출량 — 부유

평평한 바닥을 따라 흐르는
판상류(sheet flow)

— 유체의 정상파

아주 높은 유출량 — 부유

모래파가 상류로 이동한다.

그림 4.3 유속의 증가에 따른 입자의 움직임 변화를 설명하는 모식도(수조실험) (D. L. Inman, in F. P. Shepard, 1963, Submarine geology, 2nd ed. Harper and Row, New York).

도는 감소할 것이다.

　입자들을 이동시키는 물의 유속이 강해졌다가 약해진다면 어떤 일이 일어날까? 조립한 입자들이 먼저 가라앉고 순차적으로 세립한 입자들 순으로 가라앉는다(그림 4.4). 퇴적물이 가라앉게 될 때의 유속은 침식이 일어날 때보다 느리다(약 30% 정도). 퇴적물 이동을 유지하는 것이 정지상태의 퇴적물을 움직이게 하는 것보다 더 쉽다. 따라서 뜬짐상태에서의 이동을 위한 최소 유속은 존재하지 않는 것이 당연하다. 결론적으로, 모래는 침식되고 점토는 오랜 시간 부유상태를 유지하기 때문에 운반과정에서 유속에 따라 모래 입자와 점토 입자는 서로 분리될 수 있다.

　우리는 쇄설성 퇴적물의 침식과 이동, 퇴적까지의 과정을 매우 간단한 방법으로 설명하였다. 사실, 정성적인 특성을 보여주는 그림 4.2는 도표라기보다는 하나의 개념을

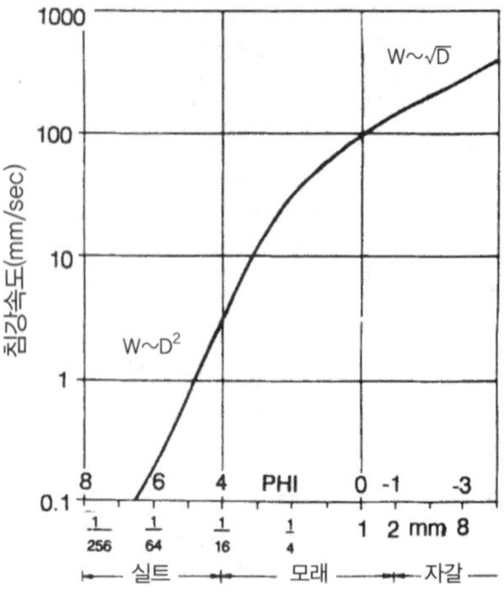

그림 4.4 수층에서 퇴적물의 침강속도. 실트와 세립질 모래의 침강속도는 입자의 제곱에 비례하고(스톡스의 법칙), 조립질 모래와 자갈은 입자의 제곱근에 비례한다[W는 침강속도(mm/s), D는 입자 직경(mm)](W. W. Rubey, 1933, Am. J. Sci. 25: 325, in C. O. Dunbar, J. Rodgers, 1957, Principles of stratigraphy. John Wiley, New York).

설명해준다. 관련된 일련의 과정을 정량화하기 위해서는 연안공학자들에게 중요한 접근방법인 복잡한 실험과 이론들이 요구된다. 연안 근처에서는 아마 다른 어느 곳에서보다도 자연의 복잡함이 많이 나타날 수 있을 것이다. 예를 들면, 유속과 유향이 변하는 조류, 과거에 형성된 층으로부터 나온 '잔류(relict)' 퇴적물, 부유물 농도의 차이 또는 바닥을 구성하는, 다르게 압축된 점토의 다양한 유형 등이 있다. 많은 환경 속에서 고려해야 할 사항은 해수면이 현재보다 낮았고, 현재의 파랑 및 해류역학이 반영되지 않은 가까운 과거로부터 유래된 퇴적물의 조건이다.

4.1.3 비일상적(혹은 간헐적) 사건의 영향

부유를 일으키는 짧은 시간의 사건으로도 상당한 퇴적물의 이동이 일어난다. 일단 퇴적물이 해류나 파랑 또는 저서에 서식하는 동물에 의해 부유하게 되면 상대적으로 약한 흐름으로도 부유상태가 유지된다. 보통 이런 사건들은 겨울 폭풍(중위도지방)이나 허리케인(적도지방)과 연관이 있다. 예를 들어, 황해의 퇴적물 분포는 전적으로 겨울철 강한 파랑과 해류에 의해 결정된다.

각각의 사건은 긴 시간 간격을 두고 발생할지도 모른다. 그럼에도 불구하고 퇴적물들은 이동할 것이다. 따라서 퇴적물 이동을 일으키는 환경적 요인을 설명할 때 고려해야 하는 척도는 시간의 척도이다. 연안공학자들은 폭풍이 많은 양의 퇴적물들을 이동시킨다는 것과 해안을 따라 발생되는 피해규모까지 알고 있다. 하지만 이러한 공학자의 측정 결과는 계속 변화하는 조건에서 단지 수년이라는 비교적 짧은 시간범위에서만 적용이 가능하다. 수백만 년의 긴 시간을 고려하는 해양지질학자는 실험이나 현장 관측 결과와도 비교하기 어려운 비일상적인 사건을 다량 포함하는 기록과 직면한다. 특히 거대한 폭풍은 천해 퇴적물을 해저면 아래 상당한 깊이까지 다시 움직이게 하고, 일상적으로 일어나는 후속 사건은 그 정도의 깊이까지 도달할 수 없기 때문에 지층에는 폭풍의 기록만이 남을 수 있다. 이러한 층을 **폭풍퇴적물**(tempestite)이라고 한다. 폭풍퇴적물은 침식면 바로 위에 놓인 조립질퇴적물의 특징을 보이고, 그 위로 조립하고 세립한 퇴적물이 서로 교호하며 층을 이룬다. 예를 들어, '와덴해(Wadden Sea)'의 조간대에 나타나는 조립질 폭풍퇴적물은 조개껍질로 구성된다.

폭풍퇴적물의 존재는 퇴적물 이동실험(예 : 인공수로 혹은 실험실 수조) 조건이 규모와 시간 관점에서 현실과 다르다는 것을 설명해준다. 따라서 작은 규모의 실험들이 자연에서 관측되는 큰 규모의 현상을 반드시 잘 설명한다고 보기는 어렵다.

4.2 파랑의 영향

4.2.1 파랑과 원안의 퇴적물

여기서는 파랑이 해저에 주는 영향에 대해 살펴보고자 한다. 파랑은 원형에 가까운 물입자의 운동을 말한다. 입자는 원의 윗부분에서 파랑과 같은 방향으로 움직이고 아랫부분에서는 파랑과 반대 방향으로 움직인다(그림 4.5).

물 입자의 운동은 수심이 깊어질수록 약해져 원운동 직경이 수심에 반비례하며 감소한다. 수심이 파장의 1/2보다 깊은 곳에서는 실질적인 물 입자의 운동은 없다. 따라서 오직 표면파가 수층 상부의 운동을 결정한다. 내부파가 수온약층 부근에서 존재하며, 수심 약 100m 부근에서 밀도 불연속층이 존재한다. 이러한 파랑들은 해저협곡에서 해류를 유발하는 것으로 알려져 있다. 하지만 전반적인 파랑의 영향에 대해서 알려진 것이 거의 없다.

심해로부터 해안으로 다가오는 표면파는 수심이 파장의 1/4보다 감소할 때, '바닥을 느끼기' 시작한다. 이 시점에서 물 입자의 원운동은 점점 더 타원형으로 변하며 해저면에서는 전후운동을 하게 된다. 일반적으로 모래가 움직이는 최대 수심인 '파저

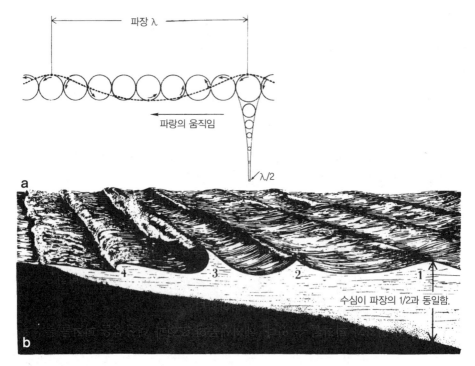

그림 4.5a, b 파랑의 움직임. a 사인파 형태의 파랑, 물 입자는 원을 그린다. b 쇄파의 형성. 외해의 파랑이 연안으로 접근한다. (1) 파랑은 '바닥을 느끼면서' 느려지고 가팔라진다. (2) 파랑은 불안정해지고 부서진다. (3) 해빈을 가로지르는 물거품을 형성한다. (4) 퇴적물을 이동시킨다[W. Bascom, 1959 Sci. Am. 201 (2) 14 and 1960 Sci. Am. 203 (2) 80 수정].

면(wave base)'은 약 10~20m 정도이나 강력한 폭풍일 경우에는 파랑의 운동은 훨씬 더 깊은 곳까지 전달된다. 연흔은 대륙붕, 심지어 대륙붕단 밖에서도 관찰된다. 그러나 연흔과 같은 흔적들을 형성시키는 과정에서 표면파, 내부파, 조석, 해류의 상대적인 중요성이 항상 명확한 것은 아니다. 최근, 대칭형 연흔이 오리건 주 대륙붕 200m 깊이의 세립질 모래에서도 발견되었다. 연흔의 마루에서 마루까지의 길이(파장)는 10~20cm이고, 마루는 연안과 평행하게 형성되어 있었다. 이 파동형 연흔은 개방형 대륙붕에서 겨울 폭풍에 의해 형성된 것으로 생각된다. 그림 4.6에서처럼 수행된 관측은 연흔을 형성시킨 물의 움직임에 대한 단서를 제공한다.

해저에 작용하는 파랑은 다양한 유형의 연흔 분포뿐만 아니라 퇴적물의 특성을 결정짓는 데에도 도움을 준다. 파저면 위에서는 세립질퇴적물이 주기적으로 부유하며 해류에 의해 이동된다. 부유된 입자는 더 깊고 안정적인 환경에 쌓이게 된다. 파저년 아래

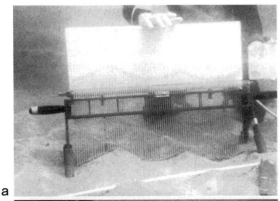

그림 4.6a, b 연흔측정. a R. Newton의 연흔 측정기. 수직으로 움직이는 막대기가 격자에 연흔의 형태를 만들어낸다. 파랑에 의한 바닥 전단응력의 증가로 인하여 혼합된 퇴적물은 점점 조립질화되고 연흔의 마루 사이의 거리는 증가한다. b 발트해의 페흐만섬(Fehmarn Island)에서 거대 연흔의 내림바람 경사를 측정하는 잠수부(사진제공: Diving Group, Geol. Inst. Kiel).

에서는 점토질 입자가 퇴적될 수 있다. 해저생물의 조성과 생산성은 퇴적물 특성의 변화로 인해서 파저면을 기준으로 뚜렷하게 변화한다.

"조립질퇴적물은 얕은 물에, 세립질퇴적물은 깊은 물에 퇴적된다."는 법칙은 깊이에 따라 유입 에너지가 감소하기 때문이다. 여기서 중요한 것은 수심이 아니라 에너지의 유입이다. 어떤 해안선에서든 반폐쇄성의 만(bay) 지역은 세립질퇴적물이 퇴적되고, 곶(headland)과 같은 돌출 해안지역에는 조립질퇴적물이 퇴적되는 특징이 있다.

4.2.2 해빈작용

해빈(beach process)보다 물 움직임의 영향이 더 뚜렷하게 나타나는 지역은 없다(그림 4.7~4.11). 각각의 솟구치는 파랑은 모래를 움직이고 최상단부에 스워시 흔적(swash mark)을 남기며 파랑이 후퇴함에 따라 V모양의 좁은 골(rill)을 남긴다. 해빈 퇴적물의 침식과 퇴적의 균형은 정단(berm)과 전안(foreshore) 같은 구조를 만들어낸다(그림

그림 4.7a, b 해빈. a 거친 껍질 모래로 구성된 하와이 해빈(급한 경사를 주목하라). 쇄파대는 산호초의 끝부분에서 형성된다. 오른쪽 아래의 작은 화살표는 '물이 육지 방향으로 침입했던 마지막 부분(swashline)'을 나타낸다. b 이스트 앵글리아(East Anglia)에 위치한 조약돌 해빈. 특징적인 둔덕마루를 주목하라(사진제공: W. H. B.).

4.7b, 4.9). 침식과 퇴적 사이의 균형은 시간에 따라 변하고 폭풍이 지나간 후 해빈의 상당한 모래가 유실된다. 모래는 침식되어 원안(offshore)으로 이동한다. 이러한 '소산형(dissipative)' 해빈의 전형적인 특징은 파랑의 주기(혹은 파장)가 짧고, 파고가 높고 가파르다.

그림 4.8a, b 캘리포니아 라호야(La Jolla)의 부머해빈(Boomer Beach). **a** 바위해빈의 노출된 해식대지. 모래는 원안 쪽으로, 만입부(embayment) 남쪽 끝으로 이동되었다. 이는 폭풍 후의 상태이다(겨울). **b** 모래가 해식대지와 바위를 덮음(여름)(사진제공: W. H. B.).

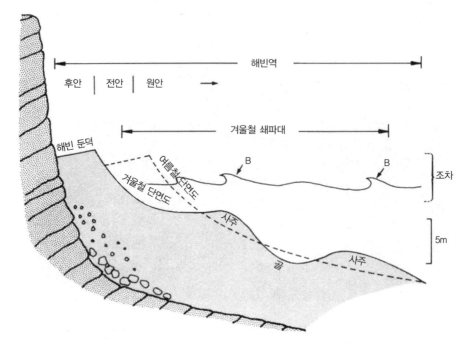

그림 4.9 해빈 단면도(캘리포니아 남부). 여름에는 사주가 제거되면서 둔덕(berm)이 형성된다. 반대로 겨울에는 파랑이 둔덕의 모래를 제거하고 사주를 다시 형성시킨다. 사주 위의 쇄파대를 주목하라(B 화살표). 수직 단면은 과장되어 표시되어 있다. 모래해빈의 경사는 고작 몇 도에 불과하고 모래 입자는 더 작아질수록 경사가 완만해진다[W. Bascom, 1960, Sci. Am. 203 (2) 80; 수정].

그렇다면 해빈은 어떻게 모래를 계속해서 담아둘 수 있을까? 이 질문에 대한 대답은 일반적이고 완만한 파랑은 뚜렷한 쇄파영역(surf zone) 없이 모래를 해안 내부로 이동시킬 수 있다는 데 있다. 그 결과 '반사형(reflective)' 해빈이 형성된다. 두 종류의 극단적 해빈 형태 사이에 연안사주가 있거나 혹은 없는 중간단계에서는 해빈에 종적·횡적인 사주가 형성되기도 한다.

캘리포니아 해빈과 많은 연안 어디에서나 파랑운동의 힘은 계절에 따라 변한다. 그래서 겨울의 해빈은 여름철에 비해 나타나는 경향이 적으며 모래가 외해로 이동하면서 남아 있는 바위와 자갈을 노출시킨다(그림 4.8). 외해에 모인 모래는 사주를 형성하는데 사주의 위치는 그 위에 형성되는 쇄파를 관찰함으로써 인지할 수 있다(그림 4.9).

해안으로 접근하는 파랑은 수심이 얕아지면서 느려지기 때문에 파고가 점차 높아지고, 어느 지점에서는 앞으로 무너져내리면서 소멸된다(그림 4.5b). 쇄파는 수심이 파고(마루에서 골까지 수직높이)의 대략 1.5배인 곳에서 발생한다. 파랑은 진행 방향으

그림 4.10a, b 해빈모래의 연안수송. **a** 로스앤젤레스 베니스 해빈(북쪽을 바라보고 있음). 돌제의 북쪽 면 바닥에 해빈모래 더미를 유의해서 보라. **b** 샌디에이고 라호야 포인트(La Jolla Point) (남쪽을 바라보고 있음) 북쪽에서부터 모래가 이동하며 곶에 도달하기 전에 해빈이 갑자기 끝난다. 모래는 라욜라 협곡(La Jolla Canyon)을 통해 원해로 이동한다(화살표). 모래가 유실된 포켓해빈을 유의해서 보라(사진제공: W. H. B).

로 일부 물을 이동시키고, 이러한 이동은 파랑이 부서질 때 급격하게 증가한다. 따라서 물은 해빈, 보다 정확히 말해 전안으로 모아진다(그림 4.9). 이렇게 모인 물은 이안류(rip current)라는 좁은 흐름을 통하여 다시 외해로 빠져나가 쇄파대에서 소멸되는데, 유속이 매우 빠르기(1~2m/s) 때문에 간혹 해안에서 수영하던 사람들을 쇄파대 너머 외해로 이동시킴으로써 이를 경험해보지 않은 사람들을 공포에 떨게 한다. 이안류는 퇴적물을 이동시킬 수 있으며 쇄파대 내에 수로나 연흔을 만들어낸다.

파랑에 의해 형성된 연안류(longshore currents)는 퇴적물을 해빈으로 평행하게 이동시킨다. 쇄파는 퇴적물의 부유에 매우 효과적이기 때문에 연안류(최대 속도 1m/s)는 많은 양의 퇴적물을 이동시킬 수 있다(그림 4.10a). 미국의 동부와 서부 연안의 연안류는 대개 북에서 남으로 이동한다. 캘리포니아 남부 연안에서 여러 강으로부터 운반되어온 모래는 해저협곡에 의해 가로막힐 때까지 남쪽으로 이동하며, 따라서 해저협곡의 남쪽 해빈에는 모래가 부족하다(그림 4.10b). 해저협곡은 깔대기처럼 해빈 퇴적물

그림 4.11 바하칼리포르니아의 산루카스(San Lucas)에 있는 모래 폭포. 폭포의 높이는 약 10m. 사진은 약 55m 깊이에서 자연광으로 Conrad Limbaugh가 찍었다(F. P. Shepard, 1963, Submarine Geology, 2nd, Harper and Row, New York, 그림 148. 사진제공: S. I. O.).

뿐만 아니라 해초나 잔해들을 심해저로 이동시키는 역할을 한다(그림 4.11).

좁거나 퇴적물이 대부분 유실된 해빈에서는 폭풍쇄파가 해안에 큰 힘으로 강타할 수 있다. 자갈과 모래로 이루어진 해안의 경우, 쇄파는 단단한 암석으로 되어 있는 절벽이라 할지라도 깊은 노치(notch, 깊게 파인 홈)를 형성시킬 수 있다. 이 노치나 해식동굴이 커지고 깊어지면, 그 위에 있는 물질들이 붕괴되고 절벽은 결국 침식된다. 이러한 과정을 거쳐 떨어진 바위 덩어리는 파랑에 의해 부서지면서 많은 해빈모래를 만든다(그림 4.12).

그림 4.12 캘리포니아 엔시니타스(Encinitas)의 절벽 침식으로 인한 퇴적물. 자갈들은 절벽의 아래 부분을 다시 침식시키는 역할을 한다. 빠르게 부서져 작은 입자로 변한 절벽암석을 주목하라(사진제공: W. H. B.).

그림 4.13a~c 파랑에 대응하는 방어물. 독일 북해에 위치한 베스터란트(Westerland)의 질트섬(Sylt Island). **a** 방파제의 피해와 무거운 테트라포드의 이동을 유발한 폭풍파의 위력(1962년 2월 18일). **b** 완만한 경사의 벽이 폭풍조력 쇄파의 위력을 감소시킨다. **c** 연결된 테트라포드는 파랑 에너지가 강타하기 전에 이를 소멸시키는 역할을 한다(사진제공: E. S. **a** and J. Newig **b, c**).

절벽 아래의 보호구조물은 전 세계적으로 찾아볼 수 있다. 사람들은 지금 어느 때보다 더 활동적이고, 바다로 몰려가고, 절벽 정상에서 전망을 즐기지만 해안침식의 현실에는 무관심한 경향이 있다. 예를 들어, 북해(North Sea) 주변에서는 이러한 폭풍파에 의한 침식으로부터 아름다운 경치를 보호하기 위하여 수세기 동안 연안공학이 상당히 발달되었다. 절벽은 파랑에 취약한 것으로 알려져 있다. 파랑은 절벽이 바다 쪽으로 넘어지도록 바닥의 지지력을 상실시킨다. 거친 바다를 약화시키는 효과적인 방법은 '사석(rip-rap)' (거력)이나 '테트라포드'를 쌓아올리거나 쇄파가 에너지를 점진적으로 소산시킬 수 있도록 완만한 경사의 댐을 설치하는 것이다(그림 4.13). 에너지를 소모시키는 마찰과 난류는 경사면에 거친 표면을 계속 만들어낸다. Francis Bacon(1561~1626)의 명언이 적용될 수 있다. "자연을 지배하려는 자, 먼저 자연에 복종하라."

4.3 해류의 효과

4.3.1 표층 해류

모든 해양 해류 중에서 멕시코만류(Gulf Stream)는 아마도 가장 널리 알려져 있는 해류 중 하나일 것이다(그림 4.14a). 이 해류는 북반구에서 가장 큰 규모의 중요한 해류이며, 실제로 초당 대략 $100 \times 10^6 \text{m}^3/\text{s}$의 해수를 이동시킨다. 미시시피강은 최고 홍수기일 때 초당 약 $50 \times 10^3 \text{m}^3/\text{s}$만큼 이동시키는데, 이는 멕시코만류 수송량의 1/2,000에 불과하다.

물론 멕시코만류는 북에서의 서풍해류, 남에서의 무역풍류 그리고 이 둘을 연결하는 동안경계류(카나리아 해류)로 구성된 북대서양 환류의 일부분이다. 환류의 중심은 대략 북위 30° 부근으로 사가소해(Sargasso Sea)에 위치한다. 지구에는 5개의 환류(북대서양과 남대서양, 북태평양과 남태평양, 남인도양)가 존재한다. 각각 서풍과 무역풍이 주된 원동력으로 작용하며, 서안경계류와 동안경계류가 원형의 환류를 완성시킨다(그림 4.14b, c). 일반적으로 해류는 공해에서 수심 100~200m까지 영향을 미치며, 속도는 1노트보다 낮다(1노트 : 시간당 1해리, 약 0.5m/s). 그러나 멕시코만류와 같은 빠르고 좁은 경계류(예 : 쿠로시오 해류)는 수심 1,000m까지 도달하며, 속도가 2노트(약

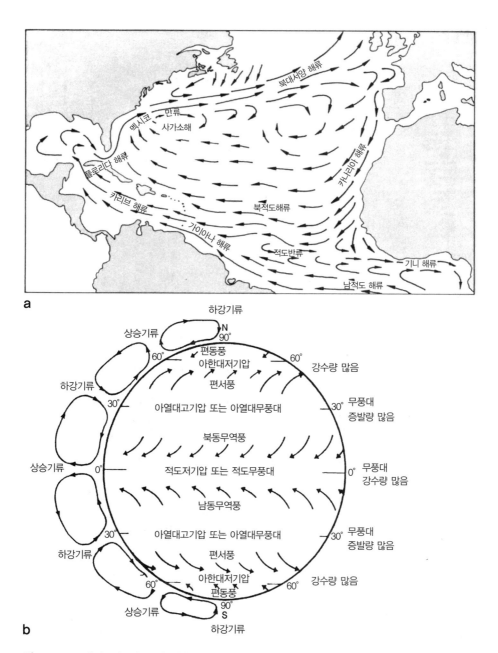

그림 4.14a~b 멕시코만류와 풍성 해양 순환. a 멕시코만류는 북서유럽으로 따뜻한 표층수를 운반한다. 이는 사가소해 중앙에 위치한 거대한 북대서양 아열대 순환의 일부분이다(G. Neumann, W. J. Pierson, 1966, Principles of physical oceanography. Prentice-Hall, Englewood Cliffs). b 도식적인 전 지구 바람체계(R. H. Flemming, 1957, Geol. Soc. Am. Mem. 67: 87).

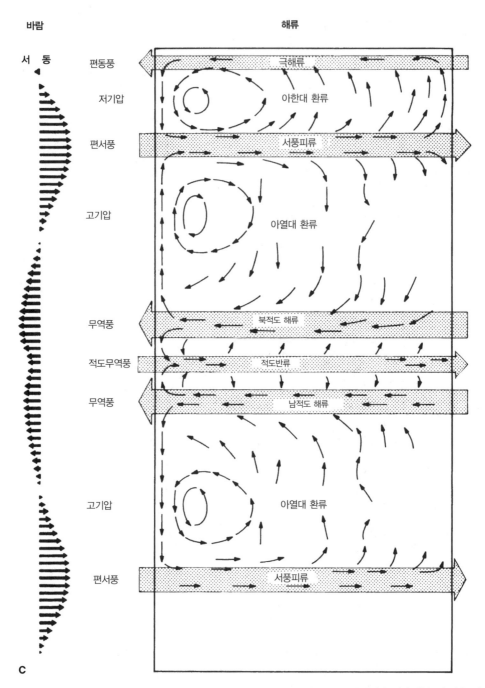

그림 4.14c 왼쪽에 제시된 바람에 의해 형성되는 해류를 지닌 직사각형 형태의 이상적인 해양. 환류의 좌우 비대칭은 지구 자전효과에 기인한다(From W. Munk, 1955, Sci. Am. 103 (3) 6; 수정).

1m/s) 정도이다. 멕시코만으로부터 좁은 플로리다 해협을 통과해 나오는 플로리다 해류는 6노트(약 3m/s)에 달한다.

환류성 순환의 대략적 개요는 이전부터 잘 알려져 있었다. 인공위성을 이용한 원격탐사(해수 표층수온을 측정 — 역주)를 포함한 현재의 여러 연구활동들은 주로 멕시코만류와 같은 해류의 사행(meander), 해류에서 분리되어 나온 와류, 주변 해양과의 혼합 기작에 초점이 맞춰져 있다.

표층 해류는 상당한 지질학적 효과가 있어 열과 습기의 이동을 통해 날씨와 기후에 큰 영향을 끼친다. 표층 해류는 생물기원 퇴적물을 만들어내는 과정을 제어함으로써 해저면에 기후변화의 기록을 남기므로, 수백 m 이내의 상부수층에 서식하는 부유성 생물은 표류병처럼 해류의 추적자로 사용될 수 있다. 단단한 각질을 형성하는 부유성 생물은 해저면 지질기록 위에 표층 해류의 경로를 추적하게 해준다.

해류는 전반적으로 등온선과 평행하게 흐르며 온도 구배가 가장 큰 곳에서 속도가 가장 빠르다. 해류가 온도 구배와 평형상태를 유지하는 것은 온도와 밀도 분포가 대부분 동일하기 때문이다. 이러한 법칙에 의해, 퇴적물 속에 남아 있는 플랑크톤 각질을 조사하여 온도영역을 복원하고, 다시 이를 통해 고해류의 방향을 알 수 있다(7.2.1절).

표층 해류와 그와 연관된 수온 분포는 부유생물의 종 구성을 결정할 뿐 아니라 산호초와 같은 저서생물 군집의 성장을 조절한다(7.4절). 서안경계류는 따뜻한 물을 고위도로 이동시키고 동안경계류는 차가운 물을 저위도로 이동시킨다. 따라서 각 해양분지 내의 열대산호초 띠는 동쪽보다 서쪽에서 훨씬 더 넓게 분포한다.

빙산의 표류와 그에 포함된 퇴적물의 이동경로는 나무와 같이 표류하는 물체들처럼 해류에 의해 결정된다. 육지동물이 섬에 분포하게 된 원인도 이와 같다고 생각된다. 저서생물의 유생들은 특정 목적지 없이 해류의 도움을 받아 표류하면서 전 해양으로 퍼져나간다.

마지막으로, 표층 해류는 해저면과 대륙사면 상부를 침식함으로써 해저에 직접적인 영향을 줄 수도 있다. 깊은 수심까지 도달하는 멕시코만류는 플로리다 동쪽에 위치한 블레이크 대지(Blake Plateau) 위의 세립질퇴적물을 쓸어내어 망간단괴가 깨끗하게 형성되도록 해준다(그림 1.3).

4.3.2 해류 지시자

해저면 연구과정에서 어떻게 해류의 움직임을 인지할 수 있을까? 체질효과(winnowing)를 통해 조립질퇴적물로부터 세립질퇴적물이 분리되는 과정, 즉 '분급'에 대해 앞장에서 다루었다(4.1.2절). 일반적으로 분급은 입자의 크기를 측정할 때 필요하다. 그러나 때로는 해저 영상촬영을 통하여 자갈, 단괴, 조개껍질이나 다른 조립질 잔류퇴적물 등의 층을 관찰함으로써 체질효과를 파악할 수 있다. 어떤 물질 뒤에 형성된 침식흔적(scour mark) 또한 해류의 흔적을 나타낸다.

대륙붕에서 심해저까지 활용되고 있는 측면주사음향탐지기(side-scan sonar)는 해저의 지형과 퇴적물의 이동을 파악하고, 해저 부근의 해류 움직임을 이해하는 데 많은 도움을 주고 있다(그림 4.15). 발트해(Baltic Sea)에서는 해류 움직임을 지시하는 세립질퇴적물 위에 형성된 기다란 줄 모양의 조립질퇴적물의 흔적이 음향탐지기를 통하여 발견되기도 했다(그림 4.16).

해류의 방향은 해저 영상촬영술과 음향탐지를 통해 손쉽게 추정할 수 있지만 해류의 강도를 추정하기는 조금 어렵다. 해류의 강도효과에 대한 직접적인 관측은 갯벌에서 가능하다. 독일과 네덜란드에 걸쳐 있는 북해의 와덴(Wadden) 갯벌은 오랫동안 이러한 종류의 관측을 위한 자연실험실로 활용되고 있다(그림 4.17).

앞서, 해류에 평행한 혹은 수직인 연흔에 관한 몇 가지 특징을 살펴보았다. 연흔은 사구와 매우 흡사하게 오름경사 방향으로 완만하고 내림경사 방향으로 급경사 형태를 나타낸다(그림 4.18). 이런 연흔의 유형은 앞에서 언급한 파동형 연흔과는 다르다(4.2.1절). 연흔 내부의 층리는 마루에서 떨어지는 입자들에 의해 만들어진 아래(하류) 방향 경사들로 이루어져 있다. 따라서 사층리와 같은 화석 연흔을 통해 과거 해저면에서 움직였던 해류에 대한 단서를 찾을 수 있다(그림 5.3c).

해류의 유속과 연흔 형성 사이의 관계는 실험실에서 자세히 연구되었다. 연흔의 특징은 퇴적물의 종류와 속도 분포에 의해 복잡하게 결정된다. 수 cm~수십 cm 규모의 연흔은 약 25~100cm/s의 유속에서 형성되기 시작한다. 거대 연흔(giant ripple)과 수중사구의 기원과 생성은 아직 잘 알려져 있지 않지만 수 m에서부터 심지어 수백 m의 높이의 특징을 갖는다. 일부는 거대한 사막의 바르한 사구와 비슷하다. 어떤 종류의 해류가 이러한 사구를 만드는 데 필요할까? 오직 특정 종류의 퇴적물이 있는 곳에서만

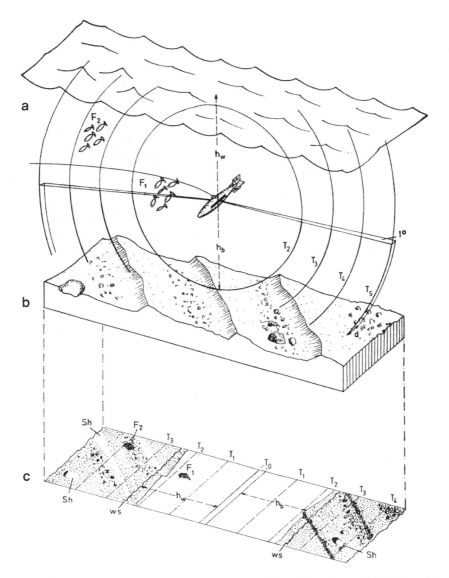

그림 4.15 측면주사음향탐지기의 원리. **a** 해수면, **b** 연흔, 바위, 작은 웅덩이 등이 있는 해저면(왼쪽), **c** 음향기록 구간(음향분석 그래프). T_0는 수중에서 이동되는 수중 음원('fish')의 방출 신호, T_1과 T_2 등은 시간표지(= 음파 반사물체와의 거리), Sh는 음영대, F_1과 F_2는 어군과 음파 이미지, h_w는 음원으로부터 수면까지의 거리(WS), h_b는 음원으로부터 해저면까지의 거리(R. S. Newton 외, 1973, Meteor Forschungsgeb. Reihe C 15: 55).

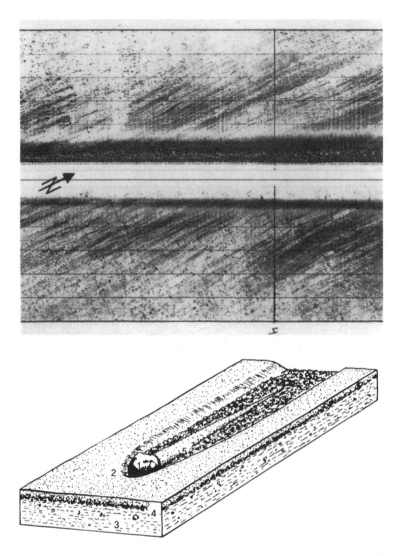

그림 4.16 덴마크 랑지랜드(Langeland)와 롤랜드(Lolland)섬 사이의 스토어밸트(Store Belt) 수로에 있는 혜성 자국. 위쪽은 해저면의 음향분석 그래프. 기록 거리는 약 2km이고, 폭은 150m, 수심은 12m이다. 검은 점들은 작은 바위(빙퇴석의 잔해)이다. 어떤 바위들은 왼쪽과 아래쪽으로 꼬리를 가지고 있다. 이런 '혜성자국'은 해류가 북쪽으로부터 오는 것을 암시한다(Sonography by F. Werner, Kiel.). 아래쪽은 다이버들이 본 일반적인 혜성자국의 형태이다. 1은 장애물(바위), 2는 초승달 모양으로 물에 씻겨나간 곳, 3은 빙퇴석, 4는 잔류 자갈층(과거 침식면), 5는 장애물 뒤 난류에 의해 형성된 침식웅덩이의 고운 모래가 만든 '혜성 꼬리'(F. Werner 외, 1980, Sediment Geol. 26: 233).

그림 4.17a, b 조간대에서 해류의 운동. **a** 갯골의 측면이동으로 20~30cm 정도의 머드가 침식되어 노출된 *Mya arenaria*. 침식 표면 위에 '포장'된 이매패류의 껍질이 남아 있는 점에 주목하라. **b** 작은 연흔에 의해 덮인 큰 연흔. 연흔이 해양 쪽(왼쪽)을 향하고 있으므로 낙조에 의해 만들어진 연흔이다(사진제공: E. S.).

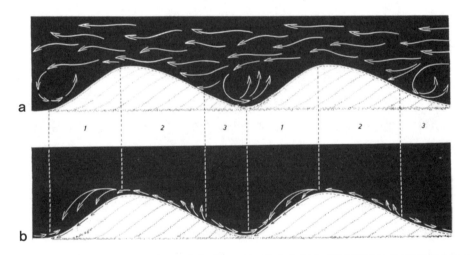

그림 4.18a, b 연흔에서의 물 a와 모래 b의 움직임. 모래는 물이 밀려오는 쪽(2구역)에서 침식되고 연흔의 마루부분으로 이동한다. 마루에서부터 모래는 밑짐 또는 뜬짐(흰색 화살표)으로 아래 방향으로 이동하며 내림경사 방향의 층리를 형성시킨다. 이렇게 형성된 연흔 골에서의 수평적인 와류는 세립 입자를 제거하고 패각을 포함한 조립 입자를 모이게 한다. 따라서 연흔은 조립 입자로 구성된 층리를 따라 이동한다(H. E. Reineck, 1961, Senckenbergiana Lethaea, 42: 51).

만들어질까? 이런 사구는 해저에서 흔치 않은 활동이 일어나는 기간의 잔류물일까? 이러한 질문들은 현재까지도 해결되지 않고 있다.

충분히 큰 조차가 있는 연안지역에서는 고조와 저조의 반복이 조류(tidal current)를 만든다. 폐쇄적인 연안환경에서의 조류는 높은 속도와 다량의 물을 이동시키기 때문에 상당한 침식을 일으키지만 하구에 위치한 수많은 항만에서는 조류가 항내의 퇴적물 집적을 방해한다. 미국 동부 해안에 있는 석호의 외해 쪽 입구는 빠른 조류에 인해 항상 열린 상태를 유지하고 있다. 석호의 다른 쪽에서는 좁은 수로를 통과하여 넓은 석호로 유입되면서 조류의 속도가 감소하기 때문에 퇴적물이 집적되어 조석삼각주(tidal delta)가 형성된다(그림 3.9 참조).

4.3.3 용승

지금까지 우리는 해저와 수평으로 흐르는 해류의 영향을 생각해 왔다. 수직적인 물운동 역시 여러 가지 방법으로 해저에 영향을 준다. 해양환경 내에서 전반적으로 물이 혼합되는 비율은 궁극적으로 수직운동과 연관되고 이 비율은 해양의 생산성과 밀접하게 관련이 있다. 결과적으로는 해양의 생산성이 생물기원 퇴적물(탄산염, 규산염, 인산염)의 종류에 영향으로 주고, 더 나아가서 해저 퇴적물의 특성에 영향을 준다.

더 분명한 수직운동 영향의 예는 용승(upwelling)이다. 동안경계류의 연안에서 표층수는 지구 자전으로 인한 코리올리힘에 의한 편향 때문에 외해 쪽으로 움직이려는 경향이 있다. 북반구에서 편향은 진행 방향의 오른쪽으로 향하고 남반구에서는 왼쪽으로 향한다(그림 4.19a). 외해로 향하는 해류는 동일한 방향으로 바람이 불 때 강화된다. 표층수는 수온약층(수심 100~200m) 부근의 차갑고 영양분이 많은 해수로 교체된다(그림 4.19b). 따라서 북서, 남서아프리카, 캘리포니아, 페루, 칠레 해안에서 발생하는 용승된 저온해수는 조류 플랑크톤의 생산성을 높이고, 높아진 생산성은 동물플랑크톤, 어류, 심지어 새에 이르는 먹이사슬을 유지하게 한다. 용승의 강도는 계절마다, 해마다 변화한다. 예를 들어, '엘니뇨'기간에는 캘리포니아와 페루에서 용승이 크게 감소한다(7.7.3절). 강수량은 이 기간 동안 눈에 띄게 증가하는데, 페루의 북중부 연안을 따라 큰 홍수가 일어날 수 있으며 이러한 홍수는 지난 수천 년간 하천홍수 퇴적층에 기록되어 있다. 용승의 변화는 위성에 의해 관측된 해수면 온도와 엽록소의 양에 의해

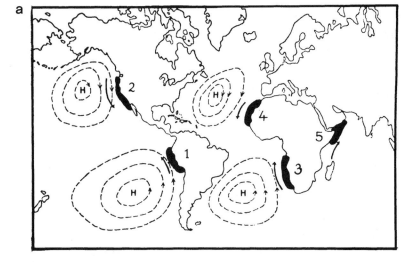

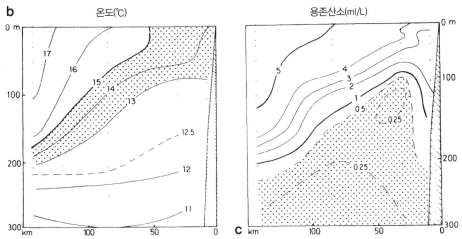

그림 4.19 용승류. a 주요 용승지역의 전 세계 분포. 아열대 환류의 동쪽에 '동안경계류'의 가장자리가 있음을 주목하라. 표층수는 코리올리힘에 의해 외해로 이동하고 아래의 심층수로 교체된다(Science, 1980, 208: 39). b, c 1968년 9월 페루 산후안(San Juan)에서 관측된 용승지역의 온도와 용존산소 분포(S. Zuta 외, in R. Boje, M. Tomczak, 1978. Upwelling ecosystems. Springer, Heidelberg). 수심 약 200m 수층은 대륙의 표면까지 연장됨을 주목하라. 이 물에는 산소가 적고 영양분이 많다. 높은 영양염류 공급은 조류 생산(즉, 와편모충과 규조류의 성장)을 촉진시킨다.

추적되고 있다.

강한 용승지역 아래의 해저 퇴적물은 일반적으로 유기물이 풍부하다. 예를 들어, 남서아프리카 월비스만(Walvis Bay) 지역의 퇴적물은 최대 20%의 유기탄소(C_{org})를 함유하고 있다. 오팔 또한 풍부한데, 월비스만의 규조껍질에서 오팔이 최대 70%까지 발견되고 있다. 어류와 다른 척추동물의 잔해도 증가되어 인회토 생성에 필수인 인산염을 공급한다(그림 10.7 참조).

퇴적물은 용승 강도와 관련된 단서를 포함하고 있다. 플랑크톤 종(유공충, 규조류)은 냉수를 지시하는 경향이 있다. 증가된 유기물의 공급은 심층과 해저에서의 부패를 유발하여 수층 내의 산소량을 감소시키며, 극심한 경우에는 연간 층이 쌓인 혐기성 퇴적물인 연층(varves)이 발달할 수 있다. 기술된 단서들을 이용하여 용승의 위치 및 강도의 변화를 이해하는 것이 가능하고, 지질학적 기록에서 아열대 기후 벨트의 변화와 이동특성을 파악할 수 있다. 이것은 수세기에서 수백만 년의 시간 규모를 다루는 활발한 연구 분야이다.

용승은 연안지역에만 국한된 것이 아니다. 외해에서 표층수가 발산하면 심층수가 그 자리를 채운다. 태평양과 대서양의 적도 부근에 발생하는 발산은 잘 알려진 적도 용승을 일으킨다. 나중에 탄산염 분포를 다룰 때, 적도 용승에 대해 다시 배우게 될 것이다(8장). 이 해역을 따라 발생하는 높은 생산성은 석회질 및 규질 연니의 퇴적률을 증가시킬 뿐만 아니라 태평양 망간단괴 속에 있는 구리, 니켈, 아연 및 다른 금속들의 높은 함량의 원인이 될 수 있다(10.4절). 이러한 과정은 유기물 내에서 미량 금속의 농축과 유기물 잔해가 해저로 이동하는 것을 통하여 이루어진다.

4.3.4 심해류와 심해 폭풍

심해가 조용하고 차분한 환경일 것이라고 생각했던 시절이 있었다. 심해류는 약하고, 해저지형의 형태가 만들어지는 것까지도 상대적으로 덜 중요하다고 생각했다. 그러나 1930년대에 Georg Wüst(1890~1977)와 Albert Defant(1884~1974)의 계산을 통해 첫 번째 지시자가 나왔다. 그들은 대서양 중심에서 Meteor호 탐사의 조밀한 간격의 단면 자료에서 나타나는 수온－염분 분포가 밀도 차이에 의해 발생한 강한 저층류를 나타낸다는 것을 밝혔다. 이러한 해류는 대양경계부의 사면과 중앙해령의 측면을 따라 흐르는데, 이들은 사실상 수평적인 밀도면을 따라 흐른다. 해류는 등수심에 평행하게 흐르므로, 해양지질학자들은 이것을 등수심류(contour current)라고 부르는데 해양물리학자들은 심해지형류(deep geostrophic current)라 부르기도 한다. 이 효과는 해저 사진에서 선명하게 발견할 수 있다(그림 4.22). 이러한 해류는 통로가 좁은 수로에서 침식을 일

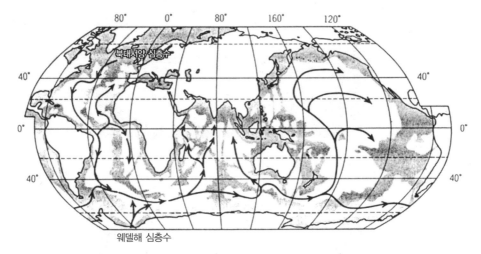

그림 4.20 수심 4,000m 깊이의 해저류 흐름 양상. 주된 기원 지역은 북대서양(북대서양 심층수)과 웨델해(웨델해 심층수)에 있다. 이 해저류의 소산은 일반적인 상향 운동에 의해 발생한다(E. Seibold 외, 1986, The sea floor, Japanese edition, after Broecker and Peng, 1982, Tracers in the sea, Eldigio Press, New York).

으킨다. 예를 들면, 심해의 남극저층수(Antarctic Bottom Water, AABW)가 아르헨티나의 베마 수로(Vema Channel)나 남태평양 동부의 사모아 해협(Samoan Passage)을 통과할 때 침식이 발생한다.

남극저층수는 근본적으로 이러한 수로를 통과하여 저위도로 이동하면서 모든 주요 해양분지의 가장 깊은 부분을 채운다(그림 4.20, 웨델해 심층수; 그림 4.21a). 남서대서양과 남태평양에서 남극저층수는 해저 퇴적층의 탄산염퇴적물을 용해시키기도 한다. 이것은 퇴적 양상과 저서생물 기질의 특성에 엄청난 영향을 주는 과정이다. 남극저층수는 고염분인 북대서양 심층수(그림 4.21a)와 혼합된 극저층수의 냉각에 의해 주로 남극 대륙붕에 위치한 웨델해(Weddell Sea)(그림 4.20)로부터 유래한다. 염분 34.7‰의 남극저층수가 −0.4℃가 되면 아래에 놓인 물보다 무거워져서 가라앉기 시작한다. 남극저층수는 거의 모든 심층수보다도 무겁기 때문에 심연으로 가라앉아 바닥부터 채운다. 이 수괴의 확산은 해양분지로의 접근통로에 영향을 받는다. 예를 들어, 대서양 동부의 앙골라 분지(Angola Basin)로 남극저층수가 흘러들어가기 위해서는 대서양 서부 해저를 따라 적도 부근까지 이동한 다음 로만체 심연(Romanche Deep)을 통해 대서양 중앙해령을 가로지른 다음 다시 남쪽으로 이동하는 경로로 우회해야 한다(그림 4.20).

화학적, 물리적 침식 이외에 남극저층수는 입자 분급과 작은 규모의 침식흔적, 연흔

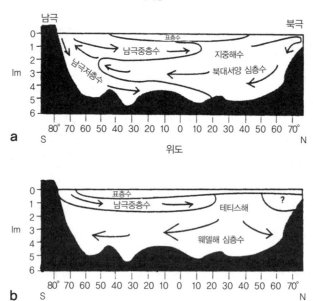

대서양

그림 4.21a, b 동위원소 결과에 따른 신생대 동안 심층수와 중층수 순환의 진화. 에오세(Eocene) 시기의 (b) 해양은 염분열(halothermal) 순환에 의해 제어된다. 반면, 현재의 해양은 (a) 열염분(thermohaline) 순환에 의해 제어된다(J. P. Kennett and L. D. Stott, 1990; in P. F. Barker and J. P. Kennett 외, Proc. Ocean Drilling Program, Sci. Res. 113, 875).

등을 만들 뿐만 아니라 아르헨티나 분지(Argentine Basin) 같은 곳에 거대 사구를 만든다. F. Spiess와 공동 연구자들에 의해 개발된 측면주사 음향탐지기는 심해류가 감지되지 못했던 곳뿐만 아니라 다른 여러 곳에서 사구, 퇴적물 구릉, 침식협곡을 찾아냈다(그림 4.23).

물론 두 가지의 가능성은 항상 존재한다. (a) 해류 분포에 대한 계산에는 오류가 존재한다. (b) 보여지는 특징이 현재 유체운동과 관련이 없지만, 오랫동안 지속된 과거 상태의 증거가 될 수 있다.

북대서양 심층수는 노르웨이해(Norwegian Sea)에서 침강하고, 그린란드-페로해령[Greenland-Faroe(Scotland) Ridge]을 지나면서 흐른다. 아이슬란드의 서쪽에서 큰 해저급류(undersea cataract)는 수심 650m에서 1m/s 이상의 속도로 움직인다. 이 급류는 약 5백만 m³/s의 수송량으로 남쪽으로 움직이는 북대서양 심층수에 더해진다. 이후 북대서양분지(North Atlantic Basin)를 채운 북대서양 심층수는 남극저층수에 변승하여

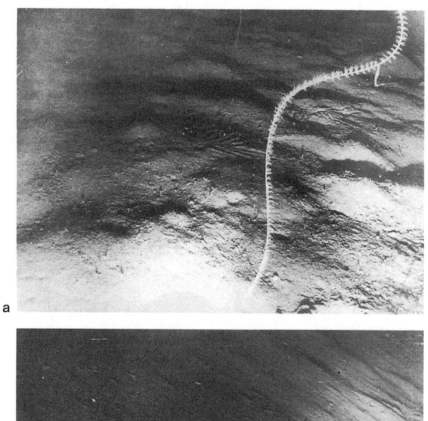

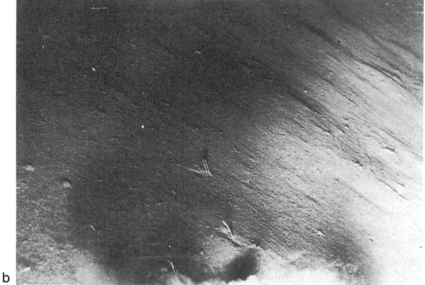

그림 4.22a, b 심해 지형류의 효과. **a** 미국 동부 해안 수심 2.5km의 대륙대. 해류의 움직임이 약하거나 없다는 증거[생물체는 산호인 채찍산호(sea whip)이다]. **b** 동일한 지역에서 수심 5km 지점. 해류의 움직임은 침식흔적과 선형구조로 인해 명백하다. 해류는 오른쪽 아래에서 왼쪽 위 방향으로 20~30cm/s의 속도로 흐른다(사진제공: C. D. Hollister; see A. H. Bouma, C. D. Hollister, 1973, SEPM Pacific Section, Short Course, Turbidites and deep water sedimentation, Anaheim).

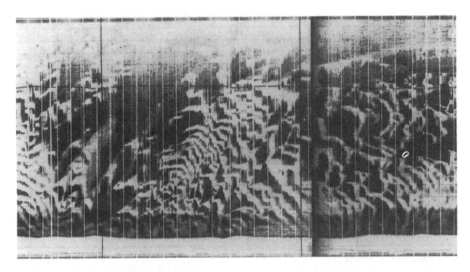

그림 4.23 태평양 동부 열대지방의 카네기해령(Carnegie Ridge) 주변에 발달한 거대 사구(giant dune). 측면주사 음향탐지기는 2.4km 수심에서 1,600×450m 구역을 관측한다. 퇴적물은 석회질 연니이다(자료: P. Lonsdale and B. T. Malfait, S. I. O.).

극순환류(Circumpolar Current)와 합쳐진다(그림 4.20). 코리올리힘에 의한 편향은 서안경계류를 초래한다. 서안경계류의 영향은 뉴욕 외해에 위치한 약 4,900m 수심의 대륙대에서도 관찰된다. 실트의 조립화, 정렬된 자성 입자, 머드파(mud wave), 연흔, 지형적 장애물 주변에 발달된 작은 구멍 흔적들은 서안경계류의 활동을 지시하며 '해저류층(contourites)'을 형성한다.

깊은 등수심류는 'HEBBLE' 탐사기간 동안 우즈홀(Woods Hole)에서 동쪽으로 약 75km 떨어진 4,700m 수심에서 자세히 조사되었다(A. R. M. Nowell 외, Marine Geol., Spec. Issue, 99, 3/4, 275, 1991). 한 가지 놀라운 결과는, 2~20일간 지속될 뿐만 아니라 1년에 수차례 발생하는 '심해폭풍(abyssal 또는 benthic storms)'의 발견이다. 이러한 '폭풍' 해류는 바닥으로부터 10m 위에서 15~40cm/s의 속도에 도달하며, 바닥으로부터 수 m 위에서 평균 0.004mm의 입도를 갖는 3.5~12mg/l의 퇴적물을 이동시킬 수 있다. 폭풍기간 동안에는 상부 5~10cm의 퇴적물이 침식되고 바닥면이 부드러워진다. 하지만 수주 후에는 생물교란에 의해 바닥 표면은 다시 거친 미지형(microtopography)을 형성한다. 이러한 저서생물의 활동은 다음 번 폭풍이 왔을 때 침식이 계속 일어나게 한다.

수백 m 높이의 폭풍퇴적물뿐만 아니라 심해퇴적물에 형성되어 있는 결층(hiatus)은 이러한 과정을 통해 형성된 것일지도 모른다. 이러한 폭풍의 존재와 특성은 심해에 유해 폐기물을 투기하려는 계획과 관련하여 굉장히 흥미롭다(10.5.5절).

이러한 관점에서, 강력한 심해폭풍은 남극순환류(Circum-Antarctic water) 내의 남아프리카 주변 북-남대서양분지의 서부지역에서처럼 매우 차가운 저층수의 중심 부근에서 제한적으로 나타난다. 또한 심해폭풍은 표층수에 강력한 소용돌이를 동반하며 발생한다.

만약 추가적인 조사에 의해 확증할 수 있다면, 이러한 결과는 표층 해류와 심해류 사이의 관계를 직접적으로 연관지을 수 있는 흥미로운 가능성을 만들 것이다.

마지막 빙하기 동안 북대서양 심층수의 형성은 다음 두 가지 이유에 의해 크게 감소하였다. 첫째, 북대서양에서 해수의 증발이 감소하였고 북태평양으로 수증기 이동이 줄어들었다. 따라서 이미 형성된 저층수를 대체할 수 있는 무거운 물에 필요한 고염분이 형성되지 못하였다.

두 번째, 노르웨이해의 수면은 유빙으로 덮이게 되면서 빨리 냉각되지 않았기 때문에 빙하기 동안 대서양(혹은 태평양)의 심층 순환은 오늘날과는 전적으로 달랐다.

차가운 심층수와 따뜻한 표층수 사이에는 또 다른 층이 존재한다. 이러한 층을 **중층수**(intermediate water)라고 한다. 중층수는 아북극(subarctic)과 아남극(subantarctic) 수렴대에서 가라앉아 아열대 환류(subtropical gyre)의 저층수를 형성한다. 중층수는 대륙사면을 가로지르는 해양경계면을 따라 표층수의 방향에 상반되는 방향으로 흐르는 경향이 있다.

일반적으로 저층해류와 해저면 사이의 마찰이 수백 m 두께의 '해저경계층(benthic boundary layer)'을 만든다. 해저경계층은 상부수층과 비교했을 때, 난류에 의해 부유물질 농도가 높으며 화학적 특징 또한 뚜렷하다. 해저경계층과 생물교란층은 해수·해저 상호작용이 퇴적 양상을 조절하는 하나의 시스템을 형성한다.

4.3.5 해류 교환

대륙주변부에 있는 반폐쇄적인 바다 간의 해수 교환은 지질학적으로 매우 중요하다. 해수 교환은 전반적으로 대륙주변부의 비옥도와 화학적 성질을 지배하기 때문에 퇴적작용을 결정한다(7.6절, 그림 7.12 참조).

건조지역에서 증발량이 강수량보다 많을 경우, 주변해(marginal sea)에서 밀도가 높은 수괴가 형성되고, 해저둔덕(sill)을 넘어가면 외해로부터 표층수가 유입된다. 이러한 순환은 지중해가 대표적이며, 이를 반염하구(anti-estuarine) 순환이라고 한다. 염도가 높은 지중해수는 중앙대서양 전역의 1,500m 깊이에서 발견되고 있으며 심층수의 형성에 큰 영향을 미친다(그림 4.21a). 조금 작은 규모로 홍해와 페르시아만에서도 비슷한 상황이 일어난다. 여기에서 염수는 수온약층 아래의 중층으로 가라앉고 아라비아해에서 산소최소층의 발달에 영향을 준다. 반염하구 순환이 일어나는 분지는 탄산염이 나타나는 경향이 있고 유기탄소, 유백색 규소, 인산염퇴적물과는 구분이 가능하다.

지중해으로 유입되는 대서양 표층수는 일종의 거대한 해류를 동반한 강과 같으며, 수량은 홍수기 때 미시시피강의 50배에 달한다. 트라팔가(Trafalgar, 1805) 전투는 지브롤터 해류(Gibraltar Current)의 덕분이라는 말이 있다. 프랑스와 스페인 함대가 지중해로 유입되는 해류를 거슬러 공격하기 위해 바람을 기다리는 동안 Nelson은 함대의 전열을 정비하고 공격태세를 취할 수 있는 충분한 시간을 벌 수 있었기 때문이다. 현대에 와서도 지중해를 출입하는 잠수함들은 심해 유출수로 인하여 고전해야만 했다. 이미 1820년에 영국 제독 W. H. Smyth는 지브롤터 해협을 통한 유입과 유출을 관찰했고 정확한 설명을 하였다. 하지만 이러한 사실이 받아들여지는 데에는 50년의 시간이 더 걸렸다.

표층수가 밖으로 나가고 심층수가 분지 안으로 들어오는 반대의 조건은 전형적인 하구와 피요르드에서 나타나며, 흑해와 발트해에서 큰 규모로 발생한다. 이러한 순환이 일어나기 위해서는 강수량이 증발량보다 반드시 많아야 한다. 흑해와 지중해를 연결하는 보스포러스(Bosporus) 해협에서는 오래전 어부의 그물이 표층에서는 지중해 방향으로 향하고 바닥에서는 흑해 방향으로 향하는 것으로 알려졌다. 해양지질학의 개척자인 L. F. Marsili(1681)는 해류가 밀도 차이로 인해 형성된다는 것을 설명하였고, 측정을 통하여 이러한 효과를 증명하였다. 가벼운 해수는 표층에서 흑해의 바깥쪽으로 흐르고, 염분이 높은 해수는 지중해에서 흑해 안쪽으로 들어오면서 상층에 존재하는 저염분 해수를 밀어내게 된다. 결국, 무산소 조건은 염하구 순환이라 불리는 순환에 의해 형성되며, 해저에는 풍부한 유기퇴적물이 쌓이게 된다. 자세한 방법과 이유는

7.6절에서 설명된다.

4.3.6 저탁류

우리는 이미 대륙사면, 해저협곡, 심해선상지의 기원과 관련된 머드가 포함된 중력류의 움직임에 대하여 살펴보았다(2.10절). 이러한 해류는 다음 몇몇 중요한 점에서 다른 해류와는 다르다. (1) 아주 간헐적으로 일어난다, (2) 부유퇴적물에 의한 초과밀도로부터 힘을 얻는다, (3) 사면을 따라 이동하면서 많은 물질을 이동시킨다.

더 읽을 참고문헌

McCave IN (ed) (1976) The benthic boundary layer. Plenum, New York
Komar PD (1976) Beach processes and sedimentation. Prentice-Hall, Englewood Cliffs NJ
Allen JRL (1982) Sedimentary structures, their character and physical basis. Elsevier, Amsterdam
Pickard L, Emery WJ (1982) Descriptive physical oceanography – an introduction, 4th ed. Pergamon Press, Oxford
Hollister CD, Nowell ARM (eds) (1985) Deep ocean sediment transport, vol 1. Elsevier, Amsterdam
Hollister CD, McCave IN, Nowell ARM (eds) (1988) Deep ocean sediment transport, vol 2. Elsevier, Amsterdam

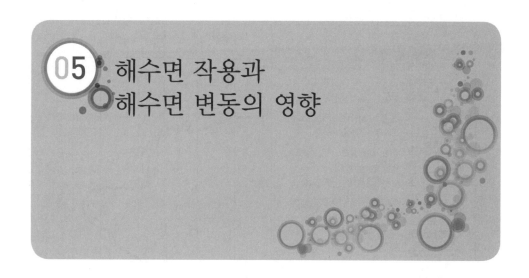

05 해수면 작용과
해수면 변동의 영향

5.1 해수면 위치의 중요성

육상에 분포하는 퇴적암에 대해 공부할 때 갖게 되는 첫 의문점은 암석을 구성하는 퇴적물이 해수면보다 위에 쌓인 것인지 아니면 그 아래에 집적된 것인지를 이해하고자 한 것이다. 즉, 퇴적암이 바다에서 쌓인 것인지 혹은 육지에서 쌓인 것인지에 대한 궁금증이다. 만일 그것이 해성퇴적물이라고 한다면, 그 다음에는 퇴적물이 쌓인 수심이 궁금해질 것이다. 즉, 해수면이 쌓인 퇴적환경보다 얼마나 더 위에 있었는지와 같은, 해수면의 위치에 대한 의문이다. 현생의 해저에서는 해저에 쌓이는 퇴적물의 주요 특성, 즉 입자의 크기(쇄설성 퇴적물의 경우), 화학성분(생물기원 및 자생퇴적물의 경우), 저서생물의 분포 등이 해저수심의 영향을 크게 받는다. 반면에, 지층에서 찾아볼 수 있는 과거에 일어났던 주요 지질학적 사건들은 수천 년에서 수백만 년 규모의 해수면 변동에 의한 것이 많다(그림 5.1).

　해수면 변동에는 두 가지 유형, 즉 전 세계적인 변동과 지역적(국지적)인 변동이 있다. 전 세계적인 변동은 세계 모든 대륙 주변부(대륙붕)에 동시에 작용하여 해침(해수면이 높아지면서 해안선이 내륙으로 침입해 들어오는 현상 — 역주)과 해퇴(regressive, 해수면이 낮아지면서 해안선이 외해로 후퇴하는 현상 — 역주)를 일으킨다. 이러한 해수

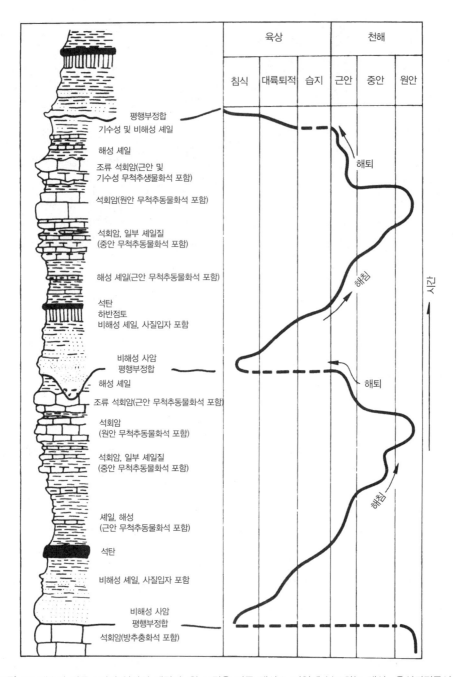

그림 5.1 해수면 변동 : 지질 역사의 캘린더. 위 그림은 미국 캔사스 지역에 분포하는 해성·육성퇴적물이 반복적으로 쌓여 형성된 후기 고생대 윤회층(cyclothem)의 지질단면도. 지층의 암상에 대한 설명(왼쪽)과 퇴적환경에 대한 해석(오른쪽)이 함께 제시되어 있다. 지층의 해석에는 100여 년 전에 발표된 '월더의 법칙(Walther's law)', 즉 "지리적(수평적)으로 인접하여 분포하는 퇴적상은 층시적(수직적)으로도 인접하여 나타난다."는 층서학 기본 개념이 적용됨(R. C. Moore, as drawn by J. C. Crowell, 1978, Am. J. Sci. 278: 1345).

면 변동을 '범세계적(eustatic) 해수면 변동'이라 부르는데, 대양수의 양이나 대양분지의 크기 변동에 따라 야기되는 것으로 알려져 있다. 나중에 자세한 설명이 있겠지만 예를 들면, 대륙빙상(극지방 대륙에 장기적으로 분포하는 빙하 ― 역주)의 부피변화나 해저 확장속도의 변화에 따라 해수면이 변동되는 경우이다. 지역적인 해수면 변동은 특정 대륙붕에서만 해침(transgressive)이나 해퇴가 제한적으로 일어나는 경우이다. 이러한 해수면 변동은 대륙붕의 국지적인 침강이나 융기에 의해 해수면이 해저면을 기준으로 상대적으로 높아지거나 낮아진다. 그러므로 이와 같은 해수면 변동을 '지구조적(tectonic) 해수면 변동'이라 하는데, 이는 광역적인 지구조운동이라도 지역에 따라 그 특성(융기 혹은 침강)이 다르게 나타날 수 있다는 점에 따른 것이다.

해수면이 대륙주변부의 육지와 만나는 곳에서는 물리, 화학 및 생물학적 작용들이 집중적으로 일어난다. 즉, 파랑, 조석 및 해류의 유동이 매우 활발하게 일어나며 갯벌과 연안에서의 생산성은 다른 어떤 해양환경에서보다도 높고, 퇴적물은 일반적으로 빠른 영양염 순환, 기체교환 및 생물들의 활동과 밀접하게 연계되어 있다. 더욱이, 해수면은 지표의 침식과 퇴적을 구분짓는 주요 경계면이 된다. 즉, 해수면 위로 노출되어 있으면 침식되고 아래로 잠겨 있으면 그 위에 퇴적물이 쌓이게 된다. 이와 같이 해수면이나 그 근처에서 일어나는 침식과 퇴적작용은 해안지형의 특성을 결정짓는 주된 요인이 되며, 그에 따른 특징적인 증거들이 지층 기록으로 남게 되는데 이를 '해수면 지시자(sea level indicator)'라고 한다.

광역적으로 볼 때, 해수면의 위치는 대륙붕이 어느 정도 물에 잠길 것인가를 결정하는 데 매우 중요한 요인이 된다. 이때, 수몰된 대륙붕의 면적이 넓을수록 더 많은 태양에너지가 바닷물에 흡수되므로, 해수면 상승은 전 지구적 열수지 증가에 기여하기도 한다.

또한 물에 잠긴 해저에서는 암석의 화학적 풍화작용이 거의 일어나지 않게 되는데, 보통 암석의 화학적 풍화작용 동안에는 이산화탄소가 소모되기 때문에 해수면의 상승은 반대로 대기 중의 이산화탄소의 함량을 증가시켜 기후온난화의 원인이 될 수도 있다. 간단하게 생각해보면, 해수면이 높은 시기에는 기후가 온난하게 되며 해수면이 낮은 시기에는 매우 한랭한(harsh) 기후가 나타난다고 할 수 있다. 그러므로 해수면 변동은 고기후 변동과도 밀접하게 연관되어 있다.

전 세계적인 해수면 변동은 석유와 석탄의 생성에 있어서도 중요하다. 유기물이 풍부한 퇴적물은 고압조건에서 열을 받게 되면 석유로 바뀔 가능성이 높은데(10.2절), 이 퇴적물들은 대륙주변부가 잠기는 해침 시기에 특히 활발하게 집적될 수 있다. 쥐라기 전기와 백악기 중기에 형성된 흑색 셰일(총유기탄소 함량이 1% 이상인 검은색의 이암 — 역주)은 당시 광범위하게 진행되었던 해침의 결과로 형성된 것으로 알려져 있다. 반대로, 석탄층은 해수면이 하강한 해퇴기간에 집적되는 것이 일반적이다. 해수면이 하강하면서 연안 해저가 광범위하게 물 위로 드러나 넓은 습지가 형성되고 여기에 식물이 무성하게 자라다가 매몰되면 두꺼운 석탄층이 만들어지는 것이다. 따라서 해수면 변동은 경제지질학 분야에서도 주요한 관심 주제가 되고 있다.

일반적으로 대륙의 침식속도와 대양의 퇴적 중심지는 대륙의 기복과 대륙붕에 대한 해수면의 상대적 위치에 따라 결정되는 것이 매우 일반적이다. 또한 퇴적물이 어떻게 깊은 해저까지 운반되는가 하는 것 또한 해수면에 의해 결정된다. 해수면이 높은 시기에는 저탁류(turbidity current)에 의한 퇴적물의 운반이 감소하게 된다. 저탁류는 대륙붕의 외해 가장자리까지 운반되는 니질퇴적물의 공급량에 영향을 받는데 니질퇴적물의 공급은 해수면이 낮은 기간에 가장 활발하게 일어난다. 반대로, 해수면이 높은 시기에는 대륙붕과 해안의 염하구들이 물에 잠기게 되면서 하천에 의해 운반되어 온 퇴적물은 대부분 해안 근처의 해저나 얕은 내대륙붕에 집적되어 버리고 외대륙붕으로의 퇴적물 공급량은 감소하게 된다. 따라서 대양주변부의 기저에서 발견되는 퇴적체(sediment bodies)의 종류(혹은 특성)는 해수면 변동의 역사에 따라 결정된다.

시간에 따른 해수면 위치의 변화는 지질과학에서 가장 기초적인 개념 중 하나이다. 해안지역의 물의 움직임(dynamics), 해수면 지시자의 표시(mapping), 해수면과 기후의 상호작용 그리고 대륙주변부에 집적되는 퇴적물의 기원은 지질과학에서 기본적으로 고려되어야만 하는 논제들이다. 또한 해수면은 해안지역에 사는 사람들에게도 최대 관심사 중의 하나이기도 하다. 이들의 생계를 비롯한 생존 여부는 해수면 변동의 다양한 양상에 따라 결정된다. 조석, 폭풍파, 쓰나미와 같은 단주기의 해수면 변동뿐만 아니라, 15,000~8,000년 전 사이에 대륙빙상이 녹아 없어지면서 스칸디나비아반도와 캐나다에서 일어났던 지각균형적 융기(isostatic uplift)나 세계적 규모의 하천 삼각주(미시시피, 나일, 갠지스, 라인 등)에서 일어나는 지속적인 지반침하(집적되는 퇴적층의 하중에 의해 야기 ─ 역주)와 같은 장주기의 변동들이 해당된다. 아울러, 지난 100여 년간에 걸쳐 진행되고 있는 지구온난화로 인해 해수가 팽창하면서 일어나는 전반적인 해수면 상승도 주요 관심사 중 하나이다. 이러한 해수면의 상승은 10년에 약 2cm 정도로 진행되고 있다(그림 5.22).

다음으로 우리는 해수면 작용과 변동의 증거들을 살펴볼 것이다. 먼저 짧은 시간 규모로 명확하게 나타나는 것, 플라이스토세 및 플라이스토세 이전의 변화를 시작으로 그리고 마지막으로 느리지만 명백하게 해수면 아래로 잠기고 있는 이탈리아의 물의 도시, 베니스의 사례를 추가적으로 볼 것이다.

5.2 해수면 작용과 지시자

5.2.1 파랑의 활동

인지하기 쉬운 가장 뚜렷한 해수면 지시자는 파랑의 활동과 관련 있는 것들이다. 가장 널리 알려진 예는 파식대지(wave-cut terrace)와 다양한 종류의 해빈(beach) 퇴적층이다. 이미 이와 관련된 작용들에 대해서는 4장(4.2.1절, 4.2.2절)에서 살펴보았다.

파랑의 활동은 지층기록에서 침식은 물론 퇴적의 증거들을 남긴다. 육지가 끝나고 바다가 시작되는 해안의 많은 곳에서 급경사의 단애(절벽)가 발달하는 것을 볼 수 있다. 이러한 절벽이나 바다절벽(sea cliff)은 일반적으로 광역적인 지표의 융기와 파랑의 침식작용에 기인한다. 바다절벽 앞에 나타나는 파식대지는 파랑 침식의 기저면을 나타내는 가장 뚜렷한 증거가 된다. 또한 후퇴하는 바다절벽에 나타나는 노치(notch)나 해식동굴의 바닥이 넓어져서 파식대지가 형성된 것이라 생각할 수도 있다(그림 5.2). 이러한 파식대지의 확장속도는 그 편차가 매우 심한데, 일반적으로 파랑의 세기, 바다절벽을 구성하는 암석의 강도(저항력) 및 침식이 지속되는 기간 등에 따라 결정된다. 예를 들면, 미국 남부 캘리포니아에서 해안절벽의 후퇴속도는 100년에 2.5~250cm 범위를 보인다. 반면, 영국 스코틀랜드의 고화되지 않은 빙하퇴적층으로 이루어진 일부 해안에서는 겨울철 폭풍으로 인해 1년에 1m의 해안선이 후퇴하기도 한다. 이로 인해 지난 수백 년간 영국의 많은 해안마을들이 파괴되어 사라져버렸다.

파랑은 퇴적물을 운반하고 재동시키기도 하는데, 이 과정에서 분급작용에 의해 조

그림 5.2 일본 중부지역 태평양 해안, 에노시마(Enoshima)에 발달한 파식대지(사진제공: E. S.).

직특성이 바뀌고 퇴적구조, 예를 들어 연흔(ripple mark)의 형성(그림 5.3)에도 영향을 준다. 그러나 연흔은 수심이 깊은 심해저에서도 일어날 수 있기 때문에(10.3.3절 참조) 조심스럽게 접근해야 한다. 분급이 양호한 생물골격 잔류물(shell pavement or coquina, 코키나는 주로 조개와 같은 이매패류의 골격만이 쌓여있는 퇴적층을 지칭함 — 역주) 또한 파랑작용의 증거가 될 수 있다. 파랑은 보통 수심 10~20m 깊이의 해저까지만 영향을 줄 수 있다. 매우 강력한 폭풍파라도 파저면(wave base)이 30m를 넘는 경우는 매우 드물게 나타난다. 물론 이보다 더 깊은 해저에서 퇴적물에 대한 파랑의 영향이 보고된 경우가 없지는 않다(4.2절 참조).

파랑은 또한 역학적으로나 화학적으로 특정한 유형의 퇴적물을 생성시킬 수 있다. 잘 마모된 해빈의 자갈들이나 석회질 우이드(oolite)가 이러한 예에 해당된다. 석회질 우이드는 드물게 나타나는 온난고염 해수조건에서 특징적으로 생성되는 것으로 알려져 있다(3.7.2절 참조). 이들 우이드는 파랑과 조류에 의해 지속적으로 영향을 받는 아주 얕은 수심의 해저에서만 성장하는 것으로 보인다.

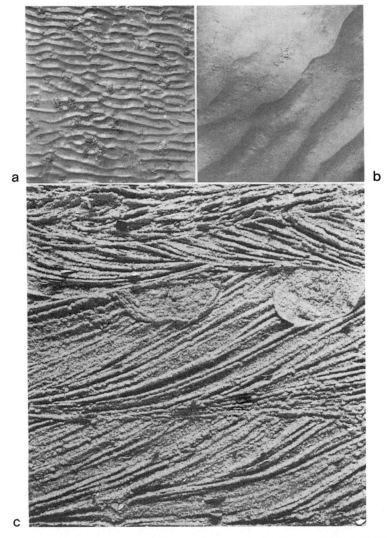

그림 5.3a~c 파랑의 지시자, 연흔 a 파동형 연흔(oscillation ripple), 파장 약 5cm, 구멍을 판 벌레들이 남겨놓은 배설물들이 보임. 북해 갯벌. b 파동형 연흔. 파장 30cm. 태평양 비키니 환초 인근의 실바니아(Sylvania) 해산 정상부(수심 1,500m)의 석회질 연니층. c 유수 연흔(current ripple)의 내부(단면)구조. 독일 북해 해안의 사질 조석평지. 사진의 폭 22cm(사진제공: E. S. a, H. W. Menard b, H. E. Reineck c).

5.2.2 조석과 폭풍의 활동 : 조간대

달의 인력에 의해 야기되는 장주기파의 일종인 조석은 해안선을 따라 매일 수 cm에서 수 m까지의 해수면의 상승과 하강을 일으킨다. 조석은 지구-달 시스템의 공통 중심점(태양에 대한 회전중심)의 회전과 대양과 바다의 해저지형의 복잡한 상호작용에 의한 결과이다. 우리가 해안에서 관찰할 수 있는 조석은 대양의 중심부에 위치한 부동점을 중심으로 형성되는 대규모 회전파의 일종이다. 파의 진폭은 해안선에 인접할수록 더 커지게 된다(그림 5.4).

따라서 조석은 엄밀히 얘기해서 천체역학과 관련 있으며 분지의 지형에 의해 특성이 결정된다. 과거 지질시대의 조석 주기와 진폭의 분포가 복원될 수 있다면 지구-달 시스템의 변화와 분지지형에 대한 중요한 실마리를 얻을 수 있을 것이다.

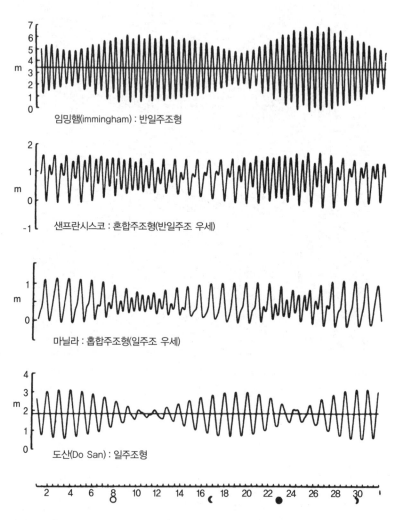

그림 5.4 세계 주요 항구도시에서 관측된 조석기록. 그림 하단의 눈금자는 날짜와 달의 형상을 나타냄(A. Defant, 1966, in G. Neumann, W. J Pierson, 1966. Principles of physical oceanography. Prentice-Hall, New Jersey).

여기서는 일반적인 의미로 조석운동의 지시자에 대해 다뤄보고자 한다. 물론 해수면을 지시하는 증거들은 조석에 의해 침수와 노출을 반복하는 조간대지역의 모든 퇴적층에서 나타날 수 있다. 앞서 이미 광활한 조간대, 와덴해의 조간대(그림 4.17)를 소개한 바 있다. 한편, 조간대의 생물학적인 특성은 6.2~6.6절에서 설명될 것이다.

조석대지는 벵갈만, 아마존강 하구에서와 같이 하천삼각주나 한국의 경기만이나 북해 주변의 염하구와 같은 지형과 연관될 수도 있다. 이러한 곳에 발달하는 조석대지 퇴적층에서는 우상(flaser) 층리 혹은 렌즈형(lenticular) 층리, 양방향 사층리(헤링본 사층리), 다양한 형태의 침식 및 생교란구조, 수로잔류퇴적층 및 점이층리와 같은 퇴적구조들이 특징적으로 나타난다.

아울러 빗물자국과 건열이 나타날 수도 있다. 대규모적인 특징으로는 육지(해안) 쪽으로 가면서 조류의 활동이 약해지고 물에 잠겨 있는 시간이 감소하게 되므로 퇴적물 입도가 감소하는 경향이 나타나는데, 이는 일반적인 연안 퇴적층에서의 입도 분포 특성과 정반대이다.

조석 대지와 인접지역은 퇴적조건에서 급격한 변화를 받기 쉬운 곳이다. 북해의 해안저지대에서는 겨울철 폭풍파에 의해 대규모 침식이 때때로 일어난다. 1362년에 강력한 폭풍인 'Great Man Drowning'은 독일과 덴마크 국경인 Friesian Coast에서 약 6m의 해수면 상승을 야기하기도 했다. 이로 인해 조석은 자연제방 후방에 위치한 저지대의 염습지와 황무지까지 새롭게 잠식하게 되었다. 이어서 조석이 운반한 진흙이 염습지와 토탄층의 상부에 집적되면서 **폭풍층**(storm layer)을 생성하였다. 이와 같이 지질학적으로는 일반적이라 할 수 있는 현상이 오늘날 그곳에 살고 있는 주민들의 집과 농토를 파괴시켰다. 1634년에는 또 다른 강력한 폭풍이 광범위한 수몰을 야기하였고 이로 인해 마을과 수천 명의 주민이 희생되었다. 오늘날 이 지역의 해안선 형태는 대부분 이들 2개의 폭풍에 기인한 결과이다. 요즘도 이 지역 일부 조간대 평지에서는 희미하게나마 경작을 했던 흔적들이 발견되기도 한다. 조간대 평지의 일부 땅은 그 이후 와덴해로의 추가적인 퇴적물 유입과 인위적인 제방 건설을 통해 매립되어 육지화되었다.

따라서 이와 같은 저지대에서 약간의 해수면 변동과 강력한 폭풍작용에 의해 집적되는 퇴적물에는 뚜렷한 유형변화가 나타난다. 일반적으로 천천히 침강하는 해저 퇴적층에서는 토탄, 염습지 퇴적층, 해성 이암층 및 해빈의 모래 및 패각 지층들이 서로

그림 5.5a, b 산퀸틴(San Quintin) 인근의 바하칼리포르니아(Baja California) 서해안에 발달하는 석호의 조류매트에 나타나는 건열구조(desiccation crack). **a** 주변 사구에서 석호 안쪽을 향해 바라본 전경. 증발로 인한 고염분의 영향으로 습지식생들이 조간대로 가면서 조류매트로 대체됨. **b** 조류매트의 상세 사진(사진 폭 2m). 조류매트는 건조로 인해 다각형의 위로 말린 조각으로 분리되어 나타남. 위로 말려 올라간 조각의 가장자리에는 증발잔류물질이 농집(사진제공: E. S.).

교호하여 나타난다. 그리고 이들 지층 사이에는 폭풍퇴적층이 자주 협재되어 나타나며, 이와 유사한 지층들은 오래된 지질학적 기록에서도 흔히 발견되는데(그림 5.1 참조), 육성기원 퇴적물의 공급이 많은 지역에 특징적으로 나타나는 해수면퇴적층이다. 이어서 유수의 감소로 토탄층이 형성되는 습지가 발달될 수 있다. 지질학적 기록에서 습지퇴적층은 해성퇴적층 사이에 협재하는 석탄층으로 나타나기도 한다.

아열대지역의 니질 조간대 평지에서도 유사한 층리구조가 관찰된다. 매우 활발한 증발작용으로 인해 건열이 광범위하게 발달할 수 있다(그림 5.5). 이외에도 조간대환경에서의 퇴적을 지시하는 증거로는 빗방울자국, 정방형 암염결정의 가형(pseudomorphs, 정육면체 모양의 암염 결정이 녹은 후에 다른 물질로 채워진 형태ー역주), 석고의 침전 및 해양생물과 육상생물 흔적의 혼재 등이 있다.

시아노박테리아에 의해 형성된 조류매트(algal mats) 지층으로는 선캄브리아기에 형성된 스트로마톨라이트로 잘 알려져 있다. 이들은 불규칙한 층, 박층리 마운드 혹은 뭉툭한 기둥의 형태로 보존되어 있다. 매트 사이에 갇힌 퇴적물은 대부분 탄산염 입자와 풍성 입자이지만, 미세 박테리아에 의해 부수적으로 침전된 탄산염광물이 포함되기노

한다.

호주 남부지역에서 발견된 후기 원생대(Proterozoic)의 박층리 리드마이트(thinly bedded rhythmites, 얇은 층리가 주기적으로 반복하여 나타나는 퇴적암 — 역주)는 6억 5천만 년 전에 지구의 1년이 약 400일이며 13.1개월로 구성되어 있음을 지시한다(12.4절). 그리고 하루는 24시간이 아닌 21.9시간이었고 그 이후 지구자전이 점차 느려졌음(조석마찰에 기인)을 지시하는 유사한 증거들이 이보다 젊은 연대를 갖는 스트로마톨라이트, 이매패류 및 산호화석에서 발견된다.

5.2.3 광합성

많은 종류의 저서성 생물들이 퇴적층 내에 포함되어 있으면 천해역이라 할 수 있지만, 빛에 의존하는 저서생물들만큼 유용한 지시자는 없을 것이다. 광합성은 충분한 태양빛이 주어진 환경에서만 일어날 수 있다. 수심 10~200m 해저에서 빛의 투과도는 탁도에 따라 달라지긴 하지만, 대부분 해수면 근처의 빛 강도의 단 1%로 감소하게 된다. 지질학적으로 중요한 석회질 조류와 조류매트와 같은 고착성 식물들은 일반적으로 100m 이상의 수심에서는 거의 나타나지 않는다. 조류와 공생하는 해양동물들도 천해역을 지시할 수 있는데, 이러한 동물로는 유공충, 산호 그리고 연체동물들의 일부 종이 있다(6.1.3절)

5.3 해안지형 및 최근의 해수면 상승

5.3.1 최근 해수면 상승의 일반적인 영향

융기된 해안지역 지형은 대부분 지구조적 운동과 해양작용(특히 파랑에 의한 침식 — 역주)의 상호작용에 의해 그 형태가 결정된다. 융기된 해안단구(marine terrace)는 이러한 융기 해안의 전형적인 특징 중 하나이다. 이와는 대조적으로 점진적으로 침강하는 대륙주변부의 해안은 대부분 해수면 그 자체와 관련된 작용이 우세하게 영향을 미친다. 북미에서는 멕시코만과 동해안 지역이 이러한 침강해안의 가장 전형적인 예이며, 유럽에서는 앞서 언급한 '와덴해'가 대표적인 사례가 될 수 있다.

해안경관을 이해하기 위해서는 또 하나의 중요한 사실을 알고 있어야 한다. 즉, 최

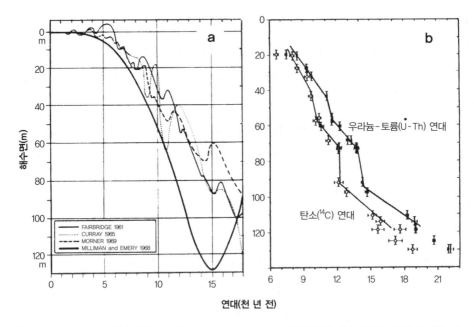

그림 5.6a, b 해빙기 동안의 해수면 상승. **a** 지난 15,000~9,000년 동안의 해수면 상승 양상에 관한 네 가지 가설. 연대는 방사성 탄소 연대측정에 의해 결정됨. [E. Seibold, 1974, R. Brinkmann(ed). Lehrbuch der allgemeinen Geologie, vol 1, 2nd ed. F. Enke, Stuttgart]. **b** 산호초에 대한 토륨 연대측정 결과와 비교해 보면 탄소연대는 다소 낮은(젊은) 값(10,000년에 10%, 15,000년에 20%)을 보임. 한편, 두 곡선 모두에서 두 번의 급격한 해수면 상승이 나타남(E. Bard 외, Nature, 1990, 345: 405).

근의 해수면 상승은 약 15,000년 전에 시작되어 약 7,000년 전까지 지속되었다는 것이다(그림 5.6). 이러한 해수면 변동은 극지빙하, 주로 캐나다 북부에 위치하였던 로렌시아(Laurentian) 빙상과 북유럽의 스칸디나비아(Scandinavian) 빙상이 융빙된 결과이다. 상대적으로 남극빙하의 융빙은 상대적으로 적은 영향을 미친 것으로 추정된다. 해빙으로 인한 대양수는 14,000~9,000년 전 사이에 최대로 증가하였고, 이로 인해 해수면은 대륙붕단에서 현재의 위치까지 약 120~130m 상승하였다.

앞서 언급하였지만, 해수면은 홀로세에 들어와서 긴 안정기를 맞고 있는 현재에도 계속 상승하고 있다. 지난 수십 년간, 1년에 1~2mm의 속도로 상승하였는데, 이는 최근 온난화의 영향으로 대양 표층수가 열적팽창을 하면서 야기된 것으로 추정되고 있다(그림 5.22와 7.16절).

해안지형과 퇴적작용에 대한 해빙기 해침의 영향은 다양하고 뚜렷하다. 경사가 완만한 연안에서는 해안선이 매우 빠르게 육지 쪽으로 이동한다. 예를 들면, 페르시아만에서는 최대 해수면 상승기 동안에 해안선이 1년에 수백 m나 후퇴하였다.

온난한 습윤지역에서는 해안 이탄습지가 지하수면의 상승으로 인해 발달하였으며, 최종적으로는 염수에 의해 침수되어 그 상부에 해성퇴적물이 피복되었다. 해안사구는 석회질 물질(조개껍질 기원)로 교결된 것을 제외하고는 대부분 내습하는 파도에 의해 침식되기도 하였다. 파도가 전진하면서 침식의 결과로 남겨진 퇴적물을 보통 '해침역암(transgressive conglomerate)'이라고 부르는데, 이러한 기저역암(basal conglomerate)은 많은 지질기록에서 전형적인 해침퇴적층에 해당된다.

북반구 빙하의 해빙기 동안에 해수면이 상승한 정확한 시간순서는 그림 5.6a와 같이 오랜 기간 학자들 사이에 논란이 되어 왔다. 해수면 상승이 일정하고 빠르게 일어났을까? 아니면 많은 대륙붕과 산호섬 등지에서 관찰되는 것처럼 지속적이지 않고 간헐적으로 빠르게 일어났을까?

지난 수십 년간의 연구결과들은 두 번의 주요 해빙기와 이보다 많은 다수의 소규모 해빙기가 있었음을 지시한다. 이러한 파동형의 해빙현상은 대양의 산소동위원소 성분비(융빙수는 낮은 $^{18}O/^{16}O$의 비를 갖음)에 급격한 변화로 잘 나타나며, 이는 유공충과 산호에서도 관찰된다(7.3.2장 참조). 두 번의 주요 해빙기는 약 14,000년 전과 11,000년 전이다(방사성 탄소 연대로는 12,000년과 10,000년 전, 그림 5.6b).

현재 우리는 해수면 변동곡선에서부터 대양에 더해진 물의 양(시간에 따른)에 이르기까지 최근 해양환경변화에 대한 정보를 십여 년 전에 알고 있었던 것보다 훨씬 더 상세히 파악하고 있다. 이를 잘 활용하면 광역적인 지구조와 관련된 질문에 대한 답을 줄 수도 있을 것이다. 각 해수면 변동곡선에서 국지적으로 영향을 미친 해안선의 지구조운동은 어떠한가? 북위도에서 빙하의 소멸에 따른 지각의 광역적인 융기현상은 정확히 무엇인가? 대륙붕에 물이 더해짐으로써 지각은 얼마나 더 하중을 받을까? 빙하의 소멸로 인해 하중이 캐나다와 스칸디나비아에서 대양으로 이동된 것 때문에 지구자전에 어떠한 영향이 있을까? 이러한 하중중심의 이동은 지오이드, 지구의 형태에 어떠한 영향을 미칠까? 이에 대한 답들은 해안지형을 이해하는 데 중요한 정보를 제공할 것이다.

해수면 상승의 영향이 가장 뚜렷하게 나타나는 곳 중 하나는 미국 동해안 지형이다. 이 지역에는 전형적으로 침수된 하천들이 발달한다(그림 5.7a). 연안류에 의해 운반된

그림 5.7a, b 해수면 상승과 미국 동해안 지형 a 케이프 코드(Cape Cod)의 침수 하천계곡. 울타리섬의 해빈이 염하구 입구로 이동하면서 사취(spit)가 형성되어 외해와의 해수 순환이 제한됨. b 버자드만(Buzzard's Bay) 사취의 근접사진. 사취는 점차 왼쪽 방향으로 자라나며 이동하기 때문에 조수로(tidal channel)는 사취를 우회하면서 휘어진 경로를 보임(사진제공: D. L. Eicher).

모래 입자들은 염하구의 입구를 차단하고 내부를 퇴적시킴으로써 습지를 형성한다(그림 5.7b).

침수된 하천은 훌륭한 항구가 될 수 있다. 즉, 미국의 동부해안에는 충분히 깊은 수심의 항구들이 많이 발달하였고, 침수된 하천은 내륙으로부터 운반되어 온 퇴적물의 저장소가 된다. 하지만 미국 동부해안의 대륙붕은 퇴적물의 유입량이 대체로 적기 때문에 이 지역 해저에서는 지난 빙하기에 퇴적되어 남겨진 잔류퇴적물이 많이 발견되고 있다. 이러한 잔류퇴적물의 분포는 현재 대륙붕에서 일어나고 있는 해양작용과는 무관한 것이다.

지금까지 살펴본 기본개념을 바탕으로 이제부터는 해수면 근처의 하구와 해안저지대에서의 지질지형학적인 작용을 좀 더 자세히 알아보도록 하자.

5.3.2 하구

세계지도를 보면 해안을 따라 발달하는 하천의 하구(river mouth)는 만입되어 있거나 돌출되어 있는 특징, 즉 만이나 삼각주의 지형으로 나타나는 것을 알 수 있다(그림 5.8). 이러한 해안에서 조석운동은 만을 따라 내륙 깊은 곳까지 영향을 미칠 수 있다. 일반적으로 해수는 만의 해저를 따라 내륙으로 침투하는데, 해안 내륙의 하천 수로까지 해양퇴적물을 공급하는 역할을 하며, 이러한 퇴적물은 극피동물, 유공충, 해양개형충과 같은 화석을 통해 하천퇴적물 내에서 쉽게 구분된다.

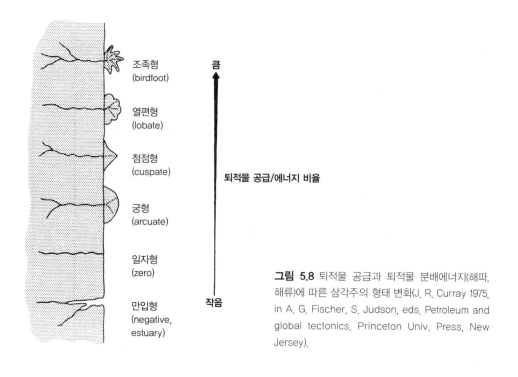

그림 5.8 퇴적물 공급과 퇴적물 분배에너지(해파, 해류)에 따른 삼각주 형태 변화(J. R. Curray 1975, in A. G. Fischer, S. Judson, eds. Petroleum and global tectonics. Princeton Univ. Press, New Jersey).

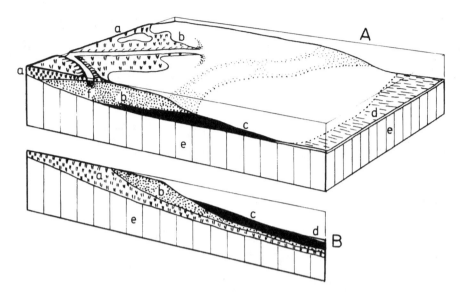

그림 5.9a∼f 조족형 삼각주(birdfoot delta)의 단면 모식도. **a** 수로 사이의 저지대 및 습지, **b** 삼각주 전면(delta front), **c** 전삼각주(prodelta), **d** 외해 대륙붕 해저, **e** 과거의 해저면, **f** 하천분류(distributary channel)−수로변 제방과 기저 충진 퇴적층이 함께 나타남. (A) 삼각주가 위로 집적되면서 동시에 외해로 성장하여 나아가기 때문에 해양환경은 전반적으로 외해로 후퇴하고 퇴적층서는 '해퇴'의 특징(a층은 b층을, b층은 c층을 덮으면서 전진, 층서적으로는 상부로 가면서 c-b-a의 순)을 보임. (B) 해수면 상승과 삼각주의 후퇴. 이 과정에서 형성된 퇴적층서는 해침의 특징(해퇴와 반대의 층서 : 상부로 가면서 a-b-c의 순). 지층의 해퇴 혹은 해침의 층서적 특징은 해저 표면에서는 보이지 않고, 오직 삼각주 내부의 층서를 분석함으로써 알 수 있음에 유의.

　따라서 하구에서는 하천과 바다를 통해 동시에 퇴적물이 공급된다. 그런데 왜 염하구는 퇴적물로 채워지지 않는 것일까? 하천의 홍수, 조석작용 그리고 특히 염하구의 젊은 연령이 그 이유이다. 지난 빙하기 이후, 해수면 상승으로 인해 침수된 하천계곡은 아직 퇴적물 공급과 평형을 이루고 있지 못한다. 또한 대륙붕을 가로질러 대륙사면의 해저협곡으로 이어지는 하천계곡에서는 공급되는 퇴적물이 하구를 지나 바로 심해저로 운반되어 버리기 때문에 하구에서는 퇴적물 집적이 더디게 진행된다. 콩고와 허드슨강이 대표적인 예이다. 따라서 양호한 항구의 조건을 갖춘 곳은 뉴욕과 같이 외해에 해저협곡이 발달한 곳이거나 런던, 보르도, 함부르크 같이 강한 조류가 하구에 영향을 미치는 곳이다.

　과거 지구의 기록을 연구하는 지질학자들에게 있어서 퇴적이 일어나는 하구, 즉 삼각주는 매우 특별한 관심대상 지역이다(그림 5.9, 5.10). 하구에 퇴적물이 집적되어 삼각주가 형성되는 현상에는 여러 요인이 영향을 미치는데, 육지로 둘러싸여 소류의 영

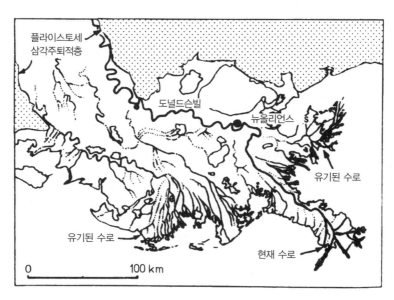

그림 5.10 미시시피강 하구에 발달하는 조족형 삼각주. 현재의 하천 분류는 외해로 성장하여 나아가지만, 그 외의 유기된(비활성) 하천 분류(abandoned distributary)는 전반적으로 침강하면서 해수가 재침투하여 해수면 아래로 잠기게 됨(J. Gilluly 외, 1968, Principles of Geology, W. H. Freeman, San Francisco, after H. N. Fisk).

향이 미약할 경우(미시시피 및 나일 삼각주)와 계절적으로 많은 비가 내리고 산악지역에서의 높은 침식률로 인해 퇴적물 공급이 많은 경우(인더스, 갠지스, 황하 삼각주 등)를 들 수 있다.

해안과 해수면이 안정된 경우, 삼각주는 바다로 성장하여 나아가며 해양 퇴적상은 점진적으로 바다 쪽으로 후퇴하는 해퇴의 기록을 보이게 될 것이다. 이와 같은 삼각주에서 시추한다면 해퇴층서(regressive sequence : 천해퇴적층이 심해퇴적층 상부에 놓임)를 보일 것이다(그림 5.9A). 만일 해수면이 하강한다면, 해퇴는 더욱 가속화될 것이며, 반대로 해수면이 상승하거나 해안지역이 침강하게 되면 해침층서(transgressive sequence : 해퇴층서의 역순)가 형성된다.

삼각주는 석유와 가스의 잠재성으로 인해 경제적으로 가치가 높기 때문에 관심이 집중되는 지역이다. 높은 생물생산성과 퇴적률로 인해 많은 유기물이 퇴적물 내에 보존됨으로써 탄화수소 근원암 형성에 유리하다. 삼각주 내의 수로나 삼각주 전면 외해의 사질퇴적층은 저류암이 될 수도 있다. 아울러 퇴적물의 집적에 따른 전반적인 지반침하로 인해 삼각주 로브(lobe)의 성장(progradation)과 유기(abandonment)가 반복되면서 수십 m 두께의 삼각주퇴적층이 겹겹이 쌓이게 될 것이다. 이는 탄화수소 자원의 배태에 유리한 조건으로 작용하게 된다.

5.3.3 석호와 울타리섬

삼각주가 발달되지 않는 해안에서는 일반적으로 해안선과 평행한 퇴적상 분포를 보이는 저지대 해안지형이 발달하게 된다. 이러한 곳에서는 외해 사주(offshore bar)나 울타리섬(barrier island)이 사빈(sand beach)과 함께 나타난다(그림 5.11). 사빈의 뒤편에는 바다로부터 불어오는 바람에 의해 해빈의 모래가 내륙으로 운반되어 사구가 형성될 수 있다. 이러한 해빈-사구 복합체는 연안에 해안선과 평행한 사주를 형성하고, 그

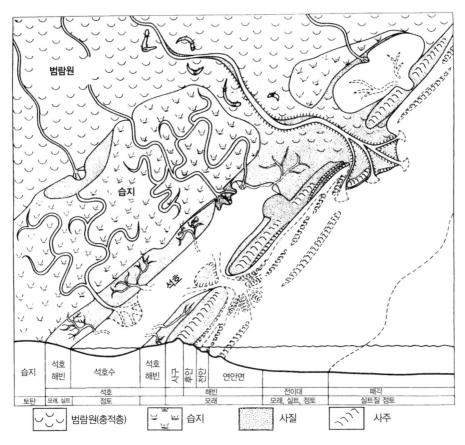

그림 5.11 울타리섬 유형 해안의 선형석 시형 모식도(H. E. Reineck, I. B. Singh, 1973, Depositional sedimentary environments. Springer, Heidelberg, based on a diagram by C. D. Masters, 1965).

결과 울타리섬과 해안선 사이에는 석호(lagoon)가 발달하게 된다. 이와 같은 해안지형은 미국의 멕시코만 해안과 북미 동부의 대서양 해안에서 자주 볼 수 있다. 좁고 길게 발달하는 울타리섬은 길이가 수십 km에 달한다. 하천이 석호로 들어가는 곳에서는 하천수로의 일부가 울타리섬을 관통하여 외해로 연결될 수 있는데, 특히 홍수기에는 다수의 수로가 석호를 횡단하면서 울타리섬을 여러 개로 분리시켜 놓기도 한다. 한편, 바다로부터는 폭풍파가 울타리섬에 도달하여 소멸되고, 이 과정에서 울타리섬 뒤편에 월파삼각주(overwash fan, 퇴적물이 넘치면서 부채꼴 모양의 퇴적체 — 역주)가 형성되기도 한다(그림 5.12). 조석작용에 의한 조류는 이러한 수로를 통하여 지속적으로 흐르면서 일정 수심을 유지할 수 있도록 함과 동시에 수로의 양편(외해와 석호 쪽)에 조석삼각주를 형성시킨다.

울타리섬-석호지형은 어떻게 해수면 변동의 영향을 반영할까? 이와 관련해서는 앞서도 언급되었지만 육지에 대한 해수면의 상대적인 상승과 해안으로 들어오는 퇴적물 공급 사이의 균형을 고려해 봐야 할 것이다. 그런데 약 6,000년 전부터 해수면은 거의 안정화 단계에 들어와 있기 때문에 퇴적물 공급이 더 중요하게 작용한다. 예를 들어, 미국 텍사스 주의 갤버스턴만에서는 다량의 모래 공급이 외해 울타리섬의 빠른 성장을 야기하였다(그림 5.13). 그러나 울타리섬과 석호는 지난 15,000년에 걸쳐 육지 쪽으로 점차 이동되어 왔던 것이 확실시 되고 있다.

울타리섬 유형의 해안은 분포빈도가 높아 전 세계 해안 약 244,000km의 13%에 해당하는 32,000km가 이러한 해안유형을 보이며, 북미와 아프리카 해안에서는 18%로 높게 나타나며 유럽에서는 5% 정도이다. 울타리섬 발달의 최적 조건은 북해 남부해안에서와 같이 지구조적으로 안정되고 넓은 대륙붕의 발달과 높은 퇴적물 유입량으로 알려져 있는데, 이에 반해 해안에서 융기가 일어나거나 퇴적물 유입량이 적고 좁은 대륙붕이 발달하는 곳에서는 울타리섬이 형성되기 어려운 것으로 알려져 있다.

5.3.4 맹그로브 습지

최근의 해수면 상승 동안에 해안선에 평행하게 분포했던 다양한 퇴적상들은 일반적으로 육지 쪽으로 점차 이동하는 것으로 알려져 있다. 열대지역에서 일어나는 이동현상 중에서 가장 인상적인 것은 맹그로브 습지의 후퇴현상이라 할 수 있을 것이다. 맹그로

그림 5.12 울타리섬에 발달하는 폭풍파에 의해 형성된 월파삼각주. 미국 텍사스 주 St. Joseph's Island. 사진 오른쪽이 외해 방향(사진제공: D. L. Eicher).

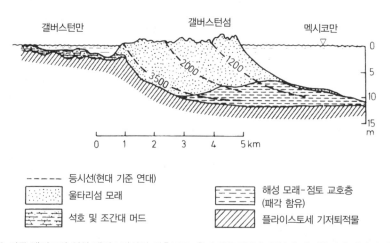

그림 5.13 미국 멕시코만 연안 갤버스턴섬의 지층구조. 울타리섬 해빈층 하부에 해퇴층서가 나타남. 울타리섬의 전진은 사질퇴적물의 공급량 증가와 상대적으로 안정적인 해수면 상태 때문에 일어남. 지층 내의 숫자는 패각의 방사성 탄소 연대측정에 의한 지층연대를 나타냄(J. R. Curray, 1969, in D. J. Stanley, ed. The new concept of continental margin sedimentation. Am. Geol. Inst., Washington D. C.).

브는 연중 기온이 20℃ 이상 유지되는 열대지역의 조간대에서 주로 성장하는 다년생 식물이다(그림 5.14). 연간 강수량이 많은 적도지역, 예를 들어 카메룬이나 기이아나 같은 곳에서는 맹그로브 숲이 외해에 광활하게 펼쳐져 있다. 이곳에서 맹그로브 숲은

그림 5.14a, b 바하마(Bahama)의 비미니(Bimini) 해안에 서식하는 맹그로브 나무. **a** 썰물 때 드러난 Rhizopora. 만조가 되면 뿌리는 물에 잠김. 나무의 폭은 약 2m. **b** 뿌리가 대기 중에 노출된 Avicennia. 사진의 폭(근경)은 약 2.5m(E. Seibold, 1964, Neues Jahrb Geol Paleontol Abh 120: 233).

만조선 근처의 열대우림과 혼재하여 발달하였고 지난 빙하기 이후에는 해수면 상승으로 맹그로브 습지가 확장되어 왔는데, 이로 인해 열대해역의 대륙붕에는 유기물이 풍부한 퇴적층이 집적되어 있다(온대지역 대륙붕에 갈탄층이 형성되는 것과 유사 — 역주). 이러한 지층은 매몰기간이 늘어나면서 점차 석탄으로 바뀌게 된다. 고기의 윤회층(cyclothems; 그림 5.1)에 나타나는 석탄층들은 대부분 이와 유사한 환경에서 비롯된 것으로 보이며, 탄소의 급격한 지하 매몰은 대기 중의 이산화탄소 농도를 감소시키는 요인이 될 수 있다. 이와 같이 해수면 변동에 의해 대기 중 이산화탄소의 농도변화가 야기될 수 있는지에 대한 의문은 현재 해양화학과 지질학 분야에 중요한 연구주제가 되고 있다(8.5.6절 참조).

맹그로브 습지와 기타 해안 식생들은 인간활동에 의한 교란에 매우 민감하게 반응한다. 자연적이든 인위적이든, 해안환경의 변화는 현재 인공위성을 이용한 원격탐사를 통해 어렵지 않게 모니터링할 수 있다. 인공위성 정보는 갯벌, 맹그로브 습지, 삼각주, 석호, 울타리섬 및 산호초 등 해안지형에서 일어나고 있는 광범위하고 점진적인 변화를 손쉽게 파악할 수 있게 하며, 아울러 토지의 이용과 오염과 같은 인간활동이 해안환경에 어떻게 영향을 미치고 있는지에 대한 단서도 제공해 줄 수 있다.

5.4 빙하와 관련된 해수면 변동

5.4.1 뷔름 저해수면기

앞 절에서 15,000년과 7,000년 전 사이에 일어난 급격한 해수면 상승에 대해 언급한 바 있는데, 이는 빙하의 융빙에 의해 야기된 것이다(그림 5.6). 그러나 이 시기의 해수면 상승은 플라이스토세에 일어난 일련의 해수면 변동의 한 부분에 불과하다. 해수면은 지난 수십만 년 동안 거대한 대륙빙상의 확장과 축소에 따라 꾸준히 그 위치가 변화되어 왔다. 우리 인류조상들이 목격했던 지난 해빙기의 해수면 상승은 지금까지 알려진 해수면 변화 중에서는 가장 규모가 크고 빠른 해수면 변동에 속한다. 이러한 변동은 기후의 최대 변화, 즉 한랭기의 절정에서 온난기의 절정까지의 결과이다.

약 20,000년 전에 있었던 대규모 빙하기(유럽에서는 뷔름빙기, 북미에서는 위스콘신빙기라 부름) 동안 많은 양의 해수가 대륙(특히 북반구 고위도지역)에 빙하의 형태로 갇혀있었고, 이로 인해 해수면이 120m 정도나 하강하게 되었다. 그 결과, 대부분의 대륙붕들은 해수면 위의 대기 중으로 노출되어 있었으며, 하천들은 대륙붕을 가로질러 대륙붕단까지 도달한 후에야 바다로 흘러 들어갈 수 있었다. 하천에 의해 운반된 퇴적물은 상부 대륙사면의 좁은 지역에 집중적으로 쌓였으며, 이로 인해 대륙사면이 불안정해지면서 저탁류가 발생하였다. 저탁류는 해저협곡을 통해 더 깊은 해저로 이동하면서 대륙붕으로부터 유입된 퇴적물을 심해저로 운반하는 역할을 하였다. 한편, 고위도의 대륙빙하 전면에서는 대기 중에 노출된 대륙붕 위에 아웃와시 평지(outwash plain, 빙하에서 녹은 물이 흐르면서 퇴적물이 편평하게 쌓인 지역 — 역주), 혹은 빙하 말단부 앞에 발달하는 모레인구릉(moraine ridges, 대륙빙하가 갑자기 녹으면서 많은 퇴적물을 구릉 형태로 남기고 후퇴하여 남긴 퇴적층 — 역주)이 형성되었으며, 건조한 지역에서는 대륙붕 지역 위에 사구지대가 발달하기도 하였다.

저해수면기에는 육상동물들이 노출된 대륙붕을 통해 널리 퍼져나갈 수 있는 기회를 제공하기도 하였다. 대륙붕의 일부는 지금은 바다로 차단되어 있는 두 대륙, 즉 북동 시베리아와 알래스카 사이에서 다리와 같은 역할을 함으로써 육상동물의 분포지 확대에 기여하였다. 매머드는 오늘날 북해가 있는 광활한 대륙붕에서 번성하였는데, 이들의 화석들은 선사시대 원시인들의 사냥도구와 함께 현재의 대륙붕 해서에서 발견되기도 한다.

5.4.2 플라이스토세 변동

후기 플라이스토세 동안에 일어났던 주요 해침(해수면 상승)은 그 어떤 해퇴현상(해수
면 하강)보다도 훨씬 더 빠르게 진행되었음을 지시하는 다수의 증거들이 보고되고 있
다. 일반적으로 대륙빙하의 성장(따라서 해수면 하강이 발생)은 빙하의 융빙보다 느린
속도로 일어났다. 이에 대한 증거는 원양성 유공충의 분석을 통한 산소동위원소의 기
록에서 찾을 수 있다(그림 5.15).

우리는 어떻게 유공충 껍질의 화학분석으로부터 해수면 변동을 측정할 수 있을까?
주요 원리는 1955년에 C. Emiliani에 의해 최초로 제시되었다(Pleistocene temperatures,
J. Geol. 63, 538~578).

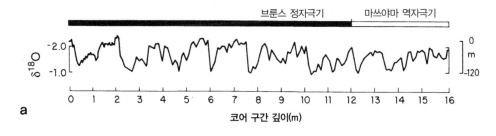

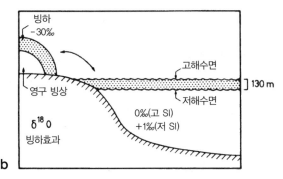

그림 5.15a, b 태평양 서부 적도해역의 해저에서 채취된 부유성 유공충(*Globigerinoides sacculifer*) 시료(퇴
적물 코어 내에서 추출)로부터 분석된 $\delta^{18}O$의 주기적 변동 양상. **a** '*Brunhes*'는 약 79만 년 전부터 시작된 지구
의 정자극기. '*Matuyama*'는 그 이전의 지자기 역전시기를 나타냄. Brunhes기에는 8번의 주기적인 방사성 변
동이 나타나며, 평균 주기는 약 10만 년. 이 시기에 시료가 채취된 해역의 표층 수온은 거의 일정. **b** 따라서 방사
성 원소의 변동은 주로 북반구 빙하의 발달과 소멸에 의해 야기된 것으로 설명될 수 있음(Core data from N. J.
Shackleton, N. D. Opdyke; 1973, Quat Res 3: 39).

유공충의 껍질은 탄산칼슘($CaCO_3$)으로 구성되어 있으며, 여기에는 산소가 포함되어 있다. 즉, 유공충은 자신이 성장했던 물속의 산소를 껍질 속에 갖고 있다. 지구상에는 가장 많이 분포하는 원자량이 16인 산소와 이에 비해 아주 적은 양을 가진 원자량이 17과 18인 세 종류의 산소가 그것이다. 자연상태에서 매우 드물게 산출되는 산소-17을 제외한 산소-16과 산소-18은 질량분석법(mass spectrometry)을 이용하면 두 원소 사이의 상대적인 비율을 측정할 수 있다. 유공충의 껍질에 포함되어 있는 이들 두 동위원소의 비는 유공충이 자라던 해수의 동위원소비와 평형을 이루고 있다. 다시 말해, 물속의 동위원소비가 변화된다면, 이러한 변화의 비가 유공충 껍질 속에 있는 산소동위원소비에 똑같이 반영될 수 있다는 것이다.

이러한 사실은 다음과 같이 해수면 변동과 관련된다. 해수면이 하강할 때마다 물속의 $^{18}O/^{16}O$의 비는 증가하는데, 그 이유는 대륙의 빙하를 형성한 해수에는 동위원소 ^{18}O이 적게 들어 있기 때문이다. 따라서 빙하기 동안의 해수에는 ^{18}O가 더 농집되어 있다(그림 5.15b). 석회질 각질의 $^{18}O/^{16}O$비는 이와 같은 해수의 화학적 특성변화를 반영하는 것으로 해석될 수 있다. 온도 또한 패각에 들어 있는 $^{18}O/^{16}O$비에 영향을 미친다. 그러나 그림 5.15a에서 동위원소 분석이 이루어진 퇴적물 코어는 동위원소 신호에 대한 온도의 영향이 무시될 수 있는 지역에서 채취된 것이다.

산소동위원소 곡선(그림 5.15a)은 잘 정해진 범위 내에서 해수면의 변동을 반영하고 있음을 주목해라. 해수면은 결코 현재보다 훨씬 더 높게 위치한 적이 없었으며, 지난 마지막 빙하기 때보다 더 낮아진 적도 없었다. 이처럼 어떠한 한계이상으로 빙하의 성장이 일어나지 못하도록 막는 어떤 기후적인 요인 혹은 자연작용들이 있으며, 또한 일단 어느 정도 빙하가 녹게 되면 더 이상 추가적인 해빙이 일어나지 않도록 조절하는 요인도 있는 것으로 추정된다. 이러한 문제는 제9장에서 다시 다루도록 하겠다.

5.4.3 산호초 성장의 영향

플라이스토세의 해수면 변동은 천해의 탄산염암, 특히 열대의 산호초에도 그 흔적을 남겨 놓았다. 해수면이 상승했던 각각의 시기 동안에는 산호초 탄산염암에 수직성장을 일으키며, 반면에 해수면이 낮았던 시기에는 산호초가 지표에 노출되어 용식되었다. 반지 모양의 섬으로 잘 알려져 있는 환초(atoll)의 기원도 이러한 관점에서 해석되

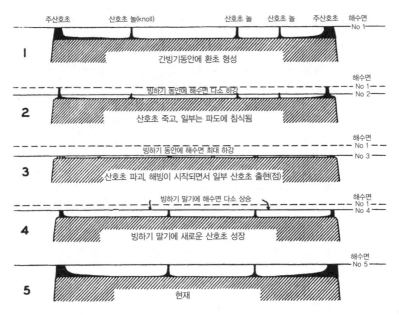

그림 5.16 Daly의 산호초에 대한 빙하영향 이론(Glacial Control Theory). 시간순서는 1(124,000년 전)에서부터 5(현재)까지로 나타냄. 섬의 가장자리가 산호초 성장에 가장 적합하므로(해수의 순환이 활발히 일어나 먹이 공급이 풍부하고 수질이 좋음), 고리 모양의 환초가 형성됨. 섬 중앙 석호 내의 놀(knoll)은 니질 퇴적물이 쌓이지 않는 약간 솟아오른 천해부에 형성됨(R. A. Daly, 1934, The changing world of the ice age. Yale Univ. Press, New Haven).

어 왔다(그림 5.16). 따라서 대양 도서의 침강(해양지각 침강의 결과)에 대한 찰스 다윈의 가설이 일반적으로 맞지만(7.4.3절과 그림 7.8 참조), 해수면 변동의 영향도 있음을 함께 이해해야 할 것이다.

카리브해의 바바도스(Barbados)와 같이 산호초대가 융기해 있는 연안에서는 해수면 변동이 융기된 산호초 단구의 원인으로 여겨지고 있다. 즉, 단구는 고해수면의 위치를 지시한다. 단구의 연대는 개별 산호에서 분석된 우라늄 동위원소와 이 원소가 붕괴되어 생성된 토륨의 농도를 측정하여 알 수 있다. 산호가 성장하는 시기에는 본질적으로 체내에 토륨이 존재하지 않았고, 죽은 다음부터 우라늄 붕괴에 의해 생성되기 때문에 두 방사성 동위원소의 비로부터 어느 정도의 우라늄 붕괴가 일어났는지를 통해 형성 연대를 알 수 있다(그림 5.6b). 분석결과는 융기된 산호초가 여러 번의 고해수면기, 즉 124,000년과 103,000년 전에 성장하였음을 지시하며, 이 시기가 고해수면기라는 것은 그림 5.15에 제시된 산소동위원소 곡선으로부터도 충분히 알 수 있다.

빙하와 연계된 해수면 변동은 전기 플라이스토세에는 후기보다 덜 영향을 미쳤던 것으로 보인다. 그러나 마이오세에는 거대한 빙상이 약 1,500만 년 전에 남극대륙에 형성되기 시작했기 때문에 빙하와 연계된 해수면 변동이 있었던 것으로 보인다. 산소동위원소 기록(9장)에 의하면, 해수면 변동의 강도는 약 600만 년 전(마이오세 말기)과 북반구 빙하가 출현하기 시작한 300만 년 전에 다시 증가하였다.

5.5 지구조 요인에 의한 해수면 변동

5.5.1 해수면과 퇴적체

해수면은 현생이언의 전 기간을 통하여 상당한 변동을 겪어 왔는데, 빙하가 존재하지 않았던 시기에도 해수면 변화의 증거들이 나타나고 있다. 현재의 해저에 대하여, 쥐라기 이후의 변동이 특별한 연구의 대상이 되고 있다 — 주로 대륙주변부에 분포하는 퇴적층의 층서 분석을 통하여 해수면 변동의 양상이 분석되고 있다.

비활성 대륙주변부에 두껍게 집적된 퇴적층은 석유탐사를 위한 경제적인 목적으로 많은 연구가 이루어져 왔다. 대륙주변부가 비교적 연속적인 침강을 하는 경우, 해저가 침강되는 만큼 해수면까지 퇴적물로 채워진다면 상당한 두께의 퇴적물이 쌓일 것이다. 대표적인 예로서, 미국 멕시코만 북서 연안에는 두께 15,000m, 폭 40km, 길이 수백 km에 이르는 신생대 제3기 사질해빈 퇴적층이 대규모로 분포한다(5.3.2절 참조).

석유지질학에서 사질 퇴적체가 중요한 점은 내부의 공극률과 투수율이 일반적으로 다른 지층에 비해 높다는 것이다. 따라서 지하수, 석유, 천연가스와 같은 자원이 풍부하게 생성될 수 있는 장소를 제공할 수 있다. 연안 사질퇴적체의 기원, 규모 및 특성에 대하여 지질학자뿐만 아니라 해양지질학들도 큰 관심을 갖는 이유가 바로 여기에 있다. 시추와 탄성파탐사는 이러한 관심 연안지역의 규모를 파악하는 데 큰 도움이 된다.

경제적인 목적과 함께 학술적으로 육상과 대륙주변부 및 심해저에 분포하는 해성퇴적층의 층서를 해석하기 위해서는 지난 1억 5,000만 년 동안 해수면이 어떻게 변화되어 왔는지를 알아야 한다. 그러나 지질시대에 일어났던 해수면 변동의 상당 부분은 빙하의 성장·축소와 무관하게 일어난 것이며, 따라서 앞서 설명한 해수의 동위원소 구성에서도 그 영향이 나타나지 않는다. 그렇다면 우리는 어떻게 이러한 해수면 변동의 양상을 알아낼 수 있을까?

5.5.2 해수면 변동의 재구성

전 세계 대륙주변부에서 수행된 집중적인 탄성파탐사(대부분 석유개발을 목적으로 함)를 통해 최근 서로 다른 대양의 대륙주변부에 분포하는 퇴적층의 집적 양상이 매우 유사함이 밝혀지게 되었다. 따라서 이러한 집적 양상은 범세계적인 해수면 변동의 영향을 받은 결과로 추정된다. 이러한 가정에 기초하여 P. Vail, R. M. Mitchum, B. U. Haq 등은 탄성파탐사 기록에서 인지되는 퇴적층의 형태특성을 이용하여 해수면 변동의 양상을 분석할 수 있는 방법을 개발하였다. 이들의 분석에 따르면, 중생대 트라이아스기 이후 평균 약 200만 년에 한번의 주기로 100회 이상의 주요 해수면 변동이 일어났다. 기본적인 아이디어는 다음과 같다. 즉, 상대적인 해수면 상승(해침)기에 퇴적층은 해침으로 넓어진 천해의 해저(대륙붕)를 광범위하게 채우게 되며, 이후에 해수면이 하강(해퇴)하게 되면 대륙붕의 퇴적물은 침식을 받게 된다. 따라서 지층 내에는 침식으로 인해 오래된 층(이전의 해수면 상승 시기 때의 지층)이 침식되고, 해수면 하강이 끝나고 그다음 상승기에 다시 퇴적층이 쌓이게 되면 침식면은 결층(hiatus)이라고 하는 시간 불연속면으로 남게 된다. 그래서 해퇴(해수면 하강)의 과정은 잘 알 수 없고 이러한 현상이 매우 급격히 일어난 것처럼 보이게 된다. 이것은 마치 연속적으로 촬영된 영화필름의 중간부분을 잘라내고 '전'과 '후'의 장면을 이어 붙여 편집함으로써 장면전환이 급작스럽게 되는 것과 매우 유사하다.

고해수면기와 저해수면기 퇴적층의 집적 양상은 그림 5.17에 도시되어 있다. 근본적으로 저해수면기에는 퇴적물 집적의 중심지가 심해로 이동되며, 이에 따라 지층의 형태도 변화를 보이게 된다. 외견상의 해수면 변동 재구성(그림 5.18)은 이러한 퇴적층 집적 양상의 변화에 기초한 것이다(그림 5.19). 해수면 하강은 침식으로 인한 결층 때문에 즉각적인 현상(짧은 기간 동안에 일어난 지질작용)으로 보일 수 있다. 해수면이 빠르게 후퇴할지라도, 그렇게 즉각적으로 후퇴할 수는 없다.

'Vail의 해수면 변동 곡선'은 대륙주변부 퇴적층의 탄성파층서 대비에 매우 유용하게 사용된다. 그러나 이러한 곡선이 실제 해수면 변동을 얼마만큼 정확하게 반영하느냐 하는 것은 아직도 의문의 여지가 있다. 그중에서 문제는 퇴적물 공급률(해수면 변동과

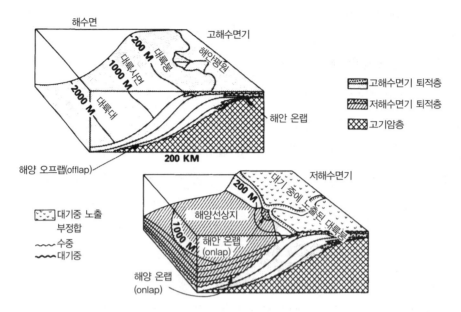

그림 5.17 해수면 위치(높이)가 대륙주변부 퇴적 양상에 미치는 영향. 고해수면기와 저해수면기의 비교(P. R. Vail 외, 1977, Am. Assoc. Pet. Geol. Mem. 26: 49).

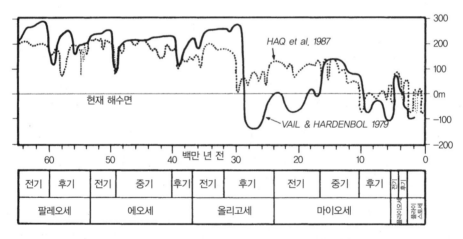

그림 5.18 대륙주변부 퇴적체의 형태로부터 추정된 상대적 해수면 변동 양상. 직선 변동곡선에 대한 기본 퇴적모델은 그림 5.17을 참조(P. R. Vail and J. Hardenbol, 1979, Oceanus 22: 71). 점선 변동곡선은 Haq 외(1987, Science 235: 1156)을 참조(그림 출처: W. H. Berger and L. A. Mayer 1987, Paleoceanography 2,6,620).

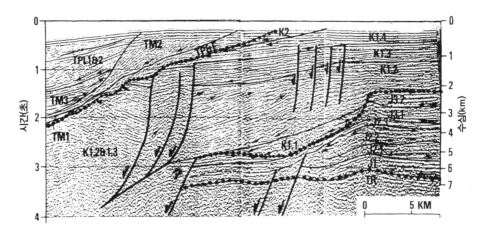

그림 5.19 북서 아프리카 외해에서 취득된 탄성파탐사 단면. 트라이아스기(*TR*), 쥐라기(*J*), 백악기(*K*) 지층이 점선에 의해 구분되어 있음. 화살표는 해양 온랩(onlap)과 오프랩(offlap)을 나타냄. 쥐라기 동안 6개의 탄성파층서(seismic sequence)가 소규모 부정합에 의해 구분됨. 백악기가 시작되면서 대륙붕단 주변에서 산호초(*J3.1*)와 같은 탄산염 퇴적작용이 종결됨. 대서양이 열리고 난 후에 대륙주변부가 침강하면서 그 상부에는 두꺼운 심해성 셰일(*K1.2*)과 삼각주 사암으로 이루어진 지층이 쌓임. 이 지층은 다시 제3기(*T*)가 시작되면서 침식에 의해 삭박을 받음. 제3기 지층은 다소 복잡하게 변형되어 있는데, ➡️ 는 단층을 나타내며, 전반적인 양상은 멕시코만에서와 유사함(Based on H. Füchtbauer (Ed), Sedimente und Sedimentgresteine, 1988, Schweizerbart, Stuttgart, 859; after P. Vail 외 1977, Am. Assoc. Petrol. Geol. Mem. 26).

직접적인 관련이 없는 요인)이 퇴적체의 형태를 결정하는 중요한 요인 중 하나라는 것이다. 아울러 대륙주변부의 침강률이 고려되어야만 한다. 백악기 말기 이후의 해수면은 속도의 차이는 있지만 전반적으로 지속적인 하강이 있었다. 해수면 하강이 느리게 일어날 때, 이보다 더 빠르게 침강하는 비활성 대륙주변부에는 해침층서를 보이는 퇴적층이 집적될 것이다. 반대로, 빠른 해수면 하강이 일어나게 되면, 대륙주변부의 침강이 이에 못 미치게 되어 결과적으로 해퇴가 야기될 것이다.

탄성파 자료로부터 해수면 변동을 재구성하는 데에는 또 다른 어려움이 있다. 지오이드의 형태변화가 지역적 해수면 변화에 어떠한 영향을 미치며, 아울러 범세계적인 해수면 변동 곡선에는 어떠한 영향을 미칠 것인가 하는 문제이다. 그리고 과거의 시간대가 얼마나 정확한지도 문제이다. 탄성파층서의 연대측정은 연대가 알려져 있는 지층과의 대비를 통해 이루어지는데, 이 과정에서 절대연령의 불확실성이 상당히 크다는 것이다.

5.5.3 해수면 변동의 원인

해수면이 지질시대를 통하여 변화되어 왔다면, 그 원인을 찾아봐야 할 것이다. 해수면 변화가 일어나는 가장 기본적인 원인은 전 세계적으로 해저면의 평균 깊이가 변화되는 것이다. 해저면이 얕아지면, 즉 해저가 융기하면 전체적으로 해수가 밀려 올라가면서 해수면은 높아질 것이고, 반대로 해저가 깊어지면 해수면은 낮아지게 될 것이다. 해저의 깊이는 해양지판의 연령과 비례 관계가 있다(즉, 해양지판의 연령이 증가할수록 깊이가 증가). 따라서 해수면의 상승은 해저 연령의 감소로 인해 야기될 수 있는데, 이는 다시 오래된 해저가 젊은 해저로 대체되는 과정과 연관되어 있다. 판구조론에 따르면, 해양지판은 주로 중앙해령(해저산맥대)에서 새롭게 생성되는 동시에 해구에서 섭입되면서 소멸되기도 한다. 따라서 연간 생성되는 새로운 암석권의 총량이 증가하게 되면 해저 연령이 감소할 수 있는데, 이는 해저 확장속도가 빨라지거나 중앙해령이나 해구(혹은 둘 다)의 길이가 늘어날 때 가능하다(그림 5.20).

이와 같이 해저의 평균 연령변화, 즉 수심변화를 야기했던 범세계적인 지구조 운동은 과거에 일어난 것으로 보인다. 예를 들면, 대서양이 열릴 때 새로운 해저가 중앙해령을 통해 만들어졌고, 반대로 태평양에서는 오래된 해저가 해구를 통해 소멸되면서 전 세계적인 해저의 평균 연령은 감소하게 되었다. 그러나 이후 지속적으로 대서양이 확장되면서 대서양 해저의 평균 수심은 꾸준히 증가하였고, 어느 시점에서는 인도양-

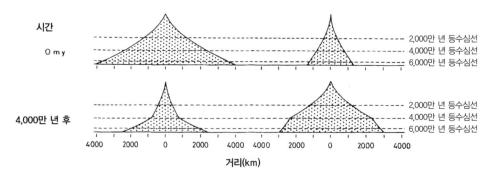

그림 5.20 중앙해령(mid-ocean ridge)의 부피와 지판 확장속도와의 상관관계. 상단의 해령 단면은 왼쪽이 6cm/yr, 오른쪽이 2cm/yr인 확장속도의 경우를 나타냄. 하단 왼쪽은 확장속도 6cm/yr에서 2cm/yr로 변화한 후 4천만 년이 지난 다음의 해령의 형태이며, 오른쪽은 확장속도가 2cm/yr에서 6cm/yr로 바뀐 후에 나타난 해령의 형태. 해령의 부피변화는 상응하는 만큼의 해수면 변동을 일으키게 됨(W. C. Pitman, 1979, Am. Assoc. Pet. Geol. Mem. 29: 453).

태평양 해저의 평균 연령보다도 더 많아지게 되었는데, 이때부터 전 세계적인 해저 평균 연령은 다시 증가하게 된다. 이러한 대서양의 확장은 결과적으로 해수면 하강을 야기하였다. 해저에서 측정된 고지자기 띠를 분석해보면 후기 백악기(중생대)의 전 세계적인 해저의 확장속도가 현재보다 훨씬 빨랐음을 알 수 있다. 따라서 백악기에 해수면이 높았던 것은 이와 같은 해저의 빠른 확장속도에 따른 것이라고 볼 수 있다. 그리고 이 시기에 남서 태평양에서는 해저로부터 다량의 현무암 용암이 분출되어 해저면에 쌓였는데, 이것도 백악기 고해수면의 한 원인으로 고려되고 있다.

오래된 해저가 젊은 해저로 대체되는 과정에서 일어난 해수면 변동은 일반적으로 변화의 폭이 매우 크지만 점진적으로 일어난다. 그렇다면 급격한 해수면 변동의 원인은 무엇일까? 천해 해양지각이나 대륙지각에서 일어나는 조산운동이 한 원인이 될 수 있다. 결과적으로 이 과정에서 얕은 지각(조산운동 결과 접히면서 산맥대를 형성한 암석)은 깊은 해저지각에 의해 대체되며, 이로 인해 평균 해수면은 하강하게 된다. 예를 들어, 인도-유라시아 지판의 충돌과정에서 형성된 히말라야 산맥 뒤편의 티베트고원이 대륙지각이 두 겹으로 접혀 생성된 것이라면, 이에 따른 해수면 하강은 40m에 달하는 것으로 계산된다.

지구조적으로, 해수면 변화가 가장 빠르게 일어나는 경우는 고립된 대양분지가 새롭게 해수로 채워지거나 혹은 물이 빠져나가 비워지는 것이다. 심해시추 프로젝트에 따르면, 지중해는 지금으로부터 약 500~600만 년 사이에 간헐적으로 해수가 말라버린 현상을 경험했다. 지중해에서 빠져나간 해수는 다른 바다로 이동하였을 것이며, 이로 인해 전 세계 해수면이 10m 정도 상승하였을 것으로 추정된다. 반대로 대양수가 비어 있던 분지를 새롭게 채우게 되면 해수면은 그만큼 내려가게 될 것이다. 한편, 다른 대양분지에서도(북대서양 및 남대서양) 암염퇴적층(해수가 증발할 때 형성되는 지층 — 역주)이 발견되었거나 존재한다고 추정되는데, 이는 초대륙 판게아(Pangaea)가 분리된 이후 대서양에서도 순간적인 해침과 해퇴가 상당히 자주 일어났음을 지시한다.

그러나 '지질학적으로 순간적'이라 부를 수 있는 빠른 해침이라도 우리가 직접 목격하면 매우 급격한 현상이라고는 느껴지지 않을 것이다. 지질학적으로 매우 빠른 해침(비록 가설적인 고립된 분지효과에 의해 재현될 수 없을지라도)은 현재 이탈리아 베니스에서 진행되고 있는 것과 비슷한 양상이라 생각하면 될 것이다. 이 현상에 대해서는

5.6절에서 다시 설명될 것이다.

5.5.4 지질학적 관점

육상에 분포하는 퇴적암들의 상당 부분은 천해에서 형성되었으며, 그 결과 지구조적으로 발생된 해수면 변동의 영향을 크게 받았다. 이 절에서는 여기에 관여된 작용들, 지질학자들이 퇴적층을 해석할 때 직면하게 되는 복잡성에 대해 설명하고자 한다. 우리가 보아왔던 해안지역은 가장 활성적인 환경 중 하나이며, 이곳에서는 육지와 해양이 강한 상호작용을 하고 있다. 작은 계곡이나 언덕과 같이 소규모의 국지적인 지형일지라도 해저의 형태를 결정하고 퇴적작용에 영향을 미치는 풍파와 해류를 변형시킬 수 있는 중요한 요인이 될 수 있다. 저위도 탄산염 대륙붕과 대륙기원 퇴적물이 유입되거나 빙하에 의해 깊게 침식되는 고위도 대륙 사이의 전체적인 특성 차이에서 알 수 있듯이, 기후변화와 배후지에서의 지형기복도 퇴적조건을 결정하는 데 중요한 역할을 한다. 주요 대양과 분리되어 있는 주변해(marginal sea)는 더욱 더 지역적인 기후와 지구조의 영향을 강하게 받는다. 일반적으로 이러한 환경에서는 개방된 대륙붕과는 달리 생물다양성은 감소하는데, 이는 서식조건의 변화가 더 극단적으로 일어나기 때문이다.

과거를 알기 위해 현재를 배워야 되는 우리에게 중요한 장애물이 하나 놓여 있다. 현재의 해저는 지난 50만 년 동안 지질학적으로 급격한 해수면 변화의 드라마틱한 순환이 진행되었던 곳이며, 특히 지난 20,000년 동안에는 해수면 상승이라는 자연환경

해수면 상승에 의해 가라앉고 있는 베니스의 대운하 궁전과 산 마르코 성당을 표현한 우표.

의 변화가 있었기 때문에 예비 지질학자들을 위한 이상적인 훈련장과는 다소 거리가 있다. 2.7절에서 이미 언급하였듯이, 이 시스템을 구성하는 요소들(해수, 수심, 기후, 퇴적물 등) 사이에 평형이 이루어진 적은 거의 없었다. 전 세계적으로 적용되는 이러한 기본적인 사실을 보여주기 위해서는 다양하고 많은 실제 사례들에 대한 상세한 설명이나 소개가 필요할 것으로 보이지만, 아쉽게도 이는 이 책의 관점을 상당히 벗어난 것이어서 여기서 다루기는 힘들다. 대신에 우리의 철학은 기본적인 원리를 강조하고 있지만 이와 함께 원리의 실제적 적용을 어렵게 만드는 복잡성이 존재함을 독자들에게 알려주는 것이다.

5.6 해수면과 베니스의 운명

5.6.1 베니스는 가라앉고 있다

산마르코(San Marcus) 성당, 궁전 및 운하가 있는 이탈리아 고대도시 베니스는 현재 해수면 아래로 서서히 가라앉고 있다. 베니스를 침수로부터 구해낼 수 있을까? 바다의 침투를 막기 위한 만만찮은 문제들을 자세히 살펴보기로 하자.

베니스는 거의 해수면 근처에 위치해 있으며, 동시에 울타리섬 Lido에 의해 외해와 거의 차단된 석호 내의 Po 삼각주의 가장자리에 있다. Lido 울타리섬은 조석수로(tidal inlet)에 의해 간간이 분리되어 있다(그림 5.21). 도시가 가라앉고 있다는 표시는 곳곳에서 볼 수 있다 — 독(dock)은 다시 높게 건설되어야 하며, 건물의 입구는 벽돌로 막아놓았으며, 계단들은 물속에 잠겨 있고 만조 시에는 도시의 상당 부분이 침수된다. 침강속도는 트레비소(Treviso)를 고정기준점으로 하여 정밀하게 측지측량되고 있는데, 1960년대에 급격히 증가하였다. 1908~1925년 사이에 메스트레-마르게라(Mestre-Marghera)는 연평균 0.15mm, 1925~1952년 사이에는 0.7mm, 1952~1968년에는 3.8mm로 침강속도가 급격히 증가하였다. 베니스의 일부 지역에서는 1952~1968년 사이에 지반이 120mm, 연평균 7.5mm의 속도로 침강하였다.

5.6.2 가라앉는 원인은 무엇인가?

1. 첫째로 Po 삼각주의 전반적인 침강을 들 수 있다. 시추결과에 따르면, 삼각주의 중

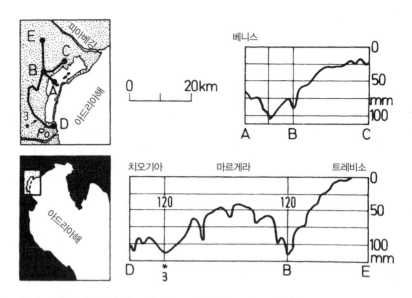

그림 5.21 베니스 및 인근지역의 지반침하 정도. 위 왼쪽 그림은 베니스와 주변지역의 위치도, 위 오른쪽은 측선 A-B-C(위쪽)와 D-B-E(아래쪽)에 대한 침하 단면. 이들 그래프는 1952~1968년 사이의 지반침하로 인한 고도 차이를 나타냄. 측량기준점은 트레비소(Treviso, E)이며, 각 지역에서의 침하 깊이는 트레비소에 대한 상대적인 수치임. 산업지역인 마르게라(Marghera, B)와 치오기아(Chioggia, D) 인근의 Po 삼각주에서 특히 높은 침하 값(약 7.5mm/yr)을 보임에 주목. 베니스 중심지에서는 약 80mm, 즉 5mm/yr의 침하율을 보임(자료출처 : R. Frasetto, 1972, CNR-Lab. Stud. Din. Masse. Tech. Rep. no 4).

앙부에는 두께가 3km 이상되는 제4기 퇴적물이 쌓여 있다. 제4기의 기간을 약 180만 년으로 본다면(부록 A3 참조) 삼각주의 평균 침강속도는 연간 2mm에 달한다. 베니스는 삼각주의 가장자리에 위치하고 있기 때문에 이보다 작은 연평균 0.5mm로 측정된다.

2. 베니스 지역 지하에 묻힌 제4기 퇴적물은 해성과 육성기원이 혼재되어 있는데, 이는 해안선의 위치가 여러 번의 해퇴와 해침에 의해 변동되어 왔음을 지시한다. 지구조적인 지반운동과 Po 삼각주에서의 퇴적물의 공급량 변화가 이러한 해안선의 위치변화를 야기한 것으로 보인다. 현재는 해안선이 내륙으로 후퇴하는 양상을 보인다.

3. 퇴적층의 다져짐도 침강의 한 원인으로 제시되고 있는데, 이는 석호지역에 들어서고 있는 건물이나 기타 구조물과 저지대 매립의 결과이다. 특히 시내 철도역과 항구 주변의 지반 침강속도가 증가의 주원인으로 지복되고 있나.

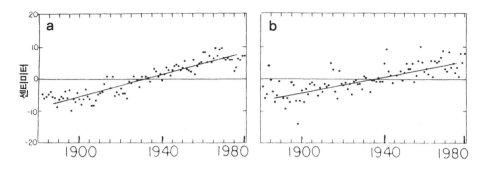

그림 5.22 유럽과 아프리카(a), 북미 서부해안(b)에서의 최근 해수면 상승. 점들은 연간 해수면 편차에 대한 광역 평균치를 나타냄. 장기 해수면 변동 경향에서 상승률(기울기)이 두 지역에서 서로 다름에 주목(T. P. Barnett, 1984; J Geophys Res 89: 7980; Trends added).

4. 베니스 지하지반은 주로 사질층으로 구성되어 있는데 이는 지하수 저장고의 역할 (대수층)을 한다. 지하수가 재충전되는 속도보다 더 빠른 속도로 양수함으로써 지반침하를 가속시키기도 한다. 지하 수백 m 깊이의 대수층에서 지하수가 과잉 양수됨으로써 직경 1km 이상의 넓은 지역이 침강을 겪기도 한다. 베니스 지역에서 지난 20년간 지하수위가 5m 정도 하강했고, 특히 마르게라의 산업지역에서는 20m나 내려가기도 하였다. 이 기간 동안 베니스에서 급격한 침강이 발생하였는데, 대부분 과도한 지하수 양수에 의한 것이다.

5. 5.3.1절과 그림 5.22에서 보았지만, 지난 100년간 해수면은 전 세계적으로 연간 1~2mm 정도 상승하였는데, 이것도 베니스 침수의 한 원인이 될 수 있다.

6. 베니스에서 조수간만의 차이는 대체로 1m 정도이다. 그러나 폭풍 때에는 만조수위가 상당히 올라가게 된다. 지난 1966년 11월 4일, 폭풍 시의 만조수위는 1.9m에 달하였고, 이로 인해 산마르코 광장이 침수되었다(그림 5.23). 평상시의 석호는 아드리아해(Adriatic Sea)로부터 유입되는 해수의 완충지 역할을 하지만 석호의 상당 부분이 산업시설을 위한 용지확보를 위해 매립되었다. 따라서 석호의 면적은 200년 전에 비해 70%로 감소하게 되었다. 선박의 통행을 위한 수로는 부분적으로 12m 이상으로 준설되어 폭풍조류의 이동경로가 될 수도 있다. 이러한 인위적 요인이 폭풍과 폭풍조석의 영향을 증가시키게 될 것이라는 우려가 현실화되고 있다.

그림 5.23 1966년 11월에 발생한 홍수로 인해 베니스 산마르코 광장이 1m 이상 물에 잠긴 모습(사진제공: A. Stefanon, Venice).

5.6.3 대비책으로 무엇을 할 수 있을까?

앞서 요약하여 설명한 연구결과로부터 얻을 수 있는 사실은, 지하수의 양수는 즉각 규제되어야 한다는 것이다. 또한 석호의 매립, 선박항로의 준설, 울타리섬 조석수로의 변형에 따른 영향(폭풍조류가 내만까지 용이하게 유입)에 대해서도 연구가 이루어져야 한다. 물론, 경제적이고 위생적인 방법으로 폐기물을 처리하는 문제도 잊지 말아야 할 것이다. 바다의 조석활동은 도시의 오염된 운하를 청결하게 유지하는 역할을 한다. 조류의 흐름을 유지 통제하면서 동시에 폭풍파를 차단하는 방법으로 Lido에서는 수문(갑문)을 이용하는 방안이 고려되고 있다. 길이 300m, 높이 15m에 달하는 수문을 연약지반 위에 건설하고 유지하는 것은 기술적으로 큰 도전적 과제이다.

이와 같이 자연작용으로 위기에 처한 도시는 비단 베니스뿐만은 아니며, 태국 방콕, 필리핀 마닐라도 이와 유사한 상황에 놓인 해안 대도시에 속한다. 넓은 지역에서 지반의 점진적인 침강에 대해 우리가 할 수 있는 일은 아무 것도 없다. 궁극적으로 자연변화에 순응하면서 살아가는 것 외에는 우리에게 그러한 지질학적 요인을 통제할 수 있는 방법은 아직까지 없다.

더 읽을 참고문헌

Reineck HE, Singh IB (1975) Depositional sedimentary environments. Springer, Berlin Heidelberg New York

Payton CE (ed) (1977) Seismic stratigraphy – applications to hydrocarbon exploration. AAPG Mem 26, Am Assoc Petrol Geol Tulsa, Okla

Einsele G, Ricken W, Seilacher A (eds) (1991) Cycles and events in stratigraphy. Springer, Berlin Heidelberg New York

Berg OR, Woolverton DG (eds) (1986) Seismic stratigraphy II – an integrated approach to hydrocarbon exploration. AAPG Mem 39, Am Assoc Petrol Geol, Tulsa, Okla

Wilgus CK, Hastings BS, Kendall CG, Posamentier HW, Ross CA, van Wagoner JC (eds) (1988) Sea level changes: an integrated approach. SEPM Spec Publ 42, Soc Econ Paleontol Mineral, Tulsa, Okla

06 생산력과 저서생물
–분포, 활동 그리고 고환경 복원

6.1 해양 서식지

6.1.1 생물다양성

해양에 서식하는 생물들은 부유생물(떠다니는 것), 유영생물(수영하면서 다니는 것) 그리고 저서생물(해저바닥에 서식하는 것)로 나눌 수 있다. 많은 저서생물들은 알과 유생을 낳고, 이것들은 일시성 부유생물로서 연안해역에 많이 분포하기도 한다. 이들 유생은 해류에 의해 이동되고 때가 되면 적당히 딱딱한 기질에 붙어서 성장하기 시작한다. 일시성 부유생물은 부유성 또는 유영성 포식자들의 먹이가 되고, 반대로 부유생물은 저서생물의 먹이가 된다. 그러므로 자유 유영생물과 저서생물 사이에는 밀접한 생태적 관계가 있다. 일반적으로 저서생물들은 천해환경에서 햇빛이 드는 표층에서 생산된 먹이를 먹는다(그림 6.1). 그러나 중앙해령의 열수분출구 주변에 서식하는 심해저 저서생물 군집은 예외이다(6.9절 참조). 전반적으로 생물의 종은 육지보다 해양서식 종의 수가 더 적다. 해양의 서식공간은 육지에 비해 구석진 곳이나 좁은 틈새 등이 부족하며, 세계 해양의 다양한 지역들은 서로 연결되어 있다. 따라서 개체군들이 별도의 종, 아종으로 진화할 수 있는 기회가 적다. 육상동물의 다양성은 주로 곤충들의 증식에 의한 것이고(백만 종이 있으며, 이는 전체 동물종의 75% 이상을 차지함), 해

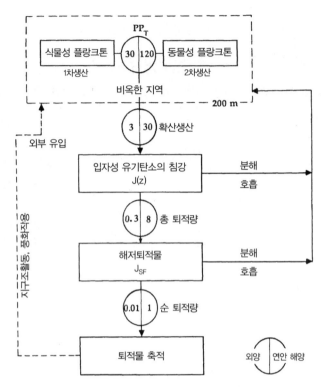

그림 6.1 해양에서 입자상 유기탄소(particulate organic carbon)의 1차생산부터 퇴적물에 매몰될 때까지 이동 모식도. 숫자들은 gC/m²/yr로 표시한 유동량이다. 각 원에서 좌측 수치는 전형적인 외양 조건, 우측 수치는 연안 환경을 나타낸다(W. H. Berger, G. Wefer, V. S. Smetacek, 1989, in Productivity of the ocean: present and past, Wiley, Chichester).

양생물의 종은 (180,000) 98%가 저서성이고, 단 2%가 부유성 또는 유영성이다.

물론, 이러한 숫자는 지속적인 조사를 통해 바뀔 수 있다. 비록 Pliny the Elder(23~79 A. D.)의 "바다가 크기는 하지만 전 해양에 우리가 모르는 생물은 살지 않는다."라는 의견에 동의하는 것은 아니지만, 일반적인 경향인 것 같다.

6.1.2 생산력과 유기물의 공급

햇빛과 영양분은 생물의 성장과 분포를 결정한다. 왜냐하면, 해양환경에서는 해조류가 먹이사슬의 기초를 이루고 있기 때문이다. 물질들은 이 사슬을 따라 1차생산자로부터 초식동물로, 육식동물로, 그리고 박테리아로 돌아가 재순환된다. 또한 물질들은 수층 내에서 표층의 유기물 생산지에서 주로 배설물과 부유생물들의 잔해가 섞인 덩어

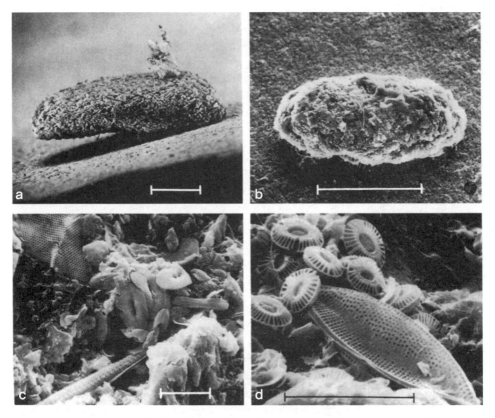

그림 6.2a~d 캘리포니아 외해에서 포집된 고형 배설물들. a 평탄한 고형물(막대길이 200μm) b 유기물로 코팅된 타원형 고형물(막대길이 200μm) c 코콜리스, 규조조각, 육성기원 쇄설물 입자 등으로 이루어진 타원형 고형물의 표면(막대길이 10μm) d 규조(Nitzschia sp.)와 코콜리스(Emiliana huxleyi)가 있는 평탄한 고형물 표면(막대길이 10μm)(R. B. Dunbar and W. H. Berger, 1981, Geol. Soc. Amer. Bull. 92: 212).

리의 형태로 아래의 해저면까지 전달된다.

퇴적물 포집장치(sediment trap)를 이용한 연구결과 유광대에서 100gC가 생산되면, 대륙붕 및 상부 대륙사면의 해저에는 대략 30gC 정도가 도달된다는 것을 알 수 있었다. 그러나 심해저까지는 단지 1gC 정도만 도달된다. 바닥으로 내려가는 2주 정도의 긴 시간 동안, 대부분의 물질은 산화되어 다시 무기물로 변한다(그림 6.2 참조).

심해저에 도달하는 유기물들이 아주 적다는 사실에도 불구하고 저서생물의 양은 1차생산력의 형태를 잘 반영하고 있다(그림 6.3). 또한 수심 자체의 효과도 강하게 반영된다. 즉, 위의 생산지까지 거리가 짧을수록 더 많은 먹이가 해저에 도달하고 더 많은 저서생물군들이 유지될 수 있다. 생산력은 해양의 연안을 따라 가장 높기 때문에

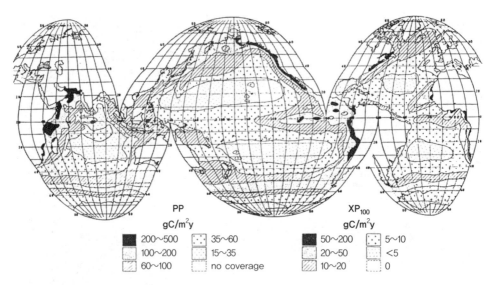

PP
gC/m²y

■	200~500	∴	35~60
□	100~200	▨	15~35
□	60~100	⣿	no coverage

XP₁₀₀
gC/m²y

■	50~200	∴	5~10
▨	20~50	□	<5
▨	10~20	⣿	0

그림 6.3 방사성 탄소 섭취율 실험에 의한 세계 해양의 1차생산량 분포. XP₁₀₀=유출되는 생산량, 수심 100m에서 유동량(W. H. Berger 1992, Z Deutsche Geol Ges 142: 149~178).

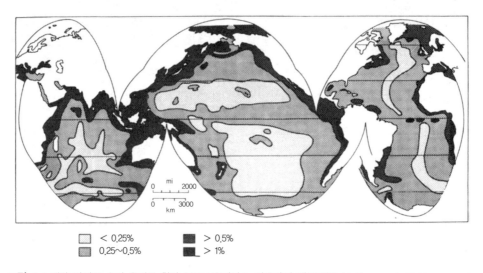

| □ | < 0.25% | ■ | > 0.5% |
| ▨ | 0.25~0.5% | ■ | > 1% |

그림 6.4 해양 퇴적물 속의 유기물 함량 분포 : 유기탄소 건중량의 백분률(W. H. Berger, J. C. Herguera, in P. G. Falkowski, A. D. Woodhead (eds) 1992, Primary productivity and biochemical cycles in the sea. Plenum Press New York. 자료출처: E. A. Romankevich, 1983).

유기물 생산량의 영향과 수심에 따른 운반량의 효과가 상승작용을 하게 되어, 박테리아의 활동을 포함한 저서생물의 활동은 연안역과 심해저 해저에서 큰 차이를 보인다.

이러한 차이는 대부분 저서생물의 활동이 일어나는 상부 5cm 이내 표층퇴적물 속의 유기탄소의 분포 형태에 잘 나타나 있다(그림 6.4). 심해저 퇴적물 내에서는 일반적으로 농도가 낮으며(유기탄소 함량 < 0.25%), 이런 곳에서는 박테리아의 성장이 느리고 큰 저서생물들이 매우 드물다. 적도 아래에서는 용승으로 인하여 해저에 많은 유기물이 공급되기 때문에 농도가 어느 정도 증가한다. 가장 높은 농도(탄소 농도가 수 %까지 달함)는 연안을 따라서 발생하는 연안용승지역과 밀접한 관련이 있다. 물론, 대륙에서 공급되는 영양염들과 유기탄소의 역할도 무시할 수는 없다. 하구역의 외해에서는 조류(algal)의 성장이 강으로부터 공급되는 영양염에 의해 조절되고 용승의 한 형태인 염하구 순환(estuarine circulation)에 의해 공급되는 영양염의 양에 의해 활성화된다. 유기물 역시 일반적으로 많은 부분이 육지 토양의 침식으로부터 운반되어 오고, 그런 것들이 연안에 집적된 탄소의 상당 부분을 이루고 있다. 이러한 육지로부터 공급된 물질의 탄소동위원소 비율($\delta^{13}C = -25 \sim -30‰$)은 해양에서 유입된 물질($\delta^{13}C = -20‰$)에 비해 ^{12}C 함량이 상대적으로 매우 높다. 이러한 동위원소의 차이(분자지시자로 대표되는 화학적 차이는 물론)에 의해 육지로부터 공급량을 판단할 수 있다.

표층으로부터의 유기탄소 공급량이 아주 많아지게 되면, 이 유기물을 분해하기 위해 많은 산소가 필요하게 되어 최소 산소(oxygen minimum)상태를 초래하고, 그 결과 해저면은 무산소상태가 될 수 있다. 그런 상태에서는 혐기성(황산염 환원) 박테리아들이 유기물질을 파괴시키는데, 이들은 물속의 용존산소를 사용하는 박테리아보다 효율성이 떨어지므로 유기물이 상대적으로 더 잘 보전된다. 이런 점에서 매몰된 후 퇴적물 내의 유기탄소 함량과 무산소 환경에서 퇴적된 퇴적물과의 관계는 특히 흥미롭다(그림 6.5). 신생대 제3기 해양 퇴적물의 자료들을 보면, 무산소상태에서 퇴적률과 유기탄소 사이의 상관관계가 약하고 산화환경에서 좋은 상관관계를 갖는 것이 뚜렷이 관찰된다. 어떤 경우에는 퇴적률이 낮을 경우에도 탄소가 잘 보전되는 것 같고, 또 다른 경우에는 해저에 공급된 유기탄소가 많이 보전되기 위해서는 급속한 매몰이 필요한 것으로 보인다.

유기탄소의 백분율과 퇴적률 사이는 얼핏 보기에 놀랍도록 좋은 상관관계를 보인다. 유기물은 무기물에 의해 희석되지만, 그 농도는 증가한다. 그 이유는 두 가지가 있다. (1) 퇴적률과 생산율 모두 대륙주변부에서 높기 때문에 퇴적률이 높으면 자동적으로 유기물의 공급이 증가된다. (2) 빠른 매몰이 일어날 경우, 산소가 풍부한 퇴적물과 해

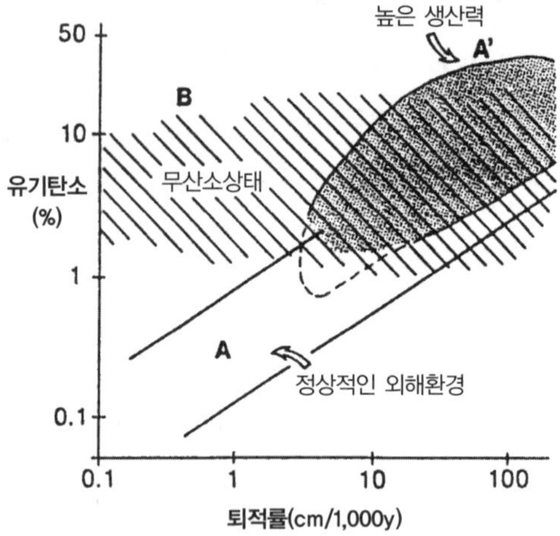

그림 6.5 신생대 제3기(Neogene) 무산소 및 유산소 환경 해양 퇴적물에서 유기탄소 함량과 퇴적률의 관계. 주된 부분은 : A 정상적인 외양환경, A' 높은 생산력 지역, B 무산소상태(R. Stein, 1991. Accumulation of organic carbon in marine sediments. Springer, Heidelberg).

수 사이 경계면으로부터 유기물이 벗어날 수 있기 때문에 유기물의 보존이 높아진다.

6.1.3 햇빛과 영양분

앞서 기술한 것처럼, 외해의 생산에는 햇빛과 영양분이 필요하다. 이것은 1차생산이 이루어지는 곳은 물론 저서환경에서도 역시 동일하다(그림 6.3). 빛이 드는 곳(유광대)의 두께는 고작 약 100m 정도이다. 그보다 깊은 수심에서는 햇빛이 거의 남아 있지 않아서 아주 투명한 물의 경우에도 남아 있는 빛은 아마 1% 정도밖에 되지 않을 것이다. 햇빛의 입사각, 구름양, 부유물질량 등이 빛 투과 깊이에 영향을 미친다. 그러므로 저서조류는 대륙붕의 상반부에서만 나올 수 있고, 그 지역은 전체 해저의 약 2~3% 정도밖에 되지 않는다. 물론 부유성 조류(식물플랑크톤)는 외해 표층수에서 어디에서든 발견된다고 해서 저서생물에 의한 생산량을 무시할 수 있는 것은 아니다. 식물플랑크톤의 생산량은 50g C/m^2yr 정도이지만, 저서조류의 생산량은 그 100배 이상까지도 된다. 많은 저서 생산은 염습지, 대형 갈조류 수중림 등에서 이루어지지만 산호초의 공생조류에서도 이루어진다.

바다에서는 성장에 필요한 칼륨, 황산염 등과 같이 어떤 물질은 풍부하지만, 반면에 인, 고정질소, 규산염, 미량원소(철, 몰리브덴 등) 등과 같은 물질은 절대적으로 부족하다. 이런 영양염들은 특히 표층수에서는 해조류에 의해 지속적으로 제거되기 때문에 농도가 아주 낮다. 따라서 실제로 이러한 원소들이 물속에 얼마나 잘 공급되느냐에 따라 조류의 성장이 좌우된다. 이런 물질들은 제한영양염(limiting nutrients)이 된다. 해조류나 동물기원의 유기물질들은 유광층 밑으로 침강하고 박테리아에 의해 분해된다. 이 과정에서 영양염이 다시 물속으로 빠져나와 재무기화작용(remineralization)이 생긴다. 영양염들은 빛이 없는 깊은 곳에서는 소모되지 않고 물속의 양이 많아진다.

그러므로 해양은 표층수 밑에 깊은 영양염의 저장고를 갖고 있다. 이 저장고와 영양염이 부족한 유광층과의 경계는 통상적으로 50~100m 사이에 있는 수온약층의 윗부분이 된다.

수온약층이 폭풍이나 깊은 수심의 해수가 소용돌이나 용승작용에 의해 혼합되면 (4.3.3절 참조) 영양염은 빛이 있는 표층으로 되돌아오게 된다. 이렇게 심층수의 혼합에 의해 영양염이 공급되면 조류와 그것을 먹는 동물들의 생산성이 올라가게 된다. 좋은 어장들은 모두 이런 수직혼합이 이루어지는 곳에서 형성된다.

6.1.4 염분

해양생물이 살아가는 데에는 햇빛과 영양염 외에도 다른 요소들이 필요하다. 많은 생물들은 염분이 30~40‰ 범위 내에서 변하는 환경에서만 살아갈 수 있으며, 이를 협염성(stenohaline) 생물이라 한다. 그 예로는 방산충, 조초 산호, 두족류, 개형충 그리고 극피동물 등이 있다. 일반적으로 예외도 있지만, 이런 생물들의 잔해는 그것들이 포함되어 있는 퇴적물 위의 퇴적 당시의 해양상태를 나타낸다. 앞에서 열거한 그룹의 몇몇 대표 종 중에서도 비교적 넓은 내성범위를 갖고 있는 것도 있는데, 예를 들면, 발틱해에는 기수역에 사는 불가사리도 있다. 그리고 퇴적층 내에 들어 있는 화석이 발견되는 경우, 실제로 이 생물의 잔해가 포함된 퇴적물이 쌓인 해양환경이 아니라 다른 데서 살다가 죽은 후 생물의 잔해가 재퇴적된 것일 수도 있기 때문에, 어떤 화석의 존재가 반드시 퇴적 당시의 환경을 나타내는 것이 아닐 수도 있다.

예를 들면, 건조지역의 석호 같은 곳에서 염분이 점점 높아지게 되면, 불과 몇 개의 대표종만 남아서 동식물이 고갈될 때까지 그곳에서 살아남을 수 있는 종은 점점 더 줄어들게 된다. 몇몇 개형류(mm 크기의 양각 갑각류)들은 100‰ 이상의 염분에도 견딜 수 있고, 이런 강한 생물들은 경쟁자(혹은 포식자)가 거의 없기 때문에 살아남은 동물의 개체 수는 대단히 많아질 수 있다. 물론, 일반적으로 종 수는 적고 개체 수가 많다는 것은 특수한 제한적인 환경을 나타내는 것이다. 여기서 제한적이라는 것은 공간에 적용되는 것이 아니라 비정상적인 온도변화, 산소결핍, 그 외에 다른 생물의 생존에 스트레스를 주는 여러 환경요인들을 말하는 것이다.

6.1.5 온도

외해에서의 염분은 모든 생물들이 견딜 수 있는 범위 내에 있기 때문에 수온이 생물의 분포를 좌우하는 결정적 역할을 한다(그림 6.6).

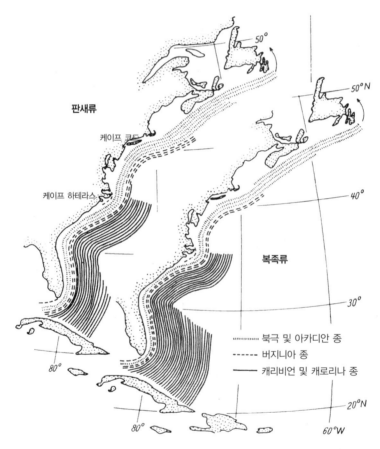

그림 6.6 미국 동부 연안 외해 대륙붕 지역에서 위도에 따른 저서생물의 다양성 변화. 북쪽에서 나타나는 소수의 북극 동물 종들이 남쪽으로 내려오면서 많은 종의 온대와 열대 동물로 바뀌고 있다(각각의 선은 10개의 종을 나타냄). 따뜻한 남쪽의 물(gulf stream)이 대륙붕을 떠나는 Cape Hatteras에서 급격한 변화가 생긴다. 북극 물은 Cape Cod까지 침투해서 내려온다. 복족류들이 이매패류(lamellibranchs 혹은 pelecypods)보다 더 큰 변화를 보인다. 대합조개는 복속류와는 달리 대부분 퇴적물 속에서 살기 때문에 혹독한 조건에 대해서 좀 더 잘 보호된다.

극지역에서 수온은 -1.5°C까지 떨어질 수 있다. 반면에, 아열대지역의 연해에서는 30°C보다 훨씬 더 올라갈 수 있고, 홍해나 페르시아만 같은 열대해역의 상층 100~200m에서는 계절에 따라 수온이 크게 변할 수 있다. 그렇지만 이러한 수심 아래에서는 수온의 변화가 거의 없고 오히려 연중 낮은 온도가 유지되고 있다.

대부분의 해양은 극도로 차갑다. 심해에서의 수온은 4°C 이하인데, 차가운 수온이라는 이유만으로 생물의 다양성이 줄지는 않는다. 예측할 수 없는 환경요인이 크게 변하는 것이, 단순히 아주 낮은 온도가 유지되는 것보다는 더 제한적인 것 같으며, 환경의 변화는 특히 군집의 알, 유생, 어린 개체 등에 손상을 입힐 수 있다.

우리가 생물체의 잔해를 연구하면 수온의 분포를 복원하는 것이 가능할까?

천해와 대륙붕에서 탄산염 각질을 분비하는 저서생물들은(그림 6.7) 석회질 껍질이나 골격 속의 산소동위원소 조성 시에 수온변화의 기록을 남긴다는 것이 지화학자 S.

그림 6.7a, b 퇴적물 생성과 저서생물의 광합성. **a** 조류기원 탄산염퇴적물 생성. 현장에서 살아 있는 종을 염색해서 채집할 때까지 성장을 관찰해서 측정함. A 염색 끝부분, B 채집. 1 *Halimeda*, 2 *Padina*, 3 *Penicillus*, 모두 버뮤다에 흔한 저서 석회조류(사진과 실험, G. Wefer, 1980, Nature (London) 285: 323). **b** *Acropora* 산호가 넓게 살고 있는 지역, 플로리다 Keys 해역. 사슴뿔(staghorn) 산호들은 그들 몸속에 사는 공생 조류의 (와편모충) 도움으로 풍부한 탄산염광물을 생산한다. 성장률은 1cm/year 정도이다(사진제공: W. H. B.).

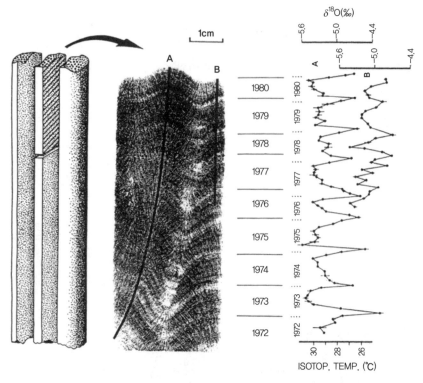

그림 6.8 필리핀 외해의 산호초 윗부분을 만들고 있는 *Porites lobata*를 이용한 온도 복원. 코어 절편에서 A, B 단면을 따라 시료를 채취했음. 오른쪽은 방사성 동위원소 분석결과이다. 온도는 대략 26~30℃에서 변하고, 이 것이 산호에 기록되어 있다(J. Pätzold in G. Wefer and W. H. Berger, 1991, Marine Geology 100).

Epstein과 그의 동료들에 의해 처음으로 알려졌다(7.3.2절). 차가운 물일수록 탄산칼슘 속에 좀 더 무거운 동위원소인 ^{18}O이 상대적으로 많으며, 따라서 $^{18}O/^{16}O$ 비율이 변한다(그림 6.8).

물론, 생물들이 반드시 정확한 온도의 기록자가 아닐 수도 있다. 가까운 예로, 산호는 따뜻한 계절에 잘 자라므로 추운 기간의 기록은 잘 남아 있지 않다.

외해환경에서 긴 시간 규모의 온도 복원이 CLIMAP(Climate Long-Range Investigation Mapping and Prediction) 그룹에 의해 매우 훌륭히 수행되었다(9.2.3절). 대륙붕 해역과 폐쇄된 해역에 대한 복원은 훨씬 어렵다. 여기서는 온도를 제외한 환경요소들(염분, 해수 탁도, 계절적 악천후)이 외해보다 훨씬 더 중요하고 예측하기 어렵게 한다. 그러므로 동물 군집의 변화는 이들 요인들 중 어느 하나의 요인이 강하게 작용한 것이 그 원인일 수 있다. 심해나 천해 모두 고수온을 추정하는 데 있어서 한 가지 어려운 점은 동물(혹은 식물) 군집의 선택적 보전(selective preservation)이다. 그래서 군집의 변화가 생존과 성장조건의 변화라기보다는 보전되는 조건의 변화 탓일 수도 있다. 생물학적 영향에서 **화학적 영향**(초기 속성작용)을 분리해내는 것은 상당히 어려운 작업이 될 수 있다.

최근에는 석회비늘편모류(coccolithophorid)에서 나온 긴사슬(C_{37}-C_{39}) 알케논(alkenones)으로부터 표층 수온을 복원할 수 있는 또 다른 지시자를 개발하였다(7.7.5절 참조).

6.1.6 산소

해수의 용존산소 함량은 또 다른 아주 중요한 환경요인이다. 보통 해수 속의 정상적인 용존산소의 함량은 해수 1리터당 4~7ml인데, 이 양이 1ml 이하로 떨어지면 생물이 생존하기에 치명적인 환경이 된다. 산소 농도가 아주 낮아지는 경우에는 모든 상위 생물들과 껍질을 가진 원생동물들까지도 모두 죽게 되고, 단지 혐기성 박테리아들만 남게 된다. 이런 환경을 산소가 완전히 고갈된 상태가 아니면 빈산소(dysaerobic)환경, 산소가 완전히 고갈된 상태가 되면 무산소(anaerobic)환경이라고 한다. 퇴적물을 뚫고 들어가서 서식하는 굴착성 생물들에 의한 교란이 없는 경우에는 **연층(varve)퇴적물**이 만들어질 수 있다(그림 3.14). 학자들은 연층퇴적물로부터 10년에서 1,000년 정도 규모의 기후변화에 관련된 정보, 특히 유기물과 산소공급의 변화에 관한 여러 가지 사실들을 알 수 있다.

현재 우리가 이러한 현상을 연구하려면 노르웨이나 알래스카에 있는 피요르드, 흑해, 캘리포니아 외해의 산타바바라 해저분지 등과 같은 특별한 지역으로 가야 한다. 그러나 극지방이 얼어붙을 정도로 춥지 않고 그래서 산소가 풍부한 물을 심해로 운반할 수 없었던 과거 지질시대에는 전 해양에 걸쳐 산소 결핍상태가 광범위하게 퍼져 있었던 시기도 있었다. 그래서 오늘날 우리가 사용하는 석유의 많은 부분은 산소가 임계치 이하로 떨어져 유기물이 쉽게 부패되지 않는 지역에 있는 저산소 해양에서 만들어졌다.

기본적으로 산소결핍은 산소에 대한 수요는 많지만, 이를 충족할 수 있는 공급이 적을 때 발생한다. 예를 들면, 흑해분지를 채우는 염수는 지중해로부터(Bosporus를 통해,

4.3.5절) 왔고, 다뉴브강(Danube), Dnepr강과 그 밖의 다른 강들로부터 유입된 담수층에 의해 덮여 있다(그림 7.12). 가벼운 담수는 무거운 심층수 위에 놓이게 되어 해수 자체가 대기와의 교환이 어려워진다. 상층수에서 생물체의 성장은 계속되고, 그 생물체가 죽게 되면 유기물이 아래로 운반된다. 여기서 유기물은 산소호흡을 하는 동물들의 먹이가 되고 박테리아에 의해 분해되면서 역시 산소가 소비된다. 그러므로 가장 깊은 곳의 해수는 완전히 무산소환경이 된다.

이것과 어느 정도 유사한 과정은 유기물이 많은 갯벌에서도 관찰할 수 있다. 물속의 용존산소는 불과 수 mm 두께의 퇴적물의 최상부층(모래의 경우는 수 cm 두께)에서만 존재한다. 따라서 굴착성 동물들은 퇴적물 속에 있는 구멍을 통하여 산소가 풍부한 해수를 공급받아 공기를 조절해야 한다.

고기후학자들은 층리나 구멍의 특성, 황화물과 같은 화학적 지시자, 잔존하는 유기물의 형태 등을 단서로 해서 특정 퇴적층의 퇴적 당시 용존산소(oxygenation)에 대한 복원을 시도한다. 저서생물의 유해들 중에는 역시 산소공급 정도에 대한 정보를 제공하는 것들도 있다(그림 6.9).

6.2 저서생물

6.2.1 형태

대부분의 해저에는 많은 저서생물들이 서식하고 있다. 딱딱한 기질에 붙어서 서식하는 저서생물을 고착성(sessile) 생물이라 부르는데 모든 해면류, 산호류, 완족류 그리고 이끼류들은 고착성이다. 이동하는 저서생물을 이동형(vagile)이라 부르고, 이것들은 깜짝 놀란 게처럼 빠르게 움직이거나 느릿한 성게, 불가사리, 대부분의 이매패류, 복족류, 그리고 원형동물들처럼 느리게 움직인다. 저서생물이 서식하는 지역에 따라 해저 바닥의 위나, 조개류나 대형 갈조류와 같이 다른 생물의 위에 사는 생물을 표서동물(epifauna) 또는 암반이나 퇴적물 속에 숨어서 서식하는 생물을 내서동물(infauna)이라한다.

125,000종의 표서동물에 비해 내서동물은 30,000종에 지나지 않는다. 왜 그런 것일까? 표서동물의 생활방식이 적합한 생태적으로 살기에 적합한 장소(생태적소, niche)

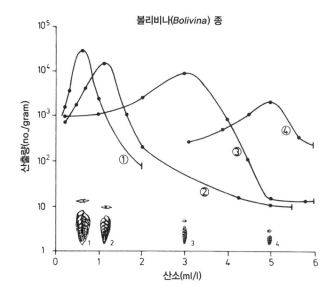

그림 6.9 용존산소에 대한 저서성 유공충인 *Bolivina* 종들의 산출량. California Borderland 1: *B. argentea*, 2: *B. spissa*, 3: *B. pacifica*, 4: *B. vaughani* (R. G. Douglas, 1979, SEPM Short Course 6: 21).

가 더 많은가? 살아가는 데 필요한 여러 가지 다른 수단을 취할 기회가 더 많은 것인가? 우리는 그 이유를 아직 잘 모르고 있다. 지금까지도 생물학자들은 생태적소를 점유하고 있는 종의 수와는 별개로, 생태적소의 수를 결정하지 못하고 있다.

6.2.2 먹이와 기질

궁극적으로 저서동물들은 해수 중으로 침강하거나 해저 경사면의 위에서 내려오는 먹이를 먹고 산다. 살아 있는 부유생물과 죽은 동물 사체의 일부분인 **쇄설물**(detritus)들은 모두 수중에서 떠다니며, 이를 **세스톤**(seston)이라 한다. 이 쇄설물들은 유기물과 무기물 입자로 이루어져 있다. 저서생물이 이 세스톤 '비'에 의존하기 때문에 생기는 한 가지 중요한 결과로 수심이 깊어짐에 따라 저서생물의 생체량(biomass)이 현저하게 감소하게 된다. 해저면의 수심이 더 깊어질수록, 비옥한 연안으로부터 더 멀어질수록 그곳에 도달하는 영양분 비의 양은 더욱 줄어든다. 비록 심해저에 도달하는 것은 생산량의 1% 정도로 매우 적지만(그림 6.4), 소형 갑각류와 원형동물과 같은 수백 종의 생물들은 아래로 내려오는 찌꺼기로 그들의 생계를 유지한다. 이런 생물들은 먹이에서 얻을 수 있는 에너지보다 먹이를 찾는 데 소비되는 에너지를 더 줄이기 위해서 에너지를 효율적으로 이용해야 한다.

물론, 고착형(sessile) 저서생물들은 먹이를 찾아다니지 않고 물속으로부터 직접 영양염을 취할 수 있는 부유물질이 지나가길 기다릴 뿐이다. 해면류, 산호류, 완족류, 해백합류, 태선류(이끼벌레류) 등과 같은 부유 섭식자(suspension feeder)는 물 흐름을 이용하여 수동적 방법 또는 흡입기관으로 물을 통과시키는 능동적인 방법 중 하나를 이용하여 물을 걸러서 먹이를 섭취한다. 공생자(commensals)들은 같이 사는 생물로부터 공짜 먹이를 얻는다. 예를 들면, 해면류에 서식하는 유공충의 경우 해면류를 이용하여 적으로부터 보호하고 또한 끊임없이 먹이를 공급받기도 한다. 고착형 저서생물은 특히 암반에 많이 서식한다.

암반 기질 위의 이동형 저서생물(vagile benthos)들에는 불가사리, 성게, 복족류, 개형충류가 있으며, 이들은 표서생물을 먹이로 한다. 예를 들면, 해조류를 뜯어먹거나 고착형 동물을 잡아먹는다. 이동형 저서생물들은 구석진 곳이나 틈새에 숨거나, 두꺼운 껍질을 만들거나, 강한 흡판 발을 이용해서 들러붙어 살고 있다. 딱지조개, 접시조개들은 암반에 들러붙어 살아가면서 폭풍이나 포식자로부터 자신을 방어한다. 덜 격동적인 환경인 연질 바닥에서 대부분의 이동형 저서동물들은 퇴적물을 먹어서 그 속의 영양분을 섭취하는 퇴적물 섭식자(deposit feeder)로 살아가거나 먹이를 사냥하기도 한다.

해저의 생활이 기질에 큰 영향을 받는 것을 알 수 있으며, 그 기질은 생물들과 마찬가지로 수온, 염분, 산소 농도, 해류, 미세지형 등과 같은 환경요소들의 영향을 반영하고 있다. 그러므로 퇴적작용과 해저 생물들과는 밀접한 연관이 있고, 서식지에 남아 있는 생물의 잔해는 생물의 성장과 퇴적작용에 관한 중요한 단서를 제공해준다. 실제로 저서생물들은 곳곳에서 기질의 대부분 혹은 전부를 만든다.

지질학에서 큰 관심을 갖고 있는 생태학의 한 분야가 탄산염 각질의 생산율이다(그림 6.7). 마이애미 앞바다 조간대에서는 대형 저서생물들이 연 약 $1,000g/m^2/yr$의 탄산염을 생산하고, 외해 심해저에서는 $1\sim400g/m^2$을 생산한다. 페르시아만 천해의 유공충 *Heterostegina depressa*(그림 6.10)는 이 한 종이 약 $150g/m^2/yr$을 생산한다. 이 원생동물은 산호와 마찬가지로 광합성하는 조류와 공생하고 있다. 각질의 형태와 각질을 만드는 비율에 관한 의문들은 고생태학에 있어서 분명히 중요하며, 따라서 생물학적, 지질학적 연구는 상호 밀접하게 연관되어 있다. 이런 조건들의 한계를 정의하는 데에

그림 6.10 여러 가지 형태의 유공충 모습. 1 다양한 입자를 붙인 사질 형태(*Reophax*, 50배 확대), 2, 3 석회질 형태(*Trimosina*, 250배 확대; *Spiroloculina*, 90배 확대), 제시된 *Trimosina* 종은 인도양 수심 20∼30m보다 더 깊은 수심에서 산다. *Spiroloculina*는 천해 조립질 층을 선호한다. 4 *Heterostegina depressa*(각 직경 0.84mm) 광합성 조류와 함께 공생하는 천해에 서식하는 대형 열대종. 각질에서 방사상으로 있는 '원생동물 위족'은 부착하거나 이동시 사용된다[주사전자현미경(SEM) 사진제공: C. Samtleben and I. seibold. Microphoto R. Röttger].

는 각질에 기록이 지속적으로 남아있는 저서성 유공충들이 매우 적합하다(그림 6.9, 6.10).

생물과 퇴적환경의 상호관계를 이해하기 위해 저서생물들과 단단하거나 부드러운 기질들에 대해서 자세히 알아보자.

6.3 생물과 암반 기질

암반은 해저면에서 해류 또는 파랑에 의해 퇴적물이 쌓일 수 없거나 침식이 활발한 곳에서 암석이 노출되어 있는 환경이다. 또한 균열대 내의 가파른 벽면이나 다른 표면의 굴곡이 심한 지역 같은 곳 역시 암반이 노출되기에 좋은 곳이다.

 암반을 이루는 물질은 매우 다양하게 나타난다 — 파식대지나 해저협곡의 벽면을 이루고 있는 사암과 석회암·현무암 경사면·망간각으로 표면이 피복된 지역, 물속에 잠긴 죽은 산호 및 고화된 해빈모래(해빈암), 빙하가 녹으면서 떨어진 대륙붕의 빙퇴석에 남아 있는 왕자갈, 침몰한 배나 기타 인공구조물들 등. 이런 모든 기질들은 조건만 맞으면 저서생물에 의해 빽빽하게 뒤덮일 수 있다. 어떤 경우에는 가라앉은 배 또는 떨어져 내린 낙박 위의 니질 해저면이라면 거의 살지 않았을 표생동물들이 매우 활발히 살아가는 서식처가 된다. 가장 많은 암반 기질의 형태는 바로 중앙해령(Mid-Ocean Ridge)에서 공급된 베개형 현무암(pillow basalt)들이다. 이들 현무암 노두는 열수 분출지의 일부 지점들을 제외하고는 통상적으로 생물들이 거의 살지 않는다(6.9절 참조).

 수심이 얕은 곳에서의 암반은 보통 조류로 피복된다. 조류는 미세 규조류(대부분 암반 위에서 이동함)일 수도 있고, 어류의 은신처 및 사냥터를 제공하면서 해류에 따라 흔들리는 수 m에 달하는 길고 부드러운 띠 모양을 보여주는 것일 수도 있다. 그러므로 암반지역에서 어망 설치는 힘들겠지만 좋은 낚시터가 될 수 있다.

 덮개형 조류가 암반을 덮게 되면 수온과 수심에 따라 해면류, 산호류, 서관충류. 굴, 따개비류, 태선동물류, 유공충 등과 같은 표서동물 군집들이 서식하며, 이들은 암반 노두를 지속적으로 덮고 있다(그림 6.11). 내서동물들은 딱딱한 기질 내에 구멍을 뚫고 산다. 해면동물, 원형동물 및 연체동물 등을 포함한 여러 생물들이 이런 놀라운 능력을 갖고 있다. 길고 부서지기 쉬운 가시를 가진 성게들 중에는 자신에게 딱 맞는 맞춤형 구멍에 사는 것들도 있다. 언뜻 보기에 그런 구멍이 파인 암석은 보통 구멍 입구들이 꽤 작아서 겉모양은 제법 단단한 것처럼 보인다. 그러나 실제로 암석의 표면층은 구조가 스위스 치즈와 비슷해서, 폭풍파도가 발생하면 부서져버릴 수 있다. 또한 암석은 대개 생물에 의해 부서지기도 한다. 특히 석회암은 생물에 의한 침식이 매우 잘 일

그림 6.11 조밀한 표서동물의 성장 모습. 1 산호로 덮여 있는 암초의 가장자리 모습. 대보초(Great Barrier Reef)(14°45'N, 2m)(사진제공: E. S.). 2 Ross Sea 대륙붕 표서동물(남극, 76° 59'S, 167°36'E). 이 깊이(110m)에서 조류는 존재하지 않기 때문에 여기에 밀집해서 자라고 있는 것은 모두 동물들임 : 대형 손가락형 해면, 작은 덤불 이끼류, 작은 가지들이 뻗은 뿔형 산호. 바다나리(극피동물)가 좌측 위에 보임(사진제공: J. S. Bullivant, 1967, N Z Dep. Sci. Ind Res. Geol. Surv. Paleontol. Bull. 176).

어나는 암석이다. 태평양 연안 석호 중에는 굴착성 해면동물이 석회질 암석 내에 구멍을 내면서 만들어진 쇄설물이 퇴적물의 약 30%를 차지하는 곳도 있다.

천해 암반해역에서는 생물들의 잔해가 통상적으로 파도작용에 의해 주기적으로 제거되고, 이들 잔해는 암석 밑 움푹한 곳에 쌓이게 된다. 생물초-애추(reef-talus)퇴적물이 이렇게 만들어진 것이다. 이들은 암초 주위에 성글게 쌓인 암석 덩어리로 이루어진 두꺼운 퇴적층으로 육지에 노출되어 있는 과거 암초퇴적층에서 흔히 볼 수 있다(서부 텍사스 페름기 El Capitan Reef, 알프스 트라이스기 돌로마이트, 유럽 중부 쥐라기 Malm reef, 남부 애리조나 백악기 Albian reef). 암초-애추 내의 조립질 퇴적물은 다공질에 투수율이 높아서 훌륭한 석유 저류암이 될 수 있으며, 중동의 유전지대에서 이런 암석을 볼 수 있다.

산호초의 형성에 대해서는 7장에서 다루는 기후 지시자로서 논의할 때 다시 살펴볼 것이다.

6.4 모래 기질

암반 바닥은 통상적으로 열대 산호초부터 남극의 해면동물로 이루어진 숲에 이르기까지 다양한 생물들이 풍부하고 화려한 생물 군집을 이루고 있다(그림 6.11). 잔자갈과 거력들의 경우 이들이 거의 움직이지 않는다면 암반과 아주 유사할 것이다. 하지만 만약 파랑에 의해 암석들이 움직이는 곳에서는 고착형 저서생물은 살 수가 없다.

사질 해저의 저서생물 군집들은 훨씬 덜 화려하다. 생물들은 대부분 모래 속에 숨어 있기 때문에 보통은 생물을 거의 볼 수가 없다. 고착형 표서동물이 거의 없는 이유는 기질이 불안정하기 때문이다. 기질이 안정된 곳에서는 해초들이 바닥을 고정시켜 바닥은 더욱 안정적이다. 표서성 규조류, 유공충 그리고 태선류들은 그런 해초에서 자란다.

이동형 저서동물들은 되돌아갈 구멍의 유무와 관계없이 모래 기질에 제법 많으며 게류와 복족류를 흔히 볼 수 있다. 조간대에는 저조위 동안에 주로 새를 비롯한 많은 다양한 비해양성 침입자들이 있는데, 이들은 숨어있는 내서동물을 사냥한다. 반대로 고조위 동안에는 바다에서 침입한 가오리나 다른 어류들이 권패류 및 연체동물을 파낸다.

수많은 포식자들의 존재나 모래의 이동에 의해 갑자기 파놓은 구멍이 노출될 수가 있기 때문에 내서동물들은 구멍을 아주 빨리 팔 수 있는 능력이 있어야 한다. 게들이 이런 능력을 잘 보여주지만, 많은 조개들도 역시 구멍을 빨리 팔 수 있다는 것은 조개잡이를 하는 사람들에게 잘 알려져 있다. 구멍을 파는 조개들은 아래에 있는 모래 속으로 길게 뻗을 수 있는 강한 몸의 기관을 갖고 있고, 그 기관을 물로 부풀려서 고정시킨 상태에서 전체 근육을 수축시켜서 나머지 몸체를 아래로 잡아당긴다. 이런 조개들은 바깥 껍질이 매끈하고 꽤 단단한 것이 특징이다. 구멍을 파는 기작이나 그 결과 생기는 흔적들은 그 자체로도 하나의 연구 분야가 된다(6.6절).

구멍을 파는 조개들은 흡입과 배출을 할 수 있는 흡관(siphon)을 가진 **부유물 섭식자**

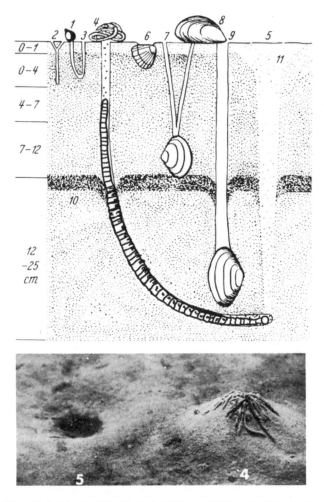

그림 6.12 온대지역, 조간대에서 저서생물들에 의한 퇴적물 재동작용. **1** 복족류 *Littorina*, **2** 연형동물 구멍 (*Pygospio*), **3** 갑각류 구멍(*Corophium*), **4**와 **5** 배설 무더기와 깔대기가 있는 연형동물 *Arenicola*(아래 사진), **6~9** 이매패류인 *Cardium*, *Scrobicularia*, *Mytilus*와 *Mya*, **10** 원래 평평한 층이 구멍에 의해 교란된 것, **11** 담갈색 퇴적층 표면(R. Brinkmann (ed), Lehrbuch der allgemeinen Geologie, F. Enke, Stuttgart 1964에서 H. M. Thamdrup 일부 수정. 사진제공: E. S).

(suspension feeders)이다(그림 6.12). 죽은 후 그런 이매패들의 껍질은 주변 모래와는 수력학적으로 매우 다르게 반응하여 이동되기 때문에 따로 분리되어 패각암층(coquina) 으로 쌓인다(그림 6.13). 그런 패각암퇴적물들은 지질시대에 넓게 분포하고, 지역적으로 대비기준 지층(key bed)으로 사용될 수 있다.

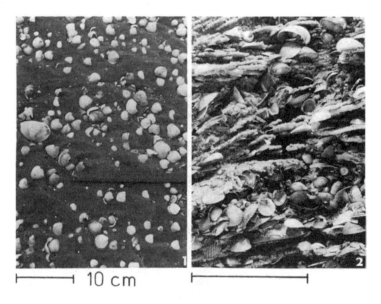

그림 6.13 독일 북해(Weser 하구 북측) 상부 조간대의 패각층(shell pavement). 패각의 작은 무더기는 파도와 조류에 의해 만들어진다. 퇴적물 표면의 조개들의 방향성은 조류 방향을 나타낸다(껍질은 오른쪽으로 향하고 있음. 즉, 1에서는 하류 방향 그리고 2에서는 상자형 시추기 속에서 포개져 있는 모양)(사진제공: E. S. 1 그리고 H. E. Reineck 2).

6.5 니질 기질

니질과 점토질 기질에 사는 저서생물들은 다른 여러 종류의 도전에 직면하게 되며, 서식하는 동물 군집은 모래나 암반환경 서식자들과는 매우 다르다. 니질 기질은 1micron 이하부터 수 micron 정도(1micron=0.001mm)의 극히 작은 크기의 유기물과 무기물 입자들이 풍부하다. 그 외에도 다음과 같은 특징으로 인해 니질 기질에는 퇴적물 식자가 많다. 첫째, 니질 기질은 주로 점토광물로 구성되어 있으며, 이러한 점토광물은 점착성이 높아서 모래보다 잘 이동되지 않으며 모래보다 구멍을 파기가 더 어렵지만, 일단 파놓은 구멍들은 더 잘 유지된다. 둘째, 유기물이 많기 때문에 많은 생물들이 기질을 먹고 창자를 통과시키면서 소화시킬 수 있는 영양분을 섭취한다. 그래서 **퇴적물 섭식자**들은 보통 이런 기질의 표면이나 속에서 발견된다. 물론 부유물 섭식자들 역시 비슷한 영양분을 섭취하지만, 니질 기질이 있는 환경은 주변의 입자 크기가 매우 작은 점토 크기로 되어 있기 때문에 그들이 먹이를 섭취하기 위한 여과장치가 점토에 의해 막힐 수 있다. 더욱이 퇴적물 섭식자들이 끊임없이 바닥의 니질퇴적물을 재동시키기 때문에 고착형 저서동물이 안정된 착지를 찾기 어렵다. 따라서 이 환경에서는 퇴적물 섭식 저서동물이 우세해서 저서동물의 약 3/4이 이 그룹에 속한다.

퇴적물의 섭취는 퇴적물 최상부에서 이루어질 수도 있는데, 여기서는 규조류들이나 다른 조류들도 서식하기 때문이다. 예를 들면, 조간대의 *Littorina*와 같은 복족류는 전형적인 이런 퇴적물 섭식자이다(그림 6.12). 구멍 속에 사는 백합조개들도 역시 퇴적층 표면에 있는 먹이를 빨아들이기 위해 섭식관(feeding siphon)을 퇴적층 상부 밖으로 뻗기도 한다. 이러한 섭식 형태를 갖는 이매패류에는 *Scrobicularia*와 *Macoma* 등이 있고, 아메리카 북서 조간대에서 서식하는 길이가 6~7cm에 불과한 작은 *Macoma secta*도 적절한 크기의 영역을 관리할 수 있도록 관을 1m 이상 뻗을 수 있다. 가끔 심해 사진에서 볼 수 있는 다양한 형태의 원형동물과 해삼(*holothurian*)들이 퇴적물 섭식자이다. 그것들은 표면에는 이동자국(tracks)과 배설물의 띠(*fecal string*), 그리고 퇴적물 속에는 구멍을 남긴다(그림 6.14). 천해에서는 특정한 퇴적물 섭식자들의 종류가 아주 많아질 수 있다. 전형적인 니질 조간대 서식자인 갯지렁이(*Arenicola*)는 많은 지역에서 제곱미터당 200개체나 나올 수도 있다(그림 6.12). 한 마리의 갯지렁이가 하루에 퇴적물 수백 그램을 소화시킬 수 있다. 서식밀도가 높은 곳에서는 퇴적물 섭식자들에 의해 약 20cm 깊이까지의 모든 퇴적물이 불과 수주일 만에 완전히 섞여 재순환될 수도 있다.

그렇게 되면, 니질 바닥은 대부분 배설물들로 이루어지게 되며 여러 번 다시 재순환된다. 이것은 한번 재순환되는 데 불과 수개월이 걸리는 갯벌에 비해 약 몇 만 배 정도 차이가 나는 수천 년이 걸리는 심해에서도 마찬가지이다. 물론 퇴적률도 약 몇 천 배 정도의 상당한 차이가 난다. 천해에서 퇴적물이 매몰되기 전에 재순환되는 횟수가 많다는 것은 연안 해저에 유기탄소의 공급이 훨씬 많고 따라서 에너지 공급이 많다는 것을 의미한다. 심해에서 저서생물의 활동이 적다는 것과 상대적으로 내서동물의 중요성이 높다는 것은 심해에서 약 2,000곳의 다른 장소에서 촬영한 100,000장 이상의 사진에서 불과 약 100마리 정도의 동물밖에 관찰할 수 없다는 사실로도 알 수 있다.

만약 세립질퇴적물들이 주로 배설물로 이루어져 있다면, 배설물 알갱이들과 배설물의 표면을 이루는 증거들을 관찰할 수 있을까? 실제로 배설물 알갱이들은 대단히 풍부하고, 특히 니질 해저 표면으로 갈수록 더욱 많다. 여기서는 퇴적물 알갱이들이 퇴

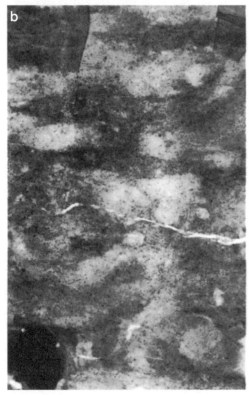

그림 6.14a, b 심해저 점토층의 자국과 구멍들. a 퇴적물 섭식자인 해삼(*holothurian*)의 고랑같이 생긴 섭식자국. 왼쪽 하단에서 잘 보존된 신선한 자국을 볼 수 있다. 퇴적물 표면에 나와 있는 구불구불한 배설물의 띠. 작고 조밀한 구조들은 아마도 사질유공충(*agglutinating foraminfera*)들일 것이다. 이동자국(track)과 이동흔적(trail)은 급격한 퇴적물 공급(예 : 저탁층)에 의해 매몰되지 않으면 기록에 보존되지 않는다. 위 사진에 보이는 부분은 수심 8,500m의 북 솔로몬 해구의 1.5 × 3m 지역(사진제공: R. L. Fisher) b 심해저 적점토의 X – 선 방사선 양화 사진. 조밀한 영역이 어둡다. 구멍의 연결된 정도가 생물교란작용의 강도를 보여주며, 주로 깊이 도달하는 벌레구멍들만이 원래의 형태가 보존된다. 전형적인 벌레구멍 직경 0.5~1cm. 왼쪽은 작은 망간단괴. 코어는 하와이 남동 약 1,000km 지점, 표층 아래 49~60cm에서 채취(사진제공: F. C. Kögler).

적물의 수력학적 특성을 완전히 바꾸어서 박테리아가 자랄 수 있게 하고, 곳곳에 균류 매트가 만들어지게 한다. 탄산염 니질에서는 배설물 알갱이들이 쉽게 교질작용을 받아 단단해져서 훨씬 쉽게 화석화가 된다. 이런 것들은 현미경으로 주의 깊게 관찰해야 알 수 있지만 많은 석회암 속에서 직경 약 0.03~0.1mm 정도로 거의 원형이거나 타원형의 입자로 많이 나타난다.

해저면에서 고화되지 않은 부드러운 퇴적물이 생물의 활동에 의해 일어나는 재동작용은 중요한 지화학적 과정의 하나이다. 그런 생교란작용(bioturbation)이 없으면 퇴적물은 해양의 화학적 시스템에서 빠르게 사라져버릴 것이다. 단지 얇은 상부층만이 해수와 쉽게 반응할 수 있겠지만, 생물교란을 통해 수 cm 두께의 퇴적층들이 해수와 물질교환을 하고 침강한 유기물은 묻히기 전에 얼마 동안 남아 있어서, 그 속에 있는 영양분들이 재동되고 해수 중으로 다시 돌아가게 된다. 그러므로 전반적인 해양의 생산성은 생물교란과 밀접히 연결되어 있다.

육상에 분포하는 현생누대(Phanerozoic Eon) 암석 중에서 놀랄 정도로 많은 양이 해양 니질퇴적물로부터 기원된 것이다. 니질퇴적물로부터 만들어진 화석 셰일들이 퇴적기록의 약 50%를 차지하고 석회암이(이 중에서도 많은 부분이 탄산염 니질 퇴적물의 기원임) 20%, 사암은 30%를 차지한다.

6.6 이동흔적과 구멍

6.6.1 생흔화석

앞에서는 해저와 생물들을 생물학적 관점에서 살펴보았다. 그러나 지질학자들의 궁극적인 관심은 최종으로 암석에 남아 있는 기록에 있다. 즉, 그것은 어떻게 만들어졌을까? 그것은 우리에게 과거의 조건에 대해 무엇을 말하고 있는가? 지질학의 한 분야인 생흔학(ichnology)은 생물의 이동자국, 이동흔적, 벌레구멍, 그 밖의 생물에 의한 퇴적물의 교란을 연구하면서 발전해 왔다. 이제는 이러한 흔적화석에 대한 연구에서 나오는 문제점들을 살펴보도록 하자. 또한 우리는 과거 기후에 대한 완전하고 정확한 정보를 얻고자 하는(9장에서 논의) 심해 퇴적물의 순차적인 사건기록이 생물교란작용에 의해 어떻게 교란되는지도 알아야 한다.

결국 생흔화석이 되는 생흔(생물의 활동에 의해 남아 있는 흔적)에는 매우 다양한 형태가 있다. 이들은 생물의 이동흔적, 섭식자국, 표면에 남겨진 배설물 띠, 니질로 이루어진 배설물로 채워진 벌레구멍, 거주지로 사용되다 후에 흘러 들어온 퇴적물에 의해 메워진 벌레구멍 등(그림 6.15)이다. 다양한 종류의 원형동물, 복족류, 이매패류, 게, 해삼, 성게 및 불가사리들은 이러한 자국이나 구멍을 만드는데, 게와 새우는 가장 길고 깊은 구멍을 만든다. 아프리카 북서 주변의 어떤 주상시료에서는 3m보다 더 긴 수직구멍도 볼 수 있었다! 그런 생흔(lebensspuren)은 킬과 튀빙겐에 있는 북해의 빌헬름스하펜(Wilhelmshaven)에서 해양지질학자들에 의해 집중적이고 지속적으로 연구되고 있다. 그러므로 영어로 생활흔적(life-traces)으로 번역되는 독일어 Lebensspuren

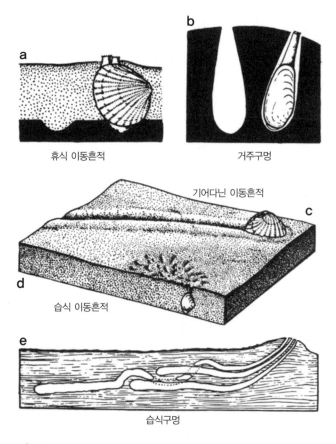

그림 6.15a~e 기능 측면에서 본 생흔 형태와 생물들. **a~d** 이매패류, **e** 원형동물(A Seilacher, 1953, Neues Jahrb. Geol. Palaeontol. Adh. 96: 421 and 98: 87).

은 영어에서도 그대로 사용되고 있다.

6.6.2 생흔

생흔(Lebensspuren)은 저서생물들의 행동 형태들이 화석화된 것이다. 생물의 각질과 마찬가지로 생물에 의한 행동도 환경에 적응했음을 나타낸다. 그러므로 우리는 생물에 의해 남겨진 자국과 구멍에서 환경정보를 읽어낼 수 있다. 각질과는 달리 생흔은 해류에 의해 운반될 수 있는 것이 아니라 그들이 만들어진 퇴적물 내에 머물러 있다. 따라서 생흔은 먹이 공급, 퇴적물의 안정성, 파랑의 작용, 심지어 수심까지도 그것들의 형성 당시의 조건들을 그대로 보여주고 있다.

이동자국과 구멍은 고생태 복원뿐만 아니라 일반지질학 및 지구조학에까지도 유용하게 사용된다. 예를 들면, 심해에서 퇴적물이 수평으로 움직이는 경향이 있는 경우에는 수직구멍은 유지될 수가 없다. 최근 몇 년 사이에 심해 탄산염퇴적물에 대해 체계적인 상자형 시추기를 채취해 본 결과, 수직구멍은 태평양 서측 적도상에서 얕은 곳의 딱딱한 사질퇴적물에 매우 풍부하다는 것이 알려졌다. 하지만 깊은 곳이라도 탄산염광물의 용해작용으로 모래가 부서져 퇴적물이 강도를 잃게 되고 지진으로 흔들리게 되면 지층이 옆으로 움직이게 되며, 이런 곳에서는 수직구멍은 없고 수평구멍만 분포한다.

육지에서 야외지질학자들은 가끔씩 어디가 위쪽인지도 알 수 없을 정도로 구분하기 어려운 해양퇴적층을 조사하는 경우가 있다. 만약 퇴적물 내에 구멍이 있다면, 이런 경우에는 상하를 판단하는 데 도움이 될 수 있다. 많은 구멍들은 U형태이다. 만약 구멍이 활 모양으로 되어 있다면 그것은 상하가 바뀐 것이며, 이는 지층이 구조운동에 의해 역전되었다는 증거가 된다. 때로는 호수 퇴적물인지 석호 또는 해양 퇴적물인지에 대한 의문이 생기는 경우도 있다. 일반적으로 호수의 구멍은 그 크기가 작고 다양성이 적은 데 비해 해양환경에서 나타나는 구멍은 그 크기가 크고 길다.

6.6.3 보전

물론 모든 자국이나 구멍들이 똑같이 잘 보전되는 것은 아니다. 불가사리나 담치에 의해 만들어지는 섬세한 표면자국은 기록으로 남겨지기 매우 어렵다. 30cm 정도 깊이의 *Arenicola* 또는 *Mya*에 의해 만들어지는 구멍 또는 특히 깊이 2m 정도의 게구멍은 암석

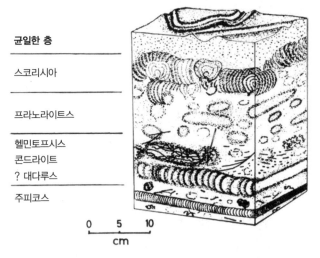

균일한 층

스코리시아

프라노라이트스

헬민토프시스
콘드라이트
? 대다루스

주피코스

0   5   10
cm

그림 6.16 북서 아프리카 외해 수심 약 2,000m 깊이에 서식하는 생물에 의한 퇴적구조. 활발한 굴착동물들의 계층적 배열이 퇴적물 내 깊이 30cm까지 이르고 있다. 생물교란작용은 표면자국을 파괴하고 최상부 3cm까지의 퇴적물을 완전히 균일화 시킨다. 성게(*Scolicia* 구멍)와 다른 굴착 생물들이 퇴적물 속에 각기 다른 깊이로 전형적인 자국을 만든다. 구멍의 계층적 시스템은 궁극적으로는 주로 유기물공급, 산소공급, 퇴적률에 달려 있다. 따라서 생흔학적 기록에서 이런 여러 요소들을 찾아낼 수도 있다(A. Wetzel, 1979, Ph. D. Thesis, Geol Inst Kiel).

내에 보존되기가 매우 쉽다. 이런 구멍이 사라지려면 이를 포함한 두꺼운 퇴적층 자체가 제거되어야 한다. 일반적으로 퇴적물 표면에 만들어지는 자국은 홍수나 저탁류와 같이 급격한 퇴적작용이 일어나는 경우에만 보존될 수 있다. 퇴적이 점진적으로 이루어지고 생물교란에 의한 혼합층이 있으면, 표면의 자국은 파괴되고 혼합층을 뚫고 내려간 구멍만 기록에 보전된다(그림 6.16).

6.7 생물교란

6.7.1 혼합효과

연층, 얇은 저탁류에 의해 퇴적된 층 또는 등수심류(contour current)에 의해 만들어진 층 등과 같이 얇은 퇴적층들은 생물교란 때문에 보존이 어렵다. 즉, 현재 교란이 잘된 대륙사면의 퇴적물은 층리가 불량하다. 그러나 층의 보존이 항상 생물의 활동과 관련이 있는 것은 아니다. 해저에 산소공급이 잘 이루어지지 않았을 시기에는 이곳에 생물이 서식하기 어렵기 때문에 굴착 생물에 의해 퇴적층 내의 층리들이 교란되어 균질화되지 못하였다. 그래서 지질학적 기록에서는 산소 농도가 낮은 따뜻한 바다에서 퇴적된 얇은 층리의 사면퇴적물들을 볼 수 있다. 따뜻한 물은 차가운 물보다 산소가 훨씬 적게 용해된다. 그런데 지구의 극지방에 빙하가 성장한 이후부터는 심해로 표층수가 활발히 공급되면서 깊은 해저에 산소가 많아졌다.

생물교란은 퇴적물에 남아 있던 기록을 바꾸고 특징을 지워버린다. 얇은 층리의 퇴적물 내에는 각 층들이 쌓이게 되었던 각각의 기원과 퇴적환경에 대한 기록을 갖고 있다. 그렇지만 층들이 뒤섞이면 그 기록들도 역시 뒤섞이게 되고, 우리는 어느 정도의 기간에 일어났던 여러 조건들에 대한 일종의 평균적인 신호만 얻게 된다. 평균된 시간 간격은 얼마이며, 이 평균이 퇴적물의 연대측정에 어떤 영향을 미쳤을까? 자세한 고기후 복원에 있어 심해의 기록은 대단히 중요하기 때문에 심해 상자형 시추기에서 이러한 의문들에 대한 조사가 이루어져야 한다(방사성 동위원소에 의한 연대측정에 대해서는 부록 A8 참조).

한 가지 방법은 퇴적물 속의 깊이에 따른 방사성 탄소의 정확한 농도를 측정하는 것이다. 탄소-14(C^{14}) 층서는 혼합층의 깊이와 연대측정에 미치는 효과에 대한 단서를 제공해 줄 수 있다(그림 6.17).

탄소-14는 탄산염 각질의 $CaCO_3$에 포함되어 퇴적기록 속에 남아 있다. 대기 중의 이산화탄소(따라서 표층수의 HCO_3^- 속) 일정 부분은 탄소-14를 포함하고 있고, 이것은 대기 중에서 우주선(cosmic ray)의 작용에 의해 정상 질소-14 원자에서 만들어진 것이다. 이 방사성 탄소는 생물체와 각질 속에 포함되고, 다시 붕괴되어 질소로 되돌아간다. 따라서 얼마 안 된 각질들은 오래된 각질보다 방사성 탄소를 더 많이 포함하고 있다. 탄소-14가 붕괴되어 원래의 절반이 되는 것은 5,700년 후이며, 이것을 반감기(half-life)라 한다. 따라서 우리는 각질이 5,700년 뒤에 방사성 탄소 1/2을, 11,400년 뒤에 1/4, 17,000년 뒤에 1/8…을 가질 것이라 예측할 수 있다. 현대의 기술로 각질에 남아 있는 탄소-14 측정의 한계는 처음 농도의 1/64이 되는 약 35,000년 정도이다.

그러면 방사성 탄소의 초기 농도는 어떻게 알 수 있을까? 이에 대한 가정을 단순화하기 위해서 우리는 그 당시에도 현재와 똑 같은 상태로 새로운 각질이 만들어진다고 가정한다. 비록 우리는 방사성 탄소 농도가 빙하시대 동안 더 높았다는 것을 알지

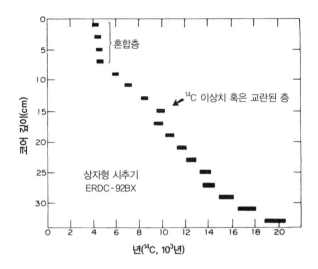

그림 6.17 태평양 적도 서측에서 채취된 상자형 시추기의 탄소-14 층서. 상부층들(=혼합층)은 혼합에 의해 아래 7, 8cm까지 비슷한 연대를 보인다. 전체적인 퇴적률은 약 1.7cm/1,000년 정도. 재퇴적작용에 의해 생긴 것으로 추정되는 탄소-14 이상치가 15~17cm 깊이에서 나타난다(자료: T. H. Peng 외, 1979, Quat Res 11: 141).

만…(그림 5.6 참조). 이런 가정을 사용해서 우리는 코어에서 깊이에 따른 겉보기 연령(apparent age) 분포를 계산할 수 있다. 이것은 방사성 원소를 포함하고 있는 석회질 각질이 연속적으로 퇴적되면서 동시에 표층에서 생물체에 의한 교란작용을 받았을 때 보여주는 연령 분포이다. 이 연령 분포에는 흥미로운 경향이 있다. 즉, 퇴적물의 혼합층인 최상층부에서는 연령변화가 거의 없고, 그 아래로는 규칙적으로 점점 높은 값으로 변해 가는 것을 볼 수 있다.

6.7.2 혼합모델

퇴적물의 혼합은 다양한 깊이까지 퇴적물을 교란시키는 다양한 형태의 생물들에 의한 굴착활동을 포함하는 과정이다(그림 6.16). 혼합작용에 대해 정확하면서도 유용하게 물리학적으로 기술하는 것은 아직 불가능하다. 그러나 탄소-14 분포에서 볼 수 있는 형태로 혼합이 퇴적물에 어떻게 작용하는지에 대해 너무 단순하기는 하지만, 어느 정도 단순한 모델을 다음과 같이 만들어볼 수 있다.

퇴적물은 최상부의 혼합층과 바로 아래의 오래된 층이 단 2개의 층으로 구성되었다고 가정한다. 혼합층 위에는 주된 퇴적률에 상응하는 비율로 새로 도달히는 물질이 해저에 쌓인다.

혼합층 아래에서는 단위시간당 같은 양의 퇴적물이 빠져나가면서 오래된 층으로 들어간다. 이 모델의 수식화는 간단하다. 예를 들어, 해면에 한번만 들어가게 되는(운석의 충돌로 만들어진) 마이크로텍타이트(microtectite)나 화산재 같은 추적자들은 다음과 같은 감쇄식에 따른 분포를 보이게 될 것이다.

$$C_L = C_0 \cdot e^{-L/M} \qquad \text{식 (6.1)}$$

여기서 C_L은 추적자가 처음 나온 곳 위의 거리 L인 곳의 추적자의 농도이다. C_0는 추적자가 들어온 직후의 혼합층 속의 원래 농도이고 M은 혼합층의 두께이다. 이 식을 북대서양에서 채취한 코어에 나타나는 화산재의 분포에 적용하면, M은 6cm 부근이라는 것을 추정할 수 있다. 이 추산은 그림 6.17에서 볼 수 있는 것처럼, 태평양 서측 적도상에서 채취한 코어의 탄소-14 층서에 나타난 혼합층 두께와 잘 일치하고 있다. 그러나 모래로 이루어진 퇴적물의 경우 방사성 탄소 연대측정 결과는 전체 퇴적물의 연대와 다른 결과가 나올 수 있다는 것을 유념해야 한다.

6.8 고생태 복원의 한계

우리는 해양환경의 다양한 요소들, 특히 물리적인 것들에 대해 논의하였고, 생흔과 그것들이 환경과 어떠한 관계를 갖는지를 살펴보았다. 또한 우리는 지질학적으로 남아 있던 기록을 훼손하고 단순화시켜 버리는 생물교란의 문제점에 대해 소개했다. 생물들 그 자체와, 그들의 상호작용, 그들의 번식률, 그들의 유생 분산은 어떻게 되는가? 유생들은 정착할 곳을 어떻게 아는가? 생존율은 얼마나 되는가? 경쟁 상대들은 누구인가? 누가 누구를 잡아먹는가? 어느 것이 공생관계이고, 어느 것이 기생관계인가? 생물들의 분포는 어떻게 조절되는가? 그리고 특히 이 모든 정보들 중 얼마나 많은 부분이 지질기록에 남아 있는가?

이러한 문제들이 생물의 군집, 여기서는 저서 군집을 연구할 때 끊임없이 제기되어 왔다. 군집의 정의를 내리는 것부터가 어렵기 때문에 생물학자들은 생물 군집을 '흔히 함께 발견되는 생물들'로 정의한다. 아마도 그들의 상호작용으로 얽혀 있는 그물이 군집을 안정적으로 유지하고 억제와 균형을 이루는 것을 의미한다. 즉, 같은 종류의 생물들은 대략 같은 비율로 장기간에 걸쳐 함께 살아간다.

기록에도 군집, 즉 함께 나오는 화석들이 있다. 오래전에 죽은 생물들의 상호작용을 추정하는 것이 어렵다는 것은 지극히 당연한 것으로서 놀랄 일이 아니다.

겉보기에는 단순한 질문일지라도 대답하기에는 어려운 것이다. 예를 들면, 저서성 유공충이 섭식활동을 하는 영역은 얼마나 넓은가? 북극의 대륙붕에는 유공충 *Astrorhiza*의 개체수가 제곱미터당 50개에 달한다. 이것들의 껍질은 직경이 약 5mm 정도이다. 그러나 살아 있을 때 위족으로 만드는 그물은 직경 6cm까지의 면적을 차지한다. 이것은 껍질 면적의 100배 이상 되는 면적이다. 해저면의 많은 부분을 이 조그마한 생물들이 점유할 수도 있지만, 만약 우리가 단지 그 각질들만을 나중에 볼 수 있다면, 이것을 어떻게 알겠는가?

물론 군집에서 단지 선택된 부분만이 최종적으로 화석이 된다는 사실도 우리에게는 도움이 되지 않는다. 덴마크 생물학자들의 연구에서 알려진 몇몇 천해 군집을 자세히 검토해 보자(그림 6.18). 북극과 저온지역의 여러 곳에서는 가무락(Venus) 조개 군집이 수심 10~20m 정도 되는 외해에 서식하고 있다. 이매패인 가무락 조개는 확연히 나타나는 종이고, 다른 것들로는 불가사리 *Astropecten*, 성게 *Echinocardium*, 그리고 관을 만드는 다모충류 *Pectinaria koreni* 등이 있다. 어디서나 종은 다를 수 있지만 군집의 속(genera)과 구조는 비슷하다(평행 군집, parallel communities). 지질학자로서 우리는, 구멍과 각질들 중에서 어느 정도는 보존될 것이라고 예상하지만, 연형동물들 또는 작은 새우들이 남긴 흔적은 전혀 보존되는 것이 없으며 바다나 공중에서 침입한 포식자들이 남긴 것도 역시 전혀 없다.

좀 깊은 해역의 니질 모래에는 *Syndosmya* 군집이 서식한다. 이 조개는 넙치류가 좋아하는 먹이지만 화석기록에 남아 있는 정보로는 알기 어렵다.

수심 약 20m 정도에 있는 니질 바닥은 사미류(*Amphiura community*, 극피동물의 일종, 그림 6.19)로 꽉 차 있는데, 개체 수가 제곱미터당 500개에 달한다. 그들은 이곳의 해저면 생태계에서 우위를 차지하고 있지만, 이 정보가 지질기록에 남아 있을지는 알기 어렵다.

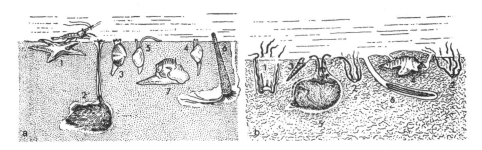

그림 6.18a, b 한대-온대지역의 전형적인 천해 내서동물 군집. 예에서는 Kattegart 해협 입구부터 발틱해까지 서식하는 것들이다. **a** 수심 10~20m 모래층의 가무락 조개 군집, 함께 서식하는 불가사리 *Astropecten* (1), 성게 *Echinocardium cordatum* (2), 이매패 *Venus gallina* (3), *Spisula elliptica* (4), *Tellina fabula* (5), 다모류 관서동물 *Pectinaria koreni* (6), 복족류 *Natica* (7). **b** 수심 약 20m 니질층의 *Amphiura* 군집, 같이 서식하는 거미불가사리 A. chiajei (1), A. filiformis (2), 복족류 *Turitella communis* (3), *Aporrhais pespelicani* (4), 성게 *Brissopsis lyrifera* (5), 다모류 *Nephthys* (6). 세계 여러 다른 지역의 연안에서는 다른 종들이 서식한다. 그러나 기본적인 군집의 구성은 유지된다(평행 군집, 'parallel communities')(G. Thorson, 1972, Erforschung des Meeres, kindler, München).

그림 6.19 거미불가사리 군집. 아프리카 북서, 세네갈 외해 대륙사면의 최상부 지역(사진제공: E. S).

6.9 '열수공'과 '냉수 유출지' 군집생물

현재까지 통념상, 동물들은 궁극적으로 이산화탄소와 물로부터 태양에너지를 이용해서 유기물을 생산하는 광합성 생물들의 기초생산자로서 생존하고 있는 것으로 알고 있다. 그러나 거기에는 예외가 있다. 어떤 동물들은 광합성보다 오히려 화학합성으로 영양분을 섭취하는 박테리아를 먹고 살고, 경우에 따라서는 그런 박테리아들과 공생관계를 이룬다.

이런 군집 형태의 가장 특수한 예는, 해수가 지각 내부 깊숙한 곳에서 반응한 후 뜨거워져 현무암질 해저면으로 뿜어져나오는 심해저 분출구에서 발견되었다. 해수는 이러한 반응기간 동안 산소를 잃게 되고 황산염은 줄어든다(10.4.4절). 물이 분출하는 곳에서 '블랙 스모커(black smokers)'가 형성되고(그림 6.20), 함유된 황화물의 산화작용으로부터 에너지를 얻을 수 있는 황화물 산화 박테리아가 여기에서 번성한다. 이런 형태의 특정 박테리아는 vestimentiferan 서관충(예 : *Riftia pachyptila*), 특히 왕 백합조개(예 : *Calyptogena magnifica*) 내에 공생자로서 많이 살고 있다, 그래서 '열수공' 부근의 화학합성작용은 매우 독특한 생태계를 만든다(그림 6.20). 서관충은 전적으로 그들에 붙

그림 6.20 동태평양해령(East Pacific Rise)의 열수공지역에서 침전된 금속 황화물들에 의해 만들어진 '블랙 스모커' 베개용임틀은 홍힙류외 서관충에 덮여 있다(E. Seibold, Das Gedächtnis des Meeres, 1991, Piper, München. After P. Giese, 1983).

어 있는 박테리아를 먹고 산다. 왜냐하면, 그들은 외부로부터 먹이를 취하거나 소화할 수 있는 방법이 없기 때문이다.

열수공 군집의 발견에 대한 이야기는 복잡하며, 수온이상과 화학적 측정방법으로 해수 내의 열수를 탐사한 1970년대에 시작되었다. 특이한 군집들을 처음 본 것은 대형 조개의 잔해들이 예상치 못하게 모여 있는 해저 확장 중심부 부근의 심해 사진이었다(P. Lonsdale 촬영). 무성하게 여러 생물들이 살아 있는 열수공 군집은 1977년에 지질학자 J. Corliss와 동료들이 Woods Hole의 심해잠수정 Alvin호를 타고 내려간 Galapagos 열곡 수심 2.5km 심해에서 처음으로 발견했다(Corliss, J. B., 등 (1979) Submarine thermal springs on the Galapagos Rift. Science 203: 1073-1083).

그 밖의 다른 지역에서 유사한 열수공 및 열수공 군집 탐사도 매우 성공적으로 이루어졌고, 이제는 태평양과 대서양의 여러 다른 지역에서 이러한 다양한 동물상(fauna)의 설명이 이루어졌다. 주로 연체동물, 원형동물 및 절지동물인 160여 종이 신종으로 기재되었고, 어떤 것들은 중생대의 특정한 천해종과 밀접한 연관이 있는 것으로 알려지기도 하였다.

이러한 발견의 결과는 오히려 더 많은 새로운 의문을 만들었다. 어떻게 이런 군집들이 단지 수십 년간의 짧은 시간 동안 존재하는 열수공이 있는 곳에서 살아남을까? 이런 생물들은 매우 독성이 강한 황화수소(H_2S)와 고농도 미량금속을 함유하고 있는 물 속에서 어떻게 대처할까? 특히 해수가 환원상태였던 선캄브리아기에는 생명의 진화가 어떻게 되었으며 이들과 무슨 관계가 있을까? 저 우주에는 누가 살고 있을까? 생명의 기원으로 태양이 반드시 필요한가?

한편, Alvin호와 다른 잠수정(예 : CYANA)들의 추가 탐사에서 이러한 특이한 생물의 군집들은 열곡의 열수공에 한정된 것이 아니고 후열도분지와 열수활동이 일어나는 다른 곳에서도 발견되었다. 더욱 중요한 것은, 이들과 어느 정도 관련은 있지만 다소간 다른 형태를 보이는 군집들이 플로리다 외해 '냉수 유출지'가 있는 대륙주변부에서 발견되었고, 그와 함께 오리건 외해에서는 탄산염 굴뚝(carbonate chimney)도 발견되었다(그림 2.8b 참조). 여기서는 박테리아가 꼭 황화수소뿐만 아니라 메탄가스(CH_4), 암모니아가스(NH_4)$^+$ 그리고 가벼운 탄화수소 등과 같은 다양한 환원 화합물들을 산화시킨다. 다시 말하면, 이런 박테리아들은 화학합성하여 생존하여 먹이사슬의 기저부를 이룬다.

열수공 군집들은 지질학적으로 오래된 것이다. 오만, 키프로스의 백악기 사문암, 뉴펀들랜드(New Foundland)에 분포하는 석탄기 암석에서도 일부 거대한 황화물 광석과 함께 서관충 군집 화석들이 발견되기도 하였다. 이러한 화석들은 지금 완전히 새로운 관심의 대상이기도 하다.

더 읽을 참고문헌

Hedgpeth JW (ed) (1957) Treatise on marine ecology and paleoecology, vol 1. Geol Soc Am Mem 67

Schäfer W (1972) Ecology and palaeoecology of marine environments. Oliver & Boyd, Edinburgh

Haq BU, Boersma A (eds) (1978) Introduction to marine micropaleontology. Elsevier, New York

Suess E, Thiede J (eds) (1983) Coastal upwelling – its sediment record. Part A: Responses of the sedimentary regime to present coastal upwelling. Plenum Press, New York

Jannasch H, Mottl MJ (1985) Geomicrobiology of deep-sea hydrothermal vents. Science 229: 717–725

Rona PA (1986) Mineral deposits from sea-floor hot springs. Sci Am 251(1) 66–74

Berger WH, Smetacek VS, Wefer G (eds) (1989) Productivity of the ocean: present and past. Dahlem Konferenzen. Wiley, Chichester

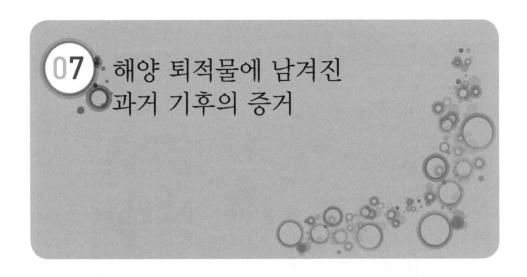

해양 퇴적물에 남겨진
과거 기후의 증거

7.1 전반적인 기후대와 주요 조절요인

7.1.1 기후대

기후대가 만들어지는 주요 요인은 지구 표면이 태양으로부터 받은 에너지의 양(복사량)의 차이이다. 이 복사량은 열대지역에서는 많으나 극지역으로 갈수록 줄어든다(그림 7.1). 지구상의 기후대는 거의 위도에 평행하게 구분되며, 이들은 열대(tropical), 아열대(subtropical), 온대(temperate), 한대(polar)이다. 온대에서 한대 혹은 한대에서 온대 쪽으로의 전이지역에 속하는 지역을 아한대(subpolar)라고 한다(그림 7.2).

열대지역은 열이 많이 방출되는 지역이다. 계절별 변화가 매우 적으며 평균 기온은 25℃ 정도이고 대양에서 가장 높은 수온은 30℃에 이른다. 적도 부근의 열대지역은 높은 강수량과 구름의 양 그리고 약한 바람의 영향으로 증발량보다 강수량이 더 많다. 위도상으로 약 ±2° 내의 적도 부근에서는 용승(upwelling)작용 때문에 해수 내의 비옥도(fertility, 생산력과 비슷한 의미임 — 역주)가 매우 높다. 하지만 대륙과 가까운 지역을 제외한 열대지역 내의 다른 지역의 생산력은 낮은 편이다.

아열대지역은 열대와 온대 사이의 넓은 지역으로 육지와 바다 위에서 모두 사막의 벨트가 형성된 지역이다. 구름의 양은 적고 증발량이 많기 때문에 이 지역의 염분은 평

그림 7.1a, b 현재 해양환경에서 극심한 기후를 보이는 지역. a 남태평양의 열대지역에 위치한 Huahine Society섬에 발달한 거초(fringing reef)와 석호(사진제공: D. L. Eicher). b 남극해(Antarctic Ocean)에서 발견된 탁상형 빙산(사진제공: T. Foster)

균치보다 훨씬 더 높은 값을 보여준다. 이 지역은 계절에 따라 인근 지역 기후의 영향을 받기도 하며 연평균 기온차가 매우 높은 편이다. 해안 부근의 지역은 바람의 세기에 따라 계절별로 용승이 일어나기도 한다.

온대지역은 계절별 변화가 매우 심하다. 보통 강수량의 증발량이 많기 때문에 염분이 감소하기도 한다. 지구 표면의 따뜻한 지역과 추운 지역 사이에 위치하기 때문에 이

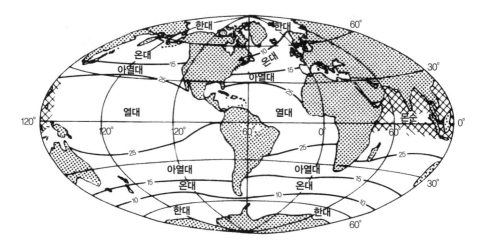

그림 7.2 대양의 기후대. 기후대의 경계는 위도를 따라 거의 평행하게 구분되는 경향이 있으며, 육지의 기후대와 어느 정도 연장되어 있다. 이들 기후대는 온도, 계절별 변화 그리고 물의 수용량(증발량-강수량의 차이)에 의해 조절된다. 온대와 한대기후 사이를 아한대기후대로 세분할 수 있다. 각 기후대 간의 경계는 대략적인 온도(℃)로 구분된다.

지역은 온도의 변화율이 커서 보통 강하게 바람이 분다. 이 지역에서는 편서풍을 따라 표층수가 영양염이 풍부한 수온약층 상부의 해수와 혼합되므로 생산력이 높다. 온대지역 북쪽 부근인 한대기후 쪽으로는 수온약층이 계절별로 사라지기 때문에 상하층의 혼합이 더 잘 일어난다.

한대지역의 면적은 지구상에서 가장 작은 부분을 차지하지만 기후의 지시자로서 중요한 역할을 한다. 극지역으로부터 빙하가 분포하는 끝부분은 위도상으로 온도의 차이가 매우 크며 가장 추운 위치로서의 역할을 하기 때문에, 궁극적으로는 바람, 해류, 그리고 증발량-강수량의 유형을 결정한다(그림 4.14, 7.2절).

기후대는 위도에 따라 정확히 평행하게 나타나지는 않는다. 특히 아열대 환류(subtropical gyre)를 따라 흐르는 해류의 영향으로 그 경계가 달라진다. 북미대륙을 따라 흐르는 멕시코만류와 편서풍의 영향을 받아 그 영향이 매우 뚜렷하다.

7.1.2 온도와 비옥도

온도와 비옥도는 해양에서 기후를 조절하는 가장 중요한 요인이며, 생물기원 퇴적물의 형성과 분포를 결정한다. 열대와 아열대지역에서 영양염 농도가 매우 낮은데, 그 이유는 표층의 물이 아래의 물보다 더 따뜻해서 밀도가 낮아 영양염이 높은 하층의 차가운 물과 섞이지 않기 때문이다. 따라서 표면에 있는 해수 내의 생산력은 보통 낮은 편이다. 고위도 한대지역에서는 빛의 영향을 많이 받으며 생산력 또한 낮다. 하지만 열대와 온대지역의 해안선 인근 지역은 빛과 영양염이 충분히 공급되기 때문에 이 지역의 생산력은 높다(6.1절 참조).

과거 바다의 온도는 해양 퇴적물에 여러 방법으로 기록되어 있다. 빙하가 녹으면서 해저 바닥에 퇴적된 퇴적물이나 따뜻한 바다에 살던 산호의 화석이 남아 있는 것은, 우리가 온도를 추정할 수 있는 직접적인 증거가 되기도 한다. 또한 바다의 생산력을 대비함으로써 추정할 수 있는 간접적인 방법도 있다. 앞에서 언급한 바와 같이 아주 따뜻한 해수는 영양염이 적고 추운 해수는 햇빛의 양이 부족하다.

좀 더 긴밀한 관계에 있는 것이 온도의 수직적 분포와 퇴적물의 생산량(즉, 생물기원 퇴적물의 퇴적량)이다. 해조류는 광합성을 하기 때문에 빛이 통과하는 바다의 표층수 내에서 살아야만 한다. 이 얕은 지역에서 영양염을 섭취한 후에 해양동물에 의해 만들어진 배설물이나 유기물로 이루어진 덩어리(사체나 사체의 조각들?)들이 지속적으로 깊은 해수로 가라앉으면서 얕은 지역의 영양염이 매우 줄어들고, 이와 같이 표층수 내에 거의 고갈된 영양염을 재충전하려면 좀 더 깊은 해수와 혼합이 이루어져야 한다. 하지만 이러한 혼합은 광합성을 해야 하는 해조류를 더 깊은 수심으로 이동시켜서 성장을 방해하기도 한다. 어쨌든 오랜 시간 동안 넓은 지역에서 영양염이 하층으로 공급되고 안정적인 성층화(stratification)가 유지되면 해조류가 자랄 수 있는 좋은 조건이 만들어지고 이러한 현상이 퇴적물 내에 기록될 수 있다.

석회편모조류(coccolithophorid)나 규조류가 갑자기 많이 번성하는 데에는 이러한 과정이 있었을 것이다. 이러한 번성은 마치 인공위성에서 바다의 표면이 '백화(whitings)'로 보이는 것처럼 아주 강렬하게 나타나기도 한다. 이러한 생물체는 사실 해저에 발견되는 생물기원의 퇴적물로서 석회편모조류는 저위도지역에서, 규조류는 고위도지역이나 해안선 부근의 지역에서 퇴적물로 쌓이게 된다. 최근 퇴적물포집장치(sediment trap; 바다 속에 기구를 설치하여 퇴적물이 퇴적되는 양을 측정하는 장치 — 역주)로 실험한 결과 이렇게 간헐적으로 퇴적물이 바다 속으로 퇴적되는 것이 밝혀지기도 했다.

온도가 갑자기 변하는 현상(temperature anomalies)을 보여주는 지역, 특히 아열대지역이나 적도를 따라 수온이 내려가는 것은 용승이 일어나는 지역이라는 것으로서, 이 지역에 유기물을 많이 포함하는 퇴적물이 쌓이는 것은 주목할 만하다. 이 지역은 어업 활동이 활발히 일어나는 지역이기도 하다(4.3.3절). 코리올리힘 때문에 서쪽 방향으로 흐르는 해류의 발산으로 적도용승이 일어나는 곳의 해저에는 석회질, 규질, 인회질로 이루어진 퇴적물의 양이 증가하는 뚜렷한 경향을 보여준다. 또한 적도용승이 일어나는 곳에서는 특정 금속원소가 농축되기도 한다. 이러한 현상에 대해서는 심해퇴적작용과 망단단괴(ferromanganese nodule)의 주제를 다루는 8장에서 다시 설명할 것이다.

이미 언급한 바와 같이, 표층수 내 영양염의 양은 영양염이 풍부한 깊은 바닷물과 혼합되는 용승이 일어나면서 더욱 증가된다. 용승은 물론 계절적으로 다양하게 변하는 바람의 영향에 의해 일어나는 경우가 많다(그림 4.19). 따라서 용승이 강하게 일어나는 주요 지역인 페루, 캘리포니아, 북서 아프리카, 나미비아(Namibia)의 앞바다 그리고 아라비아해는 높은 생산성을 보여주지만 변동성이 심하다.

계절적인 용승의 변화는 주로 몬순활동과 관련이 있다. 대륙성 기후를 보여주는 육지에서는 바다에 비해 계절적인 차이가 크다. 크기가 크고 고도가 높은 동아시아대륙의 주변은 이러한 계절적 변화의 차이가 인도양 북부지역 전체에 큰 영향을 준다(몬순기후, 그림 7.2의 빗금친 부분). 겨울에는 차가워진 대륙의 공기가 대륙 쪽에서 바다로 이동하며(인도의 북서 몬순), 가뭄이 들고 용승이 일어난다. 하지만 여름에는 대기 흐름의 방향이 반대가 되어 남동쪽으로부터, 즉 바다로부터 부는 바람은 비를 가지고 온다. 태평양 동부지역에서는 용승이 매 3, 4년마다 1년씩 멈춘다. 이러한 현상을 엘니뇨라고 한다. '엘니뇨'의 원래 의미는 '그 아이(child)'이며, 즉 '예수 아이(Christ child)'를 말하는 것으로 페루의 어부에 의해 관찰된 크리스마스 즈음에 물고기가 잘 안 잡히는 시즌이 시작된다는 의미이다. 엘니뇨 현상은 전 지구적인 현상이지만 아직도 이해하기는 어렵다. 이 엘니뇨가 반복해서 나타나는 현상은 미국 캘리포니아(그림 7.17)나 페루 앞바다, 그리고 캘리포니아만 내에서 퇴적된 퇴적물에서 발견된, 1년 단위로 나타나는 연층(varves)을 조사하여 그 과거의 기록을 추적할 수 있다. 미국 캘리포니아주 남부의 산타바바라 분지에 쌓여 있는 퇴적층에는 엘니뇨 기간 동안에만 퇴적된 비정상적으로 많은 양의 난대성 규조류와 눈에 띄게 줄어든 양의 유기물이 포함되어 있다. 이렇게 유기물의 공급량이 줄었다는 것은 물속의 산소가 증가했다는 의미이며, 이러한 경우에는 생교란작용이 수많은 연층을 나타내는 층리면을 파괴하기도 한다. 따라서 산타바바라 분지 퇴적층 속에 나타나는 생교란작용을 보여주는 층서는 오랫동안 태평양의 바람의 방향과 전 지구적인 열의 분배를 해석할 수 있는 매우 중요한 단서를 제공한다.

7.2 생지리적 기후의 지시자들

7.2.1 전달방정식을 이용한 고온도의 추정

생물기원 퇴적물은 과거의 기후변화를 알 수 있는 뛰어난 지시자이다. 많은 생물들은 좁은 범위의 온도와 비옥도 범위 내에서 자라기 때문에 그들 사체의 존재는 과거 기후를 복원할 수 있는 뛰어난 단서를 제공한다. 또한 생물체들이 만드는 각질(shell)의 화학분석 값은 온도, 염분, 성장속도를 알려줄 수도 있다. 현재 해저에 가장 많이 분포하고 있는 생물기원 퇴적물이 플랑크톤의 각질로 이루어진 석회질 연니(calcareous ooze)이다. 각질을 만드는 플랑크톤 중에서 유공충(foraminifera)은 가장 뛰어난 기후의 지시자로 알려져 있다. 이들은 아주 종이 다양하며, 대양의 넓은 지역에 살고 있고, 저배율의 현미경으로 쉽게 동정할 수 있는 장점(물론 이를 위해서는 실습이 필요하지만)이 있다. 부유성 유공충은 수심 200m 이내에서 주로 살고 있다. 현재 해양환경에 살고 있는 부유성 유공충은 대략 20종으로 풍부하지만, 그 외에 희귀종도 많이 있다. 각 기후대에는 하나 혹은 그 이상의 특징적인 종이 살고 있으며, 각 종의 개체 수는 보편적인 분포유형을 보여준다. 일부 종은 특정 온도에만 살고 있어서 특정 지역을 대변하고 있다(그림 7.3). 부유성 유공충의 군집은 그림 7.2에서 보여주는 기후대의 분포와 상당히 일치하며, 위도에 따른 변화와 표면을 흐르는 해류의 영향까지 잘 반영하고 있다.

7.2.2 전달방정식

부유성 유공충의 군집과 기후대가 잘 일치하는 것을 고려할 때, 퇴적물 안에 포함된 부유성 유공충들의 각 종의 수를 정확히 측정할 수 있다면 과거 기후를 복원하는 것이 가능하다는 것을 말해주며, 이는 아주 보편적으로 사용되는 방법이다. 종의 수는 전달방정식(transfer equation, 이 식은 고생태학자인 John Imbrie에 의해 제안된 용어임)을

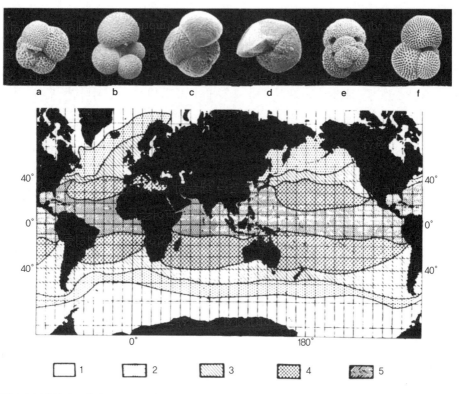

그림 7.3 부유성 유공충의 주요 분포대. 1 북극과 남극, 2 아북극과 아남극, 3 전이지역, 4 아열대, 5 열대. 주된 유공충의 종류 : **a** : *Neogloboquadrina pachyderma*, 분포대 1 왼쪽으로 자란 형태(left-coiling), 분포대 2 오른쪽으로 자란 형태(right-coiling), **b** : *Globigerina bulloides*, 분포대 2, **c** : *Globorotalia inflata*, 분포대 3, **d** : *Globorotalia truncatulinoides*, 분포대 4 : **e** : *Globigerinoides ruber*, 분포대 4와 5, **f** : *Globigerinoides sacculifer*, 분포대 5(지도제공: A. W. Bé, D. S. Tolderlund, 1971, in B. M. Funnell, W. R. Riedel, ed, 1971. The micropalaeontology of oceans. Univ Press, Cambridge. 전자주사현미경 사진제공: U. Pflaumann, Kiel).

이용하여 원래 생물이 살던 표층 해수의 온도를 계산할 수 있게 해준다. 어떻게 이 방법이 이용되는지를 보여주기 위한 아주 간단한 전달방정식, 즉 최적온도의 가중치 평균(weighted average)을 보여주는 식은 아래와 같다.

$$T_{est} = \Sigma(p_i \cdot t_i)/\Sigma p_i \qquad \qquad 식\ (7.1)$$

여기에서 T_{est}는 유공충(혹은 다른 종류의 생물) 각질의 군집으로부터 계산된 온도, p_i는 i-번째 종이 차지하는 비율 그리고 t_i는 그 종이 살고 있는 최적온도이다. 여기서 적정온도란 우리가 가진 보정자료(calibration set) 내에서 가장 높은 양을 가진 종이 발견되는 온도를 말한다.

보정자료는 해저 표면에서 채취한 시료와 이 시료에 맞는(시료를 이루는 생물이 살았던 — 역주) 표층의 수온자료로 이루어져 있다. 예를 들면, 여러 시료 중에서 No. 3 시료가 평균 20℃를 보이는 표층 아래의 해저에서 가장 많이 발견된다면, 우리는 이를 이 시료의 적정온도로 정하고 t_3으로 규정한다. 온도 추정을 위한 계산식에서 t_3와 p_3의 곱은 위 식은 한 부분이 된다. p_3의 값이 증가할수록 추정하고자 하는 온도가 20℃에 가까워질 것이다. 그보다 더 높은 온도를 지시하는 종이 많거나 낮은 온도를 지시하는 종이 많게 되면 최적온도도 그에 따라 변할 것이다. 이 간단한 방정식은 여러 조건이 잘 맞을 경우 오차범위 약 3℃ 내에서 정확한 값을 제공한다. 이 기법은 각 종이 서식하는 온도의 범위를 좀 더 정확히 파악하고 보정자료에서 이를 좀 더 잘 반영한다면 온도의 추정이 더 좋아질 수 있다. 더 좋은 방법이 사용되기도 하는데 이 방법은 Factor‐regression analysis라고 하며 빙하기 동안의 해양환경을 연구하고 있는 CLIMAP 연구그룹에서 사용되고 있다.

7.2.3 전달방정식의 적용 사례 : 기후대의 이동

플라이스토세 최후기 동안의 해수 표면 온도를 결정하는데, 특히 대서양 북부지역을 대상으로 한 연구에서 많은 진전이 있었다. 이 자료는 이 지역 전반에 걸쳐 수집된 수많은 시추 코어자료로부터 얻은 것이다. CLIMAP 그룹으로부터 얻은 자료는 그림 7.4와 같다.

해수 표면 온도 분포는— 즉, 표면 해류와 수괴의 분포는— 약 20,000년 전인 마지막 최대 빙하기와 현재가 매우 다른 양상을 보여준다.

오늘날, 한대의 최남단은 그린란드 바로 남쪽(그림 7.4에 의하면 2℃의 등온선을 가리킴)에 위치한다. 마지막 최대 빙하기 동안의 최남단은 뉴욕으로부터 이베리아반도 (Iberian Peninsula), 노르웨이 그리고 심지어는 영국에 이르며, 따뜻한 멕시코만류의 영향을 차단하여 매우 급격한 기후변화를 야기하였다.

북대서양 지역에서 심해 코어로부터 밝혀진 한대 기후대의 위치가 이동한 것은 기후대 이동의 좋은 예이다. 이러한 이동은 기후변화의 속도를 결정하는 데 사용될 수도 있다. 빙하기가 간빙기로 얼마나 빨리 변했을까? 따뜻한 간빙기 말에서 빙히기로 변

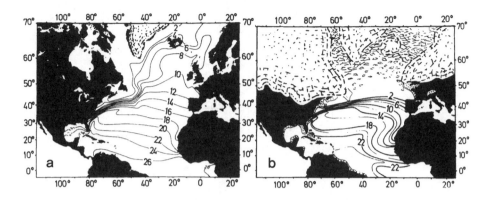

그림 7.4a, b 약 17,000년 전 북대서양에 확장된 한대기후. **a** 현재 겨울 동안의 해수 표면의 온도분포. **b** 전달방정식을 적용하여 복원된 약 17,000년 전 겨울 동안의 해수 표면의 온도분포와 빙하분포 지도(자료출처: CLIMAP in E. Seibold, 1975, Naturwissenschaften 62: 321; Science 191: 1131, 1976; Geol. Soc. Am. Mem. 145: 464 pp. 참조).

해갈 때 빙하는 얼마나 빨리 만들어졌을까? 현재 산업의 발달로 인해 대기 중의 이산화탄소의 양이 증가하고 산림이 황폐화되면서 기후가 변화하는 것을 겪고 있는 우리로서는 이러한 점들에 많은 관심을 가지게 된다. 후기 플라이스토세 기간 중, 특히 지난 만 년 전부터 우리는 가장 따뜻한 이상기후를 겪고 있다고 생각하기 때문에 이러한 점이 궁금한 것이다. 이러한 의문에 대해서는 지질학적인 기간의 기후변화를 설명하는 9장에서 다시 논의될 것이다.

7.2.4 전달방정식의 한계

위에서 언급된 온도 추정을 위한 전달방정식의 방법은 유공충(혹은 석회비늘편모류, 방산충, 규조류와 같은 다른 부유성 생물들)이 많이 나타나는 곳에서 서로 대비할 수 있는 범위 내에서는 어디든지 환경복원을 가능하게 한다. 하지만 이 방법은 한 생물의 성장원인을 정확히 파악하기 못할 경우에는 적용하기 어렵다. 가장 좋은 예가 염분이다. 거의 정상적인 변화 내에서 염분이 플랑크톤의 분포를 조절한다는 증거는 거의 없다.

전달방정식의 또 다른 문제점은 다음과 같다. 첫 번째로, 아주 정확한 보정이 어렵다. 해저에 도달하는 퇴적물은 보통 그 아래에 있는 퇴적물과 섞이는 경우가 많다. 따라서 어떤 경우 시료의 한 층준이 수천 년을 반영할 수도 있다. 하지만 우리가 사용하

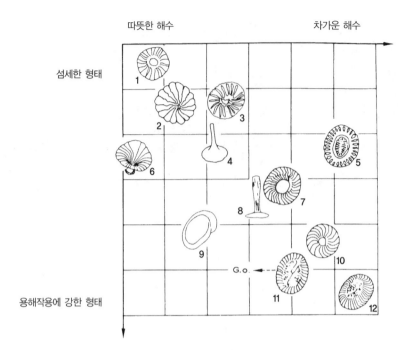

따뜻한 해수　　　　　　　　차가운 해수

섬세한 형태

용해작용에 강한 형태

그림 7.5 여러 석회비늘편모류 중에서 서로 다른 온도에서 자란 종들이 선택 용해작용을 받아 나타나는 효과. 심해에서 용해작용이 진행되면서 따뜻한 해수에서 자란 형태가 선택적으로 용해되어 사라지고 찬 해수에 서 식하는 종의 양이 점점 많아진다. 1: *Cyclolithella annula*, 2: *Cyclococcolithina fragilis*, 3: *Umbellosphaera tenuis*, 4: *Discosphaera tubifera*, 5: *Emiliania huxleyi*, 6: *Umbellosphaera irregularis*, 7: *Umbilicosphaera mirabilis*, 8: *Rhabdosphaera stylifera*, 9: *Helicopontosphaera kamptneri*, 10: *Cyclococcolithina leptopora*, 11: *Gephyrocapsa sp.* (G. oceanina와 G. caribbeanica를 포함함. 후자가 그림에서 보여주고 있음), 12: *Coccolithus pelagicus* (W. H. Berger, 1973, Deep-Sea Res. 20: 917).

는 보정자료는 보통 수년 동안의 해수 표면 조건의 자료로 구축한 것이다. 우리가 아 주 짧은 기간의 기록만으로 만든 보정자료가 과거 2,000년 혹은 3,000년 동안의 기후 변화를 반영할 수 있을까? 아마도 그럴 것이다.

　두 번째는 **차별용해**(differential dissolution)의 문제이다. 플랑크톤 각질이 차별용해가 된다는 것은 일부분만 용해되고 남아 있다는 것을 의미한다. 심해에 쌓여 있는 석회질 연니의 경우, 어느 정도는 용해작용의 영향을 받고 있다. 따라서 우리가 고기후의 정 보를 얻기 위해 사용하는 생물체 각질의 군집은 이미 변질된 것이라고 봐야 한다. 특 히 그 각질의 모양이 섬세할수록 변질되었을 가능성이 더 높다(그림 7.5). 이러한 점은 용해되는 유형이 좀 다르지만 규질 각질로 이루어진 퇴적물에도 똑같이 적용된다.

　더 오래된 퇴적물에 대해서는 다음과 같은 의문점이 생긴다. 과거 생물이 진화하면서 생물이 서식했던 적정온도와 생물의 종류가 얼마나 변했을까? 이러한 의문점은 아직도 고생물학 분야에서 연구되어야 할 사항이며 우리가 항상 다루기 어려운 부분이다.

7.3 기후를 지시하는 생물의 다양성과 각질의 화학성분

7.3.1 생물다양성의 변화 정도

하나의 종, 그 자체에만 의존하지 않고 여러 종들이 나타나는 패턴을 통계처리하는 것이 기후패턴의 변화를 표현하는 한 방법이다. 여러 종들이 나타내는 패턴을 생물의 다양성(diversity)과 우점(dominance)이라 한다. 다양성은 다양한 방법으로 측정될 수 있다. 다양성의 가장 현실적인 정의는 표준시료 내에 있는 생물 종의 수이다. 천해환경에서 서식하고 있는 많은 개체가 있는 생물군의 경우, 저서성과 부유성 모두 열대지역에서 종의 수가 많지만 극지방으로 갈수록 적어진다. 즉, 전 지구적 온도변화와 거의 비슷하게 다양성의 변화 정도가 나타난다. 하지만 염분이 매우 줄어들거나 유입되는 머드의 양이 많은 해안지역에서는 온도와 관계없이 종의 다양성이 적어질 수 있다.

보통 종의 다양성이 적은 지역에서 특정한 종의 수(abundance)는 늘어난다. 그 이유는, 그러한 지역의 극심한 환경이 생존경쟁을 낮추거나 천적의 수가 적어지기 때문이다. 그렇게 특정한 종의 수가 매우 많아질 경우에는 환경에 의한 여러 압력이 높다는 것을 의미한다. 고립된 석호, 대륙 연변의 기수화된 해양환경, 북극의 대륙붕 지역과 같이 물리적 압력이 높은 지역에서는 종의 다양성이 적지만 각각의 종의 수가 많은 것이 특징이다. 이러한 특징은 오염된 호수에서도 나타난다.

7.3.2 산소동위원소

고기후 복원을 위해 기후변화를 추적할 수 있는 다른 방법은 한 생물이 만드는 각질의 화학성분과 그 생물이 서식했던 환경과의 관계를 알아내는 것이다. 이러한 관점에서 가장 널리 적용되어온 방법이 유명한 화학자인 H.C. Urey가 발견한 산소동위원소 방법이다. Urey는 1947년에 한 용액으로부터 침전된 탄산염광물은 그 광물이 침전된 온도에 따라 산소-18 대 산소-16의 비가 달라진다는 것을 보여주었다.

고기후 연구를 위한 이 이론의 적용 가능성은 S. Epstein, R. Buchsbaum, H. A.

Lowenstam과 H. C. Urey에 의해 바로 정립되었다. 그들은 다양한 온도의 자연환경에서 연체동물의 각질에 있는 산소동위원소 성분을 비교하였다. 실험결과에 의하면 조개 껍질 내 산소동위원소 성분의 비는 조개의 성장온도와 일정한 관계가 있다는 것이 밝혀졌다. 이들이 만든 아래의 관계식은 조개가 성장한 과거의 온도를 추정하는 데 널리 사용되었다.

$$t = 16.5 - 4.3(\delta_s - \delta_w) + 0.14(\delta_s - \delta_w)^2 \qquad \text{식 (7.2)}$$

여기에서 t는 온도, δ_s는 조개 시료의 산소동위원소 성분, δ_w는 조개가 성장한 물의 산소동위원소 성분을 의미한다. δ 표시는 표준시료(예를 들면, 대양 해수의 평균값)로부터 산소-18과 산소-16의 비가 아래와 같이 얼마나 벗어났는지를 알려준다.

$$\delta^{18}O = \frac{^{18}O/^{16}O(\text{분석하고자 하는 시료}) - {^{18}O/^{16}O}(\text{표준시료})}{^{18}O/^{16}O(\text{표준시료})} \cdot 1000 \qquad \text{식 (7.3)}$$

편의상, $\delta^{18}O$의 단위는 '퍼밀(per mil)'이라고 표현되며, 값이 보통 소수점으로 표시되기 때문에 1,000을 곱하여 천분율로 표시한다.

관측된 온도와 동위원소 성분이 식 (7.2)로부터 계산된 값과 같게 나오면 조개는 동위원소적 평형상태에서 골격이 침전한 것으로 생각할 수 있다. 보통 연체동물(그리고 부유성 유공충)이 동위원소적 평형상태에서 골격을 침전하지만, 그렇지 않은 생물도 많다. 또한 δ_w의 값은 지역적으로(특히 해안가에서는), 시대에 따라 다양하게 나타날 수 있다. 이 값은 해수의 증발작용과 강수량이 염분과 물의 $^{18}O/^{16}O$비에 영향을 주기 때문에 대양의 염분 값과 밀접한 관계가 있다. 이 값은 또한 시대에 따라 달라져온 빙하의 체적(ice volume)에 따라 다른 값을 보인다. 이러한 여러 인자가 해결되지 못한다면 산소동위원소 성분만으로 정확한 과거의 수온 값을 추정하기는 어려울 수 있으며, 어느 정도의 범위만이 추정될 수밖에 없다(그림 5.15, 9.3.4절 참조).

7.3.3 탄소동위원소

산소동위원소 이외에 탄산칼슘으로 이루어진 골격 내에는 2개의 탄소 안정동위원소(탄소-12와 탄소-13)가 있다. 탄소동위원소의 비율도 어느 정도 온도의 영향을 받지만 이 비율을 주로 조절하는 것은 해수 내 무기탄소의 탄소동위원소비($^{13}C/^{12}C$)와 골격을 만드는 생물체의 생리적인 활동이다. 아주 빨리 성장하는 생물체나 주잔텔레(zooxanthelle)와 같은 단세포식물과 공생하는 생물체(예를 들어, 열대지역에 서식하는 산호류)는 탄소-13의 특이한 값을 보여주기도 한다. 하지만 대부분의 생물체들의 골격은 그들이 성장했던 해수 내의 $^{13}C/^{12}C$비의 정보를 담고 있다.

부유성 유공충과 저서성 유공충의 $\delta^{13}C$ 값(이 경우도 산소동위원소와 마찬가지로 $^{13}C/^{12}C$비를 나타낸 값임)은 해양환경의 탄소 순환을 복원할 수 있는 중요한 방법으로 이용되기 시작하였다. 부유성 유공충의 서식처인 표층 해수 내에서 탄소는 광합성작용에 의해 생물체 안에서 유기물로 고정된다. 이 과정에서 ^{12}C는 ^{13}C보다 좀 더 빠르게 작용하여 유기물 내에 ^{12}C가 좀 더 선택적으로 많이 들어간다. 이러한 선택적인 분별작용으로 인해 표층 해수는 ^{13}C이 좀 더 부화(enriched)되는 것이 특징이고, 이러한 부화는 부유성 유공충의 골격에 잘 기록된다. ^{12}C가 더 많이 포함된 유기물은 가라앉아서 어느 정도의 수심에서 산화되면서 분해되어 다시 이산화탄소 상태로 해수로 되돌아간다. 따라서 수심이 깊어질수록 표층의 해수보다 ^{12}C의 양이 더 많아지고, 이는 깊은 곳에 서식하는 저서성 유공충 각질이 부유성 유공충의 값보다 더 낮은 $\delta^{13}C$ 값으로 나타난다. 동시에 깊은 수심의 해수는 유기물의 분해작용의 결과로 더 많은 이산화탄소를 포함한다. 따라서 우리는 퇴적물에 함께 발견되는 부유성 유공충과 저서성 유공충의 탄소동위원소 값의 차이를 통해 표면으로부터 얼마나 많은 탄소가 빠져나왔는지를 추정할 수 있다. 지화학자이자 해양학자인 W. S. Broecker는 이렇게 부유성 유공충과 저서성 유공충의 탄소동위원소의 차이를 이용하여 해수 표면으로부터 깊은 수심으로 탄소가 얼마나 이동(pumping)하는지를 처음으로 제안한 바 있다. 이러한 사실은 해저에서 발견되는 유공충 화석의 $\delta^{13}C$ 값으로부터 과거 표면 해수의 이산화탄소 분압(즉, 대기의 분압)을 복원하는 데 매우 중요한 의미를 준다.

7.3.4 다른 화학적 지시자들

다른 유용한 지시자들은 생산력이나 수온에 따라 조절되는 생물의 골격이나 유기물에 포함되는 금속원소와 특정한 유기화합물이다. 예를 들면, 카드뮴(Cd)은 영양염의 패턴을 복원하는 데 사용돼 왔다. 이 원소의 농도는 보통 인산염의 성분과 비슷한 경향을 보이며, 영양염의 해수 내 농도를 반영하면서 유공충의 각질 속에 포함된다.

탄산염 골격 내 마그네슘(Mg) 값은 온도가 증가할수록 높아진다. 이러한 효과는 따개비와 같은 고등동물보다 석회조류나 유공충과 같은 하등생물의 골격에서 그 경향이 더 뚜렷이 나타난다. 하지만 이러한 관계와 관련된 고기후에 대한 연구가 아직 많이 이루어진 것은 아니다.

광물성분도 어느 정도 온도와 관련이 있다. 따뜻한 해수에 서식하는 저서성 생물이 아라고나이트를 더 잘 침전시키고 찬물에 사는 생물이 방해석을 침전시키는 경향이 있다. 아라고나이트는 탄산칼슘으로 이루어진 광물이지만 속성작용을 통해 방해석으로 변한다. 따라서 과거 퇴적물 내 아라고나이트의 함량은 퇴적물의 형성 조건보다는 퇴적물이 퇴적된 후 변질작용을 거친 결과로 나타나는 경우가 많다.

7.4 산호초, 열대기후의 지시자

7.4.1 전 지구적 분포

과거의 기후를 추정하는 전통적인 방법은 천해 퇴적물을 이루는 생물체 중에서 산호초 군집과 같은 것을 이용하는 것이다. 산호초에 서식했던 산호의 종류는 지질학적인 시간에 따라 달라졌어도 산호초에 서식하던 생물들은 열대의 천해환경을 지시하는 것으로 생각할 수 있다. 오늘날 열대 해양환경은 산호초가 서식하는 핵심지역이다(그림 7.6). 산호초가 나타나는 지역을 보면 대양의 서쪽은 남북으로 확장된 분포를 보이지만 동쪽 지역은 매우 좁은 분포를 보인다. 산호초지역은 현재 대륙붕 면적 전체의 약 4%를 차지한다. 서쪽으로 흐르는 따뜻한 적도 근처의 해류가 이들의 분포를 조절하며, 북쪽에서 남쪽으로 흐르는 대양 동쪽의 해류가 대양 동쪽의 좁은 분포에 영향을 준다. 대서양 서부의 산호초 분포는 멕시코만류의 영향으로 버뮤다가 있는 북위 30°까지 나타난다. 하지만 대서양의 동부는 카나리해류와 용승의 영향으로 다카르 남부의 북위 15°까지밖에 분포하지 못한다. 하지만 전체적으로 적도가 산호초 분포의 중심에 있으며, 이는 과거 고지리 복원에 유용한 정보이다.

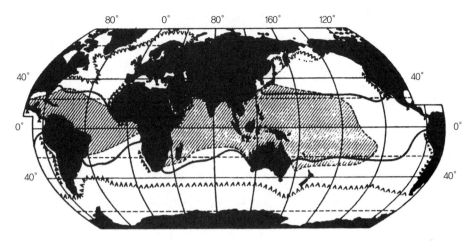

그림 7.6 산호초의 분포(사선으로 되어 있는 부분). 1년 중 최저 해수 수온이 20℃인 등온선이 굵은 선으로 표시되어 있다. 전체적인 분포 경향을 보라. 해안선 부근에서 용승이 일어나는 지역('▲'으로 표시)에서는 낮은 수온으로 인해 산호초가 성장하지 못하고 있다. 따라서 대양의 동쪽에서는 산호초의 분포가 제한적이다. 현재 빙산이 적도 방향으로 이동하는 한계지점도 표시되어 있다[E. Seibold in R. Brinkmann (ed.), 1964, Lehrbuch der allgemeinen Geologie. F. Enke, Stuttgart; coral reef distribution after J. W. Wells, 1957, Geol. Soc. Am. Mem. 67: 609].

7.4.2 산호초의 성장

'산호초'는 많은 다른 종류의 생물체로 구성되어 있는데, 산호만이 산호초를 구성하는 다양한 생물체의 대부분을 반드시 차지하는 것은 아니다. 산호초에서는 매년 $10,000g/m^2$의 탄산칼슘이 만들어지며, 이는 매년 10mm 높이만큼 자라는 것이다. 탄산염 연니는 단지 $10g/m^2/yr$의 속도로 쌓인다. 산호초가 이렇게 빨리 성장하는 원인 중 하나는 광합성을 하면서 산호 속에서 산호와 공생하는 단세포의 와편모조류(dinoflagellates) 때문이기도 하다. 낮 동안에 이 단세포의 식물은 광합성을 하기 위해 물속의 이산화탄소를 취하는데, 이는 해수가 탄산칼슘으로 이루어진 광물에 대해 더 높은 포화상태로 되게 한다. 따라서 탄산염광물로 이루어진 골격은 밤보다 낮에 5배에 이르도록 더 빨리 만들어진다. 산호는 자라면서 연 성장띠(annual layers)를 만들며 이를 통해 계절별 온도변화의 추정도 가능하다(그림 6.8 참조).

산호초의 약 50% 정도는 고체이지만 나머지 50%는 빈 공간으로 이 부분은 해수로 채워져 있다. 해저면이 침강하게 되면 산호초는 대륙붕의 붕단에 엄청난 규모로 자랄 수 있으며, 해저가 화산섬인 경우에는 바다 속에서 산처럼 자라게 된다.

산호초는 어떻게 자랄까? 이를 알기 위해서 우리는 산호초를 이루기 위해 구성하는 기본 골격과 그 골격 사이를 채우고 있는 물질을 구별할 수 있어야 한다. 산호초를 지지하는 골격을 이루고 있는 물질 중에서 산호만큼 중요한 역할을 하는 것이 석회조류이다. 괴상의 형태를 띠거나 물이 잔잔한 곳에서 가지 형태를 보여주는 딱딱한 산호들은 군집 형태로서 2.5cm/yr 이상의 속도로 자란다. 아주 얕은 바다에서 덮개상(encrusting)으로 자라는 석회조류는 죽은 생물체의 딱딱한 골격을 덮으면서 자라고 여러 생물체와 조각들을 단단히 용접시켜서 아주 강한 파도에도 견딜 수 있는 구조를 유지하도록 한다. 이러한 덮개상 조류 역시 상당히 넓은 지역에서 위로 성장하는 속도가 매우 빠르다. 산호초 내의 빈 공간은 산호초로부터 떨어져 나온 조각이나 산호초 내에 사는 다양한 생물체의 각질이 채워져 있다. 이러한 물질이 산호초 전체의 90%에 이르기도 한다.

산호초는 아주 다양한 생활공간을 제공하기 때문에 여러 다양한 생물이 서식하고 있다(그림 7.7). 딱딱한 기질에서는 태선동물이나 고착성 유공충과 같이 표면에 붙어서 사는 생물(epibiont)이 살고 있다. 산호초 속의 공간에서는 물고기나 갑각류가 산다. 산호초를 수중촬영한 사진이나 전시된 기념품에서 아주 여러 다양한 색을 보여주는 연체동물들의 사진을 본 적이 있을 것이다.

열대지역의 산호초는 가장 많은 수의 종들(최상의 생물다양성)이 천해에서 서식하는 장소이다. 인도양-태평양의 산호초에는 3,000종 이상의 생물이 살고 있다. 생물의 각질의 종류는 아주 다양하며 굴착식물, 해면동물인 스펀지(sponges), 그리고 성게 등에 의해 아주 다양한 방법으로 부서진다. 또한 물고기나 갑각류에 의해 많은 양이 만들어지기도 한다. 많은 골격들은 골격을 이루는 각각의 방해석 결정들이 유기물의 의해 접합되어 있기도 하다. 이 경우에는 생물이 죽으면 유기물이 분해되면서 머드(미크라이트, micrite; 탄산염 입자가 $4\mu m$보다 작은 입자를 의미하는 용어로서 머드가 암석화된 것을 미크라이트라고 부름 — 역주)가 쌓이게 된다. 마지막으로 파랑이나 조류는 탄산염 입자를 좀 더 마모시킨다. 이러한 물질들은 산호초의 빈 공간을 채우기도 하고, 산호초의 뒤편인 육지 쪽의 석호에 쌓이거나 해빈 쪽으로 밀려가서 쌓인다. 또한 산호초로부터 깊은 외해 방향으로 더 깊은 수심에서 쌓이면서 산호초의 사면을 만든다. 아라고나이트로 이루어진 퇴적물은 쌓이자마자 용해되거나 재결정작용을 받거

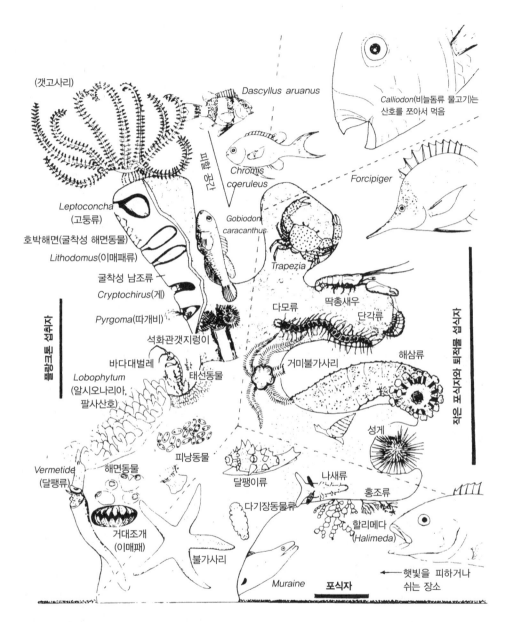

(갯고사리)

Dascyllus aruanus

Calliodon(비늘돔류 물고기)는 산호를 쪼아서 먹음

Chromis coeruleus

Forcipiger

산호 양간

Leptoconcha (고둥류)

호박해면(굴착성 해면동물)

Lithodomus(이매패류)

굴착성 남조류

Cryptochirus(게)

Pyrgoma(따개비)

석화관갯지렁이

바다대벌레

태선동물

Lobophytum (알시오나리아, 팔사산호)

Gobiodon caracanthus

Trapezia

다모류

딱총새우

단각류

거미불가사리

해삼류

성게

플랑크톤 섭취자

작은 포식자와 퇴적물 섭식자

Vermetide (달팽류)

해면동물

피낭동물

달팽이류

나새류

홍조류

거대조개 (이매패)

불가사리

다기장동물류

할리메다 (*Halimeda*)

Muraine

포식자

← 햇빛을 피하거나 쉬는 장소

그림 7.7 먹이를 섭취하는 방식에 의해 분류된 여러 동물들과 연관된 딱딱한 산호의 군집. 산호가 죽은 아래의 부분은 다른 위에 사는 생물이 살 수 있도록 딱딱한 기질을 만든다. 굴착생물들(예를 들면, 해면동물의 한 종류인 cliona)가 산호구조를 파괴한다(S. Gerlach, 1959, Verh Dtsch Zool Ges 356).

나 교질물로 자라서 입자를 서로 붙이기도 한다. 이러한 과정(속성작용이라 하며 석유를 포함하는 저류암이 되는 과거 지질학적인 시기에 형성된 산호초을 연구하는 데 매우 중요함)은 빗물뿐만 아니라 미생물의 작용에 의해서도 영향을 받는다. 해수면이 약간만 낮아져도 아주 넓은 지역이 이렇게 빗물에 의해 영향을 받을 것이다. 따라서 민물 포화대(phreatic zone) 내의 카르스트화 작용이나 교질작용은 플라이스토세 기간 동안에 일어났던 매우 중요한 작용이다.

소위 열대지방의 산호초와 비슷하지만 다른 구성요소로 이루어진 '생물초(reef)'가 심지어는 극지역의 해수 속에서도 발견되며, 이들은 천해지역에서는 홍조류, 연체동물 그리고 심해지역에서는 *Lophelia*속의 산호로 이루어져 있다. 하지만 이들은 열대지역의 산호초와는 뚜렷이 구별된다.

7.4.3 환초

환초가 발달하기 위해서는 산호초가 자라는 다양한 과정이 개입된다. 산호와 여러 생물의 각질 조각들로 이루어진 퇴적물이 둥근 고리 모양으로 산재한 섬들에 의해 둘러싸여 있고, 그 내부가 강한 파도로부터 보호되고 있는 지역은 남태평양의 열대지역에 아주 많이 나타난다. Charles Darwin은 이 환초의 기원에 대해 처음으로 설명하였다(그림 7.8). 그의 이론은 환초의 형성이 거초(fringing reef)로부터 보초(barrier reef) 그리고 환초(atoll)로 변해가는 과정에 대한 아이디어에 기초한다. 거초는 섬과 거의 붙은 가장자리에서 자란다. 보초는 섬과 약간 떨어져 있으며 그 사이에는 얕은 수심의 석호가 존재한다. 마지막으로 환초는 산호초가 독립된 고리 모양으로 산호초가 연결된 것으로서 산호초의 일부분이 해수면 위로 가끔 노출되기도 한다. 고리 모양의 환초 내에는 얕은 석호가 존재하는데, 환초의 크기는 매우 다양하며 그 직경이 약 40km에 이르기도 한다. 산호와 공생하는 조류는 광합성을 하기 때문에 산호초를 이루는 산호들은 빛이 공급되는 얕은 바다에서만 자랄 수 있다. 따라서 환초는 깊은 바다에서 자랄 수는 없다. 이러한 사실에 근거하여 다윈은 서서히 침강하는 섬 위에 산호초가 자란다는 이론을 제안한 것이다.

다윈의 이론이 제안된 이후, 여러 산호초를 시추하여 얻은 자료에 의하면 그의 이론이 맞다는 것이 밝혀졌다. 남태평양의 마샬 제도(Marshall Islands)에 위치하는 에네웨

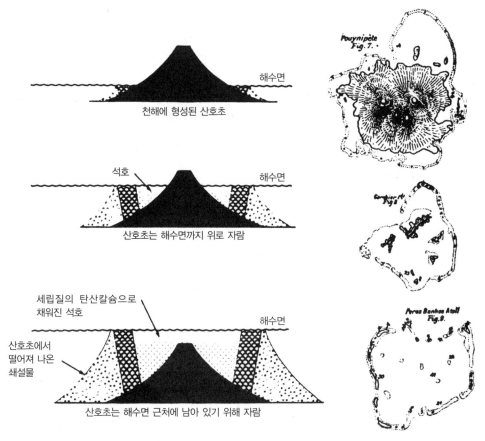

그림 7.8 환초 형성에 관한 다윈의 가설. 오른쪽에 다윈이 그린 그림을 보초, 환초, 석호 등의 특징을 좀 더 쉽게 보여주기 위해 여기에서는 단면을 다시 그렸다(C. Darwin, 1842. On the structure and distribution of coral reefs. Ward Lock & Co, London).

탁 환초(Enewetak Atoll)를 시추한 결과에 의하면 약 1,400m에 이르는 섬의 기저부는 현무암으로 구성되어 있다. 이 시추자료에 의하면 현무암 위에는 두꺼운 산호초층이 있다. 이 층 내에는 종종 육상달팽이, 육상식물의 화분과 포자와 같은 것이 발견되는데, 이는 산호초가 대기에 가끔 노출되었다는 것을 의미한다. 또한 석회암 속에는 민물의 영향을 받았다는 사실이 화학적인 증거로 나타났으며, 이는 불연속면 — 퇴적물이 쌓이다가 시간적으로 단절된 면 — 이며, 이 면은 신생대 제3기 동안에 침식작용이 일어났다는 것을 의미한다. 200마일(약 320km) 정도 떨어져 있는 비키니환초(Bikini Atoll)에서도 비슷한 현상이 발견된다. 두 지역 모두 이러한 불연속면(부정합면)은 오늘날의 산호초의 표면으로부터 약 200~300m 깊이에 위치한다. 에네웨탁 환초지역에서는 이보다 더 깊은 곳에 위치하기도 한다.

태평양 서부지역에 있는 위가 편평한 해저산[기요(guyot)라고 함]은 모두 가라앉은 환초일까? 아마 일부는 그럴 것이다. 왜냐하면, 이러한 해저산의 상부에서는 원양성 퇴적물에 의해 덮여 있는 산호초에서 떨어져나온 암석을 채취할 수 있기 때문이다. 아니면, 이들은 단지 화산체의 윗부분이 해수면 근처에서 파도에 의해 침식된 후 가라앉은 해저산일 수도 있다. 이 경우에는 아마도 산호초를 형성하는 생물들이 이 화산체가 가라앉는 침강률을 따라잡을 수 없었을 것이다. 보통 대양에서 화산활동에 의해 만들어진 화산체는 화산활동이 중단되면 차가운 바닷물에 식어서 가라앉게 된다. 아마도 그 당시의 얕은 해수는 온도가 충분히 따뜻하지 않았을 수도 있고 해수 내의 영양염의 성분이 너무 낮았을 수도 있다. 지질학적인 기록을 보면 특정 시기 동안(특히, 백악기 중부) 산호초의 형성이 급격히 감소했다는 기록이 많으며 그 당시에 많은 기요가 나타나지만, 그 이유는 아직도 분명하지 않다. 어쨌든 화산체가 환초로 남겨지든 혹은 해저산으로 남겨지든 간에, 이러한 이유는 산호초의 형성에 영향을 주었던 기후조건이었을 가능성이 높다.

7.4.4 호주 대보초

호주 동쪽 연안에서 30~250km 떨어진 지점에 있는 2,000km 길이의 대보초는 오늘날 세계에서 가장 인상적인 산호초이며, 생물기원의 퇴적작용이 어떻게 대륙의 크기를 증가시켰는지를 보여준다. 산호초는 침강하는 지각 위에 자라고 있으며 산호초 북부(남위 약 10°)의 두께는 1,500m에 이르지만 남부(남위 약 24°)는 150m 정도밖에는 되지 않는다. 이러한 차이는 호주대륙의 이동과 관계가 있다. 판구조론에 의하면 호주대륙은 지난 2,400만년 동안(신생대 후기)에 북쪽으로 약 12° 이동했다고 알려져 있다. 호주대륙의 북부가 2,000만 년 전 산호초의 성장에 적합한 조건을 가지는 위치에 도착하자마자 산호는 성장을 시작했을 것이다. 이 지점에 더 늦게 다다른 남부지역은 산호가 성장할 수 있던 시간이 더 짧았던 것이다. 하지만 대보초의 연령이 1백만 년 이내라는 사실이 최근의 시추를 통해 알려지면서 산호초의 규모에 판구조적인 운동이 중요한 영향을 미쳤다는 사실은 그 근거가 약해졌다.

7.5 지질학적인 기후의 지시자

7.5.1 화학적 지시자

우리는 생물학적인 증거가 기후를 지시하는 것에 대해 토의하였다. 산호초는 물론 지질학적인 기후의 지시자로 간주될 수 있다. 산호초는 석회질 퇴적물로서 이들의 분포는 지도에 표시가 가능하다. 사실 산호초의 존재는 지질시대를 막론하고 이들이 분포하는 지역이 과거에 적도 부근에 위치했다고 단순하게 가정해왔고, 이들의 분포를 근거로 대륙들 사이에 위도를 서로 맞추어 대비할 수 있었다. 생물기원의 탄산염퇴적물은 일반적으로 비슷한 증거를 제공한다(그림 7.9) 아직 확실하게 믿을 수 있을지는 모르지만 이 방법은 지구물리학적 결과를 검증해준다.

암염과 돌로마이트 퇴적층도 또한 기후대의 지시자로 사용되었다. 이들은 아열대지역을 지시하며, 이미 언급한 바와 같이 증발이 많이 일어나는 지역에서 퇴적된다(3.7.3절과 7.6절 참조). 라테라이트[laterite, 풍화가 매우 심한 지역에서 나타나는 깁사이트

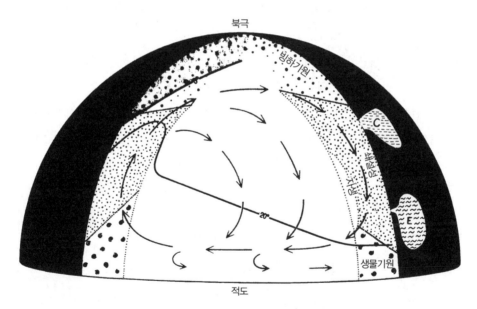

그림 7.9 북반구 대륙붕 지역 내 기후대에 관련한 대륙붕 퇴적물의 분포. 대륙은 검은색으로 표시됨. 해류는 화살표로 보여줌. '쇄설성'은 대륙기원으로 강을 통해서 유입되는 퇴적물, '자생'은 유기물이 풍부한 퇴적물과 연관된 인산염 퇴적물, '생물기원'은 연체동물, 유공충, 산호류, 석회조류 등과 같은 탄산염퇴적물을 의미한다. 생물기원의 탄산염퇴적물은 열대지역 이외에도 생성되지만 쇄설성 입자의 유입으로 희석된다. 고립된 지역에서는 기후조건에 따라 탄산염퇴적물(C)이나 증발암(E)이 나타난다[K. O. Emery, 1969. Sci. Am. 221 (3) 106, 수정].

(gibbsite)라는 광물로 이루어진 토양 ― 역주]와 점토광물이 카올리나이트(kaolinite)는 열대지역에서 나타나는 전형적인 풍화 산물이다. 이들이 심해에서 퇴적물로 발견된다면 육지의 기후변화에 관련된 정보를 제공하게 된다(8.4.3절 참조).

7.5.2 물리적·지질학적인 지시자들은 빙하의 영향으로 특히 고위도지역에서 뚜렷이 나타난다(그림 7.9).

남극과 같이 대륙붕 지역이 빙하로 완전히 덮여 있는 대륙붕 지역에서는 침식작용이 주로 일어난다. 마모되거나 긁힌 암반이 노출되어 있고 모레인층(moraine debris, 빙하가 후퇴하면서 남겨놓은 퇴적층 ― 역주)이 낮은 지대를 채우고 있다. 빙하로부터 떨어져나온 빙산에는 그것이 떠내려오면서 달라붙은 퇴적물을 포함하고 있으며, 빙산이 떠내려가면 녹으면서 퇴적물을 낙하석(dropstone) 상태로 퇴적시킨다(그림 7.10). 플라이스토세의 빙하기 동안에 빙산에 의해 퇴적작용이 일어났던 해저지역은 상당히 남쪽으로 연장되었다(3.2.2절 참조). 또한 빙하기 동안에는 해수면이 낮아지면서 매우 넓은 대륙붕 지역이 대기에 노출되었다. 이 시기의 빙하는 뉴욕의 동부 해안, 북해와 발틱해 지역에 빙하가 이동했던 하류 방향으로 전형적인 모레인의 형태인 부채꼴 모양으로 모레인 퇴적물을 남겨놓았다. 이 모레인은 오늘날 대륙붕을 흐르는 해류에 의해 다시 이동되고 있는 빙하기의 잔류퇴적물인 것이다(5.4절 참조).

  시베리아나 알래스카 앞의 고위도지역에 있는 대륙붕은 계절별로 해빙에 의해 덮여 있다. 이 지역으로 흘러 들어오는 하천은 여름 몇 달을 제외하면 보통 빙하로 덮여 있

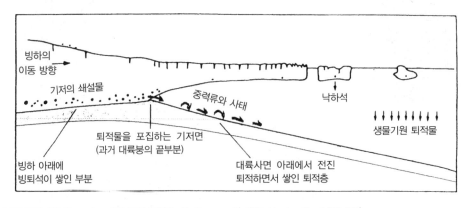

그림 7.10 빙상(ice-sheet)의 퇴적 모델(A. K. Cooper 외, 1991, Marine Geol 102, 180).

다. 빙하가 부서지고 많은 물이 공급되면 알래스카 지역에서는 해안선으로부터 바다 쪽으로 약 10km에 이르는 곳까지 민물이 해빙 위에 머무르기도 한다. 이 민물은 빙하에 생긴 틈을 따라 아래로 침투하면서 약 10~20m 폭에 이르는 포트홀(potholes)을 해저에 만들기도 한다.

해빙은 보통 1~4m의 두께이며 파랑과 연안류의 힘을 억제하면서 퇴적물의 이동을 방해한다. 연안류에 의해 퇴적물이 충분히 이동되지 않는 북극지역에는 석호가 잘 발달하지 못한다. 해빙은 또한 북극해에 원양성 퇴적물이 퇴적되는 것을 방해한다. 따라서 북극해 중심부의 퇴적률은 ~1mm/1,000년 정도로 매우 낮다.

위대한 북극 탐험가였던 Fridtjof Nansen(1861~1930)이 아주 생생하게 언급한 바와 같이, 해빙은 해류에 의해 쌓이기도 한다. 대륙붕 위에서는 해빙이 바닥을 긁어내면서 깊고 긴 협곡을 만들기도 하는데, 이러한 대륙붕 지역에서 파이프라인이나 플랫폼을 설치하는 것은 분명히 어렵다. 지난 빙하기 동안에 움직이던 빙하에 의해 생긴 고랑이 스코틀랜드나 노르웨이의 대륙붕 끝부분에서 측면주사측심기(4.3.2절 참조)에 의해 발견되었다.

북극은 저서성 생물이 살기에는 매우 척박한 해양환경이어서 생물의 종이 매우 드물다. 포인트 배로우(Point Barrow)의 남동쪽 알래스카 지역의 한 석호는 폭이 약 8km이고 수심은 4m인데, 1년 중 약 9개월 동안 얼어 있다. 바닷물이 얼면 담수 성분만 얼기 때문에 해수 속의 염은 물속에 남게 되어서 염분이 65‰에 이르게 된다. 그러다 초여름이 되면서 덮인 빙하와 눈이 녹으면 물이 희석되어 염분은 2‰로 줄어든다. 여름 중간에 해빙이 녹으면 정상적인 해수가 석호로 유입되면서 염분은 30‰로 증가한다. 10월에는 석호가 다시 얼게 되고 새로운 순환이 시작된다. 이러한 극심한 환경에서는 각질을 만드는 생물이나 벌레구멍을 만드는 생물의 종 수가 매우 적은 편이다.

고위도지역에서 하천으로부터 유입되는 것은 보통 실트 크기의 입자이며, 점토나 모래 크기의 입자는 부수적이다. 이는 얼었다 녹는 것이 반복되는 기계적 풍화(freeze-thaw cycle)에 의한 흥미로운 퇴적과정의 결과이다. 이 과정은 빙하환경에서 바람에 의해 운반되어 빙하 주변에 퇴적되는 실트질의 퇴적물인 뢰스(loess)의 형성에 매우 중요하다.

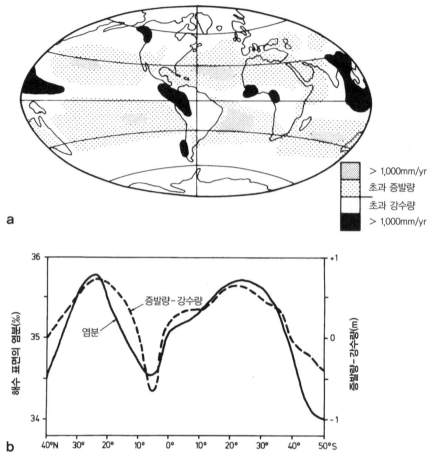

그림 7.11a, b 전 해양에서의 증발량/강수량 패턴과 이와 관련된 염분의 분포. **a** 강수량과 증발량의 차이를 보여주는 지도(E. Seibold, 1970, Geol Rundsch 60: 73, G. Dietrich, 1957의 자료를 기초로 함). **b** 대양 해수 표면의 염분. 위도에 따른 분포를 보여주며, 이 분포는 증발량에서 강수량을 뺀 값과 비교하고 있다(H. U. Sverdrup 외, 1942, The Oceans, Pretice-Hall, Englewood Cliffs p.124).

7.6 고립된 바다로부터 얻을 수 있는 기후의 단서

7.6.1 염분의 분포와 순환 패턴

열대지역의 산호초나 빙하에 의해 침식된 대륙붕 지역을 언급하면서 우리는 지구상에서 따뜻하거나 추운 극심한 지역들을 비교하였다. 지구상에는 또 다른 대조적인 지역이 있는데, 이들은 비가 많이 오거나 아주 건조한 지역이다. 육지환경에서 이러한 지역을 건조기후와 습윤기후의 지역이라 부른다. 대양에서는 건조기후나 습윤기후라는 말이 적용되기에는 좀 어색한 감이 있다. 하지만 여기에서는 증발과 강수량 사이의 균형이라는 편리한 용어를 사용하고자 한다.

원양에서는 기후에 의해 염분이 조절된다. 환류(gyre)의 중앙부는 증발량이 상대적으로 많으며 적도, 온대에서 고위도지역은 강수량이 많다(그림 7.11 참조). 육지에서의 증발량은 71,000km^3/yr에 이르는 것으로 추정되며, 바다에서는 이보다 훨씬 더 많은 524,000km^3/yr에 이른다.

원양환경에서의 염분의 차이는 상대적으로 크지 않기 때문에 무기적이나 생물기원의 퇴적을 통해 직접적인 기록이 남기는 어렵다. 하지만 해양분지에 근접해 있는 고립된 바다에서는 염분의 차이가 증폭되어 잘 기록될 수도 있다. 우리는 이렇게 증폭되어 기록된 효과가 퇴적작용에 미친 영향을 자세히 보여줄 것이다. 이러한 개념은 과거 천해분지와 심해분지 내에 퇴적된 과거 해양 퇴적물을 해석하는 데 도움을 준다(4.3.5절 참조).

건조한 기후대의 바다는 증발량이 강수량을 초과하기 때문에 보통 전형적으로 물교환이 잘 이루어질 수 있는 얕은 분지 내로 물이 들어오고 깊은 물은 나가는 패턴을 보인다(그림 7.12). 이러한 순환 패턴을 반염하구 순환(anti-estuarine circulation)이라 한다. 이를 보여주는 주요 지역으로는 지중해, 페르시아만(Persian Gulf)과 홍해(Red Sea)

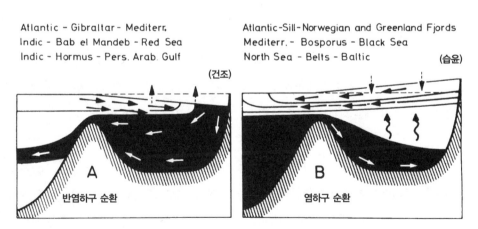

그림 7.12 증발량이 많은 지역에서 일어나는 반염하구 순환과 강수량이 많은 지역에서 일어나는 염하구 순환. 건조기후의 반염하구 분지(A)는 해수의 침강, 낮은 비옥도 그리고 산소의 함량이 낮은 것이 특징이다. 습윤지역의 염하구 분지(B)는 용승, 염분의 차이에 의한 성층화 그리고 높은 비옥도와 산소의 함량이 낮은 것이 특징이다. 그림 위의 지리적 이름들은 각 순환이 발생하는 세 곳을 예시한 지역들이다(G. Dietrich, K. Kalle, 1957, Allgemeine Meereskunde. Boerntraeger, Berlin, 수정).

가 있다. 여기서 증발작용에 의해 물이 없어지는 양은 강수나 하천에 의해 공급되는 물의 양보다 많다. 따라서 해수면은 내려가고 물은 인접한 원양으로부터 들어온다. 물론 들어오는 물은 아래 방향으로 내려가는 경사에 의해 대양의 표층수로부터 온 것이다. 고립된 물의 건조한 기후는 들어오는 물의 염분을 증가시키고, 그 결과 물의 밀도가 증가하면서 아래로 가라앉게 된다. 따라서 건조한 기후의 분지는 표면으로부터 공급된 높은 염분의 물로 채워지게 된다. 고립된 물이 같은 깊이에서 대양의 물보다 밀도가 높기 때문에 중간에 가로막힌 언덕을 넘어 외해 방향으로 높은 염분의 물이 어느 정도 깊이에서 흘러 들어간다(그림 7.12). 이러한 방식으로 얕은 물이 들어오고 깊은 물이 나가는 순환이 만들어지는 것이다.

강수와 하천에 의한 유입량이 증발량을 초과하는 곳에서는 해수면이 높아지며, 습윤한 기후의 바닷물은 담수화되면서 염분이 외해보다 낮아진다.

따라서 더 무거운 외해의 물이 깊은 수심에서 분지 내로 밀려 들어오면서 염분이 낮은 물이 있던 부분을 차지한다. 들어오는 물은 어느 정도 깊은 수심에 있던 해수이다. 경사도가 외해 방향으로 낮아지기 때문에 고립된 지역의 표면의 물은 외해 쪽으로 빠져 나가게 된다. 깊은 물이 들어오고 얕은 물이 나가는 순환이 나타나는 지역은 흑해(Black Sea), 발트해(Baltic) 그리고 알래스카와 노르웨이의 피요르드이다. 이러한 순환 패턴을 염하구 순환(estuarine circulation)이라고 하거나 피요르드와 같은(fjord-like) 순환이라 한다(4.3.5절 참조).

작은 주변의 분지가 반염하구 순환이나 염하구 순환 중 어떤 순환방식이냐에 따라 그 분지 내 해수의 비옥도와 퇴적작용에 많은 차이가 나타난다. 습윤 모델로서 발트해와 건조 모델로서 페르시아만이 두 모델의 차이를 잘 알려줄 것이다.

7.6.2 주변해로서의 습윤 모델인 발트해

첫 번째로, 염분의 분포를 설명한다. 페르시아만에서는 표면 해수의 염분은 호르무스(Hormus) 근처의 입구에서 만의 내부로 갈수록 증가한다. 높은 염분의 물은 바닥을 따라 바깥쪽으로 흐른다. 발트해에서는 표층 해수의 염분은 입구에서 만의 내부로 가면서 감소한다. 밀도가 높은 바다의 물은 바닥을 따라 발트해로 들어간다. 발트해에서는 빗물이나 강물에 희석되어 염분이 18‰보다 낮은 표층수가 존재하지만 페르시아만

표 7.1 외해로부터 발트해 내부로 가면서 줄어드는 생물종의 수[Remane (1958)의 자료를 수정함].

생물의 종류	북해	발트해 입구	킬(Kiel)만	발트해 중간부분
해양 이매패류	189	42	32	5
해양 복족류	351	68	49	9
두족류	32	5	4	–

의 표층수 염분은 40‰에 이른다.

이렇게 염분이 아주 높거나 낮은 조건은 일반적인 해양생물이 살기에는 적합하지 않다(표 7.1). 발트해 내에서 입구의 해양동물의 수는 분지 내 깊은 수심으로 가면서 점점 줄어든다. 마찬가지로 일부 담함수(brackish water)에 적응할 수 있는 종의 수는 크게 증가한다. 해양 이매패류의 각은 점점 작아지고 얇아진다.

습윤한 조건의 또 다른 결과는, 발트해의 가장자리 부분은 강수량이나 고립되는 정도에 따라 쉽게 담수화된다는 것이다. 이렇게 사방이 둘러싸인 만에서는 갈대나 다른 식물이 자라서 토탄(peat)이 쌓이게 되고 결국에는 석탄층으로 변하게 된다. 영국과 독일 북서부의 윌든(Wealden) 지역은 쥐라기-백악기 경계에 쌓인 퇴적층이 이러한 환경에서 쌓인 것이다. 페르시아만도 비슷한 경계조건으로 인해 고염분의 석호와 증발암이 넓게 쌓이는 지역이다.

마지막으로, 표층의 담함수와 고염분 심층수의 밀도차에 의해 발트해의 해수가 페르시아만보다 훨씬 더 안정된 상태로 성층화되어 있다. 여름에 표층수의 온도가 15°C 정도로 올라가기 때문에 이 밀도차와 안정도는 더 증가된다. 따라서 물의 수직적인 혼합은 거의 일어나지 않으며, 그 결과 대기와 접하는 부분의 산소가 풍부한 물이 심해로 공급되지 못하게 된다.

저서성 유공충의 분포를 이용하여 성층화된 지도를 만들 수 있다(그림 7.13). 염분이 더 높은 심층수와 표층의 담함수가 만나는 해저사면에는 다른 성분의 해수에서 자라는 각기 완전히 다른 저서성 유공충군집의 경계가 만들어진다. 탄산염 성분의 함량과 다른 퇴적물의 특성변화가 이 지점에서 발견되었으며, 이러한 특성은 과거 해양 퇴적물의 해석에 유용한 단서가 된다.

영양염이 높은 북극해의 심층수가 유입되기 때문에 발트해의 생산력은 높다. 발트

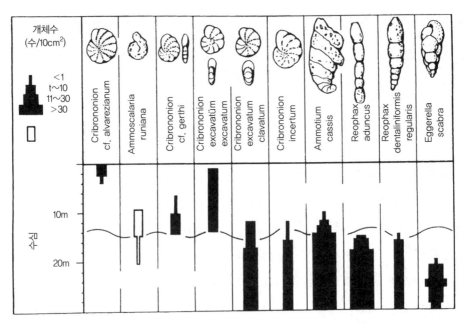

그림 7.13 발트해 서부 사면을 따라 나타나는 저서성 유공충의 분포. 검은 막대바의 폭이 해저 10cm² 당 살아 있는 개체수이다. *Ammoscalaria* 속은 1963/1964년에 죽은 각만이 발견되었다. 약 14m 깊이의 구불구불한 선이 밖으로 나가는 천해와 들어오는 해수의 경계면을 나타낸다(G. F. Lutze, 1965, Meyniana 15: 75).

해에서의 유기물은 조류나 배설물의 퇴적을 통해 그 바다에 저장되며 해저에서 부분적으로 재윤회된다. 해저 퇴적물은 겨울 폭풍이나 확산작용에 의해 혼합되어 표면에 이른다. 분지 내의 높은 영양염의 공급은 높은 생산력을 가져오고, 그 결과 해저로 많은 유기물이 운반된다. 이러한 유기물을 분해하기 위해 산소는 빨리 고갈되는데, 특히 성층화가 잘 만들어지는 시기에는 심층수 산소량은 포화상태의 약 10% 정도로 매우 적어진다. 특정한 경우에는 모든 산소가 다 소모되고 박테리아의 황산염 환원작용(sulfate reduction)에 의해 황화수소(H_2S, 역겨운 냄새가 나는 가스)가 만들어지기도 한다.

7.6.3 성층화된 물의 상태

물속의 산소 농도가 줄어들면 해저에 살고 있는 동물들이 영향을 받게 된다. 용존산소가 1ml/l 이하가 되면 각을 가지고 있는 생물들이 사라진다. 이 상태에서는 주로 벌레들(원형동물이나 선충)이나 갑각류와 같은 후생동물(metazoan) 및 종만이 살아남는다. 이 동물들은 퇴적물의 최상부에 서식하면서 주로 퇴적물을 먹고 살며 벌레구멍을 만들지만 딱딱한 각은 없다. 용존산소의 농도가 0.1ml 이하에서는 어떠한 후생동물도 생존할 수 없으며 몇몇 원생동물이나 무산소환경에서 살 수 있는 박테리아만이 살아남는다.

이미 언급한 바와 같이, 높은 생산력과 안정된 성층화를 이루는 발트해에서는 심층수의 산소가 결핍되어 있다. 용존산소의 결핍이 표층으로부터의 영양염 공급과 관련이 있다면, 인간의 활동으로 발트해의 '성층화'를 증가시킬까? 인간의 산림파괴와 농업활동은 분명히 토양의 침식을 증가시키고 토양으로부터 공급되는 영양염의 양을 증가시킨다. 또한 발트해 주변의 농사방법은 비료에 의존하고 있어서 많은 비료 성분이 하천을 통해 발트해로 유입된다. 하수 오물과 산업활동에서 나오는 쓰레기도 또 다른 공급원이다. 따라서 물의 정체는 인간의 활동에 의해 영향을 받는다. 하지만 발트해 중심부에서 시추한 코어 자료에 의하면 이러한 성층화는 인간의 활동이 활발해지기 이전부터 종종 일어났다. 이는 수 mm의 두께를 가진 엽층리가 발달한 세립질퇴적물로 이루어진 퇴적층의 일부에 잘 반영되어 있다(3.9절, 그림 3.13 참조). 이 퇴적층에는 퇴적물 섭식자나 굴착 생물이 발견되지 않았으며, 이는 당시에 물속의 산소가 결핍되었다는 것을 지시한다.

지난 50년 동안 발트해 중앙부에 나타나는 성층화의 강화는 아마도 주로 인간의 활동과 관련이 있는 것으로 생각되지만, 궁극적으로 다시 바뀔 수 있는 자연현상일 수도 있을 것이다. 이러한 예는 환경에 관련된 연구와 공학에 관련된 일반적인 문제이며 인간의 활동과 자연현상을 구별하는 것이 매우 어렵다는 것이기도 하다.

무산소환경에서 퇴적된 퇴적물의 화학작용은 매우 복잡하며, 단지 몇 가지만이 여기에서 설명될 수 있다. 아주 낮은 산소 농도를 가지고 있는 심층수의 이산화탄소 농도는 높은 편이다. 왜냐하면, 산소는 생물체에 의해 소모되지만 동시에 이산화탄소가 발생하기 때문이다. 발생한 이산화탄소는 물과 결합하여 물의 산도(pH)를 7이하로 낮춘다(보통 해수의 산도는 8 정도임). 그 결과 탄산칼슘으로 이루어진 각은 해저에서 녹게 된다. 하지만 퇴적물 사이에 있는 공극수 내의 이산화탄소는 자생적으로 침전하는 탄산염광물의 공급원이 되기도 한다. 환원환경의 퇴적물 속에서 망간(Mn)은 Mn^{2+}로 환원되면서 위로 이동하여 퇴적물 밖의 해수로 나가기도 한다. 그 결과 유출된 망간이온은 해수의 산소와 결합하여(산화되어) 산소가 적은 환원환경과 이산화탄소가 용존 상태로 있는 해수에서 망간산화물(MnO_2)과 망간탄산염($MnCO_3$)으로 침전하기도 한다. 철탄산염($FeCO_3$)도 만들어지기는 하지만 철은 망간처럼 잘 이동하지 않는 특성 때문에 황화물이나 산화물로 침전되는 것이 보통이다. 산소가 모두 사라지게 되면 박테리아는 황산염 이온(SO_4^{2-})을 환원시켜 황화물을 생성한다.

$$SO_4^{2-} + 2CH_2O \rightarrow H_2S + 2HCO_3^-$$ 식 (7.4)

철황화물은 이러한 조건에서 형성되며, 그 결과 흑색의 환원환경에서 퇴적된 퇴적물에는 황철석(FeS_2) 결정이 잘 나타난다. 만일 황산염 환원작용이 해저 퇴적물의 표면에서 일어나게 되면 황산염의 파괴가 알칼리도(alkalinity)를 증가시키므로 보통 탄산칼슘으로 이루어진 각질은 잘 보존된다.

7.6.4 주변해로서 건조 모델인 페르시아만/아라비아만

어느 정도 염분을 가진 해수가 해저로 가라앉고 비옥도가 낮은 페르시아만에서는 발트해에서 일어나는 현상이 나타나지 않는다. 그리고 표면으로 유입되는 해수는 따뜻한 표면해수가 존재하면서 영양염이 낮아져 페르시아만은 영양염이 매우 고갈되어 있다. 무산소 조건이 발달할 수 있는 지역은 고염분을 가진 석호지역의 퇴적물이다. 이 퇴적물에서는 황산염 환원작용이 일어나면서 황철석이 자랄 수 있다. 하지만 이러한 지역의 퇴적층은 습윤한 조건에서 정체된 물속에서 퇴적된 퇴적물과는 뚜렷이 구별된다.

페르시아만 내의 퇴적물은 유기물이 0.6~1% 정도로 발트해보다는 5배나 낮으며 매우 다르다. 그리고 이 지역의 탄산염 성분은 50% 이상으로 발트해보다 10배나 높다. 저서성 생물은 모든 깊이에서 항상 나타나며 엽층리는 생교란작용에 의해 빠르게 파괴된다. 혼합층 내에서는 산소의 공급이 높기 때문에 중금속의 이동은 퇴적물 내에서 멈추게 된다.

페르시아만으로 들어오는 표층수는 인도양으로부터 플랑크톤을 유입하는데, 그중 일부는 증가하는 염분에 의해 살아남기도 하지만 나머지는 죽게 된다. 부유성 유공충은 만 내부로 들어가면서 부유성 유공충/전체 유공충비에서 볼 수 있듯이 점진적으로 그 수가 줄어든다(그림 7.14). 외해로 나가는 심층수는 오염물이 인도양으로 운반되는

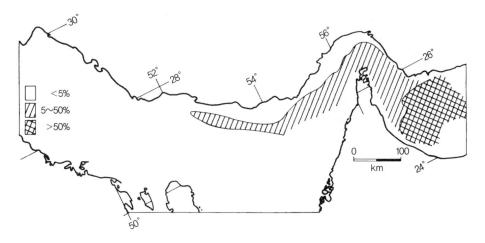

그림 7.14 페르시아만의 모래 크기 표층퇴적물 내 부유성 유공충 개체 수의 분포. 숫자는 모든 유공충의 개체 수 중에서 부유성 유공충의 비율을 나타낸다. 이들의 분포는 외해(오른쪽)로부터 만으로 유입되는 표층수 내에 부유성 유공충이 포함되어 있다는 것을 보여준다(자료: M. Sarnthein, 1971, Meteor Forschungsergebn Reihe C 5: 1).

데 도움을 준다. 이러한 지질학적인 효과는 오만 앞의 대륙붕단 아래의 대륙사면에 쌓이는 천해퇴적물에서 볼 수 있다.

7.6.5 큰 대양분지에의 적용

염하구(습윤) 순환과 반염하구(건조) 순환의 차이는 규모가 매우 큰 분지에서도 뚜렷이 나타난다(4.3.5절 참조). 지중해가 그 매우 뚜렷한 예이다. 현재 지중해는 반염하구 혹은 건조 모델에 속하며, 탄산염퇴적물의 양이 많고 퇴적물 내의 유기물과 중금속의 함량이 낮다. 전기 홀로세 동안에 지중해 동부에서 흑색의 퇴적층(사프로펠, sapropel)이 나타난다. 가장 합리적인 설명은 유입되는 하천수의 증가로 지중해의 표면이 담수화되면서 순환의 패턴이 바뀌고 생산력이 증가하고 해수 내의 산소 함량이 줄어든 것이다. 이러한 제안은 B. Kullenberg(스웨덴의 초기 해양학자)에 의해 제안되었다(그림 9.1). 그의 가정은 최근에 사프로펠 퇴적 기간 동안 표층수가 낮은 염분을 보인다는 산소동위원소 결과를 통해 입증되었다.

더 큰 규모로는 북대서양의 분지를 반염하구형 분지 혹은 건조분지로 간주할 수 있다. 이 분지에서는 표면 해수가 가라앉으며, 심층수에 산소가 풍부하고, 퇴적물에 탄

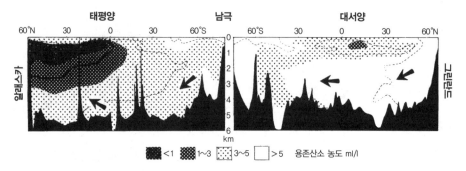

그림 7.15 염하구 순환(왼쪽)과 반염하구 순환(오른쪽)을 보여주는 태평양과 대서양의 서로 다른 심층 순환패턴. 심해의 연령은 용존산소의 분포에 반영되어 있다. 즉, 용존산소의 양이 적을수록 더 오래된 물이다(W. H. Berger, 1970, Geol Soc Am Bull 81: 1385).

산염퇴적물의 함량이 높고 유기물의 함량이 낮다. 또한 규조와 방산충이 잘 용해되기 때문에 지중해나 페르시아만과 마찬가지로 퇴적물 내의 오팔(opal)의 함량은 낮다. 이와는 대조적으로 북태평양은 낮은 염분의 해수가 북부에 다다르기 때문에 염하구형 분지로 볼 수 있다(그림 7.15). 태평양의 퇴적물은 발트해와 같이 탄산염퇴적물의 함량의 낮고, 특히 대륙사면부에서 규조와 유기물의 함량의 높으며 심해의 넓은 부분이 중금속으로 이루어진 결핵체인 망간단괴로 덮여 있다(10.4절 참조).

북대서양과 북태평양은 전 지구적인 심해 해류 순환의 양쪽 끝부분에 해당하며, 이 순환은 북대서양의 수증기 방출로부터 시작하여 북태평양에서 끝난다. 이러한 수증기 방출은 기후변화에 매우 민감하다. 이는 빙하기 동안에는 그 규모가 축소되었으며, 수증기의 운반으로 만들어지는 표면 해수의 염분 차이에 따라 조절되는 심해의 해류 순환도 감소하였다. 북대서양으로부터 흘러나가는 차가운 심해수가 따뜻한 표층수에 의해 대치되면서 북대서양은 많은 열을 얻을 수 있게 되었다. 반염하구 순환이 북대서양에서 사라지게 되었을 때 이러한 열 전달량도 감소되어 해빙의 크기가 확장되었다(그림 7.4a, b).

7.7 전 지구적 변화 : 인식의 문제

7.7.1 비정상적인 시기

온실가스(CO_2, CH_4 등)가 대기권에서 계속 증가하는 것과 같은 전지구적 실험이 진행 중이다. 대부분의 대기물리학자들은 이러한 현상이 지구온난화로 이어진다는 것에 동의하고 있다. 사실 우리는 1970년대부터 전 지구의 기온이 전반적으로 상승한 것을 관찰해왔으며(그림 7.16), 해수면도 1880년 이래 상승하고 있다(그림 5.22). 하지만 우리가 궁금한 것은, 이러한 현상이 얼마나 인간의 활동에 의한 것이냐는 점이다. 사실 몇몇 학자들의 이론적인 계산에 의하면 현재 대기 중에 있는 온실가스양만으로도 이미 온난화는 명백해졌어야 했다. 1980년대의 비정상적인 고온현상이 바로 이러한 온실가스의 효과로서 널리 언론에 소개되었다(그림 7.16).

10년마다 자연적으로 아주 크고 다양한 기후변화로 인해 기후학자들은 매우 신중하게 결론을 내릴 수밖에 없다. 아주 비정상적으로 따뜻한 10년 간의 시기는 분명한 '원인'으로 간주되기보다는 우연한 것일 수도 있다. 자연조건하에서 이렇게 '비정상적'으로 따뜻한 시기가 얼마나 가능할까?

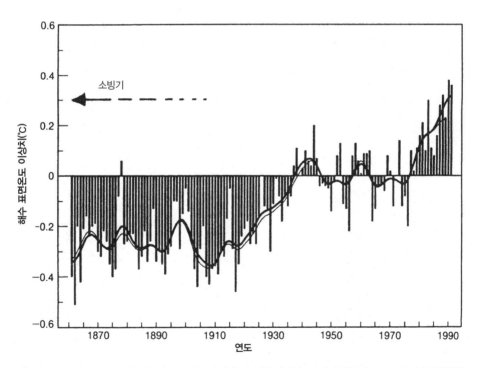

그림 7.16 1861~1991년까지 전 지구적으로 평균화된 육지, 대기와 해수 표면의 온도가 1951~1980년의 평균치로부터의 이상치로 표시된 그림. '소빙기(little ice age)' 이후 19세기 말부터 일어난 온난화를 주목하라. 온도자료는 주로 P. D. Jones와 그 공동 연구자의 자료를 종합한 것이다(C. K. Folland 외, 1992, in J. T. Houghton, B. A. Callandar, S. K. Varney, eds, Climate change, 1992—Supplement, Cambridge Univ Press, Cambridge, U. K.).

이 질문에 답하기 위해서 보통 지질학자가 수행하는 연구보다 훨씬 더 정밀한 기후의 역사를 연구해야 한다. 연층퇴적층(varved sediment, 1년 단위를 구분할 수 있는 퇴적층, 3.9절 참조)과 산호의 성장(7.5절 참조)을 연구하면 해양의 기록으로도 이렇게 정밀한 연구가 가능하다. 우리가 어떠한 연구결과를 얻을 수 있는지 살펴보기로 하자.

7.7.2 산타바바라 분지

연층퇴적물은 용승이 일어나는 곳에서 산소가 매우 결핍된 수심이 대륙사면을 만나는 지점이나 산소결핍현상이 일어나는 주변 분지(marginal basin)에서 발견된다. 이러한 분지가 미국 캘리포니아 산타바바라의 앞바다에 있다. 이 지점의 수심은 약 600m이며, 이 지역의 둔덕(sill)은 약 460m 수심에서 산소결핍대와 만난다. 이 지역은 대형 저서성 생물이 서식하기에는 산소의 농도가 너무 낮기 때문에 해저에 매우 얇은 엽층리를 가진 연층이 보존되어 있다.

엽층리가 발달한 연층은 1년 단위의 생산력 변화를 기록하고 있다. 이러한 기록은 규조나 부유성 유공충과 같은 부유성 생물 잔해의 양을 통해 알아낼 수 있다(그림 7.17). 연구결과에 의하면, 이 지역의 생산력은 매우 다양하게 변하며, 약 20년 이전보다 1970년대 초부터 매우 낮은 값을 보여주었다. 1983년 엘니뇨가 일어났던 시기에는 부유성 유공충의 공급이 매우 낮았으며, 1976년 엘니뇨 기간에는 규조의 값이 낮게 기록되었다.

7.7.3 엘니뇨

'엘니뇨(El Niño)'는 원래 에콰도르(Ecuador) 남부와 페루(Peru) 앞바다 남쪽으로 흐르는 따뜻한 해류를 의미한다(7.1.2절 참조). 따뜻한 해류의 움직임이 특별히 강해지는 동안(보통 3년 혹은 4년)에는 태평양 열대지역에 대규모의 기후이상현상이 일어난다. 엘니뇨현상이 가장 강했던 시기는 기록상으로 1982~1983년이었으며, 이 기간 동안에는 전 지구적으로 엘니뇨의 영향이 있었다. 엘니뇨는 태평양 서부로부터 따뜻한 물이 동부로 침입하면서 시작되었으며, 이는 적도지역과 에콰도르, 페루 앞바다에서 일어나는 용승을 정지시켰다. 이 지역의 변화는 타히티 지역까지 영향을 미쳤으며, 이로 인해 표층 해수의 수온은 상승하였고, 그 영향으로 산호와 공생하는 와편모류에 영향

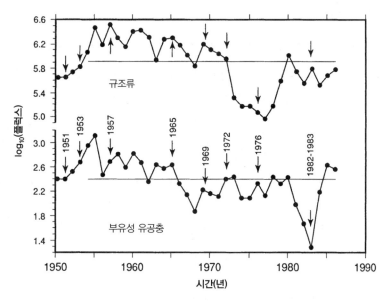

그림 7.17 산타바바라 분지 내 생산력의 기록. 플럭스는 바브층 내에 보존된 모든 생물종 각각의 총개체 수를 추정한 후에, 이를 시료가 채집된 표면의 면적을 나눈 값으로 얻어졌다. 수평선은 1954~1986년 사이의 평균 플럭스를 지시한다. 화살표는 ENSO가 일어났던 시기를 나타낸다(C. B. Lange, W. H. Berger, S. K. Burke, 1990, Climatic Change 16: 319).

을 주면서 산호가 죽어가는 백화현상이 일어났다. 갈라파고스 제도, 심지어는 인도네시아, 아라비아만 그리고 카리브해까지도 비슷한 백화현상이 일어났다. 남아메리카에서는 극심한 홍수가 일어났다. 보통 많은 강수량의 영향을 받는 지역이 태평양의 동부로 이동하면서 태평양 서부지역인 인도네시아에서는 심한 가뭄으로 산불의 피해가 컸다. 그 외에도 다른 많은 현상이…

1982~1983년의 엘니뇨[혹은 대규모 기업의 변화를 의미하는 엘니뇨 남방진동인 엔소(ENSO)로 표현하는 것이 더 적절함]는 전 지구적 실험의 결과일까? 이 질문에 대한 확실한 대답은 불가능하다. 아마도 다음과 같은 여러 이유 중 하나로 이 현상은 매우 극심했을 것이다. (a) 어떤 이유이었던지 간에 이 현상은 강했었다. (b) 이 기간 동안 일어났던 화산폭발[멕시코의 엘치촌(El Chichón) 화산]의 영향으로 강화되었다. (c) 이것은 10년간 가장 따뜻한 시기에 일어났다. 즉, 1980년대의 비정상적인 현상에 대한 우리의 의문은 원점으로 돌아왔다. 계속적으로 기록에 대한 많은 연구가 필요해보인다.

7.7.4 산호의 기록

열대지역 바다의 산호가 있는 곳에는 이 작은 군집형 동물의 골격 내에 기후변화의 기록이 감춰져 있다(그림 6.8). 이러한 기록들은 버뮤다, 갈라파고스 제도, 파닝섬(Fanning Island), 호주 대보초(Great Barrier Reef) 그리고 다른 지역들로부터 밝혀지고 있다. 이들로부터 두 종류의 정보수집이 가능하며, 이들은 산호의 성장률과 산호골격의 산소동위원소 성분이다. 골격 내에 포함되어 있는 다른 기록인 생지표(biomaker), 미량원소와 같은 자료도 유용하며, 이러한 연구는 활발히 이루어지고 있다.

때로는 분석하고자 하는 시간해상도가 매일의 변화 수준으로 높아지고 있다. 매일 자라는 산호의 두께는 보통 $20\mu m$보다 작다. 매일 산호가 자라는 층을 고해상도로 분석할 수 있다면 산호를 이용하여 환경변화를 이해하는 데 매우 유용할 것이다.

7.7.5 전 지구적 변화 : 해양지질학의 역할

인간의 산업활동이 지구환경에 영향을 주고 미래 기후변화에 중요한 영향을 준다는 인식이 확산되면서 '전 지구적 변화(global change)'라는 용어는 많은 관심의 대상이 되어 왔다. 보통 긴 가뭄과 같은 자연현상의 영향이 보여주듯이 한 국가의 성쇠와 부는 주로 기후에 따라 달라진다. 따라서 오래 지속되는 심각한 기상변화는 매우 중요한 관심사이다. 현재 온실가스(이산화탄소, 메탄가스 등)는 매년 인간의 활동으로 인해 심각한 수준으로 대기에 유입되고 있다. 지구 복사량의 균형을 대상으로 컴퓨터 모델링한 결과에 의하면 자연상태의 이산화탄소양보다 두 배가 되는 약 50년 후에는 전 지구의 기온이 약 3℃(오차범위가 약 1.5℃) 정도 증가할 것이라 예측하고 있다. 고위도지역은 저위도지역보다 그 영향이 훨씬 더 클 것이다.

사실 이미 지구온난화가 시작되었다는 몇몇 증거도 있다. 전 지구의 온도기록이 조사된 지난 100~150년 중 지난 10년은 가장 따뜻한 온도를 보여주고 있다(그림 7.16 참조). 분명히 우리는, 과연 이러한 온도의 증가가 인간의 활동과는 무관한 우연한 현상인가라는 의문을 던질 수 있다. 이러한 의문을 풀기 위해서 산업혁명 이전의 기후변화를 추정할 수 있는 '기후의 지시자(climate proxy)'가 필요하다. 이러한 지시자는 컴퓨터 모델의 신뢰도를 증가시킬 것이며, 미래의 기후변화를 좀 더 정확히 예측할 수 있도록 도움을 줄 것이다.

기후 지시자들은 나무 나이테, 빙하 코어, 동굴생성물 등 아주 다양한 대상으로부터 고해상도의 기록으로 분석될 수 있다. 해양지질학에서는 산호성장의 띠(7.4절 참조)와 연층퇴적층이 아주 특별히 중요하다고 할 수 있다(3.9절 참조).

연층퇴적층으로부터 기후변화를 추정하기 위해 조사할 수 있는 대상으로는 미화석 군집(따뜻한 해수와 차가운 해수에 사는 지시자, 6.1.5절 참조), 산소동위원소(7.3.2절 참조) 그리고 유기물 내의 알케논(alkenone) 성분과 같은 온도의 지시자가 있다. 알케논 방법(S. C. Brassell 외, 1986, Nature 320: 129 참조)은 특정한 긴 고리의 지방 분자(불포화상태의 methyl ketones, C_{37}) 성분이 온도 증가에 따라 감소한다는 결과를 이용한 것이다. 알케논은 석회편모조류의 유해가 기여한 것으로, 특히 연안지역에서는 *Emiliania huxleyi*라는 종이 우세하다.

기후의 변동을 추정하기 위해 산호나 연층의 기록을 읽으면서 우리는 심각한 어려움에 부딪힌다. 이러한 고해상도의 기록을 분석하는 방법으로 조금만 과거로 가면, 우리는 지난 수천 년 동안은 아주 비정상적인 기후였다고 알려져 있는 '소빙기(Little Ice Age)'라는 시기를 접하게 된다. 소빙기는 약 서기 1450~1850년까지 지속된 시기이다. 이 시기 동안에는 전 세계 대부분 지역의 산악빙하가 전진하고 북미, 유럽, 아시아 지역에서 아주 추웠던 겨울이 닥쳤던 것이 특징이다. 18세기 동안 유럽에서 그려진 그림 속에는 지금과는 달리 하천이나 호수가 얼음으로 덮여 있는 모습을 쉽게 볼 수 있다. 따라서 최근의 따뜻해진 기후(7.16절 참조)는 소빙기 이전에 따뜻했던 '정상적인' 기후로 다시 돌아온 것일 수도 있다. 그렇다면 우리는 어떤 방법으로 최근의 온난화가 '자연적'인 현상인지 혹은 인간의 영향을 받아서 생긴 현상인지를 구별할 수 있을까? 분명히 이러한 문제는 오랜 기간 기후변화의 기록을 연구하면서 해결할 수 있다.

우리는 보통 태양의 복사에너지가 항상 일정하다고 가정한다. 사실 지구-태양 간의 평균적으로 떨어진 거리에서 태양을 향하고 있는 지구 표면에 영향을 주는 평균 복사량을 '태양상수(solar constant)'(약 $1.95cal/cm^2/min$)라고 말한다. 불행히도 이러한 가정은 근거가 없으며, 태양으로부터의 복사량은 변한다. 지난 수세기 동안에도 태양 흑점의 변화는 기록되어 있다. 많은 나무연륜 자료나 해양 연층(덜 뚜렷하긴 하지만)으로부터 스펙트럼을 이용한 자료를 통해 우리는 태양 흑점주기(22년과 11년)의 영향을 볼 수 있다. 그래서 아마도 소빙기는 좀 더 긴 주기의 태양활동의 주기일지도 모른다. 혹은(아니면 추가적으로) 과거에 매우 추웠던 15~19세기 사이의 겨울기간에 아주 특이하게 활발했던 화산활동의 영향이었을 수도 있다.

"그래, 우리는 지구온난화를 보고 있어."라고 말할 수 있는 지식의 창고에 해양지질학(혹은 고해양학)의 방법이 추가될 수도 있다. 산호나 연층으로부터 얻은 기록은 태평양의 엘니뇨현상과 같이 큰 규모의 기후변화의 폭과 빈도에 대한 정보를 알려주기도 하고, 또한 급격한 기후변화가 발생할 수도 있다는 사실을 우리에게 알려주기도 한다. 이러한 변화는 한 기후조건에서 다른 조건으로 다양한 기간과 크기로 비정상적으로 빠르게 변하는 것을 말한다. 9.2.4절에서는 홀로세 초기에 일어났던 급격한 기후변화에 대해 논의할 것이다. 이러한 급격한 기후변화가 마지막으로 일어난 것은 1830년대이며, 이는 아주 특이한 화산활동의 영향이었다. 이러한 변화는 나무 나이테와 캘리포니아 앞바다에 있는 산타바바라 분지 내 해양 연층퇴적층에서 모두 볼 수 있다. 이러한 급격한 기후변화를 일으켰던 원인이 사라지더라도 자연은 완전히 이전의 상태로 복원되지 못할 가능성도 있으며, 그 대신 새로운 기후조건이 만들어져서 그 상태로 안정화될 수도 있다.

더 읽을 참고문헌

Urey HC (1947) The thermodynamic properties of isotopic substances. J Chem Soc: 562–581

Epstein S, Buchsbaum R, Lowenstam HA, Urey HC (1953) Revised carbonate-water isotopic temperature scale. Bull Geol Soc Amer 64: 1315–1325

Ekmann S (1953) Zoogeography of the sea. Sidgwick & Jackson, London

Purser BH (ed) (1973) The Persian Gulf – Holocene carbonate sedimentation and diagenesis in a shallow epicontinental sea. Springer, Berlin Heidelberg New York

Berger A, Schneider S, Duplessy JC (eds) (1989) Climate and geo-sciences. Kluwer Academic, Dordrecht

Bleil U, Thiede J (eds) (1990) Geological history of the polar oceans: Arctic versus Antarctic. Kluwer Academic, Dordrecht

Summerhayes CP, Prell WL, Emeis KC (eds) (1992) Upwelling systems: evolution since the early Miocene. Geol Soc, London

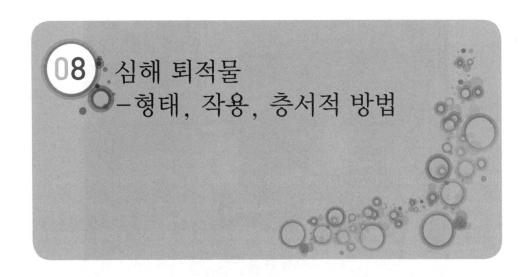

08 심해 퇴적물
–형태, 작용, 층서적 방법

8.1 배경

서론에서 언급된 것처럼, 심해 퇴적물은 영국의 Challenger호 탐사(1873~1876년) 동안 종합적으로 처음 조사되었다. Challenger호의 박물학자였던 John Murray (1841~1914년)는 수천 개의 시료를 분석하였고, 그의 동료였던 A. F. Renard와 함께 후일 이 분야의 모든 연구에 기초가 되는 방대한 양의 결과보고서를 발표하였다. Murray의 업적을 넘어서는 그 다음 단계의 결과들은 거의 반세기가 지난 뒤에 독일의 Meteor호 탐사(1927~1929년)에서 발표되었다. 그 후 스웨덴의 Albatross호 탐사(1947~1949년)에서는 긴 코어의 획득을 통하여, 이른바 플라이스토세 해양학 (Pleistocene Oceanography)이라고 하는 해양학의 새로운 분야가 시작되었고, 빙하기에 대한 우리의 이해는 혁명적으로 바뀌게 되었다. 그 이후 1968년에 시작된 Glomar Challenger호를 이용한 심해시추사업(Deep Sea Drilling Project)에 의해 제3기와 백악기의 해양역사를 밝혀주는 시료들을 얻을 수 있었고 그로 인해 또 다른 큰 도약을 할 수 있었다.

해양의 역사는 9장에서 별도로 다룰 것이며, 이 장에서는 표층 시료와 상자형 시추기(box corer) 시료(그림 8.1)에서 나타나는 현재의 심해 퇴적물 분포 형태를 요약하고,

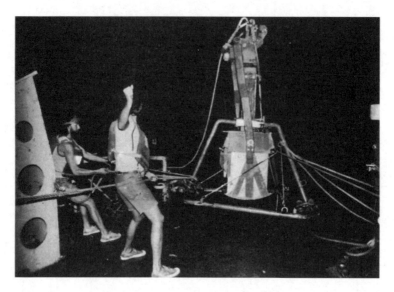

그림 8.1 상자형 시추기로 심해 퇴적물 회수. 시추 장비는 날카로운 날을 가진 강철상자로 위의 무거운 추에 의해 눌려서 해저로 들어감. 상자는 바로 위에 있는 2개의 볼트 주위를 회전하는 삽으로 닫음. 삽은 상자를 뽑아내면 반대쪽에 있는 팔을 당겨서 아래쪽과 옆으로 밀리게 됨. 3개의 다리를 갖고 있는 틀은 시추기가 퇴적물 속으로 들어가기 전에 안정성을 유지해줌. 사진에 보이는 많은 줄들은 이 무거운 장비가 갑판에서 흔들리는 것을 방지하는 데 사용됨. 이런 형태의 상자형 시추기는 H. E. Reineck이 처음 사용하였음(사진제공: T. Walsh, S. I. O.).

연대측정에 관한 것과 함께 몇 가지 중요한 퇴적작용에 대해 논의할 것이다.

8.2 개관

8.2.1 퇴적물 종류와 분포 형태

우선 현재의 전체 퇴적물의 종류를 살펴보면 표 8.1과 같다. 주된 퇴적물의 종류에 대해서는 지난 장에서 이미 설명되었다. 원양성 점토(pelagic clay)는 암석이나 화산에 의한 미세한 입자들의 퇴적물이다. 연니(ooze)는 부유성 유공충(planktonic foraminifera), 방산충(radiolarian), 석회비늘편모조류(coccolithophore), 규조류(diatom) 등의 껍질로 이루진 생물기원 퇴적물이다. 반원양성 퇴적물들(hemipelagic deposits)은 대륙붕이나 육지에서 운반된 비교적 큰 물질들이 섞여 있는 점을 제외하면 점토나 연니와 같다. 표 8.1에 나와 있는 목록은 자세한 것은 아니지만 해저에서 발견되는 대부분의 퇴적물 형태를 보여주고 있고, 이러한 구분의 기준은 학자에 따라 나를 수 있다.

표 8.1 심해 퇴적물의 분류(W. H. Berger 1974 in C. A. Burk and C. L. Drake. The geology of continental margins. Springer Heidelberg Berlin New York).

I.	(진-)원양성 퇴적물(연니와 점토) 입도 > 5μm 부분의 < 25%가 육성기원, 화산기원이거나 혹은 연해기원 입도의 중앙 값이 < 5μm(자생광물과 원양성 생물은 제외) A. 원양성 점토. $CaCO_3$와 규질 화석 < 30% 　1. $CaCO_3$ 1~10%. (약간) 석회질 점토 　2. $CaCO_3$ 10~30%. 다량의 석회질 (혹은 이회토; marl) 점토 　3. 규질 화석 1~10%. (약간) 규질 점토 　4. 규질 화석 10~30%. 다량의 규질 점토 B. 연니. $CaCO_3$와 규질 화석 > 30% 　1. $CaCO_3$ > 30%. < 2/3 $CaCO_3$: 이회토 연니. > 2/3 $CaCO_3$: 백악 연니 　2. $CaCO_3$ < 30%. > 30% 규질 화석 : 규조류 혹은 방산충 연니
II.	반원양성 퇴적물(머드) 입도 > 5μm 부분의 > 25%가 육성기원, 화산기원이거나 혹은 연해기원 입도의 중앙값이 > 5μm (자생광물이나 원양성 생물 속에 있는 것은 제외) A. 석회질 머드. $CaCO_3$ > 30% 　1. < 2/3 $CaCO_3$: 이회토 머드. > 2/3 $CaCO_3$: 백악 머드 　2. 골격물질 $CaCO_3$ > 30% : 유공충~, 극미~, 패각(coquina)~ B. 육성기원 머드. $CaCO_3$ < 30%. 석영, 장석, 운모가 우세함 　접두어 : 석영질(quartzose), 장석질(arkosic), 운모질(micaseous) C. 화산기원 머드. $CaCO_3$ < 30%. 재, 팔라고나이트(palagonite). 기타 등등이 　우세함.
III.	특수한 원양성 혹은 반원양성 퇴적물 　1. 탄산염-부니층(carbonate-sapropelite) 윤회층(백악기) 　2. 흑색(탄산염 성분의) 점토와 머드 : 부니층(예 : 흑해) 　3. 규화된 점토암과 이암 : 처트(chert)(신 제3기 이전) 　4. 석회암(limestone)(신 제3기 이전)

연니(ooze)와 점토(clay)라는 용어는 원양성 퇴적물을 기술하기 위해 Murray가 사용한 것이다[‘글로비제리나 연니(*Globigerina* ooze)’와 ‘적점토(red clay)’]. 현재 원양성 점토의 색깔은 일반적으로 붉은색보다는 적갈색이다.

심해 퇴적물의 개략적인 분포 형태는 비교적 단순하다(그림 8.2). 심해 퇴적물의 주된 퇴적상의 경계는 탄산염보상수심, 즉 탄산염 성분 퇴적물과 비탄산염 성분 퇴

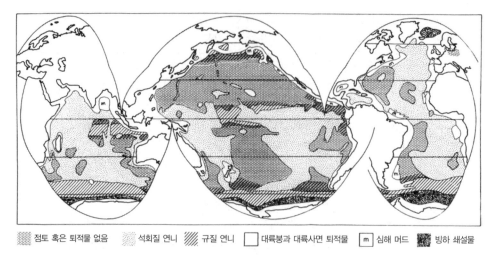

 점토 혹은 퇴적물 없음　 석회질 연니　 규질 연니　□ 대륙붕과 대륙사면 퇴적물　ｍ 심해 머드　 빙하 쇄설물

그림 8.2 심해저의 퇴적물. 주된 퇴적물이나 퇴적상은 심해 점토와 석회질 연니임(W. H. Berger, 1974, in C. A. Burk, C. L. Drake (eds) The geology of continental margins, Springer, Heidelberg).

적물의 경계로 나눌 수 있다. 근본적으로 탄산염 퇴적상은 해양의 지형이 높은 지역 (oceanic rise)이나 융기대지(elevated platform) 등에 나타나고, '적점토'는 심해분지의 특징적인 퇴적상이다. 그러므로 전반적인 형태는 수심에 의해서 결정된다. 이러한 분포 위에 대양의 주변부, 적도대, 극전선지역 등과 같이 생물의 생산성이 높은 지역에서는 규산염퇴적물이 쌓여 있다. 연니와 점토는 물속에서 마치 비가 내리는 것처럼 떨어져내린 입자들로 이루어져 있다. 그러나 심해의 주변부에서는 대륙붕에서 상당한 거리가 있는 심해평원까지, 비교적 조립한 입자의 육성기원 물질들(주로 실트이지만 모래도 있음)이 들어와 있다(그림 8.2의 'm'과 '빙하 쇄설물').

8.2.2 생물기원 퇴적물이 우세함

심해 퇴적물의 대부분은 생물기원 퇴적물로 이루어져 있으며, 특히 플랑크톤의 껍질이 많다(표 8.1과 그림 8.3). 심해저의 약 절반 정도는 연니, 즉 석회비늘편모조류(약 $5 \sim 30 \mu m$), 유공충(약 $50 \sim 500 \mu m$), 규조류(약 $5 \sim 50 \mu m$), 방산충(약 $40 \sim 150 \mu m$) 등과 같은 플랑크톤의 잔해로 덮여 있다. 석회비늘편모조류[초미플랑크톤(nannoplankton)의 일종]는 '초미화석(nannofossil)'으로 부르기도 한다.

이러한 껍질을 만드는 생물들은 해류를 따라 수동적으로 떠다니는데 일부는 수직이

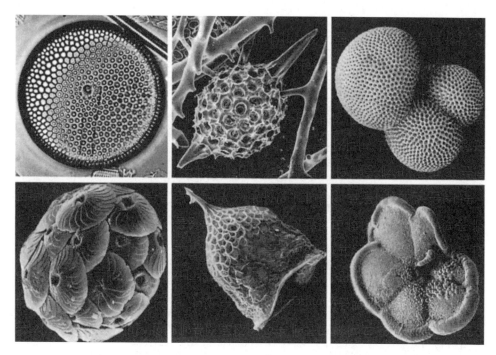

그림 8.3 껍질을 가진 부유성 생물들. 위 왼쪽에서 시계방향으로 규질 규조류(600배 확대), 중추형 난수종, 규질 방산충(180배 확대), 석회질 난수 유공충 *Globigerinoides sacculfer*(55배 확대), 열대 표층 아래의 유공충 *Globorotalia menardii*(28배 확대), 유기물 벽을 가진 유종섬모충류(tintinnid)(480배 확대), 서로 맞물려 있는 판 ('coccoliths')을 가진 석회질 석회비늘편모충류(coccolithophore)(2,100배 확대)(규조류 현미경 사진제공: H.-J. Schrader; 기타: SEM 사진제공: C. Samtleben and U. Pflaumann).

동을 하기 때문에 다른 수심에서 수평적으로 이동하는 해류를 만나기도 한다. 석회비늘편모조류와 규조류는 광합성을 위한 빛이 있어야 한다. 많은 부유성 유공충들도 몸속에 공생하고 있는 조류들 때문에 역시 빛이 필요하고, 그 외에도 표층수에서 먹이의 공급이 가장 많기 때문에 일부 방산충을 제외하고는 실제로 퇴적물을 만드는 거의 모든 플랑크톤들이 표층수에 살고 있다.

대부분의 죽은 생물들의 껍질은 해저에 도달하지 못하고, 바닥에 도달한 것들도 대부분이 용해되어 부서져버린다. 이것은 석회질이나 규산질 모두 마찬가지이나 특히 후자의 경우가 더 심각하다. 외양에서 흔히 나타나는 규조류를 퇴적물에서는 거의 볼 수 없는 이유는 대부분이 너무 잘 부서져서 보존되기 어렵기 때문이다.

요약하면, 생물기원 심해 퇴적물의 조성을 결정하는 가장 중요한 요인은 생산성과 보존성이다(그림 8.4). 물론 생산성은 플랑크톤 잔해의 공급을 결정하는 반면에 퇴적수심

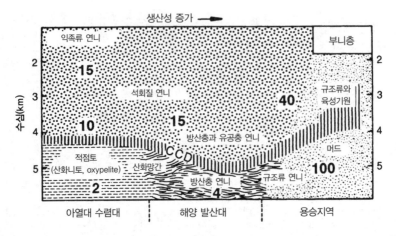

그림 8.4 중앙태평양의 동부 퇴적물 형태에 의한 수심-생산성으로 본 주요 퇴적상의 분포. 숫자는 전형적인 퇴적률(단위는 m/million yr과 같은 mm/1,000yr)(그림 8.2와 같은 출처).

은 생물기원 퇴적물의 많은 부분을 차지하는 탄산염광물의 보존을 결정한다. 수심이 깊어지면 높은 압력과 낮은 수온으로 인해 용해도가 높아진다.

8.2.3 퇴적률

심해 퇴적물은 얼마나 빨리 쌓이는가? 최초로 널리 사용되는 추정치를 제시한 학자는 W. Schott(1935)이다. 그는 중앙대서양의 퇴적물에서 빙하기에는 서식하지 않는 열대성 유공충인 *G. menardii*(그림 8.3)가 나타나는 것을 보고 빙하기 이후의 퇴적층 두께를 밝혀냈다. *G. menardii*가 발견되는 층의 두께를 홀로세(Holocene, 빙하가 녹기 시작한 이후의 시간, 육지에서 결정)의 시간으로 나누면 퇴적률을 구할 수 있다. 그의 방법은 지금도 중앙대서양의 선상에서 퇴적률을 정할 때 유용하게 이용되고 있다. 발표된 퇴적률을 보면 강 하구 바깥쪽에서 육성기원 머드가 최대(최대 천 년에 수 m)이고, '적점토'는 아주 낮은 값을 보인다(천 년에 수 mm; 남태평양 중앙 1mm, 중앙대서양과 북태평양 북부 3mm). 석회질 연니는 중간 정도의 퇴적률로 생산성에 따라 대개 10~30mm/1,000yr 정도이다(그림 8.4). 다양한 퇴적률은 궁극적으로 퇴적물 속의 방사성 동위원소를 이용한 연대측정(부록 A8 참조)과 생층서적 지시자나 고기후와 고지자기 흔적들의 상관관계 등을 이용해서 결정된다.

원칙적으로 퇴적률은 중요한 공급지(대륙, 화산 등)에 가깝거나 생산성이 높은 지역의 아래에서 높다. 점토의 퇴적률은 먼지의 공급과 바람의 방향에 크게 좌우된다.

8.2.4 심해 퇴적물의 두께

1950년대에 해저조사에서 아주 중요한 단계 중 하나가 탄성파(음파)의 반사와 굴절을 이용한 퇴적층의 두께를 측정하는 것이었다. 이러한 탐사의 초기 결과들은 지질학계에 큰 충격을 주었다. 대양은 육지나 화산의 쇄설물들을 영원히 안정적으로 받아들이는 것으로 생각되고 있었는데, Lamont 지질관측소(Lamont Geological Observatory)의 M. Ewing, 스크립스(Scripps)연구소의 R. Raitt 및 그 동료들은 전형적인 대서양 해저 분지의 퇴적층은 불과 약 500m 정도, 태평양에서는 겨우 300m 정도밖에 되지 않는다는 것을 알았다(그림 10.5 참조). 이것으로 이전의 심해저는 아마도 수십억 년 전까지 퇴적물의 기록을 간직하고 있을 것이라는 견해는 수정되어야 함이 명백해졌다. 1959년까지만 해도 H. H. Hess는 해저에서 맨틀까지 구멍을 뚫으면 훨씬 이전의 원시 퇴적물의 샘플을 얻을 수 있을 것이라는 생각하고 있었다. 그렇지만 얼마 지나지 않아서 (1960년) 그는, 잊고 있었던 맨틀 대류의 개념을 이용해 '매 3억 내지 4억 년마다' 새로운 해저가 만들어지는 모델을 만들었고, 그것이 "해저에 상대적으로 얇은 퇴적물이 덮여 있는 것을 설명할 수 있다."고 하였다(1장 참조).

퇴적물들의 다양한 형태를 좀 더 자세히 알아보기 전에 우리는 퇴적물들이 어떻게 '원양성 비(pelagic rain)'로 해저에 도달하는지 간단히 살펴보기로 하자.

8.3 원양성 비

8.3.1 배설물 이동의 중요성

원양에서는 퇴적물 입자들의 대부분이 비처럼 떨어져서 바닥에 도달하게 된다[덩어리들이 침강하는 것에 대한 기술적 용어는 '바다의 눈(marine snow)'으로, 이것이 적절할지도 모르지만, 일반적인 의미의 입자들의 침강에는 이 말을 사용하지 않는다]. 이 비의 특성은 최근에 외양의 여러 지역에서 계류시킨 부표에 깔대기를 달아 만든 **퇴적물 포집기**(sediment trap)를 통해 연구되었다. 깔대기는 위쪽은 열려 있고(직경 30cm~1m의 구멍) 아래쪽에는 포집기가 달려 있으며, 여러 수심에 설치할 수 있다. 이런 실험으로 많은—아마 거의 대부분—원양성 비는 다양한 크기와 형태, 다양한 분해상태의 배설물 알갱이들로 이루어져 있는 것을 알 수 있었다. 이 알갱이들은 요각류(copepod), 살프(salp), 크릴(새우의 일종, 남극에 서식함), 그 밖의 다른 초식생물들에게서 나온 것이었다(그림 6.2).

이러한 '배설물 이동(fecal transport)'에 의해서 덩어리가 만들어지고 침강속도가 빨라져서 아주 작은 입자들(바람에 날려온 먼지, 석회비늘 등)까지도 1~2주 이내에 해저에 도달할 수 있게 된다. 만약, 작은 입자들이 그냥 침강한다면 수년이 걸릴 것이고, 세립 석회질이나 규산질 입자들, 유기물 입자들은 수층 내에서 재무기화작용(remineralization)을 받기 때문에 심해저에는 전혀 도달할 수 없을 것이다.

8.3.2 유기물의 흐름

유광층을 빠져나가는 1차생산(유출 생산량 export production, 그림 6.3 참조)의 일부는 배설물 이동에도 불구하고 상당량이 손실된다. 이것은 아마도 알갱이나 덩어리들이 부패와 다른 생물의 포식에 의해 깨어지기 때문으로 생각된다. 외양의 다양한 수심에서 포집기에 잡힌 유기물의 양을 보면 대략 수심에 비례해서 감소한다. 즉, 상부 유광층의 생산량이 같다고 하면 1,000m에서 잡힌 양은 200m에서 채집한 양의 약 5분의 1 정도가 된다(그림 8.5).

연안의 높은 유출률과(그림 6.3) 해저까지의 짧은 거리 이 두 가지 요인에 의해 대륙주변부에서는 유기물의 매몰이 증가된다(그림 6.4). 이에 비해서 심해에서는 매몰률이 지극히 낮다. 이러한 차이를 만드는 다른 요인으로는 유기물의 높은 매몰률뿐만 아니라 계절성과 '빠른 제거(fast stripping)'가 있다(아래 참조).

8.3.3 플럭스의 계절성

큰 입자들(모래 크기의 유공충과 방산충들)은 배설물 알갱이들과 마찬가지로 1주나 2주 이내에 심해저에 도달한다. 원양성 비가 이렇게 빠르게 침강하는 것은 표층 생산성의 계절적 변화가 심해환경까지 먹이공급의 계절적 변화를 일으킨다는 것을 의미한다. 그래서 심해저의 저서생물들은 플랑크톤들과 마찬가지로 먹이가 풍성할 때도 있고 기근을 겪을 수도 있다. 고위도지방에서는 특히 입자 침강의 계절적 변화가 뚜렷하

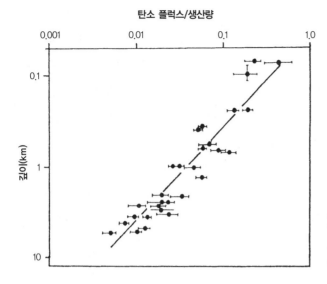

탄소 플럭스/생산량

그림 8.5 표층 해수의 생산량에 대한 비율로 나타낸, 퇴적물 포집기에서 나온 입자 형태의 유기탄소 플럭스 (E. Suess, 1980, Nature 288: 260).

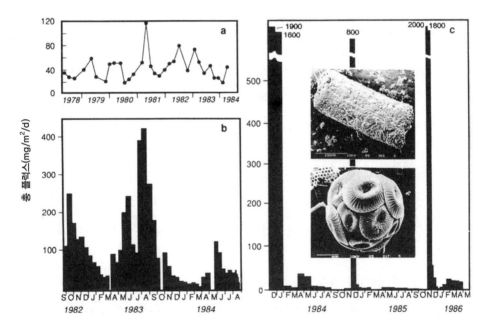

그림 8.6a~c 포집기에서 관측된 입자 흐름의 계절변화와 격년변화. a Sargasso Sea(W. G. Deuser), b Gulf of Alaska(S. Honjo), c Bransfield Strait, Antarctica(G. Wefer 외)(W. H. Berger, G. Wefer, 1990, Palaeogeography, -climatology -ecology Global Planet Change sect 89: 245). 사진은 크릴의 배설물 끈과 그 표면에 있는 입자(coccosphere)의 근접사진(사진제공: G. Wefer).

다(그림 8.6).

배설물 이동이 심해의 많은 부분을 차지한다는 것은 표층수의 생물구성 형태가 심해의 퇴적물 공급원뿐만 아니라 이동 형태도 좌우한다는 것을 의미한다. 여기서 한 가지 흥미로운 결론을 얻을 수 있다. 즉, 영양염들은 배설물 덩어리 속에 포함될 수 있는 광물질(예 : 바람 속의 먼지)이 많아질수록 표층수에서 입자 형태로 더 효율적으로 빠져나갈 수 있다. 아마도 이렇게 빨리 가라앉으면서 영양염류가 빨리 제거되는 것이 영양염이 풍부한(혹은 니질) 물이 연안역에서 외양까지 도달하는 원인으로 생각된다.

다음으로는 원양성 비에 의해 쌓이는 '적점토'(실제로는 적갈색), 석회질 연니, 규산질 연니 등과 같은 심해 퇴적물의 주요 형태를 좀 더 자세히 살펴볼 것이다. 망간단괴는 자원을 다루는 장(10장)에서 논의될 것이다.

8.4 '적점토'와 '점토광물'

8.4.1 '적점토'의 기원 : 의문점들

모든 퇴적물들 중에서 '적점토'는 독특하게도 심해환경에만 한정되어 나타난다. 구성성분의 대부분은 입자들이 매우 작고, 해양기원의 굵은 실트와 모래 등은 수성기원 광물들, 화산 쇄설물, 철망간 산화물, 어류의 이빨, 사질 유공충, 침상체나 방산충 등과 같은 생물 잔해의 흔적 등으로 이루어져 있다.

'적점토'의 공급원은 어디인가? 이 질문에는 두 가지 의문이 내포되어 있다.

첫 번째 의문은 궁극적인 공급원을 말하고 있다 — 심해 점토의 성분이 현장의 화산성 물질의 분해로 어느 정도까지 만들어졌으며, 육지와 다른 공급원의 기여도는 어느 정도인가?

두 번째 의문은 운반에 관한 것이다 — 육지에서 만들어진 점토 입자들을 현재의 퇴적지점까지 가져오는 데 있어서 바람에 의한 운반과 비교하여 강이나 해류에 의한 운반의 상대적인 중요성은 무엇인가?

8.4.2 '적점토'의 구성 성분

제시된 의문에 대답을 하기 위해서는(점토의 어느 정도가 각각 바다와 육지에서 왔으며, 어떻게 왔는가?) 세립질 구성물질들의 성분, 해저 분포, 퇴적률 등을 알아야 한다. X-선 회절법을 이용한 분석이 1930년대에 시작되었고(태평양에서 R. Revelle, 대서양에서 C. W. Correns) 그 이후로 많은 개선이 이루어져 심해 퇴적물 분석에 체계적으로 적용되었다. 다음의 광물들이 '적점토'의 세립질 실트와 점토 성분의 주요 광물들이다.

1. 점토광물 : 스멕타이트(smectite), 녹니석(chlorite), 일라이트(illite), 카올리나이트(kaolinite), 그 외의 혼합층 파생 광물들.
2. 암석기원 광물 : 장석(feldspar), 휘석(pyroxene), 석영(quartz).
3. 수성기원(혹은 자생기원) 광물 : 비석(zeolite), 철망간 산화물과 수산화물.

　수성기원 광물들은 '적점토'에 나타나는 많은 X-선상의 비정질 물질들이고, 전형적으로 산소가 풍부한 환경에서 볼 수 있는 것처럼 Fe^{3+}이온을 가진 산화철 광물들로 인해 적색에서 갈색을 띠게 된다.

　암석기원과 수성기원 광물들은 좀 더 입자가 큰 성분들에서도 나타나고, 그 모암들과 비교할 수 있기 때문에(예 : 산성 혹은 염기성 화산 분출물, 화강암), 그 기원을 쉽

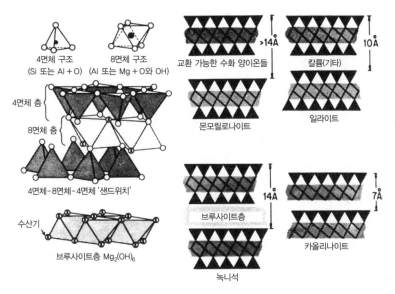

그림 8.7 점토광물의 구조. 완전한 한 층의 두께는 X-선 회절법을 사용해서 Angstrom 단위(Å=10^{-8}cm)로 측정. 점토광물의 기본적 유사성을 알 수 있음(주로 R. E. Grim, 1968, Clay mineralogy, McGrow-Hill New York에 의함).

게 추정할 수 있다. 북태평양의 석영 분포를 보면 석영의 화학적 조성이나 입도 분포 등의 증거가 사막지대에서 바람에 의해 운반되었다는 것을 암시하고 있다. 아시아의 고원지대가 먼지의 가장 가까운 근원지이다.

점토광물은 비생물기원 심해 퇴적물 중 세립부분의 거의 대부분을 차지하고 있기 때문에 우리의 특별한 관심을 끈다(점토 입자 성분의 약 2/3를 차지함; 입자 직경 중앙 값은 약 0.001mm, 즉 $1\mu m$). 순수 '적점토' 중 점토 입도 부분은 약 90% 정도이다. 주된 그룹을 간단히 소개하면 아래와 같다.

스멕타이트(혹은 몬모릴로나이트, montmorillonite) 광물 그룹은 알루미늄을 포함한 8면체 층이 4면체 층 사이에 끼어 있는 샌드위치 형태로 연속적으로 나타난다. 8면체 안의 Mg^{2+}(Fe도 마찬가지)와 Al^{3+} 그리고 4면체 안의 Al^{3+}와 Si^{4+}의 양은 전체적인 전하가 약간 음전하를 띨 정도로 존재한다. 이 음전하는 '샌드위치들' 사이에 있는 교환이 가능한 양이온들에 의해서 균형을 이룬다. 이 양이온들은 수화되어 있기 때문에 층 사이에 다양한 양의 물이 들어오게 된다. 이러한 구조, 즉 팽창 가능성이 스멕타이트를 식별하는 주된 기준이다. 스멕타이트는 화산암이 육지나 해저에서 저온 화학변화에 의해 만들어지거나, 해저의 열수작용에 의해 만들어진다. 세립한 화산재의 입자들이 해수에 오래 노출되면 이 광물 그룹으로 변한다.

일라이트는 운모와 그 파생 그룹에 속하는 점토 성분에 대한 일반명칭인데, 여기서는 편의상 세립의 분해된 백운모(muscovite)로 볼 수 있다. 백운모의 구조도 역시 8면체의 층을 가지고 있고, 4면체 층의 Si와 Al의 비율은 정확히 3대 1이다. 샌드위치의 전체적인 음전하는 수화되지 않고 6각형 배열을 하고 있는 규소 4면체의 모서리에 있는 구멍에 꼭 맞게 들어가 단단히 고정된 K^+ 이온에 의해 균형을 이룬다.

녹니석은 '샌드위치들'로 만들어져 있지만, 소위 말하는 브루사이트(brucite)층이라고 하는 또 다른 8면체 층에 의해 묶여 있다. 4면체 층의 순 전하와 8면체 층의 순 전하는 균형을 이루고 있고, 따라서 층 간의 이온은 없다. 클로라이트는 빙하에 의해서 침식된 순상지에 널리 노출된 저변성작용을 받은 변성암에 흔한 성분으로 빙하 퇴적물질들에서 많이 발견된다.

카올리나이트는 서로 교대로 나타나는 8면체 층과 4면체 층으로 이루어져 있다. 이것은 강한 화학적 풍화의 산물로 장석이나 다른 광물들에서 극심한 침출작용(leaching)에 의해 양이온들이 빠져나가고 남은 녹지 않는 알루미늄-규소 잔류물이다.

8.4.3 점토광물의 분포

심해 점토 중에서 가장 양이 많은 것은 스멕타이트(몬모릴로나이트)와 일라이트이다(그림 8.8). 그 분포를 보면 몬모릴로나이트는 적어도 태평양에서 만큼은 해양 화산활동이 중요한 공급원임을 암시하고 있다. 반면에 일라이트는 대부분이 대륙에서 온 것들이다. 나머지 두 종류의 중요 점토광물인 카올리나이트와 녹니석도 역시 육지에서 왔다. 카올리나이트는 열대지방의 화학적 풍화에 기인하며, 녹니석은 고위도지방의 심각한 침식과 기계적 풍화에 의해 만들어진다. 북아프리카와 호주의 서부 연안 외해에서는 실제로 카올리나이트가 우세하다. 녹니석은 일반적으로 고위도지방의 대륙 외해에서 풍부하고 알래스카만에서도 우세하다.

지금까지 살펴본 증거들에서 우리는 대부분의 점토광물들에 대해 육지 쪽 공급원이 아주 우세하다는 결론을 얻을 수 있고, 다만 스멕타이트의 경우에만 육지에서 공급된 비율이 어느 정도인지가 의문이다. 대서양의 경우에 P. E. Biscaye(1965)는 몬모릴로나이트 결정도(crystallinity)의 형태가 쇄설성 물질들의 분포 형태와 나란한 것으로 보아,

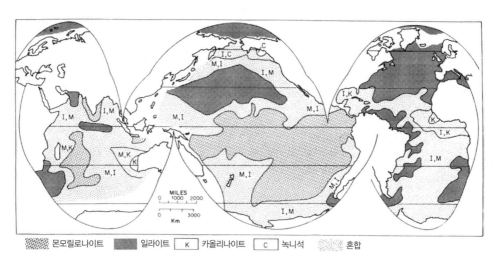

몬모릴로나이트　■ 일라이트　K 카올리나이트　C 녹니석　혼합

그림 8.8 해저의 점토광물 분포. 이 지도는 2μm보다 작은 부분의 우세한 광물을 보여주고 있음. 혼합은 어느 한 점토광물이 전체의 50%를 넘는 것이 없는 경우를 나타냄(W. H. Berger, in C. A. Burk, C. L. Drake, eds, 1974, The geology of continental margins. Springer, Heidelberg. 원 자료: J. J. Griffin 외, 1968, Deep Sea Res 15: 433).

육지로부터의 몬모릴로나이트 공급이 우세하다고 주장하였다. 태평양의 경우에는 해양과 태평양 '불의 고리(ring of fire)'에서 공급된 화산물질들이 분해되어 몬모릴로나이트로 된 것이다.

8.5 석회질 연니

8.5.1 수심 분포

해양은 강이나 젊은 해저의 현무암 열수작용에 의한 변성으로 나온 칼슘을 받아들인다. 이 유입량은 해양의 칼슘이 약 백만 년이 조금 안 되는 기간 동안 바다에 머물 수 있게 하는 양이다. 이 유입에 균형을 맞추기 위하여 해양은 탄산염을 침전시킨다. 침전은 해양 표층 부근에서 껍질이나 골격을 만드는 생물(석회비늘편모조류, 유공충, 연체동물, 산호, 조류 등) 속에서 일어나게 된다. (주로 플랑크톤의) 이런 단단한 부분들의 일부는 해저까지 도달하게 되고, 압력이 높아지고 수온이 낮아지면 탄산염광물(주로 방해석을 의미함)에 대한 해수의 불포화도(undersaturation)가 증가하기 때문에 해저의 융기부에서는 보존되고 깊은 곳에서는 용해된다(그림 8.9).

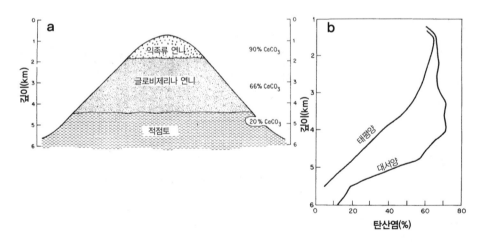

그림 8.9a, b 석회질 심해 퇴적물의 깊이에 따른 분포. **a** 수심에 따른 탄산염광물의 용해 증가에 의해 만들어지는 심해 퇴적물의 이상적인 수심 대상 분포(J. Murray, J. Hjort, 1912, The depth of ocean, Macmillan, New York에 의함). 익족류(pteropod)는 아라고나이트(aragonite) 각질이 있는 심해 복족류. **b** 수심에 따른 일반적인 심해 퇴적물 내의 탄산염 퇴적물 함량 분포(R. R. Revelle, 1944, Carnegie Inst Wash Publ 556).

태평양과 대서양에서는 탄산염퇴적물의 분포 형태가 상당한 차이를 보인다. 대서양은 모든 수심에서 태평양보다 높은 탄산염퇴적물 비율을 보이고 있다(그림 8.9b). 궁극적으로 이 차이는 심해 해수 순환의 결과로, 깊은 대서양을 탄산염퇴적물이 포화된 물로 먼저 채우고 태평양의 대부분은 불포화상태가 되기 때문이다(7.6.5절 참조, 그림 7.15).

8.5.2 심해의 용해 형태

지금까지 알려진 전체 해저의 용해 형태의 대부분은 탄산염보상수심(CCD)을 지도에 표시하는 것으로 나타낸다(그림 8.10). 탄산염보상수심 혹은 탄산염 경계선(carbonate line)은 특정 위도의 특정한 산에서 일정한 등고선을 따라 나타나는 육지의 설선과 유사하다. 탄산염보상수심은 개념상 해양의 어느 지역에서 해저에 공급되는 탄산염의 공급률이 용해율과 같아서 탄산염의 순 퇴적이 없는 특정한 수심을 말한다(Bramlette, 1961). 실제로 탄산염보상수심은 탄산염퇴적물 비율이 영으로 떨어지는 수심을 지도에 표시하게 된다. 이 방법은 홀로세 이전의 탄산염퇴적물이 노출되어 있는 경우에는 어려움이 있다(예 : 태평양 적도대의 깊은 수심).

탄산염보상수심은 주요 대양에서 대략 4~5km 수심 범위에 있지만 그 형태는 서로 상당히 다르다. 태평양에서는 탄산염보상수심 면의 가장자리가 위쪽으로 올라가 있

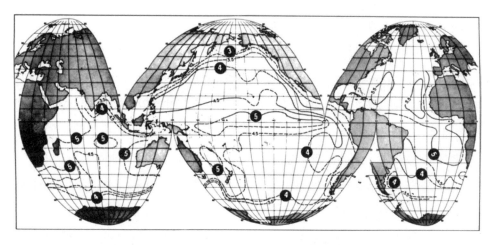

그림 8.10 탄산염보상수심의 표면고도, 즉 km로 표시된 수심 이상에서는 탄산염퇴적물이 거의 없거나 전혀 쌓이지 않음(W. H. Berger, E. L. Winterer, 1974, Spec. Publ. Int. Assoc. Sedimentol. 1: 11).

는 접시 모양의 적도를 따라 홈이 있는 형태이며, 평균 수심은 약 4.5km 정도이다. 대서양의 탄산염보상수심 면은 북쪽으로 낮게 기울어진 판의 형태를 하고 있다. 남쪽에서는 동서가 서로 대칭의 형태를 하고 있으며, 제일 깊은 곳은 북쪽에 있고 (>5.5km), 여기는 심층수가 젊고 약 4.5km 깊이까지 탄산염광물에 대해 과포화되어 있는 곳이다. 가장 얕은 탄산염보상수심은 북태평양의 북쪽으로, 여기서는 심층수가 오래되고 이산화탄소가 지나치게 많은(즉, CO_2가 수심이 증가하면서 호흡과 부패로 추가됨) 곳이다. 여기서 깊이 1km 이상에서는 거의 모든 물이 불포화(혹은 윗부분에서는 거의 불포화에 가까운 상태)되어 있다.

8.5.3 Peterson 깊이와 용해약층

중앙태평양에서 3,500m 아래에서 용해율이 급격히 증가하는 것을 보여준 M. N. A. Peterson의 현장 실험으로 심해저의 탄산염 용해에 대한 큰 이해를 이루었다(그림 8.11a). 이런 관측들(그리고 유공충의 석회질 껍질을 사용한 관련 실험들)에서 볼 때, 탄산염보상수심은 그보다 약간 얕은 깊이에서 용해가 증가하는 깊이에 따라 크게 좌우되고 탄산염이 포화상태에서 불포화상태로 바뀌는 경계부와 일치하는 것으로 보인다.

해저에서 용해 형태를 지도로 표시할 수 있는 탄산염보상수심과 비슷한 또 다른 깊이를 나타내는 '용해약층(lysocline)'이 있다. 용해약층의 개념은 유공충 군집이 잘 보존된 곳과 그렇지 못한 경계지역의 등심선을 따라 표시한 것이다(그림 8.11b). 탄산염보상수심을 설선에 비유한다면 용해약층은 높은 곳의 신선한 눈과 낮은 곳에 있는 사면의 젖거나 다시 얼은 눈의 경계에 해당된다. 해저에 보존되어 있는 용해약층은 Peterson의 깊이와 관련이 있을 것이다. 대서양과 남태평양에서는 용해약층이 남극 저층수의 상부에 해당된다. 그러므로 많은 지역에서 용해약층은 저층수가 석회질 각질을 녹이는 정도가 증가하는 깊이를 나타낼 가능성이 아주 높다.

용해도가 증가하는 임계수심['수리학적 용해약층(hydrographic lysocline)']과 그에 관련된 보존수심의 개념을 사용하면 탄산염의 퇴적과 적도대의 깊은 탄산염보상수심에 대한 아주 간단한 모델을 만들 수 있다(그림 8.12). 태평양 적도대에서 증가된 탄산염의 공급은 바로 깊어진 탄산염보상수심으로 나타나고, 이러한 태평양의 주요한 퇴적 특성을 통해 지난 4억 년간 적도를 통과한 태평양 해저의 이동경로를 따라가 볼 수 있다.

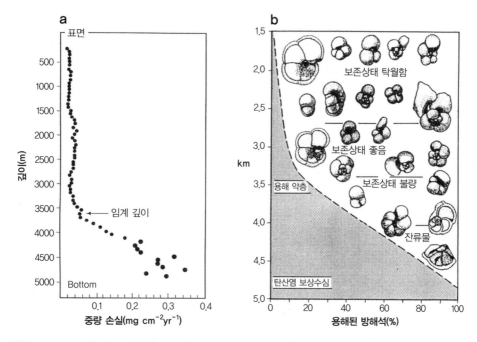

그림 8.11a, b 수심에 따른 탄산염광물의 용해. **a** Peterson의 실험. 매끈한 방해석 구를 표층 밑에 잠긴 큰 부표로 팽팽하게 유지한 줄에 매달아 노출시킴. 줄은 무거운 닻으로 위치를 고정하고, 4개월 후 구를 회수해서 무게를 측정함. 이 그림은 무게의 손실을 보여줌(M. N. A. Peterson, 166, Science, 154: 1542). **b** 용해의 차이와 용해약층. 통상적으로 3,000m 정도 이하의 얕은 수심의 해저에서는 심해 유공충이 잘 보존됨. 임계수심 이상에서는 깊어지면서 보존이 급격히 나빠짐. 해저에서 유공충의 보존이 좋은 곳과 나쁜 곳의 경계는 용해약층임. 이것은 생산성이 낮은 지역에서 Peterson의 임계수심 그리고 포화수심과 밀접한 관련이 있음(W. H. Berger, 1985, Episodes 8: 163).

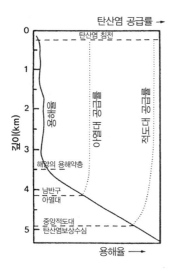

그림 8.12 탄산염보상수심의 기원과 용해약층과의 관계에 대한 개념적 모델. 그림 8.10에서 본 것처럼 적도에서 증가된 탄산염 공급이 탄산염보상수심을 낮춤(Berger 외, 1976, J Geophys Res 81: 2617).

보존 정도가 같은 깊이(용해약층)는 대략 해수 중의 탄산염 포화도가 같은 깊이를 나타낸다는 사실로, 심해의 시간에 따른 포화상태의 변화(changes in saturation state)를 재구성해 볼 수도 있다. 이러한 정보는 해양의 이산화탄소 분압을 재구성하는 데에도 결정적으로 필요하고, 이것은 다시 먼 과거의 대기 중 이산화탄소 농도를 재구성하는 데에도 유용한 정보가 된다. 해양의 이산화탄소 농도를 일정하게 유지하려면 용해약층의 깊이가 평균적으로 약 500m 깊어지면 대기 중의 이산화탄소는 약 10%(홀로세 후반기에는 약 30ppm) 낮아져야 한다. 빙하기 동안에는 이 정도로 깊어지는 일은 일어나지 않았다(9.3.1절과 9.3.2절 참조).

8.5.4 대륙 주변의 용해 형태

탄산염보상수심 지도를 보면(그림 8.10) 태평양 적도대의 높은 생산성이 탄산염보상수심을 약 500m 정도 깊게 만들었다는 것을 알 수 있다. 그러나 역설적으로 대륙의 주변에서는 높은 생산성이 탄산염보상수심을 더 얕게 만들게 된다. 이러한 모순에 대한 단서는 대륙주변부와 심해 퇴적물 속의 유기물의 내용이 매우 다르다는 것에서 찾을 수 있다(그림 6.4). 대륙 주변의 생물이 번성한 지역에서는 높은 유기물의 공급으로 인해 저서생물의 활동이 활발하고 간극수 속에 이산화탄소가 많이 함유되어 있어 탄산을 만들게 된다. 그러므로 탄산염 이온은 파괴되고 탄산염 각질은 수백 m 깊이의 대륙사면에서도 녹게 된다.

이와는 대조적으로, 중앙태평양의 적도지역에서는 생물이 번성해서 늘어난 석회질 각질의 공급이 이 지역의 유기물 공급량의 증가를 훨씬 능가하게 된다. 탄산염 입자는 쉽게 바닥에 도달하는 반면에 유기탄소는 깊은 바닥까지 가는 도중에 걸러지게 된다(그림 6.1 참조). 결과적으로 심해에서는 탄산염 각질과 유기탄소의 비율이 상대적으로 높아서 탄산염 성분의 각질이 보존되기에 좋은 조건이 된다. 그렇지만 유기물의 공급으로 인해서 탄산염의 일부는 용해약층보다 위에서 녹게 되기 때문에 완벽하게 보존될 수는 없다.

8.5.5 탄산염보상수심은 왜 존재하는가?

심해의 물이 탄산염을 용해하는 궁극적인 이유는 생물들이 장기간에 걸쳐서 해저에 퇴적될 수 있는 양보다 더 많은 양의 탄산염을 공급하기 때문이다. 퇴적될 수 있는 양은 육지나 열수 공급원에서 유입되는 양에 의해 한정되어 있다. 전체적인 유입량을 초과해서 해저에 공급되는 각질은 궁극적으로 해양의 탄산염의 농도를 낮추게 되고, 결과적으로 저층수들은 해저에 초과공급되는 탄산염광물을 용해시키기에 충분할 정도로 불포화상태가 된다. 그렇게 해서 동적인 정상상태(dynamic steady state)가 유지된다. 이런 단순한 계산으로 지질학적 시간을 통해서 전체적인 생산성의 증가는 전체적인 용해의 증가를 수반하게 되고, 그 반대도 성립한다는 것을 알 수 있다.

물론 과거를 해석하기 위해 현재의 바다를 이용할 때, 너무 먼 과거까지 유추하지 않도록 주의해야 한다. 석회비늘편모조류(혹은 초미화석들)는 백악기 초기에, 부유성 유공충은 백악기 후기에 대량생산이 시작되었다. 또한 만약 중생대에 바다가 현재보다 혼합이 잘되지 않았다면(즉, 심층수의 생산이 덜 활발했기 때문에), 그 당시의 탄산염보상수심의 일반적인 특성에도 큰 영향을 미쳤을 것이다.

8.5.6 전 지구적 실험

현재 인류는 탄소의 용해와 기후변화가 포함된 전 지구적 실험을 하고 있다. 우리들 ─ 주로 산업국가들 ─ 은 엄청난 양의 석탄과 기름을 태우고 있고 그 비율은 점점 더 증가하고 있다. 농업개발 및 식량과 연료의 생산을 위해 열대지방을 비롯한 여러 곳에서 대규모의 산림훼손이 진행되고 있다. 그 결과 발생되는 이산화탄소는 대기 중으로 섞이게 된다. 지금까지 원래 대기 중에 존재하던 이산화탄소의 약 50% 정도의 양이 지난 세기 동안에 더해졌다. 이 중에 거의 반 정도가 바다로 들어갔으며, 나머지는 대기 중에 머물러 있다(그림 8.13a). 궁극적으로는, 만약 지금 사용 가능한 석탄과 기름을 모두 다 태운다면 다음 수세기 동안에 원래 대기 중에 있는 이산화탄소의 약 10배 정도가 더 더해지게 될 것이다.

이렇게 지속적으로(아마 점점 더 늘어날 것임) 이산화탄소가 배출된다면 해양은 어떻게 반응할 것인가? 장기적으로는 해저는 대부분의 산업에 의한 이산화탄소를 탄산염 용해작용에 의해 중화시킬 것이다(그림 8.13b).

$$CO_2 + H_2O + CaCO_3 \rightarrow Ca^{2+} + 2HCO_3^- \qquad 식 (8.1)$$

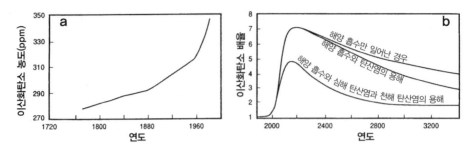

그림 8.13a, b 대기 중의 이산화탄소 증가와 그에 따른 해저의 탄산염광물 용해 예상 곡선. a 남극 Siple Station의 빙하 코어와 하와이 Mauna Loa에서 관측한 Keeling의 자료에서 볼 수 있는 대기 중의 이산화탄소 증가(U. Siegenthaler, H. Oeschger, 1987, Tellus 39: 140). b 만약 기름과 석탄이 모두 소모될 때까지 현재의 이산화탄소 유입 추세가 계속된다면 미래의 대기 중 이산화탄소가 산업화 이전의 이산화탄소를 얼마나 초과하게 될지 계산한 배율. 해저의 탄산염 용해가 초기의 강력한 이산화탄소 증가를 막지 못하는 것을 알 수 있음(R. B. Bacastow, C. D. Keeling, 1979, U S Dpt Energy Conf 770385: 72).

그러므로 산업에 의한 이산화탄소의 충격은 해저에 결층(hiatus)을 만들게 될 것이다. 사용 가능한 석탄과 기름을 모두 태운다고 가정할 경우 탄산염을 가지고 있는 해저에서 약 1m 정도의 탄산염퇴적층이 용해되어야 할 것이다. 그러나 처음에는 이산화탄소가 더이상 공급될 필요가 없는 불포화상태로 용해되어 있는 천해, 특히 고위도지방에서 주로 용해가 시작될 것이고, 이어서 저위도지방에 영향을 미쳐서 산호의 성장을 방해하게 될 것이다. 해저의 깊은 곳에서, 이렇게 늘어난 이산화탄소의 공급의 영향을 느끼기 시작할 때까지는 수백 년이 걸릴 것이다. 새로운 대기 조건에 대한 소식을 심해저에 전달하는 새로운 심층수가 기존 심층수를 대체하는 데에는 이렇게 긴 시간이 걸린다.

우리는 이산화탄소 농도가 얼마나 높이 올라가고, 그 영향은 어떻게 될지 예측할 수 있을까? 많은 과학자들 — 기상학자, 해양학자, 지화학자, 지질학자 등 — 이 질문에 관해서 노력을 기울이고 있다. 일반적으로는 이산화탄소 양이 두 배가 되면 지구의 평균 기온은 적어도 2°C 정도 상승할 것이라는 데 대체로 동의하고 있다. 어떤 사람은 이 상승치를 두 배 정도까지 높게 추정하기도 한다. 지난 세기 동안 약 0.5°C의 상승이 관측되었지만 이 상승이 어떤 중요성을 갖는지는 분명하지 않다(그림 7.16 참조).

탄소 연료의 사용 경향이 어떻게 되느냐에 따라 향후 약 50년 정도 이내에 이산화탄소 농도는 두 배가 될 수도 있다. 메탄 배출의 증가도 이러한 관점에서 고려되어야 한다(에필로그 참조). 지구의 온도를 몇 도 올리게 되면 그 영향은 어떻게 될 것인가? 그 해답은 아무도 모른다. 단순히 중위도지방의 많은 지역에서 기후가 따뜻해지고 습윤해져서, 그 변화가 많은 국가의 농업에 이로울 수도 있다. 그러나 심한 온난화가 원치 않은 부작용을 가져올 수도 있다. 예를 들면, 허리케인 활동이 크게 늘어나거나 북부 곡물 생산대의 가뭄 등이다. 현재보다 열 배 정도 빠른 해수면 상승을 일으킬 수 있는 대규모의 남극 빙하의 해빙 가능성도 있다. 또 다른 가능성으로는(지질학적으로) 급격한 이산화탄소의 유입은 대기-해양의 강한 불균형을 가져오고 이로 인한 단기 기후진동(climatic oscillation)은 경제적·정치적 안정성을 해칠 것이 분명하다는 점도 고려되어야 한다.

지질학적 관점에서 유일한 안전한 예측으로는 자원의 고갈이나 기후변화로 인한 경제의 파탄, 혹은 (전쟁의 가능성을 무시하더라도) 환경문제 등으로 인해 향후 2~3세기 이내에 이산화탄소 유입이 감소할 것이라는 것이다. 그때는 대기의 이산화탄소는 해양의 탄산염의 용해에 의한 알칼리도(alkalinity)의 증가에 따라 감소하게 될 것이다.

이산화탄소 문제는, 아직 수많은 인구가 적절한 음식과 주거지를 갖지 못하고 있는 현재 우리 행성의 자연적인 순환과정을 인류의 이익을 위해서 어느 정도까지 개발해야 하는가를 생각하게 한다.

8.6 규질 연니

8.6.1 조성과 분포

심해의 규질 퇴적물을 고려할 때에는 '적점토'나 석회질 연니에서 제기되었던 많은 지화학적인 의문이 다시 나타난다. 육지의 풍화, 해저의 변성, 화산이나 열수의 분출 등이 기여하는 것은 무엇이고, 해수 중의 용존물질의 농도를 조절하는 기작은 무엇인가? 즉, 무엇이 포화상태를 조절하는가?이다.

생물 입자들이 그러한 용존물질의 유일한 유출경로인가? 아니면 점토의 '상향작용(upgrading)'에 의한 흡수가 일어나는가? 해저의 재용해(redissolution)작용에 의해 바로 위의 해수에 용존물질이 공급되는 비율은 얼마나 되는가?

먼저, 규질 퇴적물의 분포, 생산, 용해 형태 등을 간단히 살펴보자.

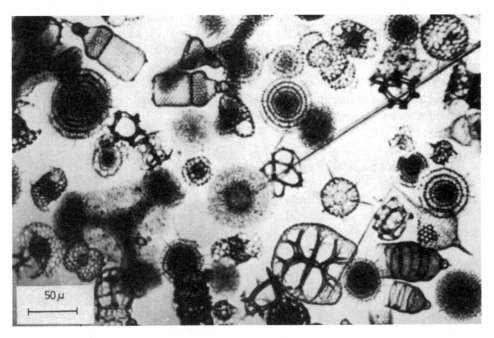

그림 8.14 태평양 적도에서 채취한 퇴적물 속의 현생 방산충들(현미경 사진제공: W. H. B.).

우리는 이미 이런 퇴적물의 성분을 알고 있다. 규조류(diatom), 규질편모충(silicofla-gellate), 방산충(radiolarian), 해면동물 침상체(sponge spicule) 등으로 이런 것들은 모두 비정질 이산화규소의 수화물 형태인 오팔(opal)로 만들어져 있다. 규조류 연니는 고위도, 규조류로 이루어진 니질퇴적물은 대륙의 주변부, 방산충 연니는 적도지역에서 전형적으로 나타난다(그림 8.2, 8.4). 물론 규조류 연니와 방산충 연니는 둘 중의 하나가 우세하지만 모두 다양한 퇴적물과 혼합되어 나타난다(그림 8.14). 규질 퇴적물은 생물이 번성하는 지역, 즉 표층수에 비교적 인의 농도가 높은 지역에서 나타난다(그림 8.15). 이런 전반적인 생물의 번성과 규소가 많은 퇴적물의 연관성은 지역에 따라 재퇴적작용으로 인해서 변화가 생긴다. 특히 생물이 번성하는 지역에서는 저서생물의 활동으로 세립 퇴적물이 재부유되고, 규질 각질은 가벼워서 쉽게 이동된다. 그래서 심층 해류와 중력에 의해 규질 각질은 국소적이나 지역적으로 움푹한 곳에 쌓이게 된다.

8.6.2 조절 변수들

다른 종류의 퇴적물들과 마찬가지로 퇴적물 속의 규질 화석의 농도는 (1) 표층 해수

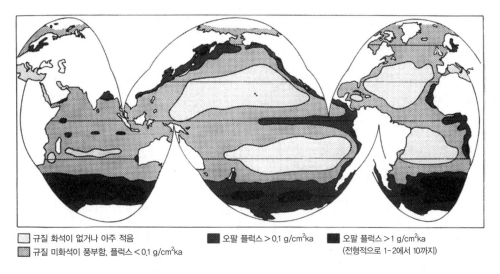

그림 8.15 해저로 가는 규질 화석의 플럭스(W. H. Berger, J. C. Herguera, in P. G. Falkowski, A. D. Woodhead, eds, 1992, Primary productivity and biogeochemical cycles in the sea. Plenum Press, New York).

중의 규질 생물의 생산율, (2) 육성기원, 화산성, 석회질 입자들 등에 의한 희석 정도, (3) 대부분 퇴적 후 짧은 시간 내에 일어나는 규질 골격물질의 용해 정도 등에 따라 달라진다.

첫째 변수, 규질 각질의 생산은 연안지역에서 최대가 된다(4.3.3절, 그림 8.2와 8.15). 이렇게 해서 각 해양을 둘러싸는 규소 고리(silica ring)가 만들어지게 된다. 규소 고리는 대기 순환에 의해 위도에 따라 배열된 해양의 발산대에서 규소를 공급받는다. 발산지역에서는 영양염이 풍부한 표층수가 있고, 따라서 견고한 규질 각질을 만들기에 충분한 규소가 있다. 또한 이런 지역에서는 규질 각질을 배설물 알갱이로 뭉칠 수 있는 동물플랑크톤들이 많아서 해저까지 운반이 빨라지게 된다(그림 6.2).

측정된 유기물 생산량에 부유물 속의 고형 규소와 유기물의 비를 곱해보면, 물론 대단히 개략적이기는 하지만 표층 해수에서 침전된 규소의 양을 추산해 볼 수 있다.

규소의 고정 비율은 약 100g 이내(중앙 환류)에서 500g 이상(남극)까지 다르지만 전형적인 값으로 약 200g SiO_2/m^2가 사용되고 있다. 만약 강을 통한 유입이 유일한 규소의 공급원이라면 이 고정된 것 중에서 불과 약 $1g/m^2/yr$, 즉 0.5%만 해저의 퇴적물 속에 들어갈 수 있다. 특히 열수작용이 활발한 대양저 산맥의 꼭대기에서 해수-현무암의 화학작용에 의한 같은 정도의 규소의 공급을 가정하면 그 두 배(즉, 고정량의 약 1%) 정도가 퇴적될 수 있다. 전 세계의 규소 흐름의 지도를 보면(그림 8.15) $2g/m^2/yr(= 0.2g/cm^2/ka)$가 실제로 합리적인 평균값이라는 것을 알 수 있다.

두 번째 변수인 규질물질의 희석 정도는 비규질 입자와 규질 입자의 퇴적률의 비를 나타낸다. 탄산염퇴적물에 의한 규질 퇴적물의 희석에 관해서는, 규질 퇴적물이나 석회질 플랑크톤은 모두 표층 해수의 생산성에 좌우되기 때문에 석회질 각질의 공급이 많으면 규질 각질의 공급도 많을 것이라고 생각할 수도 있다. 그러나 일반적으로는 그렇지 않으며, 실제로는 규질 퇴적물과 탄산염퇴적물의 분포 형태는 서로 역상관관계를 보인다. 이것은 보존에 대한 화학적 조건이 서로 상반되기 때문이다. 우리는 이미 생산성이 높아지면 어느 시점부터는 탄산염퇴적물의 보존이 감소하고 규질 퇴적물의 축적이 증가하는 것을 알고 있다. 이와 비슷하게 깊이에 따라서도 규질 퇴적물은 표층 해수에서(높은 온도 때문), 탄산염퇴적물은 깊은 수심에서 각각 가장 많이 용해되는 서로 상반된 관계를 나타낸다.

규질 퇴적물의 양을 조절하는 세 번째 요인은 용해 정도이다. 규질 각질의 보존은 퇴적물 속에 들어 있는 양과 밀접한 관계가 있다. 규질 퇴적물의 양과 보존 사이에 양의 상관관계를 보이는 것은 생물의 변성지역에서는 쉽게 용해되는 규조류의 공급이 많은 것이 원인이다. 간극수가 약산성을 띠어 튼튼한 골격들도 잘 녹는 화학적 환경이 만들어지는 유기물이 많은 퇴적물의 간극수에서 이러한 규조류가 완충역할을 하기 때문이다. 일반적으로 규질 편모충과 규조류는 방산충이나 해면 침상체 등이 녹기 훨씬 전의 녹는 순서는 다음과 같다(제일 약한 것부터 제일 강한 것 순서). (1) 규질 침상체, (2) 규조류, (3) 약한 방산충, (4) 튼튼한 방산충, (5) 해면 침상체. 남극의 오팔 퇴적이 무엇보다 중요하기 때문에 나머지 해저의 오팔의 보존 여부는 크게 보면 남극 바다가 오팔을 추출해서 그 해저에 퇴적시킬 수 있는 양에 따라 달라진다.

8.6.3 지화학적 조건

해저의 표층 퇴적물 속의 오팔 골격물질은 용해되어 심층수에 규소를 공급하게 된다. 이 퇴적물에서 해수로의 흐름은 간극수 속의 농도변화와 심층수와 표층 해수의 농도 차이로 분명히 알 수 있다. 이렇게 다시 물속으로 되돌아가는 것은 최근에 도착한 각질들이 녹고 있는 퇴적층의 가장 윗부분에서 최대가 된다. 그러나 이렇게 용해되어 해수 속으로 재공급되는 작용은 퇴적층 속으로도 계속되므로 1천만 년 정도까지 오래된 퇴적물도 해당된다(그림 8.16).

퇴적물의 간극수에 용출된 규소의 일부는 새로운 광물을 만들 수도 있다. 그러나 퇴적물의 표면 부근에서는 대부분의 규소가 해수 속으로 다시 들어가게 된다. 그래서 해저와 긴 시간 동안 접촉한 '늙은' 저층수는 규소가 풍부하다. 반대로 표층에서 최근에 바닥에 도달한 '젊은' 저층수는 규소가 적다. 그러므로 북태평양의 심해('늙은' 해수)는 용존규소 농도가 높고, 북대서양 심해('젊은' 해수)는 용존규소 농도가 낮다.

이런 전반적인 심해수의 용존규소의 분포에서 다음과 같은 분명한 결론을 얻을 수 있다. 심층수의 규소 농도가 상대적으로 낮은 것은 점토광물이 용존규소를 흡수할 수 있다고 하더라도 그 때문이 아니다. 만약 그 때문이라면 '늙은' 해수는 규소가 더 희박해야 될 것이다. 농도가 낮은 이유는 심층수는 표층에서(규조류에 의한 규소의 추출에 의해서) 규소가 희박했던 조건을 반영하고 있으며, 활발하게 녹고 있는 오팔 껍질 등에 의해 포화될 수 있는 충분한 시간도 부족했기 때문이다.

8.6.4 심해 처트

심해 퇴적물 속에서 발견된 처트(chert)는 심해 시추를 통해 많은 지식을 얻고자 하는 지질학자들을 매혹시켰고 동시에 좌절을 안겨주었다. 심해 처트(은정질과 미정질의 석영으로 경화된 규질암석)의 형성은 오팔의 이동과 재침전으로부터 속성작용(diagenesis)이 진행됨에 따라 결국은 화석이 석영으로 대체되거나 석영으로 채워진 규질암으로 바뀌게 된 것이다. 내부 결정구조가 불규칙한 크리스토발라이트(cristobalite, 섬유조직상 석영)로 이루어진 것도 있다. 원래 있던 퇴적물에 따라 다양한 비율로 재결정작용이 진행될 수도 있고 좀 더 다른 형태로 바뀔 수도 있다.

만약 규질 화석이나 규소가 풍부한 화산유리질(volcanic glass) 등의 공급이 있다면 나중에 처트가 만들어지기 위해서는 다음과 같은 조건이 반드시 있어야 한다. (1) 충분히 많은 오팔의 공급과 희석물질의 적은 공급, (2) 규소가 풍부한 저층수, (3) 상당한 매몰률, (4) 규질 각질들이 잘 보존될 수 있는 화학적 조건 등이다.

속성작용 도중에 오팔 골격들은 용해되고, 만약 화산성 물질들이 있다면 이것들은

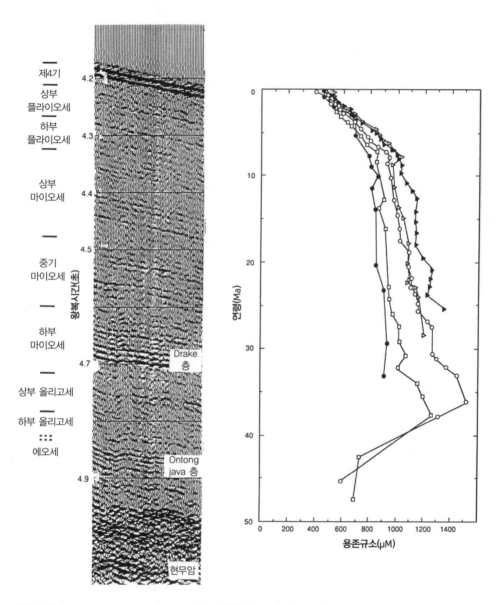

그림 8.16 Ontong Java Plateau(Site 805)의 심해퇴적층 속의 음파 반사면들(왼쪽)과 인근 굴착지점들에서의 용존규소(Site 805 : △)(오른쪽). Site 805는 적도의 바로 북쪽에 위치함. 수심 3,188m. Ontong Java Series 반사면까지의 퇴적물은 석회질 연니와 백악(chalk)층임. 총퇴적물 두께는 약 1km. 처트층은 Ontong Java Series의 꼭대기 부근에서 처음으로 나타나고 연대는 에오세 중기에서 후기 사이임. 용존규소 농도가 그 층에서 떨어지고, 침전이 일어난 것을 나타냄(W. H. Berger, L. W. Kroenke, L. A. Mayer 외, 1991, Proc Ocean Drilling Progr Init Rpts 130: 497; M. Delaney에 의한 규산염 측정).

탈유리화 과정(devitrification)에서 규소를 배출한다. 그리고 규소가 풍부한 간극수는 지층간 면이나 균열을 따라서 이동하고 인근의 투수층으로 수직이동하여 침전하게 된다. 왜, 어떤 곳에서는 침전이 잘되고, 다른 곳에서는 이동이 잘되는지 등 자세한 것은 아직도 잘 알지 못한다.

해저 시추를 하는 도중에 태평양 적도의 서쪽과 그 밖의 전 세계 해양의 여러 곳에서 엄청난 처트층이 에오세 후기 층에서 나왔다(그림 8.16, 'Ontong Java Series'). 그 깊이에서 음파는 임피던스(음파의 속도와 밀도를 곱한 것)의 갑작스러운 변화 때문에 강하게 반사되고, 간극수는 이 층에서 침전에 의해서 용존규소가 줄어드는 경향을 보인다(그림 8.16, 오른쪽). 그 외에도 또 다른 강한 반사면이 있음을 알 수 있다. 'Drake Series'(신 제3기의 시작점)는 아마도 에오세 이후의 탄산염층 내에서 생긴 간헐적인 용해 펄스의 영향에 의한 것으로 보인다. 기반암의 반사면들은 현무암층이다. 용존규소의 분포는 약 천만 년 전까지 규소 성분이 퇴적물에서 해저로 다시 들어간 것을 보여주고 있다. 이러한 규소의 손실로 그 이후에는 처트가 만들어지기에는 좋지 않은 조건이 되었다.

심해 처트층이 왜 특정 지질시기에 집중되어 있고 다른 시기에는 그렇지 않은지에 대한 해답은 현재로서는 모른다. 아마도 해양에 대한 전 지구적인 규소의 공급이 바뀌어서(풍화작용, 화산활동, 대양저 산맥마루의 열수작용) 퇴적되는 규소의 양이 바뀌었고(높은 해수면으로 인한) 해양의 생산성의 변화가 분포 형태를 바꾸었던 것 같다(8.6.2절 참조).

활성 대륙주변부의 오피올라이트(ophiolite)나 혼합지층(mélange) 속에 방산충암(radiolarite)으로 노출되기도 하는 고대 규질암들 중 어떤 것은 저탁암일 수도 있다. 이런 규질암들은 활성 주변부에서 오팔이 풍부한 퇴적물들이 저탁류에 의해서 대륙주변부의 해저에 들어와(높은 해수면 때문에) 육성기원 물질들에 의해 많이 희석되지 않고 재퇴적된 것으로 추측할 수 있다.

8.7 층서학과 연대측정

8.7.1 일반적인 고려사항들

심해 퇴적물의 모든 절대 연대측정은 궁극적으로는 방사성 동위원소와 그 자원소들 (daughter elements)의 측정으로 가능하다(부록 A8). 그러나 통상적인 연대측정은 거의 모두 다음의 세 가지 방법을 사용한다. 화석의 내용 결정, 자기역전 순서 결정 그리고 산소·탄소·스트론튬 등과 같은 안정동위원소의 화학적 특성의 순서 결정 등이다. 이러한 도구들(생층서학, 자기층서학, 화학층서학)을 심해 지층의 고생물학적, 퇴적학적 혹은 물리적 특성 속에서 관측된(혹은 추정한) 천문학적 주기의 개수[주기층서학 (cyclostratigraphy) 혹은 푸리에층서학(Fourier stratigraphy)]과 함께 사용한다. 주기를 세는 것을 제외한 나머지 방법들은 모두 연대측정이 잘되어 있다고 생각되는 층과의 상관관계에 의해서 연대가 정해진다.

당연히 어느 지층에 대해서 동시에 사용한 여러 방법들이 서로 잘 맞으면 기준 지층과도 가장 좋은 상관관계를 보이게 된다.

8.7.2 생층서학적인 면

심해 퇴적물의 층서적 상관관계를 연구하는 분야가 화석, 특히 초미화석, 유공충, 방산충, 규조류 등을 식별하는 (미)고생물학이다. 이러한 화석들의 층서적 분포는 지난 40여 년간 이루어졌다. 이러한 작업은 미국 지질학자인 M. N. Bramlette(1896~1977년), A. R. Loeblich, H. Tappan 등과 스위스 고생물학자인 H. Bolli 그리고 누구보다도 심해 지층의 연대측정에 미화석의 중요성을 깨달은 호주계 미국인 W. Riedel 등과 같은 선구자들에 의해서 시작되었다. 초미화석과 방산충들은 심해 퇴적물의 모든 연령범위에 유용하게 사용된다(그림 8.17). 부유성 유공충은 백악기 중기의 어느 시기에, 규조류는 백악기 후기에 다양해졌다.

층서학적 상관관계의 원리는 과학적인 지질학과 고생물학의 시작 시기까지 올라간다. 즉, 세계에서 서로 다른 지역의 퇴적층이 서로 다른 화석들로 조합된 순서가 비슷하게 나타나는 것을 관측한 것이다. 대단히 일반적인 현상으로 열대지역의 화석들은 그 외의 지역보다 더 다양한 화석들이 나타난다. 그러므로 고위도지방에 비해 저위도

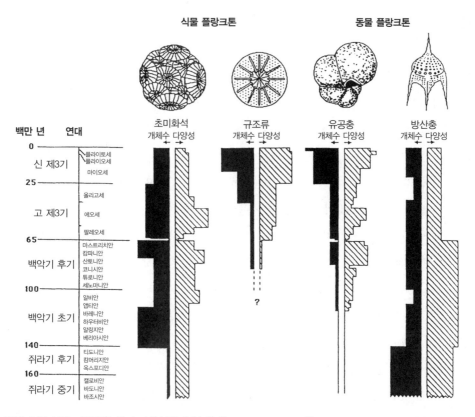

그림 8.17 심해 미화석의 양과 다양성의 출현 형태(H. R. Thierstein 외, in G. B. Munsch, ed, 1988. Report of the Second Conference on Scientific Ocean Drilling Cosod II, European Science Foundation, Strasbourg).

지방에서는 순서를 훨씬 세밀하게 나누는 것이 가능하다. 또한 화석의 다양성도 생겨나고 소멸하는 비율의 변화에 의해 시간에 따라 변한다.

　미화석의 분석을 통한 층서학적 분해능(stratigraphic resolution)은 환경에 따라 달라진다 — 다양성이 낮으면 분해능이 나쁘다. 좋은 조건(즉, 위기 종이 나타나는 경우)에서는 신 제3기의 심해 미화석 시대 구분을 각 집단 내에서 백만 년에서 수백만 년 사이로 나눌 수 있다. 신생대 제3기 말기 부근에서는 초미화석의 시대 구분이 예외적으로 자세해서 분해능은 약 5십만 년 정도 된다. 다양한 집단들의 진화 계통(evolutionary lineage) 뿐만 아니라 연대측정이 잘되어 있는 **최초출현 기준면**(first-appearance datums, FAD)과 **최종출현 기준면**(last-appearance datums, LAD) 등을 사용하면 좀 더 자세히 나누는 것도 가능하다. 원양성(pelagic) 부유종 외에도 저서종도 층서학적으로 흥미가 있다. 제3기에는 저서동물의 중요한 변화가 에오세 중기와 올리고세 말기에 일어났다.

8.7.3 자기층서학

지구 자기장의 역전(해저 확장과 해저의 연령 토의에서 나왔음, 1.8절 참조)은 심해 퇴적물에 자기의 정상(N)과 역전(R) 순서에 관한 정보를 전해주고, 그 정보는 적절한 조건하에서는 보존되고 측정이 가능하다. 신호의 강도는 대부분 철이 풍부한 광물의 농도에 따라 달라진다. 결과 ─ 각 샘플에 부착된 N과 R 표지의 순서 ─ 는 C. G. A. Harrison과 B. Funnell이 1964년에 처음으로 보여준 것과 같은, 이미 잘 확립되어 있는 기록과 대응이 가능하다. 예를 들어 해저에서 퇴적물 속으로 내려가면서 처음으로 뚜렷하게 N─샘플에서 R─샘플로 바뀌는 곳은 부르네스─마추야마 경계(Brunhes─Matuyama boundary)와 연관지을 수 있을 것이다. 이 역전의 연대는 ^{40}K의 방사성 붕괴와 δ^{18}O 기록 내의 천문 주기 계수에 의거해서 790,000년으로 정해졌다(주기층서학, 8.7.5절).

'부동(floating)'층을 발견했을 때 다른 정보(예를 들어, 생층서학으로 찾은 고정점 같은 것)가 없다면, 하나로 대응을 시킬 수 없다. 다른 방법들로 확인할 수 있는 것이 많을수록 특정한 대응이 정확하다는 확신이 커질 수 있다. 하나의 문제점은 자기 역전 순서에서 빠진 층을 찾아내는 것이 상당히 어렵다는 것이다. 그렇지만 본질적으로 자기 역전은 순간적이고 전 세계적으로 생기기 때문에(생층서학적 사건은 그렇지 않음) 생층서학과 함께 사용된 자기층서학은 전 지구적 상관관계를 연구하는 데 있어 강력한 도구임이 증명되었다.

8.7.4 화학층서학

해수의 특성에 대한 많은 화학적 변화는 전 세계적으로 일어나며, 미화석 껍질의 조성에 그 기록이 남는다. 전형적인 예로 산소, 탄소, 스트론튬의 안정동위원소를 들 수 있다. 석회질 화석의 산소와 탄소의 동위원소의 비율들은 주기적인 변화, 계단식 변화, 일정한 경향성을 보이는 변화 등을 보여주고 있다. 이런 변화들은 일단 일반적인 틀만 확립되면 층서적 분해능을 현저히 높이는 데 사용할 수 있다. 예를 보면(그림 8.18), 두 플랑크톤 종의 **최초출현 기준면(FAD)**은 심층수의 δ^{13}C 값이 마이오세의 최후기에

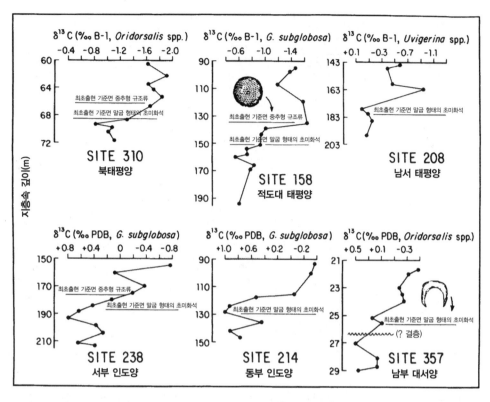

그림 8.18 화학층서와 생층서의 상관관계. 전 지구 해양의 $\delta^{13}C$ 값은 생층서적 지표와 관련된 저서성 유공충에서 보이는 것처럼 약 6백만 년 전에 바뀌었다. *FAD* 최초출현 기준면, *T. praeconvexa* : 중추형 규조류, *Amaurolithus* spp. : 말굽 형태의 초미화석. FAD *Amaurolithus*의 $\delta^{13}C$ 값의 변화에 대한 일관된 관계를 볼 수 있다(B. U. Haq 외, 1980, Geology 8: 427; 다시 그림).

좀 더 음의 값으로 바뀐 것이 전 지구적으로 동시에 발생했다는 것을 보여주고 있다. 이 변화(약 6백만 년 전에 발생)는 어느 한 코어의 식별이 이루어지고 나면 전 지구적인 연관성에 사용할 수 있다. 우리는 고해양학적 관점에서 이런 형태의 동위원소의 변화의 중요성을 다룰 것이다(9장).

스트론튬 동위원소의 변화는 신생대의 장기적인 변화 경향을 보여주고 있고, 그래서 다른 정보가 없는 경우에도 백악기 이후 샘플까지 연령범위를 결정하는 데 사용할 수 있다(그림 8.19). 예를 들어, 초미화석이나 유공충 샘플에서 측정한 ^{87}Sr과 ^{86}Sr의 비율이 0.7088이라고 하면 그 샘플은 마이오세 중기의 끝부분에 놓을 수가 있다.

스트론튬은 왜 이런 형태로 변화하는가? 아마도 이런 경향은 대륙기원(비율 0.705

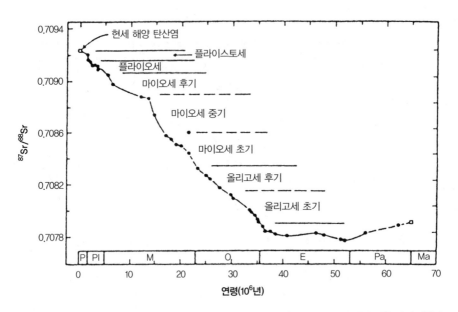

그림 8.19 해양 탄산염의 스트론튬 동위원소 비율. 신생대 후기에 높은 값으로 증가하는 것은 화산기원의 스트론튬 공급보다 상대적으로 대륙지각의 깊은 침식의 중요성이 증가하는 것을 나타낸다(F. M. Richter 외, 1992, Earth Planet Sci Lett, 109: 11; 수정).

에서 > 0.712)에 비해서 상대적으로 현무암 기원(비율 0.702에서 0.703 부근)의 스트론튬이 감소한 것에 기인한 것으로 보인다. 그 이유는 에오세 후기 이후의 해양 화산활동의 감소와 함께 조산작용에 의한 전반적인 육지의 생성 때문으로 추정된다.

8.7.5 주기 층서학

심해 퇴적물의 특성이 천문학적인 주기(스펙트럼 분석으로 보여 줌 : J. Hays, J. Imbrie, N. Shackleton, 1976, N. Pisias, 1976)에 가까운 주기를 가지고 변화한다는 사실을 발견함으로써 Fourier 분석으로 추출한 기록 속의 천문학적 주기를 세는 새로운 연대측정의 방법이 열리게 되었다. 이 방법으로는(만약 다른 고정점과의 연결이 없으면) 부동 연대(floating chronology)를 알 수 있다. 이 방법으로 특히 제4기 퇴적물에서 유용한 결과를 얻을 수 있고, 9장에서 제4기 퇴적물을 토의할 때 여러 가지 주기들을 접하게 될 것이다.

더 읽을 참고문헌

Schott W (1935) Die Foraminiferen in dem aequatorialen Teil des Atlantischen Ozeans. Wiss Ergeb Deutsch Atlant Exped Forschungsschiff Meteor, 1925–1927. 3 (3), 43–134

Hill MN (ed) (1963) The sea – Ideas and observations on progress in the study of the seas, vol 3, Interscience, New York

Harrison CGH, Funnell BM (1964) Relationship of palaeomagnetic reversals and micropalaeontology in two Late Cenozoic cores from the Pacific Ocean. Nature 204: 566

Lisitzin AP (1972) Sedimentation in the world ocean. SEPM Spec Publ 17, Soc Econ Paleontol Mineral Tulsa, Okla

Hsü KJ, Jenkyns H (eds) (1974) Pelagic sediments on land and under the sea. Spec Publ Int Assoc Sedimentol 1

Bolli HM, Saunders JB, Perch-Nielsen K (eds) (1985) Plankton stratigraphy. Cambridge Univ Press, New York

Chester R (1990) Marine geochemistry. Unwin Hyman, London

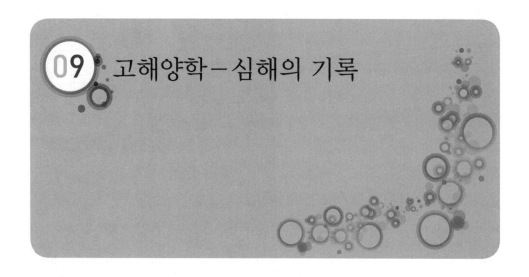

09 고해양학 – 심해의 기록

9.1 배경

해양의 역사를 연구하는 분야인 고(古)해양학은 해양의 역사를 복원할 수 있는 정보가 기록된 퇴적물을 시추하여 얻은 코어들을 사용할 수 있게 된 1930년대와 1940년대에 시작되었다. 독일의 해양 조사선 Meteor호의 탐사에서 채취된 짧은 길이의 코어들을 이용한 W. Schott(1935)의 초기 시도들은 이미 이전 장에서 언급되었다(8.2.3절). 19세기 후반의 Challenger호 탐사가 물리해양학과 생물해양학의 발전을 위해 시작된 것처럼, 본질적으로 스웨덴의 심해 탐사(1947~1948)는 새로운 해양학 역사의 학문을 소개하는 데 중요한 역할을 했다. 해양 조사선 Albatross호는 Hans Petterson의 지도하에 세계의 열대해역을 일주하기 위해 예테보리(Gothenburg)에서 1947년에 출항했다. 이 탐사에는 코펜하겐 출신의 B. Kullenberg가 개발한 새로운 장비인 피스톤 시추기(piston corer)가 사용되었다. 이 기술로 7m 정도 길이의 퇴적물을 채취할 수 있었으며, 이렇게 채취한 퇴적물의 가장 오래된 연대는 30만 년에서 100만 년 전 정도에 달하였다. 여러 차례의 수정을 거치면서 Kullenberg의 시추 장비는 오늘날에도 여전히 사용되고 있다 (그림 9.1).

이러한 코어들을 보급한 과학자들이 고해양학의 선구자가 되었다. 그들은 플라이스

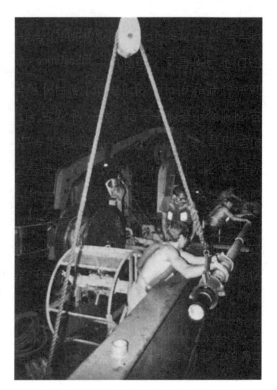

그림 9.1 피스톤 시추기를 이용하여 플라이스토세 기록을 복원함. 시추기는 지름이 넓은 모형이다 — 코어 앞부분에 보이는 흰색 퇴적물을 확인해라. 또한 코어배럴이 작업 도중 휘어지는 것을 보아라(위쪽 끝). 다른 장비들은 갑판에 위치한다 — 심해 카메라 프레임(보호하는 그리드), 탄성파탐사를 위한 수중 청음기(스풀로 싸여짐), 상자형 시추기(뒤쪽)(S. I. O. *Eurydice* 탐사, 1975).

토세 시기의 해양역사와 관련된 생산성(G. Arrhenius), 플랑크톤 분포와 표층 해류(F. B. Phleger, F. L. Parker), 표층 수온과 빙하 부피(C. Emiliani) 그리고 심층 순환 양상(E. Olausson)의 변화 등에 관한 본질적인 문제들을 연구했다. 그 이후에도 계속 이러한 문제들과 이와 관련된 사항들은 활발히 논의되었다.

Glomar Challenger(그림 0.6) 시추선이 심해에서 과학적 시추를 시작하기 위해 텍사스의 갤버스턴(Galveston) 항구를 출발했던 1968년부터 새롭고 많은 연구 분야들이 고해양학에 나타났다. 상세한 조사를 통하여 연구 가능한 시간의 범위가 약 100만 년부터 1억 년 전까지 연장되었다! 1985년 이후 Joides Resolution(그림 0.7)호는 심해 시추를 위해 이용되었다. 유압식 피스톤 시추기가 장착된 이 선박에 의하여 미고결 연니와 머드에서 거의 교란되지 않은 퇴적물 기록을 바탕으로 일련의 지질학적 사건들이 복원되었다. 1회 2개월 간의 시추에서 수 km 길이의 코어퇴적물을 얻을 수 있는 것은 놀랄 만한 일은 아니었지만, 이러한 퇴적물을 이용하는 연구에는 많은 시간과 노력이 요구되었다. 미국과 해외의 여러 기관들에서 활동하는 많은 해양지질학자들이 협동하고 협력하는 연구가 필요했다. 이러한 노력의 성과는 아직 완전히 이루어지지 않았지만 새로운 발견들이 계속해서 보고되고 있다.

다음에 이어지는 내용은 코어와 시추의 결과에 의한 다양한 발견들 중에서 중요한 부분들이다. 여러 질문들과 그에 해당하는 답들도 나와 있다. 우리는 우선 고해양학의 범위를 결정하는 연구를 통해 빙하기의 해양을 알게 될 것이고, 그 다음에 시추로 획득한 오래된 퇴적물들을 이용한 연구에 이전 연구에서 터득한 많은 원리들을 적용하게 될 것이다.

9.2 빙하기의 해양

9.2.1 왜 빙하기인가?

지질학자들에게 있어 이 시대의 가장 분명한 사실은 우리가 적어도 2~3백만 년 동안 지속되고 있는 빙하기에 살고 있다는 것이다. 이러한 사실이 오늘날 침식과 퇴적 양상 그리고 우리가 계속 살고 있는 지형을 해석하는 방식에 많은 영향을 주었다는 것이 앞 장에서 몇 번씩이나 언급되었다.

지난 반세기 동안 크고 두꺼운 빙상이 북유럽과 북미지역을 뒤덮고 있었다는 생각은 일반적으로 가능성 있는 사실로 확인되었다. 이러한 사실이 알려진 후에 간빙기를 구분하는 여러 번의 빙하작용들을 발견한 것은 최근의 일이다. 현재 우리는 간빙기에 살고 있다. 얼마나 많은 대륙빙하의 성장과 퇴보가 있었는가? 이런 순환의 시간적 규모는 어느 정도일까? 이러한 순환들이 지구의 자전과 지구가 태양을 공전하는 경로와 같은 천체적인 요인들과는 어떤 관련이 있을까? 이런 질문들은 육상의 기록으로부터 답을 찾아내는 시도를 하기조차도 어렵다. 왜냐하면, 각각의 연속적인 빙하작용들이 이전 작용의 많은 흔적을 지워버렸기 때문이다. 심해저에서 획득한 긴 코어를 연구하는 것은 새로운 사실을 이해할 수 있는 문을 열어주었다. 이런 코어들은(그림 9.1) 여러 지역에서 지난 수백만 년의 빙하시대 동안 빙하기와 간빙기가 교대되는 연속적인 기록을 가지고 있다.

도대체 왜 빙하기가 있었던 것일까? 우리는 그 원인이 무엇인지 정확하게 알지 못한다. 분명한 것은, 빙하기 동안은 그 이전과 이후의 시기보다는 추웠고, 이는 지구의 열수지와 관련되었다는 것이다. 열수지는 알베도(albedo: 들어온 빛이 반사되어 우주로 나가는 빛의 양)와 온실효과(온실 기체에 의해 지구를 빠져나가려는 적외선이 갇히는 것)에 의해 주로 조절된다. 따라서 태양이 식지 않는다면, 빙하기 동안 알베도는 증가 되고 온실효과는 감소된다는 가정은 어느 정도 합당하다. 다음에 우리는 이 가정이 옳다는 것을 확인할 것이다. 그럼에도 불구하고 우리는 정확한 기작이 적절한 지는 여전히 알지 못한다. 기후학에서 이와 같은 매우 어려운 문제들을 해결하는 것보다는 다음과 같이 어느 정도 간단한 질문을 해보자.

1. 빙하작용이 최고일 때 해양의 모습은 어땠을까?
2. 마지막 빙하기에서 현재로의 전환기에 대한 기록은 무엇을 알려주는가?
3. 빈도수, 규모 그리고 시기 등, 빙하기 순환의 특성은 무엇인가?

9.2.2 차가운 해양의 상태

빙하기 동안의 해양은 현재의 해양과 어떻게 달랐을까? 이 질문은 완전히 해결되지 못했지만 여러 측면에서 합의에 도달하였다.

첫 번째로, 표층 해류의 속도가 현재보다 빨랐다는 것에는 이견이 없다. 이러한 변화에 대한 이유는 분명하다. 표층 해류는 바람에 의해 야기되고 바람은 수평적인 온도 구배에 의해 조절된다. 빙하의 주변지역과 극전선이 적도와 더 가까워질수록 현재보다 거리가 상당히 감소하기 때문에 극지방(0℃ 혹은 그 이하)과 열대(약 25℃) 사이의 온도차는 줄어들 것이다. 따라서 온도 구배는 더 증가되었고 바람이 더 강해져서 해류가 빠르게 흘렀다.

이런 결과로 인해 연안 용승뿐만 아니라 적도 용승까지도 강화되었다. 따라서 고위도 지방의 해양은 해빙으로 덮였기 때문에 생산력이 감소하였고 중위도(강화된 혼합으로 인해)와 아열대(용승으로 인해) 해양에서는 생산력이 증가했다.

두 번째로, 표층 해수의 온도가 지금보다 낮았다는 사실에는 일반적으로 동의한다. 북반구 대륙과 해양의 상당 부분이 빙하와 해빙으로 덮이고 알베도가 증가하여 지구는 지금보다 태양으로부터의 복사에너지를 더 쉽게 반사시켰으며, 이에 따라 지구의 에너지 흡수량이 감소하였고 대기는 더 차가워졌다. 차가운 대기는 따뜻한 대기보다

표 9.1 해양과 지표면의 알베도[a] 부피

육지	(%)	해양	(%)
사막	20~30	저위도와 중위도	4~10, 최대 19
초원, 숲	15	고위도(높은 값 : 해빙)	6~55
열대우림, 습지	7~10		
눈 덮인 지역	35~82		
(%)			
우주에서 본 평균 행성의 알베도	29		
표면 평균 알베도	14		

[a]알베도 : 위쪽으로 반사되며 온도 증가에 사용되지 않는 빛의 비율(%)

더 적은 양의 수증기를 함유하기 때문에 대륙의 건조지역이 지금보다 더 넓어졌다. 수증기는 매우 중요한 온실기체이기 때문에 대기에 갇혀 있는 적외선 복사에너지도 감소하였다. 태양빛은 습윤한 지역(숲)보다 건조한 지역(초원과 사막)에서 더 많이 반사된다. 또한 조류의 성장이 느린 투명하고 검푸른 해양보다 생산력이 높은 해양에서 더 많은 빛이 반사된다. 이러한 모든 요인들에 의해 태양 복사에너지가 지구에서 반사되어 우주로 빠져나가고 지구는 냉각되기에 수월한 환경이 되었다(표 9.1).

세 번째로, 일부 지역들의 해양은 다른 지역들의 해양보다 온도가 더 낮았으며, 지역적인 변화의 정도는 기후대 경계의 이동과 밀접하게 관련된다는 것이 알려졌다. 예를 들어, 만약 어떤 지역이 아열대와 온대의 경계에 위치한다면 이곳은 온대 또는 아열대 지역에 번갈아가면서 속하게 될 것이다. 따라서 이 지역에서의 환경변화는 매우 크게 나타날 것이다. 반대로 열대나 아열대 기후대의 중앙에 위치한 경우에는 그 변화가 매우 미약할 것이다.

마지막으로, 최대빙하기의 해수면은 현재보다 120~130m 정도 낮아서(5.4절 참조) 대륙붕들이 노출되었고 해양의 표면적은 다소 줄어들었다. 이는 지구의 알베도를 증가시켰으며 추가적인 냉각효과를 발생시켰다.

9.2.3 18K 지도

이와 같은 다양한 개념들은 1970년대에 빙하기 해양에 대한 일관적이고 정량적인 복원을 실험하는 데 이용되었다.

A. McIntyre, T. C. Moore와 그의 동료들은 J. Imbrie(7.2.2절 참조)의 전달방정식(transfer equation)의 방법을 이용하여 최대 빙하기 동안 북반구의 여름철 표층 해수의 온도 지도를 만들었다. 또한 이 지도는 방사성 탄소 연대측정에 의한(그림 9.2 참조) 18,000년 전에의 18K 지도(18K map)라고 불린다. 이 지도는 심해에서 채취한 코어에서 표층 및 그 아래에 있는 퇴적물들을 분석하여 만들어졌다. 코어의 표층퇴적물은 온도 보정에 사용되었다(7.2.1절 참조). 이 지도를 만들기 위한 기본조건으로 한 미화석 함량의 변화 양상은 북반구 표층 해수의 여름철 온도와 대비되었다.

18K 지도로부터 알 수 있는 정보로 18,000년 전의 빙하기 해양은 다음과 같은 특징을 가진다는 것을 알 수 있다. (1) 특히 북대서양과 남극해에서 극전선을 따라 온도구배가 증가했다. (2) 극전선의 위치가 적도 쪽으로 이동했다. (3) 대부분의 해양에서 평균적으로 약 2.3℃ 정도 표층 해수온도가 하강하였다. (4) 태평양과 대서양의 적도 용승이 강화되었다. (5) 연안 용승이 증가하였고 동안경계류(eastern boundary current)가 강화되었다. (6) 대부분의 해양분지에서 중앙환류의 위치와 온도는 거의 변화가 없었다.

9.2.4 맥동적 퇴빙(Pulsed Deglaciation)

마지막 빙하기에서 현재의 간빙기로 어떻게 그리고 왜 변화된 것일까? 그리고 이렇게 바뀌는 데에 어느 정도의 시간이 필요할까? 아마도 첫 번째 질문은 태양 복사에너지 [9.3.5절에서 밀란코비치(Milankovitch) 기작이 논의될 것임]의 계절적인 분포의 변화를 찾으면 해답을 얻을 수 있을 것이다. 두 번째 질문은 더 쉽게 답을 얻을 수 있다. 마지막 빙하기의 빙상 규모가 현재 우리가 관찰할 수 있는 빙하의 양으로 감소하는 데에 7,000~8,000년 정도 걸렸다. 이러한 과정에서 해수면은 약 120m 정도 상승하였다 (5.3.1, 5.4.2절 참조). 바베이도스(Barbados)섬의 산호를 이용한 최근의 상세한 연구 결과는 퇴빙과정이 맥동적(pulse) 또는 단계적(step)으로 발생되었다는 이전의 사실들을 확인하였다(그림 9.3, 그림 5.6b). 즉, 두 번의 주요한 맥동들이 관찰되었는데, 단계 1은 13,500년 전~12,500년 전 사이(Termination Ia로 알려짐)에 그리고 단계 2는 11,000년 전~9,500년 전 사이(종료 Ib)이다. 이 연대들은 토륨(Th)에 의한 연대측정

그림 9.2 마지막 최대 빙하기(약 18,000년 전 18K 지도) 동안의 북반구 여름철 표층 해수온도의 대략적인 분포. 얼음의 범위와 두께를 주목할 것(CLIMAP Project Members, 1976, Science 191: 1131, 수정).

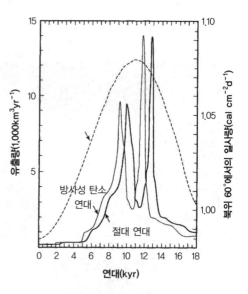

그림 9.3 아극지역 여름철 일사량과 비교한 융빙수 유출량의 비율과 시간. 유출량은 바베이도스(Barbados)섬의 산호(*A. palmata*)에 의한 해수면 변동곡선으로 계산함. 굵은 실선 : 방사성 탄소 연대측정에 의한 시간표. 얇은 실선 : 바드(E. Bard)와 동료들에 의한 토륨 연대측정에 의한 시간표. 점선 : 버거(A. Berger)의 계산에 의한 북위 60° 지역의 여름철 복사에너지(R. G. Fairbanks, 1989, Nature 342: 638, 수정).

결과이다(부록 A8 참조). 방사성 탄소 연대(그림 9.3의 굵은 실선)에서는 두 단계의 시기가 12,000년 전과 9,500년 전 사이에 집중되며, 이것은 북유럽에서 알려진 두 번의 주요한 온난화 시기와 정확하게 상응한다. 북반구 고위도 지방의 여름 일사량 곡선(그림 9.3의 점선)과 비교해보면 더운 여름철에 비이상적으로 빙하가 녹기 시작했다는 것을 알 수 있다.

빙하기 동안 롱아일랜드(Long Island)와 포르투갈(Portugal) 사이에 위치한 북대서양의 극전선이(그림 7.4) 현재 그린란드(Greenland) 주변까지 북쪽으로 이동하는 양상도 불연속적으로 발생하였다. 소위 영거 드라이아스(Younger Dryas)라고 불리는 방사성 탄소 연대 11,000년~10,000년 전 사이 동안에 이러한 극전선은 대규모로 다시 남하하였다. 이는 빙하코어 연대측정에 의하면 약 12,800년에서 11,700년 사이의 기간에 해당한다. 유럽에 빙하기와 유사한 기후가 몇백 년 동안 다시 나타난 이러한 한랭기의 기원은 고기후학과 고해양학에 중요한 문제를 제시한다. 이러한 사건의 영향은 전 세계에 걸쳐 관찰되는데, 예를 들어 이러한 기록들이 티베트 서부지역뿐만 아니라 술루해(Sulu Sea), 필리핀(Philippines) 남부에서도 발견된다. 영거 드라이아스 한파의 기원은 전적으로 잘 알려지지 않았지만[아마도 대규모의 빙하파동(ice surge)이 하나의 가능성이 있는 기작일 수 있다.] 어떤 면에서는 열수지의 급격한 변화를 가져온 데에는 아마도 해양의 순환이 포함되었기 때문일 것이다. 여하튼 현재 북대서양의 북쪽 해역을 가

열시키는 남쪽에서 운반되는 열대지역의 열 유입이, 예를 들면 해빙의 거대한 확장과 함께 시작과 함께 크게 감소하였다. 이러한 되먹임 과정이 연쇄적으로 발생하여 빙하기를 막 벗어났었던 전 세계를 다시 빙하시대로 되돌린 것이다. 이러한 소규모의 빙하기는 단지 천 년 정도 지속되다가 아마도 수십 년도 지나지 않아 갑자기 중단되었다.

북대서양 북쪽지역에서 빙운쇄설물(ice-rafted debris)이 풍부하고 유공충이 거의 없는 마지막 빙하기 동안 형성된 뚜렷한 일련의 층들이 발견되었다. 이 퇴적물들은 아마 단기간 동안 빙산의 대량유출에 의한 기후현상들이 급격하게 발생했음을 알려준다.

수수께끼와 같은 영거 드라이아스 한파를 우리가 명쾌히 설명할 수 없다는 사실은 고해양학(그리고 고기후학) 연구의 근본적인 한계점을 지적한다. 기후체계는 매우 복잡하며(에필로그 참조), 그 중요한 원리들 중 대부분이 잘 정립되지 않았다. 기후체계의 다른 요소들의 역할이 불확실하다면 해양의 역할(해류를 통한 열의 재배치와 같은)은 구별되거나 결정될 수 없다. 우리는 지구 열수지에 해양의 역할이 매우 중요하다는 것을 알고 있다. 왜냐하면, 해양은 해류뿐만 아니라 알베도(예 : 해빙을 통한)와 수증기(우세한 온실가스)에 대한 조절 그리고 대기 이산화탄소의 단기적인 변화(탄소순환과 생물 펌프를 통해 9.4.2절)를 조절하기 때문이다.

9.3 플라이스토세 순환들

9.3.1 증거

Albatross호 탐사에서 획득된 코어를 연구하는 해양지질학자들은 플라이스토세의 기록에서 기후상태가 매우 긴 일련의 교대로 나타나고 있다는 것을 곧바로 알게 되었다. 이러한 발견은 지구과학 특히 기후역학의 연구에 있어 큰 역할을 하게 되었다. 플라이스토세 순환은 다른 여러 특징들과 함께 동물군과 식물군 조성의 변동, 탄산염 함량의 변동 그리고 유공충 골격의 산소-18과 산소-16 비의 변동으로 표현된다(그림 9.4 참조).

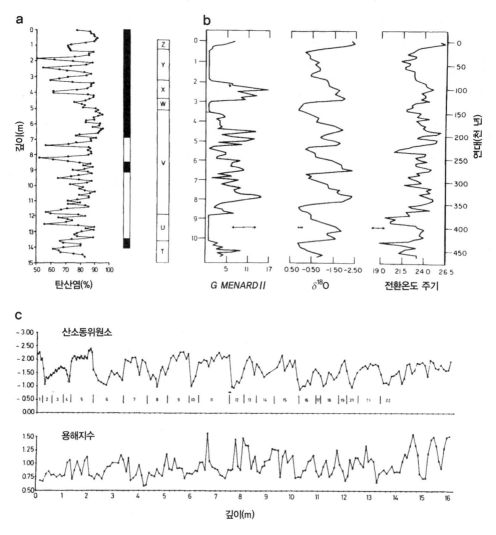

그림 9.4a~c 심해 퇴적물의 플라이스토세 기록. **a** 동태평양의 탄산염 주기와 지자기 연대 기록(J. D. Hays et al., 1969, Geol. Soc. Am. Bull. 80: 1481). **b** 카리브해의 산소동위원소 층서와 비교된 부유성 유공충 *G. menardii* 의 변화(왼쪽)와 전환온도 주기(오른쪽)(J. Imbrie 외, 1973, J Quat Res 3: 10). **c** 서태평양의 산소동위원소 층서와 비교된 용해 주기(P. R. Thompson, 1976, J. Foraminiferal Res. 6: 208; N. J. Shackleton and N. D. Opdyke, 1973, Quat Res. 3: 39).

9.3.2 탄산염퇴적물 순환

G. Arrhenius에 의해 처음 기술된 적도 태평양의 탄산염 순환은 일반적으로 용해 주기 (dissolution cycle)로 해석된다. 즉, 간빙기(탄산염 저함량)의 높은 용해와 빙하기(탄산염 고함량)의 낮은 용해이다. 한때는 탄산염퇴적물의 변동에 유일한 원인으로 생각되

었던 생산성 변화들은 이러한 주기변화들을 발생시키는 데에 분명 제2의 역할을 한다. 이런 해석에 대한 증거는 무엇인가? 이 이론은 용해약층(lysocline) 위에 위치한 얕은 수심에서 패각의 손상 정도에 의해 측정되는 탄산염퇴적물이 보존되는 수심의 수직적 변동에 기초한다. 수심 3,500m 아래에서 0.5~1km로 관측된 수직적 변동범위는 매우 뚜렷한 탄산염 순환은 이해하기에 충분하다.

용해 주기의 원인은 명확하지 않지만 해수면의 변동은 분명히 중요할 것이다. 해수면이 낮아진 동안에는 대륙붕 — 탄산염퇴적물 퇴적의 적합한 장소는 대기로 노출된다. 따라서 이 지역에 탄산염퇴적물의 퇴적은 일어나지 않는다. 퇴적의 평형으로 부유성 패각은 심해저에 많이 퇴적되는 반면, 해수면이 높은 간빙기 동안에는 천해 탄산염퇴적물이 퇴적된다. 이 탄산염퇴적물은 해양에서 침전된 것이고 심해저에는 더 이상 탄산염퇴적물의 퇴적이 일어나지 않는다. 몇몇 다른 요소들도 중요한 역할을 한다. 육지와 대륙붕의 침식률 변화, 해양 — 대기 시스템의 이산화탄소 함량에 영향을 주는 숲의 성장과 소멸, 심해의 수온변화, 해양의 전반적인 생산성 변화 그리고 심해 순환의 변화, 특히 심해 순환은 대서양과 중앙태평양 사이에 분지 간 분배(basin-basin fractionation)로 탄산염의 축적을 조절한다(7.6.5절 참조). 북대서양 심층수(NADW)의 생성이 증가할 때마다 대서양에는 탄산염퇴적물이 퇴적되고 태평양으로 빠져나가는 양은 미약하다.

대서양 해저의 많은 부분에서 탄산염퇴적물 순환이 중앙태평양의 탄산염퇴적물 순환과는 반대로 나타나는 경향이 있다. 용해와 생산 사이의 다양한 변화들에 의한 영향이 고려되어야 하지만 일반적으로 대서양의 탄산염퇴적물 순환은 희석주기(dilution cycle)으로 해석된다. 빙하기 동안 대서양을 둘러싼 대륙들로부터의 육성기원 물질들의 공급은 엄청나게 증가했다. 고위도에서 움직이는 빙상은 엄청난 양의 암석을 침식시키고 침식으로부터 토양을 보호하는 식생의 분포가 감소하게 된다. 또한 아열대에서 넓게 확장된 사막으로부터는 먼지 입자가 전달되며 반건조지역에서의 갑작스런 홍수는 많은 양의 물질을 효과적으로 운반한다. 열대우림은 크게 감소하고 반건조지역은 확장되며 대륙붕들은 노출되고 침식된다. 이러한 모든 요인들은 빙하기 동안 육성기원 물질의 퇴적률이 증가된 원인이다. 당연히 육성기원 물질의 공급이 증가하면 원양성 퇴적물 중 탄산염퇴적물의 비율은 그에 맞춰 감소된다. 즉, 탄산염퇴적물이 희석되는 것이다. 희석 정도의 변화에 따라 탄산염 순환이 만들어진다.

9.3.3 동물상(그리고 식물상) 순환

동물상(그리고 식물상) 순환은 가장 보편적으로 온랭 주기(warm-cold cycle)를 포함하여 다양한 방법으로 표현될 수 있다. 분석 결과들은 Parker(1958)와 Imbrie, Kipp(1971)에 의한 정량적인 도식들로 표현된다. Parker의 방법은 코어의 깊이에 따른 난수성 부유성 유공충과 냉수성 부유성 유공충의 상대적인 풍부도를 비교하는 것이다. Imbrie-Kipp의 방법은 요인 회귀라 불리는 통계적인 기술을 통해 표층 해수의 온도와 비교해서 난수종과 냉수종 비율을 보정하는 것이다. 이러한 보정에 기초하면 코어의 아래 깊이에 해당되는 시료에 대하여 표층 해수와 비교된 가장 개연성 있는 온도를 계산할 수 있다. 이 방법은 18K 지도를 완성하는 데도 사용되었다(그림 9.2). 우리는 카리브해에서 온도변화가 상당히 있었던 것을 알 수 있다. 또한 우리는 홀로세의 시작과 함께 약 11,000년 전에 냉수종에서 난수종으로의 마지막 변화를 관찰할 수 있다. 그러나 동물상 순환과는 정확하게 일치하지는 않지만 산소동위원소의 변화는 동물상 주기와 매우 밀접하다. 다음에 논의하겠지만, 원칙적으로 두 변화를 비교하게 되면 산소동위원소 기록에서 온도의 효과와 빙하의 효과를 분리할 수 있다.

동물상 분석에서 나타나는 또 다른 흥미로운 사실이 있다. 지금은 오히려 이례적으로 따뜻하다. 왜냐하면, 지난 500,000여 년의 대부분 시간 동안 기후가 매우 추웠기 때문이다.

9.3.4 산소동위원소 순환들

유공충 각질에서 분석된 산소동위원소 조성의 변동은 1955년 출판된 고전적인 논문인 플라이스토세 온도(Pleistocene temperature)에서 C. Emiliani에 의해 처음으로 기술되었다. 그는 카리브해와 북대서양에서 획득한 몇 개의 긴 코어에서 얻어진 부유성 유공충을 분석했다. 그는 산소-18이 낮은 종들(*Globigerinoides ruber*와 *Globigerinoides sacculifer*)에 집중하고, 이 종들이 천해에 살기 때문에 표층 해수의 온도를 반영한다고 추론했다. 유공충의 성장 온도가 $^{18}O/^{16}O$비에(7.3.2절 참조) 영향을 미치기 때문에 동위원소비의 변동은 온랭 주기를 반영한다. 또한 해수의 산소동위원소 조성도 유공충 각질의 $^{18}O/^{16}O$비를 조절한다. 빙하에는 ^{18}O이 부족하기 때문에 해수의 산소동위원소 조성은 대륙 빙상의 성장과 쇠퇴에 따라 변동한다. 따라서 빙하가 성장하는 동안 무거운 산소동위원소(O-18)는 선택적으로 해양에 남게 되어 해수의 $^{18}O/^{16}O$비가 증가하게 된다. 이러한 해수에서 성장하는 유공충 각질에는 ^{18}O가 풍부해지고 이렇게 증가한 산소동위원소비는 해수의 낮은 온도에 기인한 효과까지 더해지게 된다. 빙하가 녹을 때 해양의 $^{18}O/^{16}O$비는 다시 감소한다(그림 5.15 참조). 오늘날 산소동위원소 층서는 플라이스토세 층서의 근간을 형성한다.

우리는 산소동위원소를 표준으로 사용하여 다른 기록들과 비교하여 이들의 중요성을 결정해야 한다. 예를 들어, 중국 황토(뢰스, loess)의 기록을 해석하는 것과 같이 산소동위원소의 사용은 육성층에도 적용된다(그림 9.5). 빙하기 동안은 풍성 퇴적층(뢰

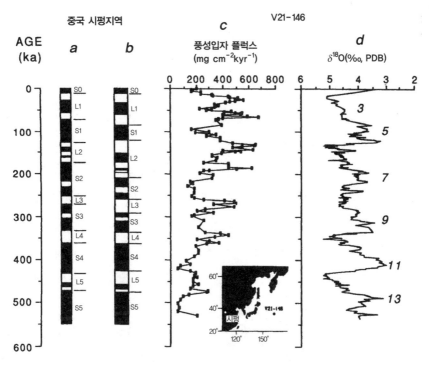

그림 9.5a~d 지난 500,000년 동안 해양의 $\delta^{18}O$ 기록과 시펑(Xifeng)(중국, 삽입그림 참조)의 황토(뢰스)층의 비교. a 황토(뢰스)층, L 황토/뢰스; S 토양, b (c)의 풍성 입자 플럭스와의 비교에 기초하여 연대를 환산한 a와 동일한 황토/뢰스 퇴적층, c 황토 기원지로부터 3,000km 이상 떨어진 북태평양의 수심 3,968m에서 채취한 코어 V21-146(mg/cm²/kyr)의 풍성 입자 플럭스 기록, d 연대측정에 이용된 이 코어의 $\delta^{18}O$ 층서(‰, PDB)(S. A. Hovan 외, 1989, Nature, 340: 296).

스; L1, L2 등으로 번호가 붙은)에 의해 특징되고 간빙기 동안은 토양 발달(토양; S1, S2 등으로 번호가 붙은)에 의해 특징지어지는 것을 알 수 있다(얼마 동안 잘 알려져 왔듯이). 이것은 다른 것들 사이에 건조-습윤 주기(drought-wet cycle)로 반영된다. 해양 퇴적층의 $\delta^{18}O$ 기록과 상세하게 비교해보면 바람에 의한 최대 운반은 빙하기의 시작과 빙하기의 절정 동안에 발생한 것이 관찰된다. 이렇게 바람에 의해 전달된 먼지 입자들은 심해 퇴적에 중요한 영향을 준다. 이는 아마도 이 먼지 입자에 인산염과 철 성분이 많이 포함되어 있었기 때문에, 빙하기 동안에 먼지가 해양에 영향을 많이 미치면 해양의 생산성에도(그리고 이런 이유로 대기의 이산화탄소 농도에도, 9.4.2절 참조) 영향이 있었을 것이다.

9.3.5 밀란코비치 주기와 연대측정

Emiliani에 의해 지적된 바와 같이, 산소동위원소의 변화는 밀란코비치 기작(Milankovitch mechanism)에 의해 발생될 수 있는 것과 같은 규칙적인 순환의 일부를 지시하며, 간빙기에 의해 분리된 일련의 빙하기들을 발생시키는 원인으로서 지구 궤도 변수들의 규칙적인 변화가 요구된다(그림 9.6). Milutin Milankovitch(1879~1958)의 가설에 의하면, 북반구 고위도지방의 여름철에 태양으로부터 받은 복사선의 장기 변동이 지난 60만 년 동안 빙하기의 발생을 조절해왔다.

　Emiliani의 제안이 검증되기 위해서는 동위원소 변화에 대한 연대 설정이 필요하다. 이 경우 다음 세 가지 연대측정법이 유용하게 이용된다. (1) 코어 최상부 기록에 대한 탄소-14 연대측정과 이전 시기에 대한 외삽(이 방법은 신뢰성이 매우 부족하다.). (2) 마지막으로 해수면이 최고로 높았던 시기 동안에 성장한 산호의 우라늄(U) 연대측정은 동위원소 단계(isotope stage) 5 동안의 간빙기 정점에 대응될 수 있다(그림 9.4c). 이 시기의 최상의 추정 연대는 12만 4천 년에 가깝다. 이것을 이용하여 우리는 방사성 탄소 연대측정에 기초한 것보다 더 신뢰할 만한 평균 퇴적률을 계산할 수 있다. (3) 지자기 역전들이 ― 확장하는 해저에서 냉각되는 현무암에 기록된 것과 같은(1.8절 참조) ― 해저 퇴적물에도 기록되어 있다. 고지자기 시대들[브루네스(Bruhnes)와 마투야마(Matuyama)]의 마지막 경계는 약 79만 년 전으로 측정되었다(초기에 측정된 73만 년은 현재 폐기되었다). 이 연대는 매우 긴 코어에서만 획득될 수 있다. 이러한 연대는

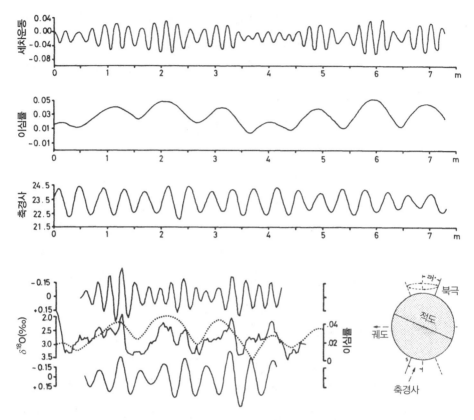

그림 9.6 빙하기에 대한 Croll-Milankovitch의 이론과 그에 대한 검증. 위 3개의 그림. 곡선은 A. L. Berger에 의해 계산된 궤도 변수들을 나타내는 곡선(M. A. Kominz 외, 1979, Earth Planet Sci. Lett. 45: 394). 1m=100,000 년. 이심률은 e=0인 완전한 원에 대한 궤도의 편차이다. 이심률은 약 10만 년 주기로 변동한다. 세차운동 변수는 (춘, 추)분점 (낮=밤 위치)에 대한 근일점(태양에 가장 가까운 지구궤도 위치)의 위치와 공전궤도의 이심률(계절적인 복사량에 의해 중요한 분점과 근일점의 차이를 만드는)의 함수이다. 세차운동 변수의 주기성은 약 2만 1천 년이다. 이심률이 작은 시기 동안 미약한 변화를 주목하라. 축경사는 공전궤도면에 대한 지구 자전축의 수직적인 기울기이다(오른쪽 아래에 삽입). 이 축경사는 4만 1천 년의 주기로 변동한다. 아래쪽의 곡선 그림은 아남극 지역의 심해 코어에서 분석된 산소동위원소 기록에 포함되어 있는 궤도 주기들을 보여준다. 중간의 실선은 본래의 동위원소 기록을 나타낸다. 중첩된 선(점선)은 이심률 변화이다. 상단 곡선은 대역 필터(통계적인 방법)로 산소동위원소 기록에서 추출된 2만 3천 년 요소이다. 하단 곡선은 유사한 방법으로 추출된 축경사 요소이다. 삽입 우측은 축경사를 보여준다(J. D. Hays 외, 1976, Science 194: 1121). M. 밀란코비치의 고전 논문은 1920년에 출판되었다(Théorie mathematique des phénomènes thermiques produits par la radiation solaire, Gauthier-Villars, Paris, pp.339).

동위원소 변화의 연대 계산을 할 수 있는 방법으로 사용된다.

연대측정방법 (2)와 (3)으로부터 도출된 시간의 척도는 그림 9.6에서 동위원소 기록과 밀란코비치(Milankovitch) 곡선 사이의 비교에 사용된 것이다. 곡선들 사이에 분명하고 확실한 유사성이 발견된다. 조화분석으로 — 이것은 동위원소 기록에 포함된 주기들을 찾는 것 — 다음의 주기들이 뚜렷하게 나타났으며, 이들은 약 2만 년, 약 4만 년 그리고 약 10만 년이다(다음 장 참조). 이 세 가지는 밀란코비치 복사선 곡선에 포함된 주요한 주기들이다. 따라서 북반구의 복사가 플라이스토세 기후변동의 주기들을 조절하는 결정적인 요인이라는 증거는 명백하다.

그렇다면 이 주기들은 무엇인가? 이것들은 지구 자전축의 회전운동과 지구가 태양 주위를 공전하는 궤도의 형태변화를 설명한다. 지구 자전축은 우주공간에서 정지한 상태가 아니고 현재와 같이 항상 북극성을 향하고 있지 않다. 대신에 이 자전축은 북극성을 중심으로 원운동을 한다. 이 원을 한 바퀴 도는 데 약 21,000년이 걸린다. 이것이 세차운동(precession)이다(그림 9.6). 공전궤도면(황도면)에 대한 지구 자전축의 경사각 또한 시간에 따라 변한다. 이 경사각은 현재 66.5°이지만 41,000년에 한 번씩 약 65~68° 사이에서 변동한다. 이것을 축경사(obliquity)의 변화라고 한다. 축경사가 크면 여름철은 더 따뜻해지고 겨울철은 더 추워지며 축경사가 작아지면 반대로 나타나므로 축경사는 매우 중요하다. 마지막으로, 지구의 태양에 대한 공전궤도는 원이 아니라 타원이다[Johannes Kepler(1571~1630)가 보였던 것처럼]. 공전궤도의 장축과 단축의 비는 시간에 따라 변한다. 이것을 이심률(eccentricity) 변화라고 한다. 이심률 변화의 주기는 약 10만 년이다. 결과적으로 이 주기들은 북반구의 계절적인 복사량 변화를 조절하는 요소들이다. 아마도 기후변화에 특히 민감하게 반응하는 위도대가 북반구에 존재하는데, 이 지역은 복사량의 변화가 적설 면적량의 변화로 전환되며 연이어 알베도 되먹임(feedback)작용 기작에 의해 기후가 조절되는 것 같다(9.2.2절 참조).

9.3.6 주기의 변화

플라이스토세 동안의 $\delta^{18}O$ 기록에서 빙하시대의 변동원인이 Milankovitch가 제안한 것이었음이 확인되었다. 특히 지난 90만 년 동안 10만 년 주기의 이심률 변화가 얼마나 우세하게 나타나는지는 매우 흥미로운 문제이다. 그러나 90만 년 전보다 더 오랜 시간으로 가게 되면 매우 놀라운 사건이 우리를 기다리고 있다. 즉, 제4기의 후반부 동안에는 10만 년 주기를 본질적으로 찾을 수 없는 것이다. $\delta^{18}O$ 변동(즉, 빙상의 변화) 기록을 살펴보면 이 시기에는 전적으로 축경사 변동에 의해 조절된다(그림 9.7).

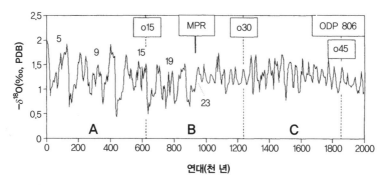

그림 9.7 서적도 태평양의 시추지점 ODP Site 806의 부유성 유공충 *G. sacculifer*의 산소동위원소 기록. 연대는 기록에서 추출한 축경사 주기의 수를 바탕으로 설정됨(그리고 41,000년 주기의 집합. 그림 9.6 참조). 5, 9, 15 등 동위원소 단계; o15, o30, o45 축경사와 관계된 주기의 마루 위치; MPR 축경사 주기에서 이심률 주기로 뚜렷한 전환을 보여주는 플라이스토세 중기 혁명(약 920,000년 전), A, B, C 각각 15개의 축경사 주기를 가지는 주요 순환층서의 세분 o15=625,000년; '밀란코비치 시대(*Milankovitch Epoch*)'; o15-o30 '크롤 시대(Croll Epoch)'; o30-o45, '라프라스 시대(Laplace Epoch)'(W. H. Berger and G. Wefer, 1992, Naturwisenschaften 79: 541, time scale adjusted according to Berger et al. (1994), Quaternary time scale for the Ontong Java Plateau: Milankovitch template for Ocean Drilling Program Site 806. Geology 22: 463–467).

1백만 년이 조금 안 되는 시기에 기후변화의 기록에서 이심률은 축경사와 혼합된 주기에서 강하게 나타났다. 우리는 지구 기후체계 내에서 이러한 주요 변화의 원인을 잘 알지 못한다(그림 9.7에 기록된 플라이스토세 중기 혁명(Mid-Pleistocene Revolution, MPR). 분명한 사실은, 이 현상이 천체적인 원인과 관계없다는 것이다. 우리가 주장할 수 있는 것은 사건 이전과 이후에도 궤도 성분들은 거의 동일하다는 것이다. 따라서 우리가 가정할 수 있는 것은 외력에 대한 반응이 변화되었다는 것이다.

9.4 탄소 연결

9.4.1 주요 발견

1980년대 지구과학에서 가장 흥미로운 발견들 중의 하나는 빙하코어 자료를 이용하여 플라이스토세의 대기 조성을 복원한 것이다. 이미 지난 세기에 물리학자 John Tyndall(1820~1893)은 대기의 이산화탄소 농도가 빙하기 동안 감소했다고 제안했다. 스웨덴 출신의 유명한 화학자 Svante Arrhenius(1859~1927)와 미국 출신의 저명한 지질학자 Thomas C. Chamberlin(1843~1928) 두 사람은 지질시대를 거치면서 이산화탄

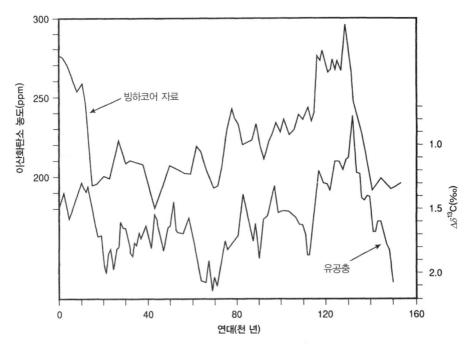

그림 9.8 동적도 태평양의 생산성과 관계된 $\delta^{13}C$ 기록과 비교한(N. J. Shackleton 외, 1983, Nature 306: 319) 남극 보스톡(Vostok) 빙하코어에서 측정한 이산화탄소 농도(J. M. Bamola 외, 1987, Nature 329: 408). 그림에 나타난 기록은 부유성 유공충과 저서성 유공충의 $\delta^{13}C$ 값의 차이로, 이것은 심층수의 영양염 농도를 지시한다. 이산화탄소 기록의 연대는 빙하의 중수소 기록과 퇴적물의 $\delta^{18}O$기록을 이용하여 보정되었다(W. H. Berger, V. S. Smetacek, G. Wefer, 1989, Productivity of the ocean: present and past. Wiely-Interscience, Chichester).

소의 농도가 어떻게 변하는지에 대한 가설을 제시하였다. 최근의 빙하코어 연구 결과에 의하면, 빙하기 동안 대기의 이산화탄소 농도는 간빙기보다 약 1.5배 정도 낮았다(그림 9.8 상부 곡선). 이산화탄소가 최저 농도였던 시기들은 빙하기의 최저 온도 시기들과 일치한다. 빙하코어에서 측정된 메탄가스의 변동 역시 이산화탄소 농도의 변동과 유사하다.

최근 기후 모델 연구에 따르면, 관측된 이산화탄소 농도 변화의 폭은 대기온도 1~2℃ 정도의 변화에 대한 온실가스의 효과에 해당된다. 이산화탄소 농도가 매우 빠르게 변화하기 때문에 아마도 해양이 중요한 역할을 하는 것 같다. 해양은 매우 거대한 탄소 저장고(현재 대기의 약 60배)이자 단지 1,000년의 기록(심층 수괴 평균 연령)만을 보유한다. 해양의 전반적인 화학조성의 작은 변화들에 의해 해양에 용해된 탄소의 경우 비율의 변화가 적게 일어나지만 대기의 탄소에는 매우 큰 영향을 줄 수 있다.

9.4.2 고생산성(Paleoproductivity)

해양과 대기 사이에 이산화탄소의 배분에 영향을 주는 요인들은 다양하다(3.7.1절 참조). 예를 들어, 만약 용존 무기탄소가 깊은 수심에 선택적으로 저장되고 얕은 수심의 해수에는 결핍되었다면 대기에는 가용한 총 탄소의 배분율이 감소되어야 한다. 생물펌프(biological pumping)를 효율적으로 향상시키면 탄소수지의 수직적인 분할도 증가될 수 있다(그림 9.9).

생물펌프 기작(1981년에 미국 지화학자 W. S. Broecker가 처음으로 제안한)을 이용하여 이산화탄소 분압과 $\delta^{13}C$ 값을(그림 9.8에 보이는 기록들) 연결하는 간단한 개념적인 모델을 제안할 수 있다. 이러한 연결이 가능한 원인은 광합성 과정의 유기물 형성에 ^{12}C가 더 용이하게 사용되기 때문에 생물펌프에 의해 유광층에서 ^{12}C가 더 효율적으로 제거되는 경향이 있다는 사실 때문이다. 결과적으로 심해에 비해서 상대적으로 표층 해수에 ^{13}C이 풍부해진다. 부유성 유공충과 저서성 유공충의 각질에서 측정된 $\delta^{13}C$ 값들의 상응하는 차이는 생물펌프의 결과에 의한 분급도의 척도로 이용된다. 다시 말해 이 분급도는 전적으로 심층수의 영양염 농도에 의해 결정된다.

대기의 이산화탄소 농도를 변화시키는 생물펌프 모델로부터(아직까지는 논란이 되

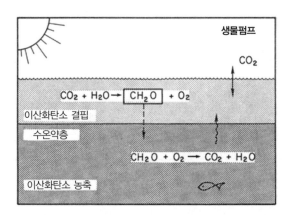

그림 9.9 생산성과 대기의 이산화탄소 농도를 설명하는 기작의 모식도. W. S. Broecker(Ocean chemistry during glacial time, Geochim Cosmochim Acta, 46, 1689~1705, 1982)에 의하면, 인산염이 해양에 유입되면 이전에 비해 이산화탄소가 더 결핍된 표층 해수에 의해 새로운 평형상태에 도달하게 된다. 그리고 이것은 대기의 이산화탄소 농도를 감소시킨다. 생물펌프를 통하여 영양염 공급이 증가하면 표층 해수의 용존 무기탄소의 $\delta^{13}C$ 값이 높아진다(침강하는 유기물의 형성에 ^{12}C가 선택적으로 제거되기 때문에). 따라서 생물펌프 기작은 이산화탄소 분압과 부유성 유공충과 저서성 유공충의 $\delta^{13}C$ 값의 차이와의 상관성에 대한 간단한 개념적 모델을 제시한다(그림 9.8 참조).

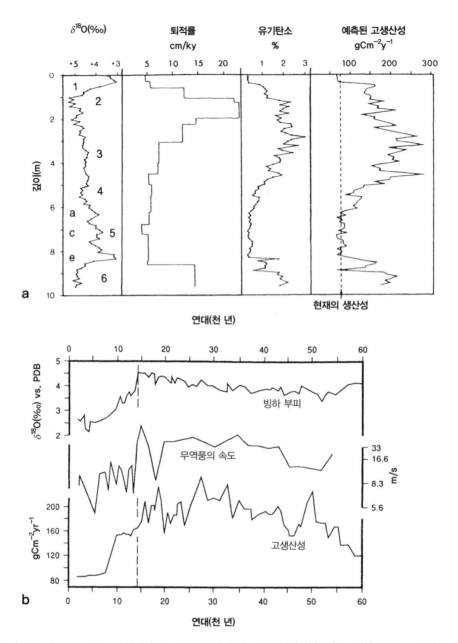

그림 9.10a, b 아프리카 북서 해역에서 플라이스토세 후기 동안 고생산성의 복원. **a** 메테오(Meteor) 코어 12392에서 분석된 산소동위원소, 퇴적률, 유기물 함량. (오른쪽) 측정된 고생산성 예측 값(P. J. Müller and E. Suess, 1979, Deep-Sea Res. 26A: 1347, and P. J. Müller 외, 1983 in J. Thiede and E. Suess, Coastal upwelling, Part B. Plenum Press, New York), 그림 9.7과 9.4c에 제시된 산소동위원소 단계(1 홀로세, 2~4 마지막 빙하기, 5a~e 마지막 간빙기, 6 빙하시대 초기). **b** 풍성입자 공급(풍력을 계산할 수 있음)과의 상관성에서 알 수 있는 용승변화를 야기하는 바람의 중요성(M. S. Sarnthein 외, 1987 in W. H. Berger and L. D. Labeyrie, eds. Abrupt climatic change-evidence and implications. Reidel Dordrecht).

며 아마도 빙하코어에서 관찰되는 결과의 어느 정도 부분만이 설명 가능한) 빙하기 동안 해양의 생산성이 증가되었음을 인지할 수 있다. 실제로 빙하기 동안 생산성이 높았다는 매우 확실한 증거가 있다. 예를 들면, 아프리카 북서 해역에서 빙하기 동안 유기탄소의 축적률은 매우 증가하였다(그림 9.10). 그 원인은 아마도 무역풍과 계절풍이 강화되어 해양 동쪽 경계에서 용승이 증가되었기 때문일 것이다. 이와 유사한 결과들이 여러 연안의 용승지역에서 보고되고 있다. 뿐만 아니라 적도지역에서 빙하기 동안의 생산성은 오늘날보다 높았다. 일반적으로 생산성이 증가하면 대기의 이산화탄소 농도를 현저하게 감소시킬 만큼 해저에 추가적인 탄소가 충분히 매장된다.

탄산염이 퇴적되는 지역 또한 중요할 수 있다. 해수면이 낮은 시기 동안 대륙붕 지역에서의 탄산염 퇴적은 매우 감소하였을 것이다. 이 때문에(침식과 함께) 해양에 탄산염이온 농도가 증가되어 궁극적으로 해양의 '알칼리도(alkalinity)'가 증가한다. 결국 높아진 알칼리도 때문에 총이산화탄소 수지 중 많은 부분이 해양에 배분될 수 있다.

9.4.3 장기적인 관점

장기적인 시간 규모로 볼 때, 해양과 대기와의 상호 교환작용뿐만 아니라 육상에서의 규산염광물의 풍화와 화산에 의한 이산화탄소의 유입 등도 함께 고려되어야 한다. 대기의 이산화탄소가 장기적으로 제거되는 풍화과정은 다음과 같이 간략한 식으로 나타낼 수 있다.

$$CO_2 + CaSiO_3 \rightarrow CaCO_3 + SiO_2 \qquad \text{식 (9.1)}$$

지각 아래로 섭입된 탄산염이 가열되어 변화된 왼쪽의(화산기원) 이산화탄소는 매우 긴 시간 규모(1억 년에서 10억 년)로 재순환한다. 따라서 섭입대 아래의 지구 내부에서는 역반응이 발생한다.

'Urey 방정식'(9.1)로부터 우리는 대기의 이산화탄소가 왜 장기적으로 감소되는지를 추론할 수 있다. 산맥의 형성과 강한 침식과정을 통해서 새로운 암석($CaSiO_3$)이 형성되기 때문이다. 해양 탄산염에서 분석된 스트론튬 동위원소비의 변화에서 알 수 있듯이(그림 8.19 참조) 제3기 후기 동안 산맥의 형성과 해수면 하강이 지속되었지만(그림 5.18), 특히 최근 몇백만 년 전 동안 우세하게 발생했다. 따라서 북반구 빙하기 시대의 여러 가지 원인들 중 추정 가능한 것은 제3기 후기 동안 장기적인 추세로 발생한 대기 이산화탄소의 감소이다.

9.5 제3기 해양 : 차가워지는 행성

9.5.1 경향과 사건들 : 산소동위원소

산소동위원소의 이용은 심해저 시추를 통해 새롭게 획득된 퇴적물을 연구하는 고해양 학자들과 퇴적학자들에게 유용한 많은 도구들 중에서도 기후변화를 복원하고 기후변화에서 해양의 역할을 확인하는 데 있어서 투자 대비 가장 큰 보상을 제공한다. 하지만 그 어느 것도 생층서학의 도움 없이는 정확한 해석을 하기가 어렵다. 생층서학은 시간틀과 함께 물리적인 변화에 대한 부유생물과 저서생물들의 반응에 관한 중요한 정보를 전달하였다. 고생물학 연구는 고대 해양이 역동적으로 살아있었음을 상기시켜 준다. 예를 들면, 고생물학 연구를 통해 진화의 역사에서 급변(punctuation)이 존재하고 이것이 기후변화에 대한 반응이라는 것을 알아낼 수 있었다. 오직 다량의 미화석을 포함하고 있는 심해저 퇴적물의 연속적인 기록만이 이러한 변화 양상을 확실하게 정립시킬 수 있다. 육상에서 우세하게 관찰되는 퇴적결층(hiatus) 기록들(즉, 퇴적층의 공백) 때문에 점진적인 진화와 급작스러운 진화 사이의 선택을 결정할 수 없다. 이는 오래전에 '종의 기원'(1859년)에서 Charles Darwin이 지적했었던 것과 같은 내용이다.

제3기 동안 기후 진화의 주요한 연구 주제는 일반적인 냉각을 수반하는 전 지구적인 해수면의 하강이다(그림 9.11a). C. Emiliani에 의해 수행된 초기 연구는 심해 퇴적물에서 제3기의 산소동위원소 기록을 분석하는 것이었다. 1950년대에 그는 저서성 유공충의 골격에서 분석된 산소-18의 증가로 확인할 수 있는 백악기 이후의 전반적인 냉각 경향을 식별하기 위하여, 침식에 의해 고기의 퇴적물이 노출된 해저 표면에서 채취한 저서성 유공충 시료를 사용하였다. 그의 예측은 정확하게 증명되었다.

심해시추사업(DSDP)이 시작되고 7년 후에 2명의 고생물학자 · 지화학자로 구성된 팀은 중요하고 본질적인 문제를 해결할 연구를 수행하였다(그림 9.11b). 부유성 유공충과 저서성 유공충의 산소동위원소 조성에 의한 층서들은 저위도에서는 서로 다른 경향을 보였지만 고위도에서는 비슷한 경향이 나타났다. 따라서 제3기 동안의 전반적

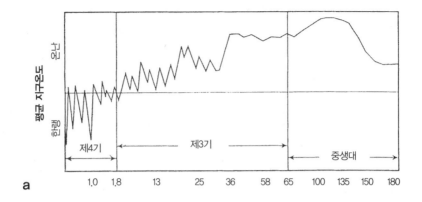

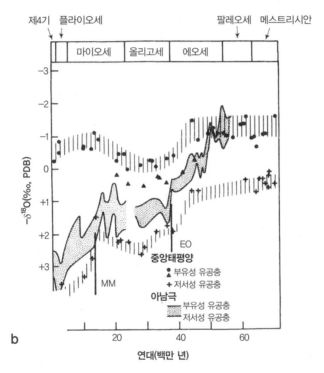

그림 9.11a, b 신생대 지구 냉각 경향의 모식도. **a** 전 지구적인 해퇴를 보이는 일반적인 해수면 곡선[J. Thiede 외, 1992, Polarforschung 61 (1) : 1; L. A. Frakes의 편집에 기반함]. **b** 심해 퇴적물의 부유성 유공충과 저서성 유공충의 산소동위원소 조성. *MM*과 *EO*로 표시된 수직선들은 고위도와 심해 수괴를 포함하는 주요 냉각단계의 근사 연대를 나타낸다[W. H. Berger, E. Vincent, H. R. Thierstein, 1981, SEPM Spec. Publ. 32: 489, R. G. Douglas and S. M. Savin(1975), central Pacific, N. J. Shackleton and J. Kennett(1975), subantarctic Pacific 의 자료에 기반함].

인 냉각은 주로 고위도(그리고 심층수)지방의 현상인 것이다. 그래서 일반적으로 약 4천만 년 전인 에오세 중기 이후 제3기에 계속적으로 온도 구배가 증가했음이 틀림없다. 바람의 속도는 온도 구배에 크게 의존한다. 만약 그렇다면 바람과 이 바람에 의해 만들어진 표층 해류는 연안용승이나 대양용승과 마찬가지로 제3기 후기에 급속히 빨라졌을 것이다. 이런 변화의 확실한 직접적인 증거로는 북태평양 북부와 남극해 주변 두 곳 모두에서 제3기 후기 동안 규조의 수효가 증가된 것이다. 비옥도(생산성) 증가에 대한 다른 증거도 또한 존재한다. 예를 들면, 방산충 골격은 에오세 이후로 지속적으로 얇아졌다. 시간이 지남에 따라 용존규소의 농도가 감소하는 것은 확실하며 이것은 용승지역에서 규조 생산이 증가되어 규소를 제거했기 때문이다.

산소동위원소 값의 변화 경향에서 나타난 고위도 냉각은 두 가지 주요 단계로 나타난다. 이는 마이오세 중기와 보다 이전의 단계인 에오세-올리고세 경계이다. 단순히 따뜻한 해양에서 차가운 해양으로 변해가는 전반적인 경향에서 특히 강하게 나타나는 이러한 단계들의 원인을 우리는 모른다. 아마도 남극대륙 주변에서 냉각이 어떤 임계 한계점에 도달하여 남극 해안으로부터 멀리 떨어진 곳에서 심층수의 형성이 크게 강화되고, 이것이 해양 순환의 양상에서 영구적인 재편성을 일으키는 연쇄반응을 일으켜 궁극적으로 되돌릴 수 없는 변화를 만들었을 것이다. 또는 과거 대륙들의 분포가 바로 이 시기에 변하면서 특정 해로를 막거나 개방시켜 해류에 의해 운반되는 열을 재배치하였을 수도 있다. 두 가지의 원인들은 — 내부 되먹임작용(internal feedback)과 고지리 변화 — 서로 배제할 수 없는 관계이다. 우리는 두 가지 모두 함께 작용했음을 알고 있다. 여기서의 의문점은 이 두 가지가 각각의 주어진 상황에서 얼마나 중요한가이다.

9.5.2 대분할

제3기 전 시기를 통해 판운동에 의한 지리적 변화는 해양분지들 사이의 교환 형태에 많은 영향을 미쳤다. 해양의 배관체계[관문(gateway)이라고 불리는]에서 중요한 몇 개의 밸브지점들 때문에 대륙의 작은 움직임만으로도 해류에 대한 영향은 크게 전이된다(그림 9.12). 중요하게 밝혀진 사실은 본래 커다란 하나의 환열대 해로로 연결되어 있던 전 지구 해양이 현재와 같은 형태로 단계적으로 분할된 것이다. 어떤 의미에서 멀리 남반구의 환류를 통해서만 연결되는 세 개의 분리된 초거대 분지들에 대하여 우

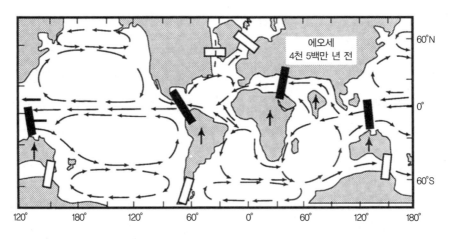

그림 9.12 마이오세 중기(약 4천 5백만 년 전)의 지리 분포와 해양 순환과 관계된 주요 밸브 위치. 신생대 동안 열대 밸브들(■)은 닫히고 고위도 밸브들(□)은 열리고 있다(B. U. Haq, Oceanologica Acta, 4 Suppl.: 71을 기초로 한 지도).

리는, 광범위하게 전 세계를 아우르는 열대 해양을 따라서 북반구 해양과 남반구 해양의 흐름이 원활한 것을 알 수 있다[즉, 이를 남반구교환(Southern Exchange)이라고 함].

그림 9.12에 나타난 관문들은 북극해에 대한 유입을 조절하고(그린란드의 동쪽과 서쪽), 적도를 따라[아프리카와 유라시아 사이의 테티스해(Tethys Sea), 파나마 해협, 보르네오와 뉴기니 사이의 인도네시아 해로] 전 세계 대양을 연결하며 극환류(circumpolar current)의 발달을 조절한다(태즈매니아 해로, 드레이크 해협). 오늘날의 해양과 4천 5백만 년 전 에오세 해양의 차이는 주로 열대 관문들의 폐쇄와 극방향 관문의 개방이다. 자세하게 말하면, 각각의 개방과 폐쇄는 다양하고 흥미로운 결과를 내포한다. 예를 들어, 가장 흥미로운 결과들 중의 하나는 심해시추사업 13차 탐사 동안 발견된 6백만 년 전에서 5백만 년 전 사이에 발생한 지중해의 건조현상이다. 막대한 양의 소금이 그 당시에 지중해 분지에 퇴적되어 전 세계 대양의 염분이 6% 정도는 감소하였을 것이다.

주요 대양분지들이 분리되는 전반적인 경향은 밸브들의 대전환과 해수면 하강에 의한 결과이다(그림 5.18). 이러한 해수면 하강은 — 백악기 후기 이후의 장기적인 해퇴 — 에오세 중기와 마이오세 중기에 잠시 중단되거나 역전되었다. 이것은 확장속도의 감소와 산맥 형성(제3기 후기)에 의한 것으로 생각된다. 확장속도의 감소는 젊은 연령

(즉 얇은) 해저의 해양지각 생성률 감소를 유발하여 해양 수심의 증가를 야기한다. 산맥 형성 시에는 암권을 두 겹으로 포개기 때문에 무엇으로든 채워야 할 공간이 생긴다. 따라서 두 과정 모두 해퇴를 발생시킨다. 해퇴는 알베도 증가(육지는 해양보다 햇빛을 더 많이 반사시킨다)와 이산화탄소 감소(노출된 대륙 암석의 화학적 풍화로 인해)를 일으켜 냉각 경향이 우세해진다.

9.5.3 대규모 비대칭

남극대륙에서 분리되어 이동하는 대륙들에 의해 만들어진 대규모 밸브 전환은 해양순환에 어떠한 결과를 주었는가? 이 결과는 물리해양학, 화학해양학 그리고 생물해양학에 모두 영향을 미친다. 일반적으로 우리는 대륙의 분리가 증가하면 전 세계 대양에서 온도와 염분의 범위가 광범위해지는 것이 가능하다고 말할 수 있다. 그리고 수괴들은 시간에 따라 온도와 염분의 차이를 더욱 보이게 된다. 결국에는 이러한 수괴들의 혼합이 남빙양에 제한되며 이것은 해양모델 연구자들에게는 '냉각상자(cold box)'로 일컬어진다. 따라서 평균적인 해수는 지금도 그렇듯이 차가운 상태여야 한다. 전 지구적인 환경이 차가운 해수가 우세한 지구가 된 이후에 열대 해수는 고립되었고 동시에 심해 냉수 동물군이 전 지구적으로 우점하게 된 반면에 열대 동물군은 점점 협소해졌다.

열수지 측면에서 제3기 해양 역사에서의 한 가지 주요 사건은 열대수렴대(ITCZ, 열적도)가 적도 북쪽으로 멀리 이동한 것이다. 여기에는 몇 가지 원인들이 있다. 하나는 남극대륙에 빙하가 형성되었기 때문이며 이로 인해 기후대가 북진하는 결과가 나타났다. 다른 하나는 대형 육괴들이 북쪽으로 이동하게 되어 북반구로의 우세한 열 수송에 의하여 몬순체제가 확립된 것이다. 인도판과 유라시아판의 충돌 결과에 의한 티베트고원과 히말라야 산맥의 융기는 추가적으로 기후변화를 야기하는데, 예를 들어, 몬순이 강화되고 풍화가 증가한다. 네 번째 요인은 주요 해양분지인 대서양과 태평양의 비이상적인 지리 배열로 인하여 서쪽으로 흐르는 적도 해류가 북쪽으로 굴절되어 멕시코만류와 쿠로시오해류가 강화된 것이다. 마지막 원인은 북반구보다 남반구에서 더 많은 열을 빼앗기는 것 때문이다. 남반구에 위치한 남뉴질랜드의 빙하는 해변 가까이에 위치해 있지만 북반구에서 같은 위도의 프랑스 보르도에서는 포도밭을 개간할 수 있다. 고기후학에서 이와 같은 비대칭의 중요성은 이미 오래전 James Croll의 저서 기후와 시간(*Climate and Time*, 1875년)에서 강조되었다.

지구에서 열적 비대칭의 한 가지 중요한 측면은 북대서양에서 형성된 심층수가 남쪽으로 이동하여 남극대륙 주변에서 교환된다는 사실이다. 일반적으로 북대서양은 남극해로부터, 직접은 아니지만 다양한 경로를 경유하고 따뜻해진 해수를 표층을 통하여 되돌려받는다. 따라서 북대서양은 심층수 형성 시에 열펌프방식을 이용하게 되고 온수는 유입되고 냉수는 유출된다.

언제 이러한 **북유럽 열펌프**(Nordic heat pump)가 처음으로 작동되었는가? 우리가 확실히 알지는 못하지만 태평양과 대서양 사이의 화학적인 비대칭성(분지 간 분배, 7.6.5절 참조)으로부터 어떤 단서를 찾을 수 있다. 북대서양에서 차가운 심층수가 형성되어 남극순환류 쪽으로 이동되어 혼합될 때, 북대서양으로부터 영양염과 용존규소도 함께 내보내어진다. 또한 심층수를 형성하기에 충분한 밀도에 도달하기 위해 북대서양에서 북태평양으로 수증기를 전달하여 염분 상승이 이루어진다. 반대로 이러한 조건은 북태평양에서 하구형 심층 순환을 유발시켜 심층수에 영양염과 규소를 풍부하게 공급시킨다(7.6.1절 참조). 결과적으로 북유럽 열펌프가 작동하게 되면 규질 퇴적물은 북대서양에서는 거의 퇴적되지 않고 북태평양에서는 풍부하게 퇴적된다. 규소 퇴적의 기록으로부터 우리는 태평양-대서양 비대칭성이 1천 5백만 년 전에서 1천만 년 전 사이에 매우 증가했음을 알 수 있다[규소전환(silica switch)]. 당시에 북유럽 열펌프가 왕성하게 가동되기 시작했을 것이다(9.5.5절 참조).

9.5.4 북반구 빙하기의 시작

북유럽 열펌프가 가동되기 시작하면서 북반구에서 남반구에 이르는 비대칭성은 더욱 강화되었다 — 빙하기가 남극대륙에서 발생할 수 있었지만 북반구에서는 그렇지 못했다. 하지만 결국에는 전반적인 냉각으로 3백 50만 년 전에서 2백 50만 년 전 사이에 북반구에서도 빙하기가 발생했다(그림 9.13). 북반구 빙하작용이 시작되면서 지구 기후는 앞에서 논의한 것과 같이 간빙기-빙하기의 주기로 변화되었다. 다시 한 번 말하지만 플라이오세-플라이스토세 동안의 냉각은 해퇴와 관련되었다. 추가적으로 산맥 형성과 극지역을 향한 육괴들의 북진은 육지의 빙하작용에 필요한 조건인 눈이 쌓이기에 훨씬 적합한 상태를 제공하였다. 빙하기 변동이 시작한 정확한 시기는 당시 파나

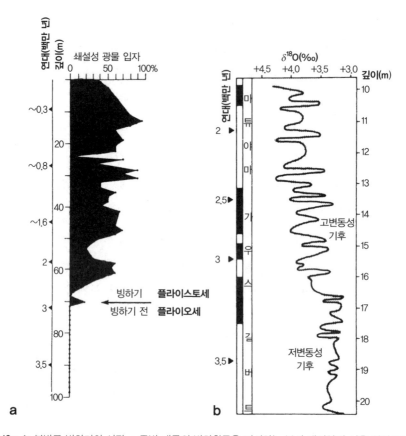

그림 9.13a, b 북반구 빙하기의 시작. **a** 주변 대륙의 빙하활동을 지시하는 북서 대서양의 시추 위치 DSDP Site 116에서 관찰된 쇄설성 광물 입자 풍부도의 급작스러운 증가(W. A. Berggren, 1972, Init Rep Deep Sea Drilling Project 12: 953). **b** 중앙 적도 태평양에서 채취한 피스톤 코어의 산소동위원소 층서에서 지시된 것과 유사한 저변동성 해양기후(L)에서 고변동성 해양기후(H)로의 변화. 산소동위원소는 현재 이 지역에서 약 +3.5‰을 보이는 저서성 유공충인 *Globocassidulina subglobosa*를 분석하였다. 연대 규모는 자기층서를 통해 이루어졌다. *PP* 파나마 해로는 가우스 시대(Gauss Epoch) 동안 점진적으로 폐쇄되었다(N. J. Shackleton, N. D. Opdyke, 1977, Nature 270: 216).

마 해로의 폐쇄와 관련된다. 현재의 대서양과 태평양은 이전보다 더욱 더 독립된 상태에 있다.

9.5.5 마이오세 중기의 냉각과정

앞서 언급된 규소전환(silica switch)은 천 5백만 년 전에서 천만 년 전 사이에 대서양에서 태평양으로 용존규소의 대규모 수송을 말하고, 이 사건은 북반구 빙하기에 앞서서 작동된 해양의 심층 순환이 대대적으로 재편되었음을 보여준다(그림 9.14). 동위원소

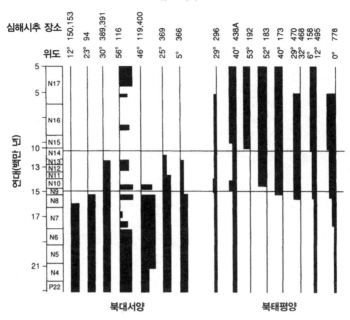

규소 퇴적

심해시추 장소

위도

그림 9.14 약 천 5백만 년 전 북유럽 열펌프의 가동을 제시하는 마이오세 중기 대서양에서 태평양으로의 규소 전환. 규소가 풍부한 퇴적층들은 검은색으로 표시하였다(F. Woodruff and S. M. Savin, 1989, Paleoceanog. 4: 87, G. Keller and J. A. Barron, 1983, Geol Soc Am Bull 94: 590의 편집에 기반함).

기록에서 나타난 결정적인 규소전환은 천 5백만 년 전에서 천 3백만 년 전 사이에 저서성 유공충의 산소동위원소 값이 급격하게 증가한 시기와 일치한다(그림 9.11). 이 산소동위원소 값의 증가는 남극대륙 빙하의 성장과 심층 순환의 근본적인 변화를 반영하는 심층수의 전 지구적 냉각 모두를 반영한다. 당시 부유성 유공충의 종다양성이 크게 증가한 것은 따뜻한 표층수 아래에 강한 수온 약층의 발달을 지시하며, 이런 조건에서 부유생물 서식지의 다양화와 함께 부유생물 종의 다양화가 발생했기 때문이다.

마이오세 중기의 냉각과정에 앞서 먼저 탄소동위원소 값이 갑자기 증가하며, 이 탄소동위원소 이상시기(excursion)는 모든 해양과 모든 수심에서 관찰된다. 이러한 값의 증가는 태평양 주변부에 유기물이 풍부한 퇴적물의 퇴적이 증가되는 시작 시기와 일치한다. 아마도 유기물 퇴적의 증가는 해양에서 ^{12}C를 선별적으로 제거하였기 때문에 해양의 용존 무기탄소의 탄소동위원소 값은 ^{13}C가 풍부해져 그 결과 ^{13}C/^{12}C 비가 증가했을 것이다. 이러한 관점에서 대륙주변부 퇴적과 심해 퇴적물의 탄소동위원소 기록 사이의 연결점을 찾을 수 있다. 유기탄소의 퇴적 증가가 뒤이은 마이오세 중기의 냉각에 부분적으로 기여했을 가능성이 있다. 해양으로부터의 추가적인 탄소 제거는 대기의 이산화탄소 농도를 낮추었고 잇따른 빙하 형성에 기여했을 것이다.

마이오세 중기의 냉각과 남극대륙의 빙하 성장을(알베도 증가와 대기 이산화탄소의 감소) 유도하는 내부의 되먹임작용 기작 외에도 우리는 해양의 지리적인 재배열을 다시 고려해야 한다. 마이오세 중기의 경우 인도네시아 해로(Indonesian Seaway)는 2천만 년 전에서 천만 년 전 사이의 어느 시점에 폐쇄되었다. 하지만 이 해로의 폐쇄가 어떻게 냉각에 기여하였는지는 확실하지 않다.

좀 더 논의해야 할 의문은 마이오세 중기의 냉각을 반영하기 위해 $\delta^{18}O$ 값이 얼마나 상승해야 하는가이며(그림 9.11b, MM), 이 증가된 $\delta^{18}O$ 값에서 어느 정도가 빙하 형성에서 기인된 것인가이다. 빙운쇄설물(ice-rafted debris)로 알 수 있듯이, 남극대륙으로부터의 빙하 유출은 마이오세 중기가 끝나는 시기에 본격적으로 시작된 것이 분명하다. 한 가지 추측하건대, 당시에는 남극대륙에서 빙하 성장의 증가도 함께 시작되었다는 것이다. 이러한 빙하 형성은 해수면이 약 50m 하강하게 만들었으며 아시아와 다른 지역의 융기로 인한 일반적인 해퇴를 넘어서는 정도로, 이것은 스트론튬 동위원소 층서에서 확인된다.

9.5.6 에오세 냉각의 끝

시간을 거슬러 에오세 후기와 에오세-올리고세 경계를 더 자세히 알아보기 위해 부유 생물의 종다양성이 적고 미소플랑크톤(nannoplakton) *Braarudosphaera*의 예상하지 못한 대번식이 나타나는 불가해한 올리고세를 우리는 다루지 않는다. Glomar Challenger 호의 첫 탐사에서 에오세는 중요한 수수께끼를 내놓았다. 즉, 북대서양 서쪽 지역에서 뚜렷한 지진파 반사대 깊이에서 시추축이 처트(chert)층과 만난 것이다(3.6.2, 8.6.4절 참조). 그 후에 비슷한 암반이 해양의 여러 곳에서 발견되었다. 실제로 오직 에오세 후기(즉, 4천만 년 전) 이후에 쌓인 원양성 퇴적물은 현대의 퇴적층처럼 보인다. 그때부터 이 퇴적물들은 8.2절에 언급된 것과 유사한 퇴적상 분포를 보인다.

본질적으로 에오세 퇴적상과 에오세 이후의 퇴적상을 명확하게 구분하기는 어렵다. 해양분지들이 지금보다는 더 쉽게 소통되었으며 분급작용을 일으킬 수 있는 온도 구배가 작았기 때문에 해양의 화학적 분급작용은 효율적이지 않았다. 즉, 바람이 약했고, 따라서 대륙주변부에서 유기물이 풍부한 퇴적물과 규소 그리고 인이 풍부한 저층수를 공급할 용승 또한 약했다. 이 상황은 에오세 말기로 향하면서 변하였으며 분급작용이 가동되기 시작했다. 아마도 북극과 남극의 열적 고립과 눈과 식생변화(알베도 증가, 9.2.2절 참조)에 기인한 양성 되먹임작용으로 인해 극지역이 냉각되었을 것이다. 극전선이 적도 쪽으로 이동하여 에오세 후기의 강우대(즉, 온대지역)는 남극 해안으로부터 멀어졌다. 우리는 고위도지방에서 분석된 산소동위원소 값에서 이러한 변화를 찾을 수 있다. 즉, 산소동위원소 값은 에오세 후기 동안 빠르게 높은 값으로 변하였고, 특히 에오세-올리고세 경계에서 급격한 증가를 보였다(그림 9.11b, EO). 이와 같은 산소동위원소 값의 변화는 고위도 대륙붕의 해수가 가라앉아 심해분지를 채우기에 충분히 냉각되고 염분이 높은 상태임을 지시한다.

원인이야 어찌되었든 — 아마도 전 지구적인 해퇴에 의해 내부의 되먹임작용이 시작되었을 것이다 — 되돌릴 수 없는 에오세 후기의 냉각은 새로운 형태의 해양을 개시하였다. 북반구와 남반구 사이, 대서양과 태평양 사이 그리고 대륙주변부와 심해 사이에 강한 비대칭이 발달하기 시작한 바다를 만들었다.

9.6 백악기-제3기 경계

9.6.1 갑작스런 멸종의 증거

백악기-제3기 경계에는 주요한 생층서학적 중단이 나타난다. 물론 이러한 생층서학적 중단은 중생대와 신생대를 경계지을 수 있는 위치를 처음으로 결정한 근거이다. 따라서 우리는 파충류시대를 대체한 포유류시대 이후의 시간을 계산할 수 있다(부록 A3). 육지에 노출된 천해 해양 퇴적층에서 관찰된 심각한 변화의 증거가 어디에서나 선명하게 나타난다. 그러나 관찰된 변화의 정도가 매우 다른 연대의 퇴적물들이 중첩된 결과인지는 그 누구도 확신할 수 없다. 1960년대의 많은 생층서학자들(예 : W. A. Berggren, M. N. Bramlette and E. Martini, H. Luterbacher 그리고 I. Premoli-Silva)에 의해 수행된 연구들 덕분으로 육지에 노출된 원양성 퇴적물들에서 'K/T' 경계를 정의하는 부유생물군의 급격하고 근본적인 변화에 대한 최상의 증거를 찾을 수 있다. 심해

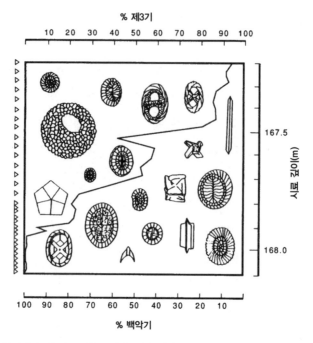

그림 9.15 백악기 후기에서 제3기 초기(K/T경계) 사이 심해 퇴적물에서 관찰된 초미화석(nannofossil) 함량의 기본적이고 급격한 변화. 매우 다양한 열대 군집대가 와편모충 낭포(구멍을 가진 큰 구 형태)와 응력-내성 형태를 지닌 미소플랑크톤 *Braarudosphaera*(pentagon)를 포함한 다양성이 적은 기회종으로 대체된다. 왼쪽 축에 시료 간격을 보여줌(DSDP Site 384 in the western South Atlantic studied by H. R. Thierstein and H. Okada, 1979, Init Reps Deep Sea Drilling Project 43: 601).

시추사업의 연구에서 이러한 초기 결과를 확인하였고 대규모의 전 지구적 멸종사건을 설명할 수 있었다(그림 9.15). 멸종과 관련된 시기와 전 지구적인 대비를 면밀하게 조사하면 대멸종이 지질학적으로 매우 짧은 시간인 10만 년 내에 발생했다는 것을 알 수 있다.

9.6.2 멸종의 원인

고해양학의 관점에서 비록 당시에 전 지구적인 해퇴가 계속적으로 뚜렷하게 진행되었지만, 백악기 후기와 제3기 초기 사이에 해수 순환 또는 열수지의 본질적인 차이가 있었다고 의심할 만한 이유는 없다. 급작스런 멸종과 함께 앞에서 설명한 관측 그리고 이러한 멸종이 매우 선택적인(예를 들어, 난수성 부유종들이 크게 감소되었지만 심해의 저서종은 감소하지 않았다) 사실 때문에 멸종의 원인을 찾는 데 어려움이 점점 증가되었다. 대신에 우리는 중요하고 비정상적인 전 지구적 교란을 찾아야만 한다.

백악기 말에 나타난 대규모의 멸종(공룡의 멸종을 포함)을 설명하기 위해 제안된 원인들은 실제로 매우 많다. 초신성의 방사선, 대기로 진입하는 혜성에서 분출되는 독가스, 대규모의 화산폭발 또는 지구와 충돌한 거대한 운석에 의해 발생된 기후변화들이 지질학자들의 다양한 상상력을 증명해야 하는 가설들 중의 하나이다. 그러나 L. Alvarez와 W. Alvarez 그리고 그의 동료들(1980) 그리고 J. Smit과 J. Hertogen(1980)이 운석충돌 시나리오(impact scenario), 즉 우주에서 온 거대한 암석(직경 크기 10km)과의 충돌에 대한 강력한 증거를 보고할 때까지는 갑작스런 멸종의 중요한 원인은 해결되지 않았다. 운석충돌 시나리오의 증거로는 다음과 같은 것들이 있다. 이리듐(희귀불활성금속)이 K/T 경계층에 매우 농축되었고 급작스런 고압력에 의해 충격을 받은 흔적이 있는 석영(shocked quartz)이 K/T 경계층에서 발견된 것이다. 이러한 증거들로 인하여 1980년대 내내 충돌 시나리오가 K/T 멸종의 주요한 원인으로 수용되었다. 심지어 충돌 증거로 멕시코 유카탄반도에 직경 200km의 칙술루브(Chicxulub) 구조의 충돌 분화구도 발견되었다.

주로 화산활동과 관련된 다른 가설들도 논의되고 있는 중이다. 물론 충돌의 여파 또는 충돌의 연속으로부터 생존을 위한 악조건을 유발시키는 데 화산활동(해퇴)이 원인이 될 수 있는 근거는 있다.

충돌 결과로 인해 전 지구적 환경이 변화되었다는 정확한 원인은 여전히 열띤 논의가 필요한 사안이다. 장기적인 태양광의 차단(성층권 내의 미세입자로 인한), 산성비(대기가 과열되어 질소분자가 연소하면서) 그리고 기온의 급격한 변화(온실가스 변화에 의한)들이 환경변화의 해결을 위해 제안되어 왔던 일부 가능성들이다.

9.7 판 층서와 탄산염보상수심

9.7.1 역추적과 탄산염보상수심의 복원

해저에서 획득한 시료에 기록된 정보를 정확하게 해석하기 위해서는 채취한 퇴적물이 퇴적된 당시 원래의 위치와 수심을 알아야 한다. 이러한 정보는 시간이 흐르면서 위치가 변화된 경로를 역추적(back‑tracking)하여 알아낼 수 있다. 이러한 경로를 적절하게 고려하지 못하면 시추된 코어의 퇴적층서를 정확하게 해석할 수 없다. 예를 들어, 어떤 한 장소가 동태평양해령으로부터 수심이 깊어지면서 적도를 가로질러 북쪽으로 이동했을 때, 이곳에는 본래의 위치에 따라 그리고 판 움직임의 결과로 다양한 퇴적물(석회질 연니, 규산질 점토, 규산질 석회질 연니, 규산질 점토, 적점토)이 쌓인다. 해양체계의 변화만으로 이와 같은 퇴적층서를 해석하면 잘못된 결과가 나올 수 있다.

해양학적 변화와 관련된 퇴적상의 변화는 시간의 함수에 의해 퇴적물이 쌓인 장소를 해저의 본래 장소로 되돌리는 역추적 결과에 의해 알 수 있다. **수평적 역추적**(horizontal backtracking)은 시추된 지점이 위치한 판에 적합한 회전축을 적용시켜 경로를 역으로 알아내는 것이다. 어떤 목적을 위해서 이 방법은 고(古)위도(즉, 적도까지의 거리)를 알아내기에 충분하다. 수직적 역추적(vertical backtracking)을 알아내기 위해서는 탄산염 함량, 퇴적률 또는 석회질 화석이 보존과 같은 시간−수심에 민감한 자료들이 필요하다.

정의에 의하면 탄산염보상수심(carbonate compensation depth)의 위치는 퇴적 수심과 관련이 있다. 따라서 어떤 지역은 과거의 탄산염보상수심의 위치를 역추적에 의해서 알아내야 한다. 탄산염보상수심은 어떻게 명확히 변동할까? 이러한 변동은 해양에서 화학성분과 생산성의 변화에 대하여 우리에게 무엇을 말해 줄 수 있는가? 이러한 질문들에 대답하기에 앞서 시추된 많은 지역들에서 탄산염보상수심이 교차된 수심들을 복원해야 한다. 이런 작업을 위해서 우리는 표준화된 침강곡선(그림 1.9)을 사용하고 다음과 같은 절차를 따른다.

첫 번째, 그림 1.9의 침강곡선을 이용하여 심해 기록의 기반암 연대에 정확하게 일치하는 지점을 확인한다. 그리고 우리는 침강곡선에서 퇴적 수심을 결정하기 원하는 퇴적물의 연대와 일치하는 거리를 되돌아간다. 그러면 우리는 퇴적 당시에 현재 수심과의 차이를 이용하여 고(古)수심 예측 값을 얻을 수 있다. 이러한 추정치를 개선하기 위해서는 높아진 해저와 지각평형에 의한 침강을 고려하고 퇴적 시기 이후에 쌓인 퇴적층 두께의 절반을 빼야 한다. 과거의 탄산염보상수심은 탄산염퇴적물에서 비탄산염퇴적물로의 퇴적상 변화를 보이는 과거 수심에 해당된다(그림 9.16). 예를 들어, 이 지역의 탄산염보상수심은 9천만 년 전에 과거 수심이 3.6km인 곳에 위치했다.

탄산염보상수심의 변동 재구성을 가능하게 해주는 횡단점들을 얻기 위해서는 같은

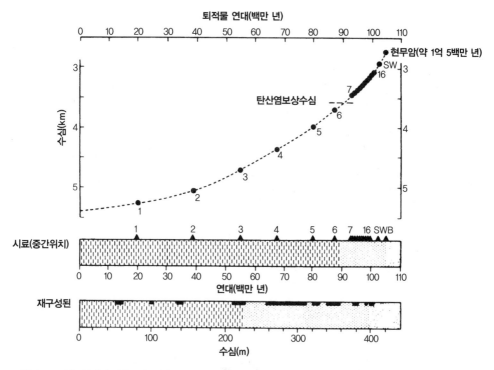

그림 9.16 시추 위치의 역추적을 이용한 탄산염보상수심의 과거 수심 결정. 중앙대서양에 위치한 Site 137의 침강 추적과 퇴적상. 암상 기호(하단 왼쪽에서 오른쪽) : 파선 점토, 점 석회질 연니, 무작위 점선(수심 400m 아래) 현무암. 9천만 년 전에 탄산염보상수심은 수심 3.6km 정도에 위치했다(W. H. Berger, E. L. Winterer, 1974, Spec. Publ. Int. Assoc. Sedimentol. 1: 11).

지역에서 많은 지점들에 동일한 방법을 적용하면 된다. 연대-수심 도표에서 각 시추 지점은 침강곡선에서 찾을 수 있고 이 그림에 퇴적상(그리고 퇴적률)을 그릴 수 있다. 탄산염보상수심의 변화는 탄산염퇴적물-비탄산염퇴적물 경계에 해당되는 수심변화에 따라 나타날 것이다. 그러나 역추적은 탄산염보상수심의 위치를 항상 알아낼 수 있는 조건은 아니다. 해령 측면 쪽 아래로 수심이 깊어지면 저층류가 상부의 점토층을 제거하는 지역에서는 석회질 퇴적물이 심하게 침식되어 심해 카르스트(karst)를 형성할 수 있다(그림 9.17). 심해 카르스트가 형성되면 역추적으로 탄산염보상수심의 횡단지점의 수심을 알아낼 수가 없으며, 이 지점의 경로는 탄산염보상수심의 상부와 하부를 알 수 없는 결층(hiatus)만을 보여줄 것이다.

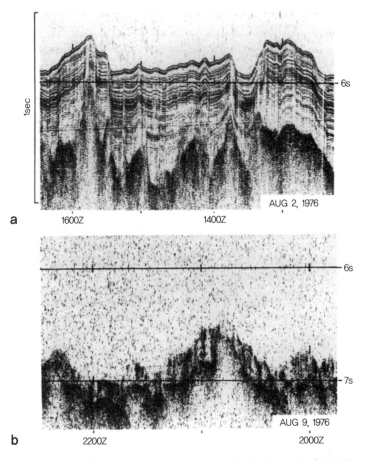

그림 9.17a, b 탄산염 퇴적에 대한 해저 침강효과. **a** 적도지역 동태평양해령의 서쪽 측면에 잘 보존된 층상 탄산염퇴적물의 탄성파 자료. 6s는 반향복귀(echo-return) 시간으로 수심 4,500m에 해당된다. **b** a보다 더 수심이 깊고 (7s 5,250m) 더 서쪽에 위치한 지역의 탄성파 자료. 지형과 퇴적물 상부는 불규칙적이며 침강하는 해저로 더 깊은 곳으로 이동되어 탄산염퇴적물의 용해에 의해 생성된 심해 카르스트로 해석된다(W. H. Berger 외, 1979, Mar. Geol. 32: 205).

9.7.2 대서양과 태평양에서 탄산염보상수심의 변동

탄산염보상수심의 변동을 복원하면 심층 순환, 전 지구적인 그리고 지역적인 생산성, 대륙붕과 심해 해저 사이의 탄산염 분포 분할 등에 관한 유용한 정보를 얻을 수 있다. 일반적으로 탄산염보상수심은 대기의 이산화탄소 농도를 조절하는 해양의 화학적 상태를 지시하는 중요한 인자들 중의 하나이다.

탄산염보상수심의 복원은 기반암과 퇴적물의 가능한 연대와 침강률에 대한 가정에

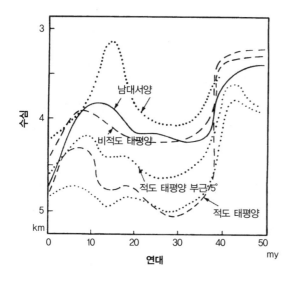

그림 9.18 여러 해양지역에서 복원된 탄산염보상수심의 변동. 실선과 파선(Tj. H. van Andel 외, 1977, J. Geol. 85: 651의 복원). 점선(W. H. Berger, P. H. Roth, 1975, Rev. Geophys. Space Phys. 13: 561의 복원). 복원은 전체적으로 해수면 변화와 관련되어 나타나는 일반적인 변동 양상과 일치한다.

따라 다소 다를 수 있다. 그럼에도 불구하고 일반적인 경향은 1970년대 초 이래로 잘 알려져 왔다(그림 9.18). 즉, 에오세 후기에 탄산염보상수심의 위치는 얕은 깊이였고, 에오세-올리고세 경계 부근에서 깊어진 후 마이오세 동안 상승하고 천만 년에서 천 5백만 년 전에 가장 수심이 얕았으며 이후 현재의 위치인 4.3km 정도 깊이까지 내려갔다. 대서양과 태평양에서 가장 극적인 변화가 에오세 말기와 지난 천만 년 동안에 발생하였다. 에오세 말기에 탄산염보상수심의 위치가 급격히 하강한 것은 전 지구적으로 나타났기 때문에 전 지구적 탄소 순환의 변화가 반영된 것이다. 천만 년 전 이후 대서양에서 탄산염보상수심의 위치가 급격히 하강한 것은 지역적인 현상으로, 이는 '규소전환'(9.5.5절 참조)에서 다루어진 북대서양 심층수의 형성이 증가된 것과 관련된다.

태평양과 대서양에서 탄산염보상수심의 변동이 전반적으로 유사한 것은 해양의 화학적 환경이 전 지구적으로 바뀌는 것을 지시한다. 해수면 변동과 $\delta^{18}O$ 층서와 비교해 보면, 해수면이 높은 시기는 얕은 탄산염보상수심과 온난한 고위도 기후로 특징지어지고 해수면이 낮았던 시기는 깊은 탄산염보상수심과 추운 고위도 기후(차가운 심층수)로 특징지어진다고 제안되었다. 왜, 상대적으로 수온이 낮은 해양에 비하여 수온이 높은 해양에서 탄산염보상수심이 얕은 것일까? 수온이 낮은 해양이 수온이 높은 해양보다 탄산염퇴적물의 보존이 더 유리한가?

9.7.3 탄산염보상수심의 변동과 가능한 원인

해수면과 탄산염보상수심의 변동을 연결하는 간단한 가설은 분지-대륙붕 분배(basin-shelf-fractionation) 개념이다. 용해와 압력의 관점에서 수심이 얕은 대륙붕은 탄산염이 축적되기에 유리한 장소이다. 따라서 해수면 아래에 위치한 대륙붕들은 탄산염을 포획하고 해양으로부터 탄산염을 제거하기 때문에 심해저에서는 탄산염이 부족하다. 반대로 노출된 대륙붕에는 탄산염이 퇴적되지 못하고 심해로 공급된다. 따라서 탄산염 퇴적에는 수온이 중요한 것이 아니라 해수면의 위치가 중요하다. 그러나 다양한 이유로 수온은 해수면과 관계되기도 한다(대륙붕이 잠기는 동안 알베도의 감소와 pCO_2의 증가, 9.2.2절 참조).

탄산염보상수심의 변동에 대한 설명으로 물질균형 가설이 충분하지 않다고 믿을 만한 좋은 이유가 있다. 게다가 심해분지 내에서 탄산염퇴적물의 내부 순환을 바탕으로 우리는 좀 더 논리적인 주장을 해야 한다. 해양의 생물학적 생산성이 탄산염퇴적물의 퇴적 원인이라는 것을 기억하라. 용매에서 용질이 침전되면 불포화상태가 된다. 그래서 생산성이 높아지면 탄산염보상수심이 얕아지는 탄산염광물에 대해 불포화된 해양이 만들어진다. 이 모델에서 우리는 에오세와 마이오세 동안 생산성이 높고 올리고세 동안 낮은 생산성을 보이는 생산성 변동으로 탄산염보상수심의 변동을 해석할 수 있다.

탄산염보상수심의 변동은 또한 심해저의 침식 역사 기록과도 매우 밀접하게 관련된다. 물론 용해 탄산염광물 자체는 침식의 형태이다. 퇴적률과 결층(기록에서의 차이)과 같은 두 가지의 층서학적 변수들도 시간에 따라 상당한 변동을 보인다. 그러나 이들의 변동과 탄산염보상수심의 변동 사이의 연관성은 여전히 분명하지 않다. 한 가지 문제는 결층들이 시추하는 과정에서 발생될 수도 있기 때문에 그때마다 복원은 어렵다는 것이다. 예를 들어, 이러한 상황은 에오세 시기의 처트가 풍부한 퇴적물에서 찾을 수 있다.

9.8 백악기 해양 : 산화과정의 문제

9.8.1 '정체된' 해양?

심해시추사업(DSDP)에 의해 대서양에서 백악기 중기 퇴적물을 획득한 결과, 이 퇴적물들 중 일부는 유기물이 상당히 풍부하다는 것을 발견하였다. 이는 해저로 많은 유기물이 공급되었거나 당시 심층수의 용존산소 농도가 낮아서 유기물의 분해가 감소되었든지 아니면 두 가지 모두를 지시한다(그림 9.19). 지역적으로 산소 농도가 뚜렷하게 감소되어 굴착(burrowing) 생물들이 해저에 서식하며 층을 교란시키지 못할 정도로 낮았다. 그러므로 백악기 퇴적층 중 특히 대륙주변부의 퇴적물에서 엽리구조가 흔하게 관찰된다.

용존산소 농도가 낮은 다양한 지시자들은 매우 짧고 잘 경계된 시기들['무산소(Anoxic) 사건']에서 집중적으로 나타난다. 용존산소 농도가 낮은 증거들은 태평양에서 발견되기도 하지만 전형적으로 대서양에서 관찰된다. 이러한 무산소 또는 거의 무산소퇴적물의 중요성은 무엇인가? 당시 해양의 화학조성과 생산성에 어떠한 의미를 가지는가? 기후에는 어떠한 의미를 가지는가?

이러한 질문들에 대답하기 위해서 우리는 몇 가지를 고려해야 할 필요가 있다. (1)

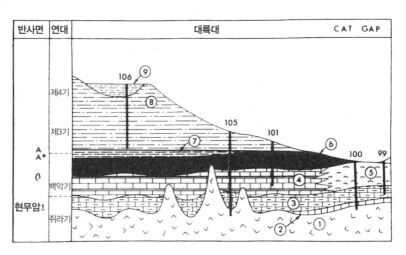

그림 9.19 미국 동쪽 연안에서 떨어진 대륙주변부의 백악기 유기물이 높은 퇴적물. 그림은 도식적으로 나타냈고 시추와 지진파 자료에 근거하였다. 1 현무암, 2 녹회색 석회암, 3 적점토 석회암, 4 백색과 회색 석회암, 5 석회질 연니와 백악, 6 흑점토, 7 다양한 색의 점토, 8 반원양성 머드, 9 쇄설성 모래와 점토(Y. Lancelot 외, 1972, Init Rep Deep Sea Drilling Project 11: 901).

용존산소 농도가 낮은 퇴적에 해당되는 오늘날의 유사한 환경을 찾아라(7.6.3절 참조). 이것은 우리에게 백악기 중기나 그 시기 일부 동안에 우세했던 환경의 조건에 대한 정보를 제공할 것이다. (2) 온난한 해양에서 산화과정의 물리적인 원칙들을 고려하라. (3) 퇴적물을 분석하여 그 기원을 결정하라(육상으로부터 얼마나 왔는가?). (4) 특정한 사건의 발생원인에 대한 단서를 얻기 위해서는 광범위하게 잘 정의된 무산소 사건들과 관련된 층서 정보를 관찰하라. 지금부터 우리는 이러한 점들을 순서대로 살펴볼 것이다.

9.8.2 오늘날의 유사성

오늘날 유기물 함량이 높은 퇴적물은 두 가지 상황에서 퇴적된다 — 하구 순환을 가진 부분적으로 제한된 분지와 강한 산소최소층이 교차하는 공해의 대륙사면(그림 9.20). 발틱해(Baltic Sea)와 흑해(Black Sea)는 첫 번째 상황의 예이고, 캘리포니아만과 아라비아해(Arabian Sea)의 인도 대륙사면은 두 번째 상황의 예이다. 두 상황들의 공통점은 유기물이 침강하여 퇴적되는 해저면을 덮고 있는 심층수로부터 공급되는 산소보다 상

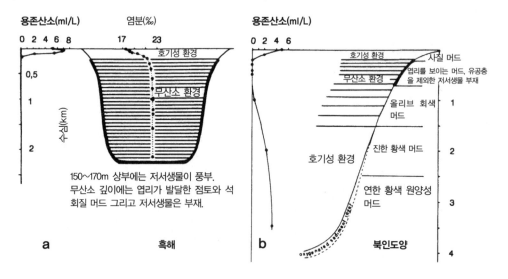

그림 9.20 흑색 셰일이 퇴적되는 오늘날과 유사한 환경. a 흑해, 염분에 의한 강한 성층화로 인해 수직혼합이 제한되고 그 결과 심층으로의 산소공급을 차단함. b 인도양 북쪽의 대륙주변부에 나타나는 산소최소층의 단면도. 산소최소층은 전 대양적인 현상이고 표층생산성이 높은 지역에서 더 강화된다(J. Thiede, Tj. H. van Andel, 1977, Earth Planet Sci. Lett. 33: 301).

대적으로 유기물질의 유입이 높다는 것이다. 따라서 흑색을 띠는 퇴적물을 발견할 수 있는 가능성을 확대하려면 우리는 생산성을 높이거나 산소공급을 감소시키거나 또는 두 가지 모두를 해야 한다.

이 두 가지 중에서 어떤 상황이 백악기 중기에 적용될 수 있는가? 퇴적률이나 공급된 퇴적물 형태를 통해 본 결과에 의하면 백악기 중기에는 생산성이 높았다는 증거를 찾을 수 없다. 사실 오늘날 해양의 생산성과 비교해보면 당시의 생산성은 감소했을지도 모른다. 그러므로 낮은 산소공급이 중요한 요인이 될 수 있다.

9.8.3 온난한 해양의 용존산소

우리는 심층수의 용존산소 농도가 낮은 원인을 쉽게 이해할 수 있다. 수온이 상대적으로 높기 때문에, 오늘날 해양의 수온은 아주 얇은 상층을 제외하고는 0~5℃의 범위에 있다. 이 온도범위의 용존산소 포화도는 약 7.5 ml/l이다. 심층수의 전형적인 용존산소 농도는 3~5ml/l이며, 이는 포화도와 비교하여 약 3.5ml/l 낮은데, 이는 유기물 분해를 통해 산소가 소모되기 때문이다. 백악기 해양의 경우, 산소동위원소 분석에 의하면 해양의 심층 수온은 15℃에 가깝다. 수온이 15~20℃ 사이일 경우 용존산소 포화도는 5.5ml/l에 가깝고, 이는 현재의 차가운 심층수의 용존산소 농도에 비해서 2ml/l 낮다. 그렇다면 지금과 마찬가지로 유기물 분해에 의한 산소 소모를 제외하면 백악기 심층수는 약 2ml/l 정도의 용존산소 농도를 가진다고 예상할 수 있다. 이러한 조건들에서 하구 순환에 의하여 평균 이상의 용존산소의 감소를 보이는 해양분지는(그림 7.12) 지역적으로 산소결핍의 발생에 취약한 분지가 될 수 있다. 비이상적으로 많은 육성기원 유기물이 이러한 분지로 유입되면 산소공급을 더욱 감소시킬 수 있다. 이러한 조건이 오늘날 대륙 주변부를 따라서 나타나는 일반적인 요인이나 대양에서는 중요하지 않다.

고려되어야 할 또 하나의 시나리오는 증발이 높은 대륙붕해에서 기원하는 밀도와 온도가 높으며 염분이 높은 수괴의 형성이다. 이러한 기원의 수괴가 심해에 일시적으로 유입되면 초기 대서양(proto-Atlantic, 대서양이 생기기 이전에 북남미 아메리카대륙과 유럽-아프리카 대륙이 충돌하기 전에 대서양의 위치에 있었던 대양 — 역주)과 같은 어느 정도 제한된 해역에서는 아마도 정체된 수층이 저층에 형성될 수 있다.

9.8.4 백악기의 밀란코비치?

백악기의 많은 원양성 퇴적물들은 — 현재 일부는 이탈리아의 산에 노출되었고 나머지는 심해에서 발견되는 — 뚜렷한 주기성 퇴적을 보인다. 유기물이 풍부한 퇴적물과 탄산염이 풍부한 퇴적물이 교대하는 것이 전형적인 주기이다. 이러한 교대를(푸리에 전개에 의해) 보이는 수많은 퇴적층에 대한 자세한 수학적 분석 결과에 의해 퇴적층의 교대 형성에 궤도주기가 중요하다는 것을 알았다. 빙하가 없는 백악기 동안 퇴적물의 순환퇴적에 궤도 정보가 기록되는 기작은 무엇인가? 심층수의 형성과 심층수가 형성되는 위도의 작은 변화들의 변동으로부터, 아마도 심해에(영양염을 방출하는) 공급되는 산소와 관계된 생산성의 변동들이 이러한 기작들과 관련되는지 우리는 알지 못한다. 우리가 이러한 기작들을 곧 이해할 수 있을 것 같지는 않다 — 결국 이러한 기작들이 우리가 살고 있는 시대를 조절할지라도 우리는 제4기 동안 발생된 순환에 대해 아직도 잘 알지 못한다.

9.8.5 '무산소 사건들'과 화산활동

지금보다 백악기의 심층수가 따뜻했다는 것이 사실이라면 백악기 동안 유기물이 풍부한 퇴적물이 넓은 지역에 걸쳐 발견되는 것이 전혀 예상하지 못할 일은 아니다. 그러나 왜 특정한 기간 동안[S. O. Schlanger와 H. C. Jenkyns에 의한 해양 무산소 사건들(Oceanic Anoxic Events), OAE로 1976년에 제안됨] 유기물이 풍부한 흑색의 퇴적층이 전 지구적으로 잘 나타나는지는 아직 의문으로 남아 있다. 비이상적으로 많은 양의 유기물이 퇴적된 시기는 해양 탄산염에서 측정된 $\delta^{13}C$ 층서에 의해 뚜렷하게 확인된다(1980년에 P. A. Scholle와 M. A. Arthur에 의해 강조됨). 무산소 사건이 발생하는 시기에 $\delta^{13}C$ 기록에서 $\delta^{13}C$ 값이 뚜렷하게 증가하는 것을 관찰할 수 있으며, 이것은 당시에 퇴적률 증가와 함께 유기물 형성에 ^{12}C가 우선적으로 사용된 결과이다(그림 9.21).

상당히 그럴듯하고 흥미로운 시나리오들 중의 하나는 광범위한 화산활동이 해양 무산소 사건(OAEs)의 원인이었다는 것이다. 엡티안(Aptian) 동안 약 1억 2천만 년 전쯤 남태평양에 막대한 양의 현무암질 용암 분출에 대한 증거가 있다. 이 어마어마한 화산활동의 증거로 현재 뉴기니(New Guinea)의 동쪽에 위치한 온통자바(Ontong Java)고

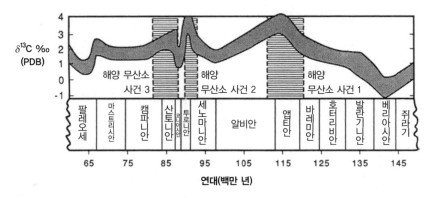

그림 9.21 Schlanger와 Jenkyns의 '해양 무산소 사건들'과 비이상적인 $\delta^{13}C$ 값의 증가가 '사건들'의 시기와 일치하는 원양성 해양 탄산염의 $\delta^{13}C$ 기록(^{12}C가 풍부한 탄소의 고정을 통해 형성되는). 흑색 밴드의 넓이는 $\delta^{13}C$ 값의 불확실성을 의미한다. 아랫부분 : 백악기의 베리아시안(오른쪽)에서 메스트리시안(왼쪽). 해양 무산소 사건들은 엡티안, 세노마니안/투로니안, 센토니안/캠페니안에 집중되어 있다(M. A. Arthur, W. E. Dean, S. O. Schlanger, 1985, AGU Geophys Monogr 32: 504; 수정).

원이 있는데 이 화산체는 텍사스 주의 면적과 유사하고 약 40km의 두께이다. 슈퍼플룸 (superplume) 사건도 아마 이러한 화산활동의 기원과 관련이 있을 것이다. 최근 이론 들에 의하면, 이 화산체 고원을 형성하는 현무암은 백악기 초기 동안 핵과 맨틀의 경 계에서 상승한 고온의 거대한 마그마 덩어리가 엡티안 기간 중에 해저 표층에 도달한 것이다. 아마 해양에서 대기로의 이산화탄소 방출(그리고 아마도 열수반응과 열 투입 과 관련된 가능한 다른 교란들)은 궁극적으로 심해의 무산소화가 원인일 것이다. 주요 화산활동, 무산소화(그리고 석유 형성) 그리고 해수면 상승의 동시 발생은 매우 놀라 운 것이다(그림 9.22). 게다가 R. L. Larson이 지적했듯이 무산소 사건은 지자기 역전 의 빈도와도 관련이 있다. 마그마 플룸의 상승은 핵과 맨틀의 경계에서 에너지를 끌어 내기 때문에 지자기 역전과 연관된 과정들을 멈추게 한다.

이 장에 나타난 마지막 그림은 해양 역사와 고해양학에 있어서 중요한 인자들의 복 잡성을 강조하고 있다. 특히 기후 진화에 대한 맨틀과정의 영향은 지질학계에서 활발 하게 논의되고 있다. 흑색 셰일과 관련된 석유 기원 암석의 형성이 실제로 화산활동에 의해서 결정되는가? 현재 우리는 그렇다고 말할 수 없다. 다음 장에서 우리는 탄화수 소를 포함한 대양저의 자원들에 대한 많은 양상들을 서술적으로 언급하고 있다.

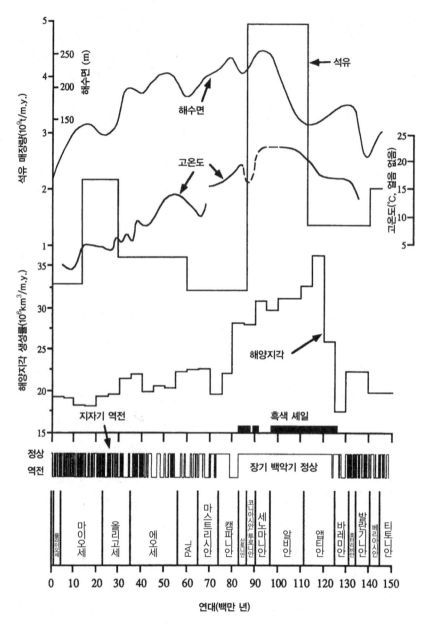

그림 9.22 해양지각의 생성률과 해수면과 온도변화, 흑색 셰일과 석유 형성 그리고 지자기 역전 간의 상호대비 : 흑색 셰일의 형성에 대한 슈퍼플룸 가설을 바탕으로 함(R. L. Larson, 1991, Geology 19: 963).

더 읽을 참고문헌

Emiliani C (1955) Pleistocene temperatures. J Geol 63, 538–578

Parker FL (1958) Eastern Mediterranean foraminifera. Reports of the Swedish Deep-Sea Expedition, 1947–1948, 8, 217–283

Imbrie J, Kipp NG (1971) A new micropaleontological method for quantitative paleoclimatology: application to a late Pleistocene Caribbean core. In: Turekian KK, ed. The Late Cenozoic Glacial Ages. Yale University Press, New Haven, p 71–181

Schlanger SO, Jenkyns HC (1976) Cretaceous oceanic anoxic events: causes and consequences, Geol Mijnbouw, 55, 179–184

Scholle PA, Arthur MA (1980) Carbon isotope fluctuations in Cretaceous pelagic limestones: potential stratigraphic and petroleum exploration tool. Am Assoc Pet Geol Bull 64: 67–87

Berggren WA (1962) Some planktonic Foraminifera from the Maestrichtian and the Danian Stages of southern Scandinavia. Stockholm Univ Contr Geol 9: 1–106

Bramlette MN, Martini E (1964) The great change in calcareous nannoplankton fossils between the Maestrichtian and Danian. Micropaleontology, 10: 291–322

Bramlette MN (1965) Massive extinctions in biota at the end of Mesozoic time. Science, 148: 1696–1699

Luterbacher HP, Premoli Silva I (1964) Biostratigrafia del limite Cretaceo-Terziario. Riv Ital Paleontol 70: 67–128

Alvarez LW, Alvarez W, Asaro F, Michel HV (1980) Extraterrestrial cause for the Cretaceous-Tertiary extinction. Science, 208, 1095–1108

Smit J, Hertogen J (1980) An extraterrestrial event at the Cretaceous-Tertiary boundary, Nature, 285, 198–200

Catastrophism and Earth History, The New Uniformitarianism, edited by WA Berggren and JA Vancouvering, Princeton University Press, Princeton, NJ (1984)

CLIMAP Project Members (1981) Seasonal reconstruction of the Earth's surface at the last glacial maximum. Geol Soc Am Map Chart Ser MC-36, Boulder, Colo

Warme JE, Douglas RG, Winterer EL (eds) (1981) The Deep Sea Drilling Project: a decade of progress. SEPM Spec Publ 32, Soc Econ Paleontol Mineral, Tulsa, Okla

Berger A, Imbrie J, Hays J, Kukla G, Saltzman B (eds) (1984) Milankovitch and climate, 2 vols. Reidel, Dordrecht

Kennett JP (ed) (1985) The Miocene Ocean: paleoceanography and biogeography. Geol Soc Am Mem 163, Boulder, Colo

Sundquist ET, Broecker WS (eds) (1985) The carbon cycle and atmospheric CO_2: natural variations Archean to present. Geophys Monogr 32, Am Geophys Union, Washington DC

10.1 해저 자원의 유형

천연가스와 석유와 같은 다양한 에너지 자원이 해저에 분포한다. 그 외에도 모래, 자갈, 인산염광물, 산호와 그 외의 탄산염광물, 중금속 광상 등이 해저에 존재하는 대표적인 자원들이다. 해저는 폐기물을 버리는 지역으로도 사용되는데, 이 또한 상당한 경제적 가치가 있다. 현재 탄화수소는 가장 중요한 자원이라고 여겨지고 있고, 원자재는 생산되는 지역에서만 중요할 뿐이다. 심해 광상은 과학적으로 큰 관심을 받고 있고 잠재적인 가치가 있지만, 아직까지는 심해 광상으로부터 대규모 채취는 못하고 있다. 다양한 해저 자원에 대해 표 10.1에 정리되어 있다.

지하에 매장된 자원을 정량화하는 것은 어려운 일이다. 따라서 본문의 대다수 그림은 불확실한 추정치를 보여준다. 이 단원에서는 해저 자원에 대한 지질학적 설명을 하고 있지만 해저의 이용과 관련된 경제적, 정치적 문제에 대해서도 약간 언급하고자 한다.

표 10.1 해저 자원(J. M. Broadus, 1987, Science 235: 853로부터 단순화)

해저광상(10⁶톤)	해저 생산량	세계 생산량	세계 생산량에 대한 해저 생산량의 비	해저 잠재매장자원	전체육상자원	전체자원에 대한 해저자원의 비(%)
원유	789	2,789	28	>61,430	181,860	34
천연가스	247	1,296	19	>60,000	228,210	26
모래와 자갈	112	7,802	1	>660,000	매우 큼	작음
탄산염점질	17	1,667	1	90,000	매우 큼	작음
인회석	-	159	-	7,940	129,500	6
사광상						
주석	0.028	0.2	14	2.5	34.5	7
단괴와 각	-			Co 6~24	11	55~220
				Ni 35~131	130	27~100
				Mn 706~2,600	10,900	6~24
				Cu 29~108	1,600	2~7
피상 황화물				??		

10.2 해저 석유 자원

10.2.1 경제적 배경

산업화된 국가에서 누리고 있는 현재와 같은 높은 생활수준은 값싼 에너지의 대량공급을 통해 유지되고 있다. 미국을 비롯한 세계 여러 나라에서 석유는 이러한 필수적인 에너지의 절반가량을 제공한다. 미국은 전체 석유 소비량의 약 54%(1991년)를 수입하고 있고, 독일과 프랑스는 약 97%를 수입하며, 일본은 100%에 달하는 석유를 수입에 의존하고 있다. 앞으로도 지속적인 수요 증가로 인해 석유에 대한 국제적인 수요는 계속해서 늘어날 것으로 예측된다. 하지만 석유가스 자원은 한정된 양만이 저장되어 있기 때문에 장기적인 관점에서 석유의 가격은 지속적으로 상승할 것이라 예상된다. 1991년 전 세계는 석유 31억 5천만 톤과 천연가스 2조 1,000억 세제곱미터를 생산하였는데, 이 중 석유의 30%와 천연가스의 20%는 해양에서 생산되었다.

석유의 총잠재매장량과 심지어 가채매장량(추정 시기의 경제적, 기술적 조건에서 생산가능한 양)을 정확히 평가하는 것은 매우 어렵다. 20세기 말엽에 전 세계의 석유는 약 2,000~3,000억 톤 정도로 추정되었으며, 천연가스의 매장량은 약 200~250조 세제곱미터 정도로 추정되었다. 이 중 1,350억 톤의 석유와 124조 세제곱미터의 천연가스 자원이 가채매장량으로 추정되었다. 20세기 말 기준으로 석유는 약 43년, 천연가스는 약 60년 정도 생산할 수 있는 양이 남아 있다. 지금까지 계속 석유를 새로 발견하고 있지만, 석유의 소비는 계속 증가하기 때문에 언젠가는 석유의 공급량이 모자라게 될 것이다.

10.2.2 석유의 기원

석유는 육상이나 바다에 살았던 유기물로부터 기원한 탄화수소와 유기화합물의 복합체이지만 대부분 해양성 플랑크톤에서 기원하였다. 그러므로 석유는 과거의 태양에너지를 저장하고 있는데, 이 저장체계는 상당히 비효율적이다. 현재 태양 빛의 0.23%만이 유기물을 생산하는 광합성에 활용된다. 지구의 오랜 역사에서 0.1% 미만의 유기물만이 퇴적물 내에 유기탄소 화합물의 형태로 보존되어 왔다. 그리고 이 퇴적물 내 유기물의 약 0.01%만이 석유가스전에 농집되어 있다.

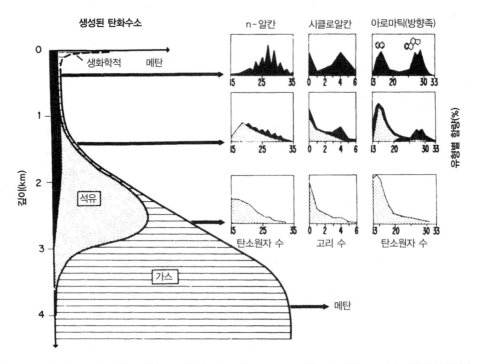

그림 10.1 석유의 기원. 유기물(검은색) 함량이 높은 퇴적물이 매몰된 후에 탄소화합물(사슬과 고리)이 생산된다. 1km 이하 심도에서 탄소원자의 수는 유기분자 속에 많은 편이다. 오일 구역에서는 높아진 온도와 압력으로 인해 탄소원자가 줄고 수소원자가 많아진 화합물이 크래킹(cracking)작용에 의해 만들어진다. 위에서 누르는 하중이 심한 더 깊은 심도에서 가스가 생산된다(CH_4=메탄)(B. P. Tissot, D. H. Welte, 1978, Petroleum formation and occurrence. Springer, Heidelberg).

　이렇게 적은 양의 유기화합물만이 석유가스전으로 발달하는 데에는 여러 이유가 있다. (1) 퇴적물에 포획된 유기물은 열화학적 과정에 의해 석유로 변하는데, 이 과정은 유기물이 집적된 층 위를 덮고 있는 1,000m 이상의 퇴적층과 50~150℃ 사이의 온도를 필요로 한다. 반응이 오랜 시간 동안 일어난다면 낮은 온도에서도 열적 성숙이 가능하다. 반면에 높은 온도하에서는 상부의 퇴적층이 두껍지 않더라도 낮은 심도의 퇴적층에 있는 유기물들이 석유로 빠르게 전환되기도 한다. 이러한 사실은 캘리포니아만 남부의 구아야마(Guayama) 분지에서 입증되었는데, 이곳에서는 생성된 지 5,000년 이내의 상당히 젊은 퇴적층 내에서 열수작용에 의해 석유가 생성되었다. 반면에 온도가 너무 높아지면 대부분의 석유는 천연가스로 변화된다(그림 10.1). (2) 석유는 압밀 압력과 밀도 차이(석유가 공극수보다 가볍다)에 의해 유기물 함량이 높은 근원암으로부터 사암이나 석회암과 같은 다공질의 투수성이 좋은 저류층으로 이동한다(그림

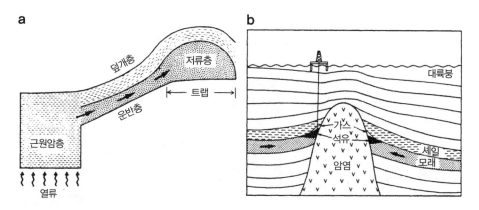

그림 10.2a, b 석유 집적의 필수조건. a 석유저류체계의 기본 구성요소. 근원암(유기물이 많은 셰일)으로부터 저류암(정공 석회암 또는 사암과 같은 다공질 암석)으로 이동. b 포획조건의 한 예인 암염 돔의 구조.

10.2). (3) 저류층은 석유가스를 상업적으로 생산하기에 충분한 양을 매장할 수 있도록 충분히 커야 하며, 두꺼운 이암이나 증발암과 같은 불투수층으로 덮여 있는 포획구조를 갖고 있어야 한다. 그렇지 않으면 휘발성의 탄화수소는 상부층으로 빠져나가며, 이렇게 빠져나간 석유가스는 지표로 누출되기도 한다. 이라크와 트리니다드(Trinidad)의 피치호수(Pitch Lake)는 지표로 석유가 누출된 대표적인 예이다. 로스앤젤레스의 라브레아 타르핏(La Brea Tar Pits) 또한 비슷한 사례이다. 약 200여 개의 해양석유 누출이 전 세계적으로 보고되었다. 이러한 방식으로 해양으로 유출되는 석유가스의 양은 매년 60만 톤 정도로 추산된다. (4) 이러한 일련의 형성과정을 거쳐 석유가 만들어지기 위해서는 각각의 작용이 정확한 순서와 방식으로 이루어져야 한다. 일반적으로 석유가스 탐사에서 탐사조건을 모두 만족시킨다 할지라도 실제 시추공은 '건공(dry)'으로 나타날 수 있는데, 이러한 경우들의 상당수가 석유가스가 성숙되는 과정들의 상호작용이 시간적으로 어긋났기 때문이다.

10.2.3 해양에서 석유가 발견되는 곳

해양 유전이 많이 분포하는 대표적인 지역은 멕시코만이다. 이곳의 저류상태는 근처 육상에 위치한 유전들과 매우 유사하다. 해양 퇴적물이 저밀도의 암염을 덮고 있으며, 이로 인한 암염의 불안정한 상태는 암염을 기둥처럼 솟아오르게 하여 암염 돔을 형성하였다. 암염 돔 주변에서 위로 끌려 올려간 퇴적층에는 석유의 전형적인 포획구조가

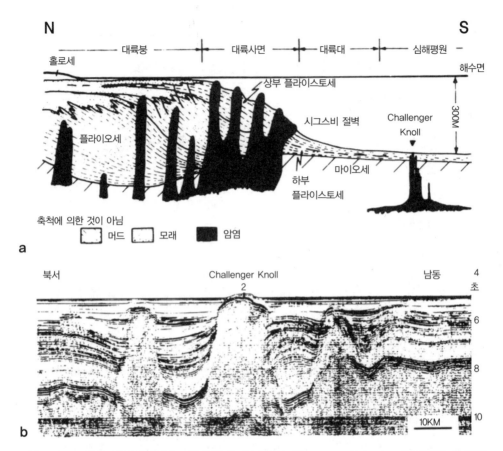

그림 10.3a, b 멕시코만의 암염기둥. **a** 플라이오세~플라이스토세(Pliocene-Pleistocene)의 쐐기형 퇴적체를 관입한 중생대 암염 퇴적체의 단면. Sigsbee 심해평원에 암염의 관입이 Challenger Knoll(CK)을 생성하였다(C. J. Stuart, C. A. Caughey, 1977. Am. Assoc. Pet. Geol. Mem. 26: 249로부터 수정). **b** Sigsbee Knolls 지역의 탄성파 단면. Deep Sea Drilling Project에서 Challenger Knoll이 시추되었으며, 이를 통해 암염 돔 구조가 밝혀졌다. 시간은 왕복 반사시간(two-way reflection time)(해저면=4.5초=약 3,400m)(J. L. Worzel, C. A. Burk, 1979. Am. Assoc. Pet. Geol. Mem. 29: 403).

잘 발달하게 된다(그림 10.2와 10.3).

해양에서 오랫동안 석유가 생산되고 있는 또 다른 대표적인 지역은 **남캘리포니아 대륙경계지**(Continental Borderland) 인근 해역이다. 이 해역에서는 용승작용과 산소가 결핍된 조건에서 형성된 유기물이 풍부한 마이오세 해양 퇴적층으로부터 석유가 생성되었다. 석유는 단층에 접한 사암층에 포획되어 있기 때문에 상당히 많은 석유가 단층을 통해 자연적으로 해수 내로 유출되고 있다.

최근에 매우 유망한 해양 유전지역으로 주목받는 곳은 알래스카의 북극해 연안 해역인

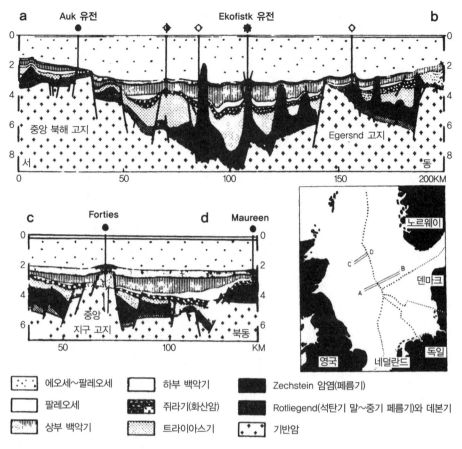

그림 10.4a~c 북해의 Auk-Ekofisk와 Forties-Maureen 필드의 구조 단면도. 수직 과장 6.7x. 삽입된 지도는 국가 간의 대륙붕 경계를 보여준다(P. A. Ziegler, 1977, Geo. Journal 1: 7).

데, 육상에서는 대규모의 생산이 프루드호만(Prudhoe Bay) 지역에서 진행 중이다. 이 지역에서 해양 석유개발의 문제점은 기후조건이 매우 좋지 않다는 것이다.

20세기 후반에 북해의 두꺼운 퇴적층에서 대규모의 석유가스 유전이 여러 개 발견되었다. 북해 중앙의 열곡계는 현재는 활동을 멈추고 있지만, 열개작용은 초기 트라이아이스기 동안 시작되어 후기 쥐라기와 초기 백악기에 가장 활발히 일어났으며, 팔레오세에 종료되었다. 이러한 지구조적 과정에서 수반된 높은 침강률과 퇴적률은 석유 형성에 좋은 조건으로 작용하였다. 이러한 발견을 통해 북해는 서유럽 지역의 가장 중요한 탄화수소 부존 지역으로(그림 10.4) 부각되었다. 가채매장량은 석유 자원의 경우 20억 톤 이상으로 추산되며[영국 6억, 노르웨이 15억, 덴마크 1억 톤(1989년)], 천연가스의 경우는 약 4조 세제곱미터로 추정된다. 1989년에 이 지역에서 석유의 생산량은 약 1.75억 톤(영국 9,200만 톤, 노르웨이 7,500만 톤)이었고, 1,500억 세제곱미터의 천연가스가 생산되었다(영국 450억, 노르웨이 310억, 네덜란드 720억).

북해 유전의 개발은 1960년대 초에 시작되었다. 1967년에 천연가스의 해양 생산이 시작되었고 1971년에 석유가 생산되기 시작했다. 'Ekofisk 유전'은 1969년에 발견된 북해의 대표적인 유전이다. 매우 험난한 바다인 북해에서 탄화수소를 회수하는 데에는 기술적으로 상당한 어려움이 있다. 짙은 안개, 급작스런 날씨 변화, 160km/h 이상의 강풍과 30m 이상의 파고 등은 엄청난 크기의 플랫폼이라 할지라도 상당한 위험요소로 작용한다. 1980년 3월 Ekofisk 유전에서 노르웨이의 플랫폼 'Alexander L. Kielland'는 폭풍으로 인해 붕괴되었고, 이 사고로 인해 100명 이상의 목숨이 희생되었다. 최근에는 중생대 저류층인 과압밀된 백악(chalk)에서의 석유 생산 증가로 인해 해저면 침하가 가속화되고 있다. 이로 인해 플랫폼의 지지를 위해 설치된 교각은 현재 수 미터씩 더 연장되어 설치되고 있다. 플랫폼의 지지력을 유지하는 것은 거친 해양환경을 대비하기 위해 북해 유전의 엔지니어들이 특히 노력하고 있는 매우 중요한 사안이다.

북해의 탄화수소 부존 지역 남부에는 넓은 천연가스전 지대가 독일에서 영국 남부까지 동서방향으로 연장되어 있다(그림 10.4). 이 지역의 천연가스는 석탄기 탄층으로부터 전기 페름기에 형성된 다공질 사암층으로 이동하였고, 저류층 상부는 후기 페름기 지층인 Zechstein 증발암에 의해 밀폐되어 포획구조가 잘 발달하였다. 하지만 유전은 이미 언급한 것처럼 북대서양의 북부가 열리는 초기단계에 형성된 남북방향의 열곡 주변에 집중되어 있다. 북해 남부에서는 암염 돔 인근에 위치한 백악기의 백악 저류층에 석유가 부존되어 있다. 일부 유전은 지루(horsts)와 경사 지괴(tilted block)의 정상부에 위치하는 쥐라기 사암층에 발달하였으며, Forties를 포함한 일부 유전은 제3기의 기저 사암층에서 석유를 생산한다.

10.2.4 석유개발의 현재

석유의 형성과 이동의 전제조건 중 하나는 높은 온도이다. 열류량이 높거나 석유로 변환되기에 시간이 충분히 확보되는 경우를 제외하고는, 대략 1~2km 두께의 퇴적층으로 덮여 있어야 한다. 그러나 대략 80~90%에 해당하는 대부분의 해저는 퇴적층이 너

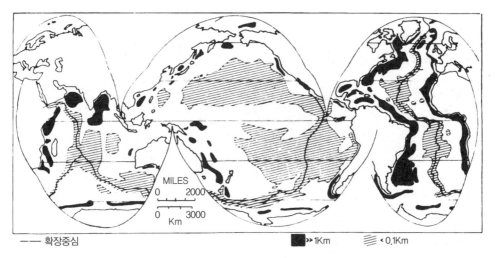

그림 10.5 두께 1km 이상의 신생대 퇴적층이 분포하는 지역. 근원암이 깊게 매몰되어 있는 곳에서만 석유의 생산이 가능하다(W. H. Berger, 1974, in C. A. Burk, C. L. Drake, eds. 1974, The geology of continental margins. Springer, Heidelberg).

무 젊은 연령을 보여주고 얇기 때문에 탐사에 적합하지 않다(그림 10.5). 석유 자원의 집적이 가장 유망한 지역은 대륙붕과 대륙사면 그리고 빠르게 퇴적되고 많은 유기물을 포함하는 퇴적층이 두껍게 쌓여 있는 소규모 해양분지들이다(예 : 멕시코만, 카리브해, 흑해를 포함하는 지중해, 베링해, 오호츠크해, 남중국해 그리고 인도네시아 군도). 큰 해양분지에 접한 대륙대 지역에는 엄청난 양의 퇴적물이 쌓여 있고 곳에 따라 유기물이 풍부하지만, 저류층의 발달이 미약할 수 있다.

　미국 동부 해안의 대륙붕은 오래전부터 석유 탐사가 활발히 진행되어온 지역인데, 석유에 의한 오염을 우려하는 시민단체들의 많은 반대가 있었기 때문에 몇몇 지역에 대해서만 석유개발이 승인되었다. 하지만 아직도 이러한 오염에 대한 걱정이 근거가 없는 것만은 아니다. 실제로 캘리포니아(산타바바라 오일 유출, 1969년), 북해(Ekofisk 오일 유출, 1977년), 멕시코만(Ixtoc-1 오일 유출, 1979년)에서 많은 석유가 유출된 사고가 발생하였다. 이는 경제적 이익과 해양오염의 위험 사이를 조율해야 하는 정치적인 문제이다. 석유 유출이 해양 전체에 주는 피해에 대한 사항을 명확하게 밝히는 것은 무척 어려운 문제이며 또한 이러한 오염이 해양환경에 무해하다고 밝혀지지도 않았다. 물론 유출된 지역에서는 막대한 피해가 생길 수 있다.

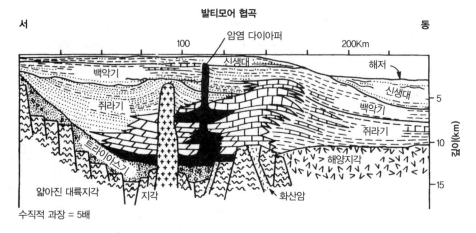

그림 10.6 뉴저지 앞 발티모어 협곡(Baltimore Canyon Trough)의 도식 단면. 미국 지질조사소의 탄성파 단면을 바탕으로 작성. 중앙부의 'Great Stone Dome'은 퇴적층을 관입하는 화산 암상과 암맥이 분포하는 지역으로 생각된다. 해양지각과 대륙지각의 경계는 추측에 근거한다(L. R. Jansa and J. Wiedmann. In: von Rad 외, 1982, Geology of the Northwest African Continental margin: 225, Springer, Heidlberg, 수정됨).

예전에 미국 동부 해안 앞의 발티모어 협곡(Baltimore Canyon Trough)은 두께 10km 이상의 퇴적층이 쌓여 있고 구조적 및 다른 조건들이 석유 집적에 적합하여 외대륙붕에서 가장 유망한 지역으로 여겨진 적이 있었다(그림 10.6). 그러나 광범위한 시추에도 불구하고 아직 유전이 발견되지 않았다.

대륙붕뿐만 아니라 대륙사면의 상부도 석유 탐사에서 주목받는 지역이다. 이 지역의 퇴적물은 생물들이 많은 연안환경(삼각주 환경을 포함)에서 형성되었기 때문에 퇴적물의 탄소 함량이 높다(그림 6.4). 또한 상부 대륙사면의 여러 지역에서 산소최소층(oxygen minimum)이 발달하여(그림 9.2 참조) 유기물이 보존되어 매몰되기에 적합하다. 아프리카 앞 남대서양의 동부에 있는 중생대 암염 돔구조에 대해 앞에서 간단히 언급하였었는데(2.3절, 그림 2.4), 이 지역에서 유기물이 풍부한 백악기 퇴적층이 심부 시추에 의해 발견되었다. 멕시코만에서처럼 이러한 조건에서 석유를 기대할 수 있다.

거친 바다와 극지방을 포함한 대륙붕은 가까운 장래에 해저로부터의 석유 자원을 발견하여 회수하는 가장 중요한 지역이 될 것이다. 대륙붕단을 넘으면 시추비용이 급증하는데, 플랫폼에 매우 긴 교각이 설치되어야 하거나 여러 개의 추진장치로 항상 위치를 일정하게 유지해야 하기 때문이다. 또한 수심이 깊어지면 안전문제가 급격히 증가한다. 대륙사면을 넘어 퇴적률이 낮은 심해에서는 석유를 발견할 기회가 급격히 감소한다. 배타적경제수역이 바다 쪽으로 200 해상마일(371km)까지인 이유 중 하나이다.

10.3 대륙붕의 원자재 자원

10.3.1 인산염

HMS Challenger호에 승선했던 박물학자 John Murray는 해양탐사에 참여함으로써 큰 경제적 이득을 얻었다. 그는 태평양 서부 적도 부근의 크리스마스섬(Christmas Island) 에서 인산염퇴적층을 발견하여 광산업에 관심을 갖게 되었다. 영국 왕립재무성은 탐사 비용을 조달하였으며, 인산염광물 자원 생산으로 거둬들인 세금으로 국고를 확보하였다.

인산염퇴적층에 대해서는 3.8.2절에서 간단히 언급되어 있다. 인산염퇴적층은 은미정질의 인회석 결정으로 이루어지며 내부 성분은 다양한 조성을 가진다. 일반적인 화학식은 $Ca_{10}(PO_4, CO_3)_6F_{2\sim3}$이며, 불소화합물(또는 수산화화합물)의 증가에 따라 탄산염광물의 성분도 증가한다. 인산염퇴적층은 현재 남부 및 바하칼리포르니아, 페루, 남아프리카(그림 10.7)의 앞바다와 같이 생산성이 높은 지역에 전형적으로 분포한다 (그림 10.7). 인산염퇴적층은 작은 알갱이에서 머리 크기의 흑색 또는 갈색의 단괴로 나타나거나 불규칙한 케이크 모양으로 나타난다. 인산염퇴적층은 세립질 탄산염퇴적층을 치환하여 생성된 것으로 알려져 있는데, 이미 퇴적층 내에 존재하던 유기물이 변하는 경우도 있고, 탄산염퇴적층 속 빈 공간을 채우고 있는 미생물체로부터의 침전 혹은 공극수로부터의 직접적인 화학적 침전에 의해 형성된다.

캘리포니아 앞바다에서 인산염 광상은 25~30%의 P_2O_5와 40~45%의 CaO을 포함하지만 지역에 따라 다른 조성을 보인다. 인산염 광상은 흔히 대륙붕과 상부 대륙사면에서 퇴적된다. 암석화된 과거의 인산염층은 플로리다와 조지아에서 풍부하게 산출된다. 마이오세 인산염퇴적층이 대규모로 채굴되고 있으며 서부 아프리카의 에오세 퇴적층에서 탐사가 진행되고 있다. 백악기 탄산염암을 포함하는 해산에 흔히 인산염퇴적층이 분포하기도 한다.

지질학적으로 연령이 오래되지 않은 인산염 광상은 현재 용승이 일어나는 지역과 관련이 있는데, 이는 인이 유기물로부터 공급됨을 의미한다(그림 4.19). 이 지역의 표

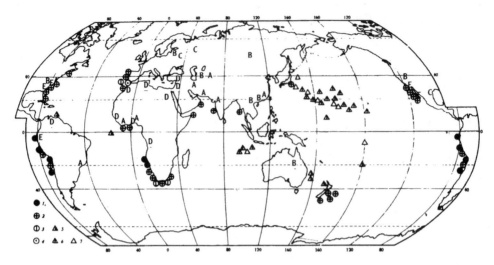

그림 10.7 인산염. 원 대륙붕에 분포하는 인회석. 1 홀로세(Holocene), 2 후기 제3기, 3 초기 제3기, 4 백악기, 삼각형 해산에 분포하는 인회석. 5 후기 제3기, 6 초기 제3기, 7 백악기(G. N. Baturin, P. L. Bezrukov, 1979, Mar. Geol. 31: 317). 대륙의 인산염 광상 : A 선캄브리아, B 고생대, C 쥐라기~하부 백악기, D 세논~에오세, E 마이오세~플라이스토세(M. Slansky, 1980. Mém. BRGM, France, 114).

층수에 사는 조류는 해수로부터 인을 얻는다. 갑각류와 어류의 몸체와 배설물에도 인이 농축되어 있는데, 이러한 유기물질이 해저에서 분해되는 동안 많은 양의 인산염이 공극수와 해수로 방출된다. 따라서 해저 바로 아래의 공극수는 인산염광물인 인회석으로 포화될 수 있으며, 인회석이 직접 침전되거나 이미 존재하고 있던 탄산염광물의 치환작용 등이 진행될 수 있다. 페루 앞바다에서는 수 cm 직경의 단괴가 고화되지 않은 퇴적물 내에서 수 mm/1,000년의 속도로 성장하는데, 이는 용해상태의 인이 확산에 의해 퇴적물 위로 이동하는 양을 지시한다. 이렇게 형성된 인의 결핵체는 해류에 의해 운반되지 않고 퇴적물 속에 남는다. 해류에 의해 퇴적물이 재동될 경우, 결핵체들은 침식되어 기계적으로 모여 있기도 한다. 실제로 결핵체들은 흔히 결층 또는 매우 낮은 퇴적률과 관련된 불연속면이 있는 퇴적층에 나타난다.

인산염퇴적층은 대개 농업비료와 화학산업에서 인의 공급원으로 사용된다. 해양 셰일에 비해 해양 인회석에는 몇몇 미량 원소들이 풍부하며(은 20배, 우라늄 30배, 카드뮴 50배), 전형적으로 25% 미만의 P_2O_5을 포함한다.

육상의 풍화작용은 P_2O_5을 30~40%까지 농집시킨다. 이러한 잔류 인회석은 채굴되는데 플로리다와 모로코(그림 10.7), 캘리포니아 앞과 남미와 남아프리카 서쪽의 인이 풍부한 해양 퇴적물에서 표면에 농집된 층, 혹은 뉴질랜드 동쪽의 Chatham 융기부(그림 A6.1)에서는 인회석이 $80kg/m^2$에 달하고 P_2O_5이 25%에 이른다. 인산염 광상은 넓은 지역에 걸쳐 수심 400m 미만의 수심에 분포한다. 인회석의 개발은 육상 생산자가 정한 가격과 수요와 공급상황에 좌우될 것이다. 아무튼 육상에서 개발된 인회석의 소비는 1900년에 350만 톤에서 1971년에 1억 4천만 톤으로 증가하였고 앞으로도 계속 증가할 것으로 보인다.

10.3.2 패각 퇴적체

탄산염질 패각 퇴적체는 주로 탄산칼슘의 원료와 도로 건설을 위해 채굴된다. 샌프란시스코만의 해저에서 채굴된 굴 패각은 시멘트의 원료로 사용되며, 멕시코만 내의 갤버스턴만에서는 패각에서 마그네슘을 추출한다. 이러한 해저의 패각 채굴은 저서성 생물들의 성장을 방해하며 해저 생산성에 악영향을 미친다. 채굴과 어업활동이 함께 일어나는 곳에서 갈등이 발생한다.

산업적 용도와 함께 전 세계 기념품시장의 성장과 잠수기술의 발달로 패각과 산호를 채집하는 일은 태평양의 섬과 다른 연안지역에 사는 사람들에게 중요한 수입원이 되었다. 당연히 이러한 채집 때문에 아름답고 희귀한 종들은 개체 수가 급격히 줄고 있다.

10.3.3 사광상

해변이나 염하구환경에서 농집된 중광물과 광석 입자들은 티타늄, 금, 백금, 토륨, 지르코늄 그리고 다이아몬드와 같은 값비싼 광물을 얻기 위해 채굴된다. 지르코늄의 전 세계 생산량 중 70%는 동호주 앞의 사광상으로부터 얻는다. 다이아몬드는 아프리카 남서부의 해빈퇴적층과 외해에서 발견되고 있으며 자철석은 일본과 뉴질랜드의 해빈 사광상에서 채굴되고 있다. 미국에서는 알래스카 놈(Nome) 지역의 해빈퇴적층에서 금이, 캘리포니아 레돈도(Redondo) 해빈에서 수천 톤의 티탄철석이 채굴되었으며, 플로리다 동부 해빈에서 티타늄광물과 오리건 서부의 해빈에서 크롬, 금, 백금과 다른 중광물들이 채굴되었다.

사광상은 어떻게 형성될까? 무거운 입자들이 농집되는 과정은 물에서 모래나 흙을 접시로 일어 금을 선별하는 작업과 흡사하다. 즉, 물의 움직임이 다른 크기와 밀도로

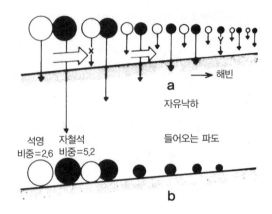

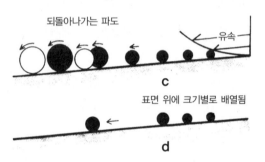

해빈

자유낙하

석영   자철석
비중=2.6   비중=5.2   들어오는 파도

되돌아나가는 파도

유속

표면 위에 크기별로 배열됨

그림 10.8a~d 중광물 사광상의 기원. a 부유퇴적물 입자는 육지로 운반되고 바닥에 가라앉는데, 크고 무거운 입자들이(●') 먼저 가라앉는다. b 해빈면에 퇴적된 입자들에 크고 무거운 입자들이 풍부해진다. c 큰 입자들은 되돌아나가는 파도에 의해 굴러나간다(바닥으로부터 멀어질수록 유속이 증가한다. 그림 오른쪽). d 결과적으로 중간 크기의 분급이 좋은 중광물 입자들로 구성된 퇴적물이 남는다(E. Seibold, 1970, Chem. Ing. Tech. 42: A 2081).

인해 다른 침강속도의 입자들에 작용하여 가벼운 입자들로부터 무거운 입자들을, 작은 입자들로부터 큰 입자들을 분리해내는 것이다.

해빈 모래는 일반적으로 95% 이상의 석영으로 구성되는데 열대지역의 해빈 모래는 석회질 입자로 구성된다. 예를 들면, 석영(밀도 2.65)과 방해석(밀도 2.70)보다 훨씬 더 무거운 광물들(밀도 > 2.85 g/cm³)에는 티탄철석(철-산화티타늄), 금홍석(산화티타늄), 저어콘(규산 지르코늄), 모나자이트(인산염, 세륨과 토륨을 포함)와 같은 광물들이 있으며, 이들 광물들은 화산암과 화성암들로부터 공급된 것이다. 이 중광물들은 해빈 퇴적물 내 대부분 어디에나 있으며 모래의 수 % 정도를 차지한다. 해빈 사면에서 앞뒤로 움직이는 파랑작용에 의해 중광물들은 상당히 농집될 수 있다(그림 10.8, 10.9).

무거운 중광물 사광상은 해빈지역에서만 형성되는 것으로 보아 외해에 분포하는 사광상은 해수면이 낮았던 시기에 형성된 것이다. 알래스카 놈(Nome) 앞바다의 금광상이 좋은 예로, 마지막 빙하기의 빙하가 금을 포함한 쇄설물을 내륙지역으로부터 운반

그림 10.9 해빈 사광상. 인도 남서부의 퀼론(Quilon) 남부에 있는 해빈에는 중광물 광상이 최상부에 분포한다(보트가 놓여 있는 곳). 그림 10.8에 설명되어 있는 것처럼, 남서 계절풍이 부는 동안 높은 파도가 모래를 분류하여 검은 모래층을 만든다(삽도). 삽도의 단면은 20cm 높이이다(사진 E. S.).

해와서 대륙붕에 퇴적시켰다. 이후 이 빙퇴석 물질은 해수면이 상승하면서 연안 쇄파에 의해 이동되었다.

태국, 말레이시아, 인도네시아의 주석(SnO_2)처럼 하성퇴적층에도 중광물이 농집될 수 있다. 과거 이 지역에서 발달했던 강들은 현재 대륙붕의 약 수심 100m 아래에 잠겨 있는데, 잠재적인 경제적 가치가 있으며, 거의 백 년 동안 외해의 얕은 수심에서 개발이 진행되었다. 20세기 후반에 바다에서 개발된 주석의 수익은 전 세계 육상 주석의 약 14%에 달한다.

10.3.4 모래와 자갈

상당한 양의 모래가 도로를 건설하거나 건축을 위한 재료뿐 아니라 해안 보호 방파제를 만들기 위해 사용되지만 해빈 모래는 주로 여가생활을 위해 사용되고 있다. 해빈은 보통 겨울에 폭풍에 의해 침식되는데(4.2.2절), 일부 지역에서는 이렇게 침식된 모래를 보충하기 위해 상당한 비용을 들여 외해로부터 모래를 가져온다.

근처에 높은 산이 있거나 빙하가 빙퇴석을 운반해 오지 않는 한 바다에 분포하고 있는 자갈은 매우 드물다. 이러한 쇄설물들이 빙하기에 드러난 대륙붕 위에서 파랑과 강의 작용을 받아 자갈로 남는다. 발트해와 북해에서는 이러한 자갈들이 콘크리트용으로 채굴된다.

대륙붕으로부터 얻은 원자재의 경제적 가치는 크지 않아 주석을 제외한 육지의 생산량의 1% 미만이다. 전 지구적 규모에서 해양자원의 경제적 영향을 생각하면 탄화수소, 어업, 관광업, 폐기물 처리가 더 중요하다.

10.4 심해저의 중금속

10.4.1 망간 광상의 중요성

백여 년 전, Challenger호 탐사를 통해 망간단괴가 발견되었고 이것에 구리, 코발트, 니켈 등 중금속이 풍부하다는 사실이 알려진 이후, 심해저에 풍부한 금속광상들은 해양지질학자들 사이에서 많은 관심을 받아왔다(그림 10.10). 이 중금속들의 산화물과 수산화물은 해수 내에서 용해도가 낮기 때문에 매우 적은 양만이 물속에 존재한다. 중금속들은 생물작용에 의해 쉽게 추출되고 유기물 속에 포함되어 해저에 가라앉기도 한다.

약 1~2천억 톤의 망간단괴가 태평양 해저에 존재할 것으로 추정된다. 이 망간단괴 광상의 경제적 가치는 얼마나 될까? 현재는 거의 영에 가깝다. 이 망간단괴들을 채굴하고 연안으로 운반하고, 원하는 금속을 추출하고, 상품으로 만들어 이윤을 남기는 과정은 너무 비용이 많이 들고 또한 복잡한 국제법적인 문제 때문에 아직 개발되기에는 많은 문제가 있다. 그럼에도 불구하고 구리, 니켈, 코발트의 가격이 충분히 오른다면 잠재적인 가치가 있다. 이 잠재적 가치 때문에 UN 회원국들 간에 논란거리가 되는데, 기술력이 부족해 채굴하지 못하는 국가들은 다른 나라가 개발할 경우 그 이익을 공유하기를 원하고 금속을 수출하는 국가들은 잠재적 경쟁을 우려한다. 이 중 많은 나라들이 개발도상국이다. 개발에 실패할 수도 있다는 위험성, 성공하더라도 많은 세금부담

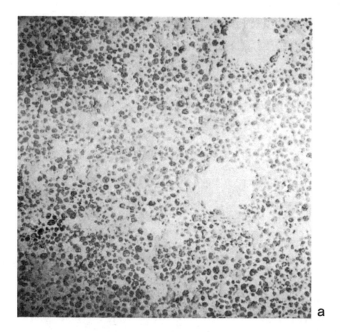

그림 10.10a~c 망간단괴. **a** 망간단괴로 덮여 있는 해저의 사진(약 10m²), 중앙 열대 태평양(사진 Metallgesellschaft Frankfurt). **b** 중앙태평양의 Challenger호 탐사지역에서 건져올린 망간단괴. 매끄러운 상부면과 울퉁불퉁한 하부면을 가진 노듈(Station 274,5000m). **c** 단면(해저면과 평행)에서 내부의 층과 핵을 보여준다(Station 254,5700m)(J. Murray, A. F. Renard, 1891, Report on deep-sea deposits. H. M. S. *Challenger*, 1873~1876. Reprinted 1965 by Johnson Reprint, London).

때문에 이 자원에 대한 투자는 매우 소극적이 될 수밖에 없었고, 또한 이 광상들을 '인류의 공동유산'으로 보는 개념 때문에 이 자원에 대한 개발은 매우 늦어지고 있다. 하지만 결국 자원은 개발될 것이다. 망간, 코발트, 구리 및 니켈은 소위 전략 광물들이다. 예를 들어, 코발트는 제트 엔진 부품에서 치밀하고 강한 합금으로 사용된다. 코발트 생산은 몇몇 아프리카 국가에 집중되어 있기 때문에, 앙골라와 자이레 사이의 적대관계 속에 1960~1977년에 1파운드당 3~6달러였던 가격이 1979년에는 22달러 이상까지 올랐고 구리, 망간, 니켈의 가격은 안정적으로 유지되었다. 이것으로 광업에서 경제적 예측이 얼마나 어려운지 알 수 있다.

10.4.2 망간 광상의 특성

망간 광상은 어떻게 생겼을까? 어디서 형성될까? 포함된 미량금속의 가치는 얼마나 될까? 어떻게 기원될까?

망간 광상은 다양하게 나타난다. 망간단괴는 1~10cm의 크기이고 작은 감자와 같은 모양이다. 단괴의 표면은 매끈하거나 거칠기도 하다. 그런데 모든 망간 광상이 단괴로 나타나는 것은 아니다. 일부는 수 cm 두께의 딱딱한 층으로 발달하고 해류가 활발한 지역에서는 해저를 덮고 있기도 한다. 단괴는 꽤 다공성이며 쉽게 부서지는 덕분에 선상 작업과 금속의 화학적 추출이 용이하다. 단괴를 절단하면 동심원구조를 볼 수 있다. 단괴의 중심에는 변질된 화산암 기원의 암편이 핵으로 존재하기도 한다. 오래된 단괴, 뼈 또는 상어 이빨의 조각들도 핵의 역할을 할 수 있다. 코어의 연령으로 추정했을 때, 심해 단괴는 기껏해야 백만 년에 수 밀리미터 정도로 아주 느리게 성장하는 것으로 알려져 있다(그림 10.10c).

망간단괴는 퇴적률이 낮은 지역에 분포한다. 단괴는 매우 느리게 성장하기 때문에 퇴적물 공급이 많은 지역에서는 퇴적물에 금방 덮여버린다(그림 10.11).

석회질 연니는 백만 년에 10m 정도 쌓이는데, 이는 단괴보다 1,000~10,000배 빠른 속도이다. 따라서 아주 작은 크기의 단괴나 유공충 껍질의 표면에 침전된 것을 제외하고는 단괴가 연니지역에서는 발달하지 않는다. 망간철도 이 지역에 퇴적되지만 탄산염 광물에 의해 많이 희석된다. 갈색의 원양성 점토(적점토)는 백만 년에 1m 미만에서 2.5m까지 퇴적되며 대서양에서 상대적으로 높은 퇴적률을 보인다. 이러한 조건은 분명, 해저 표면에서 단괴가 성장할 수 있는 시간이다. 저서생물의 활동을 통해 단괴들이 충분히 움직여 점토층의 표면에 머무는 것으로 보인다. 실제로 단괴가 버섯 모양이 아니라 둥근 형태를 가지고 성장하면서 서로 합쳐져 표면층을 형성하지 않기 위해

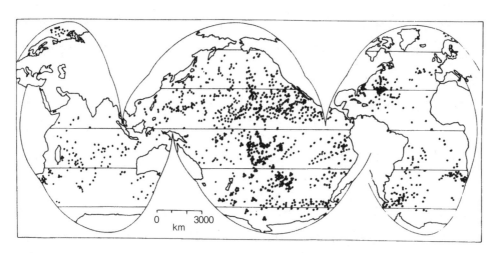

그림 10.11 망간단괴가 보고된 지역. 북쪽의 적도 부근 태평양이 가장 풍부한 지역이다(W. H. Berger, 1974, in C. A. Burk, C. L. Drake [eds], 1974. The geology of continental margins. Springer, Heidelberg; mainly after D. R. Horn [ed] 1972, Ferromanganese deposits on the ocean floor. Harriman, New York).

서는 이러한 생물의 움직임이 필요하다. 만약 해저에 저속도 카메라를 설치하고 만 년 또는 십만 년 동안 100년마다 사진을 찍는다면 춤을 추는 듯한 단괴들의 움직이는 멋진 모습을 관찰할 수 있을 것이다.

저층류는 장소에 따라 점토의 퇴적을 막거나 넓은 지역에 걸쳐 침식을 일으킨다. 실제로 퇴적물 코어에서 단괴들이 제3기의 결층면에 집중되어 있는 것을 볼 수 있다.

망간단괴는 해저에 군데군데 분포한다(그림 10.10a). 예를 들어, 중앙태평양 동부지역 해저면에서 텔레비전 카메라로 수백 km를 촬영하였는데, 자료의 5%에서 해저의 50% 이상이 단괴로 덮여 있는 경우도 있었고, 반대로 단괴가 전혀 없는 경우도 있었다. 나머지 지역에서는 단괴의 분포가 심지어 50m 안에서도 변화무쌍하였다. 단괴가 군데군데 분포하는 이유는 명확하지 않다. 아마 천천히 움직이는 점토층 아래에 묻히고 드러나기를 반복하기 때문으로 생각된다.

10.4.3 망간단괴의 기원

망간철 결핵체의 기원, 분포와 관련하여 다음과 같은 의문점들이 있다. (1) 망간과 철의 궁극적인 공급원, 예를 들어 대륙암석, 해양암석이나 퇴적물의 풍화 또는 화산 분화구나 열수공으로부터의 분출, (2) 해수로부터의 직접적인 공급원, 즉 주변의 해수 또는 퇴적물 내에서 철망간과 다른 금속이 공급되어 해저 표면으로 확산, (3) 바다로 또는 바다 내에서 운반되는 방식, 즉 용해된 물질상태, 광물 아니면 광물 표면에 침전된 상태로 운반되는지.

Murray와 Renared(1981)가 첫 번째 문제, 즉 궁극적인 공급원의 문제를 제기하였는데, 이후의 연구에 큰 영향을 미쳤다. 광범위한 열수활동의 발견으로 단괴의 '화산성' 기원이 인정을 받았으며, 지금은 열수로부터의 배출과 육상으로부터의 유입 모두 중요한 공급원이라고 여기고 있다.

철망간각의 금속 성분은 대부분 잔잔한 저층수에 있는 용존물질과 입자상 물질에서 파생된다. 퇴적물 위에 놓여 있는 단괴는 또한 아래로부터의 공급, 즉 공극수에서 파생되어 방출된 금속이온들을 공급받아 성장한다. 단괴의 아랫면이 울퉁불퉁한 것은 이 때문으로 설명된다(그림 10.10c). 퇴적물의 높은 유기물 함량은 이러한 금속 성분의 가동화를 촉진하며 또한 생물교란작용을 증진시켜 단괴가 묻히는 것을 막을 수 있다.

망간철의 기원과 관련된 문제에서 미량원소와 철-망간 비율이 중요한 역할을 한다. 태평양, 대서양, 인도양에서의 전형적인 값이 표 10.2에 제시되어 있다. Mn/Fe 비율이 대서양보다 태평양에서 더 높게 나타나며, 평균적으로 태평양 단괴들의 미량원소 함량이 대서양 단괴들보다 약 두 배 더 높게 나타난다.

어떤 요인들이 Mn/Fe비를 좌우할까? 무엇이 미량원소 함량을 조절할까? 전반적으로 Mn/Fe비는 산화 정도와 수심에 따라 증가하는데, '심해'일수록 단괴의 망간 함량이 증가한다. 대륙사면과 같은 천해의 망간철 결핵체 내에는 일반적으로 철이 풍부하다. 경제적으로 주목을 받고 있는 중앙 적도 태평양 북쪽의 망간단괴 분포지역에서 Mn/Fe비는 10 정도로 높게 나타난다. 망간의 고함량은 생물기원 퇴적물의 다량 공급이나 낮은 퇴적률과 관련이 있는 것으로 보인다. 아마 이러한 환경에서는 운반된 물질이 녹으면서 미량원소 성분을 남겨둘 것이다. 또한 태평양의 망간지역에서 해저는 미량금속이 풍부하며 동시에 용해되는 생물기원 퇴적물로 구성된다. 이 퇴적물은 원래 적도 아래에서 형성된 후, 판의 이동에 의하여 북쪽과 더 깊은 수심의 아래쪽으로 이동하였다. 이 이동을 통해 탄산염퇴적물은 퇴적지역에서 용해지역으로 이동하였다. 따라서 망간과 미량원소들이 농축되는 한 가지 방식은 생물들이 금속 성분을 섭취하여 침전시키고 생물의 껍질과 배설물이 해저로 가라앉은 후, 이 운반물질들이 녹거나 산화되

표 10.2 망간단괴, 망간각 그리고 열수 황화물의 금속성분.

%	망간단괴[a]					망간각[b]		열수황화물[c]		
	태평양	인도양	대서양	최대	최소	지각	열수산화물	평균	최대	최소
Mn	17.2	14.9	13.6	34.00	5.41	21.6	27.3	-	-	-
Fe	11.8	14.6	15.5	26.32	4.36	16.5	11.6	19.1	34.0	2.5
Ni	0.63	0.38	0.33	2.00	0.13	-	-	-	-	-
Co	0.36	0.31	0.24	2.57	0.045	0.63	0.0023	-	-	-
Cu	0.36	0.17	0.16	2.5	0.028	-	-	2.9	9.2	0.2
Pb	0.047	0.053	-	0.51	0.046	-	-	0.17	12.1	0.03
Zn								16.9	36.7	4.0
SiO$_2$								10.2	28.1	1.2

[a]J. S. Tooms, 1972, Endeavour 31: 113으로부터 주로 인용. [b]F. T. Manheim과 C. M. Lane-Bostwick, 1989, Nature, 335: 59로부터 인용. [c]S. D. Scott, 1991, in: K. J. Hsü 와 J. Thiede, 1992로부터 인용.

어 농축되는 것이다.

금속을 농축시키는 다른 기작들도 분명히 있다. 예를 들어, 높은 산화환경의 해산에 퇴적된 망간철에서 코발트 함량이 1% 이상 높게 나타나는 경향이 있다. 여기에서 망간은 해수로부터 매우 느리게(약 1mm/백만 년) 침전하는데, 동시에 화학적으로 비슷한 코발트도 함께 침전한다. 열수구 근처에서는 망간각이 1,000mm/백만 년 이상의 속도로 비교적 빠르게 성장하기 때문에 망간과 철의 침전이 많아서 코발트 함량은 두 자릿수 더 낮게 나타난다.

10.4.4 확장되는 해령으로부터의 광석

활발히 확장하는 해저산맥 정상부에서 심해저의 일부 망간철 광상의 기원은 거의 명확하다. 이곳에서 새로 형성된 지각의 균열대를 통하여 해수의 순환이 일어나고 해수는 뜨거운 현무암과 반응한다(그림 10.12). 여기에서 침전한 황화물(Fe, Mn, Cu, Zn 등)은 먼 훗날 경제적으로 중요하게 될 것이다. 이러한 장소는 지금까지 약 100개 정도 발견되었는데 태평양에 가장 많다. 금속의 함량은 매우 다양하게 나타난다(표 10.2).

해수는 뜨거운 현무암을 통과하면서 현무암과 반응한다. 해수는 SiO_2와 금속 성분들을 받아들이며, 해수 내에 많이 포함되어 있는 Mg을 현무암의 풍화로 인해 만들어지는 새로운 변질 광물(스멕타이트와 다른 점토광물)에 내어주고 Ca을 얻는다. 해수의 황산염은 현무암의 환원철과 반응하여 산소를 빼앗기고, 이에 따라 황화물이 침전한다. 중앙 열곡을 생성하는 마그마방 위에서 열수작용이 활발한 구역은 3~5km 두께이고, 열수구로부터 분출하는 유체의 온도는 약 350℃에 달한다. 이렇게 높은 온도는 물론 모든 반응속도를 크게 증가시킨다.

뜨거운 산성수(약 pH3)는 차가운 약알칼리성의 해수와 섞이고, 그 결과 주로 황화물인 많은 광물들이 침전한다. 침전물들은 지각을 형성하고, 수 m에 달하는(어떤 경우는 10m 이상) 침니(굴뚝 형태)들을 만드는데, 이들의 성장속도는 1m/년에 달하며(그림 6.20) 언덕 모양, 작은 첨탑 모양, 바로크풍 건물 모양 등을 보인다. H_2S가 재산화되면 황산염의 농도가 높아지기 때문에 곳에 따라 경석고(anhydrite)가 형성된다. 북피지(North Fiji) 분지에 있는 경석고로 만들어진 침니는 모양이 유령과 비슷하여 'La

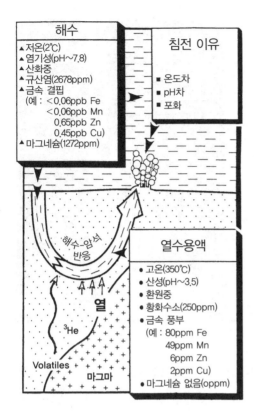

해수
- ▲ 저온(2°C)
- ▲ 염기성(pH~7.8)
- ▲ 산화중
- ▲ 규산염(2678ppm)
- ▲ 금속 결핍
  (예 : <0.06ppb Fe
      <0.06ppb Mn
       0.65ppb Zn
       0.45ppb Cu)
- ▲ 마그네슘(1272ppm)

침전 이유
- ■ 온도차
- ■ pH차
- ■ 포화

해수-암석 반응

열

³He

Volatiles

마그마

열수용액
- ● 고온(350°C)
- ● 산성(pH~3.5)
- ● 환원중
- ● 황화수소(250ppm)
- ● 금속 풍부
  (예 : 80ppm Fe
      49ppm Mn
       6ppm Zn
       2ppm Cu)
- ● 마그네슘 없음(oppm)

그림 10.12 퇴적물이 빈약한 해령에서 일어나는 열수 순환의 모델. 해수와 열수 사이의 반응에서 보다 중요한 요인들이 그림에 설명되었다. 산화철이 바나듐과 함께 침전하는 것처럼, 침전물들은 열수구 근처에서 금속원소들과 함께 침전한다(S. D. Scott, 1991, in: K. J. Hsü와 J. Thiede, 1992로부터 수정).

Dame Blanche'라는 세례명을 받았다(그림 10.13). 이와는 대조적으로 금속의 황화물과 산화물로 구성된 'black smockers'가 보다 흔하다. 열수구 주변의 넓은 지역에서 환원된 Fe^{2+}과 Mn^{2+}이 해수를 만나 산화시키고 수산화물이 형성됨에 따라 철과 망간의 산화물이 침전한다.

현무암의 균열대 내에 광석과 광물들이 침전됨에 따라 열구계가 막히고 결국 열수활동이 멈추게 된다. 표면 근처에서는 광석들이 수압에 의해 부서져 각력암화 될 수 있으며 광석이 침전되고 용암에 의해 덮이는 작용이 여러 번 반복될 수 있다.

금속을 함유하는 열수계는 최근 배호분지(back-arc basin)에서도 발견되었다 — 파푸아뉴기니 북쪽의 Manus분지, 통가판 경계 서쪽의 Lau분지(그림 부록 A6.1) 그리고 해양지각을 가지는 다른 배호분지들. 오키나와해분(Okinawa Trough)에서는 열수구가 대륙지각에 발달한다.

물론 모든 곳에서의 열수작용은 화산활동과 관련된다. 그리스 앞의 산토리니(Santo-

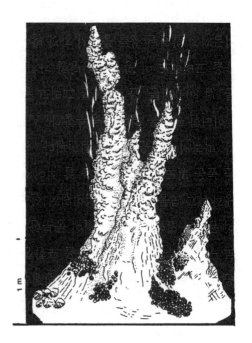

그림 10.13 'La Dame Blanche', 285℃의 열수작용과 생물 군집의 활동이 활발한 지역에서 경석고로 형성된 침니. 북피지 분지의 중심, 수심 1,900m(J. M. Auzende 외, 1989, C. R. Acad. Sci. Paris, 309, Ⅱ, 1787).

rini), 쿠릴 열도의 Ebeko 그리고 하와이 앞의 Loihi 해산 등이 좋은 예이다.

열수활동은 **판구조론**(암석권의 열수지) 및 **지구화학**(해수의 기원, 현무암으로부터 금속의 분별작용, 규산염 순환)에서 매우 중요하다. 열수활동에 의한 열이동은 지구 전체 총 열손실의 4분의 1 정도이다. 800만~1,000만 년마다 전체 해양 부피의 물이 열수계를 통과하며, 이를 통해 해수가 조절되고 해수의 화학적 성질이 재조정된다. 궁극적으로 이러한 작용은 또한 대기의 화학적 조성과 기후의 안정을 가져온다. 해수와 현무암의 상호작용은 화산활동지역에만 국한되지 않는다. 해저 전체가 젊고 계속 냉각되고 있으며, 따라서 열수의 약한 흐름이 거의 모든 곳에서 일어날 수 있다.

해저산맥 정상부의 광상 및 다른 심해 열수 광석들은 그 양이 상당히 많이 차지한다고 생각되지만 아직 경제적으로 중요하지 않다. 지금까지는 육상에서 광석을 채굴하는 것이 훨씬 쉬운데, 이들 중 많은 광석들이(특히, 활성 대륙주변부에 있는) 심해 열수활동에 의해 이전에 이미 농집되었을 수도 있다(그림 1.20).

10.4.5 홍해의 광상

홍해의 중금속 광상은 해저산맥 정상부에 쌓인 광상의 특수한 경우이며 경제적으로 상당한 관심을 받고 있다. 우즈홀(Woods Hole)연구소의 연구선 이름을 따서 명명한 Atlantis-II Deep에 유망한 금속광산이 분포한다. 메카(Mecca)의 외해에 위치한 이 분지는 1963년에 영국 선박 Discoverer에 의해 발견되었고, 우즈홀의 Atlantis II가 1964년과 1965년에 탐사하였으며, Meteor호와 독일의 다른 연구선들이 1965년과 그 이후에 탐사하였다. Glomar Challenger호는 1972년에 이곳에서 시추를 하였다.

무엇 때문에 홍해에 이러한 관심들을 가지는 걸까? 불과 수백만 년 전에 열린 확장중심인 홍해 중앙에는 'deeps'라고 불리는 여러 개의 폐쇄된 분지들이 있다. Atlantis II Deep의 수심은 2,000m 이상이고 면적은 겨우 $6 \times 15km^2$이다. 바닥은 약 60℃ 온도의 뜨거운 염수로 채워져 있는데, 염도가 해수의 7배에 달하는 25%이다. 이 염수는 해수에 비해 철 8,000배, 아연 500배, 구리 100배 더 높은 농도를 갖는다. 염수 아래의 퇴적물들은 구성 광물에 따라 다양한 색을 보이는데, 벽돌같이 붉은색의 층이 황토색, 흰색, 검은색, 녹색의 층들과 교호하며 나타난다. 이 중 검은색 층에 있는 황화물이 경제적으로 가장 중요한데 아연 함량은 10%에 달하고 구리 함량은 3~7%까지 측정된다. 그러나 안타깝게도, 이러한 광물들은 매우 세립질이어서 추출에 어려움이 예상된다.

이 광상들은 어떻게 형성되었을까? 두 가지 작용이 중요한 것으로 보인다. 첫 번째는 열수작용이다. 열수작용은 그림 10.12에 잘 요약되어 있다. 두 번째, 제3기의 두꺼운 퇴적층이 새로 형성된 해저에 인접하여 근처에 분포한다. 이 퇴적층은 암염과 석고로 구성된 수백 m 두께의 층을 포함한다. 이 퇴적물을 통과하여 순환하는 뜨거운 물이 금속과 염을 용해시켜 철이 풍부한 염수가 염수 웅덩이로 분출되어 나온다. 염수가 냉각되고 보통의 해수와 섞이면서 산소를 공급받으면 금속이 침전한다. 하지만 염수는 높은 밀도 때문에 해수와 잘 섞이지 않으며 염수의 최상부만 해수와 혼합될 수 있다. 따라서 금속은 염수에 침전된다.

이러한 광상은 얼마나 풍부할까? Atlantis-II Deep에서만 아연 320만 톤, 구리 80만 톤, 납 80,000톤, 은 4,500톤 그리고 금 45톤이 있는 것으로 추정된다. 회수, 가공, 운송을 고려해도 이 광상이 상당한 가치가 있는지는 두고 볼 일이다. 하지만 이 광상이 지금까지 발견된 것들 중에서 가장 많이 연구되고 가장 유망한 심해 금속광상이다.

다른 지역에서도 대륙주변부의 초기 열개에 의해 다금속 황화물들이 생성되었다. 캘리포니아만 남부의 Guaymas분지가 대표적인 예이다.

10.5 폐기물 처리와 오염

10.5.1 속도의 변화

자연환경에서 일어나는 여러 현상을 방해하는 인간의 다양한 활동이 해양환경에 영향을 미친다. 가장 오래된 영향 중 하나는 경작과 삼림벌채에 의한 육상침식의 증가 때문에 염하구와 항구로 퇴적물의 운반이 증가하는 것이다. 기본적으로 이는 염하구의 충전을 가속화시키고 석호환경에 영향을 미친다. 반대로, 강 상류의 대규모 댐 건설은 퇴적물의 이동을 차단하고 해빈을 고갈시켜 연안침식을 촉진한다. 예를 들어, 1964년 이집트 고지대에 Aswan High 댐이 건설된 이후, 나일삼각주 주변의 곶 지형 근처에서는 해안침식이 매년 150m 이상 증가하였다.

연안 도시들은 수세기 동안 조류의 성장을 돕는 영양염을 배출해왔으며, 이 작용은 인구 증가에 따라 가속화되었다. 폐기물의 양이 상당히 많고 만처럼 물의 흐름이 제한된 곳은 쉽게 환경이 오염되고 생태계가 훼손된다.

우리 세대에 새롭게 나타난 현상은 급격히 성장하는 도시들로부터 배출되는 쓰레기의 양이 엄청나게 증가한 것인데, 이 때문에 오염원으로부터 멀리 떨어진 환경도 해로운 영향을 받는다. 위험한 수준의 병원성 박테리아 증식과 독성 와편모충(dinoflagellate)의 '대번성(bloom)' 등이 이러한 영향에 포함된다. 또 다른 새로운 것은 강력하고 오래 지속되는 산업용 독성물질의 생산인데, 이들은 낮은 농도에서도 영향을 미친다. 대표적인 예로, 살충제는 먹이사슬 효과를 통해 어떤 새들에게 축적되는데, 이는 번식에 큰 문제를 일으킨다. 화학-산업폐기물의 대규모 투기와 마찬가지로 기름 유출과 방사능물질의 유입도 현대에 나타나는 현상들이다.

경제적인 관점에서 폐기물 투기와 오염과 관련된 문제들은 환경해양지질학의 중요한 연구 주제가 되었고, 이 연구 분야는 앞으로 성장할 것이다. 많은 과학자들(예를 들어, 화학자와 생물학자)이 협력하여 이러한 연구들을 수행하며, 오염물질들이 국가 간 경계를 넘어 이동하기 때문에 여러 나라의 과학자들이 참여하게 된다. 어떻게 환경변

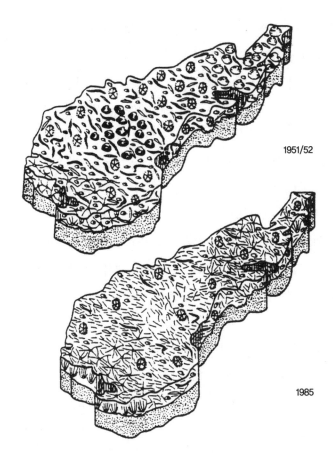

그림 10.14 1951/52년에서 1985년 사이에 중앙북해에서(약 20m 수심의 도거뱅크) 급격하게 변한 저서성 생물군. 홍합과 성게는 변화에 덜 민감한 거미불가사리와 벌레로 점점 대체되었다. 이런 유형의 모니터링은 스트레스를 받는 환경에서 변화를 확인하는 데 유용하다(J. Lohse 외, 1989, Die Geowissenschaften, 7.6, 155, Weinheim).

화를 감시하고 원인을 알아낼 것인가? 가장 유력한 방법은 생물학적으로 추적 관찰하는 것이다(그림 10.14). 관찰된 변화로부터 위험을 감지할 수 있지만, 이 변화가 자연적인 요인 때문인지 아니면 인위적인 요인 때문인지를 알아내는 것은 거의 어렵다.

10.5.2 오수와 슬러지

인간의 산업활동은 에너지와 원자재를 사용하고 폐기물을 생성한다. 오수(sewage) 슬러지와 같은 대부분의 폐기물은 특정 금속이나 살충제 등 강한 독성물질을 포함하고 있지 않다면 해롭지 않다. 물론 폐기물의 양이 박테리아 활동과 희석을 통해 바다가 수용할 수 있는 양을 넘지 않아야 한다(이 때문에 외양보다 염하구가 오염에 취약하다). 이런 조건에서 슬러지는 주로 비료 역할을 한다.

제한된 지역에 슬러지(sludge)를 대규모로 투기할 때에는 문제가 생긴다. 예를 들어,

뉴욕 앞 대륙붕의 폐기물 투기지역에서 해저의 오염과 질병에 걸린 저서생물들이 보고된 적이 있다. 어업활동, 특히 바닷가재 어업은 그런 환경에서 악영향을 받았다. 이 일로 인해 연안에 가까운 해역이나 대륙붕에서 슬러지의 투기가 제한되었다. 또한 '심해'에 투기하는 것도 문제를 일으킬 수 있다. 뉴저지 해안에서 185km 떨어진 적당히 깊은 바다에 1986년부터 1992년까지 습윤중량으로 연간 8~9톤의 오수 슬러지가 버려졌는데, 이는 수심 약 2,500m보다 더 깊은 곳의 저서성 먹이그물에도 영향을 미쳤다. 예전에는 오수의 입자성 물질들이 표층수에서 확산되고 희석되어 깊은 곳의 먹이그물에 영향을 주지 않을 거라는 기대를 가지고 있었다.

갇힌 수괴에서는 훨씬 큰 문제가 발생한다. 발트해에서 오수와 농업비료의 유입으로 대규모 부영양화(eutrophication)가 발생하였고, 이로 인해 해저에서 산소요구량이 크게 증가하였다. 간헐적으로 기후조건에 따라 악화되는 해수 내의 산소 부족은 물고기의 떼죽음을 일으킬 수 있다.

오수에 위험한 박테리아가 포함되어 있고 도시 가까운 만에서 고형물이 가라앉는 지역에서는 이런 물질들이 폭풍에 의해 이동되어 많은 사람들이 이용하는 휴양지를 오염시킬 수 있다. 많은 연안 도시들에서 바닷가 휴양사업은 경제적으로 매우 큰 부분을 차지하기 때문에 관광업이 위태로운 상황에서는 청결한 처리에 대한 요구가 강해진다. 가장 적합한 예로 지중해를 들 수 있는데, 주민만큼 많은 수의 관광객이 해안에 있고, 사용되는 기준에 따라 다를 수 있지만 연안 해수의 25%가 수영하기에 부적합하다고 추정되고 있다.

10.5.3 오일 유출

특정한 종류의 오염과 해양투기 사건들은 매체의 큰 관심을 받는다. 오일 유출이 그중 하나이다. 이러한 보도들은 바다의 오용과 무책임한 행동에 의해 생길 수 있는 문제들에 대한 대중의 관심을 크게 높인다. 하지만 대부분의 경우, 심지어 엄청난 오일 유출[Torrey Canyon (1967년), Amoco Cadiz (1978년), Exxon Valdez (1989년)]도 제한된 지역에 제한된 시간 동안만 영향을 끼쳤다. 하지만 이러한 사실은 이 지역에서 생계에 위험을 받는 사람들에게는 불편하게 들릴 것이다.

오랫동안 피해를 줄 수 있는 한 가지 이례적인 사건은 1991년 전쟁 중에 쿠웨이트의 유정으로부터 페르시아만 내만 지역으로 의도적으로 오일을 유출한 일이다. 50만 톤 이상의 원유가 미나 알아흐마디(Mina Al-Ahmadi) 석유기지에서 페르시아만으로 유입되었고 사우디아라비아 해안선의 770km가 오염되었다. 유출된 오일에 덮인 조간대 서식지는 심각한 영향을 받았으며, 조간대 상부 지역에서는 장기적인 피해가 있었을 것으로 추정된다.

10.5.4 만성적인 탄화수소 오염

대규모 오일 유출 사건과는 달리, 해상 운송과 다른 산업활동에서 지속적으로 누출되는 탄화수소에 대한 관심은 훨씬 적은 편이다. 1985년에 바다로 유입된 석유 탄화수소는 약 3백만 톤에 달한다. 이는 유조선 사고에서 유출된 양의 12.5%에 해당한다. 더욱이 전 세계적으로 600개가 넘는 해양 오일생산 플랫폼에서도 오일 유출의 위험이 있다.

10.5.5 방사능 오염

해양환경에 분포하는 인공적인 방사성 물질의 주 공급원은 핵무기 시험이었다. 이 공급원에 의한 오염은 낮은 수준이었고 악영향이 분명하지 않았다. 과학자들은 이 오염을 이용하여 수괴를 추적하고(예를 들어, 심층수의 트리튬을 조사) 생물체 골격에서 연대를 측정한다(예를 들어, 산호와 패각에서 1960년대의 ^{14}C 급증). 이러한 핵종들에 비해 상대적으로 작은 공급원은 군사용과 상업용 원자로이다. 1983년 이후, 런던협약(London Dumping Convention, 1972)에 서명한 국가에서는 방사능 폐기물의 해양투기가 금지되었다. 하지만 구소련이 방사능 무기를 바렌츠해(Barents Sea)에 처리한 사실이 최근에 드러났듯이, 방사능 물질에 의한 오염은 우리가 알고 있는 것보다 더 광범위하게 일어날 수 있다. 비록 저준위의 폐기물이지만, 캘리포니아 앞과 미국 동부 연안 앞의 바다에서는 수십 년 전부터 방사능 물질이 처리되었으나 그 피해는 아직 알려지지 않았다.

　1986년 4월에 체르노빌에서 대기 중으로 대량방출된 방사능 물질들은 해양환경에서 많은 핵종들의 이동경로를 연구할 기회를 제공하였다. 흑해와 다른 지역에서 트랩으로 채집하고 시추한 시료들을 연구한 결과, ^{137}Cs와 같은 많은 금속들이 표층수로부터 빠르게 제거되고 유기물질 속에 포함되어 해저로 가라앉는다고 밝혀졌다. 콜롬비아강

하구의 핸포드(Hanford) 원자로에서 나온 폐수를 연구한 결과도 비슷하다.

고준위의 방사능 폐기물들은 전적으로 다른 차원의 문제를 야기한다. 이러한 폐기물이 육상에 많이 있고 현대와 미래 세대에게 심각한 위험을 준다면, 이것들을 해저에 매장하여 처리하는 것을 논의하고 연구할 필요가 있다. 한 가지 제안된 방법은 폐기물을 통에 담아 심해 퇴적물 속에 묻는 것이다(그림 10.15).

이렇게 신중하게 해저에 매몰처리할 때, 다음과 같은 지질학적인 문제들이 반드시 고려되어야 한다. (1) 처리 예정 지역이 얼마나 안정적인가? 예를 들면, 방사능이 충분히 약해지기 전에 퇴적물이 침식되지 않을까? (2) 뜨거운 폐기통 주변에 어떤 유형의 순환이 일어날까? 누출된 방사능 물질은 결국 어떻게 될까? 예를 들면, 퇴적물에 흡착될까 아니면 해저 표면까지 갈까? (3) 누출된 물질은 어떤 반응들을 겪을까? 그리고 이 반응들은 어떻게 물질을 이동하며 생물의 활동에 어떤 영향을 미칠까? 특히 관심을 끄는 부분은 인간이 먹을 수 있는 해양생물들의 먹이그물 속으로 방사능 물질이 들어갈 수 있는 이동경로이다.

안전한 폐기용기와 적합한 장소가 있다면, 심해 매장처리가 실현가능할 수 있다. 지질학적인 문제는 중요하지 않을 수 있다. 오히려 수송과 설치 중의 안전이 중요할 수 있다. 또한 미래 세대가 위험에 처하더라도 현재 사람이 살고 있지 않다고 해서 땅에 위험한 물질을 투기하는 것은 미래 세대를 위한 관점에서는 윤리적으로 문제가 된다.

10.5.6 위험평가

위험물질을 투기하기 전에 이러한 투기의 잠재적인 영향을 평가하는 것이 분명 바람직하다. 불행히도 위험물질이 이미 투기된 경우, 이를 이용하여 문제가 되는 물질의 영향이 어떤 작용들에 의해 결정되는지 연구할 필요가 있다. 물질의 확산과 화학반응을 통한 변질 등이 이러한 작용에 포함된다. 또한 생물에 대한 영향을 평가하는 것도 대단히 중요하다(그림 10.15).

생물교란작용, 재부유, 해류에 의한 운반이 확산작용에 큰 역할을 하며, 이들 작용은 자연적인 매몰작용과는 반대되는 영향을 미친다. 퇴적물에서 일어나는 화학반응은 물질의 독성을 변화시킬 수 있고, 이 물질들이 얼마나 쉽게 퇴적물을 통과하여 이동하고 생물에 의해 섭취되는지에 영향을 미친다. 끔직한 결과를 가져온 잘 알려진 예는

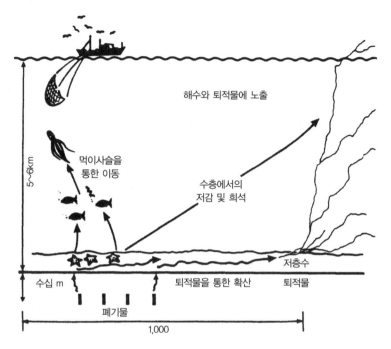

그림 10.15 고준위 핵폐기물의 해저 지하처리와 관련된 위험들. 폐기물 저장소에서 누출된 오염물질의 가상적인 이동경로를 보여준다. 해저지하처리가 위험성이 적은 선택으로 고려되기 전에 이러한 이동경로들이 평가되어야 한다. 통포장물의 유리화(vitrification), 방사선에 의한 고온 때문에 생긴 순환, 퇴적물을 통과하여 확산 또는 심해 폭풍에 의한 침식 등으로 인해 방사능 물질이 저층수로 빠져나오고 저서성 생물들이 이를 섭취하고, 물리적으로 또는 생물학적으로 표층수까지 이동할 수 있다(M. F. Kaplan 외, 1984, Sandia Natl. Lab. Rept. Sand 83~7106).

무산소의 퇴적물 속에서 메틸화 반응에 의해 수은이 활성화되는 것이다. 메틸수은은 결국 어류의 몸속으로 들어가고, 이런 어류를 많이 섭치하면 '미나마타병'에 걸린다. 이 병은 수은 방출에 의해 어류가 오염된 일본의 어느 만의 이름을 따서 명명되었는데, 이 병에 걸리게 되면 심각한 통증을 수반하고 죽음에 이르게 한다.

　폐기물처리에 있어 중요한 문제는 육상에 허용될 수 있는 투기장소가 부족하다는 것이다. 그 이유 중 하나는 대부분의 지역사회가 자신들의 관할구역 밖에 투기장소가 있기를 원하는 이기적인 생각 때문이다. 또 다른 이유는 지하수 오염이라는 심각한 문제이며, 이 이유 때문에 처리를 할 수 있는 적당한 많은 장소가 있을 수도 있지만 배제된다. 소각은 대기오염을 야기할 수 있기 때문에 사람들이 거의 선호하지 않는다. 이러한 이유로 육상투기의 비용이 급증하였고, 이로 인해 해양이 투기장소로 관심을 받는다.

심해투기는 처리비용을 외부에 전가하려는 대표적인 경우이다. 폐기물을 투기하려고 하는 지역사회는 그들의 활동을 통해 배출된 유해물질로부터 벗어나는 단기적인 이득을 취할 수는 있지만, 그 위험은 해양을 이용하는 모두에게 그리고 미래 세대에게 영향을 미칠 수 있다. 해저를 연구하는 해양지질학자들의 중요한 임무 중 하나는, 아마 쉽지는 않겠지만 미래의 부담이 될 위험을 정확하게 평가하는 것이다.

더 읽을 참고문헌

Rona PA, Boström K, Laubier L, Smith KL (eds) (1983) Hydrothermal processes at sea floor spreading centers. Plenum Press, New York

Tissot B, Welte DH (1984) Petroleum formation and occurrence, 2nd edn. Springer, Berlin New York

Notholt AJG, Jarvis I (1990) Phosphorite research and development. Geol Soc Lond Spec Publ 22, London

Cronan DS (1992) Marine mineral in exclusive economic zones. Chapman and Hall, London

Hsü KJ, Thiede J (eds) (1992) Use and misue of the seafloor. Dahlem Konferenzen. Wiley, New York

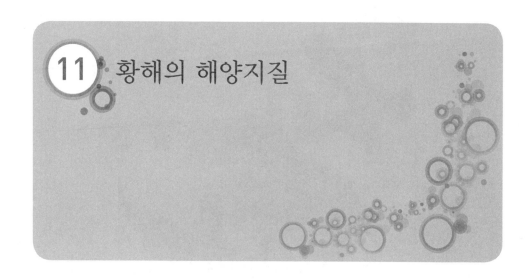

11.1 개관

11.1.1 지리적 위치

황해는 한반도와 중국 사이에 위치하는 대륙주변해로서 수심이 평균 44m, 최대 103m
에 달하는 대륙붕 지형을 가지고 있다(그림 11.1). 황해는 남쪽으로 동중국해, 북쪽으
로는 발해와 접하고 있으며 태평양의 경계에 해당하는 바다의 성격을 갖는다. 황해는
과거 최대 빙하기 동안 해수면의 하강(약 120m)으로 인해 전체가 육상환경으로 변하
는 등 급격한 퇴적환경의 변화를 겪었다. 해저지형은 한반도 쪽으로 급격한 수심 증
가를 보이는 반면, 중국 쪽으로는 완만한 수심 증가 양상을 보인다. 그리고 남부에는
80m 등수심선의 북서－남동 방향의 해구지역이 존재한다. 황해로 유입되는 하천은 유
량의 규모에 따라 양쯔강, 황하강, 압록강, 한강, 금강이 발달해 있다. 황해의 중국 연
안에 발달해 있는 양쯔강과 황하강은 전형적인 삼각주 지형을 구성하고 있고, 등수심
선은 해안선에 평행한 방향으로 이루어져 있다. 이에 반해, 황해의 한국 연안은 다수
의 만, 섬과 염하구, 갯벌환경으로 구성된 복잡한 지형을 이루고 있고, 중국과는 달리
대규모 삼각주 지형은 발달하지 않았다. 만 지역에는 해안선과 평행하거나 직각 방향
으로 신장되어 있는 대형 조수기원사주(large tidal bar)들이 수심 50m 이내의 천해에서

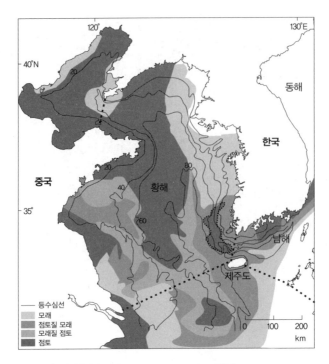

그림 11.1 황해 지형도 및 표층퇴적물 분포도(after Koh and Khim, 2014).

발달해 있다. 황해의 남동부에는 길이 200km, 폭 20~50m, 층후가 최대 60m에 달하는 흑산니질대(Heuksan Mud Belt)가 발달해 있다.

11.1.2 해황

〈하천〉

황해로 유입되는 60여 개의 크고 작은 하천 가운데 황해의 북부 중국 쪽에 위치한 황하는 황해로 유입되는 연간 부유퇴적물량의 약 65%에 달하는 911×10^6톤을 공급하고 있고, 황해의 남부 중국 측 동중국해 접경지역에 위치한 양쯔강은 황해로 유입되는 연간 담수 유입량의 $1.031 \times 10^{12} \text{m}^3/\text{y}$로 약 90%를 공급한다(Beardsley 외, 1985). 이 두 강 이외에 압록강, 한강, 금강이 주요 하천으로 황해에 부유퇴적물과 담수를 공급하고 있으나, 황해 전체에 미치는 영향은 황하와 양쯔강에 비해 미미한 수준이다. 그러나 지역적으로는 수질 및 해저지형, 갯벌 형성에 큰 영향을 주고 있다.

〈바람, 파랑〉

황해는 강한 몬순의 영향을 받아 계절에 따른 탁월풍의 양상이 다르게 나타난다. 겨울철에는 최대 10m/s 풍속의 북–북서풍이 특징적으로 발달하는 반면, 여름에는 상대적으로 약한 남–남동풍이 우세하다. 그러나 여름과 초가을에는 강한 열대성 저기압이 통과하면서 태풍이 발생하게 되는데, 해마다 평균적으로 1~2개의 태풍이 우리나라를 통과한다. 17m/s 이상의 태풍은 연간 2~3일 내외로, 최대 13.9m/s의 겨울철 폭풍은 평균적으로 연간 10일 발생한다.

〈조석〉

황해의 조석은 반일주조 성분이 우세한 특징을 가지고 있으며, 2개의 무조점이 각각 산동반도와 서한만 남쪽에 위치한 황하강 어귀에서 발생한다(그림 11.2). 조차는 우리

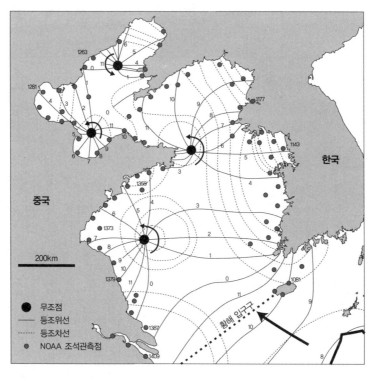

그림 11.2 황해의 조석 분포(Guo and Yanagi, 1998). Redrawn from Cummings 외, 2015. 황해 대륙붕의 얕은 수심으로 조석파가 진행함에 따라 파장이 감소하고 파고가 증가하면서 조차가 증가하는 경향을 형성한다. 중국 쪽 연안에 무조점이 형성되며 반시계 방향으로 조석파가 진행한다.

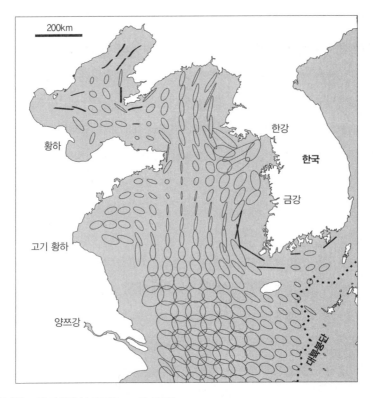

그림 11.3 황해의 조석 타원체 분포도(Kang 외, 2002).

나라 경기만에서 최대 10m에 달하며 2~6m 내외인 중국 동해 연안에 비해 크다. 우리나라 서해안의 조차는 전라남도에서 경기도로 가면서 전반적으로 증가하는 경향이며 내만환경일수록 증가하는 경향을 보인다. 반일주조 성분의 조류타원체는 우리나라 근방인 황해 중앙 동부에서 북동-남서 방향으로, 황해 남부에서는 남북 또는 북서-남동 방향으로 발달해 있다(그림 11.3). 경기만과 양쯔강 지역은 반일주조 성분의 위상차가 약 180도에 달해, 밀물과 썰물의 반대시기에 나타난다. 황해 중국 연안에서의 조류는 1.3~1.5m/s이나 경기만은 최대 2.5m/s에 달한다. 조류는 연안에서 외해로 가면서 점진적으로 감소한다. 조류의 잔차류는 상대적으로 작아서 황해의 중앙부에서는 2cm/s, 국지적으로 최대 8cm/s 수준이다. 황해 조석의 잔차류는 해수의 성층이 현저한 여름과 해저지형 경사가 가파른 조하대지역에서 강하게 발생하는 것으로 알려져 있다. 황해의 조석은 과거 해침 시기 초기에도 현재와 같은 대조차환경이 유지되었다(Uehara and Saito, 2003). 한국 서해안과 중국 동해안의 대규모 간척에 의한 해안선

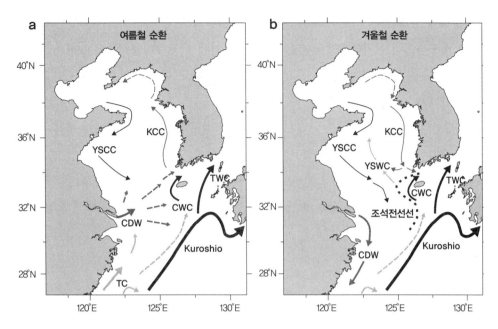

그림 11.4 황해와 주변해에 발달하는 주요 해류의 여름철, 겨울철 이동경로(Hwang 외, 2014).

변화는 황해의 조석현상에 국지적인 영향을 줄 뿐만 아니라 광역적인 규모의 영향을 주었다(Song 외, 2013).

〈해류〉

황해에는 서해 연안류(Korean Coastal Current, KCC), 황해난류(Yellow Sea Warm Current, YSWC), 제주난류(Cheju Warm Current, CWC), 황해 연안류(Yellow Sea Coastal Current, YSCC)와 같은 주요 해류가 있다(그림 11.4). 황해에 발달하는 해류의 분포는 계절적인 변동성을 보이며 여름철과 겨울철에 현저한 차이를 보인다. 또한 양쯔강 희석수(Changjiang Dilluted Water, CDW)도 계절적인 변동성을 보이는데 여름철에는 황해의 심부에 성층화된 수괴가 분포하고, 혼합되고 상대적으로 수온이 낮은 황해 천부의 수괴 사이에 경계가 발달하고, 이 경계를 따라 남에서 북으로 흐르는 서해 연안류와 남에서 북으로 흐르는 제주난류가 반시계 방향의 환류(cyclonic gyre)를 형성한다(Hwang 외, 2014). 겨울철에는 강한 북서계절풍의 영향과 낮은 대기온도로 인해 황해 수층 전체에 혼합이 잘 일어나고, 탁월풍의 방향인 남쪽으로 황해 연안류가 강하게 흐르면서 그 반대작용으로 제주난류의 지류 형태로 황해난류가 남에서 북으로 이동하면서 현저한 조석전선을 형성한다. 황해난류는 겨울철에 발생하는 일시적인 해류로 알려져 있으며, 봄에 급격히 세력이 약화되고 여름과 가을에는 소멸되는 것으로 알려져 있다(Hwang 외, 2014). 제주난류는 제주도 주변을 시계 방향으로 흐르며 북동중국해의 따뜻한 해수를 제주도 서측과 제주해협 쪽으로 이동시키며 여름에 세력이 약해지는 것으로 알려져 있다. 황해 중앙부에는 황해냉수(Yellow Sea Cold Water, YSCW)라고 알려져 있는 저온고염의 수괴가 존재한다. 해류의 분포와 이동, 혼합 양상은 뚜렷한 계절성을 보이며 해류에 의해 운반되는 퇴적물의 시공간적인 분포에 영향을 준다.

11.2 대륙붕 퇴적환경

11.2.1 해저지형

황해의 해저지형은 평탄지형, 둔덕 형태, 해저협곡과 같은 불규칙적인 지형으로 구별된다[Chough 외 (2002), Park 외 (2006)]. 평탄지형은 주로 수심이 깊은 황해의 중앙부에서 관찰되며, 천해로 올수록 둔덕 형태의 사주지형이 우세하다. 우리나라의 서남해 끝단인 전라남도 외해역에는 사주지형이 북동-남서, 북서-남동 방향으로 신장되어 있으며, 전체적으로는 호상(arc)으로 배열되어 있다(그림 11.5, 11.6). 또한 사주는 대체로 높이가 15~25m 범위이고 폭 3km 이상의 규모를 보이고 있다. 사주의 표면에는 다양한 규모의 층면구조들이 발달해 있는데, 높이 3~10m, 폭 150~500m에 달하는 사구(dune)가 발달하기도 한다. 사구가 발달하지 않아 표면이 매끄러운 사주들은 현재의 수력학적 조건에서 이동하지 않는 비활동성 사주로 해석된다(Jung 외, 1998). 불규칙하고 해저협곡 형태의 지형은 주로 황해의 북부 외해역에 집중되어 있다. 황해의 남동부에는 실트와 점토로 구성되어 있고, 두께가 최대 50m 이상인 니질퇴적층으로 구성된 해저지형이 현저하게 발달되어 있다(그림 11.6).

11.2.2 표층퇴적물

황해의 표층퇴적물은 전반적으로 니질퇴적층에 넓게 분포하고 있으며, 우리나라 서해

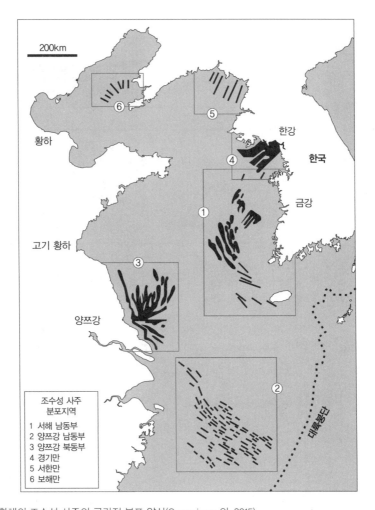

그림 11.5 황해의 조수성 사주의 공간적 분포 양상(Cummings 외, 2015).

안 부근과 중국의 양쯔강 인근 대륙붕에 사질퇴적층이 국지적으로 우세하게 발달해 있다. 황해에 분포하는 니질퇴적층은 그 위치에 따라 황해 중앙 니질대(Central Yellow Sea Mud patch, CYSM), 한국 서남해의 황해 남동 니질대(Southeastern Yellow Sea Mud patch, SEYSM), 황해 북부 니질대(North Yellow Sea Mud patch, NYSM), 황해 남서 니질대(Southwestern Yellow Sea Mud patch, SYSM), 제주도 남서쪽의 북동중국해 니질대(Southwestern Cheju Island Mud patch, SWCIM)로 명명되어 있다. 이 가운데 황해 남동 니질대는 흑산 니질대로 불리기도 한다(그림 11.1). 황해의 중앙부에 분포하는 니질퇴적물은 주로 황하강으로부터 기원된 것으로 알려져 있으며[Milliman 외 (1986),

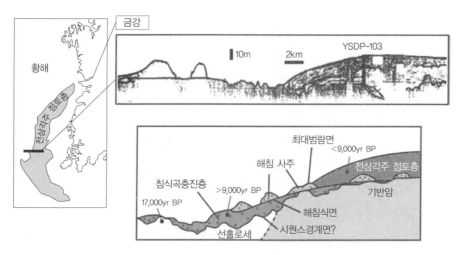

그림 11.6 서해 남단에 발달한 조수기원 사주와 이를 피복하는 전삼각주(prodelta) 기원의 흑산니질대층. 서해 대륙붕에 발달한 조수기원 사주는 대부분 해침 시기에 형성된 것으로 해석되며(Jin and Chough 1998), 전형적인 전삼각주 니질층과는 달리 흑산니질대층은 해안선과 분리되어 발달해 있다.

Lee and Chough (1989), Alexander 외 (1991), Park and Khim (1992), Yang and Liu (2007)], 음향상과 시추코어 분석 결과 최대 6m 규모로 발달해 있으며, 남동쪽 방향으로 가면서 층의 두께가 얇아지는 경향을 보인다(Shinn 외, 2007). 황해의 남동부에 발달해 있는 니질퇴적대(흑산니질대)는 최대 두께가 60m에 달하고, 주로 실트와 점토로 구성되어 있다.

11.2.3 대륙붕 퇴적작용

황해 대륙붕의 대부분을 피복하고 있는 니질퇴적층은 중국의 황하와 양쯔강에서 기원된 퇴적물이 해류를 따라 이동하고 집적되면서 형성되었다. 그 결과 니질퇴적층은 황하와 양쯔강 유역 부근에서 두껍고 대륙붕으로 가면서 점차 얇아지는 쐐기형의 분포를 보인다. 황해의 남동부에 발달해 있는 흑산니질대는 중국과는 달리 거대한 하천이 발달하지 않은 우리나라의 특성과 니질퇴적층의 규모를 고려할 때 상반된 시각 차이가 있다. 니질퇴적대의 체적과 구성 퇴적물의 조성을 근거로 흑산니질대가 우리나라의 금강에서 공급된 퇴적물이 특히 겨울철에 북서계절풍과 강한 조류에 의해 남쪽으로 이동되어 형성되었다는 학설과[Wells (1988), Lee and Chough (1989), Lee and Chu (2001)] 주로 지화학적인 퇴적물 근원지 분석 결과, 한반도뿐만 아니라 중국에서 기원된 퇴적물의 혼성기원으로 형성되었다는 학설이 양립하고 있다[Alexander 외 (1991), Lim 외 (2006, 2013)]. 연구자마다 흑산니질대의 규모와 성장속도를 추정하기 위해 필수적인 자료인 연대측정, 퇴적률, 해수면 변동, 퇴적물 수지, 층서해석 등의 다양한 요소에 대해 현저한 시각 차이를 보이고 있으므로 향후 추가적인 연구가 필요하다 [Park 외 (2000), Lee and Chu (2001)]. 양쯔강 인근에는 방사상으로 신장된 사주가 발달해 있는데, 이는 이 지역에 방사상으로 작용하는 조석의 잔차류 특성을 반영한 결과로 해석된다(Li 외, 2001). 이 사주를 형성하는 사질퇴적물들은 대부분 과거 해수면의 하강시기에 대륙붕으로 이동 성장한 양쯔강 삼각주 고기 퇴적층으로 해석되며, 일부는 현재의 수력학적 조건에서 조류나 연안류에 의해 공급된 것으로 추정된다. 우리나라 서해연안 대륙붕 환경에도 남북 방향으로 신장된 사주들이 발달해 있는데(Park 외, 2006), 현재의 수력학적인 조건하에서 형성되기 어려운 수심에 분포한다. 이 사주들 내부의 탄성파 단면은 이동 방향으로 절단된 특성을 보이고 있는데, 이는 현재의 수력학적 조건에서 퇴적된 것이 아니라 해침 시기와 현재의 고해수면 시기 동안 침식작용을 겪은 비활동성 사주임을 지시한다[Jin and Chough (2002), Park 외 (2006)]. 그러나 일부 사주들의 내부구조는 퇴적기원이 활발한 이동성장을 지시하고 있어서 이를 설명하기 위한 추가적인 연구가 필요하다(Chough 외, 2004).

11.3 연안 퇴적환경

11.3.1 퇴적지형

우리나라의 서해안은 전형적인 리아스식 형태의 해안으로 굴곡이 매우 심하며, 여러 섬이 분포하고 있어 복잡한 수심 분포를 보인다. 특히 경기도와 전라남도의 해안이 상대적으로 복잡한 해안지형을 가지고 있으며 충청남도와 전라북도는 상대적으로 해안선이 단조롭다. 연안지역에 퇴적물을 공급하는 주요 하천으로는 한강과 금강이 있으며, 이 두 강을 제외하면 하천의 발달은 미미한 편이다. 연안을 따라 갯벌환경이 광역적으로 발달해 있으며, 그 규모는 지역적으로 현저한 편차를 보인다. 주요 하천이 바다로 유입되는 하구역과 만 지형에 대규모의 갯벌이 발달하는 반면, 섬 주변이나 단조로운 해안선이 있는 지역에는 소규모의 갯벌이 분포한다(그림 11.7). 대규모의 간척사

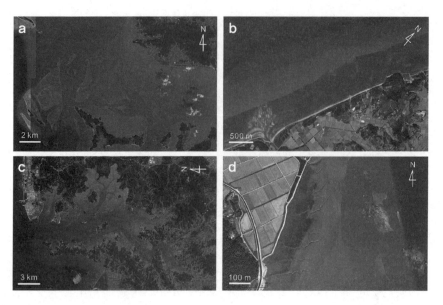

그림 11.7 대표적인 조간대 위성사진. a 경기만 여차리의 개방형 조간대. b 영광 백수지역의 개방형 조간대. c 가로림만의 내만형 조간대. d 경기만 매음리의 수로주변형 조간대.

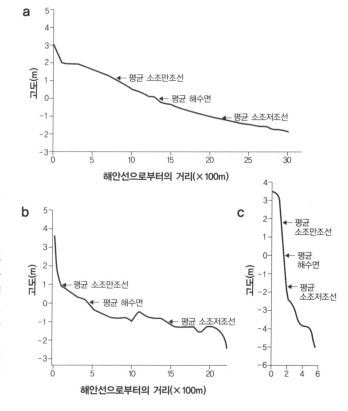

그림 11.8 개방형, 내만형, 수로주변형 조간대의 지형단면 특성. a 개방형 조간대인 영광 백수조간대의 지형단면(Yang 외, 2005). b 내만형 조간대인 무안만 조간대의 지형 단면(Ryu, 2003). c 수로주변형 조간대인 경기만 매음리 조간대의 지형단면(Choi, 2011a).

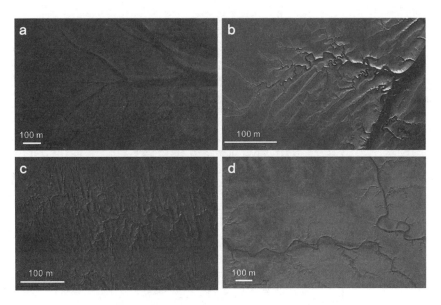

그림 11.9 서해 조간대에 발달한 다양한 형태의 조수로 위성사진. a 직선 또는 사행도가 작은 굴곡진 형태의 조수로(경기만 여차리), b 수지상의 조수로(가로림만 도성리), c 수지상의 조수로(경기만 동검도), D 굴곡도가 큰 사행하는 조수로(곰소만 선운리).

업으로 만경강, 동진강 유역과 같은 대규모 갯벌이 파괴되고 있는 상황에서 강화도 남단에 최대 간조 시 폭이 6km에 달하는 대규모 갯벌이 발달해 있다. 갯벌의 지형은 전반적으로 완만한 경사 구배 형태인데, 중부조간대의 지형이 가장 완만하고 상부조간대와 하부조간대로 갈수록 경사 구배가 증가한다(그림 11.8). 상부조간대는 위로 볼록한 지형인 반면, 중부 및 하부조간대는 위로 오목한 지형이다(Choi, 2014). 갯벌환경에서는 다양한 규모의 수로가 형성되어 있는데 상부조간대에서 하부조간대로 가면서 빈도수와 규모가 증가한다. 수로들은 수지상의 형태가 가장 흔하게 관찰되며, 하부조간대로 갈수록 수로의 폭이 증가하고 굴곡도가 감소하는 형태적 경향성을 보인다(그림 11.9). 과거에는 이 수로들이 활발하게 이동하지 않는 것으로 보고되었으나 (Alexander 외, 2001), 최근의 연구 결과들은 갯벌의 수로들이 활발하게 이동하고 있음을 지시하고 있다[Choi 외 (2013), Choi and Jo (2015b)]. 경기만과 아산만에는 거대 조수사주(large tidal bar)가 발달해 있다[Chang 외 (2010), Cummings 외 (2015)]. 경기만에 발달해 있는 거대 조수사주는 길이 100km, 폭 30km에 달하며 해안선에 수직한 방향으로 배열되어 있다. 사주와 사주 사이에는 폭 5km, 최대 수심이 30m에 달하는 조

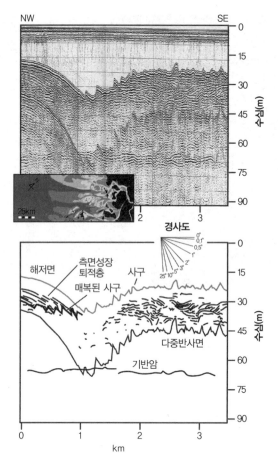

그림 11.10 거대 조수사주의 측면성장을 보여주는 탄성파 단면 및 단면 해석도. 거대 조수사주의 측면성장에 의해 경사층리가 조수로의 최고 수심선(thalweg)에 분포하는 대형 사구를 피복하고 있음.

수로가 분포하며, 외해로 가면서 폭과 수심이 점차 증가한다(그림 11.10).

11.3.2 표층퇴적물

갯벌을 구성하고 있는 퇴적물은 일반적으로 간조선에서 만조선으로 이동하면서 세립화하는 경향을 보인다. 하부조간대에서는 주로 사질의 퇴적물이 우세하고 사구나 사질갯벌이 특징적으로 분포하며, 하부조간대의 조수로 기저부에서는 패각이나 자갈들이 풍부하게 산출된다. 중부조간대에서는 사질과 니질의 혼합퇴적물이 우세하며, 소규모의 수로가 발달하는 곳에서는 패각이나 잔자갈들이 분포한다. 상부조간대에서는

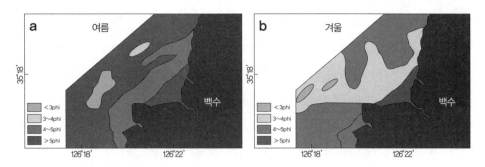

그림 11.11 조간대 표층퇴적물 분포의 계절적 변동성 모식도. 여름철과 겨울철의 표층퇴적물 분포 양상이 파랑에너지의 세기에 의해 현저한 차이를 보임(Modified after Yang 외, 2005). 3phi, 4phi, 5phi는 각각 0.125mm, 0.0625mm, 0.0313mm에 해당함.

니질의 퇴적물이 특징적으로 우세하게 분포한다. 이러한 육지 방향으로의 세립화 현상은 내만이나 수로 주변부에 위치한 갯벌환경에서 흔히 관찰된다. 그러나 해안지형이 단조롭고 계절풍에 따른 파랑의 작용에 노출되어 있는 개방형 갯벌에서는 상부조간대에서도 사질퇴적물이 분포하며, 계절별로 현저한 표층퇴적물 변동 양상을 보인다[Yang 외 (2005), 그림 11.11]. 곰소만의 상부조간대에는 패각과 중립질의 모래로 구성된 쉐니어가 발달해 있으며, 육지 방향으로 활발하게 이동하고 있다. 백수조간대의 표층퇴적물은 겨울철에는 사질퇴적물이 우세하게 분포하는 반면, 파랑 에너지가 약한 여름철에는 니질퇴적물이 광역적으로 나타난다. 반폐쇄형 내만환경에서도 만조선 근방에 자갈을 포함한 사질의 퇴적물이 분포하는데, 이러한 지역에서는 풍화된 기반암의 침식현상이 뚜렷이 관찰된다(Ryu, 2003). 경기만 거대 조수사주의 표층퇴적물은 한강과 인접한 지역에서 조립하고 외해로 가면서 점차 세립해지는 경향을 보인다(Cummings 외, 2015).

11.3.3 퇴적작용

서해연안환경은 대조차로 인해 강한 조류가 특징적으로 발달되어 있다. 조류의 속도는 수로에서 최대 2.5m/s 이상 발달하고, 조간대에서도 최대 1.4m/s 이상의 조류가 관찰된다(Choi and Jo, 2015a). 연안환경에서는 지형적 요인으로 인한 왕복성 조류의 발달이 특징인데, 지역에 따라 창조류 및 낙조류 우세환경으로 구분된다(Jo and Lee, 2008). 조류 세기의 비대칭성은 퇴적물의 이동 방향을 결정하는데(Lee 외, 2004), 하부

조간대나 조하대와 같이 조류의 세기가 강한 환경이라도 조류 세기의 비대칭성이 작은 경우엔 사구와 같은 대형 층면구조의 이동은 현저하지 않다(Lee 외, 2006). 일반적으로 하부조간대나 주수로에서는 창조류가 상부조간대에서는 낙조류가 우세한 경향을 보인다(Choi and Jo, 2015a). 강한 조류가 발달하는 주 수로와 인근 갯벌에 사구가 형성되며, 상부조간대로 갈수록 층면구조의 크기가 감소하며 소규모의 연흔들이 발달하고, 표층퇴적물의 입도가 점차 세립해진다. 또한 왕복성 조류의 작용으로 인해 니질과 사질층리의 교호구조 발달이 우세하며, 파랑의 영향을 적게 받는 지역에서는 내만의 수로 부근에서 엽리 두께의 주기성이 잘 관찰되는 조수리듬층이 발달해 있다. 조수리듬층에서 관찰되는 조석주기로는 일조부등, 사리–조금, 월조부등이 대표적이다. 방사성 동위원소에 근거한 갯벌의 퇴적률은 일반적으로 연간 1cm 내외이나[Wells 외 (1990), Alexander 외 (1991)], 조수리듬층으로 추정된 퇴적률은 최대 한 달에 20cm 이상으로, 이는 조수퇴적환경의 퇴적작용이 공간적으로 변동성 크다는 것을 지시한다(Choi 외, 2013). 갯벌환경에서는 생물에 의한 퇴적층의 교란이 지역에 따라서 현저하게 일어나는데, 상부조간대로 갈수록 생물교란의 정도가 대체로 증가한다.

파랑은 수심이 얕은 연안환경과 조간대에서 전반적으로 1m 미만으로 작게 나타나나, 북서계절풍이 우세하게 발달하는 겨울철에는 최대 2.5~3m 높이의 파랑이 관찰되며, 여름철 태풍이 발생하는 시기에도 높은 파고가 관찰된다[Kim (2003), Lee and Yoo (2012)]. 서해안은 대조차환경으로 강한 조류에 의한 퇴적작용이 우세하지만 파랑의 작용에 의한 퇴적물의 이동과 퇴적층의 형성이 계절적으로 중요하다. 대표적으로는 폭풍이나 태풍 시기의 장파장을 갖는 파도에 의해 형성된 허모키형 사층리(hummocky cross stratification)가 갯벌환경에서 보고되었으며(Yang 외, 2006, 2008), 대칭형의 연흔과 상승연흔도 갯벌퇴적층에서 드물게 관찰된다(Choi and Jo, 2015b). 파랑에 의한 육지 방향으로의 퇴적물 이동을 가장 현저하게 지시하는 사질퇴적층인 스워시바(swash bar)와 쉐니어(chenier)가 서해 연안을 따라 여러 만에서 관찰된다[Lee 외 (1994), Ryu (2003), Yang 외 (2005, 2006), Ryu 외 (2008)]. 스워시바나 쉐니어는 폭풍이나 태풍의 발생 시기가 만조 시와 겹칠 경우에 육지 방향으로 현저하게 이동하며(Lee 외, 1994), 이때 점차 그 길이가 해안선과 평행한 방향으로 신장되는 경향을 보이는데, 이는 파랑에 의해 형성된 연안류가 작용한 결과이다. 파랑의 작용은 갯벌의 육지 쪽에 발달해 있는 사구의 침식현상에서도 살펴볼 수 있는데, 이는 만조 시에 고파랑이 작용한 결과이며, 특히 퇴적물의 공급이 원활하지 않는 곳에서 쉽게 관찰된다(Rhew and Yu, 2009). 인위적인 구조물이 설치되거나 해사 채취가 활발하게 이루어지고 있는 해역의 해빈이나 해빈의 배후에서 발달하는 사구들은 현저한 침식작용을 겪고 있는 것으로 알려져 있다(Lee 외, 1999). 파랑은 일반적으로 하부조간대나 조하대에서 현저한 영향을 미치는 것으로 알려져 있다. 그러나 서해안의 내만 깊숙한 지역에서도 파랑의 작용에 의한 풍화노두의 침식, 만조선 근방에서 발달하는 소규모 해빈이 드물지 않게 관찰되는데, 이것은 대조차로 인해 만조 시에 파랑이 내만 깊숙이 이동될 수 있는 조건이 갖춰지는 환경임을 지시하며, 풍화노두가 파랑에 매우 취약하다는 것을 지시한다(Ryu, 2003).

황해 연안환경은 몬순기후의 영향으로 여름철의 장마 시기에 강수량이 집중되는 경향을 보인다. 갯벌환경에서는 일반적인 토양과 달리 퇴적층이 수분으로 포화된 상태여서, 간조 시에 노출된 상태에서 집중호우현상이 발생하면 강우의 대부분이 갯벌퇴적층 내로 스며들지 않고 표층의 경사를 따라 수로 방향으로 흘러가면서 단기간에 유량을 증가시킨다. 이렇게 증가된 유량으로 인해 썰물의 유속은 증가하며 수로의 이동과 형태 변동성이 활발하게 이루어진다[Choi 외 (2013), Choi and Jo (2015b)]. 집중호우는 또한 갯벌 표층의 침식한계치를 감소시켜 조류에 의한 침식작용을 원활하게 하여 부유퇴적물의 농도를 증가시키고(Wells 외, 1990), 갯벌 표층에 릴채널(rill channel)과 같은 침식지형을 형성한다[Ryu 외 (2004), Choi (2011a)].

경기만 내에 발달해 있는 거대 조수사주에는 주수로와 주수로 사이를 대각선으로 가로지르는 스워치웨이(swatchway)가 특징적으로 발달하는데, 이는 거대 조수사주가 한강으로부터 밑짐이동형태로 이동된 퇴적물과 외해역으로부터 밀물에 의해 이동된 퇴적물이 수렴되는 공간임을 지시한다. 평상시에는 강한 조류에 의해 깊은 수로의 기저부에 있던 니질퇴적물과 세립질 모래들이 조석프리즘과 유속이 급격하게 감소하는 인근 거대 사주의 정상부와 갯벌로 이동한다. 이와는 반대로, 강한 파랑이 작용하는 겨울철에는 거대 조수사주의 정상부에서 강한 파랑이 발생하여 세립질퇴적물의 집적을 방해하고 사주의 가장자리로 이동시킨다. 이러한 과정을 통해 거대 사주는 점차 외해 쪽으로 가면서 폭이 넓어지고 성장해 나간다.

11.4 해수면 변동 및 제4기 층서

11.4.1 해수면 변동

황해는 제4기 동안 급격한 해수면 변동을 겪었다. 마지막 빙기인 15,000~18,000년 전에는 해수면의 위치가 현재보다 약 100~120m 정도 아래에 위치하였으며, 황해 전체가 육상환경이었다. 해침이 일어나기 전까지 대기 중에 노출된 육상 및 해성퇴적층은 오랜 기간 풍화작용을 받아 토양층으로 변하였고(그림 11.12), 대륙붕에서부터 연안에 이르기까지 다양한 지역에서 고토양층(paleosol)이 발견되었다[Park 외 (1998), Choi (2005), Shinn 외 (2007)]. 마지막 빙기 이후 약 10,000년 전에는 현재보다 40m 아래까지 해수면이 상승하였고, 연구자에 따라 차이는 있지만 그 이후부터 7,000년 전까지 연평균 10mm 속도로 급격하게 해수면이 상승하면서 현재보다 약 10m 아래에 해

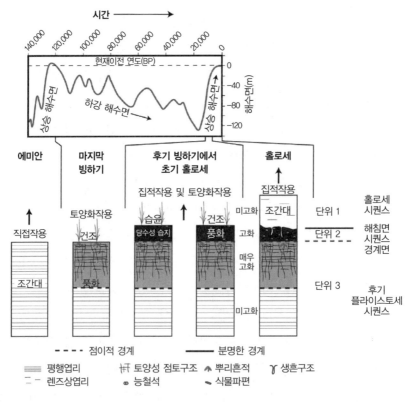

그림 11.12 후기 플라이스토세와 홀로세 퇴적층 사이에 발달하는 고토양층 형성의 개념적 모식도. SB: 시퀀스 경계면, TS: 해침면(Choi, 2005 수정).

수면이 도달했던 것으로 추정된다. 그 이후부터 현재까지는 연평균 2~3mm의 속도로 완만하게 상승하는 것으로 알려져 있다[Bloom and Park (1985), Kim and Kennett (1998)]. 그러나 이러한 일반적인 해수면 곡선의 추세와는 달리 황하강 삼각주 유역에서 삼각주퇴적층을 분석한 토대로 작성된 해수면 변동곡선에 따르면, 해수면은 20,000년 전부터 6,000년 전 사이에 연간 80mm 이상의 속도로 급격하게 상승한 시기와 연간 2~10mm의 상대적으로 완만한 상승 또는 정체시기가 반복적으로 나타났음을 지시하고 있고, 그 이후 현재까지는 해수면의 변화없이 일정하게 유지되었다(Liu 외, 2004). 황해의 해수면 변동곡선은 지역별로, 연구자별로 많은 차이를 보이고 있는데, 이것은 연구자료의 종류, 연대측정방식, 퇴적환경, 퇴적물 공급의 차이에 의해 기인된 것으로 추정된다. 6,000년 이후 현재까지는 상승속도가 느려지면서 해수면이 비교적 안정된 상태로 유지된 것으로 알려져 있으나[Kim 외 (1999), Choi and Dalrymple (2004)], 우리나라 서해안 사구의 연대측정 결과 현재보다 해수면이 높았던 시기가 존재하는 것으로 보고되었다(Munyikwa 외, 2008).

마지막 빙하기부터 현세에 이르는 해수면 변동의 역사와는 달리 후기 플라이스토세 시기의 해수면 변동에 대해서는 상대적으로 많은 논란의 여지가 존재한다. 서해안 조간대 지역에 분포하는 후기 플라이스토세층은 탄소동위원소에 의한 연대측정 결과 대부분 25,000~45,000년 사이의 시기에 형성된 것으로 추정되며, 현재의 조간대 퇴적층과 매우 유사한 조수퇴적구조를 가지는 것이 특징적이다[Choi and Park (2000), Choi 외 (2001), Choi and Kim (2006)]. 그러나 후기 플라이스토세층의 고도가 현재의 평균 해수면과 거의 유사하고, 서해안이 지구조적으로 안정적이었으며, 현재와 유사한 퇴적환경에서 형성되었다는 점을 고려하면, 마지막 소간빙기(interstadial)를 지시하는(MIS3) 탄소동위원소에 의한 연대측정 결과는 전 지구적 해수면 변동곡선과 상당한 차이를 보인다[Choi and Dalrymple (2004), Choi and Kim (2006), Cummings 외 (2005)]. 이로 인해 다수의 일관된 연대측정 결과에도 불구하고 후기 플라이스토세층의 형성 시기는 소간빙기가 아닌 마지막 간빙기(last interglacial, MIS5) 또는 에미안(Eemian)의 고해수면 시기인 125,000년 전으로 추정되었다[Choi and Dalrymple (2004), Choi and Kim (2006), Lim and Park (2003), Lim 외 (2004)]. 최근 서해 백수조간대의 후기 플라이스토세 조수퇴적층에 대한 광여기루미네선스(Optically Stimulated

Luminescence, OSL) 연대가 에미안 시기로 밝혀지면서 후기 플라이스토세층의 형성 시기에 대한 기존의 학설을 뒷받침하고 있다(Chang 외, 2014). 다만 대륙붕 지역에서 분포하는 후기 플라이스토세층의 연대도 연안환경에서 발견된 것과 유사한 탄소동위원소 연대를 가지고 있다(예 : Jin and Chough, 1998). 이 연대측정치는 전 지구적 해수면 변동곡선에 부합하는 연대-분포심도 관계를 보인다는 이유로 받아들여지고 있지만, 후기 플라이스토세 퇴적층의 탄소동위원소 연대측정치에 대한 해석의 신뢰성을 높이기 위해서는 추가적인 연구가 필요하다.

11.4.2 제4기 퇴적 역사

황해에 분포하는 퇴적층은 제4기 후기 동안 대륙붕 전체가 대기 중에 노출되고 해침되는 과정을 반복적으로 겪으면서 급격한 해수면 변화와 퇴적환경의 변화과정을 기록하고 있다.

후기 플라이스토세의 마지막 빙하기 이전의 저해수면 시기에는 광역적으로 하성환경이 형성되면서 한강이나 금강 등 주요 하천에 의한 퇴적작용이 광역적으로 전개되었을 것으로 추정된다. 이 시기에 해당하는 퇴적물은 주로 조립질의 모래로 구성되어 있고, 주로 산화된 특징을 가지며, 기반암 상부에 다양한 층후를 보이면서 분포한다 [Choi and Park (2000), Chang 외 (2014), Cummings 외 (2015)]. 후기 플라이스토세 해침이 본격적으로 진행되기 전 연안환경의 저지대에서는 대규모 습지환경이 조성되면서 유기물을 풍부하게 함유하고 있는 니질퇴적층이 퇴적되었다(Choi and Kim, 2006). 그리고 후기 플라이스토세의 해침이 본격적으로 진행되면서 대륙붕 지역에서는 강한 조류와 파랑이 작용하여 조립질의 퇴적물이 우세하게 퇴적되고, 연안환경에서는 조간대환경이 형성되면서 세립질의 퇴적물들이 우세하게 퇴적되었을 것으로 추정된다. 연안환경에 분포하는 기반암의 현저한 기복을 고려할 때, 해침 초기에는 파랑이 조류에 비해 상대적으로 덜 영향을 미쳤을 것으로 추정된다(Choi and Kim, 2006). 경기만 일대와 백수조간대 지역의 후기 플라이스토세 조수퇴적층이 세립질이고 두꺼운 층후를 가지고 있다는 사실이 이를 뒷받침한다[Choi and Kim (2006), Chang 외 (2014)]. 후기 플라이스토세의 해침과 고해수면 시기의 조석은 현재와 매우 유사했을 것으로 추정되며, 현생 갯벌에서 관찰되는 다양한 조수퇴적구조가 동 시기의 퇴적층에서 확인된다

(Choi and Dalrymple, 2004). 해수면이 상승하고 연안환경의 범람이 진행되면서 파랑의 영향이 점차 증가하였을 것으로 추정되며, 일부 지역에서는 조석과 파랑의 영향이 동시에 강하게 작용하는 환경이 형성되면서 울타리섬과 같은 퇴적환경이 형성되었을 것이다(Cummings 외, 2015).

해수면 상승이 정점을 지나게 되면, 더 이상 퇴적공간이 만들어지지 못하게 되면서 갯벌이 분지 방향으로 전진구축하는 형태로 성장하였을 것으로 추정된다. 마지막 빙하기가 도래하면서 해수면이 떨어지게 되면, 한강과 금강 인근지역에서는 해수면 하강 시기의 삼각주가 형성되었을 것으로 예상된다. 마지막 빙하기의 정점에는 궁극적으로 황해의 대륙붕 전체가 대기 중에 노출되는 급격한 환경변화를 겪으면서 광역적으로 하성퇴적층의 형성과 기존에 퇴적되었던 조수퇴적층의 토양화작용이 광역적으로 진행되었다. 토양화작용의 결과 후기 플라이스토세 조수퇴적층의 상부가 고토양으로 변하였는데, 황해 중앙부에서 우리나라 연안환경에 이르기까지 광역적으로 인지되고 있다[Choi and Dalrymple (2004), Choi and Kim (2006), Choi (2005), Lim 외 (2003), Park and Lim (2002), Chang 외 (2014)]. 홀로세 해침이 진행되기 시작하면서 연안환경의 저지대에는 환원환경의 습지가 조성되어 능철석을 포함한 니질퇴적층이 형성되었다[Park 외 (1998), Choi 외 (2003), Choi (2005)]. 또한 하천과 인접한 지역에서는 급격한 퇴적공간의 형성으로 하성퇴적층의 집적이 이루어졌다.

홀로세 시기의 해침이 본격화되면서 강한 조류의 작용으로 다양한 규모의 사주가 대륙붕에 형성되고(그림 11.5, 11.13), 파랑에 의한 울타리섬이 일시적으로 형성되었을 것이다. 해침이 지속되면서 조수우세 퇴적환경으로 변하게 되고 광역적으로 조수퇴적작용이 전개되었다. 한강과 금강으로부터 공급된 퇴적물들이 삼각주의 형태로 전진 구축되는 환경이 일시적으로 조성되었을 것으로 추정되며, 퇴적률이 급격한 해침 속도를 따라 잡지 못하는 지역에서는 흑산니질대의 세립질퇴적층과 같이 전삼각주(prodelta) 퇴적층이 해안선과 분리되는 현상이 발생한다. 해수면 상승이 완만해지고 안정화되면서 경기만 일대에는 한강 입구로부터 거대 조수사주들이 분지 방향으로 삼각주의 형태로 성장해나기 시작하였고, 이와 동시에 대조차의 갯벌도 전진구축 형태로 점차 확장되었다(Cummings 외, 2015).

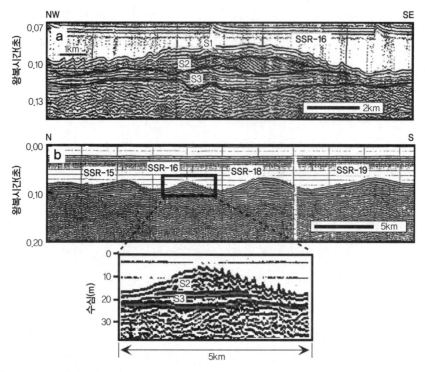

그림 11.13 대륙붕에 발달하는 사주의 고해상 스파커 **a** 및 에어건 **b** 탄성파 단면도(Park 외, 2006). 사주는 3개의 탄성파 층서단위로 구분됨. S1과 S2는 사질퇴적물로 이루어져 있고, S3은 사주의 기저부를 형성하는 니질퇴적물로 구성되어 있다.

11.4.3 제4기 층서

황해의 제4기 층서는 급격한 해수면의 변동, 퇴적물 공급원의 인접성 여부, 해안선의 지형적 특성에 의해 공간적으로 복잡한 양상을 띠고 있다.

　황해의 중앙부와 우리나라 쪽의 외해 대륙붕 지역에는 층서적으로 최하부에 후기 플라이스토세 고해수면 시기에 형성된 세립질의 조수 또는 하성기원의 퇴적층이 분포하며, 후기 플라이스토세층의 최상부는 반고화되고 산화된 고토양층이 형성되어 있다 [Park 외 (2006), Shinn 외 (2007)]. 후기 플라이스토세 고토양층의 상부에는 홀로세 저해수면 또는 해수면 상승 초기에 형성된 것으로 해석되는 모래와 자갈로 구성된 조립질의 계곡 충진층이 발달하였다. 이 층의 상부에는 분급이 양호한 사질로 구성된 사주가 발달해 있으며, 해수면 상승속도가 증가하는 해침 시기에 조류의 세기가 강한 환경에서 형성된 것으로 해석된다. 해수면의 상승속도가 완만해지고 수심이 증가하는 고

해수면 시기에 접어들면서 일부 지역 조수기원의 사주퇴적층 상부를 니질퇴적층이 피복하기도 한다[Lee and Yoon (1997), Jin and Chough (1998)]. 고기의 하천으로 퇴적물의 공급을 많이 받는 서해안 인근 대륙붕 지역에서는 해침 시기에 두꺼운 니질퇴적층이 형성되기도 한다[Jung 외 (1998), Jin and Chough (1998)]. 니질퇴적층의 상부에는 현재의 수력학적 환경에서 형성된 사질퇴적층이 박층으로 존재한다.

황해의 천해지역에서는 최대 100m 이상의 층후를 갖는 제4기 퇴적층이 확인되었다(Cummings 외, 2015)(그림 11.14). 퇴적층의 층후는 연안지역으로 가면서 감소하나 기반암의 기복에 따라 현저한 차이를 보이고 있다. 경기만의 외해역 시추 결과, 층의 최하부는 후기 플라이스토세 고해수면 시기에 형성된 조수기원의 사질퇴적층이 발달해 있다. 이 층은 대체로 산화되어 있으며 상부에 놓인 세립질의 불균질 조수퇴적층과 부정합적인 관계를 보인다. 세립질의 불균질 조수퇴적층은 20m 이상의 두꺼운 사질퇴적층에 피복되어 있는데, 해수면의 급격한 상승 시기에 조수성 수로에 의해 형성된 것으로 해석된다. 이 사질퇴적층의 상부에는 최대 25m 이상의 세립질 조수퇴적층이 발달해 있으며, 이 층은 현재의 고해수면 시기에서 형성된 전삼각주로 해석된다. 세립질의 조수퇴적층과 하위의 조립질 조수퇴적층 사이에는 해수면의 최대 상승 시기를 지시하는 최대 범람면(maximum flooding surface)이 보인다(그림 11.14).

황해의 연안지역에는 중생대 기반암 상부에 최대 50m 이상의 층후를 갖는 후기 플라이스토세층과 홀로세층이 형성되어 있다(Cummings 외, 2015). 층의 두께는 기반암의 기복에 따라 현저한 차이를 보이고 있으나, 상부조간대의 만조선 근방으로 갈수록 감소하는 경향을 보인다(Choi and Dalrymple, 2004). 기반암의 상부는 하성기원의 조립질 사질퇴적층으로 피복되어 있다. 국지적으로는 유기물이 풍부한 토탄층 및 니질퇴적층이 하성퇴적층 상위에 발달해 있으며, 이 층은 다양한 조수퇴적구조를 포함하고 있는 사질 또는 니질의 후기 플라이스토세 퇴적층에 의해 피복된다. 후기 플라이스토세 조수퇴적층은 현생환경의 조수리듬층과 매우 유사한 조수퇴적구조를 가지고 있다[Choi and Park (2000), Choi 외 (2001), Choi and Dalrymple (2004), Choi and Kim (2006), Yang 외 (2006), Chang 외 (2014)]. 이러한 사실은 후기 플라이스토세의 고해수면 시기에 황해가 현재와 마찬가지로 대조차환경이었음을 시사한다. 고조석 모의연구(simulation of paleotide)에 의하면, 황해는 과거 후기 플라이스토세로부

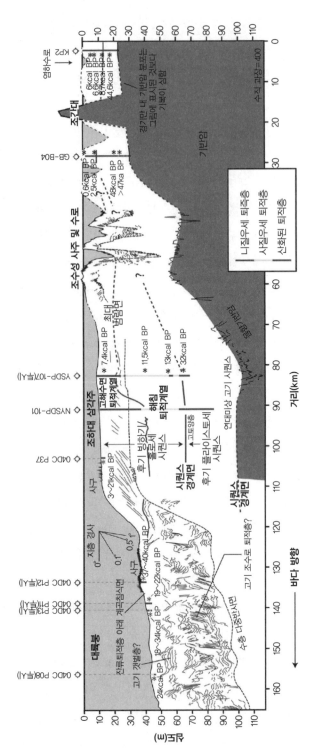

그림 11.14 경기만 일대 거대 조수성 사주와 조간대의 제4기 순차층서 모식도, 탄성파 단면, 시추코어, 연대측정 결과를 토대로 경기만 일대의 제4기 퇴적환경은 해침에서 현재의 고해수면 시기를 거쳐 최대 50m 이상의 홀로세층이 형성되어 있음(Modified from Cummings 외, 2015).

터 현세에 이르기까지 지속적으로 대조차환경을 유지해온 것으로 알려져 있다(Uehara and Saito, 2003). 후기 플라이스토세층 상부는 토양화작용을 받은 고토양층을 형성하고 있다(Choi, 2005). 고토양층은 적갈색 등의 산화된 토양 색상, 단단한 굳기, 낮은 함수율, 높은 산화철 함량, 능철석 등의 자생광물 존재, 약한 화학성분의 감소, 높은 대자율 등과 같은 다양한 토양화 및 대기 중 노출의 증거를 가지고 있다[Choi and Dalrymple (2004), Choi and Kim (2006), Choi (2005), Lim 외 (2003), Park and Lim (2002), Chang 외 (2014)]. 산화된 후기 플라이스토세 고토양층은 서해안의 대부분 갯벌에서 관찰된다. 후기 플라이스토세층의 상부는 최대 7~8m 이상의 기복을 보이면서 최대 20m 이상의 층후를 갖는 홀로세층에 피복된다.

홀로세층은 하부에 유기물이 풍부하고 능철석의 자생광물 형성이 특징인 반고화층과 상부의 조수퇴적층으로 구분된다[Choi and Park (2000), Choi and Dalrymple (2004)]. 반고화층은 해수면이 연안지역에 도달하기 전 습지환경에서 형성된 것으로 해석된다(Choi, 2005). 홀로세 조수퇴적층은 하부에 세립질의 니질퇴적층이 상부로 가면서 사질퇴적층이 발달하는 상향 조립화 경향이 특징적이다[Kim 외 (1999), Lim and Park (2003), Park 외 (2006), Yang 외 (2006), Chang 외 (2010)](그림 11.15). 조수로의 이동이 활발한 곳에서는 상향 세립화 층서가 형성되기도 한다[Choi 외 (2004), Choi (2011b)]. 주요 하천으로부터 퇴적물을 공급받지 못하는 반폐쇄성 만의 경우, 이는 해침층서를 반영하는 것으로 해석된다. 강화도 남단에서도 홀로세 조수퇴적층은 상향 조립화 경향을 보이는데, 이 층은 고해수면 시기의 해퇴층서를 반영하는 것으로 해석된다(Cummings 외, 2015). 과거 500년 전부터 진행된 간척사업으로 인해 해안선이 분지 방향으로 최대 50km 이상 이동했다는 점과 지속적인 간척사업이 진행되어 왔다는 사실로 비추어 볼 때, 퇴적물이 활발하게 공급되어 고해수면 시기에 삼각주 퇴적환경 내에서 퇴적층의 전진구축 성장이 이루어졌다는 것을 의미한다(Cummings 외, 2015). 조수 우세 환경의 고해수면 해퇴 퇴적상인 상향 세립화의 층서가 관찰되지 않고 해침층서와 유사한 상향 조립화 층서가 발달해 있는 것은 강한 조류가 작용하는 조수로가 인접하였기 때문인 것으로 추정된다(Cummings 외, 2015).

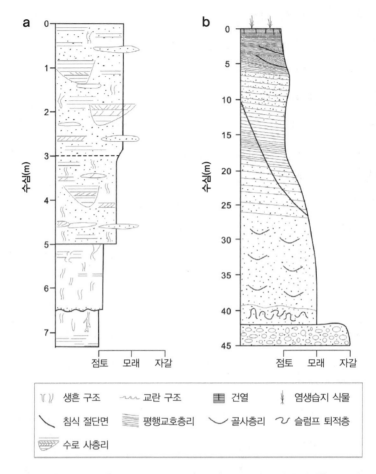

그림 11.15 조간대 퇴적층의 개념적 층서도. a 상향 조립화 경향의 곰소만 조간대 퇴적층(Kim 외, 1999). b 상향 세립화 경향의 경기만 외포리 조간대 퇴적층(Choi 외, 2004).

더 읽을 참고문헌

Alexander CX, DeMaster DJ, Nittrouer CA (1991) Sediment accumulation in a modern epicontinental-shelf setting in the Yellow Sea. Marine Geology 98, 51-72

Beardsley RC, Limeburner R, Cannon GA (1985) Discharge of the Changjiang (Yangtze River) into the East China Sea. Continental Shelf Research 4, 57-76

Bloom AL, Park YA (1985) Holocene sea-level history and tectonic movements, Republic of Korea. Quaternary Research of Japan 24, 77-84

Chang TS, Kim JC, Yi S (2014) Discovery of Eemian marine deposits along the Baeksu tidal shore, southwest coast of Korea, in : Chen M-T, Liu Z, Catto N (Eds.), Quaternary of East Asia and the Western Pacific : Part 2. Quaternary International 349, 409-418

Chang TS, Kim SP, Yoo DG, Lee S, Lee E (2010) A large mid-channel sand bar in the macrotidal seaway of outer Asan Bay, Korea : 30 years of morphologic response to anthropogenic impacts. Geo-Marine Letters 30, 15-22

Choi KS (2005) Pedogenesis of late Quaternary deposits, northern Kyonggi Bay, Korea : implications for relative sea-level change and regional stratigraphic correlation. Palaeogeography, Palaeoclimatology, Palaeoecology 220, 387-404

Choi KS (2011a) External controls on the architecture of inclined heterolithic stratification (IHS) of macrotidal Sukmo Channel : wave versus rainfall. Marine Geology 285, 17-28

Choi KS (2011b). Holocene tidal rhythmites in a mixed-energy, macrotidal estuarine channel, Gomso Bay, west coast of Korea. Marine Geology 280, 105-115

Choi KS (2014) Morphology, sedimentology and stratigraphy of Korean tidal flats-implicatioins for future coastal managements. Ocean and Coastal Management 102, 437-448

Choi KS, Dalrymple RW (2004) Recurring tide-dominated sedimentation in Kyonggi Bay(west coast of Korea) : similarity of tidal deposits in late Pleistocene and Holocene sequences. Marine Geology 212, 81-96

Choi KS, Dalrymple RW, Chun SS, Kim SP (2004) Sedimentology of modern, inclined heterolithic stratification (IHS) in the macrotidal Han River delta, Korea. Journal of Sedimentary Research 74, 677-689

Choi KS, Hong CM, Kim MH, Oh CR, Jung JH (2013) Morphologic evolution of macrotidal estuarine channels in Gomso Bay, west coast of Korea : implications for the architectural development of inclined heterolithic stratification. Marine Geology 346, 343-354

Choi KS, Jo JH (2015a) Morphodynamics and stratigraphic architecture of compound dunes on the open-coast macrotidal flat in the northern Gyeonggi Bay, west coast of Korea. Marine Geology 366, 34-48

Choi KS, Jo JH (2015b) Morphodynamics of tidal channels in the open coast macrotidal flat, southern Ganghwa Island in Gyeonggi Bay, west coast of Korea. Journal of Sedimentary Research 85, 582-595.

Choi KS, Khim BL, Woo KS (2003) Spherulitic siderites in the Holocene deposits of Korea (eastern Yellow Sea) : elemental and isotopic composition and depositional environment. Marine Geology 202, 17-31

Choi KS, Kim BO, Park YA (2001) Late Pleistocene tidal rhythmites in Kyunggi Bay, west coast of Korea : a comparison with simulated rhythmites based on modern tides and implications for intertidal positioning. Journal of Sedimentary Research 71, 681-692

Choi KS, Kim SP (2006) Late Quaternary evolution of macrotidal Kimpo tidal flat, Kyonggi Bay, west coast of Korea. Marine Geology 232, 17-34

Choi KS, Park YA (2000) Late Pleistocene silty tidal rhythmites in the macrotidal flat between Youngjong and Yongyou islands, west coast of Korea. Marine Geology 167, 231-241

Chough SK, Kim JW, Lee SH, Shinn YJ, Jin JH, Suh MC, Lee JS, (2002) Marine Geology 188, 317-331

Chough SK, Lee HJ, Chun SS, Shinn YJ (2004) Depositional processes of late Quaternary sediments in the Yellow Sea : a review. Geosciences Journal 8, 211-264

Cummings D, Dalrymple RW, Choi KS, Jin JH (2015) The Tide-dominated Han River Delta, Korea. Elsevier. p.376

Hwang JH, Van PS, Choi B-J, Chang YS, Kim YH (2014) The physical processes in the Yellow Sea. Ocean & Coastal Managements 102, 449-457

Jin JH, Chough SK (1998) Partitioning of transgressive deposits in the southeastern Yellow Sea : A sequence stratigraphic interpretation. Marine Geology 149, 79-92

Jin JH, Chough SK (2002) Erosional shelf ridges in the mid-eastern Yellow Sea. Geo-Marine Letters 21, 219-225

Jo HR, Lee HJ (2008) Bedform dynamics and sand transport pathways in the Garolim Bay tidal flat, west coast of Korea. Geoscience Journal 12, 299-308

Jung WY, Suk BC, Min GH, Lee YK (1998) Sedimentary structure and origin of a mud-cored pseudo-tidal sand ridge, eastern Yellow Sea, Korea. Marine Geology 151, 73-88

Kim BO (2003) Tidal modulation of storm waves on a macrotidal flat in the Yellow Sea. Estuarine, Coastal and Shelf Science 57, 411-420

Kim JM, Kennett JP (1998) Paleoenvironmental changes associated with the Holocene marine transgression, Yellow Sea(Hwanghae). Marine Micropaleontology 34, 71-89

Kim YH, Lee HJ, Chun SS, Han SJ, Chough SK (1999) Holocene transgressive stratigraphy of a macrotidal flat in the southeastern Yellow Sea : Gomso Bay, Korea. Journal of Sedimentary Research 69, 328-337

Lee HJ, Chough SK (1989) Sediment distribution, dispersal and budget in the Yellow Sea. Marine Geology 87, 195-205

Lee HJ, Chu YS (2001) Origin of inner-shelf mud deposit in the southeastern Yellow Sea : Huksan mud belt. Journal of Sedimentary Research 71, 144-154

Lee HJ, Chu YS, Park YA (1999) Sedimentary processes of fine-grained material and the effect of seawall construction in the Daeho macrotidal flat-nearshore area, northern west coast of Korea. Marine Geology 157, 171-184

Lee HJ, Chun SS, Chang JH, Han SJ (1994) Landward migration of isolated shelly sand ridge(chenier) on the macrotidal flat of Gomso Bay, west coast of Korea. Journal of Sedimentary Petrology A64, 866-893

Lee HJ, Jo HR, Chu YS (2006) Dune migration on macrotidal flats under symmetrical tidal flows : Garolim Bay, Korea. Journal of Sedimentary Research 76, 284-291

Lee HJ, Jo HR, Chu YS, Bahk KS (2004) Sediment transport on macrotidal flats in Garolim Bay, west coast of Korea : significance of wind waves and asymmetry of tidal currents. Continental Shelf Research 24, 821-832

Lee HJ, Yoo J (2012) Macrotidal beach processes dominated by winter monsoon : Byunsan, west coast of Korea. Journal of Coastal Research 28, 1177-1185

Lee HJ, Yoon SH (1997) Development of stratigraphy and sediment distribution in the northeastern Yellow Sea during Holocene sea-level rise. Journal of Sedimentary Research 67, 341-349

Li C, Zhang JQ, Fan DD, Deng B (2001) Holocene regression and the tidal radial sand ridge system formation in the Jiangsu coastal zone, east China. Marine Geology, 173, 97-120

Lim DI, Choi JY, Shin HH, Rho KC, Jung HS (2013) Multielement geochemistry of offshore sediments in the southeastern Yellow Sea and implications for sediment origin and dispersal. Quaternary International 298, 196-206

Lim DI, Jung HS, Choi JY, Yang S, Ahn KS (2006) Geochemical compositions of river and shelf sediments in the Yellow Sea : Grain-size normalization and sediments provenance. Continental Shelf Research 26, 15-24

Lim DI, Jung HS, Kim BO, Choi JY, Kim HN (2004) A buried palaeosol and late Pleistocene unconformity in coastal deposits of the eastern Yellow Sea, East Asia. Quaternary International 121, 109-118

Lim DI, Park YA (2003) Late Quaternary stratigraphy and evolution of a Korean tidal flat, Haenam Bay, southeastern Yellow Sea, Korea. Marine Geology 193, 177-194

Liu JP, Milliman JD, Gao S, Cheng P (2004) Holocene development of the Yellow River's subaqueous delta, North Yellow Sea. Marine Geology 209, 45-67

Milliman JD, Li F, Zhao YY, Zheng TM, Limeburner R (1986) Suspended matter regime in the Yellow Sea. Progress in Oceanography 17, 215-227

Munyikwa K, Choi JH, Choi KH, Byun JM, Kim JW, Park K (2008) Coastal dune luminescence chronologies indicating a mid-Holocene highstand along the east coast of the Yellow Sea. Journal of Coastal Research 24, 92-103

Park SC, Lee HH, Han HS, Lee GH, Kim DC, Yoo DG (2000) Evolution of late Quaternary mud deposits and recent sediment budget in the southeastern Yellow Sea. Marine Geology 170, 271-288

Park SC, Lee BH, Han HS, Yoo DG, Lee CW (2006) Late Quaternary stratigraphy and development of tidal sand ridges in the eastern Yellow Sea. Journal of Sedimentary Research 76, 1093-1105

Park YA, Khim BK (1992) Origin and dispersal of recent clay minerals in the Yellow Sea. Marine Geology 104, 205-213

Park YA, Lim DI, Khim BK, Choi JY, Doh SJ (1998) Stratigraphy and subaerial exposure of late Quaternary tidal deposits in Haenam Bay, Korea (south-eastern Yellow Sea), Esturine, Coastal and Shelf Science 47, 523-533

Rhew HS, Yu KB (2009) Pattern of aeolian sand transport and morphological change in the foredune ridge, Shindu dunefield, Korea : a case study during the winter, December 2000 to March (2001) Journal of Coastal Research 25, 1015-1024

Ryu JH, Kim CH, Lee YK, Won JS, Chun SS, Lee S (2008) Detecting the intertidal morphologic change using satellite data. Estuarine, Coastal and Shelf Science 78, 623-632

Ryu SO (2003) Seasonal variation of sedimentary processes in a semi-enclosed bay : Hampyong Bay, Korea. Estuarine Coastal Shelf Science 56, 481-492

Ryu SO, Lee HJ, Chang JH (2004) Seasonal cycle of sedimentary process on mesotidal flats in the semienclosed Muan Bay, southern west coast of Korea : culminating summertime erosion. Continental Shelf Research 24, 137-147

Shinn YJ, Chough SK, Kim JW, Woo J (2007) Development of depositional systems in the southeastern Yellow Sea during the postglacial transgression. Marine Geology 239, 59-82

Song S, Wang XH, Zhu X, Bao X (2013) Modeling studies of the far-field effects of tidal reclamation on tidal dynamics in the East China Seas. Estuarine Coastal Shelf Science 133, 147-160

Uehara K, Saito (2003) Late Quaternary evolution of the Yellow/East China Sea tidal regime and its impacts on sediment dispersal and seafloor morphology. Sedimentary Geology 162, 25-38

Wells JT (1988) Distribution of suspended sediment in the Korea Strait and southwestern Yellow Sea : onset of winter monsoons. Marine Geology 83, 273-284

Wells JT, Adams CE, Park YA, Frankenberg EW (1990) Morphology, sedimentology and tidal channel processes on a high-tide-range mudflat, west coast of South Korea. Marine Geology 95, 111-130

Yang BC, Dalrymple RW, Chun SS (2005) Sedimentation on a wave-dominated, open-coast tidal flat, southwestern Korea : summer tidal flat-winter shoreface. Sedimentology 52, 235-252

Yang BC, Dalrymple RW, Chun SS, Lee HJ (2006) Transgressive sedimentation and stratigraphic evolution of a wave-dominated macrotidal coast, western Korea. Marine Geology 235, 35-48

Yang BC, Gingras MK, Pemberton SG, Dalrymple RW (2008) Wave-generated tidal bundles as an indicator of wave-dominated tidal flats. Geology 36, 39-42

Yang ZS, Liu JP (2007) A unique Yellow River-derived distal subaqueous delta in the Yellow Sea. Marine Geology 240, 169-176

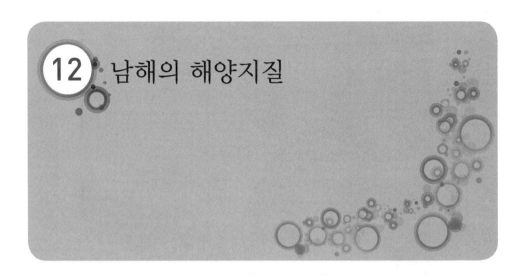

12.1 개관

12.1.1 지리적 위치

우리나라 남해는 동쪽으로 동해, 서쪽으로 황해 및 동중국해 그리고 남쪽으로는 오키나와 해곡에 연결된다(그림 12.1). 남해안은 다도해지역으로서 수많은 섬과 만, 반도 등이 발달한 세계적으로 대표적인 리아스식 해안이며 해안에 인접한 산지 때문에 모래해안(sandy beach)보다는 암석해안이 많은 편이다. 우리나라 주변에 있는 섬들 중 60% 이상이 남해에 분포하며 대부분의 섬은 육지의 낮은 구릉이나 높은 지대가 침수된 결과로 그 배열은 육상의 구조선과 연계되어 있다. 대표적인 만으로는 보성만, 순천만, 광양만, 진해만 등이 있다. 남해의 서쪽에는 제주도, 동쪽으로는 대마도가 위치하고 있다. 남해의 조차와 조간대 발달 정도는 동해와 황해의 중간 정도의 특징을 가지며 심한 리아스식 해안이 발달하여 해안선의 길이는 직선거리의 약 28배에 달한다. 남해의 총면적은 131,942km²로 남북 간 거리가 314km, 동서 간 길이가 206km에 이르며 일반적으로 남서쪽을 향해 넓어지고 북동쪽으로 향하면서 좁아진다(국립해양조사원, 2012).

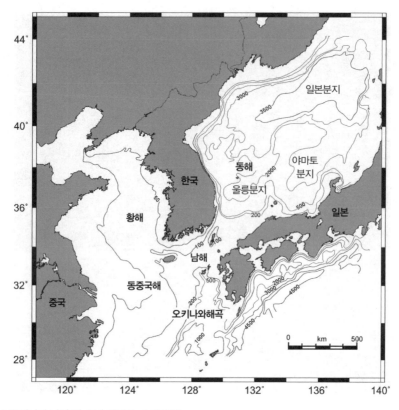

그림 12.1 우리나라 남해 및 주변 해역도. 수심단위는 m.

12.1.2 해황

남해 연안에는 조류와 연안류가 우세하게 작용한다. 조류는 반일주조가 우세하며 밀물은 서쪽 혹은 남서 방향으로, 썰물은 동쪽 혹은 북동 방향으로 흐른다. 조차는 0.3~2.1m 사이로 중조차 환경에 속한다(수로국, 1982). 조류와 함께 남해 연안을 따라 서에서 동으로 연안류가 흐르고 있어 남해 대륙붕에서의 퇴적물 이동 및 수급에 많은 영향을 주고 있다. 외해 쪽으로는 쿠로시오의 지류인 대마난류가 대한해협을 통과하여 동해로 유입된다(그림 12.2). 대마난류의 표층유속은 30~90cm/s 정도의 범위이며 높은 수온과 염분의 수괴를 동해로 운반하는 역할을 한다.

남해 연안에는 주요 퇴적물 공급원인 섬진강과 낙동강이 위치하고 있다. 섬진강은 길이 212km, 유역면적 4,896km²에 달하며 연간 7.2×108톤의 담수와 0.8×106톤에 달하는 부유물을 공급하고 있다(건설부, 1978). 낙동강은 길이 525km, 유역면적

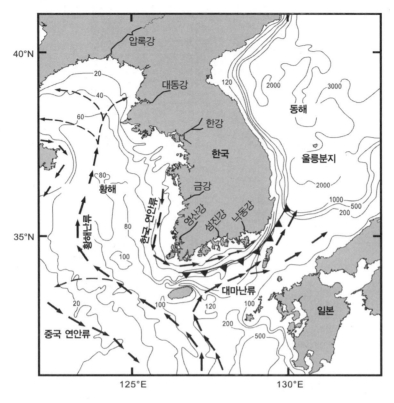

그림 12.2 남해 및 주변 해역 표층 해류 분포도(S. C. Park 외, 1999, Continental Shelf Research에서 수정).

23,860km²에 달하며 연간 담수 유출량은 $6.3 \times 1,010$톤에 달하며, 그중 약 60~70% 이상이 홍수기인 7, 8월에 집중된다. 낙동강에서는 연간 10×107톤의 퇴적물이 남해로 유입되어 대륙붕에서의 퇴적작용에 영향을 주고 있다(건설부, 1974). 섬진강은 강 하구가 광양만과 접하고 있어 담수와 퇴적물이 만으로 직접 유입되며 남해와 여수 사이의 좁은 수로를 통하여 남해로 공급된다. 반면, 낙동강은 퇴적물이 남해 내대륙붕으로 직접 공급되며 하구를 중심으로 삼각주를 형성하고 있다.

12.2 퇴적환경

12.2.1 해저지형

남해의 등수심선은 북동-남서 방향의 주향으로 발달하며 남쪽 및 남동쪽으로 수심

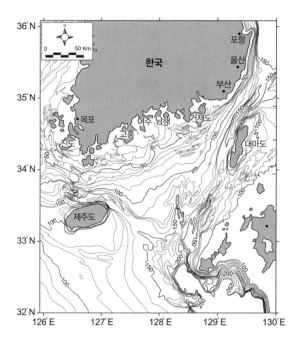

그림 12.3 남해 수심도. 수심단위는 m.

이 점차 증가한다(그림 12.3). 수심이 낮은 연안 근처는 섬들의 영향으로 등수심선이 복잡하게 발달되어 있으나 외해로 갈수록 해안선과 평행을 이룬다. 해저면 경사는 중앙부에서 가장 완만하고 서쪽과 북동쪽으로 향하면서 점차 증가한다. 남해의 평균 수심은 70m이고 대부분 해역은 수심 120m 미만의 대륙붕에 해당된다(국립해양조사원, 2012).

남해는 해저면의 경사 구배와 표층퇴적물의 분포 특성에 따라 내대륙붕, 중간대륙붕, 외대륙붕으로 구분된다. 내대륙붕은 연안으로부터 수심 약 70m까지의 해역으로, 주로 현생 니질퇴적물이 분포하며 완만한 경사가 외해로 향하면서 수심이 점점 깊어진다(그림 12.4). 내대륙붕 해저는 낙동강과 섬진강으로부터 유입된 세립퇴적물의 대부분이 집적되는 장소로서 대체로 특정 표면구조(bedform)가 없는 평탄한 해저면의 특징을 갖는다. 남해 중부 및 서부 해안에는 다양한 형태의 만이 발달해 있고, 거제도 동부와 낙동강 하구 주변에는 연안사주를 포함한 삼각주 지형이 위치하고 있다.

남해의 넓은 면적을 차지하고 있는 중간대륙붕은 수심 70~120m 사이 해역으로 수심변화가 거의 없는 완만한 경사 구배 형태이다. 중간대륙붕에는 다량의 자갈과 패각

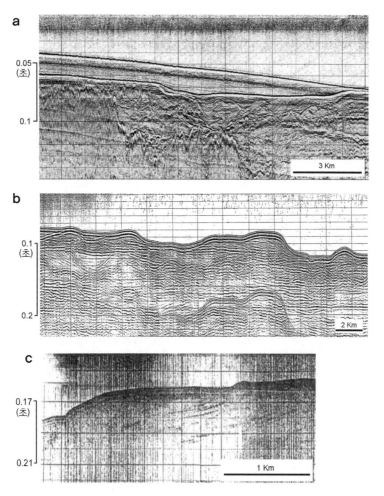

그림 12.4 남해 해저지형을 보여주는 탄성파 단면. a 해저면이 평탄하고 외해 쪽으로 수심이 점점 깊어지는 내대륙붕. b 다양한 형태의 사퇴가 분포하는 불규칙한 해저면의 중간대륙붕. c 대륙붕단 주변에 분포하는 해안단구. 수직단위는 왕복주시.

편을 포함한 사질퇴적물이 주로 분포한다. 평탄한 해저면의 내대륙붕과는 달리 중간대륙붕의 해저면에는 모래파(sand wave), 사퇴(혹은 모래구릉, sand ridge) 등이 발달되어 있다(그림 12.4). 모래파는 대칭 형태로 분포하며 일반적으로 간격 100~300m, 높이 3m 미만의 규모이다. 거제도와 남해 사이 외해에는 다양한 규모의 사퇴 형태의 지형이 발달해 있다. 사퇴는 중간대륙붕 수심 60~100m 사이 해역에 집중적으로 분포하며 북동-남서 혹은 동-서 방향으로 해안선에 평행하게 분포한다. 대부분의 사퇴는 길쭉한, 약간 굽은 곡선, 두 갈래로 나누어진(bifurcated) 형태 등으로 다양하며 대부분 외해 쪽으로 경사진 비대칭형으로 발달해 있다. 사퇴의 규모를 보면 두께 5~15m, 폭 1~4.5km, 길이 15~60km 규모로 매우 다양하며 최대 두께는 25m에 달하는 것으로 알려져 있다(Park 외, 2003). 그림 12.4에서처럼 사퇴의 표면은 특별한 표면 미지형(bedform)이 없는 평탄한 것이 특징인데, 이것은 사퇴의 형성에 관한 중요한 의미를 포함하고 있다(12.3.2에서 설명 예정). 대륙붕단 주변 수심 120~135m 해역에는 평탄한 해저면의 특징을 갖는 해안단구(marine terrace)가 수심선에 평행하게 분포한다.

제주도와 진도 사이의 제주해협은 폭이 약 50km이며 매우 불규칙한 지형 기복을 보인다. 제주도 북쪽 해역에는 최대 수심이 160m에 달하는 수로가 발달해 있으며 이 수로의 폭은 약 20km, 길이는 약 150km 정도이고 제주도 북쪽으로부터 제주도 연안을 따라 오키나와 해곡으로 연결된다. 이러한 특징을 갖는 수로지형은 해수면이 최대로 하강한 빙기 동안에도 대기 중에 노출되지 않고 좁은 수로 형태를 유지하면서 중국과 한반도의 강으로부터 유입되는 육성기원 퇴적물의 중요한 이동통로 역할을 하였다.

남해의 북동쪽에는 폭이 약 60km에 달하는 대한해협이 위치하고 있다. 대한해협의 해저지형은 수심변화가 거의 없는 넓은 대륙붕과 최대 수심이 230m에 이르는 한국해곡으로 구성된다(그림 12.5). 한국해곡은 폭이 약 20km, 길이 100km 정도로 북동-남서 방향으로 발달해 있으며, 주향이동 단층인 대마단층에 의해 형성된 이후 해저의 침

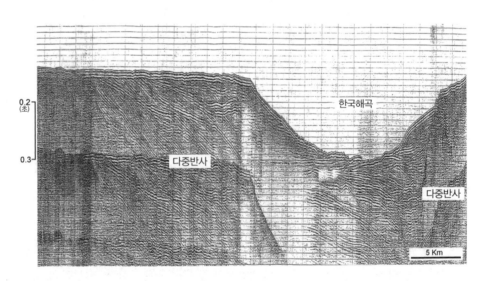

그림 12.5 대한해협의 탄성파 단면. 수심변화가 거의 없는 대륙붕과 불규칙한 해저면 특징을 보여주는 한국해곡. 수직단위는 왕복주시.

식과 퇴적작용에 의해 변형되어 왔다. 한국해곡은 가파른 경사 구배를 보이며 중력류 (gravity flow)의 영향으로 만들어진 불규칙한 해저지형의 특징을 보여준다. 제주도 북쪽에 발달해 있는 수로와 마찬가지로 한국해곡도 지난 마지막 빙하기 동안 좁은 수로 형태를 유지하면서 오키나와 해곡과 동해를 연결해주는 중요한 통로 역할을 하였다.

12.2.2 표층퇴적물

남해 대륙붕에 분포하는 표층퇴적물의 분포 특성은 지난 30여 년간의 연구결과로 알려지게 되었으며 정리된 내용은 그림 12.6에 제시되었다. 남해 대륙붕에 분포하는 표층퇴적물을 보면 연안 근처의 내대륙붕에는 니질퇴적물이 우세하게 분포하는 반면 외해 쪽으로 향하면서 사질퇴적물이 우세하게 분포한다. 이와 같은 남해 표층퇴적물은 주로 섬진강과 낙동강에서 유입된 대륙암석의 풍화 산물과 해양생물체의 골격이나 잔해에서 기원된 물질이 주를 이룬다. 그림 12.6에 제시된 바와 같이 남해 대륙붕에 분포하는 표층퇴적물은 니질(mud), 사질니(sandy mud), 니질사(muddy sand), 사질(sand), 자갈(gravel) 등 다섯 가지 유형으로 구성된다. 퇴적물 분포도에 의하면 표층 퇴적상은 남해 중앙부에서는 연안으로부터 외해로 향하면서 니질, 사질니, 니질사, 사질 퇴적상 순으로 대상(zonation) 분포 특성을 보여주는 반면, 부산과 대마도 사이의 대한해협으로 향하면서 복잡한 분포 특징을 보인다.

남해의 만과 연안으로부터 수심 약 70m 사이의 내대륙붕에는 니질퇴적물이 넓게 분포한다(그림 12.6). 그중에서 남해중앙 니질대와 대한해협 니질대가 대표적이다. 남해중앙 니질대는 고흥반도 외해역에서 동쪽으로 거제도 서쪽 해역에 이르는 넓은 해역에 걸쳐 분포하며 주로 섬진강 기원의 세립퇴적물로 구성된다. 분포면적은 약 4,500km^2 이상이며 동서 방향으로 120km, 남북 방향으로 50~70km 규모로 발달해 있다. 대부분 해역에서 20~30m 두께로 분포하며 외해를 향하면서 층후가 점차 감소하는 쐐기 형태이다. 대한해협 니질대는 낙동강 하구로부터 포항 외해역까지 연안을 따라 길게 대상으로 분포한다. 분포면적은 약 4,000km^2 정도이며 폭은 약 20km, 북동－남서 방향으로 100km 이상의 길이로 발달해 있다. 대부분의 해역에서 20~30m 두께로 분포하는데 울산 외해역에서는 최대 50m 이상에 달한다. 남해 중앙 니질대와 유사하게 외해를 향하면서 층후가 감소하는 쐐기 형태를 보여주며 수심 80~90m 해역에

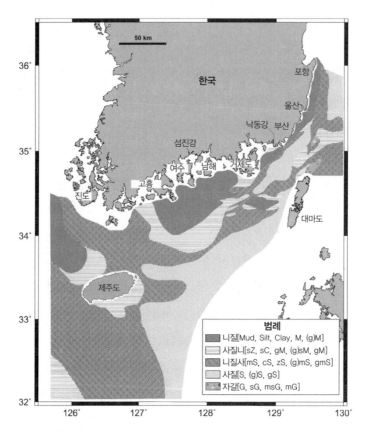

그림 12.6 남해 표층퇴적물 분포도.

서 소멸된다. 제주도 북서 해역에도 니질퇴적물이 분포하는데, 이는 황해 남동부에 넓게 분포하는 흑산 니질대의 일부에 해당된다. 내대륙붕에 주로 분포하는 니질퇴적물은 사질 함량이 10% 미만이고 실트와 점토질 함량이 전체 퇴적물의 90% 이상을 차지한다. 평균 입도는 7~9.5ϕ 범위로 매우 세립하며 연안에서 멀어지면서 실트의 함량은 감소하고 상대적으로 점토질의 함량은 증가한다.

반면, 사질퇴적물은 수심 100m 이상의 중간 및 외대륙붕에 주로 분포한다(그림 12.6). 사질퇴적물은 해빈과 함께 대륙붕에 분포하는 전형적인 예로, 전 세계 대륙붕 퇴적물의 70% 이상을 차지하며 남해 대륙붕에도 넓게 분포한다. 사질퇴적물은 평균 입도가 2~4ϕ이며 사질 입자의 함량은 60% 이상이고 실트 입자는 10% 미만이다. 사질퇴적물 내에는 다량의 패각편과 원마도가 양호한 자갈이 포함되어 있으며 대부분 해역에서 수 m 미만의 박층으로 분포한다. 다량 포함된 조개파편 등에 의해 탄산염 함량이 30~70%로 매우 높게 나타난다. 사질 입자 중에는 석영의 함량이 높고 석영입자의 표면이 산화철에 의해 피복된 경우를 흔히 볼 수 있다. 이와 같은 특징은 외해역에 분포하는 사질퇴적물이 대기 중에 노출되었음을 시사해주며 이는 전 세계 외대륙붕에서 흔히 볼 수 있는 잔류퇴적물에 해당된다.

내대륙붕 니질퇴적물과 외해역 사질퇴적물 사이에는 사질니와 니질사퇴적물이 분포하는데 이것은 연안 쪽에 분포하는 현생 니질퇴적물과 외해 쪽에 분포하는 사질퇴적물의 혼합에 의해 만들어진 퇴적상에 해당된다. 사질니퇴적상은 남해중앙 니질대를 따라서 대상으로 분포하며 그 밖에도 제주도 주변 해역과 대마도 북쪽 해역에 부분적으로 분포한다. 사질니퇴적상은 사질 함량이 10% 이상 포함되어 있으며 주로 실트로 구성된다. 니질사퇴적상은 제주도 북부 및 남부해역에 넓게 분포하며 대한해협 대륙붕과 대마도 북부해역에는 부분적으로 분포한다. 대마도 서쪽에 발달해 있는 한국해곡에는 사질, 니질사, 사질니퇴적물이 복합적으로 분포하며 해곡 중앙부에서는 다량의 패각편을 확인할 수 있다.

12.2.3 퇴적작용

대륙주변부에서의 퇴적작용은 퇴적물을 공급하는 하천과 강, 해저지형 그리고 이를 운반하는 조석 및 연안류(해류)의 상호작용에 의해 조절된다. 남해에 분포하는 퇴적물의 주된 공급원으로는 낙동강과 섬진강이 대표적이다. 남해는 섬진강과 낙동강으로부터 유입되는 육성기원 퇴적물이 해류와 조류의 영향을 받으면서 퇴적작용이 활발하게 진행되고 있는 지역이라고 할 수 있겠다. 앞에서 제시한 바와 같이 남해에는 연안을 따라 서에서 동쪽으로 흐르는 연안류와 외해역의 대마난류에 의한 영향을 크게 받고 있다(그림 12.2). 특히, 두 수괴 사이에는 강한 전선(front)이 형성되어 다량의 세립퇴적물을 포함하고 있는 연안 수괴가 외해로 확산되지 못하고 연안을 따라 흐르면서 내대륙붕 니질대를 형성하는 등 현생 퇴적작용에 영향을 주고 있다.

주로 니질퇴적물이 분포하는 연근해(내대륙붕)는 지금도 해양지질학적 작용에 의해 퇴적 및 재동(reworking)이 활발하게 진행되고 있는 반면, 수심이 깊은 외대륙붕은 현생 퇴적작용의 영향이 거의 없어 퇴적물의 재동이나 변화가 별로 없는 환경에 놓여 있다. 즉, 외대륙붕에 넓게 분포하는 사질퇴적물은 해수면이 현재 상태로 상승하기 이전의 환경에서 만들어진 잔류퇴적물(relict sediment)에 해당된다.

남해에 분포하는 퇴적물은 주로 섬진강과 낙동강을 통해 유입되는 것으로 알려져 있으나 황해로부터 공급되는 세립퇴적물의 기원도 가능한 것으로 알려져 있다. 즉, 황해 연안의 세립퇴적물이 겨울철에 강한 북서계절풍의 영향으로 제동되며 황해로부터 남해안을 따라 서에서 동으로 흐르는 연안류에 의해 남해 대륙붕까지 운반되고 있다는 것이다.

12.3 해수면 변동 및 제4기 층서

12.3.1 해수면 변동

후기 제4기는 상대적 해수면 변동의 폭이 큰 시기 중의 한 예로, 탄소동위원소 연대 측정에 의해 작성된 해수면 변동곡선에 의하면 후기 제4기 해수면 수준은 크게 3단계인 저해수면기(15,000년 전), 해수면 상승기(15,000~6,000년), 고해수면기(6,000년 이후)로 구분된다. 저해수면기인 지난 마지막 빙하기 동안 많은 양의 해수가 대륙에 빙하상태로 갇혀 있었고, 이로 인해 해수면은 현재 대비 약 120m 이상 하강하였는데, 이는 황해와 동중국해는 물론 전 세계적으로 보고된 것과 유사한 수준이다[Fairbanks (1989), Suk (1989), Saito (1998)]. 그 당시 남해의 고해안선은 남쪽으로 최대 200km 이상 이동하였다(그림 12.7).

남해 대륙붕에서는 해수면 상승이 약 15,000년 전에 시작되어 약 6,000년 전까지 지속되었다[민 (1994), Park and Yoo (1988), Suk (1989), Park 외 (1999, 2000)]. 해수면 상승은 극지빙하의 해빙에 의한 결과이며, 이로 인해 해수면은 대륙붕단에서 현재의 위치까지 약 120~130m 상승하였다. 지금까지 알려진 증거들에 의하면 후기 제4기 동안 일어났던 해수면 상승은 해수면이 하강하는 해퇴현상(해수면 하강)에 비해 상대적으로 빠르게 진행된 것으로 알려져 있다. 일반적으로 대륙빙하(따라서 해수면 하강이 발생)는 빙하의 해빙보다 느린 속도로 성장하였으며, 이에 대한 증거는 원양성 유공충의 분석을 통한 산소동위원소의 기록에서 찾을 수 있다(자세한 내용은 5.4 참조). 그러나 해빙에 따른 해수면 상승의 정확한 시기와 해수면이 상승한 속도에 대하여는 학

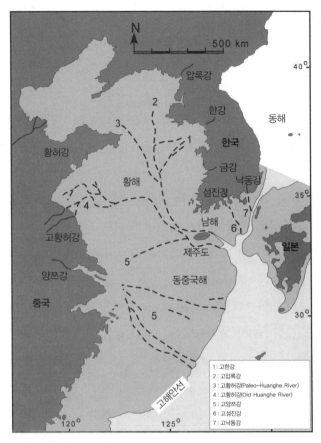

그림 12.7 해수면이 최대로 하강한 지난 마지막 빙하기 동안 우리나라 주변 해역의 고지리도 및 고수로 분포도
(D. G. Yoo 외, 2015, Exploration Geophysics에서 수정).

자들 사이에 논란이 되어 왔다. 해수면 상승이 일정한 속도로 일어났는지 아니면 일부 지역에서 관찰되는 것처럼 불규칙적으로 일어났는지 하는 문제이다. 지난 수십 년간의 연구 결과들은 해수면 상승속도가 일정하지 않았으며 홀로세 해침기 동안 두 번 이상의 해빙기 혹은 정체기가 있었음을 지시한다. 그중에서 두 번의 주요 해빙기는 약 14,000년 전과 11,000년 전이다(자세한 내용은 5.3 참조). 우리나라 주변 해역에서의 연구 결과에서도 홀로세 해침기간 동안 해수면 상승이 일정 속도로 진행되기보다는 시기에 따라 다른 상승속도를 보이는 것으로 보고되고 있다. 즉, 해침 초기에는 일정 속도로 상승하였으나 해침 중기(약 11,000년 전후)에 접어들면서 상승속도가 둔화되거나 정체되었으며 후기에 접어들면서 빠른 속도로 상승하였다는 것이다[Suk (1989),

Park 외 (2000)]. 남해 대륙붕에서는 지난 약 7,000년경에 이르러 상승속도가 둔화되었으며 약 6,000년 전에 거의 현재의 수준까지 해수면이 상승한 것으로 알려져 있다.

12.3.2 제4기 퇴적 역사

제4기 동안 대륙주변부에서의 퇴적작용은 육상으로부터 유입되는 퇴적물 공급과 해수면의 상대적인 위치에 의해 크게 조절되었으며[Stanley and Swift (1967), Nummedal 외 (1987)] 우리나라 남해 역시 제4기 동안 저해수면기, 해침기, 고해수면기의 해수면 변동과정을 거치면서 다양한 형태의 지질학적 기록을 만들었다. 그림 12.8은 상대적인 해수면의 위치에 따른 남해의 퇴적환경 변화와 각 시기별로 형성된 퇴적층을 제시하고 있다. 남해는 대부분이 대륙붕환경으로 해수면이 최대로 하강한 마지막 빙하기 동안 해수면이 120m 이상 하강하였다. 그 결과, 남해 대륙붕 대부분은 해수면 위의 대기 중으로 노출되어 있었으며 퇴적작용보다는 광역적 침식작용이 진행되었다[Park 외 (2000), Yoo and Park (2000)]. 현재의 하천(대표적으로 섬진강과 낙동강)들은 대륙붕을 가로질러 대륙붕단까지 연장되어 흐르게 되었으며 고수로가 발달하게 된 것으로 알려져 있다. 그리고 이때 만들어진 고하천은 폭이 약 1.5~2.5km, 깊이는 약 10~15m 정도이며 하천 중심부에서는 최대 20m 이상이다(그림 12.9). 저해수면기 동안 고하천을 중심으로 주로 역을 포함하는 조립퇴적물로 구성된 하성퇴적층이 형성되었고 이후로 해침과정에서 부분적으로 재퇴적되었다. 남해 고수로 충진 퇴적층에서 취득된 시추코어의 기저부에서 역을 포함한 사질퇴적물이 발견되기도 한다. 고하천에 의해 운반된 퇴적물은 대륙붕을 가로질러 대륙붕단에 위치한 고하구를 중심으로 집중적으로 쌓였으며, 그 결과 현생 삼각주와 유사한 형태의 저해수면 삼각주(lowstand delta) 퇴적층이 형성되었다(그림 12.8과 12.10). 이 퇴적층이 현생이 아닌 지난 빙하기 동안 퇴적되었다는 증거로는, 현재 수심 150m 이상의 외해역에 존재함에도 불구하고 퇴적물 내에 염하구환경에서 서식하는 규조류가 다량 산출되고 있으며 탄소 연대측정 결과에서도 15,000년 이상의 연대를 보여준다는 사실이다(Yoo and Park, 1997).

한편, 저해수면기 후기 혹은 해침 초기(약 15,000년 전후 시기)의 해수면은 현재보다 120~130m 정도 낮았으며 해빈 연계 연안환경이 일정 기간 동안 대륙붕단 주변에 머물러 있었을 것이다. 일반적으로 인지하기 쉬운 해수면 지시자 중 하나가 파도의 활

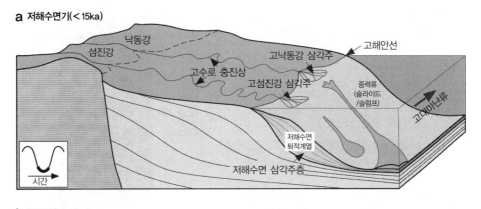

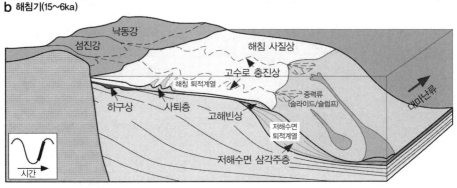

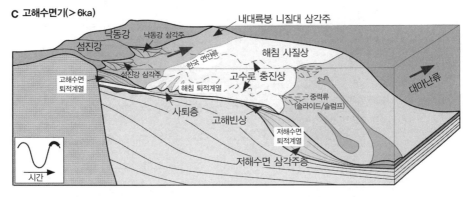

그림 12.8 후기 제4기 동안의 해수면 변화에 따른 남해 퇴적환경. a 해수면이 120m 이상 하강한 저해수면기. b 홀로세 해침기. c 현생 고해수면기.

동과 관련된 것들이다. 그 대표적인 예로 파식대지(wave‑cut terrace)인 해안단구와 해빈 퇴적층을 들 수 있겠다. 파도의 활동은 지층기록에서 퇴적은 물론 침식의 증거들을 남기게 된다. 앞에서 언급한 바와 같이, 남해 대륙붕단(수심 120~135m 해역)에는 수

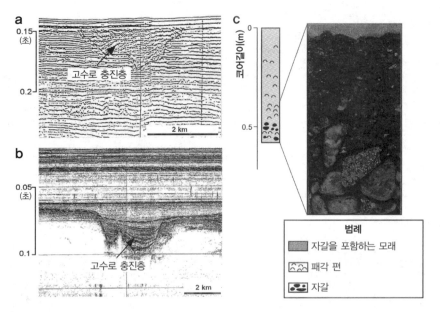

그림 12.9 남해 대륙붕에 분포하는 고수로를 보여주는 탄성파 단면과 퇴적물. a와 b 대륙붕에 발달해 있는 고수로 단면. c 고수로를 충진 하고 있는 하성퇴적층의 예 : 탄성파 단면 수직단위는 왕복주시(유동근 외, 2011).

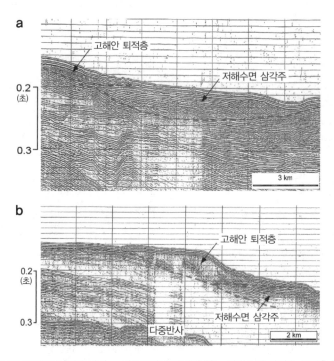

그림 12.10 남해 대륙붕단의 탄성파 단면. a 대륙붕단에 발달해 있는 저해수면 삼각주 퇴적층을 보여주는 단면. b 대륙붕단에 발달해 있는 고해빈 퇴적층의 예 : 수직단위는 왕복주시.

심선에 평행하게 발달해 있는 해안단구를 볼 수 있는데, 이는 당시 고해안선 부근에서 파도에 의한 연안침식의 결과를 보여주는 예라고 할 수 있다. 해안단구와 함께 고해안선의 존재 사실을 지시하는 또 다른 예로 고해빈(ancient beach) 퇴적층을 들 수 있다 (Yoo and Park, 2000). 남해 대륙붕단의 수심 120~150m 사이 해역에는 수심선에 평행하게 발달해 있는 퇴적층이 있다(그림 12.10). 주로 자갈과 패각편을 다량 포함하는 사질로 구성되며 대륙붕단을 따라 좁고 길게(폭이 2~4km, 길이 100km 이상의 규모) 대상으로 분포한다. 이 퇴적층 역시 저해수면기가 끝나는 시기 혹은 해침 초기 동안 해빈과 연계된 연안환경에서 파도의 영향으로 집적된 결과이며, 당시 해안선이 대륙붕단 근처에 머물러 있었음을 지시해주는 좋은 증거라고 할 수 있을 것이다.

앞(12.2 해저지형)에서 언급한 바와 같이 대한해협 외해 쪽에 위치하고 있는 한국해곡에는 불규칙한 해저지형이 존재한다. 이는 저해수면기 동안 고하천에 의해 대륙붕단에 과잉공급된 퇴적물이 집적되어 해곡사면이 불안정해지면서 발생한 중력류에 기인한 결과이다(Yoo 외, 1996). 즉, 가파른 해곡사면을 따라 중력류(gravity flow)가 흐르면서 사면 저부와 해곡 중앙부에 슬라이드(slide)와 슬럼프(slump) 형태의 퇴적층을 형성하게 된 것이다(그림 12.11). 저해수면기 동안 주로 발생한 중력류는 하천으로부터 유입된 천해퇴적물을 대륙붕을 지나 대륙사면 및 해곡 중앙부로 운반하는 중요한 역할을 하게 되었다.

저해수면기가 끝나고 진행된 해수면 상승은 남해 대륙붕에서의 퇴적작용에 큰 영향을 주게 된다. 해침이 진행되는 동안 연안환경이 육지 쪽으로 이동함에 따라 연안침식과 퇴적작용이 반복되면서 다양한 형태의 해침퇴적층이 발달하게 된 것이다. 해저지형에서 언급한 바와 같이, 남해 대륙붕은 경사가 매우 완만하여 해침이 빠른 속도로 진행된 것으로 알려져 있다. 빠른 속도로 해안선이 후퇴하면서 해저면 근처의 퇴적물은 파랑에 의한 연안침식 및 재동에 의해 해침침식 표면(ravinement surface)이 형성되고, 침식면 상부에 재동된 퇴적물이 재퇴적되어 중간대륙붕에 넓게 분포하고 있는 사질퇴적물을 구성하게 되었다(Yoo and Park, 2000). 이때 형성된 사질퇴적물은 전 세계적으로 외대륙붕에 넓게 분포하고 있는 소위 잔류퇴적물에 해당되며 분급도가 양호하고 점이층리가 잘 발달해 있다. 또한 해침기 동안 퇴적 수용공간(accommodation space)의 증가속도와 퇴적물 공급 간의 불균형으로 두껍게 쌓이기보다는 수 m 미만의

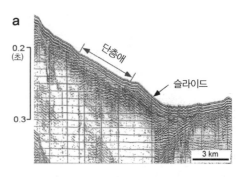

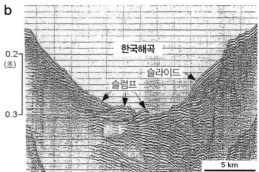

그림 12.11 한국해곡 북부의 가파른 경사면을 따라 발생한 슬럼프와 슬라이드를 보여주는 탄성파 단면. 수직단위는 왕복주시(유동근 외, 2003에서 수정).

박층으로 발달하게 되었다.

앞에서 언급한 바와 같이 홀로세 해침기 동안 해수면 상승이 일정 속도로 진행되기보다는 시기에 따라 다른 상승속도를 보이는 것으로 알려져 있다. 해수면 상승속도가 둔화된 해침 중기에 당시 고하천을 통해 유입된 다량의 쇄설성 퇴적물이 고하천 및 강어귀를 중심으로 집중적으로 퇴적되었으며 남해 중간대륙붕에 넓게 분포하는 사퇴형태의 퇴적층을 형성하게 되었다(그림 12.12). 그림 12.13은 해수면 상승 둔화기 동안 남해 대륙붕에 사퇴퇴적층이 집중적으로 집적되는 과정을 보여주는 모식도이다. 사퇴의 분포도에서도 볼 수 있는 것처럼 퇴적층이 섬진강과 연계된 고수로의 동쪽에 집중적으로 분포하고 있다. 따라서 중간대륙붕에 발달해 있는 사퇴·모래구릉은 고섬진강으로부터 유입된 퇴적물이 옛 강 어귀를 중심으로 서에서 동으로 흐르는 연안류의 영향을 강하게 받아 형성되었다는 것이다(Park 외, 2003). 사퇴퇴적층은 수심 60~100m 사이에 집단으로 분포하며, 주로 북동-남서, 동-서 방향으로 발달해 있다(자세한 내용은 12.2.1 해저지형 참조).

특히, 남해에 발달해 있는 사퇴의 표면을 보면 그림 12.4에서와 같이 특별한 표면구

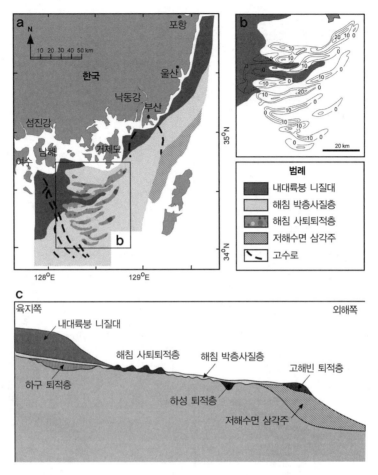

그림 12.12 a 남해 대륙붕에 분포하는 퇴적층. b 남해 중간 대륙붕에 분포하는 해침 사퇴의 등층후도. c 남해 대륙붕(내대륙붕에서 대륙붕단까지)에 발달해 있는 다양한 형태의 천부 퇴적층을 보여주는 분포단면(D. G. Yoo 외, 2014b, Quaternary International에서 수정)

조가 없는 평탄·매끄러운(smooth) 것이 특징인데, 이와 같은 특징은 사퇴의 형성 기원에 관한 중요한 의미를 포함하고 있다는 점이다. 일반적으로 대륙붕에 발달해 있는 사퇴는 두 가지 유형인 활동형 사퇴(active sand ridge)와 비활동형 사퇴(moribund sand ridge)로 구분할 수 있다(Yang, 1989). 우선, 활동형 사퇴는 현생 환경에서 조류나 파도의 영향을 받아 형성되는 사퇴로 사퇴 표면에는 모래파, 연흔 등 다양한 표면구조를 동반하는 것이 특징적이다(그림 12.14). 반면, 비활동형 사퇴의 경우는 사퇴 표면이 아무런 표면구조가 없이 평탄한 특징을 보여주는데, 이와 같은 특징은 사퇴가 현생 환경

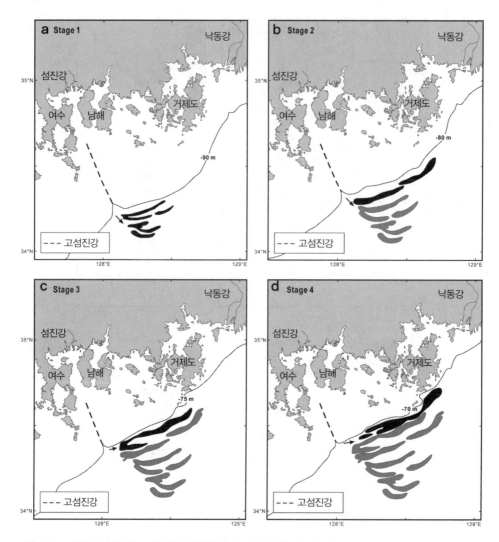

그림 12.13 해침 중기 동안 고해안선이 후퇴하면서 사퇴퇴적층이 집적되는 과정을 보여주는 모식도(한혁수, 2000에서 수정).

이 아닌 이전에 형성되었음을 지시하는 증거가 된다는 사실이다. 따라서 남해 대륙붕에 있는 사퇴는 현생 환경이 아닌 그 이전(해침과정)에 퇴적된 것들이 해수면이 상승하면서 중간대륙붕에 남게 된 고기의 비활동형 사퇴로 볼 수 있다. 남해와 유사한 형태의 비활동형 사퇴는 황해와 동중국해 대륙붕에도 넓게 분포하고 있다.

해침 후기에 접어들면서(해안선이 후퇴함에 따라) 남해도 부근과 거제도 동부해역 내대륙붕은 점차 하구환경에 놓이게 된다(Yoo 외, 2014a). 결과적으로 퇴적공간은 섬

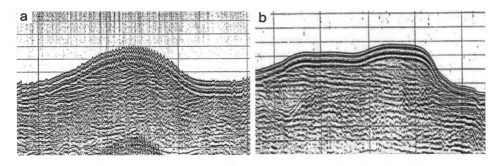

그림 12.14 두 가지 유형의 사퇴를 보여 주는 예. a 활동형 사퇴의 예로 표면구조가 발달. b 비활동형 사퇴로 사퇴 표면이 평탄한 특징을 보여줌.

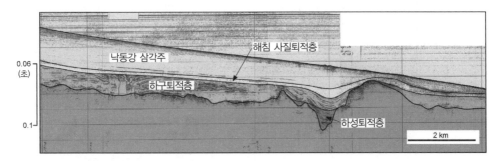

그림 12.15 낙동강 하구 인접 지역 내 대륙붕에 분포하는 퇴적층. 수직단위는 왕복주시(D. G. Yoo 외, 2014a).

진강과 낙동강의 하구를 중심으로 우선적으로 형성되었고 하천으로부터 유입되는 퇴적물은 하구를 중심으로 집적되기 시작하였다(그림 12.15). 맨 하부에는 하성퇴적층이 수로 중앙부에 집적되고, 보다 넓은 지역에 하구퇴적층을 형성되게 된 것이다.

해수면이 현 수준까지 상승한 약 6,000년 이후 남해 대륙붕은 오늘날과 같은 고해수면 환경으로 바뀌었으며, 이 시기는 퇴적환경에 있어 중요한 전환점이 되는 시기로 해안선이 후퇴하면서 다양한 형태의 후배열(retrograding/backstepping) 퇴적층을 형성하는 해침 퇴적환경이 끝나고 고해수면 퇴적층이 집적되는 현생 퇴적환경으로 전환되는 시점이다. 고해수면기에 접어들면서 섬진강과 낙동강으로부터 유입되는 퇴적물이 내대륙붕에 집적되기 시작하였다. 강에서 유입된 퇴적물의 대부분은 강 하구를 비롯한 내대륙붕에 집중적으로 퇴적되었으며, 앞에서 언급한 현생 니질대(대표적으로 남해중앙 니질대와 대한해협 니질대)를 형성하게 된 것이다(그림 12.16). 그중에서 낙동강 하구에서 거제도 동부 내대륙붕 해안선에 평행하게 발달한 사주를 포함한 낙동강 삼각

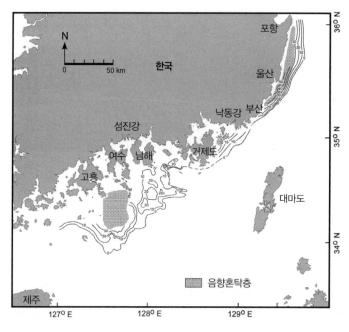

그림 12.16 남해 대륙붕에 분포하는 현생 니질퇴적층의 등층후도. 단위는 m(D. G. Yoo 외, 2015).

주를 형성하게 되었다(Yoo 외, 2014a).

대표적인 고해수면 퇴적계열인 남해중앙 니질대는 분포면적이 약 4,500km² 정도이며 대부분 해역에서 10~20m 정로의 두께로 분포한다. 고흥반도 남쪽에서는 최대 35m 이상에 달하며 퇴적층 중에는 음향혼탁층이 나타나는데, 이러한 현상은 세립퇴적물 내에 포함된 유기물의 분해에 의한 공극 내의 가스 때문인 것으로 알려져 있다. 또 다른 고해수면 퇴적계열인 대한해협 니질대는 분포면적이 약 4,000km² 정도이며 연안에서 두껍고 외해 쪽으로 향하면서 점차 두께가 감소하는 쐐기 모양으로 발달해 있다. 대한해협 니질대는 낙동강 하구를 중심으로 삼각주를 형성하는 부분과 부산에서 포항까지 연안을 따라 대상으로 분포하는 두 부분으로 구성된다(그림 12.16).

12.3.3 제4기 층서

앞에서 해수면 변동과 연계된 남해의 후기 제4기 퇴적환경 변화과정에 대하여 알아보았다. 지금부터는 지난 마지막 빙하기에서부터 현재에 이르는 동안 퇴적환경이 변화하면서 형성된 퇴적층에 대하여 소개하기로 하겠다. 남해에 분포하는 제4기 천부층서

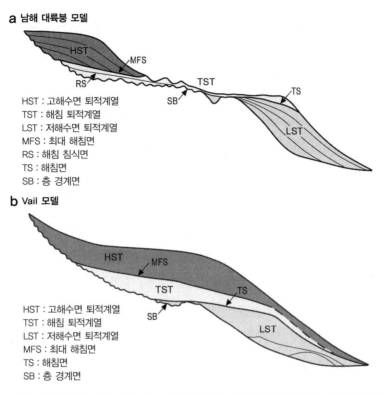

a 남해 대륙붕 모델

HST : 고해수면 퇴적계열
TST : 해침 퇴적계열
LST : 저해수면 퇴적계열
MFS : 최대 해침면
RS : 해침 침식면
TS : 해침면
SB : 층 경계면

b Vail 모델

HST : 고해수면 퇴적계열
TST : 해침 퇴적계열
LST : 저해수면 퇴적계열
MFS : 최대 해침면
TS : 해침면
SB : 층 경계면

그림 12.17 a 남해 대륙붕에 분포하는 후기 제4기 퇴적층에 적용 가능한 순차층서모델. b Vail에 의해 제시된 순차층서 모델(D. G. Yoo와 S. C. Park, 2000).

는 순차층서 관점에서 보면 고해수면 퇴적계열(highstand systems tract), 해침 퇴적계열(transgressive systems tract), 저해수면 퇴적계열(lowstand systems tract)로 구성된다(그림 12.17). 층서적으로 최하위에 속하는 저해수면 계열은 해수면이 현재보다 약 120m 이상 하강했던 저해수면기 동안 집적되었으며 대륙붕단보다 외해 쪽에 분포한다. 해안선이 지속적으로 육지 쪽으로 후퇴하는 해침기 동안 형성된 해침 퇴적계열은 중간 대륙붕에 넓게 분포하며 해저면에 노출된 상태로 분포한다[Yoo and Park (2000), Yoo 외 (2014b)]. 층서적으로 최상부에 속하는 고해수면 퇴적계열은 내대륙붕에 제한적으로 분포하며 외해 쪽으로 향하면서 해침 퇴적계열을 피복한다.

저해수면 퇴적계열을 구성하는 대표적인 퇴적체로는 저해수면 삼각주가 있다. 낙동강과 섬진강의 고하구(paleo-estuary)가 대륙붕단 주변에 머물러 있었던 저해수면기 동안 고하천을 통해 공급된 퇴적물이 한국해곡 및 대륙사면에 집적되어 삼각주를 형성하게 된 것이다. 대륙붕을 가로질러 발달해 있는 고하천을 채우고 있는 하성퇴적층도 저해수면 퇴적계열의 예이다. 다만, 하성퇴적층의 상부는 해침기간 동안 재퇴적되어 부분적으로는 해침 퇴적계열에 포함될 수도 있다. 또 다른 저해수면 퇴적계열로는 중력류에 의해 생성된 슬라이드·슬럼프 퇴적층이 있으며[Yoo 외 (1996), Yoo and Park (2000)], 주로 대륙사면이나 한국해곡의 가파른 경사면을 따라 분포한다. 대륙붕단에 발달해 있는 고해빈 퇴적층도 저수해면기 및 해침 초기에 만들어진 저해수면 혹은 해침 퇴적계열에 포함되는 대표적인 퇴적층으로 분류할 수 있다.

남해에 발달해 있는 해침 퇴적계열로는 다음 세 가지 유형의 퇴적체를 들 수 있다. 우선 중간대륙붕에 넓게 분포하는 사질층(잔류퇴적물로 구성)이 있다. 넓은 해역에 걸쳐 분포하지만 두께는 수 m 미만으로 매우 얇게 분포하며 불규칙한 하부 침식면을 피복하는 형태로 발달한다. 이는 앞에서 설명한 바와 같이 해침기 동안 해안선이 육지쪽으로 빠른 속도로 후퇴하면서 퇴적 불균형으로 두꺼운 퇴적층을 형성하기보다는 박층으로 집적된 결과이다. 중간대륙붕에 집단으로 분포하는 사퇴퇴적층도 해침 퇴적계열을 구성하는 대표적인 퇴적체이다. 박층의 사질층과는 달리 부분적으로 두껍게 집적되어 있으나 고섬진강의 강 하구와 연계되어 일부 해역에 제한적으로 분포한다(그림 12.12). 또 다른 해침 퇴적계열에는 하구퇴적체가 있다. 사퇴와 박층의 사질퇴적체가 중간대륙붕의 해저면에 노출된 상태로 분포하는 반면, 해침 하구퇴적체는 내대륙붕에 분포하며 고해수면 퇴적계열에 의해 피복된 상태로 존재하는 것이 다른 점이다.

남해 제4기 퇴적층 중 층서적으로 가장 최근에 형성된 퇴적층이 고해수면 퇴적계열에 해당된다[Yoo and Park (2000), Yoo 외 (2014a)]. 즉, 해수면이 현 수준까지 도달한 후의 현생 환경에서 퇴적된 층으로 내대륙붕에 제한적으로 분포하는 니질대가 바로 고수해면 퇴적계열을 구성한다. 대표적인 니질대로는 앞서 제시한 것처럼 남해중앙 니질대와 대한해협 니질대가 있다. 남해중앙 니질대는 최대 두께가 35m 이상에 달하며 남해 대륙붕 중앙부에 집적되어 있다(그림 12.16). 대한해협 니질대는 낙동강 하구로부터 포항에 이르는 연안을 따라 대상으로 발달하며 울산 근처에서 최대 50m 두께에 달한다.

그림 12.17에서 제시된 남해 대륙붕 순차층서 모델을 보면 기존 Vail의 모델과 차이점이 있다. 우선 고해수면 퇴적계열을 보면 기존 Vail 모델의 경우 대륙붕단을 넘어 외

해까지 발달해 있는 반면 남해대륙붕의 고해수면 퇴적계열은 내대륙붕에 제한적으로 분포하며 해침퇴적계열이 해저면에 노출된 상태로 존재한다. 앞에서 설명한 바와 같이 남해연안에는 서에서 동으로 흐르는 연안류가 존재하며 외해 쪽에는 남해를 지나 동해로 유입되는 대마난류가 흐르고 있다. 따라서 두 수괴 사이에는 강한 전선이 형성되고 육상으로부터 유입된 퇴적물이 외해 쪽으로 확산되지 못하고 연안을 따라 운반 퇴적되기 때문에 고해수면 퇴적계열이 내대륙붕에 제한적으로 분포하게 된 것이다 [Park 외 (1999), Park and Yoo (2000)]. 또한 해침퇴적계열을 보면 Vail에 의해 제시된 기존 모델에 비해 박층으로 분포하는데, 이와 같은 차이점은 남해 대륙붕의 해저지형 상의 특징을 반영한 결과로 볼 수 있다. 남해 대륙붕은 경사구배가 거의 없는 완만한 해저지형 특징을 가지고 있어 해침이 진행되는 동안 해안선의 후퇴 속도가 매우 빨랐을 것으로 추정된다(Park 외, 2000). 따라서 해침과정에서 수평적 퇴적가능 공간의 증가속도가 퇴적물의 공급 속도를 압도하게 되어 두꺼운 퇴적층의 형성보다는 대부분 지역에서 수 m 미만의 박층으로 구성된 해침퇴적계열을 형성하게 되었다고 볼 수 있겠다[Nummedal 외 (1987), Yoo and Park (2000), Yoo 외 (2014b)]. 결과적으로 남해 대륙붕에 분포하는 후기 제4기 퇴적층은 상대적인 해수면변동, 강에 의한 퇴적물 공급, 해저지형 및 해양물리 조건 등에 의해 조절되었다.

더 읽을 참고문헌

건설부 (1974) 낙동강 유역 조사보고서. 산업기지개발공사, 1-56
건설부 (1978) 섬진강 연구보고서. pp.203
국립해양조사원 (2012) 국가해양기본조사를 통해 본 우리나라의 해양영토, 국립해양조사원
민건홍 (1994) 한반도 남동대륙붕의 플라이오세현세 퇴적층의 탄성파 층서 및 퇴적역사. 서울대 박사학위논문
수로국 (1982) 한국 해양 환경도, 수로국
유동근, 김성필, 이치원, 박수철 (2011) 한국 남동해역 홀로세 해침퇴적층의 탄성파 층서 및 퇴적역사. 자원환경지질. 44(4), 303-312
유동근, 이치원, 최진용, 박수철, 최진혁 (2003) 한국 남동해역 대륙붕 후 제4기 퇴적층의 시퀀스 층서. 바다. 8(4), 369-379
한혁수 (2000) 한국 남해 대륙붕에 분포하는 사질퇴적체의 시퀀스 층서 및 퇴적환경. 충남대 석사학위논문
Fairbanks RG (1989) A 17000 year glacio-eustatic sea level record: influence of glacial melting rates on the younger Dryas event and deep-ocean circulation. Nature 342, 637-642

Nummedal D, Pilkey OH, Howard JD (Eds) (1987) Sea-level Fluctuation and Coastal Evolution. SEPM Spec Publ 41, 241-260

Park SC, Yoo DG (1988) Depositional history of Quaternary sediments on the continental shelf off the southeastern coast of Korea (Korea Strait). Marine Geology, 79, 65-75

Park SC, Yoo DG, Lee KW, Lee HH (1999) Accumulation of recent muds associated with coastal circulations, southeastern Korea Sea (Korea Strait), Continental Shelf Research, 19, 589-608

Park SC, Yoo DG, Lee CW, Lee EI (2000) Last glacial sea-level changes and paleogeography of the Korea (Tsushima) Strait. Geo-Marine Letters, 20, 64-71

Park SC, Han HS, Yoo DG (2003) Transgressive sand ridges on the mid-shelf of the southern sea of Korea: formation and development in high-energy environments. Marine Geology, 193, 1-18

Saito Y (1998) Sea levels of the Last Glacial in the East China Sea Continental Shelf. Quaternary Research, 37, 235-242

Stanley DJ, Swift DJP (eds) (1967) Marine sediment transport and environmental management. Wiley, New York

Suk BC (1989) Quaternary sedimentation processes, structures and sea level changes in the East China Sea, the Yellow Sea and the Korea-Tsushima Strait Regions. PhD Thesis, Univ of Tokyo, Japan

Yang CS (1989) Active, moribund and buried tidal sand ridges in the East China Sea and the southern Yellow Sea. Marine Geology, 88, 97-116

Yoo DG, Park SC, Shin WC, Kim WS (1996) Near surface seismic facies at the Korea Strait shelf margin anf trough region. Geo-Marine Letters, 16, 49-56

Yoo DG, Park SC (1997) Late Quaternary lowstand wedges on the shelf margin and trough region of the Korea Strait. Sedimentary Geology, 109, 121-133

Yoo DG, Park SC (2000) High-resolution seismic study as a tool for sequence stratigraphic evidence of high-frequency sea-level changes: latest Pleistocene-Holocene example from the Korea Strait. Journal of Sedimentary Research, 70, 296-309

Yoo DG, Park SC, Sunwoo D, Oh JH (2003) Evolution and Chronology of late Pleistocene shelf-perched lowstand wedges in the Korea Strait. Journal of Asian Earth Sciences, 22, 29-39

Yoo DG, Kim SP, Chang TS, Kong GS, Kang NK, Kwon, YK, Nam SI, Park SC (2014a) Late Quaternary inner shelf deposits in response to late Pleistocene-Holocene sea level changes: Nakdong River, SE Korea. Quaternary International, 344, 156-169

Yoo DG, Kim SP, Lee CW, Chang TS, Kang NK, Lee GS (2014b) Late Quaternary transgressive deposits in a low-gradient environmental setting: Korea Strait shelf, SE Korea. Quaternary International, 344, 143-155

Yoo DG, Koo NH, Lee HY, Kim BY, Kim YJ, Cheong S (2015) Acquisition, processing and interpretation of high-resolution seismic data using a small-scale multi-channel system: an example from the Korea Strait inner shelf, south-east Korea. Exploration Geophysics, http://dx.doi.org/10.1071/EG15081

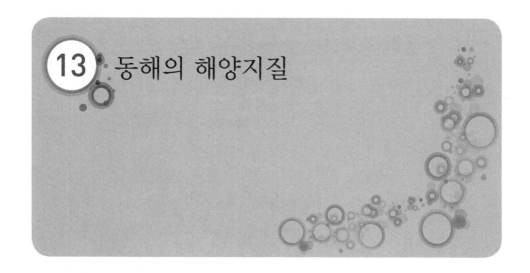

13.1 동해의 해저지형과 표층퇴적물

13.1.1 동해의 해저지형

동해는 아시아 대륙과 일본 열도에 의해 둘러싸인 반폐쇄형 연해 또는 후열도분지로 평균 수심은 1,350m이고 최대 수심은 3,700m이다(그림 13.1). 동해는 수심이 얕은 해협(대한해협 : 140m, 쓰가루 해협 : 130m, 소야 해협 : 55m, 타르타르 해협 : 12m)들을 통해서 북태평양 및 주변 해역(동중국해 및 오호츠크해)들과 연결된다. 해저면을 기준으로 500m 이하의 지형들인 한국대지(Korea Plateau), 오키퇴(Oki Ridge), 야마도해령(Yamato Rise)에 의해 일본분지, 야마도분지 그리고 울릉분지로 구분된다. 동해 남서쪽의 대륙주변부는 남한대지와 북한대지로 구성된 한국대지로 연결된다.

동해의 한반도 동부 대륙붕 지역은 주로 평탄하고 좁은 폭(< 20km)을 유지하다가 수심 130~150m에서 갑자기 가파른 대륙사면을 경계로 수심이 갑자기 깊어진다. 이러한 대륙사면지역에는 연안과 평행하게 정렬된 후포뱅크(Hupo Bank)와 후포골(Hupo Trough)이 특징적으로 발달해 있는데(그림 13.1), 후포뱅크의 길이는 대략 100km, 폭은 1km 이하에서 14km까지 다양하다. 해수면 10~200m 아래에 위치한 후포뱅크의 정상은 상대적으로 평탄하다. 한반도 남동쪽에 위치한 동해의 대륙주변부

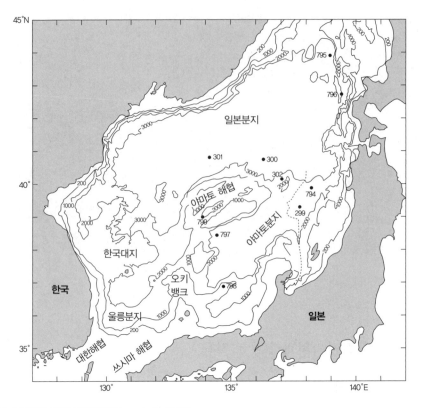

그림 13.1 동해의 주요 해저지형(Chough 외, 2000).

에는 넓은 대륙붕과 대륙사면이 발달되어 있다(그림 6.1). 이 지역의 대륙붕은 일반적으로 평탄하지만 가끔 경사가 북동-남서 방향인 넓은 수로나 골(gully)이 발달되어 있다. 이 지역의 대륙붕단은 넓은 대륙붕이 북쪽으로 경사진 대륙사면으로 변하는 수심 300~400m 사이에서 관찰된다.

한반도 동부 연안은 매끈한 형태로 포항 근처 영일만을 제외하고는 서해안이나 남해안과 같은 큰 만이 없다(그림 13.1). 그리고 이 연안지역에는 해발고도가 3~130m에 이르는 제4기 후기의 단구지형이 특징적으로 분포한다. ^{14}C 연대측정에 의해 단구의 융기속도가 1.1~0.4mm/yr으로 계산된 것으로 보아 이 단구들이 지난 마지막 간빙기에 형성된 것으로 해석된다. 단구지형들의 고도 차이는 아마도 조륙변형 동안의 융기속도 차이 또는 단층작용 때문일 것이다.

울릉분지는 동해의 남서쪽을 구성하는 특징적인 지형이다(그림 13.1). 평면에서 보

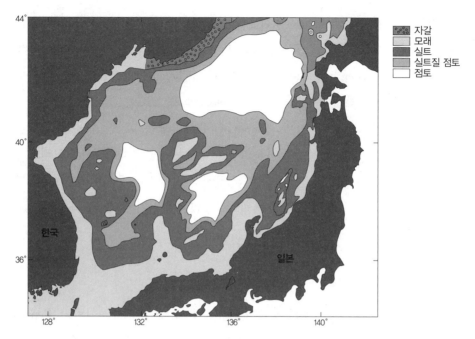

그림 13.2 동해 표층퇴적물의 입도 분포(Chough 외, 2000).

면 분지는 장사방형이고 한반도와 일본 열도의 남서쪽 대륙사면이 각각 서쪽과 남쪽을 둘러싸고 한국대지와 오키퇴의 높은 지형이 각각 북쪽과 동쪽을 둘러싼다. 울릉분지의 북쪽과 서쪽 주변부는 10°의 경사도를 보이며, 비교적 가파르고 큰 규모의 사면붕괴의 흔적과 이와 관련되어 있는 아래로 흘러내린 슬라이드·슬럼프와 암설류 퇴적물의 특징을 보인다. 울릉분지의 동쪽과 서쪽의 주변부를 따라 비교적 완만한 경사(< 3°)의 오키퇴와 시마네반도에서 떨어져 위치한 혼슈(Honshu) 대륙붕의 해양 연장(extension)과 혼슈 서쪽 산인(San-in)지역의 사면으로 둘러싸여 있다. 이러한 사면들은 슬럼프와 슬라이드로 생겨난 중간지점부터 하부까지의 다양한 경사가 특징이다. 또한 작은 규모의 골들은 상부부터 중간지점의 사면 경사에서 흔히 발견된다. 이러한 지형들은 일반적으로 대륙붕에서 시작해 약 1,000m 수심까지 확된한다(H. J. Lee 외, 1993).

울릉분지의 바닥부분은 약 2,000~2,500m 수심에 놓여 있는데 일반적으로 북쪽과 북동쪽으로 더 깊어진다. 북동 부근에서의 화산 기원 해산과 일부 섬들을 제외하고 매우 평탄하다. 울릉분지는 울릉도와 독도 사이에 울릉분지 간 **통로**(Ulleung Interplain

Gap, UIG)를 거쳐 북동 방면으로 확장된다(Chough, 1983). UIG는 울릉도와 일본 쪽 분지들 사이의 좁고 긴 분지 간 평원(interbasin plain)을 구성한다. UIG의 축을 따라 울릉분지 간 골짜기(Ulleung Interplain Channel, UIC) (Chough, 1983)는 지형학적 특징으로 인해 북동쪽을 향해 연장된다(KORDI, 1996, 1997). UIC는 한국대지, 울릉도, 울릉해산, 독도 그리고 독해저산(Dok Seamount)의 사면에서 기인한 수많은 해저 골들과 간헐적으로 연결된다. 울릉분지 북쪽의 한국대지는 수많은 해령, 해산 그리고 남-북 또는 북동-남서를 나란히 만드는 해령과 해산 사이에 있는 골들이 특징이다. 한국대지의 서쪽에 있는 분지와 골들은 일반적으로 수많은 화산기원 해산들과 함께 남-북으로의 방향성을 보인다(예 : 온누리분지(Onnuri Basin).

13.1.2 동해의 표층퇴적물

일반적인 동해의 표층퇴적물 분포 자료는 Skornyakova(1961), Kaseno(1972), Repechka (1973)로부터 수집되었다(그림 13.1). 퇴적물은 자갈, 모래, 실트, 실트질 점토, 점토로 분류된다. 원양·외양 구성요소는 주로 규조류와 부수적인 규질편모류로 구성된다[Hasegawa (1970), Koizumi (1970, 1978), Shitanka 외 (1970)]. 탄산염광물으로 구성된 유공충은 산소가 풍부한 해수의 심층 순환에 의해 얕은 탄산염보상수심(약 2,000m) 때문에 심해분지에서 드물게 발견되었다[Niino 외 (1969), Ichikura와 Ujiie (1976)]. 심해분지 반원양성 퇴적물의 육상쇄설 구성요소는 아시아 대륙과 일본 열도에서 기원하였으며 산화 정도가 높고 갈색을 띤다. 대마난류의 영향으로 인해 남서쪽으로부터 세립 물질들이 이동된다(Aoki 외, 1974).

사질 및 역질퇴적물은 동해에서 수심이 얕은 부분을 따라 나타나고 이들 중 일부는 북쪽에서 해빙에 의해 운반되었다[Skornyakova (1961), Niino와 Emery (1966)]. 야마토해령의 사질 자갈은 휘록암, 반려-휘록암, 반암, 안산암, 안산-현무암의 암석 파편들로 이루어져 있다. 또한 염기 및 알칼리 분출암 자갈과 일부 화강암 및 석영 반암도 발견되었다(Ueno 외, 1971). 사질퇴적물은 대륙붕에서 수심 70m 이하에 주로 한정되어 있지만 대한해협을 따라 광범위하게 분포한다. 이러한 시질퇴적물들은 일반적으로 비석회질이다(0.15~3.04% 탄산염 함량). 탄산염 함량이 15% 이상인 석회질 모래는 대한해협과 일본 연안을 따라 분포되어 있다. 또한 석회질 유공충 모래는 야마토해령과 한국대지에서 탄산염 함량이 최대 30%를 보이며, 부유성 유공충 중에서는 *Globigerina glutinata*, *Globigerinoides rubescens*, *Globigerinoides ruber*가 많이 보인다(Kozak, 1974). 굵은 실트는 초록 또는 회색 초록을 띠며 주로 대륙붕이나 사면 상부와 같은 얕은 바다에서 나타나며 일본 연안을 따라 섬 부근에서도 나타난다. 실트퇴적물의 탄산염 성분 함량은 0.3~2.1%이다. 세립한 실트와 점토(0.05~0.01mm)는 주로 대륙사면 하부와 심해 분지 바닥과 일부 연안의 만에서 발견되는데, 이들은 일반적으로 탄산염 함량이 매우 낮다(0.13~1.56%). 동해의 북쪽에서 실트질 점토는 식물 잔해와 규질 조류를 풍부하게 함유한다.

황해 및 남해와는 대조적으로 동해에는 스멕타이트가 풍부하다(최대 25%) [Niino 외 (1969), Aoki와 Oinuma (1973), Aoki 외 (1974)]. 이것은 주변 대륙주변부의 화산암, 화성암, 화산 쇄설암의 풍화 산물 및 토양의 유입에 의한 것이다. 카올리나이트(최대 15%)는 일라이트(최대 50%)보다 함량이 적다. 카올리나이트 함량은 북태평양 지역의 평균과 유사하다. 녹니석의 함량은 약 30%이다. 일라이트의 대부분은 대한해협에서 기원하며(Han, 1979) 부분적으로는 제트 기류에 의해 수송된 풍성기원이다.

13.2 동해의 기원과 진화과정

13.2.1 동해 지구조

동해는 판구조론적으로 볼 때, 유라시아판(Eurasian Plate) 위에 위치하고 있으며 태평양판의 섭입에 따라 형성된 후열도분지(back-arc basin)로 알려져 있다(그림 13.3). 지구조적으로는 해양지각 또는 확장되면서 가라앉은 대륙지각으로 이루어진 3개의 심해분지(일본분지, 울릉분지, 야마토분지)와 이들 분지를 둘러싸고 있는 대륙지각의 조각에 해당하는 기반암 고지대(한국대지, 야마토해령, 오키뱅크)로 구성된다(그림 13.4).

동해의 지구조적 특징에 대해서는 1970년대 중반 이후 Ocean Drilling Program (ODP)을 통한 심부시추와 지구물리탐사 및 층서 분석의 결과에서 비교적 자세히 알려져 있다(Tamaki 외, 1992). 탄성파 굴절법 탐사 결과에 따르면 일본분지에는 전형적인 해양지각(8.5km 두께)이 발달해 있지만[Ludwig 외 (1975), Honza 외 (1978), Tamaki (1988)], 야마토분지의 경우 최상부 맨틀에서의 P파 속도는 정상적 해양지각

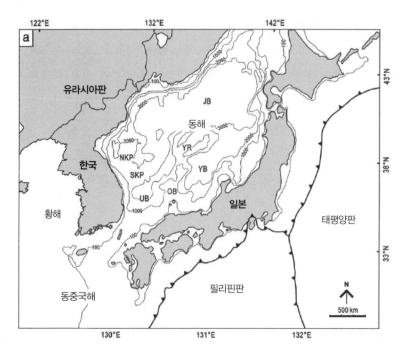

그림 13.3 동해 및 주변지역의 지형과 지판 분포.

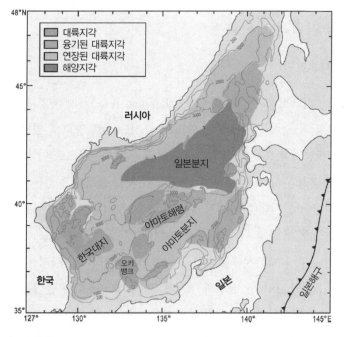

그림 13.4 동해의 지각 유형.

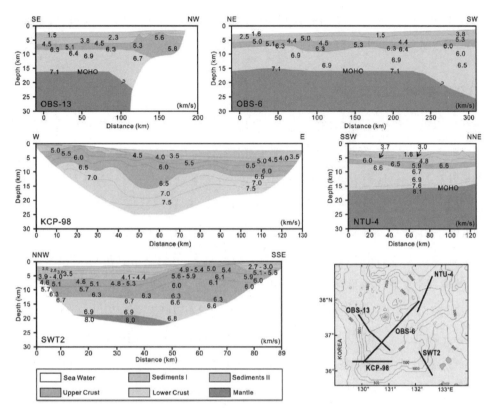

그림 13.5 동해 울릉분지 지각의 지구조와 지진파(P파) 속도 분포.

(약 8.0km/s)의 속도보다 훨씬 작게 나타난다[Ludwig 외 (1975), Hirata 외 (1989)].

　음향기반암(P파 속도, >3.6km/s)은 일본분지에서는 해수면으로부터 약 6km, 야마토분지에서는 4km에 위치한다[Ludwig 외 (1975), Hirata 외 (1989)]. ODP Legs 127/128 동안 시추된 암상은 일본분지의 기반암이 칼크-알칼리 현무암과 안산암질 용암으로 이루어진 데 반해, 야마토분지는 퇴적물·현무암질-조립 현무암질 암상 복합체로 이루어졌음을 시사한다(Shipboard Scientific party, 1990).

　한편, 울릉분지에서의 탄성파 굴절법 탐사는 기저에 10~15km 두께의 지각이 발달했음을 보이고 있으며 지각 상부에서 3.6~4.2km/s이던 P파 속도가 하부에서는 6.6~7.1km/s로 증가한다(Ludwig 외, 1975)(그림 13.5). 이와 같이 해양지각과 대륙지각의 중간 특성을 갖고 있어서 아직도 지각의 성인에 대해서는 논란이 남아 있다. 다중채널 탄성파 반사법 자료에서는 음향기반암이 해수면으로부터 7km 아래에 위치하고 진폭이 큰 불연속적이고 평행한 반사면으로 나타나는데, 이들의 실제 암상은 퇴적층과 교호하는 화산암층으로 추정되고 있다(Chough, and Lee, 1992).

13.2.2 동해의 지구조 진화

동해는 올리고세 중기(약 32Ma)에 일본분지의 동쪽에서 대륙지각의 확장과 뒤이은 올리고세 말기(28Ma)의 해저확장에 의해서 형성되기 시작했고, 약 16Ma까지 확장이 진행되다가 16~14Ma경 필리핀해판과 일본 열도가 충돌하면서 현재까지는 서서히 닫히는 과정인 것으로 알려져 있다(Yoon 외, 2014)(그림 13.6).

판역학 이론[예 : Kimura and Tamaki (1986), Tamaki (1988), Kaneoka 외 (1992)]에 기초한 최근의 복원에 의하면, 소규모 판들의 상대적 운동에 기인한 판 내부의 변형이 일본 해구로부터 아무리아판(유라시아판의 일부분)을 후퇴시켰고, 이는 동시에 올리고세 후기-마이오세 초기에 동해의 확장을 촉발시켰다고 추정된다. ODP(Ocean Drilling Project) Legs 127/128의 결과에 따르면[Jolivet and Tamaki (1992), Tamaki 외 (1992)], 해양의 열림은 32Ma에 일본분지 북동부에서 판이 얇아지면서 시작되었고, 28Ma에는 열개와 해저확장이 그 뒤를 이었다고 한다. 일본분지가 초기 확장하는 동안에 야마토, 울릉분지에서는 지각확장이 발생하였다. 동해의 활발한 열개는 18Ma에 확연히 늦추어졌는데, 화산암과 18Ma 이후 자기이상대의 출현이 현저히 줄어든 사실이 이를 반증한다[Kaneoka 외 (1992), Tamaki 외 (1992)]. 마이오세 중기에는 보닌

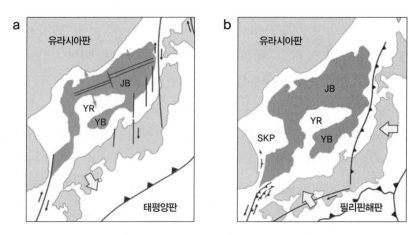

그림 13.6 동해의 지구조 진화과정. a 열림-확장 단계(32~16Ma). b 닫힘 단계(16Ma 이후).

열도(필리핀해판의 동쪽 경계부에 위치)가 일본 열도 중앙부로 충돌하면서 섭입 교합선(subduction hinge)이 류큐해구(필리핀해판과 유라시아판의 경계에 위치)의 육지 쪽으로 후퇴하였고, 이로부터 후열도 닫힘과 지각 단축이 일어났다(Chough, S. K. and Barg, 1987). 분지가 닫힘에 따른 지구조 재정돈으로 인해 후기 마이오세 이후, 열도 내 및 주변부에 위치한 마이오세 분지들의 광역적 융기와 파괴를 가져왔다(Ingle, 1992).

13.2.3 울릉분지 및 주변지역의 지구조 진화

동해의 남서부에 자리 잡은 울릉분지의 지구조적 진화와 이에 관련된 지각변형 양상에 대해서는 두 가지의 서로 다른 가설이 제시되어 있다. 즉, Yoon and Chough(1995)는 울릉분지의 열림이 동아시아 대륙지괴의 일부였던 일본 열도가 남쪽 내지 남동쪽으로 이동하면서 대륙지각의 확장(extended continental crust)을 동반한 당겨열림(pull-apart opening)의 형태로 이루어졌고, 이 과정에서 동해 대륙주변부를 따라 남북으로 확장성이 우수한 구조변형이 일어났음을 주장한 바 있다. 반면에 Kim 외(2007)는 울릉분지가 해양지각의 생성을 동반한 동-서 내지 북서-남동 방향으로의 해저확장(seafloor spreading)의 결과 형성되었으며, 이 과정에서 동해 대륙주변부는 동서 방향의 확장성 구조운동을 겪었다고 주장하고 있다.

한편, 동해의 응력장은 약 15Ma를 전후한 마이오세 중기에 신장력에서 압축력으로 역전되어 동해의 확장은 중단되었고 오히려 국지적인 압축성 변형이 시작되었다. 그 결과, 울릉분지의 남부와 서부 경계부를 따라 지각의 단축(crustal shortening)이 야기되어 융기, 드러스트(thrust) 단층운동 및 습곡변형이 마이오세와 플라이오세 퇴적층에서 광범위하게 발생하였다.

13.2.4 울릉분지의 기반암과 퇴적층의 성인

울릉분지 중앙부의 음향기반암은 주로 해수면 아래 5km 이상의 깊이에 분포하며 남쪽으로 가면서 점점 깊어져 울릉분지 남단에서는 최대 10km 이상까지 도달하는 것으로 알려져 있다(그림 13.7). 일반적으로 탄성파 반사 자료에서 음향기반암 상부는 불연속적인 고진폭의 평행한 반사면들이 비교적 기복이 작은 표면지형을 보이며, 4.7km/sec가량의 P파 구간속도를 보인다. 일부 지역에서 음향기반암은 언덕 형태의

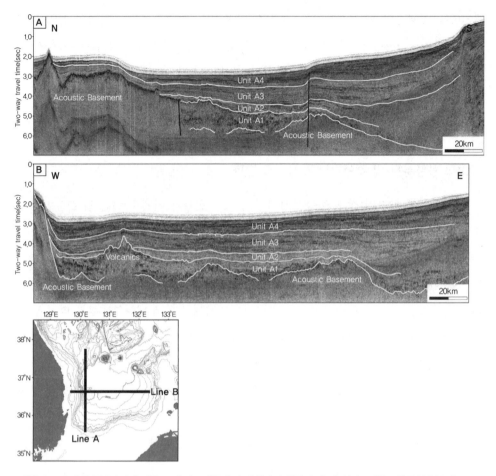

그림 13.7 동해 울릉분지의 층서를 보여주는 다중채널 탄성파탐사(반사법) 단면(자료제공 : 한국석유공사).

지형기복을 보이며 다양한 진폭, 주파수, 연장성의 반사특성을 갖는다(그림 13.7). 이와 같은 탄성파 반사특성은 분출 및 관입 화성암체를 포함하는 화산물질이 넓은 지역에 걸쳐 분포함을 지시한다(Chough and Lee, 1992). 반면, 울릉분지 중북부의 음향기반암은 경계가 불분명하며 그 상부 퇴적층들은 다양한 진폭의 연장성이 불량한 반사특성을 보인다(그림 13.7). 이와 같은 탄성파 반사특성은 관입 혹은 분출 화성암체와 퇴적층이 서로 교호하면서 만들어내는 것으로 추정된다(Chough 외, 2000).

울릉분지의 전체 퇴적층에는 음향기반암 위로 동북동 방향의 중앙부 기반암 고지대에 의해 분리된 두 곳의 퇴적 중심지가 있다(Lee 외, 2001)(그림 13.8). 전체 퇴적층은 남쪽 퇴적 중심지에서 12km 이상의 최대 두께를 보이며 분지 전체에 걸쳐 쐐기형의

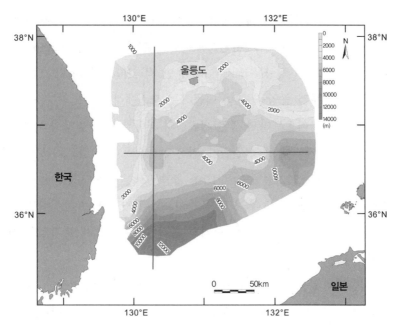

그림 13.8 동해 울릉분지에서의 퇴적층 두께 분포.

외형을 갖는다. 울릉분지의 퇴적층은 대체로 탄성파 반사특성과 지질연대에 따라 층단위 I-IV의 총 4개의 층단위로 구분되는데(그림 13.7), 각각의 층단위 지질연대는 분지 남쪽 경계지역에서 확정된 생층서 연대와의 대비를 통해 알 수 있다.

최하부의 층단위 I은 마이오세 초기 동안 퇴적된 최하부 층단위로 두께가 0.4~1.2sec twt에 이르며(그림 13.7) 구간속도는 약 3.6~4.8km/sec이다(Chough 외, 2000). Chough and Lee(1992)와 Lee 외(2001)에 따르면, 분지 북부의 퇴적층은 관입·분출 화성암체와 퇴적층 간의 교호상으로, 남부의 탄성파상은 층리가 발달하는 쇄설성 혹은 화산쇄설성 퇴적층들이라 볼 수 있다.

주로 마이오세 중기 퇴적물로 구성된 층단위 II는 분지 중앙에서 0.4~0.6sec twt로 상대적으로 일정한 두께를 보이지만 남쪽으로 가면서 점진적으로 두께가 증가하는데(그림 13.7), 이는 층단위 II를 구성하는 상당부분의 퇴적물이 분지 남부로부터 공급되었음을 지시한다. 이 층단위 퇴적층은 괴상의 사암층 및 화산쇄설성 퇴적층이나 저탁류 퇴적층으로 추정된다(Chough and Lee, 1992).

층단위 III은 분지 남부에서 2.0sec twt 이상의 두께를 보이지만 북쪽으로 가면서 점진적으로 감소하여 분지 북부 경계부에서는 0.5sec twt에 이른다. 울릉분지 남부에 분포하는 퇴적층은 주로 분지 남부 사면으로부터의 활주사태(slide/slump) 및 암설류(debris flow)로부터 기원된 질량류(mass flow) 운반 퇴적체로 해석된다. 남쪽 사면에서 기원된 이 질량류는 분지 중앙을 향해 이동하는 과정에서 저밀도의 저탁류(turbidity current)로 전이되었고, 이로부터 형성된 세립질의 저탁류 및 반원양성 퇴적물 교호층은 분지 중북부 넓은 지역에 걸쳐 알맞게 연장되어 분포하는 것으로 보인다(Lee 외, 2001). Chough and Lee(1992)는 층단위 III을 울릉분지 남부 6-1광구 돌고래-1 시추공과의 대비를 통하여 마이오세 후기 및 플라이오세 전기 층으로 제시하였다. 그러나 Lee 외(2001)는 이 층단위가 마이오세 중기의 후기에서 마이오세 후기의 초기에 형성된 것으로 해석하였다.

울릉분지 최상부의 층단위 IV는 분지 중앙부에서 상대적으로 일정한 두께(0.6~0.8 sec twt)를 보인다. Chough and Lee(1992)는 이들 퇴적층의 기원을 반원양성 퇴적물과 육상기원 혹은 화산재 퇴적물로 해석하였다. Lee and Suk(1998)은 이 층단위를 5개의 아층단위(subunit)로 좀더 세분했는데, 하부 2개의 아층단위는 분지 서쪽 및 남쪽 가장자리로부터 공급되었으며 상부 3개의 아층단위는 주로 저탁류 및 반원양성 퇴적물이 교호하는 퇴적층으로 구성되는 것으로 해석하였다. 층단위 IV의 형성연대에 대해서는 Chough and Lee(1992)가 층단위 하부경계면의 연대를 플라이오세 후기에서 신생대 제4기 초로 제시한 반면, Lee 외(2001)는 후기 마이오세로 해석하였다.

13.3 동해의 고해양학

13.3.1 표층 해수 순환 변화

동해에는 대한해협을 통해 고온, 고염의 대마난류가 유입되고 쓰가루 해협과 소야 해협을 통해 해수가 유출된다. 유입된 대마난류는 동해에서 크게 두 갈래로 갈라지는데, 이 중 한국 연안을 따라 흐르는 동한난류는 동해 북쪽에서 내려오는 북한한류와 만나 동해의 동-서 방향으로 아극전선대를 형성한다. 아극전선대는 주로 38~40°N 사이에 존재하며 동해 남쪽의 따뜻한 해수와 북쪽의 차가운 해수의 경계가 된다.

지난 빙하기-간빙기 주기 동안 동해 표층 해수의 순환 변화는 주로 극지방 빙하규모의 변화와 전 세계 해수면 변동과 관련된 대마난류의 유입, 유출량의 변화와 관련 있다. 지난 130,000년 동안 간빙기에서 빙하기로 기후가 변화할 때 동해 표층 해수의 순환 변화를 복원한 결과를 살펴보면, 마지막 간빙기(MIS 5e; 115,000~130,000년 전)에는 해수면이 현재보다 높아 대마난류의 유입량이 증가하였고, 아극전선대는 현재보다 동해 북쪽으로 이동하여 위치했을 것이다. 반면, 마지막 간빙기와 빙하기 사이의 전이기간(MIS 5a-b; 70,000~93,000년 전)에는 해수면이 현재보다 낮아 대마난류의 유입량이 감소하여 동한난류가 약화되었고, 그 결과 아극전선대는 동해 북동쪽에서 남서쪽으로 치우쳐서 형성되었을 것이다. 빙하기(MIS 2; 14,000~29,000년 전)에는 현재보다 약 100m 이상 낮았던 해수면에 의해 대마난류 유입이 거의 제한되어 동한난류는 형성되지 못하였을 것이다. 대신 동해 전체에서 반시계 방향의 환류만 존재하였으며 아극전선대는 발달하지 못하였을 것이다.

그림 13.9는 지난 20,000년 동안 빙하기에서 간빙기로 기후가 변화할 때 동해 표층 해수의 순환변화를 복원한 결과이다. 마지막 최대 빙하기 이후 전이기간(10,000~15,000년 전)에는 해수면이 현재보다 낮아 대마난류 유입이 제한적이었고 아극전선대는 발달하지 못하였을 것이다. 그리고 대한해협을 통한 해수만 유입되어 당시 동해 해수면은 급격히 상승하였을 것이다. 홀로세 초기(8,000~10,000년 전)에는 강화된 쿠로시오 해류의 영향으로 대마난류의 유입이 활발해졌다. 하지만 여전히 현재보다 낮은 해수면에 의해 대마난류의 유입량은 현재보다 적었고, 그 결과 아극전선대는 동해 남서쪽으로 기울어져 형성되었을 것이다. 그리고 쓰가루 해협과 소야 해협을 통한 해수 유출이 여전히 제한적이었기 때문에 동해로 유입된 따뜻한 해수는 일본 서쪽 연안을 따라 현재보다 더 북상했으며 해수면은 급격히 상승하였을 것이다. 홀로세 중기 이후(~6,000년 전) 해수면은 현재와 유사해졌다. 그리고 완전히 발달된 대마난류의 유입과 쓰가루 해협, 소야 해협을 통한 해수의 유출로 아극전선대는 현재와 같이 동해 동-서 방향으로 발달했다.

13.3.2 심층 해수 순환 변화

동해 전 해역의 수심 약 300m 이하에는 수온이 0~1℃로 균질하고 염분은 33.96~34.14psu인 심층해수가 있다. 이 심층해수는 겨울에 동해의 북쪽 러시아 블라디보스

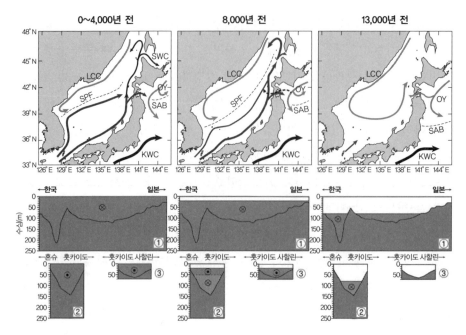

그림 13.9 13,000년, 8,000년, 0~4,000년 전 동해 표층 해류와 아극전선대 위치변화. 동해 내에서 점선은 아극전선대 위치를 의미. 단면도는 각 시기에 동해 주요 해협을 통한 해수교환 양상과 해면 변화를 의미. ⊗표시는 외해에서 동해로 해수가 유입되는 것을 의미하며 ⊙는 그 반대임(Bae 외, 2014). SPF : 아극전선대, SAB : 아한대전선, TWC : 대마난류, KWC : 쿠로시오난류, OY : 오야시오해류, SWC : 소야난류, LCC : 리만한류.

톡 지역에서 차가운 표층 해수의 침강에 의해 생성되며 동해 심층에 산소를 공급하는 중요한 역할을 한다. 특히 이 해수의 체류시간은 대양에 비해 상당히 짧아 용존산소의 농도(> 210 μmol/kg)는 높고 인산염의 농도(< 2 μmol/kg)는 낮다.

　빙하기-간빙기 사이에 동해의 심층환경은 현격하게 다르다. 동해에서 채취된 제4기 후기 해저 퇴적물은 어두운 층과 밝은 층이 수~수십 cm 간격으로 교호하는 특징을 보인다. 특히 빙하기의 비교적 층리가 잘 발달된 니질층과 간빙기의 생물교란 니질층이 교호되어 나타난다. 이는 빙하기-간빙기 주기 동안 동해 심층의 용존산소 농도의 변화와 관련 있다. 빙하기 동안 동해는 해수면이 현재보다 100m 이상 낮아져(그림 13.9) 해협을 통한 해수교환이 차단된 반고립된 상태였다. 이 기간 동안 동해에서 복원된 부유성 유공충의 산소안정동위원소비($\delta^{18}O_{유공충}$)는 현재보다 값이 낮다. 이는 동해가 고립된 상태에서 강우나 주변의 강으로부터 담수가 유입되어 동해 표층 해수의 염분이 감소한 결과이다(1.4절 참조). 표층 해수의 낮은 염분에 의해 당시 동해 수층에

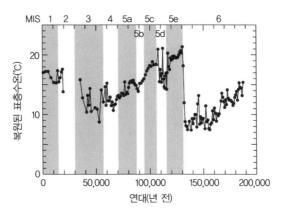

그림 13.10 지난 20만 년 동안의 동해 알케논 수온 변화(Lee 외, 2008).

는 밀도성층이 강하게 발달하였을 것이고, 그 결과 해수 수직혼합이 제한되어 동해 심층에는 무산소환경이 형성되었을 것이다. 따라서 이 기간 동안 쌓인 퇴적물은 엽리층이 잘 발달해 있다.

간빙기 동안에는 해수면의 상승에 의해 해협들을 통한 해수교환이 활발해졌다. 그 결과 밀도 성층이 깨져 동해 수층의 수직혼합이 증대되고 동해 심층에는 산소 농도가 풍부한 환경이 조성되었을 것이다. 따라서 간빙기에는 현재 동해에서 발견되는 퇴적물과 같이 생물교란 니질 해저 퇴적물이 두껍게 퇴적된다.

13.3.3 표층 수온 변화

지난 빙하기-간빙기 주기 동안 전 세계의 해수면 변동에 반응하여 동해 표층 해수 순환 양상은 크게 달라졌고(예 : 대마난류의 유입량이 변화, 아극전선대 남-북 이동 등)(1.1절 참조), 이는 몬순시스템 변화와 더불어 과거 동해 표층 수온 변화에 큰 영향을 주었다. 과거 동해 표층 수온 변화는 주로 해저 퇴적물 속 C_{37} 알케논 분석을 통해 복원되었다. C_{37} 알케논은 해양 표층에 살고 있는 특정 생물체가 합성하는 유기물이다. 이 유기물의 포화 정도는 해수의 온도와 비례하는데, 이를 이용하여 유기물이 합성될 당시의 해수온도를 정량적으로 계산할 수 있다. 그밖에 부유성 유공충 군집 분석이나 화분 분석 등 미고생물학적인 분석방법을 통해 과거 동해의 표층 수온이 복원되었다.

동해 서쪽 한국대지 부근에서 복원된 지난 200,000년 동안의 알케논 수온은 빙하기

-간빙기 주기에 따라 극적으로 변화하였다. 빙하기(MIS 6; 130,000~190,000년 전, MIS 4; 57,000~70,000년 전, MIS 3; 29,000~57,000년 전) 동안 동해 표층 수온은 현재보다 약 6~10℃ 낮았다(그림 13.10). 이는 당시의 강해진 시베리아 고기압의 영향으로 차갑고 건조한 겨울몬순이 동해 표층 수온 변화에 영향을 주었기 때문이다. 같은 기간 동안 북태평양 고기압은 약해져 덥고 습한 여름몬순이 동해 표층 수온 변화에 주는 영향은 현재보다 약했을 것이다. 이뿐만 아니라 당시의 낮은 해수면에 의해 고온의 대마난류 유입이 제한되어 동해 표층 수온은 낮았을 것이다. 반면, 간빙기 동안의 동해 표층 수온은 급격히 상승한다. 최대 간빙기(MIS 5e; 115,000~130,000년 전) 동안의 동해 표층 수온은 21℃까지 상승했다(그림 13.10). MIS 5c(93,000~106,000년 전)와 MIS 5d(106,000~115,000년 전) 동안의 알케논 수온은 17~18℃로 복원되었으며 이는 현재 표층 수온과 유사하다. 따뜻한 간빙기 동안 상대적으로 여름몬순은 강해졌을 것이다.

마지막 최대 빙하기(18,000~20,000년 전)는 비교적 가장 최근에 기후변화가 극심했던 기간이다. 이 기간 동안 동해 표층 수온을 복원하기 위해 많은 노력이 이루어졌지만 아직 그 변화 양상은 불분명하다. 알케논 불포화도와 같은 유기지화학적인 방법을 이용하여 복원한 마지막 최대 빙하기 동안의 동해 표층 수온은 현재보다 높다. 반면, 미고생물학적인 연구 결과에 의하면 같은 기간 동안 동해 표층 수온은 현재보다 약 4~8℃ 낮다. 따라서 이에 대한 더 많은 연구가 필요하다.

마지막 최대 빙하기 이후 전이기간(10,000~15,000년 전) 동안의 동해 표층 수온은 현재보다 2~4℃ 낮았을 것이다. 이는 당시 해수면이 낮아 따뜻한 대마난류가 완전히 발달하지 못했고, 대신 쓰가루 해협을 통해 차가운 오야시오 해류가 동해로 유입되었기 때문이다. 전이기간 동안 동해 남쪽과 북쪽에서 복원된 알케논 수온의 차이는 크지 않다. 즉, 이 기간 동안 동해 표층에는 전체적으로 차가운 해수가 존재했을 가능성이 크다(그림 13.9).

초기 홀로세(8,000~10,000년 전) 동안의 동해 표층 수온은 전이기간에 비해 3~5℃ 가량 크게 증가했을 것이다. 이는 당시 높아진 해수면과 강해진 쿠로시오 해류 및 대마난류의 영향에 의한 것이다. 초기 홀로세 동안 동해 표층 수온의 공간 분포를 살펴보면 특히 일본 서쪽 연안을 따라 표층 수온이 뚜렷하게 증가한다(그림 13.9). 알케논

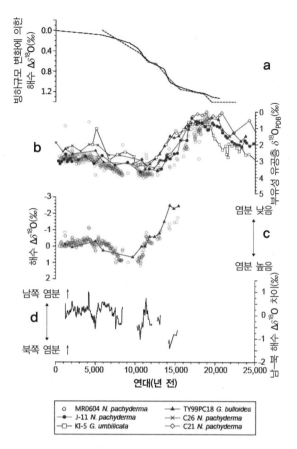

그림 13.11 a 지난 25,000년 동안 극지방 빙하규모 변화에 의한 해수의 산소동위원소비 변화량(Fairbanks 외, 1992). 점선은 빙하규모 변화와 관련된 해수면 변동을 계산한 결과(Yokoyama 외, 2007), b 동해에서 복원된 부유성 유공충의 산소안정동위원소비(Crusius 외, 1999; Gorbarenko and Southon, 2000; Kim 외, 2000; Lee, 2007; Bae 외, 2014), c 동해 북쪽(빈 원)과 남쪽(세모)에서 복원된 해수의 산소안정동위원소비 변화량. 값이 0보다 크다는 것은 당시 염분이 현재보다 높았다는 것을 의미, d 동해 남쪽과 북쪽에서 복원된 해수 산소안정동위원소비 변화량의 차이(Bae 외, 2014).

분석 결과뿐만 아니라 다른 미고생물학적인 분석 결과에서도 초기 홀로세에 동해의 표층 수온은 크게 증가하는 경향을 보인다. 이후 강화되었던 쿠로시오 해류가 서서히 약해지면서 동해 표층 수온은 감소하고 중기 홀로세(~6,000년 전) 이후부터 동해 표층 수온은 현재와 유사해졌다.

13.3.4 표층 염분 변화

지난 빙하기-간빙기 주기 동안의 동해 표층 염분 변화는 표층 수온 변화와 마찬가지로 전 세계 해수면 변동에 의한 동해 표층 해수 순환 양상 변화와 관련이 있다. 동해에서 채취된 코어퇴적물로부터 부유성 유공충의 산소안정동위원소비($\delta^{18}O_{유공충}$)를 측정해보면, 마지막 최대 빙하기 동안의 $\delta^{18}O_{유공충}$는 현재의 $\delta^{18}O_{유공충}$보다 가볍다(그림 13.11b). 빙하기 동안 대양의 $\delta^{18}O_{유공충}$는 현재보다 무거워지는 데 반해 동해의 $\delta^{18}O_{유공충}$는 가벼워졌는데, 이는 동해만의 특징이다. $\delta^{18}O_{유공충}$는 수온과 해수의 산소안정동위원소비($\delta^{18}O_{해수}$)에 의해 결정되며, $\delta^{18}O_{해수}$는 염분과 밀접한 관련이 있다. 따라서 과거 수온과 $\delta^{18}O_{유공충}$를 이용해 과거 표층 염분 변화를 복원할 수 있다. 빙하기 동안 $\delta^{18}O_{유공충}$가 낮았다는 것은 당시 동해의 표층 염분이 현재보다 낮았다는 것을 의미한다. 마지막 최대 빙하기 동안 전 세계적인 해수면 하강에 의해 황해의 해수면도 낮아져 해저 바닥이 공기 중에 노출되었을 것이다. 그 결과 중국 주요 강의 입구가 대한해협 근처로 연장되어 다량의 담수가 동해에 직접 유입되었을 것이다. 따라서 이 기간 동안 동해 표층 염분은 현재보다 상당히 낮았을 것이다.

그림 13.11c는 마지막 최대 빙하기 이후 동해 표층 염분 변화를 정량적으로 계산한 결과이다. 마지막 최대 빙하기 이후 전이기간(10,000~15,000년 전) 동안 동해의 표층 염분은 급격히 상승했다. 이는 당시에 해수면 상승과 함께 동해 주요 해협이 서서히 열려 고염의 외해수가 동해로 유입된 결과이다. 특히 쓰가루 해협을 통해 저온, 고염인 오야시오 해류가 동해로 유입되면서 마지막 최대 빙하기 때 동해 수층에 존재했던 밀도성층이 파괴되고 해수 수직혼합이 활발해져 동해 표층 염분은 급격하게 상승하였을 것이다. 반면, 동해 남쪽에서는 이 기간 동안 중국으로부터 유입된 다량의 담수의 영향을 받은 해수가 대한해협을 통해 동해로 유입되었을 것이다. 동해 북쪽과 남쪽에서 복원된 표층 염분 결과를 비교해보면 이 기간 동안 동해 북쪽의 염분이 남쪽보다 더 높았다. 따라서 당시 동해로 유입되었던 고염수는 동해 북쪽 쓰가루 해협으로부터 기원되었다고 추정할 수 있다(그림 13.11c).

홀로세 초기(8,000~10,000년 전)에는 동해 남쪽과 북쪽의 표층 염분은 현재보다 높았을 것이다(그림 13.11c). 왜냐하면, 당시에 해수면이 상승하면서 대한해협과 쓰가루해협은 거의 현재와 같이 열려 해협을 통한 해수교환이 증가되었기 때문이다. 동해 남쪽으로부터 유입되는 해수는 기존에 담수의 영향을 많이 받은 물에서 고염의 외해수로 바뀌었을 것이다. 하지만 쓰가루 해협을 통한 동해 해수의 유출은 표층으로 제한되어 있었다(그림 13.9). 대한해협으로부터 고염수가 유입될 뿐만 아니라 쓰가루 해협에서도 여전히 고염의 해수가 동해로 유입되면서 당시의 표층 염분은 급격하게 증가하였다. 6,000년 전 이후로는 동해 표층 염분이 현재와 유사하다.

13.3.5 해양생태계 변화

빙하기-간빙기 주기 동안 해수면 변동에 의해 동해 해수 순환 양상은 달라졌고, 이는 과거 동해 표층 수온, 염분의 변화뿐만 아니라 동해 생태계 변화에도 영향을 주었다. 예를 들어, 해수면이 낮았던 빙하기에 동해는 강한 성층에 의해 심층으로부터 영양염이 풍부한 해수가 표층으로 공급되지 못하였을 것이다. 그리고 이는 당시 동해 표층 1차생산력과 플랑크톤 군집변화에 영향을 주었다. 해수면이 높았던 간빙기에는 해수 수직 혼합이 활발해져 심층수가 표층으로 공급되어 심해의 영양염이 표층으로 공급된 반면, 동해 남쪽에서는 고온의 대마난류 유입이 활발해져 동해 생태계 변화에 영향을 주었다.

마지막 최대 빙하기에 동해는 해수면이 낮아져 해협을 통한 해수교환이 차단되고 강한 밀도성층이 형성되었다. 그 결과 동해 표층 영양염 농도와 1차생산력은 감소하였을 것이다. 동해 심층에서는 무산소환경이 형성되어 퇴적물 속 탄산염은 비교적 잘 보존된다. 빙하기 동안 탄산염 함량이 증가한 것은, 알케논 농도가 낮은 것으로 볼 때 석회비늘편모조류가 아닌 부유성 유공충에 기인되었을 것이다.

마지막 최대 빙하기 이후 전이기간(10,000~15,000년 전)에는 동해로 유입된 오야시오 해류의 영향으로 해수 수직혼합이 활발해지고, 그 결과 동해 심층의 영양염이 표층으로 공급되어 1차생산력이 증가했을 것이다. 특히 이 시기에 규산염과 같은 영양염이 심층에서 표층으로 공급되고, 동해의 표층 수온이 낮았기 때문에 규조가 번성하기에 알맞은 환경이 조성되었다. 실제 퇴적물 속 오팔 함량도 같은 기간 동안 증가한 것으로 미루어 볼 때, 동해 표층에는 규조가 많이 번성했다는 것을 추정할 수 있다.

홀로세 초-중기(6,000~10,000년 전)에는 대한해협으로부터 고온의 대마난류가 유입되어 동해 해수 수직혼합이 감소되었다. 그 결과 1차생산력은 저하되었지만 여전히 마지막 빙하기보다는 컸을 것이다. 또한 대마난류의 영향으로 따뜻한 해수에서 번성하는 석회비늘편모조류가 많이 번성하였고, 그 결과 알케논 농도는 증가하였다. 따라서 초-중기 홀로세에는 강화된 대마난류의 영향이 동해 표층생태계 변화에 영향을 주었고, 식물플랑크톤 우점종이 전이기간의 규조에서 석회비늘편모조류로 변화하였다는 것을 알 수 있다. 홀로세 후기(~5,000년 전) 이후에는 다시 동해 해수 수직혼합이 강화되어 퇴적물 속 오팔 함량이 증가하게 된다. 즉, 이 기간 동안 동해 표층에는 규조가 다시 번성한 것이다.

더 읽을 참고문헌

Chough, S.K, Barg, E. (1987) Tectonic history of Ulleung Basin margin, East Sea (Sea of Japan). Geology, 15, 45-48.

Chough, S.K., Lee, K.E. (1992) Multi-stage volcanism in the Ulleung Back-arc Basin, East Sea (Sea of Japan). The Island Arc, 1, 32-39.

Chough, S.K., Lee, H.J., Yoon, S.H. (2000) Marine Geology of Korean Seas. Elsvier, Amsterdam, 313 pp.

Hirata, N., Tokuyama, H., Chung, T.W. (1989) An anomalously thick layering of the crust of the Yamato Basin, southeastern Sea of Japan: the final stage of back-arc spreading. Tectonophysics, 165, 303-314.

Honza, E., Yuasa, M., Ishibashi, K. (1978). Cored material. In: Honza, E. (Ed.), Geological investigations in the Northern Margin of the Okinawa Trough and the Western Margin of the Japan Sea. Geological Survey of Japan, Cruise Report, 10-42.

Ingle, J.C. (1992) Subsidence of the Japan Sea: stratigraphic evidence from ODP sites and onshore sections. In Proceedings of the Ocean Drilling Program, Scientific Results, 127, 1197-1218.

Jolivet, L., Tamaki, K. (1992) Neogene kinematics in the Japan Sea region and volcanic activity of the northeast Japan Arc. In Proceedings of the Ocean Drilling program, Scientific Results 127/128 (part 2). College Station, TX, 1311-1311.

Kaneoka, I., Tamaki, Y., Takaoka, N., Yamashita, S., Tamaki, K. (1992) $^{40}Ar-^{39}Ar$ analysis of volcanic rocks recovered from the Japan Sea floor: constraints on the age of formation of the Japan Sea. Proceedings. Ocean Drilling Program. Scientific Results 127 (128), 819-836.

Kim, H.J., Lee, G.H., Jou, H.T., Cho, H.M., Yoo, H.S., Park, G.T., Kim, J.S. (2007) Evolution of the eastern margin of Korea: Constraints on the opening of the East Sea (Japan Sea). Tectonophysics, 436, 37-55.

Kimura, G., Tamaki, K. (1986) Collision, rotation, and back-arc spreading in the region of the Okhotsk and Japan Seas. Tectonics, 5, 389-401.

Lee, G.H., Suk, B.C. (1998) Latest Neogene-Quaternary seismic stratigraphy of the Ulleung Basin, East Sea (Sea of Japan). Marine Geology, 146, 205-224.

Lee, G.H., Kim, H.J., Han, S.J., Kim, D.C. (2001) Seismic stratigraphy of the deep Ulleung Basin in the East Sea (Japan Sea) back-arc basin. Marine and Petroleum Geology, 18, 615-634.

Ludwig, W.J., Murauchi, S., Houtz, R.E. (1975) Sediments and structure of the Japan Sea. Geological Society of America Bulletin, 86, 651-664.

Shipboard Scientific Party (1990) Introduction, background, and principal results of Leg 128 of the

Ocean Drilling Program, Japan Sea. Proc. ODP, Initial Report 128, 5-38.

Tamaki, K. (1988) Geological structure of the Japan Sea and its tectonic implications. Bulletin of the Geological Survey of Japan, 39, 269-365.

Tamaki, K., Suyehiro, K., Allen, J., Ingle, J.C., Jr., Pisciotto, K.A. (1992) Tectonic synthesis and implications of Japan Sea ODP drilling. Proceedings of the Ocean Drilling Program, Scientific Results 127/128 (part 2), 1333-1348.

Yoon, S.H., Chough, S.K. (1995) Regional strike-slip in the eastern continental margin of Korea and its tectonic implications for the evolution of Ulleung Basin, East Sea (Sea of Japan). Geological Society of America Bulletin, 107, 83-97.

Yoon, S.H., Sohn, Y.K., Chough, S.K. (2014) Tectonic, sedimentary, and volcanic evolution of a back-arc basin in the East Sea (Sea of Japan). Marine Geology, 352, 70-88.

에필로그

우리는 이 책을 통해 아주 개략적이나마 '해양지질에 관한 연구' 분야에서 이제까지 어떠한 연구가 이루어져 왔으며 지금 우리가 어디에 있는지를 보여주려는 시도를 했다. 하지만 우리는 어디로 가고 있는가? 이에 대한 대답은 물론 한시적일 수밖에 없다. 지구과학의 다른 분야와 마찬가지로 해양지질학도 지난 20년 동안 아주 급격하게 학문이 발전하였다. 이러한 지식의 증가는 전적으로 인공위성, 잠수함, 심해저 시추, 모든 종류의 원격탐사 장비, 아주 수준이 높아진 실험실 장비, 그리고 정보를 처리하는 분야 등과 같은 과학기술의 발전에 의한 것이다. 또한 큰 주제를 공유하며 연구할 수 있었던 물리학, 화학, 생물학과 지질학과의 학제 간 연구는 맨틀에 대한 지식, 중앙해령에서 일어나는 현상, 대륙주변부의 퇴적층 내에서 일어나는 유체의 이동, 대량 멸종, 범지구적인 환경변화와 같은 분야에 대한 연구를 위해 중요한 업적을 이룰 수 있는 큰 역할을 하였다.

이러한 연구를 계속한다면 앞으로 갖추어질 기술의 발전과 함께 해저에서 일어나는 현상, 해저 역사의 재구성, 그리고 바다와 기후의 과거 기록을 잘 이해할 수 있을 것이다.

지난 10년간 많은 관심을 끌어왔던 연구와 토론의 '뜨거운 주제'는 무엇이었을까? 이러한 주제에 관련된 연구결과는 앞으로 20년 동안 어떻게 쌓여갈 것인가?

해양지질에 관한 연구는 1960년대에는 지구물리학적인 방법에 의해 획기적인 발전을 할 수 있었다. 대륙과 해저의 지구조적 운동에 관련된 연구는 수심을 측정하는 음향측심기, 지진의 진앙과 열류량을 측정하는 기기, 그리고 탄성파탐사기와 고지자기 측정기기를 이용한 지구물리학적인 탐사로 매우 성공적으로 이루어졌다.

1970년대에 지구물리학적인 방법으로 증명되기 시작한 '판구조론'과 관련된 새로운 이론이 연구의 대상이 되고 새로운 연구결과가 산출되면서 지질학적인 지식은 획기적으로 추가될 수 있었다. 이러한 지식의 추가는 주로 심해의 시추를 시도한 결과이다. 심해 시추는 '해저확장설'에 대한 이론을 좀 더 견고하게 증명하였으며, 그 이전까지는 부분적으로만 이해하고 있었거나 전혀 볼 수 없었던 자료를 새로이 이해할 수 있게 하였다. 그 이후로 우리는 해저가 어떻게 만들어지고 사라지는지, 대륙이 섭입대 부근에서 어떻게 부가되어 그 크기가 커지고 있는지를 빠른 속도로 이해하였다. 동위원소나 희토류의 함량을 분석하는 지구화학적인 방법을 통해 우리는 지각 내부의 암석에서 호상열도, 그리고 맨틀의 플룸과 같이 다양한 지역에서 기원한 화산암의 자료로부터 해석된 맨틀에 관한 지식도 얻을 수 있었다. 이러한 지식들은 큰 규모로 일어나는 열류량, 지자기, 중력, 지진파 모델링의 방법과 함께 해저확장과 대륙이동에 책임이 있는 맨틀의 구조와 맨틀의 대류에 관련된 현상을 이해할 수 있게 하였다. 해령 정상에서 일어나는 현상을 조사한 결과, 해수와 현무암의 반응이 해수의 성분을 조절하는 중요한 인자라는 것이 분명해졌다. 심해에서 발견된 생물상, 특히 태평양 동부 해령의 열수공에서 발견된 심해 생물들의 군집은 완전히 새로운 발견이었으며, 이들은 화학적 합성작용(chemosynthesis)을 시작으로 먹이 그물을 형성하고 있었다. 이 생태계의 기초생산자는 바로 고압과 고온에 적응한 원시박테리아이며 이들은 황화수소를 산화시키면서 에너지원을 얻고 있다. 미개한 생물체가 생존하는 데 광합성이 반드시 필요하지 않다는 사실은 생명의 기원에 대해 우리가 새로운 고찰을 할 수 있는 기회를 제공한다. 지구의 열이 지구에 처음 나타난 생명체에 에너지원이 되었을까?

1970년대에 층서학과 이로부터 파생한 고해양학은 심해 시추로부터 얻어진 엄청난 자료를 제공받았다. 중생대 백악기와 신생대의 바다의 기록에 관한 주된 정보는 생층서, 지자기층서, 화학층서(탄산염각질에 기록된 탄소, 산소, 스트론튬 동위원소를 주로 이용한 자료와 심해 해수의 포화도와 화학적 상태를 알려주는 화석의 보전상태)를 이용하여 체계적인 발전이 이루어지고 기본적인 이론이 수립되었다. 심해 퇴적물에 기록된 진화상의 큰 변화는 육지에서 흔히 나타나는 자료가 아주 불량한 기록과는 다르게 잘 나타났다. 심해퇴적층은 주로 작은 생물로 이루어져 있고, 중간에 기록이 끊어지는 경우가 거의 없으므로 생명의 진화에 대한 기록을 연속적으로 잘 반영할 수 있는 것이다. 많은 기록들은 점이적인 변화보다는 급격한 변화를 보여주는 것이 특징이며, 급격한 변화는 아주 급격한 기후변화와도 관련이 있다.

대륙주변부에서 시행된 시추결과는 대서양의 경우에는 대륙이 갈라지는 과정을 보여주며 태평양의 경우에는 대륙이 부가(accretion)되는 과정을 보여주었다. 퇴적물의 시추와 함께 얻어진 탄성파 층서자료는 대륙주변부의 구조와 이곳에서 나타나는 여러 현상을 잘 알려주었으며, 전 지구적인 규모로 일어났던 해수면의 변동에 대한 이해도 가능하게 하였다.

그 과정에 신생대 제4기에 대한 연구도 진행되어 이들 기록이 반복되는 윤회적 특징을 가지고 있다는 것과 이러한 특징이 천체의 운동과 관련이 있다는 사실도 밝혀졌다.

1970년대의 연구결과는 1980년대 연구의 중요한 기초자료가 되었다. 지구동력학(earth dynamics)과 전 지구적 시스템(global systems)이 새로운 용어로 등장했으며, 이들은 앞으로도 중요한 의미를 가질 것이다. 맨틀의 대류는 지구조적 작용이나 지구표면의 지화학적인 작용에 어떤 영향을 미칠까? 해양과 대기의 화학적 성분은 어떻게 결정될까? 해양지각과 대륙주변부 내에서 일어나는 해수의 순환은 어떤 역할을 할까? 이러한 순환은 지각의 물질에 영향을 미칠까? 해령의 정상부에 있는 열수공(hot vents)이나 대륙주변부를 따라 나타나는 냉수공(cold seeps)은 화학적합성을 기초로 한 생물의 생태계[수(abundance)와 다양성(diversity)]를 어떻게 조절할까? 해양에서 일어나는 여러 작용들(생산력, 퇴적작용)도 기후에 영향을 미칠까? 해양환경에서 대멸절(혹은 종의 분화)이 일어났던 시간 동안에 정말 무슨 일들이 있어났을까?

이러한 중요한 주제에 대한 답은 많은 분야로부터 그 정보가 제공되지만 아주 중요한 몇 가지 발견이 이들을 해결해줄 수 있는 중요한 열쇠가 되기도 한다. 다양한 물질로 이루어진 맨틀 내의 작용(혼합되는 정도, 내부가 층상화되는 정도)을 조사하기 위해 3차원의 탄성파 토모그래피(tomography)와 분지 규모의 동위원소적 지구대(isotopic provinces)는 매우 중요한 역할을 한다. 맨틀의 대류에 관한 토의, 즉 얕은 지역과 깊은 지역에서 일어나는 대류의 상대적인 중요성과 맨틀 플룸(plume)에 대한 것들은 앞으로도 계속 연구가 이루어질 주제가 될 것이다.

해령 정상에서 일어나는 작용을 정확히 알기 위해서는 심부의 마그마방(magma chamber)에 대한 여러 사항을 알아야 하고, 이곳에서 분출하는 가스와 용액을 정확히 측정해야 한다. 여러 개의 음원과 마이크로폰을 사용하는 음향파를 이용한 스와스방법(acoustic swath-mapping)을 통해 해저지형을 자세히 이해하는 것이 아주 보편화되었다. 지질학자들은 이러한 장비를 사용해서 해령의 정상부를 상세히 조사하고 있으며, 이들의 연구결과는 해양지형학에 새로운 기수가 될 것이다.

섭입대에서 일어나는 현상들을 이해하기 위해서 드러스트단층(overthrust faults)을 따라 증가된 유압을 측정하는 것과 대륙사면을 따라 유출되는 유체를 측정하는 것은 매우 중요하다. 따라서 지각 내에서 일어나는 유체의 순환이 미치는 역할은 아주 중요한 연구주제가 되었다.

생명의 진화를 조절하는 요인에 대한 논란에 대해서 백악기-신생대 제3기 경계 (1980년에 보고된)에 나타나는 이리디움(Ir)이 높게 나타나는 지점은 매우 중요한 지질학적인 사실을 시사하고 있다. 육지와 심해의 원양퇴적물에서 나타나는 이러한 급격한 이상 현상은 전통적으로 수용해 온 '동일과정설'을 재검토하고, 지구역사상 간헐적으로 일어나는 현상에 대한 중요성을 강조할 수 있는 계기가 되었다. 이는 지구가 우주에서 독립된 요새가 아니라는 것을 지질학자들이 새로이 깨닫게 된 계기가 되었으며, 달의 표면에서 보듯이 수많은 운석이 지구도 충돌해왔다는 것을 이해할 수 있게 된 것이다.

제4기 동안의 기후역사를 알기 위해 극지방에서 얻어진 빙하 내에 이산화탄소 양의 변동을 측정할 수 있다는 사실을 알아낸 것은 매우 중요한 사건이었다. 이와 잘 대비가 되는 심해퇴적층 내 탄산염 성분의 변화가 대기 중 이산화탄소의 양을 조절하는 해수의 역할을 알게 해준 것도 중요한 지식이다. 이러한 주제들은 그 후에도 중요한 연구의 대상이 되었다.

대륙주변부 중에서 특히 비활성형 대륙주변부에 쌓여 있는 방대한 양의 퇴적물 내에는 해수면 변동의 기록이 포함되어 있다. 이러한 퇴적체는 석유나 다른 자원을 배태하기도 하며, 판구조론으로부터 얻어진 새로운 직관적인 관점을 이용하여 4차원 분지 해석이 가능해졌다.

역사는 운명에 의해 이끌린 것이라는 말이 있다. 처음에는 해양지구물리학, 그리고 최근에는 해양지질학이나 층서학이 지구와 생물의 진화에 대한 큰 그림을 이끌었다. 이러한 과정에서 다음 단계는 바다와 육지에서 얻어진 기록들을 상세히 대비하는 것이다. 순차층서학, 지자기층서학, 생층서학, 그리고 화학층서학은 이러한 목적을 위해 좀 더 서로 간의 자료에 대한 상세한 대비가 이루어져야 할 것이며, 이를 위해 정밀한 연대측정은 필수적인 사항이다. 이러한 연구가 성공적으로 이루어져야만, 기후변화를 야기한 많은 현상들의 복잡한 상호과정을 정확하게 규명하기 위해 같은 시대에 일어났던 세계 여러 다른 지역의 고환경을 복원할 수 있을 것이다(그림 E.1). 지질학자에게 원인과 결과에 대한 의문에 대한 답은 대양과 대륙을 총 망라하여 '이전'과 '이후'를 결정함으로써만이 더욱더 정밀한 지식이 얻어질 수 있을 것이다. 우리가 지구역사 내에서 다양한 현상의 변화속도와 그를 조절한 요인을 더 잘 알 수 있게 되면, 우리는 지구라는 행성과 그 행성 위에 살고 있는 생명체가 어떻게 변해나갈지에 대한 정보를 새로운 통찰력을 통해 얻게 되는 것이다.

1990년대와 그 이후 동안에 바다와 인간과의 상호작용은 점차 증가될 것이며, 이는 '인간에 의해 일어나는 지구에 대한 충격'을 좀 더 심각하게 연구를 할 수 있도록 만들 것이다. 인류의 활동은 오늘날 전 세계적으로 함께 일어나고 있으며, 지질학적인 변화가 일어나는 여러 지역에서 그 영향이 훨씬 더 중요해지고 있다. 이러한 경향은 인간에 의해 점진적으로나 지역적으로 이미 과거에 일어났으며, 침식률을 변화시키고 토양의 형성에 영향을 주었던 농업과 산림파괴가 일어난 신석기 시대에 이미 시작되었다.

여러 분야의 연구로부터 얻은 지식은 우리가 살아가는 장소가 정말 '자연' 속에 있는지를 알게 해줄 것이다. 이러한 지식은 또한 우리가 지구의 자원을 좀 더 현명하게 활용할 수 있도록 할 것이다. 우리가 현명하게 대처해야 할 분야는 바로 폐기물 처리이며, 특히 화학폐기물이나 방사능 폐기물의 처리는 매우 중요하다. 다른 하나는 탄화수소 자원에 대한 평가이다. 아직도 화산활동이나 지진을 정확하게 예측하기는 힘들다. 그리고 인간활동에 의해 다음 세기에 발생할 것으로 우려되는 특히 큰 규모의 기후변화의 영향도 아직은 예측이 거의 불가능한 실정이다.

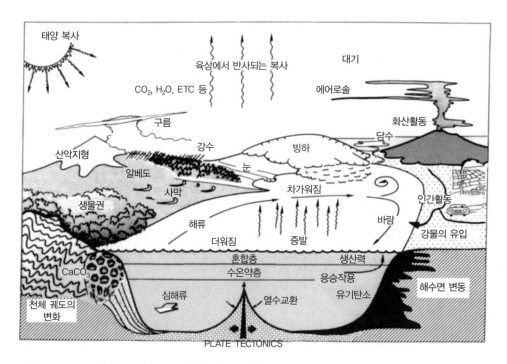

그림 E.1 기후시스템의 중요한 요소들과 다양한 요소 사이에서 대양이 하고 있는 중심적인 역할

Aigner T (1985) Storm depositional systems. Springer, Berlin Heidelberg New York

Andersen NR, Malahoff A (eds) (1977) The fate of fossil fuel CO_2 in the oceans. Plenum Press, New York

Anderson DL (1989) Theory of the Earth. Blackwell Scientific, Oxford

Bally AW et al. (eds) (1979) Continental margins – geological and geophysical research needs and problems. Natl Acad Sci, Washington DC

Bally AW et al. (eds) (1981) Geology of passive continental margins. AAPG Educational Course Notes 19, Amer. Assoc. Petrol. Geol., Tulsa, Okla.

Barth MC, Titus JG, Ruckelshaus WD (1984) Greenhouse effect and sea level rise. Van Nostrand Reinhold, New York

Bascom W (1964) Waves and beaches. Doubleday, Garden City, New York

Barthurst RGC (1975) Carbonate sediments and their diagenesis, 2nd edn. Elsevier, Amsterdam

Baturin GN (1982) Phosphorites on the seafloor. Elsevier, Amsterdam

Bentor YK (ed) (1980) Marine phosphorites – geochemistry, occurrence, genesis. SEPM Spec Publ 29, Soc Econ Paleontol Mineral Tulsa, Okla

Berger WH, Labeyrie LD (eds) (1987) Abrupt climatic change – evidence and implications. Reidel, Dordrecht

Berggren WA, van Couvering JA (eds) (1984) Catastrophism and Earth history, the new Uniformitarianism. Princeton Univ Press, Princeton NJ

Berner RA (1971) Principles of chemical sedimentology. McGraw-Hill, New York

Berner RA (1980) Early diagenesis. Princeton Univ Press, Princeton N J

Biddle KT (ed) (1991) Active margin basins. AAPG Mem 52. Am Assoc Petrol Geol, Tulsa, Okla

Boillot G (1981) Geology of continental margins. Longman, London (translated fr. French edn 1978)

Bolin B, Degens ET, Kempe S, Ketner P (eds) (1979) The global carbon cycle. SCOPE Rep 13. Wiley, Chichester

Bolin B, Döös BR, Jäger J, Warrick RA (eds) (1986) The greenhouse effect, climatic change, and ecosystems. SCOPE 29. Wiley, Chichester

Bott MHP (1982) The interior of Earth, its structure, constitution and evolution, 2nd edn. Edward Arnold, London

Bouma AH, Brouwer A (eds) (1964) Turbidites. Elsevier, Amsterdam

Bradley RS (1985) Quaternary paleoclimatology: methods of paleoclimatic reconstruction. Allen and Unwin, Winchester Mass

Bradley RS (ed) (1991) Global changes of the past. Office for Interdisc. Earth Studies, Boulder Colorado

Brenchley P (ed) (1984) Fossils and climate. Wiley, New York

Brenchley PJ, Williams BPJ (1985) Sedimentology – recent developments and applied aspects. Blackwell Scientific, Oxford

Briggs JC (1974) Marine zoogeography. McGraw-Hill, New York

Broecker WS, Peng T-H (1982) Tracers in the sea. Lamont-Doherty Geol Obs, Palisades, New York

Broedehoeft JD, Norton DL (eds) (1990) The role of fluids in crustal processes. Studied in Geophysics. National Academy Press, Washington DC

Bromley RG (1990) Trace fossils – biology and taphonomy. Hyman, London

Brooks J, Fleet AJ (eds) (1987) Marine petroleum source rocks. Geol Soc Spec Publ 26, Geol Soc, London

Broussard JM (ed) (1975) Deltas. Houston Geol Survey

Bruland KW (ed) (1984) Global ocean flux study. Proc worksh. National Acad Press, Washington DC

Burnett WC, Froelich Ph (eds) (1988) The origin of marine phosphorite. Geol 80 (Spec Issue)

Burnett WC, Riggs SR (1989) Phosphate deposits of the world, vol 3. Neogene to modern phosphorites. Cambridge Univ Press

Cande SC (1988) Magnetic lineations of the world's ocean basins. AAPG Map Ser Am Assoc Petrol Geol Tulsa, Okla

Charnock N, Edmond JM, McCave IN, Rice AL, Wilson TRS (eds) (1990) The deep sea bed: its physics, chemistry and biology. The Royal Society, London

Chisholm SW, Morel FMM (eds) (1991) What controls phytoplankton production in nutrient-rich areas of the open sea? Limnol Oceanogr 36 (8) (Spec Issue)

Cline RM, Hays JD (eds) (1976) Investigation of late Quaternary paleoceanography and paleoclimatology. Geol Soc Am Mem 145, GSA, Boulder

Collison J, Thompson D (1988) Sedimentary structures. Unwin Hyman, London

Condie KC (1982) Plate tectonics and crustal evolution. Pergamon Press, Oxford

Cooper AK, Davey FJ (eds) (1987) Antarctic continental margin: geology and geophysics of the western Ross Sea. Am Assoc Petrol Geol, Tulsa, Okla

Cox A, Hart RB (1986) Plate tectonics – how it works. Blackwell Scientific, Palo Alto

Cronan DS (1980) Underwater minerals. Academic Press, London

Crowley TJ, North GR (1991) Paleoclimatology. Oxford Univ Press, New York

Cushing DH, Walsh JJ (eds) (1986) The ecology of the seas. Blackwell Scientific, Oxford

Das S, Boatwright J, Scholz CH (eds) (1986) Earthquake source mechanics. AGU Maurice Ewing Ser Vol 6. Am Geophys Union, Washington DC

Davies RA Jr (ed) (1978) Coastal sedimentary environments. Springer, Berlin Heidelberg New York

Deep-Sea Drilling Project, Initial Reports (1969–1987) Government Printing Office, Washington DC, vols 1–96

Degens ET (1989) Perspectives on biogeochemistry. Springer, Berlin Heidelberg New York

Degens ET, Ross DA (eds) (1969) Hot brines and recent heavy metal deposits in the Red Sea. Springer, Berlin Heidelberg New York

Degens ET, Ross DA (eds) (1974) The Black Sea – geology, chemistry and biology. AAPG Mem 20. Am Assoc Petrol Geol, Tulsa, Okla

Delaney J (ed) (1988) The Mid-Oceanic Ridge – a dynamical global system. Proc worksh. National Academy Press, Washington DC

Dickinson WR (ed) (1974) Tectonics and sedimentation. SEPM Spec Publ 22. Soc Econ Paleontol Mineral, Tulsa, Okla

Drooger CW (ed) (1973) Messinan events in the Mediterranean. K Ned Akad Wet, North-Holland, Amsterdam

Duedall IW, Kester DR, Ketchum BH, Park PK (eds) (1983) The dumping of wastes at sea. Wiley-Interscience, New York, 3 vols

Edwards JD, Santogrossi PA (eds) (1990) Divergent/passive margin basins. AAPG Mem 48. Am Assoc Petrol Geol, Tulsa, Okla

Ehlers J (1988) The morphodynamics of the Wadden Sea. Balkema, Rotterdam

Einsele G, Seilacher A (eds) (1982) Cyclic and event stratification. Springer, Berlin Heidelberg New York

Eittreim SL, Hampton ML (eds) (1987) Antarctic continental margin: geology and geophysics of offshore Wilkes Land. Am Assoc Petrol Geol, Tulsa, Okla

Emery KO (1960) The sea off southern California. Wiley, New York

Emery KO, Uchupi E (1972) Western North Atlantic Ocean: topography, rocks, structure, water, life, and sediments. AAPG Mem 20, Am Assoc Petrol Geol, Tulsa, Okla

Emery KO, Uchupi E (1984) The geology of the Atlantic Ocean. Springer, Berlin Heidelberg New York

Fairbridge RW (ed) (1966) The encyclopedia of oceanography. Reinhold, New York

Fairbridge RW, Bourgeois J (eds) (1978) The encyclopedia of sedimentology. Dowden Hutchinson & Ross, Stroudsburg, Pa

Falkowski PG, Woodhead AD (eds) (1992) Primary productivity and biogeochemical cycles in the sea. Plenum Press, New York

Faure G (1977) Principles of isotope geology. Wiley, New York

Fischer AG, Judson S (eds) (1975) Petroleum and global tectonics. Princeton University Press, Princeton

Frakes LA (1979) Climates throughout geologic time. Elsevier, New York

Freeman TJ (ed) (1989) Disposal of radioactive waste in seabed sediments. Society for Underwater Technology. Graham and Trotman, London

Frey, RW (1975) The study of trace fossils. A synthesis of principles, problems, and procedures in ichnology. Springer, Berlin Heidelberg New York

Frost SH, Weiss MP, Saunders JP (eds) (1977) Reefs and related carbonates – ecology and sedimentology. AAPG Stud Geol 4, Tulsa, Okla

Füchtbauer H (ed) (1988) Sedimente und Sedimentgesteine, 4 Aufl. Schweizerbart, Stuttgart

Funnell BM, Riedel WR (eds) (1971) The micropaleontology of oceans. Cambridge Univ Press

Gage JD, Tyler PA (1991) Deep-sea biology: a natural history of organisms at the deep-sea floor. Cambridge Univ Press

Garrels RM, Mackenzie FT (1971) Evolution of sedimentary rocks. Norton, New York

Gass IG, Lippard SJ, Shelton AW (eds) (1984) Ophiolites and oceanic lithosphere. Blackwell Scientific, Oxford

Gerdes G, Krumbein WE (1987) Biolaminated deposits. Springer, Berlin Heidelberg New York

Geyer RA (ed) (1980/1981) Marine environmental pollution, I: Hydrocarbons; II: Dumping and mining. Elsevier, Amsterdam

Ginsburg RN (ed) (1975) Tidal deposits, a casebook of Recent examples and fossil counterparts. Springer, Berlin Heidelberg New York

Ginsburg RN, Beaudoin B (eds) (1990) Cretaceous resources, events and rhythms. NTO ASI Ser. Kluwer Academic, Dordrecht

Glennie K (1990) Introduction to the petroleum geology of the North Sea. Blackwell Scientific, Oxford

Glynn PW, Wellington GM, Wells JW (1983) Corals and coral reefs of the Galapagos Islands. University of California Press, Berkeley

Gray J, Boucot AJ (eds) (1979) Historical biogeography, plate tectonics and changing environments. Oregon State Univ Press, Corvallis

Hansen JE, Takahashi T (eds) (1984) Climate processes and climate sensitivity. Am Geophys Union Geophys Monogr 29

Haq BU, Milliman J (eds) (1984) Marine geology and oceanography of Arabian Sea and coastal Pakistan. Van Nostrand Reinhold, New York

Harland WB, Armstrong RL, Cox AV, Craig LE, Smith AG, Smith DG (1990) A geologic time scale 1989. Cambridge Univ Press

Hart SR, Gülen L (eds) (1989) Crust/Mantle recycling at convergence zones. Kluwer Academic, Dordrecht

Hay WW (ed) (1974) Studies in paleo-oceanography. SEPM Spec Publ 20. Soc Econ Paleontol Mineral, Tulsa, Okla

Heezen BC (ed) (1977) Influence of abyssal circulation on sedimentary accumulations in space and time. Elsevier, Amsterdam

Heezen BC, Tharp M (1964) Physiographic diagram of the South Atlantic Ocean. Geol Soc Am, New York

Heezen BC, Tharp M (1964) Physiographic diagram of the Indian Ocean. Geol Soc Am, New York

Heezen BC, Hollister CD (1971) The face of the deep. Oxford Univ Press, New York

Hemleben Ch, Spindler M, Anderson OR (1989) Modern planktonic foraminifera. Springer, Berlin Heidelberg New York

Hoefs J (1980) Stable isotope geochemistry, 2nd edn. Springer, Berlin Heidelberg New York

Holland HH (1978) The chemistry of the atmosphere and oceans. Wiley, New York

Hollister CD et al. (1993) The concept of deep-sea contourites. Sediment Geol 82

Hovland A, Judd AG (1988) Sea bed pock marks and seepages. Graham and Trotman, London

Hsü KJ (ed) (1986) Mesozoic and Cenozoic Oceans. Geodyn Ser vol 15. Am Geophys Union, Washington DC

Hsü KJ, Weissert HJ (1985) South Atlantic paleoceanography. Cambridge University Press

Hurd DC, Spencer DW (eds) (1991) Marine particles: analysis and characterization. AGU Geophys Monogr. 63. Am Geophys Union, Washington DC

Iijima A, Hein JR, Siever R (eds) (1983) Siliceous deposits in the Pacific region. Elsevier, Amsterdam

Inderbitzen AL (ed) (1974) Deep sea sediments, physical and mechanical properties. Plenum Press, New York

Jones ML (ed) (1985) Hydrothermal vents of the eastern Pacific: an overview. Bull Biol Soc Wash 6

Jones OA, Endean R (eds) (1973) Biology and geology of coral reefs. Academic Press, New York (series)

Jung W, Rabinowitz PD (1988) Free-air gravity anomaly map of the North Atlantic Ocean and its significant features. AAPG Map Ser Am Assoc Petrol Geol, Tulsa, Okla

Keary P, Brooks M (1984) An introduction to geophysical exploration. Blackwell Scientific, Oxford

Keating BH, Fryer P, Batiza R, Boehlert GW (eds) (1987) Seamounts, islands and atolls. AGU Geophys Monogr 43. Am Geophys Union, Washington DC

Kennett JP (1982) Marine geology. Prentice-Hall, Englewood Cliffs NJ

Kennett JP, Warnke DA (eds) (1992) The Antarctic paleoenvironment: a perspective on global change, part 1. Am Geophys Union Antarct Res Ser 56

Kent P, Bott MHP, McKenzie DP, Williams CA (eds) (1982) The evolution of sedimentary basins. Philos Trans R Soc Lond Ser 305A

Kühlmann DHH (1985) Living coral reefs of the world. Arco, New York

Kullenberg G (ed) (1986) The role of the oceans as a waste disposal option. Kluwer Academic, Dordrecht

Kulm LD, Dymond J, Dasch EJ, Hussong DM (eds) (1981) Nazca Plate: crustal formation and Andean convergence. Geol Soc Am Mem 154, Boulder

Kunzendorf H (ed) (1986) Marine mineral exploration. Elsevier, Amsterdam

Leinen M, Samthein M (eds) (1989) Paleoclimatology and paleometerology: modern and past patterns of global atmospheric transport. Kluwer Academic, Dordrecht

Lipps JH, Berger WH, Buzas MA, Douglas RG, Ross CA (1979) Foraminiferal ecology and paleoecology. SEPM Short Course 6. Soc Econ Paleontol Mineral, Tulsa, Okla

Mantura RFC, Martin JM, Wollast R (eds) (1991) Ocean margin processes in global change. Wiley, Chichester

Massin JM (1984) Remote sensing for the control of marine pollution. Plenum Press, New York

McCave IN (ed) (1976) The benthic boundary layer. Plenum Press, New York

KcKelvey VE (1986) Subsea mineral resources. Bull 1689, US Geol Survey, Denver

Mehta AJ, Cushman RM (eds) (1989) Workshop on sea level rise and coastal processes. DOE/NBB-0086. US Department of Energy, Washington SC

Melvin JL (ed) (1991) Evaporites, petroleum and mineral resources. Elsevier, Amsterdam

Menard HW (1986) The ocean of truth: a personal history of global tectonics. Princeton Univ Press, Princeton

Mero JL (1965) The mineral resources of the sea. Elsevier, Amsterdam

Meyer AW, Davies TA, Wise SW (eds) (1991) Evolution of Mesozoic and Cenozoic continental margins. SEPM Symp Mar Geol 102

Milliman JD (1974) Marine carbonates. Springer, Berlin Heidelberg New York

Morgan JP (ed) (1970) Deltaic sedimentation modern and ancient. SEPM Spec Publ 15. Soc Econ Paleontol Mineral, Tulsa, Okla

Morse JW, Mackenzie FT (1990) Geochemistry of sedimentary carbonates. Elsevier, Amsterdam

Murray J, Renard AF (1891) Deep-sea deposits, based on the specimens collected during the voyage of H. M. S. *"Challenger"* in the years 1872–1876. *"Challenger"* Reports. Longmans, London (reprinted by Johnson, London, 1965)

Murray JW (1973) Distribution and ecology of living benthic foraminiferids. Heinemann Educ Books, London

Nairn AEM, Stehli FG (eds) (1973–1988) The ocean basins and margins. Plenum Press, New York

Nierenberg WA (ed) (1991) Encyclopedia of Earth system science, vols 1–4. Academic Press, Orlando, Fla

Nittrouer CA (ed) (1981) Sedimentary dynamics of continental shelves. Elsevier, Amsterdam

Oberhänsli R, Stoffers P (eds) (1988) Hydrothermal activity and metalliferous sediments on the ocean floor. Mar Geol 84, 3/4 (Spec Issue), Elsevier, Amsterdam

Ocean Drilling Program, Proceedings (continuing series). (1988–) ODP, College Station, Texas

Peltier WR (ed) (1989) Mantle convection: plate tectonics and global dynamics. Gordon and Breach, Reading Berkshire

Peryt TM (ed) (1987) Evaporite basins. Springer, Berlin Heidelberg New York

Peterson DH (ed) (1991) Aspects of climate variability in the Pacific and western Americas. AGU Geophys Monogr 55, Am Geophys Union, Washington DC

Pickard GL (1979) Descriptive physical oceanography: an introduction, 3rd edn. Pergamon Press, Oxford

Pickering KT, Hiscott RN, Hein FJ (1989) Deep-marine environments, clastic sedimentation and tectonics. Unwin Hyman, London

Pomerol C, Premoli-Silva I (eds) (1986) Terminal Eocene events. Elsevier, New York

Postma H, Zijlstra JJ (1988) Continental shelves. Elsevier, New York

Price RA (ed) (1989) Origin and evolution of sedimentary basins and their energy and mineral resources. AGU Geophys Monogr 48, Am Geophys Union, Washington DC

Prothero DR, Berggren WA (eds) (1992) Eocene-Oligocene climatic and biotic evolution. Princeton Univ Press, Princeton NJ

Rabinowitz P (1988) Sediment thickness of the Indian Ocean. AAPG Map Ser Am Assoc Petrol Geol, Tulsa, Okla

Ramsay ATS (ed) (1977) Oceanic micropaleontology, 2 vols. Academic Press, London

Reiss Z, Hottinger L (1984) The Gulf of Aqaba, ecological micropaleontology. Springer, Berlin Heidelberg New York

Revelle RR (ed) (1990) Sea-level change. Studies in geophysics National Academy Press, Washington DC

Rice P, Dott RH, Meyerhoff AA (eds) (1972) Continental Shelf – origin and significance. AAPG Reprint Series. Am Assoc Petrol Geol, Tulsa, Okla

Riedel WR, Saito T (eds) (1979) Marine plankton and sediments. Micropaleontol Spec Publ 3. Micropal Press, New York

Riley JP, Skirrow G (eds) (1975) Chemical oceanography, vol 5. Academic Press, London

Romankevich EA (1984) Geochemistry of organic matter in the ocean. Springer, Berlin Heidelberg New York

Rona PA, Lowell RP (eds) (1980) Seafloor spreading centers: Hydrothermal systems. Benchmark Papers in Geology 56. Dowden, Hutchinson and Ross, Stroudsburg, Pa

Ross CA, Haman D (eds) (1987) Timing and depositional history of eustatic sequences: constraints on seismic stratigraphy. Spec Publ Cushman Found Foram Res 24

Round FE, Crawford RM, Mann DG (1990) The diatoms: biology and morphology of the genera. Cambridge University Press

Rowe GT (ed) (1983) The sea, vol 8. Deep-sea biology. Wiley Interscience, New York

Rowe GT, Pariente V (eds) (1992) Deep-sea food chains and the global carbon cycle. Kluwer Academic, Dordrecht

Ruddiman WF, Wright HE (eds) (1987) North America and adjacent oceans during the last deglaci-
ation. The geology of North America, K-3, Geol Soc Am Boulder, Colo

Rumohr J, Walger E, Zeitzschel B (eds) (1987) Seawater-sediment interactions in coastal waters.
Springer, Berlin Heidelberg New York

Sawkins FJ (1990) Metal deposits in relation to plate tectonics, 2nd edn. Springer, Berlin Heidelberg
New York

Saxon S, Nieuwenhuis J (1982) Marine slides and other mass movements. Plenum Press, New York

Scholl D, Grantz A, Vedder J (eds) (1987) Geology and resource potential of the continental margin
of western North America and adjacent ocean basins – Beaufort Sea to Baja California. Am
Assoc Petrol Geol, Tulsa, Okla

Scholle PA, Spearing D (eds) (1982) Sandstone depositional environments. AAPG Mem 31. Am
Assoc Petrol Geol, Tulsa, Okla

Scholle PA, Bebout DG, Moore CH (eds) (1983) Carbonate depositional environments. AAPG Mem
33. Am Assoc Petrol Geol, Tulsa, Okla

Schopf, TJM (1980) Paleoceanography. Harvard Univ Press, Cambridge Mass

Schroeder JH, Purser BH (eds) (1986) Reef diagenesis. Springer, Berlin Heidelberg New York

Schwartz ML (ed) (1982) The encyclopedia of beaches and coastal environments. Hutchinson Russ,
Stroudsburg, Pa

Schwarz HU (1982) Subaqueous slope failures, experimental and modern occurrences. Contrib
Sedim 11. Schweizerbart, Stuttgart

Scoffin TP (1987) An introduction to carbonate sediments and rocks. Blackie, Glasgow

Scott DB, Pirazolli PA, Honig CA (eds) (1989) Late Quaternary sea-level correlation and applica-
tions. Kluwer Academic, Dordrecht

Scrutton RA (ed) (1982) Dynamics of passsive margins. AGU Geodyn Ser 6. Am Geophys Union,
Washington DC

Selley RC (1976) An introduction to sedimentology. Academic Press, London

Selley RC (1988) Applied sedimentology. Academic Press, London

Seyfert CK, Sirkin LA (1979) Earth history and plate tectonics: an introduction to historical geology,
2nd edn. Harper and Row, New York

Shea JH (ed) (1985) Plate tectonics. Van Nostrand Reinhold, New York

Shepard FP (1963) Submarine geology, 2nd edn. harper and Row, New York

Shepard FP, Marshall NF, McLoughlin PA, Sullivan, GG (1979) Currents in submarine canyons and
other sea valleys. AAPG Stud 8. Am Assoc Petrol Geol, Tulsa, Okla

Sheridan RE, Grow JA (eds) (1988) The Atlantic continental margin: U.S. The geology of North
America, vol I-2. Geol Soc Am, Boulder

Silver LT, Schultz PH (eds) (1982) Geological implications of impacts of large asteroids and comets
on the Earth. Geol Soc Am Spec Pap 190

Slansky M (1986) Geology of sedimentary phosphates. Elsevier, Amsterdam

Sliter WV, Bé AWH, Berger WH (eds) (1975) Dissolution of deep-sea carbonates. Cushman Found
Foram Res, Spec Publ 13

Snelling NJ (ed) (1985) The chronology of the geological record. Geol Soc Lond, London

Stanley DJ, Moore GT (eds) (1983) The shelf break: critical interface on continental margins. SEPM
Spec Publ 33, Soc Econ Paleontol Mineral, Tulsa, Okla

Stein R (1991) Accumulation of organic carbon in marine sediments. Lecture Notes in Earth
Sciences. Springer, Berlin Heidelberg New York

St. John B (1984) Sedimentary provinces of the world. AAPG Map Ser Am Assoc Petrol Geol,
Tulsa, Okla

Stow DAV, Piper DJW (eds) (1984) Fine-grained sediments: deep-water processes and facies. Geol
Soc Lond Spec Publ 15

Sutton GH, Manghnani M-H, Moberly R (eds) (1976) The geophysics of the Pacific Ocean basin
and its margin. AGU Geophys Monogr 19. Am Geophys Union, Washington DC

Swift DJP, Palmer HD (eds) (1978) Coastal sedimentation. Benchmark Papers in Geology. Dowden
Hutchinson Ross, Stroudsburg Pa

Talwani M, Pitman WC (eds) (1977) Island arcs, deep sea trenches, and back-arc basins. AGU Maurice Ewing Ser, vol 1. Am Geophys Union, Washington DC

Talwani M, Harrison CG, Hayes DE (eds) (1979) Deep drilling results in the Atlantic Ocean: ocean crust. AGU Maurice Ewing Ser 2. Am Geophys Union, Washington DC

Talwani M, Hay W, Ryan WBF (eds) (1979) Deep drilling results in the Atlantic Ocean: continental margins and paleoenvironment. Maurice Ewing Ser 3 Am Geophys. Union, Washington DC

Tarling DH (1983) Paleomagnetism. Chapman and Hall, London

Tarling DH, Tarling MP (1971) Continental drift: a study of the Earth's moving surface. Bell, London

Taylor B, Exon NF (eds) (1987) Marine geology, geophysics, and geochemistry of the Woodlark Basin – Solomon Islands. Am Assoc Petrol Geol, Tulsa, Okla

Thiede J, Suess E (eds) (1983) Coastal upwelling – its sediment record. Part B: Sedimentary records of ancient coastal upwelling. Plenum Press, New York

Tillman RW, Ali SA (eds) (1982) Deep water canyons, fans, and facies: models for stratigraphic trap exploration. AAPG Reprint Ser 26. Am Assoc Petrol Geol, Tulsa, Okla

Trabalka JR (ed) (1986) Atmospheric carbon dioxide and the global carbon cycle US Dept Energy, US Gov Printing Office, Washington DC

Tucholke B, Fry V (1985) Basement structure and sediment distribution in the NW Atlantic Ocean. AAPG Map Ser Am Assoc Petrol Geol, Tulsa, Okla

Turcotte DL, Schubert G (1982) Geodynamics. Wiley, New York

Turekian KK (ed) (1971) The late Cenozoic glacial ages. Yale Univ Press, New Haven, Conn

van Andel TjH, Heath GR, Moore TC (1975) Cenozoic tectonics, sedimentation and paleooceanography of the central Pacific. Geol Soc Am Mem 143 Boulder

van der Zwaan GJ, Jorissen FJ, Zachariasse WJ (eds) (1992) Approaches to paleoproductivity reconstructions. Mar Micropalentol 19 (1/2). Elsevier, Amsterdam

van Straaten LMJU (ed) (1964) Deltaic and shallow marine deposits. Elsevier, Amsterdam

Vogt PR, Tucholke BE (1986) The western North Atlantic region. The geology of North America, vol M. Geol Soc America, Boulder

von Rad U, Hinz K, Sarnthein M, Seibold E (eds) (1982) Geology of the northwest African continental margin. Springer, Berlin Heidelberg New York

Vorren TO, Bergsager E, et al. (eds) (1992) Arctic geology and petroleum potential. Elsevier, Amsterdam

Walsh JJ (1988) On the nature of continental shelves. Academic Press, Orlando Fla

Watkins JS, Mountain GS (eds) (1990) Role of ODP drilling in the investigation of global change in sea level. JOI/USSAC Office, Washington DC

Watkins JS, Montadert L, Dickerson PW (eds) (1979) Geological and geophysical investigations of continental margins. Am Assoc Petrol Geol Mem 29, Tulsa, Okla

Weaver CE (1989) Clays, muds, and shales. Elsevier, Amsterdam

Wiens HJ (1962) Atoll environment and ecology. Yale Univ Press, New Haven Conn

Winterer EL, Hussong DM, Decker RW (1989) The eastern Pacific Ocean and Hawaii. The geology of North America, vol N. Geol Soc America, Boulder

Wolf KH, Chilingarian GV (eds) (1992) Diagenesis III. Elsevier, Amsterdam

Yarborough H, Emery KO, Dickinson WR, Seely DR, Dow WG, Curray JR, Vail PR (1977) Geology of continental margins. AAPG Course Notes 5. Am Assoc Petrol Geol, Tulsa, Okla

Ziegler PA (1988) Evolution of the Arctic-North Atlantic and western Tethys. AAPG Mem 43. Am Assoc Petrol Geol Tulsa, Okla

해양지질학이란 주제와 관련된 중요한 연구논문집

Published by the American Geophysical Union (Washington, D. C.): Journal of Geophysical Research; EOS, Transactions; Paleoceanography; Maurice Ewing Series (monographs).

Published by the Geologic Society of America (Bouler, Colorado): Bulletin of the G. S. A.; Geology; G. S. A. Memoir.

Published by the American Association of Petroleum Geologists (Tulsa, Oklahoma): AAPG Bulletin; AAPG Memoir.

Published by the Society of Economic Paleontologists and Mineralogists (Tulsa, Oklahoma): J. Sedim. Petrol.; SEPM Special Publ.

Published by the American Association for the Advancement of Science (Washington, D. C.): Science

Published by the Royal Astronomical Society, Deutsche Geophysikalische Gesellschaft and European Geophysical Society (Blackwell, Oxford): Geophysical Journal International (formerly Geophys. J. of the Roy. Astr. Soc.).

Published by the European Union of Geosciences (Blackwell, Oxford): Terra Nova.

Published by Macmillan Magazines Ltd., London: Nature.

Published by Elsevier, Amsterdam: Earth and Planetary Science Letters; Marine Geology; Palaeogeography, Palaeoclimatology, Palaeoecology; Marine Micropaleontology.

Published by Pergamon Press, Oxdford: Geochimica et Cosmochimica Acta; Deep-Sea Research.

부록

A1 미국식 도량형과 미터법 간의 단위 전환

온도

C = (F - 32) · 5/9

F = C × 9/5 + 32 : C는 섭씨온도, F는 화씨온도

물의 어는점 : 0˚C, 32˚F

물의 끓는점 : 100˚C, 212˚F

일반상온 : 20˚C, 68˚F

켈빈온도(절대온도) = 섭씨온도 + 273.2˚

길이

1cm = 0.394inch

1m = 3.281feet

1km = 0.621miles

1cm = 10mm(밀리미터)

1inch = 2.54cm

1ft = 0.305m

1mile(마일) = 1.609km

1mile(해리) = 1.852km

1mm = 1,000μm(마이크로미터)

부피

1liter = 1,000milliliters = 0.264 US gallons

1US gallons = 3.781ℓ

1barrel(oil) = 42gallons

질량

1kg＝1,000 g＝2.205pounds

1pound＝0.454kg

1metric ton＝1,000kg＝1.102short tons

A2 지형의 통계적 수치

지구

적도 반지름＝6,378km

극 반지름＝6,356km

면적＝$510 \times 10^6 \text{km}^2$

부피＝$1.083 \times 10^{12} \text{km}^3$

북반구 : 해양이 북반구의 61% 차지

남반구 : 해양이 남반구의 81% 차지

해저＝지구 표면의 71%

해양

대서양(북극 및 주변 해역 포함)

면적＝$107 \times 10^6 \text{km}^2$

부피＝$351 \times 10^6 \text{km}^3$

태평양

면적＝$181 \times 10^6 \text{km}^2$

부피＝$714 \times 10^6 \text{km}^3$

인도양

면적＝$74 \times 10^6 \text{km}^2$

부피＝$285 \times 10^6 \text{km}^3$

전체 해양

면적＝$362 \times 10^6 \text{km}^2$

부피＝$1,347 \times 10^6 \text{km}^3$

깊이 : 표 2.2 참조

출처 : H. U. Sverdrup 외 (1942). The oceans, Prentice Hall, Englewood Cliffs, New Jersey.

대륙붕 : 표 2.1 참조

A3 지질시대표

세(Epoch)	(period)		대(Era)
홀로세(=현세)	제4기(인류의 시대)		
플라이스토세			
플라이오세			신생대
마이오세			
올리고세	제3기(포유류의 시대)		
에오세			
팔레오세			
	백악기		
	쥐라기		중생대
	트라이아스기		
	페름기		
	석탄기	펜실베니아기	
		미시시피기	
	데본기		고생대
	실루리아스기		
	오르도비스기		
	캄브리아기		
	선캄브리아시대 ↓ 3,800(가장 오래된 암석) 지구의 탄생		

왼쪽 연대 경계값: 0.01, 1.7, 5, 23, 37, 53 / 135, 205 / 290, 360, 410, 438, 510

오른쪽 연대 경계값: 65, 250, 570, 4600

숫자는 백만 년의 경계를 나타낸다. 고생대, 중생대, 신생대로 이루어진 현생이언 (Phanerozoic Eon)이 겨우 지구 역사의 1/8을 차지한다는 점에 주목하라. 이 외의 모든 시간은 선캄브리아시대에 속한다. 심해의 기록은 쥐라기부터 시작된다(9장 참조). 홀로세는 가장 최근이며 짧은 기간이다. 약 10,000년 전 캐나다와 스칸디나비아의 거대한 빙원이 사라지면서 시작되었다.

자료출처 : Episodes, 1989, 12,2. International Union of Geological Sciences.

A4 일반 광물

규산염광물

가장 풍부하고 지각을 구성하는 광물. SiO_4-사면체 기
본구성(그림 A4.1 참조).

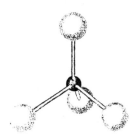

그림 A4.1 SiO_4-사면체, 4개
의 산소원자가 1개의 규소원
자를 둘러싼 형태.

석영. SiO_2. 망상구조 : 각각의 사면체가 다른 사면체와
모든 산소를 공유한다. 화강암과 퇴적물에서 발견된
다. 단백석＝불규칙적 수산화 규소($SiO_2 \cdot nH_2O$)

장석. 석영과 같은 구조. 일부 사면체 구조에서 Al에 의해 Si가 치환된 음전하가 양이온
에 평형을 이룬다. 거의 모든 암석에서 발견된다. 예 :

조장석(Albite) $NaAlSi_3O_8$

회장석(Anorthite) $CaAl_2Si_2O_8$

미사장석(Microcline) $KAlSi_3O_8$

운모. 판상구조 : 각각의 사면체는 3개의 산소들에 묶여 있다. 판들은 양이온으로 결합
되어 있다. 매우 흔하다. 예 :

백운모(Muscovite) $KAl_2(AlSi_3)O_{10}(OH)_2$

흑운모(Biotite) $KMg_3(AlSi_3)O_{10}(OH)_2$(항상 철을 포함한다)

점토광물. 운모와 비슷하다. 하지만 양이온이 부족하다. 점토광물의 구조를 살펴보기
위해서는 그림 8.7을 참조하시오. 퇴적물과 저변성암에 풍부하다. 장석, 운모를 포
함한 암석의 화학적 풍화작용 동안 형성된다. 예 :

몬모릴로나이트(Montmorillonite)(＝스멕타이트; smectite)$(Al,Fe^{3+},Mg)_3$
$(OH)_2[(Si,Al)_4O_{10}]Na \cdot nH_2O$

일라이트(illite) $(K,H_3O)Al_2(H_2O,OH)_2[AlSi_3O_{10}]$

녹니석(Chlorite) $(Al,Mg,Fe)_3(OH)_2(Al,Si)_4O_{10}Mg_3(OH)_6$

카올리나이트(Kaolinite) $Al_4(OH)_8[Si_4O_{10}]$

각섬석 유형 광물. 이중사슬구조. 변성암과 많은 화성암에 풍부하다. 예 :

각섬석(Amphibole) $(Ca_2Mg_5)[Si_8O_{22}](OH)_2$

보통휘석 유형 광물. 단일 사슬구조. 현무암에 풍부하다. 예 :

휘석(Pyroxene) $(Mg,Fe)SiO$

감람석 계열. $(Mg,Fe)SiO_4$ 양이온으로 결합된 단일 사면체. 현무암에 풍부하다.

제올라이트. 장석과 같은 구조이지만 틈 사이에 물을 포함. 일반적으로 화산성 기원 퇴적물과 심해 점토에 나타난다. 예 :

회십자비석(Phillipsite) $(1/2Ca,NA,K)_3[Al_3Si_5O_{16}]6 \cdot H_2O$

클리노티올라이트(Clinoptilotite) $(CaNa_2)[Al_2Si_7O_{18}] \cdot 6H_2O$

비규산염광물

탄산염. 생물기원 퇴적물. 예 :

방해석(Calcite) $CaCO_3$ 골격, 표 3.3 참조

아라고나이트(Aragonite) $CaCO_3$ 골격, 표 3.3 참조

백운석 혹은 돌로마이트(Dolomite) $CaMg(CO_3)_2$ 속성과정, 3장 참조

증발암 광물. 해수의 증발. 예 :

경석고(Anhydrite) $CaSO_4$

석고(Gypsum) $CaSO_4 \cdot 2H_2O$

암염(Halite) $NaCl$

사리염(Epsomite) $MgSO_4 \cdot 7H_2O$

비쇼파이트(Bischofite) $MgCl_2 \cdot 6H_2O$

카널라이트(Carnallite) $KMgCl_3 \cdot 6H_2O$

산화철과 황화물. 화성암과 퇴적암에서 흔히 발견. 예 :

침철석(Goethite) $\alpha - FeOOH$

인철광(Lepidocrocite) $\gamma - FeOOH$

갈철석(Limonite) $FeOOH \cdot nH_2O$

적철석(Hematite) $a - Fe_2O_3$

자철석(Magnetite) Fe_3O_4

황철석(Pyrite) FeS_2

백철석(Marcasite) FeS_2

수단황철석(Hydrotroilite) $FeS_2 \cdot nH_2O$

중광물(3.5.2절 참조)

인회석(Apatite) $Ca_5(PO_4)_3(F,Cl,OH)$

보통휘석(Augite) Ca,Mg,Fe - silicate

중정석(Barite) $BaSO_4$

녹렴석(Epidote) Ca,Fe,Al - silicate

석류석(Garnet) Mg,Ca,Fe,Al - silicates

해록석(Glauconite) K,Fe - mica

적철석(Hematite) 산화철

각섬석(Hornblende) Ca,Fe,Na,K,Mg,Al - silicates(안산암에서 흔히 발견됨)

티탄철석(Ilmenite) $FeTiO_3$

갈철석(Limonite) (수)산화철

백철석(Marcasite) 황화철

자철석(Magnetite) 산화철

감람석(Olivine) Mg,Fe,Ca - silicates(해양지각에서 흔히 발견됨)

황철석(Pyrite) 황화철

휘석(Pyroxene) Mg,Fe,Ca - silicates(현무암에서 흔히 발견됨)

금홍석(Rutile) TiO_2

설석(Titanite) Ca,Ti - silicate

지르콘(Zircon) Zr - silicate

자료출처 : any mineralogy textbook

A5 퇴적물의 입자 크기 분류

거력		자갈		모래		실트		점토
mm	256		2		0.063		0.004(a)	

(a) 일부 분류에서는 0.002mm를 사용한다.

A6 일반 암석의 종류

화성암

고온의 유체 마그마로 결정화된 광물의 집합체(주로 규산염으로 구성). 느린 냉각은 조립한 결정을 형성하며, 관입암이 대표적이다. 빠른 냉각은 세립한 결정을 형성하며, 분출암(화산의 용암)이 대표적이다. 광물의 유형(고규산염부터 저규산염광물까지)에 따른 분류와 결정 크기에 따른 분류가 있다.

관입암(조립질 결정)	분출암(세립질 결정)	
화강암(Granite)	유문암(Rhyolite)	이산화규소 비율 감소
화강섬록암(Granodiorite)	석영안산암(Dacite)	마그네슘과 철의 비율 증가
섬록암(Diorite)	안산암[a](Andesite)	↓
반려암(Gabbro)	현무암[b](Basalt)	
감람암(Peridotite)	현무암[b](Basalt)	
두나이트(Dunite)	현무암(Basalt)	

[a]대표적으로 호상열도와 해구의 육지 방향에서 발견되는 화산암(안데스 산맥!). 지구 내부로 섭입하는 해양판의 일부가 녹는 과정은 안산암 형성의 주요 프로세스이다(그림 A6.1 참조).
[b]심해의 대표적인 기반암은 퇴적물 아래의 해양지각이다.

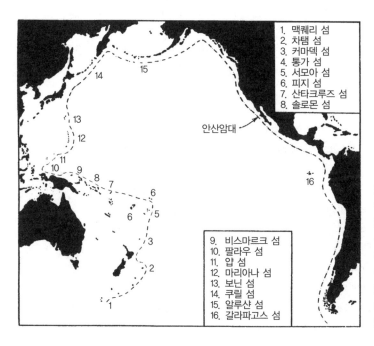

안산암대

1. 맥쿼리 섬
2. 차탐 섬
3. 커마덱 섬
4. 통가 섬
5. 서모아 섬
6. 피지 섬
7. 산타크루즈 섬
8. 솔로몬 섬

9. 비스마르크 섬
10. 팔라우 섬
11. 얍 섬
12. 마리아나 섬
13. 보닌 섬
14. 쿠릴 섬
15. 알루샨 섬
16. 갈라파고스 섬

그림 A6.1 안산암대.'안산암대'는 안산암과 현무암 화산지대를 구분한다. 이 경계의 인식은 판구조론보다 수십 년 앞선다(그림 1.2 참조). 그림출처 : Kuenen Ph H (1950) Marine Geology. John Wiley and Sons, New York.

퇴적암

고화된 퇴적물. 다양한 비율의 광물, 암석조각, 껍질 그리고 비정형의 물질들로 구성된 입자들의 집합체. 풍화, 이송, 퇴적, 변성, 교결작용에 의해 형성됨. 입자의 크기에 의한 분류와 구성성분에 의한 분류가 있다.

쇄설성 암석

(고화되지 않은 상태)	(고화된 상태)	
자갈	역암(Conglomerate)	입자 크기의 감소
모래	사암(Sandstone)	
실트	실트암(Siltstone)	↓
점토	점토암(Claystone)	
머드[a]	이암(Mudstone)	
	셰일[b](Shale)	

[a]머드는 실트와 점토의 혼합물.
[b]셰일은 가장 흔한 퇴적암. 실트암, 점토암 그리고 이암이 적층된 형태로 층리면의 일부를 구성한다.

사암과 실트암의 대표적인 예 :

석영사암(Quartz sandstone) : 퇴적암의 재순환을 통해 형성된다(석영은 풍화에 강함).

장석질 사암(Arkose) : 장석이 풍부한 사암으로 화강암이나 화강섬록암의 풍화로 형성된다.

잡사암(Graywacke) : 풍부한 점토와 바위조각들이 경화된 혼합모래. 활성형 주변부에 쌓인 퇴적물과 유사한 구성 성분을 지닌다(그림 2.7 참조).

화학암

수용액이나 유기물 혹은 무기물 침전에 의해 만들어진 광물의 집합체. 기원과 구성 성

(생물기원)	(비생물기원)
산호초 석회암(Reef-limestone)	백운석(Dolomite)
층상 석회암(Bedded limestone)	증발암(Evaporite)
처트[a](Chert)	
석탄(Coal)	
인회암(Phosphorite)	

[a]처트는 규화된 이암부터 매우 세립한 석영까지 범위의 일련의 암석을 나타낸다. 이산화규소(SiO_2,석영)는 생물기원의 단백석(opal)으로부터 유래한다.

분에 따른 분류가 있다.

변성암

용액 투입에 의한 물질 첨가와 관계없이 고온·고압에 의해 화성암이나 퇴적암이 재결정 또는 변형되어 만들어진 광물의 집합체. 엽리의 정도, 광물의 종류 그리고 입자 크기에 따른 분류가 있다. 활성형 주변부에서 발견된다(그림 2.7 참조).

비엽리구조(nonfoliated)

혼펠스(Hornfels) : 셰일, 응회암 그리고 용암으로부터 형성

대리암(Marble) : 석회석과 백운석으로부터 형성

규암(Quartzite) : 석영사암으로부터 형성

각섬암(Amphibolite) : 현무암 물질 또는 퇴적물과 관련되어 형성

백립암(Granulite) : 셰일, 경사암 또는 안산암으로부터 형성

엽리구조(foliated)

점판암(Slate) : 셰일과 응회암으로부터 형성

편암(Schist) : 현무암, 안산암, 응회암 또는 셰일로부터 형성

편마암(Gneiss) : 화강암, 섬록암, 편암 그리고 셰일 등으로부터 형성

출처 : any geology text book

A7 지화학적 통계

지각, 해양 그리고 대기의 화학적 구성요소

	대륙지각	대양지각	해수	대기
O	46.3	43.6	85.8	21.0
Si	28.1	23.9	–	–
Al	8.2	8.8	–	–
Fe	5.6	8.6	–	–
Ca	4.2	6.7	0.04	–
Na	2.4	1.9	1.1	–
Mg	2.3	4.5	0.14	–
K	2.1	0.8	0.04	–
Ti	0.6	0.9	–	–
H	0.14	0.2	10.7	–
P	0.10	0.14	–	–
Cl	–	–	2.0	–
N	–	–	–	78.1
Ar	–	–	–	0.9
CO_2	–	–	tr	0.03
	100.0	100.0	99.8	100.0

지각은 주로 알루미노규산염으로 구성된다. 알루미노규산염은 양이온으로 알칼리원소과 알칼리토 금속원소를 함유하고, 규산염의 내·외부에 철이 들어 있다. 대륙지각의 구성 성분은 화강섬록암과 유사하고 해양지각의 구성 성분은 현무암과 유사하다. 해수는 염화나트륨이 대부분을 차지한다. 대기는 질소와 산소가 혼합되어 있고, 두 원소는 생물학적 순환과 밀접하게 연결되어 있다.

화강암과 퇴적암의 구성요소

	화성암(대륙)	퇴적암(대륙)	솔레아이트 (tholeitic) 현무암	알칼리 감람석 현무암(해저 화산)	적점토(심해)
SiO_2	59.1	57.9	50.2	48.2	53.7
Al_2O_3	15..3	13.3	16.2	16.5	17.4
FeO	3.8	2.1	7.1	7.6	0.5
Fe_2O_3	3.1	3.5	2.6	4.2	8.5
CaO	5.1	5.9	11.4	9.1	1.6
Na_2O	3.8	1.1	2.8	3.7	1.3
MgO	3.5	2.7	7.7	5.3	4.6
K_2O	3.1	2.9	0.2	1.9	3.7
H_2O	1.1	3.2	$<1^a$	$<1^a$	6.3
TiO_2	1.1	0.6	1.5	2.9	1.0
MnO	–	0.1	0.2	0.2	0.8
P_2O_5	0.3	0.1	0.1	0.5	0.1
CO_2	0.1	5.4	–	–	0.4
C(org)	–	0.7	–	–	0.1
SO_3	–	0.5	–	–	–
	99.4	100.0	99.8	99.9	100.0

a) 계산시 0으로 가정하였다.

전체적으로 화강암과 퇴적암의 구성요소는 매우 유사하다(표의 1열과 2열). 퇴적물 내의 나트륨(Na_2O)의 부족과 해수 속의 풍부함을 주목하라. 또한 탄산염퇴적물에서의 높은 이산화탄소, 석탄이 풍부한 물질에서의 높은 탄소 농도와 증발암에서의 높은 황 농도에 주목하라. 해저면의 현무암과 대륙지각의 화강암은 산화철, 칼슘, 마그네슘 그리고 칼륨의 양에서 차이가 있다. 적점토의 구성 성분은 일반적으로 퇴적암과 비슷하지만, 탄산염의 고갈(용해)과 망간의 풍부도 면에서 차이가 있다. 또한 황(증발암 아닌)과 탄소(높은 산화율)의 차이에 주목하라(자료출처 : Fairbridge R. W. ed. 1972 The encyclopedia of geochemistry and environmental sciences, Van Nostrand Reinhold C. New York; A. E. J. Engel and C. G. Engel, 1971 in A. Maxwell [ed] The Sea vol. 4 pt. 1, 465-519, John Wiley and Sons, New York).

A8 방사성 동위원소와 연대측정

일반적인 내용. 몇몇 원자들의 핵은 방사선을 방출하고, 그 결과 원자 본래의 특성이 변한다. 양성자의 수가 같은 원자들을 '동위원소'라고 하며, 이 중 핵에서 방사선을 방출하는 동위원소를 방사성동위원소라고 한다. 대부분의 원소들이 안정적이거나 불안정적인(=방사성) 동위원소를 모두 갖지만 납보다 무거운 원소는 전반적으로 불안정한 경향을 보인다. 핵에서 방출되는 방사선은 알파 입자, 베타 입자 그리고 감마선이 있다. 알파 입자는 2개의 중성자와 2개의 양성자(헬륨의 핵)로 구성된다. 베타 입자는 고속의 전자이고 감마선은 X-선과 비슷하지만 더 큰 에너지를 갖는다.

특정 원자의 핵이 방사선을 방출(또는 '붕괴')할 가능성은 원자의 나이와 환경(압력, 온도, 화학적 조건)에 영향을 받지 않는다. 이를 통해, 주어진 방사성동위원소의 개수는 간단한 지수법칙에 따라 감소함을 알 수 있다. 이는 다음과 같이 쓸 수 있다.

$$N/N_o = e^{-\lambda t}$$

여기에서 N/N_o는 시간 t가 지난 후에 남아 있는 원자의 비율이고, λ는 붕괴상수이다. $N/N_o = 1/2$일 때 방정식을 풀어서 얻은 시간 t를 반감기라고 한다.

$$t_{1/2} = \ln 2/\lambda$$

붕괴하는 동위원소를 모원자라고 하고 붕괴 결과 새로운 동위원소를 자원자라고 부른다. 지질연대학적인 연대측정은 모원자 그리고(또는) 자원자의 양을 측정함으로써 시행된다. N/N_o 값을 안다면, 붕괴상수와 시간을 구할 수 있다.

방사선의 유형

지질학적 기록에서 시간을 측정하는 데에 세 가지 유형의 방사선이 적합하다.

첫 번째는 방사선동위원소의 일차적인 방사능으로 매우 긴 반감기를 가지고 지구의 형성 이래로 존재한다. 이러한 방사성동위원소는 ^{40}K, ^{87}Rb, ^{232}Th, ^{235}U, ^{238}U이다. ^{40}K에서 ^{40}Ar으로의 붕괴는 화산암석의 연대측정에 사용된다(K-Ar 연대측정). 이러한 연대측정은 해저면에 존재하는 지자기비정상 정도의 시간규모를 측정한다(1장 참조).

^{87}Rb에서 ^{87}Sr으로의 붕괴는 화성암과 운석의 연대측정 그리고 변성작용 시기를 측정하기 위해 사용된다(Rb-Sr 방식). 또한 이 방식은 해저면 해양 현무암에 ^{87}Sr/^{86}Sr 비율의 차이로 나타나는 상부 맨틀의 불균질성을 연구하기 위해 사용되기도 한다. ^{232}Th에서 ^{208}Pb로의 붕괴계열에는 6개의 알파단계가 있다(각 단계에서 원자 무게가 이전 모원자보다 4 정도 감소). ^{232}Th 붕괴는 특정 광물의 재결정 시간의 연대측정에 사용된다. 특히 두 개의 우라늄 붕괴계열은 플라이스토세 퇴적층의 연대측정에 중요하다.

또 다른 방사능 유형은 2차방사능이라고 불린다. 붕괴계열을 따라 자원자로부터의 알파, 베타, 감마의 방출에 이차방사능이 있다. 세 번째 방사능 유형은 우주선으로 유도된 방사선이다. 특정 방사성동위원소는 우주선이 대기와 해양에 충돌하여 계속적으로 형성된다. 2차방사능의 양은 지구에서 생산과 방사능으로의 붕괴의 평형을 나타낸다. 예로는 탄소-14, H-3(삼중수소), Be-7, Be-10 그리고 Si-32가 있다.

네 번째 방사능 종류는 — 인간에 의해 형성되는 형태로 — 급격한 지질학적 과정의 속도를 측정하는 데 유용하다. 물의 움직임, 퇴적물의 퍼짐, 해저면에서의 퇴적물 혼합 그리고 유기물을 만드는 골격의 성장률과 같은 것들을 측정할 수 있다. 예를 들어, 충돌에 의해 형성된 삼중 수소(^{3}H)와 C-14가 해양에서 퍼지는 정도는 심층수의 형성 속도와 탄소순환의 속도에 대한 단서를 제공한다. 해저면에서 플루토늄이 퇴적물에 침투하는 깊이는 저서생물의 활동에 대한 무언가를 나타낸다. 우라늄의 자연적인 붕괴에서 몇몇 붕괴시간이 짧은 동위원소 역시 저서생물 연구에 사용된다.

우라늄 붕괴

우라늄 붕괴에는 ^{238}U과 ^{235}U 붕괴계열이 있다. 두 원소 중에 더 무거운 동위원소가 더 풍부하다(99.27% vs 0.72%). 두 계열은 다음과 같은 알파와 베타 붕괴로 진행된다(각 화살표가 반감기를 나타낸다).

$$^{238}U \xrightarrow[4.49 \cdot 10^9 \text{yrs}]{\alpha} {}^{234}Th \xrightarrow[24.1\text{ds}]{\beta} {}^{234}Pa \xrightarrow[1.18\text{min}]{} {}^{234}U \xrightarrow[2.48 \cdot 10^5 \text{yrs}]{\alpha} {}^{230}Th \xrightarrow[7.5 \cdot 10^4 \text{yrs}]{\alpha} {}^{226}Ra$$

$$^{226}Ra \xrightarrow[1622\text{yrs}]{\alpha, \alpha, \alpha, \beta, \beta, \alpha} {}^{210}Pb \xrightarrow[22\text{yrs}]{\beta, \beta, \alpha} {}^{206}Pb(\text{stable})$$

$$^{235}\text{U} \xrightarrow[7.13 \cdot 10^8 \text{yrs}]{\alpha} {}^{231}\text{Th} \longrightarrow {}^{231}\text{Pa} \xrightarrow[3.25 \cdot 10^4 \text{yrs}]{\alpha} {}^{277}\text{Ac} \xrightarrow[22\text{yrs}]{\beta} {}^{227}\text{Th} \xrightarrow[18.6\text{ds}]{\alpha} {}^{223}\text{Ra}$$

$$^{223}\text{Ra} \xrightarrow[11.1\text{ds}]{\alpha, \alpha, \alpha, \beta, \alpha, \beta} {}^{207}\text{Pb(stable)}$$

시작과 끝의 원소비율과 안정한 결과물(Pb‑Pb 방법) 사이의 비율은 긴 시간규모의 지질 연대측정에 사용된다. 상대적으로 짧은 반감기의 중간 생성물은 플라이스토세의 연대측정을 가능하게 한다. 퇴적물의 축적과 자라난 산호초 해안단구의 나이는 우라늄 계열 분석으로 연대측정이 가능하다.

퇴적물의 연대측정은 우라늄의 자원자인 Th과 Pa보다 U의 용해도가 훨씬 더 큰 점을 관측하면서 시작된다. 붕괴산물인 Th과 Pa은 그림 A.8.1에서 나타나는 단계에서

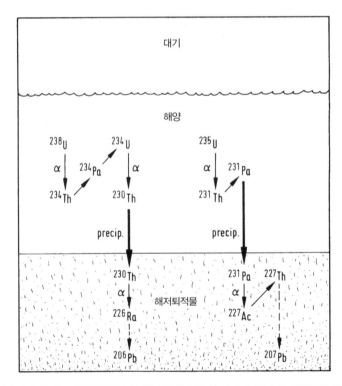

그림 A8.1 해양에서의 우라늄 계열 동위원소의 행동 양상. U은 Th과 Pa보다 높은 용해도를 갖기 때문에 Th과 Pa은 직전의 모원자(U)의 붕괴로 형성되었을 때 석출된다. ^{230}Th와 ^{231}Pa은 각 계열에서 가장 오랜 기간 체류하는 동위원소이다. 그래서 이 요소들은 퇴적물에 도달하는 시간을 기록한다(W. M. Sackett, 1964. Ann N Y Acad Sci 119 : 340).

퇴적물로 유입된다. 이 단계에서 특정 원소들이 불용해성 혼합물을 만들고, 이 혼합물은 입자 내의 침전물 형태로 오랜 기간 존재하여 해저면에 도달할 수 있다. 이때 퇴적물 내에서 느린 속도로 붕괴가 계속된다. ^{230}Th의 반감기는 75,000년이고, ^{231}Pa는 32,500년이다.

그림 A8.1로부터 퇴적물 내에서 230Th과 231Pa가 238U과 235U에서 생성될 것으로 예상한 양을 초과하여 발생함을 확인할 수 있다. 또한 자원자(230Th, 231Pa)의 붕괴가 느리게 발생하기 때문에(상대적으로 226U과 227U에 비해) 이 초과량은 퇴적물의 나이와 함께, 즉 코어의 하부로 갈수록 줄어들 것이다. 이러한 예상들은 맞아 떨어졌고, 코어 하부에서 230Th 초과량(또는 231Pa 초과량) 감소는 퇴적률의 측정을 가능하게 한다(그림 A8.2).

그림에서 Th의 방사능의 양은 코어의 깊이에 반비례하게 나타난다. Th 방사능은

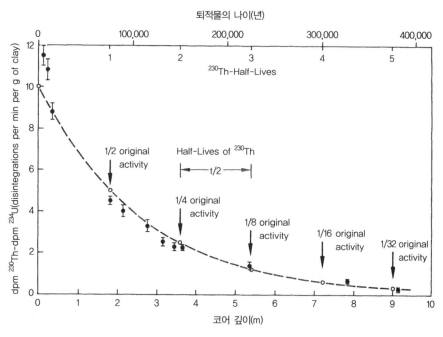

그림 A8.2 카리브해 심해 저층으로부터의 심해 코어(V 12–122)의 Th 연대측정(17°00'N, 74°24'W, 2,800m, 코어 길이 10.95m). 234U의 붕괴로 공급되지 않는 일부 230Th 방사능은 탄산칼슘 성분이 없는 환경에서 분당 분해율로 표현되어 있다. 점선과 원(○)은 방사능의 감소를 나타낸다. 이는 초기 값이 10dpm, 퇴적률 2.4cm/1000년이고, 전체 시간 동안 ^{230}Th 공급량의 변화가 없다고 가정했을 때의 예상 수치이다(자료출처 : T. L. Ku and W. S. Broecker, 1966, Science 151 : 448).

^{230}Th의 직전 모원자인 ^{234}U의 분당 분해율의 차이로 나타난다. 이 차이는 ^{230}Th의 공급되지 않음 또는 초과이다. 이전의 표면으로 퇴적물로 들어가는 잔여 Th이라고 생각된다. 점선은 초과한 Th의 방사능이 10dpm이고 퇴적률이 2.4cm/1,000yr으로 일정할 때의 예상 수치를 나타낸다. 그래프는 타당하지만, Th 방사능이 코어의 상부에서 지나치게 높고 코어의 2~4m 사이는 지나치게 낮기 때문에 완벽하지 않다.

탄소-14 연대측정

탄소-14는 대기에서 우주선의 충돌에 의해 형성되는, 느리게 움직이는 중성자가 질소-14(공기 중에서 가장 풍부한 동위원소)와 반응하여 형성된다. 이러한 방식으로 매년 대략 10kg의 탄소-14가 형성된다. ^{14}C의 반감기는 5,700년이다. 그래서 매년 분해되어 질소-14로 돌아가는 방사성 탄소(탄소-14)의 비율은 전체 방사성 탄소의 0.012%이다. 지속 유지 상태에서 방사성 탄소의 형성되는 양과 파괴되는 양은 같고 전체 질량도 약 80,000kg으로 일정하다. 각 생물(그리고 생물이 만든 탄산염 각질)은 가지고 있는 방사성 탄소의 값이 같다. 충돌로 형성되는 ^{14}C의 양이 많아지면 생물 내에 포함되는 비율도 높아진다.

연대측정의 목적으로, 인공 방사성 탄소의 도입 전 상태를 표준상태라고 한다(A.D. 1950). 실제로는 지난 8,000년 동안의 연륜연대에서 알 수 있듯이 지속 유지 상태가 아니다. 이 기간 동안 방사성 탄소의 연대측정은 실제 연대보다 10% 정도까지 벗어날지도 모른다[그리고 더 이전의 시기도 마찬가지이다(그림 5.6)].

퇴적물에서 방사성 탄소 방법의 최대 범위는 40,000년으로 기존 방사능 수치의 7회의 반감기이거나 남아 있는 양으로 따지면 1/128에 해당한다. 연대를 측정하려면 방사성 탄소와 현존하는 전체 탄소의 비율을 측정한다. 안정한 탄소(탄소-12와 소량의 탄소-13)에 대한 방사성 탄소의 기존 비율은 대략 10^{12} 중에 1이다.

연대는 식으로 계산된다.

$$(^{14}C/total\ C)_{present} = (^{14}C/total\ C)_{initial}\ e^{-\lambda t}$$

여기에서 붕괴상수 (λ)는 1/8,200이다. 따라서

$$t = 82,000 \ln \frac{(^{14}C/C)_{\text{initial}}}{(^{14}C/C)_{\text{present}}}$$

초기 비율은 A.D. 1950의 생물의 것으로 추정된다. 초기 비율에는 골격과 생체물질의 다양한 유형에 ^{14}C와 ^{12}C의 차등 혼합에 대한 교정도 있다. 이는 $^{13}C/^{12}C$의 비율을 기본으로 한다.

탄산염광물이나 유기탄소 중 하나는 연대가 측정될 수 있다. 특히 대륙 주변에서 퇴적물의 재퇴적에 의한 오염은 유기탄소뿐만 아니라 세립질 탄산염퇴적물에도 문제가 될 수 있다. 또한 유기탄소의 ^{14}C 성분은 퇴적물이 퇴적된 동안에 잘못되면 대기와의 교환을 통해 변화할 수 있다. 퇴적물이 쌓인 상부에서 생물에 의한 퇴적물 혼합은 해양 퇴적물의 ^{14}C의 연대측정 해석에 중요한 문제이다. 물론 이러한 문제는 단 하나의 각질에서의 연대측정에서는 발생하지 않는다.

일반적으로 연대측정에 필요한 탄소의 양은 10g(또는 탄산칼슘 100g)이다. 개선된 방법에서는 훨씬 더 적은 양으로 측정할 수 있다.

A9 해저에서 주요한 일반 해양생물들 중 주요 그룹에 대한 체계적인 총람

지구상에 서식하는 생물종 수는 3~10백만으로 추정되며 정확히 알려져 있지는 않다. 동물에(원생동물 포함, 즉 엽록소가 없는 진핵단세포 생물) 한정하면 백만 종을 넘을 것이며, 16%가(160,000종) 해양에 서식한다. 육지에서 동물종 약 75%는 곤충들이다. 반면에 바다의 비곤충 종 수는 총비곤충 종의 2/3에 달한다. 저서종들이 원양성 종들을 50 : 1로 압도한다.

분류체계에 따르면 종은 속(genera)에 속하고, 속은 과(families)에 속하며, 과는 목(orders)에 속하고, 목은 강(classes)에 속한다. 그리고 강은 마지막으로 문(phyla, phylum)에 속한다(표 A9.1 참조).

분류학적으로 가장 높은 범주는 계(kingdom)이다. 전통적으로 2개의 계가 알려져 있다. 18세기 박물학자 C. Linné에 의해 분류된 '동물'과 '식물'이다. 생물학자 E. Haeckel은 1866년에 원생동물(protists)(단세포생물)을 분리한 계로서 알았고, H. F. Copeland는 1938년에 이 랭크에 monera(박테리아와 남조류, blue-green alage)를 올렸다. 지금은 5

표 9.1 분류학적 분류 : 네 가지 예(J. L. Sumich, 1976, An introduction to the biology of marine life. WC Brown Co., Dubuque, Iowa).

Taxonomic categorie	Blue whale	Common dolphin	Purple sea urchin	Giant kelp
Kingdom	Animalia	Animalia	Animalia	Plantae
Phylum/division	Chordata	Chordata	Echinodermata	Phaeophyta
Class	Mammalia	Mammalia	Echinodea	Phaeophycae
Order	Mysticeti	Cdontoceti	Echinoda	Laminariales
Family	Balaenopteridae	Delphinidae	Strongylocentrotidae	Lessoniaceae
Genus	Balaenoptera	Delphinus	Strongylocentrotus	Macrocystis
Species	musculus	delphis	purpuratus	pyrifera

개 계 시스템이 넓게 적용되고 있다(R. H. Whittacker, 1966, Science 163 : 150). 이러한 시스템은 요약된 생물분류인 계통수(phylogenetic tree)에서 볼 수 있다(그림 A9.1). 그들 대부분이 메탄생성 미생물인 '고세균류(혹은 원시박테리아, Archaeobacteria)'는 원핵생물과 진핵생물 사이 어딘가에 여섯 번째 계 분류로 들어갈지도 모른다.

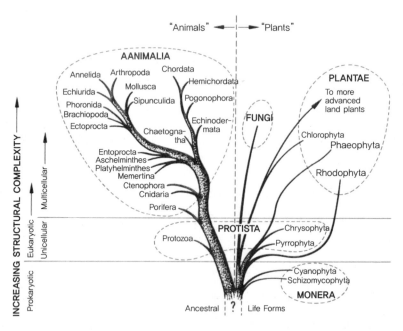

그림 A9.1 진화수. 생물의 주요 그룹 간 상관도를 보여주는 가설상의 진화수. kingdom은 점선으로 윤곽이 그려진다(J. L. Sumich, 1976, An introduction to the biology of marine life. W. C. Brown Co., Dubuque, Iowa).

Kingdom Morena(Morena계). 원핵세포 : 핵막 부족

박테리아(Bacteria). 수층 및 해저에서 영양분의 재생과 유기물의 재무기질화작용에 원인이 있음. 또한 질소 고정, 황산염 및 질산염 환원, 황화물 침전(황철광, pyrite), 망간철 침전(망간단괴)에도 원인이 있음. 투광대에서 광합성 박테리아는 초기 생산량을 증가시킨다. 화학합성 박테리아는 열수공에서 기초 생산자로서 초기 단계 먹이망에 속한다(a).

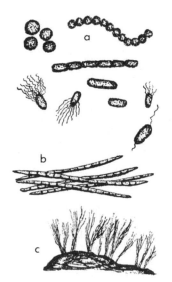

남조류(Blue-Green Algae)(Cyanophyta). 부유생물 및 저서생물에서 광합성. 스트로마토라이트 형성. 질소고정. 석회질 각질 내에 서식하기도 함. 화학합성 형성. 석호에서 발견되는 조류 마트(mat)(b, c)

프로티스타(Kingdom Protista). 단세포 진핵세포, 핵막처리. 단세포 조류(예 : 와편모조류, 석회비늘편모류, 규조류, 규질편모류) 및 원생동물(예 : 유공충, 방산충 및 유종섬모충류)의 두 개의 주요 그룹이 있다.

와편모조류(Dinoflagellates). 광합성 플랑크톤, 보통 해수에 우점하는 형태. 어떤 형태는 고기에 독이 될 수 있고, 가끔 홍합을 못 먹게 하는 적조를 일으킴. 보통 유공충, 방산충, 산호, 해면동물 및 몇몇 연체동물에 공생함(조초산호에 공생하는 와편모충, 'zooxanthelae')(a, b)

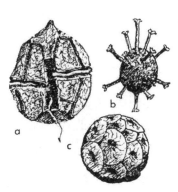

석회편모조류(Coccolithophores). 광합성 플랑크톤과 저서생물(후자는 드물게 화석으로서). 어떤 원양성 종의 석회질 혈소판들은 심해 퇴적물 속에 보전된다. 반면에 석회비늘은 지구상에 중생대 이래로 가장 많은 화석 형태 중의 하나이다. 암석 형성[예 : 백악기 백악(chalk)]. Chrysophyta 문(c)

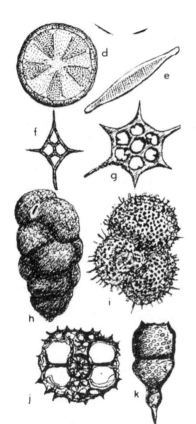

규조(Diatoms). 모든 해수나 육상환경의 물속에 아주 흔한 광합성을 하는 식물성 플랑크톤 및 저서생물. 규산질 골격. 바닥에서 많은 군락 형성. 용승지역에서 퇴적물의 특징적인 요소. 제3기 퇴적암 형성(diatomite, 규조암). Chrysophyta 문(d, e)

규질편모류(Silicoflagellates). 규조와 비슷하나 내부규질 골결을 가짐. 바다에서 광합성 플랑크톤. 생산력이 높은 지역의 퇴적물에서 많음(f, g)

유공충(Foraminifera). 해양에서만 서식하는 종속영양 플랑크톤과 저서생물. 석회질 각질. 해저에서 점착성 물질로 입자를 포집하여 각질을 만들기도 함. 암석 형성(예 : 에오세 화패석 석회암, Eocene nummulitic limestones; 이집트 피라미드 건축재). 유공충 연니는('Globigerina ooze') 하나로 현재 지구상에 가장 넓게 분포하는 퇴적물이다(심해저의 반을 덮고 있음). 많은 플랑크톤과 산호초 생물들은 와편모조류와 공생한다(h, I).

방산충(Radiolarians). 유공충과 어느 정도 비슷하나 규조로 만들어진 내부골격을 가짐. 단, 해양 플랑크톤으로서 모든 수심에 서식. 보통 비옥한 지역의 원양성 퇴적물 내에 풍부. 암석 형성(후기 쥐라기의 방산충암). 천해 플랑크톤 형태는 와편모조류와 공생관계를 가질 수 있다. 주요 그룹 : nasselarians (opal), spumellarians (opal), phaeodarians(유기물이 많은 opal 골격). 특징적인 그룹으로 골격이 $SrSO_4$로 만들어진 방사극충류(acantharians)가 있다. 방사극충류는 보통 열대지역 해수표층에 있으나 화석으로 남지 않는다(j, k).

유종섬모충류(Tintinnids). 유기물 각('lorica')을 가진 섬모충류 원생동물. 해양 플랑크톤에 많음. Lorica는 용승지역과 같이 유기물이 풍부한 지역의 퇴적물에서 화석화된다(l).

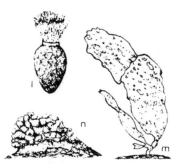

식물계(Kingdom Plantae). 진핵세포로 둘러싸인 다세포, 광합성. 두 개의 주요 그룹 있음. 다세포 조류[예 : 홍조류, 갈조류, 녹조류와 상위 식물들 (Metaphyta)].

홍조류(Rhodophyta)(Red Algae). 보통 천해에 많음, 특히 따뜻한 지역, 딱딱한 저질상에서 매우 저조도에 이르기까지. Corallinaceae는(예 : *Lithothamnium*) 석회질로 이루어진 세포벽이 있는 중요한 퇴적물 생산자들이다(m, n).

갈조류(Phaeophyta)(Brown Algae). 온대와 한대 연안의 대형 갈조류 군락으로서 잘 알려져 있음, 해양 소생활권에서 생산력이 가장 높음. 이 전형적인 재생력 있음 : *Laminaria, Macrocystis, Fucus, Sargassum* 가 Sargasso해에 많음. 거기서 표면에 떠오름. 연안에 유기물퇴적물이 운반됨(아마도 Sargasso해 아래)(a, b).

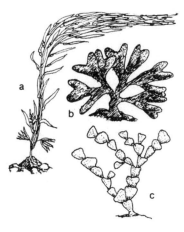

녹조류(Chlorophyta)(Green Algae). 보통 해안에 많음[예 : 파래, Ulva(청태속)]. 따뜻한 물에서 많은 석회성분을 분비하여 형성[예 : *Halimeda* (Codiaceae)와 함께 석회암의 주요 구성요소 중의 하나인 Dasycladaceae (c)가 있음].

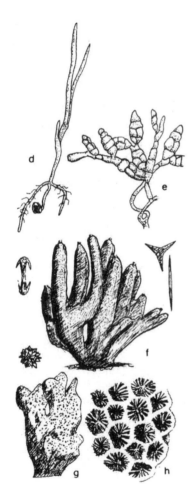

Metaphyta. 상위 식물은(이끼, 유관속 식물) 초기 육원성이다. 예외 : 천해에서 꽃이 피는 식물인 해초(예 : 거머리말속). 어떤 염생 식물들은(염습지에 사는 *Salicornia*; 열대 연안 늪에서는 망그로브에 서식) 조간대에서 중요한 것임(d).

균류계(Kingdom Fungi). 광합성 색소가 부족하고, 흡수로 영양분을 충당하는 단세포 및 다세포 진핵생물. 해양종은 거의 없음(e).

동물계(Kingdom Animalia). 다세포 진핵생물, 광합성 색소 없음, 습취에 의해 영양분 충당. 상위형태들은 예민한 신경계 시스템을 가짐.

해면동물(Porifera). 종 대부분이 해양에 서식, 보통 모든 위도상에서 비옥한 지역의 해저면에 확고하게 고착. 굴착하는 해면동물은(*Cliona*) 퇴적물 입자를 만듦, 연체동물 각을 약하게 하고, 석회질 층을 침식시킴. 석회질 및 규질 형태는 암석을 만들 수 있다. 규질 해면동물 침들이 남극 대륙붕 곳곳에 매우 많이 축적된다(f).

자포동물(Cnidaria)(Coelenterata). 대부분 바다에 서식. 부유성 형태(hydrozoans, siphonophores, scyphozoans) 및 저서성 형태(hydrozoans, anthozoans)가 많음. 암반 산호(*Acropora*, *Porites*, *Pocillopora* 등)가 열대지역에서 산호초를 형성하는 큰 역할을 함. 심해에도 돌산호(stone coral)가 있으나(예 : *Lophelia*) 초를 만들지는 않음(g, h).

연형동물(Worms). 이것은 가늘고 긴, 부드러운 몸체를 가진 동물들에(Vermes) 대한 일반 통칭 범주이다. 연형동물에는 여러 문이 있다.

Platyhelminthes, 납작한 연형동물들(몇몇은 자유스럽게 사나 대부분 기생충임), *Nemertea*, 보통 해저면상의 유형 연형동물, *Aschelminthes*, 둥근 연형동물들(선충류의 중요한 강을 차지함, 해양 저서생물에서 많음; 보통 기생충), *Phoronida*, 추형동물, 추충류(몇 종 없음), *Sipunculoidea*, 성충류(몇 종 없음), *Echiuridea*, 개불류(몇 종 없음, 퇴적물 습식자), *Annelida*, 환형동물(보통 부유성 및 저서성에; 잘 알려진 대표적인 것 : *Arenicola*), *Pogonophora*, 유수동물(소화기관 부족; 서관 거주자, 주로 심해 부드러운 저질, 몇 종 없음; 몇 종은 열수공 가까이 서식(표지사진 참조), Hemichordata (반삭동물, pterobranch와 acorn worms; pterobranchia는 광범위한 수심에 걸쳐 해저면상에 분포, 곳곳에 관서 종 군락 형성; acorn worms는 보통 부드러운 퇴적물상에 분포, 주로 대륙붕). 연형동물은 퇴적물 퇴적과정과 재동작용 및 퇴적물 아래의 물을 수직방향으로 교환하는 데 중요한 역할을 한다(퇴적물과 물 사이에 화학적 교환을 일으키게 함). 여과습식 연형동물들은 부유물을 퇴적물로 전환시킨다. 관서 연형동물은 표서 저서생물이 정착하는 데에 단단한 기질을 제공할 수 있다(i, j, a, b, c).

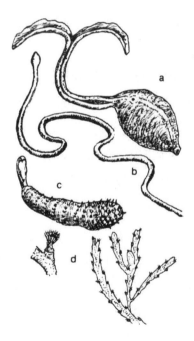

태선류(Bryozoans)(이끼벌레류 Moss Animals). 작은 집락 히드로충을 표면적으로 닮은 저서생물. 많은 종이 탄산염으로 만들어진 방어 및 지지구조를 분비한다. 이러한 구조들은 암석과 껍질을 외피로 덮을 수 있고, 조그만 나무 덤불처럼 서 있을

수도 있다(d).

완족동물(Brachiopods)(Lamp Shells). 보통 화석으로 많이 나타나지만 현재 바다에서 그렇게 중요하지는 않다(30,000 절멸종, 300현생종). 저서생물, 피상적으로 이매패를 닮는다. 각질은 키틴질, 인산염광물 또는 방해석으로 만들어짐(e).

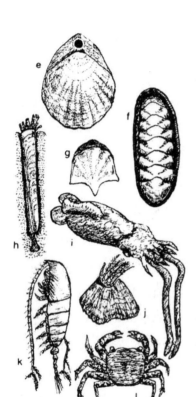

연체동물(Mollusks). 높은 다양성을 가진 그룹(60,000종 이상)이며 퇴적물 형성에 중요한 그룹. 복족류(익족류를 포함하는 권패류), 조개류(담치, 대합조개, 굴 등), 두족류(오징어, 문어 등) 그리고 덜 알려진 쌍신경류(군부), 굴족류(뿔조개류) 및 단각류. 대표적인 것이 1950년대 심해에서 발견되기 전에 고생대 이후 전멸되었다고 추정되는 보기 드문 그룹(f, g, h, i).

절지동물(Arthropods). 동물의 강 중에서 가장 다양한 종을 가짐 : 절지동물은 모든 동물종의 75% 이상 차지. 대표적으로 곤충의 큰 다양도; 해양 곤충은 *Halobates* 속에(깨알소금쟁이, water strider) 속하는 단지 몇 종임. 절지동물은 갑각류, 절구류 및 바다거미를 포함한다. 갑각류(새우, 게, 바닷가재, 따개비류, 등각류, 단각류 및 기타)는 해저면의 아래, 위 어디에나 있고, 퇴적물을 재동하고 인산염질 및 석회질의 각질을 침전시켜서 퇴적물 형성에 기여한다. 절구류 중 가장 잘 알려진 것은 투구게이다(j, k, l).

극피동물(Echinoderms). 해저상 어디에나 있음. 성게류(성게), 불가사리류(불가사리), 바다나리류(바다나리), 해삼류(해삼) 및 사미류(사미류). 해삼류

는 대륙사면 및 그밖의 지역에서 상당부분의 표층
퇴적물을 섭식한다. 사실상 모든 극피동물들은 탄
산염광물로 이루어진 각질을 만들고 천해 탄산염
퇴적물의 일부를 이룬다(m).

척삭동물(Chordates). 친숙한 척추동물(물고기류,
양서류, 파충류, 조류, 포유류) 및 몇몇 초기 형태
[저서성 멍게 및 부유성 살파(salpa)]를 포함한 다
양성이 높은 문. 살파는 세립질 부유물질을 펠릿
으로 만드는 데 매우 중요하다. 이것은 세립한 부
유물질을 해수 표면으로부터 해저에까지 쉽게 도
달하게 한다(a, b).

국문 · 영문 용어정리

범람 현무암	flood basalt
베개현무암	pillow basalts
베릴륨	beryllium
베일의 해수면 곡선	Vail sealevel curve
변성암, 종류	metamorphic rocks, types
변환단층	transform faults
변환단층, 판경계	transform faults, plate boundaries
별불가사리	ophiuroids (brittle stars)
볼라드경의 대륙맞춤	Bullard's fit of continents
부가대	accretionary prism
부니층(지중해)	sapropel layers (Medi-terranean)
부마층서	Bouma sequence
부영양화, 염하구	eutrophication, estuaries
부유성 섭식자	suspension feeders
부유성 생물	planktonic organisms (=living within water, drifting with the currents)
부유성 생물, 다양성	planktonic organisms, diversity
부유성 생물, 함패각, 부유성/저서성 비율	planktonic organisms, shell-bearing; plankton/benthos ratio
부유성 생물, 해류의 추적자	planktonic organismsas tracers of currents
부유성 유공충, 대상분포	planktonic foraminifera, zonation
부유성 유공충, 산소동위원소	planktonic foraminifera, oxygen isotopes
부유성 유공충, 온도 지시자	planktonic foraminifera as temperature indicators
부유성 유공충, 탄소동위원소	planktonic foraminifera, carbon isotopes
부유성 유공충, 페르시아만	planktonic foraminifera in Persian Gulf
북극, 북극환경	arctic environments
북대서양 반염하구성 순환	North Atlantic, anti-estuarine circulation
북대서양 분지, 북아메리카 분지	North Atlantic Basin, North American Basin
북대서양 분지, 빙하기 조건	North Atlantic Basin, glacial conditions
북대서양 분지, 빙하기 퇴적물	North Atlantic Basin, ice age sediments
북대서양 분지, 빙운반 퇴적물	North Atlantic Basin, ice-rafted sediments
북대서양 분지, 심층해류	North Atlantic Basin, deep currents
북대서양 분지, 저탁류	North Atlantic Basin, turbidity currents
북대서양 분지, 주변부 구조	North Atlantic Basin, margin structure
북대서양 분지, 주변부 지형	North Atlantic Basin, margin morphology
북대서양 분지, 주변부 층서	North Atlantic Basin, margin stratigraphy
북대서양 분지, 증발암층	North Atlantic Basin, evaporite deposits
북대서양 분지, 지도	North Atlantic Basin, map
북대서양 분지, 표층해류	North Atlantic Basin, surface currents

생산력, 오팔의 퇴적	productivity and opal deposition
생산력, 온대 위도의	productivity in temperate latitudes
생산력, 인(P)의 제어	productivity, control by phosphorus
생산력, 인회석	productivity and phosphorites
생산력, 탄소 동위원소	productivity and carbon isotopes
생산력, 퇴적물 공급	productivity and sediment supply
생산력, 환경인자	productivity and environmental factors
생산율, 저서성 탄산염	production rate, benthic carbonate
생산율, 탄산염 산호초	production rate, reef carbonate
생쇄설성 물질	bioclastic material
생지표	biomarkers
생층서	biostratigraphy
생층서, 고지자기 연대	biostratigraphy, paleomagnetic ages
생침식	bio-erosion
생펌프	bio-pumping
서안경계해류	western boundary current
석고	gypsum
석석광상	cassiterite deposits
석영	quartz
석영, 해빈모래	quartz, beach sand
석유, 석유생산지대, 외해	oil, fields, offshore
석유 오염	oil, pollution
석유 자원	oil, resources
석유 잠재성	oil, potential
석유 탐사	oil, exploration
석유 형성	oil, formation
석유	petroleum
석유, 누적	petroleum, accumulatio
석유, 자원	petroleum, resources (＝estimated amount recoverable)
석탄층	coal deposits
석회질 머드	calcareous muds
석회질 어란암(우이드, 올라이트)	calcareous oolites
석회질 연니	calcareous ooze
석회편모조류	coccolithophores
선택적 보존, 석회편모조류	selective preservation of coccoliths
선택적 보존, 유공충	selective preservation of foraminifera
선택적 보존, 화석	selective preservation of fossils
섭식자	feeders
섭입대	subduction zones

찾아보기